ASSOCIATION

FRANÇAISE

POUR

L'AVANCEMENT DES SCIENCES

Une table des matières est jointe à chacun des volumes du Compte Rendu des travaux de l'Association Française en 1896.

Une table analytique *générale* par ordre alphabétique termine la 2me partie ; dans cette table, les nombres qui sont placés après la lettre p se rapportent aux pages de la 1re partie, ceux placés après l'astérisque * se rapportent aux pages de la 2me partie.

IMPRIMERIE CHAIX, RUE BERGÈRE, 20, PARIS. — 10800-5-96.

ASSOCIATION
FRANÇAISE

POUR L'AVANCEMENT DES SCIENCES

FUSIONNÉE AVEC

L'ASSOCIATION SCIENTIFIQUE DE FRANCE

(Fondée par Le Verrier en 1864)

Reconnues d'utilité publique

CONFÉRENCES DE PARIS

COMPTE RENDU DE LA 25ME SESSION

PREMIÈRE PARTIE

DOCUMENTS OFFICIELS. — PROCÈS-VERBAUX

PARIS

AU SECRÉTARIAT DE L'ASSOCIATION

28, rue Serpente (Hôtel des Sociétés savantes)

ET CHEZ M. G. MASSON, LIBRAIRE DE L'ACADÉMIE DE MÉDECINE

120, boulevard Saint-Germain.

1896

ASSOCIATION FRANÇAISE
POUR L'AVANCEMENT DES SCIENCES
Fusionnée avec
L'ASSOCIATION SCIENTIFIQUE DE FRANCE
(Fondée par Le Verrier en 1864)
Reconnues d'utilité publique

MINISTÈRE
de
l'Instruction publique,
DES BEAUX-ARTS
et
DES CULTES

CABINET

N° 175

RÉPUBLIQUE FRANÇAISE

DÉCRET

Le Président de la République française,

Sur le rapport du Ministre de l'Instruction publique, des Beaux-Arts et des Cultes ;

Vu le procès-verbal de l'Assemblée générale de l'Association française pour l'avancement des sciences, tenue à Grenoble le 10 août 1885 ;

Vu le procès-verbal de l'Assemblée générale de l'Association scientifique de France, tenue à Paris le 14 novembre 1885, et les décisions prises par les deux Sociétés ;

Toutes deux ayant pour objet de réunir en une seule Association ces deux Sociétés susnommées ;

Vu les Statuts, l'état de la situation financière et les autres pièces fournies à l'appui de cette demande ;

La Section de l'Intérieur, de l'Instruction publique, des Beaux-Arts et des Cultes, du Conseil d'État entendue,

DÉCRÈTE :

ARTICLE PREMIER. — L'Association française pour l'avancement des sciences et l'Association scientifique de France, fondée par Le Verrier en 1864, toutes deux reconnues d'utilité publique, forment une seule et même Association.

Les Statuts de l'Association française pour l'avancement des sciences fusionnée avec l'Association scientifique de France (fondée par Le Verrier en 1864), sont approuvés tels qu'ils sont ci-annexés.

ART. 2. — Le Ministre de l'Instruction publique, des Beaux-Arts et des Cultes est chargé de l'exécution du présent décret.

Fait à Paris, le 28 septembre 1886.

Signé : Jules Grévy.

Par le Président de la République :
Le Ministre de l'Instruction publique, des Beaux-Arts et des Cultes,
Signé : René Goblet.

Pour ampliation :
Le Chef de bureau du Cabinet,
Signé : Roujon.

STATUTS ET RÈGLEMENT

STATUTS

TITRE Ier. — But de l'Association.

ARTICLE PREMIER. — L'Association se propose exclusivement de favoriser, par tous les moyens en son pouvoir, le progrès et la diffusion des sciences, au double point de vue du perfectionnement de la théorie pure et du développement des applications pratiques.

A cet effet, elle exerce son action par des réunions, des conférences, des publications, des dons en instruments ou en argent aux personnes travaillant à des recherches ou entreprises scientifiques qu'elle aurait provoquées ou approuvées.

ART. 2. — Elle fait appel au concours de tous ceux qui considèrent la culture des sciences comme nécessaire à la grandeur et à la prospérité du pays.

ART. 3. — Elle prend le nom d'*Association française pour l'avancement des sciences, fusionnée avec l'Association scientifique de France, fondée par Le Verrier en 1864.*

TITRE II. — Organisation.

ART. 4. — Les membres de l'Association sont admis, sur leur demande, par le Conseil.

ART. 5. — Sont membres de l'Association les personnes qui versent la cotisation annuelle. Cette cotisation peut toujours être rachetée par une somme versée une fois pour toutes. Le taux de la cotisation et celui du rachat sont fixés par le Règlement.

ART. 6. — Sont membres fondateurs les personnes qui ont versé, à une époque quelconque, une ou plusieurs souscriptions de 500 francs.

ART. 7. — Tous les membres jouissent des mêmes droits. Toutefois, les noms des membres fondateurs figurent perpétuellement en tête des listes alphabétiques, et ces membres reçoivent gratuitement, pendant toute leur vie, autant d'exemplaires des publications de l'Association qu'ils ont versé de fois la souscription de 500 francs.

Art. 8. — Le capital de l'Association se compose du capital de l'Association scientifique et du capital de la précédente Association française au jour de la fusion, des souscriptions des membres fondateurs, des sommes versées pour le rachat des cotisations, des dons et legs faits à l'Association, à moins d'affectation spéciale de la part des donateurs.

Art. 9. — Les ressources annuelles comprennent les intérêts du capital, le montant des cotisations annuelles, les droits d'admission aux séances et les produits de librairie.

Art. 10. — Chaque année, le capital s'accroît d'une retenue de 10 0/0 au moins sur les cotisations, droits d'entrée et produits de librairie.

TITRE III. — Sessions annuelles.

Art. 11. — Chaque année, l'Association tient, dans l'une des villes de France, une session générale dont la durée est de huit jours; cette ville est désignée par l'Assemblée générale, au moins une année à l'avance.

Art. 12. — Dans les sessions annuelles, l'Association, pour ses travaux scientifiques, se répartit en sections, conformément à un tableau arrêté par le Règlement général.

Ces sections forment quatre groupes, savoir :

1° Sciences mathématiques,
2° Sciences physiques et chimiques,
3° Sciences naturelles,
4° Sciences économiques.

Art. 13. — Il est publié chaque année un volume, distribué à tous les membres, contenant :

1° Le compte rendu des séances de la session ;
2° Le texte ou l'analyse des travaux provoqués par l'Association, ou des mémoires acceptés par le Conseil.

COMPOSITION DU BUREAU

Art. 14. — Le Bureau de l'Association se compose

D'un Président,
D'un Vice-Président,
D'un Secrétaire,
D'un Vice-Secrétaire,
D'un Trésorier.

Tous les membres du Bureau sont élus en Assemblée générale.

Art. 15. — Les fonctions de Président et de Secrétaire de l'Association sont annuelles ; elles commencent immédiatement après une session et durent jusqu'à la fin de la session suivante.

Art. 16. — Le Vice-Président et le Vice-Secrétaire d'une année deviennent, de droit, Président et Secrétaire pour l'année suivante.

Art. 17. — Le Président, le Vice-Président, le Secrétaire et le Vice-Secrétaire de chaque année sont pris respectivement dans les quatre groupes de sections, et chacun est pris à tour de rôle dans chaque groupe.

Art. 18. — Le Trésorier est élu par l'Assemblée générale; il est nommé pour quatre ans et rééligible.

Art. 19. — Le Bureau de chaque section se compose d'un Président, d'un Vice-Président, d'un Secrétaire et, au besoin, d'un Vice-Secrétaire élu par cette section parmi ses membres.

TITRE IV. — Administration.

Art. 20. — Le siège de l'Administration est à Paris.

Art. 21. — L'Association est administrée gratuitement par un Conseil composé :

    1° Du Bureau de l'Association, qui est en même temps le Bureau du Conseil d'administration;

    2° Des Présidents de section;

    3° De trois membres par section; ces délégués de section sont élus à la majorité relative en Assemblée générale, sur la proposition de leurs sections respectives; ils sont renouvelables par tiers chaque année;

    4° De délégués de l'Association en nombre égal à celui des Présidents de section; ils sont nommés par correspondance, au scrutin secret et à la majorité relative des suffrages exprimés, après proposition du Conseil; ils sont renouvelables par tiers chaque année.

Art. 22. — Les anciens Présidents de l'Association continuent à faire partie du Conseil.

Art. 23. — Les Secrétaires des sections de la session précédente sont admis dans le Conseil avec voix consultative.

Art. 24. — Pendant la durée des sessions, le Conseil siège dans la ville où a lieu la session.

Art. 25. — Le Conseil d'administration représente l'Association et statue sur toutes les affaires concernant son administration.

Art. 26. — Le Conseil a tout pouvoir pour gérer et administrer les affaires sociales, tant actives que passives. Il encaisse tous les fonds appartenant à l'Association, à quelque titre que ce soit.

Il place les fonds qui constituent le capital de l'Association en rentes sur l'État ou en obligations de chemins de fer français, émises par des Compagnies auxquelles un minimum d'intérêt est garanti par l'État; il décide l'emploi des fonds disponibles; il surveille l'application à leur destination des fonds votés par l'Assemblée générale, et ordonnance par anticipation, dans l'intervalle des sessions, les dépenses urgentes, qu'il soumet, dans la session suivante, à l'approbation de l'Assemblée générale.

Il décide l'échange ou la vente des valeurs achetées; le transfert des rentes sur l'État, obligations des Compagnies de chemins de fer et autres titres nominatifs sont signés par le Trésorier et un des membres du Conseil délégué à cet effet.

Il accepte tous dons et legs faits à la Société; tous les actes y relatifs sont signés par le Trésorier et un des membres délégué.

Art. 27. — Les délibérations relatives à l'acceptation des dons et legs, à des acquisitions, aliénations et échanges d'immeubles sont soumises à l'approbation du gouvernement.

Art. 28. — Le Conseil dresse annuellement le budget des dépenses de l'Association; il communique à l'Assemblée générale le compte détaillé des recettes et dépenses de l'exercice.

Art. 29. — Il organise les sessions, dirige les travaux, ordonne et surveille les publications, fixe et affecte les subventions et encouragements.

Art. 30. — Le Conseil peut adjoindre au Bureau des commissaires pour l'étude de questions spéciales et leur déléguer ses pouvoirs pour la solution d'affaires déterminées.

Art. 31. — Les Statuts ne pourront être modifiés que sur la proposition du Conseil d'administration, et à la majorité des deux tiers des membres votants dans l'Assemblée générale, sauf approbation du gouvernement.

Ces propositions, soumises à une session, ne pourront être votées qu'à la session suivante; elles seront indiquées dans les convocations adressées à tous les membres de l'Association.

Art. 32. — Un Règlement général détermine les conditions d'administration et toutes les dispositions propres à assurer l'exécution des Statuts. Ce Règlement est préparé par le Conseil et voté par l'Assemblée générale.

TITRE V. — Dispositions complémentaires.

Art. 33. — Dans le cas où la Société cesserait d'exister, l'Assemblée générale, convoquée extraordinairement, statuera, sous la réserve de l'approbation du gouvernement, sur la destination des biens appartenant à l'Association. Cette destination devra être conforme au but de l'Association, tel qu'il est indiqué dans l'article premier.

Les clauses stipulées par les donateurs, en prévision de ce cas, devront être respectées.

Le Chef de bureau du Cabinet,

Signé : N. ROUJON.

RÈGLEMENT

TITRE Iᵉʳ. — Dispositions générales.

ARTICLE PREMIER. — Le taux de la cotisation annuelle des membres non fondateurs est fixé à 20 francs.

ART. 2. — Tout membre a le droit de racheter ses cotisations à venir en versant, une fois pour toutes, la somme de 200 francs. Il devient ainsi membre à vie.

Il sera loisible de racheter les cotisations par deux versements annuels consécutifs de 100 francs.

Les membres ayant payé pendant vingt années consécutives la cotisation annuelle de 20 francs pourront racheter les cotisations à venir moyennant un seul versement de 100 francs.

Tout membre qui, pendant dix années consécutives, aura versé annuellement une somme de 10 francs en sus de la cotisation annuelle sera libéré de tout versement ultérieur. Ces versements supplémentaires seront portés au compte Capital.

La liste alphabétique des membres à vie est publiée en tête de chaque volume, immédiatement après la liste des membres fondateurs.

Les membres ayant racheté leurs cotisations pourront devenir membres fondateurs en versant une somme complémentaire de 300 francs.

ART. 3. — Dans les sessions générales, l'Association se répartit en dix-sept sections formant quatre groupes, conformément au tableau suivant :

1ᵉʳ GROUPE : Sciences mathématiques.

1. Section de mathématiques, astronomie et géodésie;
2. Section de mécanique;
3. Section de navigation;
4. Section de génie civil et militaire.

2ᵉ GROUPE : Sciences physiques et chimiques.

5. Section de physique;
6. Section de chimie;
7. Section de météorologie et physique du globe.

3ᵉ GROUPE : Sciences naturelles.

8. Section de géologie et minéralogie;
9. Section de botanique;
10. Section de zoologie, anatomie et physiologie;
11. Section d'anthropologie;
12. Section des sciences médicales.

4ᵉ GROUPE : Sciences économiques.

13. Section d'agronomie;
14. Section de géographie;
15. Section d'économie politique et statistique;
16. Section d'enseignement;
17. Section d'hygiène et médecine publique.

Art. 4. — Tout membre de l'Association choisit, chaque année, la section à laquelle il désire appartenir. Il a le droit de prendre part aux travaux des autres sections avec voix consultative.

Art. 5. — Les personnes étrangères à l'Association, qui n'ont pas reçu d'invitation spéciale, sont admises aux séances et aux conférences d'une session, moyennant un droit d'admission fixé à 10 francs. Ces personnes peuvent communiquer des travaux aux sections, mais ne peuvent prendre part aux votes.

Art. 6. — Le Président sortant fait, de droit, partie du Bureau pendant les deux semestres suivants.

Art. 7. — Le Conseil d'administration prépare les modifications réglementaires que peut nécessiter l'exécution des Statuts, et les soumet à la décision de l'Assemblée générale.

Il prend les mesures nécessaires pour organiser les sessions, de concert avec les comités locaux qu'il désigne à cet effet. Il fixe la date de l'ouverture de chaque session. Il organise les conférences qui ont lieu à Paris pendant l'hiver.

Il nomme et révoque tous les employés et fixe leur traitement.

Art. 8. — Dans le cas de décès, d'incapacité ou de démission d'un ou de plusieurs membres du Bureau, le Conseil procède à leur remplacement.

La proposition de ce ou de ces remplacements est faite dans une séance convoquée spécialement à cet effet : la nomination a lieu dans une séance convoquée à sept jours d'intervalle.

Art. 9. — Le Conseil délibère à la majorité des membres présents. Les délibérations relatives au placement des fonds, à la vente ou à l'échange des valeurs et aux modifications statutaires ou réglementaires ne sont valables que lorsqu'elles ont été prises en présence du quart, au moins, des membres du Conseil dûment convoqués. Toutefois, si, après un premier avis, le nombre des membres présents était insuffisant, il serait fait une nouvelle convocation annonçant le motif de la réunion, et la délibération serait valable, quel que fût le nombre des membres présents.

TITRE II. — Attributions du Bureau et du Conseil d'administration.

Art. 10. — Le Bureau de l'Association est, en même temps, le Bureau du Conseil d'administration.

Art. 11. — Le Conseil se réunit au moins quatre fois dans l'intervalle de deux sessions. Une séance a lieu en novembre pour la nomination des Commissions permanentes; une autre séance a lieu pendant la quinzaine de Pâques.

Art. 12. — Le Conseil est convoqué toutes les fois que le Président le juge convenable. Il est convoqué extraordinairement lorsque cinq de ses membres en font la demande au Bureau, et la convocation doit indiquer alors le but de la réunion.

Art. 13. — Les Commissions permanentes sont composées des cinq membres du Bureau et d'un certain nombre de membres, élus par le Conseil dans sa séance de novembre. Elles restent en fonctions jusqu'à la fin de la session suivante de l'Association. Elles sont au nombre de cinq :

1° Commission de publication ;
2° Commission des finances ;
3° Commission d'organisation de la session suivante ;
4° Commission des subventions ;
5° Commission des conférences.

ART. 14. — La Commission de publication se compose du Bureau et de quatre membres élus, auxquels s'adjoint, pour les publications relatives à chaque section, le Président ou le Secrétaire, ou, en leur absence, un des délégués de la section.

ART. 15. — La Commission des finances se compose du Bureau et de quatre membres élus.

ART. 16. — La Commission d'organisation de la session se compose du Bureau et de quatre membres élus.

ART. 17. — La Commission des subventions se compose du Bureau, d'un délégué par section nommé par les membres de la section pendant la durée du Congrès et de deux délégués de l'Association nommés par le Conseil.

ART. 18. — La Commission des conférences se compose du Bureau et de huit membres élus par le Conseil.

ART. 19. — Le Conseil peut, en outre, désigner des Commissions spéciales pour des objets déterminés.

ART. 20. — Pendant la durée de la session annuelle, le Conseil tient ses séances dans la ville où a lieu la session.

TITRE III. — Du Secrétaire du Conseil.

ART. 21. — Le Secrétaire du Conseil reçoit des appointements annuels dont le chiffre est fixé par le Conseil.

ART. 22. — Lorsque la place de Secrétaire du Conseil devient vacante, il est procédé à la nomination d'un nouveau Secrétaire, dans une séance précédée d'une convocation spéciale qui doit être faite quinze jours à l'avance.

La nomination est faite à la majorité absolue des votants. Elle n'est valable que lorsqu'elle est faite par un nombre de voix égal au tiers, au moins, du nombre des membres du Conseil.

ART. 23. — Le Secrétaire du Conseil ne peut être révoqué qu'à la majorité absolue des membres présents, et par un nombre de voix égal au tiers, au moins, du nombre des membres du Conseil.

ART. 24. — Le Secrétaire du Conseil rédige et fait transcrire, sur deux registres distincts, les procès-verbaux des séances du Conseil et ceux des Assemblées générales. Il siège dans toutes les Commissions permanentes, avec voix consultative. Il peut faire partie des autres Commissions. Il a voix consultative dans les discussions du Conseil. Il exécute, sous la direction du Bureau, les décisions du Conseil. Les employés de l'Association sont placés sous ses ordres. Il correspond avec les membres de l'Association, avec les présidents et secrétaires des Comités locaux et avec les secrétaires des sections. Il fait partie de la Commission de publication et la convoque. Il dirige la publication du volume et donne les bons à tirer. Pendant la durée des sessions, il veille à la distribution des cartes, à la publication des programmes et assure l'exécution des mesures prises par le Comité local concernant les excursions.

TITRE IV. — Des Assemblées générales.

ART. 25. — Il se tient chaque année, pendant la durée de la session, au moins une Assemblée générale.

ART. 26. — Le Bureau de l'Association est, en même temps, le Bureau de l'Assemblée générale. Dans les Assemblées générales qui ont lieu pendant la session, le Bureau du Comité local est adjoint au Bureau de l'Association.

ART. 27. — L'Assemblée générale, dans une séance qui clôt définitivement la session, élit, au scrutin secret et à la majorité absolue, le Vice-Président et le Vice-Secrétaire de l'Association pour l'année suivante, ainsi que le Trésorier, s'il y a lieu ; dans le cas où, pour l'une ou l'autre de ces fonctions, la liste de présentation ne comprendrait qu'un nom, la nomination pourra être faite par un vote à main levée, si l'Assemblée en décide ainsi. Elle nomme, sur la proposition des sections, les membres qui doivent représenter chaque section dans le Conseil d'administration. Elle désigne enfin, une ou deux années à l'avance, les villes où doivent se tenir les sessions futures.

ART. 28. — L'Assemblée générale peut être convoquée, extraordinairement, par une décision du Conseil.

ART. 29. — Les propositions tendant à modifier les Statuts, ou le titre Ier du Règlement, conformément à l'article 31 des Statuts, sont présentées à l'Assemblée générale par le rapporteur du Conseil et ne sont mises aux voix que dans la session suivante. Dans l'intervalle des deux sessions, le rapport est imprimé et distribué à tous les membres. Les propositions sont, en outre, rappelées dans les convocations adressées à tous les membres. Le vote a lieu sans discussion, par *oui* ou par *non*, à la majorité des deux tiers des voix, s'il s'agit d'une modification au Règlement. Lorsque vingt membres en font la demande par écrit, le vote a lieu au scrutin secret.

TITRE V. — De l'organisation des Sessions annuelles et du Comité local.

ART. 30. — La Commission d'organisation, constituée comme il est dit à l'article 16, se met en rapport avec les membres fondateurs appartenant à la ville où doit se tenir la prochaine session. Elle désigne, sur leurs indications, un certain nombre de membres qui constituent le Comité local.

ART. 31. — Le Comité local nomme son Président, son Vice-Président et son Secrétaire. Il s'adjoint les membres dont le concours lui paraît utile, sauf approbation par la Commission d'organisation.

ART. 32. — Le Comité local a pour attribution de venir en aide à la Commission d'organisation, en faisant des propositions relatives à la session et en assurant l'exécution des mesures locales qui ont été approuvées ou indiquées par la Commission.

ART. 33. — Il est chargé de s'assurer des locaux et de l'installation nécessaires pour les diverses séances ou conférences; ses décisions, toutefois, ne deviennent définitives qu'après avoir été acceptées par la Commission. Il propose les sujets qu'il serait important de traiter dans les conférences, et les personnes qui pourraient en être chargées. Il indique les excursions qui seraient propres à intéresser les membres du Congrès et prépare celles de ces excursions qui sont acceptées par la Commission. Il se met en rapport, lorsqu'il le juge utile, avec les Sociétés savantes et les autorités des villes ou localités où ont lieu les excursions.

Art. 34. — Le Comité local est invité à préparer une série de courtes notices sur la ville où se tient la session, sur les monuments, sur les établissements industriels, les curiosités naturelles, etc., de la région. Ces notices sont distribuées aux membres de l'Association et aux invités assistant au Congrès.

Art. 35. — Le Comité local s'occupe de la publicité nécessaire à la réussite du Congrès, soit à l'aide d'articles de journaux, soit par des envois de programmes, etc., dans la région où a lieu la session.

Art. 36. — Il fait parvenir à la Commission d'organisation la liste des savants français et étrangers qu'il désirerait voir inviter.

Le Président de l'Association n'adresse les invitations qu'après que cette liste a été reçue et examinée par la Commission.

Art. 37. — Le Comité local indique, en outre, parmi les personnes de la ville ou du département, celles qu'il conviendrait d'admettre gratuitement à participer aux travaux scientifiques de la session.

Art. 38. — Depuis sa constitution jusqu'à l'ouverture de la session, le Comité local fait parvenir deux fois par mois, au Secrétaire du Conseil de l'Association, des renseignements sur ses travaux, la liste des membres nouveaux, avec l'état des payements, la liste des communications scientifiques qui sont annoncées, etc.

Art. 39. — La Commission d'organisation publie et distribue, de temps à autre, aux membres de l'Association, les communications et avis divers qui se rapportent à la prochaine session. Elle s'occupe de la publicité générale et des arrangements à prendre avec les Compagnies de chemins de fer.

TITRE VI. — De la tenue des Sessions.

Art. 40. — Pendant toute la durée de la session, le Secrétariat est ouvert chaque matin pour la distribution des cartes. La présentation des cartes est exigible à l'entrée des séances.

Art. 41. — Tout membre, en retirant sa carte, doit indiquer la section à laquelle il désire appartenir, ainsi qu'il est dit à l'article 4.

Art. 42. — Le Conseil se réunit dans la matinée du jour où a lieu l'ouverture de la session; il se réunit pendant la durée de la session autant de fois qu'il le juge convenable. Il tient une dernière réunion, pour arrêter une liste de présentation relative aux élections du Bureau de l'Association, vingt-quatre heures au moins avant la réunion de l'Assemblée générale.

Le Président et l'un des Secrétaires du Comité local assistent, pendant la session, aux séances du Conseil, avec voix consultative.

Art. 43. — Les candidatures pour les élections du Bureau doivent être communiquées au Conseil, présentées par dix membres au moins de l'Association, trois jours avant l'Assemblée générale.

Le Conseil arrête la liste des présentations qu'il a reconnues régulières vingt-quatre heures au moins avant l'Assemblée générale. Cette liste de candidature, dressée par ordre alphabétique, sera affichée dans la salle de réunion.

ART. 44. — La session est ouverte par une séance générale, dont l'ordre du jour comprend :

1º Le discours du Président de l'Association et des autorités de la ville et du département;

2º Le compte rendu annuel du Secrétaire général de l'Association,

3º Le rapport du Trésorier sur la situation financière.

Aucune discussion ne peut avoir lieu dans cette séance.

A la fin de la séance, le Président indique l'heure où les membres se réuniront dans les sections.

ART. 45. — Chaque section élit, pendant la durée d'une session, son Président pour la session suivante : le Président doit être choisi parmi les membres de l'Association.

ART. 46. — Chaque section, dans sa première séance, procède à l'élection de son Vice-Président et de son Secrétaire, toujours choisis parmi ses membres. Elle peut nommer, en outre, un second Secrétaire, si elle le juge convenable. Elle procède, aussitôt après, à ses travaux scientifiques.

ART. 47. — Les Présidents de sections se réunissent, dans la matinée du second jour, pour fixer les jours et les heures des séances de leurs sections respectives, et pour répartir ces séances de la manière la plus favorable. Ils décident, s'il y a lieu, la fusion de certaines sections voisines.

Les Présidents de deux ou plusieurs sections peuvent organiser, en outre, des séances collectives.

Une section peut tenir, aux heures qui lui conviennent, des séances supplémentaires, à la condition de choisir des heures qui ne soient pas occupées par les excursions générales.

ART. 48. — Pendant la durée de la session, il ne peut être consacré qu'un seul jour, non compris le dimanche, aux excursions générales. Il ne peut être tenu de séances de sections, ni de conférences, et il ne peut y avoir d'excursions officielles spéciales, pendant les heures consacrées à une excursion générale.

ART. 49. — Il peut être organisé une ou plusieurs excursions générales, ou spéciales, pendant les jours qui suivent la clôture de la session.

ART. 50. — Les sections ont toute liberté pour organiser les excursions particulières qui intéressent spécialement leurs membres.

ART. 51. — Une liste des membres de l'Association présents au Congrès paraît le lendemain du jour de l'ouverture, par les soins du Bureau. Des listes complémentaires paraissent les jours suivants, s'il y a lieu.

ART. 52. — Il paraît chaque matin un Bulletin indiquant le programme de la journée, les ordres du jour des diverses séances et les travaux des sections de la journée précédente.

ART. 53. — La Commission d'organisation peut instituer une ou plusieurs séances générales.

ART. 54. — Il ne peut y avoir de discussions en séance générale. Dans le cas où un membre croirait devoir présenter des observations sur un sujet traité dans une séance générale, il devra en prévenir par écrit le Président, qui désignera l'une des prochaines séances de sections pour la discussion.

Art. 55. — A la fin de chaque séance de section, et sur la proposition du Président, la section fixe l'ordre du jour de la prochaine séance, ainsi que l'heure de la réunion.

Art. 56. — Lorsque l'ordre du jour est chargé, le Président peut n'accorder la parole que pour un temps déterminé qui ne peut être moindre que dix minutes. A l'expiration de ce temps, la section est consultée pour savoir si la parole est maintenue à l'orateur; dans le cas où il est décidé qu'on passera à l'ordre du jour, l'orateur est prié de donner brièvement ses conclusions.

Art. 57. — Les membres qui ont présenté des travaux au Congrès sont priés de remettre au Secrétaire de leur section leur manuscrit, ou un résumé de leur travail; ils sont également priés de fournir une note indicative de la part qu'ils ont prise aux discussions qui se sont produites.

Lorsqu'un travail comportera des figures ou des planches, mention devra en être faite sur le titre du mémoire.

Art. 58. — A la fin de chaque séance, les Secrétaires de sections remettent au Secrétariat :

1° L'indication des titres des travaux de la séance;
2° L'ordre du jour, la date et l'heure de la séance suivante.

Art. 59. — Les Secrétaires de sections sont chargés de prévenir les orateurs désignés pour prendre la parole dans chacune des séances.

Art. 60. — Les Secrétaires de sections doivent rédiger un procès-verbal des séances. Ce procès-verbal doit donner, d'une manière sommaire, le résumé des travaux présentés et des discussions; il doit être remis au Secrétariat aussitôt que possible, et au plus tard un mois après la clôture de la session.

Art. 61. — Les Secrétaires de sections remettent au Secrétaire du Conseil, avec leurs procès-verbaux, les manuscrits qui auraient été fournis par leurs auteurs, avec une liste indicative des manuscrits manquants.

Art. 62. — Les indications relatives aux excursions sont fournies aux membres le plus tôt possible. Les membres qui veulent participer aux excursions sont priés de se faire inscrire à l'avance, afin que l'on puisse prendre des mesures d'après le nombre des assistants.

Art. 63. — Les conférences générales n'ont lieu que le soir, et sous le contrôle d'un président et de deux assesseurs désignés par le Bureau.

Il ne peut être fait plus de deux conférences générales pendant la durée d'une session.

Art. 64. — Les vœux exprimés par les sections doivent être remis pendant la session au Conseil d'administration, qui seul a qualité pour les présenter au vote de l'Assemblée générale.

Art. 65. — Avant l'Assemblée générale de clôture, le Conseil décide quels sont les vœux qui devront être soumis à l'acceptation de l'Assemblée générale et qui, après avoir été acceptés, recevant le nom de *Vœux de l'Association française*, seront transmis sous ce nom aux pouvoirs publics.

Il décide également quels vœux seront insérés aux comptes rendus sous le nom de : *Vœux de la ...e section* et quels sont ceux dont le texte ne figurera pas aux comptes rendus.

Il sera procédé, en Assemblée générale, au vote sur les vœux qui sont présentés par le Conseil comme vœux de l'Association.

Il sera ensuite donné lecture des vœux que le Conseil a réservés comme vœux de section.

Dans le cas où dix membres au moins demanderaient qu'un vœu de cette espèce fût transformé en vœu de l'Association, ce vœu pourra être renvoyé, par un vote de l'Assemblée, à l'Assemblée générale suivante. Avant la réunion de celle-ci, cette proposition sera étudiée par une Commission de cinq membres qui aura à faire un rapport qui sera imprimé et distribué à tous les membres de l'Association. Cette Commission comprendra deux membres de la section ou des sections qui ont présenté le vœu, et trois membres pris en dehors de celle-ci. Les premiers seront désignés par le bureau de la section (ou par les bureaux des sections) ayant émis le vœu, qui devront les faire connaître au plus tard lors de la séance du Conseil qui suivra l'Assemblée générale, et, à défaut, par le bureau de l'Association ; les trois autres membres seront nommés par le bureau.

TITRE VII. — Des Comptes rendus.

Art. 66. — L'Association publie chaque année : 1º le texte ou l'analyse des conférences faites à Paris pendant l'hiver ; 2º le compte rendu de la session ; 3º le texte des notes et mémoires dont l'impression dans le compte rendu a été décidée par le Conseil d'administration.

Art. 67. — Les comptes rendus doivent être publiés dix mois au plus tard après la session à laquelle ils se rapportent.

La distribution des comptes rendus est annoncée à tous les membres de l'Association par une circulaire qui indique à partir de quelle date ils peuvent être retirés au Secrétariat.

Les comptes rendus sont expédiés aux invités de l'Association.

Art. 68. — Sur leur demande, faite avant le 1er octobre de chaque année, les membres recevront les comptes rendus de l'Association par fascicules expédiés semi-mensuellement.

Art. 69. — Les membres qui n'auraient pas remis au Secrétaire de leur section, pendant la session, le résumé sommaire de leur communication devront le faire parvenir au Secrétariat au plus tard quatre semaines après la clôture de la session. Passé cette époque, le titre seul du travail figurera au procès-verbal, sauf décision spéciale du Conseil d'administration.

Art. 70. — L'étendue des résumés sommaires ne devra pas dépasser une demi-page d'impression (2000 lettres) pour une même question.

Art. 71. — Les notes et mémoires dont l'impression *in extenso* est demandée par les auteurs devront être remis au Secrétaire de la section pendant la session ou être expédiés directement au Secrétariat deux mois au plus tard après la clôture de la session. Les planches ou dessins accompagnant un mémoire devront être joints à celui-ci.

Art. 72. — Dix pages, au maximum, peuvent être accordées à un auteur pour une même question ; toutefois la Commission de publication pourra proposer au Conseil d'administration de fixer exceptionnellement une étendue plus considérable.

A<small>RT</small>. 73. — Le Conseil d'administration, sur la proposition de la Commission de publication, pourra décider la publication en dehors des comptes rendus de travaux spéciaux que leur étendue ne permettrait pas de faire paraître dans ces comptes rendus. Ces travaux seront mis à la disposition des membres qui en auront fait la demande en temps utile.

A<small>RT</small>. 74. — L'insertion du résumé sommaire destiné au procès-verbal est de droit pour toute communication faite en session, à moins que cette communication ne rentre pas dans l'ordre des travaux de l'Association.

A<small>RT</small>. 75. — La Commission de publication a tous pouvoirs pour décider de l'impression *in extenso* d'un travail présenté à une session. Elle peut également demander aux auteurs des réductions dont elle fixe l'importance ; si le travail réduit ne parvient pas au Secrétariat dans les délais indiqués, l'impression ne pourra avoir lieu.

Aucun travail publié en France avant l'époque du Congrès ne pourra être reproduit dans les comptes rendus. Le titre et l'indication bibliographique figureront seuls dans le procès-verbal.

A<small>RT</small>. 76. — Les discussions insérées dans les comptes rendus sont extraites textuellement des procès-verbaux des Secrétaires de sections. Les notes fournies par les auteurs, pour faciliter la rédaction des procès-verbaux, devront être remises dans les vingt-quatre heures.

A<small>RT</small>. 77. — La Commission de publication décide quelles seront les planches qui seront jointes au compte rendu et s'entend, à cet effet, avec la Commission des finances.

A<small>RT</small>. 78. — Les épreuves seront communiquées aux auteurs en placards seulement ; une semaine est accordée pour la correction. Si l'épreuve n'est pas renvoyée à l'expiration de ce délai, les corrections sont faites par les soins du Secrétariat.

A<small>RT</small>. 79. — Dans le cas où les frais de corrections et changements indiqués par un auteur dépasseraient la somme de 15 francs par feuille, l'excédent, calculé proportionnellement, serait porté à son compte.

A<small>RT</small>. 80. — Les membres pourront faire exécuter un tirage à part de leurs communications avec pagination spéciale, au prix convenu avec l'imprimeur par le Conseil d'administration. Ces tirages à part sont imprimés sur un type absolument uniforme.

A<small>RT</small>. 81. — Les auteurs qui n'ont pas demandé de tirage à part et dont les communications ont une étendue qui dépasse une demi-feuille d'impression recevront quinze exemplaires de leur travail, extraits des feuilles qui ont servi à la composition du volume.

A<small>RT</small>. 82. — Les auteurs des communications présentées à une session ont d'ailleurs le droit de publier à part ces communications à leur gré : ils sont seulement priés d'indiquer que ces travaux ont été présentés au Congrès de l'Association française.

LISTE DES BIENFAITEURS

DE L'ASSOCIATION FRANÇAISE POUR L'AVANCEMENT DES SCIENCES

MM. EICHTHAL (Adolphe d'), Président honoraire du Conseil d'administration de la Compagnie des chemins de fer du Midi, à Paris.

KUHLMANN (Frédéric), Chimiste, Correspondant de l'Institut, à Lille.

BRUNET (Benjamin), ancien Négociant à la Pointe-à-Pitre, à Paris.

ROSIERS (DES), Propriétaire, à Paris.

PERDRIGEON, Agent de change, à Paris.

BISCHOFFSHEIM (Raphaël-Louis), Membre de l'Institut, à Paris.

UN ANONYME.

SIÈBERT, à Paris.

LA COMPAGNIE GÉNÉRALE TRANSATLANTIQUE, à Paris.

G. MASSON, Libraire de l'Académie de Médecine, à Paris.

PEREIRE (Emile), à Paris.

OLLIER, Professeur à la Faculté de Médecine de Lyon, Correspondant de l'Institut.

GIRARD, Directeur de la Manufacture des tabacs de Lyon.

BROSSARD (Louis-Cyrille), à Étampes.

LOMPECH (Denis), à Miramont.

DELEHAYE (J.), à Paris.

POCHARD (Mme V^e), à Paris.

LEGROUX (Adrien), à Orléans.

GOBERT, Président honoraire du Tribunal civil de Saint-Omer.

FONTARIVE, à Linneville-sur-Gien.

Dr RIGOUT, à Paris.

JACKSON, à Paris.

VILLE DE PARIS.

VILLE DE MONTPELLIER.

LISTE DES MEMBRES

DE

L'ASSOCIATION FRANÇAISE POUR L'AVANCEMENT DES SCIENCES

FUSIONNÉE AVEC

L'ASSOCIATION SCIENTIFIQUE DE FRANCE (*)

(MEMBRES FONDATEURS ET MEMBRES A VIE)

MEMBRES FONDATEURS

	PARTS
ABBADIE (Antoine D'), Membre de l'Institut et du Bureau des Longitudes, 120, rue du Bac. — Paris	4
ALBERTI, Banquier *(Décédé)*	1
ALMEIDA (D'), Inspecteur général de l'Instruction publique *(Décédé)*.	1
AMBOIX DE LARBONT (Henri D'), Colonel du 15e régiment d'Infanterie. — Carcassonne (Aude).	1
ANDOUILLÉ (Edmond), sous-Gouverneur honoraire de la *Banque de France (Décédé)*.	2
ANDRÉ (Alfred), Régent de la *Banque de France*, Administrateur de la *Compagnie des Chemins de fer de Paris à Lyon et à la Méditerranée*, ancien Député *(Décédé)* .	2
ANDRÉ (Édouard), ancien Député *(Décédé)*	1
ANDRÉ (Frédéric), Ingénieur en chef des Ponts et Chaussées *(Décédé)*.	1
AUBERT (Charles), Avocat. — Rocroi (Ardennes).	1
AUDIBERT, Directeur de la *Compagnie des Chemins de fer de Paris à Lyon et à la Méditerranée (Décédé)*.	2
AYNARD (Édouard), Banquier, Président de la Chambre de Commerce, Député du Rhône, 11, place de la Charité. — Lyon (Rhône)	1
AZAM (Eugène), Professeur honoraire à la Faculté de Médecine, Associé national de l'Académie de Médecine, 14, rue Vital-Carles. — Bordeaux (Gironde).	1
BAILLE (J.-B.-Alexandre), Répétiteur à l'École Polytechnique, 26, rue Oberkampf. — Paris	1
BAILLIÈRE (Germer), ancien Libraire-Éditeur, ancien Membre du Conseil municipal, 10, rue de l'Éperon. — Paris	1
BAILLON (H.), Professeur à la Faculté de Médecine de Paris *(Décédé)*.	1
BALARD, Membre de l'Institut *(Décédé)*	1
BALASCHOFF (Pierre DE), Rentier, 6, rue Ampère. — Paris.	1
BAMBERGER (Henri), Banquier, 14, rond-point des Champs-Élysées. — Paris.	1
BAPTEROSSES (F.), Manufacturier. — Briare (Loiret).	1
BARBIER-DELAVENS (Victor), Propriétaire, 5, rue Papacin. — Nice (Alpes-Maritimes).	1
BARBOUX (Henri), Avocat à la Cour d'Appel, ancien Bâtonnier du Conseil de l'Ordre 14, quai de la Mégisserie. — Paris.	1
BARTHOLONI (Fernand), ancien Président du Conseil d'administration de la *Compagnie des Chemins de fer d'Orléans*, 12, rue La Rochefoucauld. — Paris	1
BAUDOIN (Noël), Ingénieur civil, 51, rue Lemercier. — Paris.	1

(*) Ces listes ont été arrêtées au 30 août 1896.

b

Béchamp (Antoine), ancien Professeur à la Faculté de Médecine de Montpellier, Correspondant de l'Académie de Médecine, 15, rue Vauquelin. — Paris   1
Becker (Mme V^e), 260, boulevard Saint-Germain. — Paris   1
Bell (Édouard, Théodore), Négociant, 57, Broadway. — New-York (États-Unis d'Amérique)   1
Belon, Fabricant (Décédé).   1
Beral (Éloi), Inspecteur général des mines en retraite, Conseiller d'État honoraire, Sénateur du Lot, 1, rue Boursault. — Paris   1
Berdellé (Charles), ancien Garde général des Forêts. — Rioz (Haute-Saône). . .   1
Bernard (Claude), Membre de l'Académie française et de l'Académie des Sciences (Décédé)   1
Billault-Billaudot et Cie, Fabricant de produits chimiques, 22, rue de la Sorbonne. — Paris   1
Billy (de), Inspecteur général des Mines (Décédé).   1
Billy (Charles de), Conseiller référendaire à la Cour des Comptes, 63, avenue Kléber. — Paris   1
Bischoffsheim (L., R.), Banquier (Décédé)   1
Bischoffsheim (Raphaël, Louis), Membre de l'Institut, Ingénieur des Arts et Manufactures, Député des Alpes-Maritimes, 3, rue Taitbout. — Paris   1
Blot, Membre de l'Académie de Médecine (Décédé).   1
Bochet (Vincent du) (Décédé).   1
Boissonnet (le Général André, Alfred), ancien Sénateur, 75, rue de Miroménil. — Paris .   1
Boivin (Émile), Raffineur, 64, rue de Lisbonne. — Paris.   1
Bonaparte (le Prince Roland), 10, avenue d'Iéna. — Paris.   1
Bondet, Professeur à la Faculté de Médecine, Médecin de l'Hôtel-Dieu, 6, place Bellecour. — Lyon (Rhône).   1
Bonneau (Théodore), Notaire honoraire (Décédé)   1
Borie (Victor), Membre de la Société nationale d'agriculture de France (Décédé) . . .   1
Boudet (F.), Membre de l'Académie de Médecine (Décédé)   1
Bouillaud, Membre de l'Institut, Professeur à la Faculté de Médecine (Décédé)   1
Boulé (Auguste), Inspecteur général des Ponts et Chaussées, en retraite, 7, rue Washington. — Paris.   1
Brandenburg (Albert), Négociant (Décédé)   1
Bréguet, Membre de l'Institut et du Bureau des Longitudes (Décédé)   2
Bréguet (Antoine), Directeur de la Revue scientifique, ancien Élève de l'École Polytechnique (Décédé)   1
Breittmayer (Albert), ancien sous-Directeur des docks et entrepôts de Marseille, 8, quai de l'Est. — Lyon (Rhône)   1
Broca (Paul), Professeur à la Faculté de Médecine de Paris, Membre de l'Académie de Médecine, Sénateur (Décédé)   1
Broet, ancien Membre de l'Assemblée nationale (Décédé).   1
Brouzet (Charles), Ingénieur civil, 38, rue Victor-Hugo. — Lyon (Rhône).   1
Cacheux (Émile), Ingénieur des Arts et Manufactures, vice-Président de la Société française d'Hygiène, 25, quai Saint-Michel. — Paris   1
Cambefort (Jules), Administrateur de la Compagnie des Chemins de fer de Paris à Lyon et à la Méditerranée, 13, rue de la République. — Lyon (Rhône)   1
Camondo (le Comte Abraham de), Banquier (Décédé).   1
Camondo (le Comte Nissim de) (Décédé).   1
Canet (Gustave), Ingénieur des Arts et Manufactures, Directeur de l'Artillerie de la Société anonyme des Forges et Chantiers de la Méditerranée, 3, rue Vignon. — Paris.   1
Caperon (père), Négociant (Décédé).   1
Caperon (fils) (Décédé)   1
Carlier (Auguste), Publicist (Décédé)   1
Carnot (Adolphe), Membre de l'Institut, Inspecteur général des Mines, Professeur à l'École nationale supérieure des Mines et à l'Institut national agronomique, 60, boulevard Saint-Michel. — Paris   1
Casthelaz (John), Fabricant de produits chimiques, 19, rue Sainte-Croix-de-la-Bretonnerie. — Paris   1
Caventou (père), Membre de l'Académie de Médecine (Décédé)   1
Caventou (Eugène), Membre de l'Académie de Médecine, 11, rue des Saints-Pères. — Paris.   1
Cernuschi (Henri), Publiciste (Décédé).   1
Chabaud-Latour (le Général de), Sénateur (Décédé)   1
Chabrières-Arlès, Trésorier-payeur général du département du Rhône, 59, rue Molière. — Lyon (Rhône)   1

CHAMBRE DE COMMERCE DE BORDEAUX (Gironde). 1
—   —   LYON (Rhône). 1
—   —   MARSEILLE (Bouches-du-Rhône) 1
—   —   NANTES, place de la Bourse. — Nantes (Loire-Inférieure) . 1
—   —   ROUEN (Seine-Inférieure) 1
CHANTRE (Ernest), sous-Directeur du Muséum des sciences naturelles, 37, cours
Morand. — Lyon (Rhône). 1
CHARCOT (Jean, Martin), Membre de l'Institut et de l'Académie de Médecine, Professeur
à la Faculté de Médecine, Médecin des Hôpitaux de Paris (Décédé). 1
CHASLES, Membre de l'Institut (Décédé). 2
Dr CHAUVEAU (Auguste), Membre de l'Institut et de l'Académie de Médecine, Inspecteur
général des Écoles nationales vétérinaires, Professeur au Muséum d'histoire naturelle,
10, avenue Jules-Janin. — Paris. 1
CHEVALIER (J.-P.), Négociant, 50, rue du Jardin-Public. — Bordeaux (Gironde). . . 1
CLAMAGERAN (Jules), ancien Ministre des Finances, Sénateur, 57, avenue Marceau.
— Paris 1
CLERMONT (Philippe DE), sous-Directeur du Laboratoire de Chimie à la Sorbonne, 8, bou-
levard Saint-Michel. — Paris. 1
Dr CLIN (Ernest-Marie), Lauréat de la Faculté de Médecine (Prix Montyon), ancien
Interne des Hôpitaux de Paris, Membre perpétuel de la Société chimique (Décédé) . 1
CLOQUET (le Baron Jules), Membre de l'Institut (Décédé) 1
COLLIGNON (Édouard), Inspecteur général des Ponts et Chaussées en retraite, Exami-
nateur de sortie à l'École Polytechnique, 6, rue de Seine. — Paris 1
COMBAL, Professeur à la Faculté de Médecine de Montpellier (Décédé) 1
COMBEROUSSE (Charles DE), Ingénieur des Arts et Manufactures, Professeur au Conser-
vatoire national des Arts et Métiers et à l'École centrale des Arts et Manufactures,
94, rue St-Lazare. — Paris 1
COMBES, Inspecteur général, Directeur de l'École nationale supérieure des Mines
(Décédé). 1
COMPAGNIE DES CHEMINS DE FER DU MIDI, 54, boulevard Haussmann. — Paris 5
—   —   D'ORLÉANS, 8, rue de Londres. — Paris 5
—   —   DE L'OUEST, 20, rue de Rome. — Paris 5
—   —   DE PARIS A LYON ET A LA MÉDITERRANÉE, 88, rue Saint-
Lazare. — Paris 5
—   DES FONDERIES ET FORGES DE L'HORME, 8, rue Victor-Hugo.— Lyon (Rhône) 1
—   DES FONDERIES ET FORGES DE TERRE-NOIRE, LA VOULTE ET BESSÈGES (Dissoute) 1
—   DU GAZ DE LYON, rue de Savoie. — Lyon (Rhône). 1
—   PARISIENNE DU GAZ, 6, rue Condorcet. — Paris 4
—   DES MESSAGERIES MARITIMES, 1, rue Vignon. — Paris. 1
—   DES MINERAIS DE FER MAGNÉTIQUE DE MOKTA-EL-HADID (le Conseil d'admi-
nistration de la), 26, avenue de l'Opéra. — Paris. 1
—   DES MINES, FONDERIES ET FORGES D'ALAIS, 7, rue Blanche. — Paris . . . 1
—   DES MINES DE HOUILLE DE BLANZY (Jules CHAGOT et Cie), à Montceau-les-
Mines (Saône-et-Loire) et 44, rue des Mathurins. — Paris 1
—   DES MINES DE ROCHE-LA-MOLIÈRE ET FIRMINY, 13, rue de la République.
— Lyon (Rhône). 1
—   DES SALINS DU MIDI, 84, rue de la Victoire. — Paris. 2
—   GÉNÉRALE DES VERRERIES DE LA LOIRE ET DU RHÔNE (Dissoute) 1
COPPET (Louis DE), Chimiste, villa Irène, rue Magnan. — Nice (Alpes-Maritimes). . . 1
CORNU (Alfred), Membre de l'Institut et du Bureau des Longitudes, Ingénieur en chef
des Mines, Professeur à l'École Polytechnique, 9, rue de Grenelle. — Paris. . . . 1
COSSON, Membre de l'Institut et de la Société botanique de France (Décédé). . . . 1
COURTOIS DE VIÇOSE, 3, rue Mage. — Toulouse (Haute-Garonne) 1
COURTY, Professeur à la Faculté de Médecine de Montpellier (Décédé) 1
CROUAN (Fernand), Armateur, vice-Président de la Chambre de Commerce, 14, rue de
l'Héronnière. — Nantes (Loire-Inférieure) 1
DAGUIN (Ernest), ancien Président du Tribunal de Commerce de la Seine, Adminis-
trateur de la Compagnie des Chemins de fer de l'Est (Décédé) 1
DALLIGNY (A.), ancien Maire du VIIIe arrondissement, 5, rue Lincoln. — Paris . . . 1
DANTON, Ingénieur civil des Mines, 11, avenue de l'Observatoire. — Paris. 1
DAVILLIER, Banquier (Décédé) 1
DEGOUSÉE (Edmond), Ingénieur des Arts et Manufactures, 164, boulevard Haussmann.
— Paris 1

DELAUNAY, Membre de l'Institut, Ingénieur des Mines, Directeur de l'Observatoire
national *(Décédé)*. 1

Dr DELORE, Correspondant national de l'Académie de Médecine, Agrégé à la Faculté
de Médecine, ancien Chirurgien en Chef de la Charité, 8, rue Vaubecour. — Lyon
(Rhône) 1

DEMARQUAY, Membre de l'Académie de Médecine *(Décédé)*. 1

DEMAY (Prosper), Entrepreneur de travaux publics, 18, rue Chaptal. — Paris 1

DEMONGEOT, Ingénieur des Mines, Maître des requêtes au Conseil d'Etat *(Décédé)*. . . 1

DHOSTEL, Adjoint au maire du IIe arrondissement de Paris *(Décédé)*. 1

Dr DIDAY (P.), Associé national de l'Académie de Médecine, ancien Chirurgien en chef
de l'Antiquaille, Secrétaire général de la *Société de Médecine (Décédé)*. 1

DOLLFUS (Mme Auguste), 53, rue de la Côte. — Le Havre (Seine-Inférieure) 1

DOLLFUS (Auguste) *(Décédé)*. 1

DORVAULT, Directeur de la *Pharmacie centrale de France (Décédé)*. 1

DRAKE DEL CASTILLO (Emmanuel), 2, rue Balzac. — Paris. 1

DUMAS (Jean-Baptiste), Secrétaire perpétuel de l'Académie des Sciences, Membre de
l'Académie française *(Décédé)* 1

DUPOUY (Eugène), Sénateur, Président du Conseil général de la Gironde, 109, rue Croix-
de-Seguey. — Bordeaux (Gironde). 1

DUPUY DE LÔME, Membre de l'Institut, Sénateur *(Décédé)*. 1

DUPUY (Paul), Professeur à la Faculté de Médecine de Bordeaux, 16, chemin d'Eysines.
— Caudéran (Gironde) 2

DUPUY (Léon), Professeur au Lycée, 43, cours du Jardin-Public. — Bordeaux (Gironde). 1

DURAND-BILLION, ancien Architecte *(Décédé)* 1

DUVERGIER, Président de la *Société des Sciences Industrielles de Lyon (Décédé)*. . . 1

ÉCOLE MONGE (le Conseil d'administration de l') *(Dissous)* 1

ÉGLISE ÉVANGÉLIQUE LIBÉRALE (M. Charles WAGNER, Pasteur), 91, boulevard Beaumarchais. — Paris 1

EICHTHAL (le Baron Adolphe D'), Président honoraire du Conseil d'administration de
la *Compagnie des Chemins de fer du Midi (Décédé)*. 10

ENGEL (Michel), Relieur, 91, rue du Cherche-Midi. — Paris. 1

ERHARDT-SCHIEBLE, Graveur *(Décédé)*. 1

ESPAGNY (le Comte D'), Trésorier-payeur général du Rhône *(Décédé)*. 1

FAURE (Lucien), Président de la Chambre de Commerce de Bordeaux *(Décédé)*. . . 1

FRÉMY (Mme Edmond) *(Décédée)* 1

FRÉMY (Edmond), Membre de l'Institut, Directeur et Professeur honoraire du Muséum
d'histoire naturelle *(Décédé)*. 1

FRIEDEL (Mme Charles) (née Combes), 9, rue Michelet. — Paris. 1

FRIEDEL (Charles), Membre de l'Institut, Professeur à la Faculté des Sciences, 9, rue
Michelet. — Paris 1

FROSSARD (Charles), vice-Président de la *Société Ramond*, 14, rue Ballu. — Paris . . . 1

Dr FUMOUZE (Armand), Pharmacien de 1re classe, 78, rue du Faubourg-Saint-Denis.
— Paris. 1

GALANTE (Émile), Fabricant d'instruments de chirurgie, 2, rue de l'École-de-Médecine. — Paris 1

GALLINE (P.), Banquier, Président de la Chambre de Commerce de Lyon *(Décédé)*. . 1

GARIEL (C.-M.), Professeur à la Faculté de Médecine, Membre de l'Académie de Médecine, Ingénieur en chef, Professeur à l'École nationale des Ponts et Chaussées,
6, rue Édouard-Detaille (avenue de Villiers). — Paris. 1

GAUDRY (Albert), Membre de l'Institut, Professeur au Muséum d'histoire naturelle,
7 *bis*, rue des Saints-Pères. — Paris. 1

GAUTHIER-VILLARS (Albert), Imprimeur-Éditeur, ancien Élève de l'École Polytechnique,
55, quai des Grands-Augustins. — Paris. 1

GEOFFROY-SAINT-HILAIRE (Albert), ancien Directeur du Jardin zoologique d'acclimatation,
Président de la *Société nationale d'acclimatation de France*, 8, rue Coëtlogon.
— Paris 1

GERMAIN (Henri), Membre de l'Institut, ancien Député, Président du Conseil
d'administration du *Crédit Lyonnais*, 89, rue du Faubourg-Saint-Honoré. — Paris. 1

GERMAIN (Philippe), 33, place Bellecour. — Lyon (Rhône). 1

GILLET (fils aîné), Teinturier, 9, quai de Serin. — Lyon (Rhône) 1

Dr GINTRAC (père), Correspondant de l'Institut *(Décédé)* 1

GIRARD (Aimé), Membre de l'Institut, Professeur au Conservatoire national des Arts et
Métiers et à l'Institut national agronomique, 44, boulevard Henri IV. — Paris . . 1

GIRARD (Charles), Chef du laboratoire municipal de la Préfecture de Police, 2, rue de la Cité. — Paris   1
GOLDSCHMIDT (Frédéric), Rentier, 33, rue de Lisbonne. — Paris   1
GOLDSCHMIDT (Léopold), Banquier, 10, rue Murillo. — Paris.   1
GOLDSCHMIDT (S., H.), 6, rond-point des Champs-Élysées. — Paris   1
GOUIN (Ernest), Ingénieur, ancien Élève de l'École Polytechnique, Régent de la Banque de France (Décédé)   1
GOUNOUILHOU (G.), Imprimeur, 11, rue Guiraude. — Bordeaux (Gironde)   1
Dr GRIMOUX (Henri), Médecin honoraire des Hôpitaux. — Beaufort (Maine-et-Loire) .   1
GRISON (Charles), Pharmacien (Décédé).   1
GRUNER, Inspecteur général des Mines (Décédé).   1
GUBLER, Professeur à la Faculté de Médecine de Paris, Membre de l'Académie de Médecine (Décédé)   1
Dr GUÉRIN (Alphonse), Membre de l'Académie de Médecine (Décédé)   1
GUICHE (le Marquis DE LA) (Décédé).   1
GUILLEMINET (André), Membre des Sociétés de Pharmacie, Fabricant-Propriétaire des Produits pharmaceutiques de Macors, 30, rue Saint-Jean. — Lyon (Rhône). . . .   1
GUIMET (Émile), Négociant (Musée Guimet), avenue d'Iéna. — Paris   1
HACHETTE et Cie, Libraires-Éditeurs, 79, boulevard Saint-Germain. — Paris.   1
HADAMARD (David), Négociant en Diamants, 53, rue de Châteaudun. — Paris. . . .   1
HATON DE LA GOUPILLIÈRE (J.-N.), Membre de l'Institut, Inspecteur général, Directeur de l'École nationale supérieure des Mines, 60, boulevard Saint-Michel. — Paris. .   1
HAUSSONVILLE (le Comte D'), Membre de l'Académie française, Sénateur (Décédé) . .   1
HECHT (Étienne), Négociant, 19, rue Le Peletier. — Paris   1
HENTSCH, Banquier (Décédé).   2
HILLEL frères, 2, avenue Marcéau. — Paris   2
HOTTINGUER, Banquier, 38, rue de Provence. — Paris.   1
HOUEL (Jules), ancien Ingénieur de la Compagnie de Fives-Lille, ancien Élève de l'École centrale des Arts et Manufactures, 40, avenue Kléber. — Paris.   1
HOVELACQUE (Abel), Professeur à l'École d'anthropologie, ancien Député (Décédé) . .   1
Dr HUREAU DE VILLENEUVE (Abel), Lauréat de l'Institut, 91, rue d'Amsterdam. — Paris.   1
HUYOT, Ingénieur des Mines, Directeur de la Compagnie des Chemins de fer du Midi (Décédé).   1
JACQUEMART (Frédéric), ancien Négociant (Décédé).   1
JAMESON (Conrad), Banquier, ancien Élève de l'École centrale des Arts et Manufactures, 115, boulevard Malesherbes. — Paris.   1
JAVAL, Membre de l'Assemblée nationale (Décédé).   1
JOHNSTON (Nathaniel), ancien Député, 18, cours du Pavé des Chartrons. — Bordeaux (Gironde).   1
JUGLAR (Mme Joséphine), 58, rue des Mathurins. — Paris.   1
KANN, Banquier (Décédé).   1
KŒNIGSWARTER (Antoine) (Décédé)   1
KOENIGSWARTER (le Baron Maximilien DE), ancien Député (Décédé)   1
KRANTZ (Jean-Baptiste), Inspecteur général honoraire des Ponts et Chaussées, Sénateur, 47, rue La Bruyère. — Paris.   1
KUHLMANN (Frédéric), Correspondant de l'Institut (Décédé).   1
KUPPENHEIM (J.), Négociant, Membre du Conseil des Hospices de Lyon (Décédé) . . .   1
Dr LAGNEAU (Gustave), Membre de l'Académie de Médecine, 38, rue de la Chaussée-d'Antin. — Paris.   1
LALANDE (Armand), Négociant (Décédé).   1
LAMÉ-FLEURY (E.), ancien Conseiller d'État, Inspecteur général des Mines en retraite, 62, rue de Verneuil. — Paris.   1
LAMY (Ernest), ancien Banquier, 113, boulevard Haussmann. — Paris   1
LAN, Ingénieur en chef des Mines, Directeur de la Compagnie des Forges de Châtillon et Commentry (Décédé)   2
LAPPARENT (Albert DE), ancien Ingénieur des Mines, Professeur à l'École libre des Hautes-Etudes, 3, rue de Tilsitt. — Paris.   1
Dr LARREY (le Baron Félix, Hippolyte), Membre de l'Institut et de l'Académie de Médecine, ancien Président du Conseil de Santé des Armées (Décédé).   1
LAURENCEL (le Comte DE) (Décédé)   1
LAUTH (Charles), Administrateur honoraire de la manufacture nationale de porcelaines de Sèvres, 36, rue d'Assas. — Paris.   1
LE CHATELIER, Inspecteur général des Mines (Décédé).   1
LECONTE, Ingénieur civil des Mines (Décédé).   2

LECOQ DE BOISBAUDRAN (François), Correspondant de l'Institut, 36, rue de Prony. — Paris 1

LE FORT (Léon), Professeur à la Faculté de Médecine de Paris, Membre de l'Académie de Médecine, Chirurgien des Hôpitaux de Paris (Décédé) 1

LE MARCHAND (Augustin), Ingénieur, les Chartreux. — Petit-Quévilly (Seine-Inférieure). 1

LEMONNIER (Paul, Hippolyte), Ingénieur, ancien Élève de l'École Polytechnique (Décédé). 1

LÈQUES (Henri, François), Ingénieur géographe, Membre de la Société de Géographie. — Nouméa (Nouvelle-Calédonie). 1

LESSEPS (le Comte Ferdinand DE), Membre de l'Académie française et de l'Académie des Sciences, Président-fondateur de la Compagnie universelle du Canal maritime de l'Isthme de Suez (Décédé). 1

LEUDET (Mme Ve Émile), 49, boulevard Cauchoise. — Rouen (Seine-Inférieure) . . . 1

Dr LEUDET (Émile), Correspondant de l'Académie des Sciences, Membre associé national de l'Académie de Médecine, Directeur de l'École de Médecine de Rouen (Décédé) . 1

LEVALLOIS (J.), Inspecteur général des Mines en retraite (Décédé). 1

LE VERRIER (U., J.), Membre de l'Institut, Directeur de l'Observatoire national, Fondateur et Président de l'Association scientifique de France (Décédé) 1

LÉVY-CRÉMIEUX, Banquier (Décédé). 1

LOCHE (Maurice), Ingénieur en chef des Ponts et Chaussées, 24, rue d'Offémont. — Paris. 1

LORTET (Louis), Doyen de la Faculté de Médecine, Directeur du Muséum des sciences naturelles, 15, quai de l'Est. — Lyon (Rhône). 1

LUGOL (Édouard), Avocat, 11, rue de Téhéran. — Paris. 1

LUTSCHER (A.), Banquier, 22, place Malesherbes. — Paris. 2

LUZE (DE) (père), Négociant (Décédé). 1

Dr MACITOT (Émile), Membre de l'Académie de Médecine, 9, boulevard Malesherbes. — Paris 1

MANGINI (Lucien), Ingénieur civil, ancien Sénateur, château de Fenoyl. — Les Halles par Sainte-Foy-l'Argentière (Rhône). 1

MANNBERGER, Banquier (Décédé). 1

MANNHEIM (le Colonel Amédée), Professeur à l'École Polytechnique, 11, rue de la Pompe. — Paris 1

MANSY (Eugène), Négociant, 6, rue des Ternes. — Paris. 1

MARÈS (Henri), Correspondant de l'Institut, Ingénieur des Arts et Manufactures, 3, place Castries. — Montpellier (Hérault) 1

MARTINET (Émile), ancien Imprimeur (Décédé). 1

MARVEILLE DE CALVIAC (Jules DE), château de Calviac. — Lasalle (Gard) 1

MASSON (Georges), Libraire de l'Académie de Médecine, 120, boulevard Saint-Germain. — Paris. 1

M. E. (anonyme) (Décédé) 1

MÉNIER, Membre de la Chambre de Commerce de Paris, Député et Membre du Conseil général de Seine-et-Marne (Décédé). 10

MERLE (Henri) (Décédé) 1

MERZ (John, Théodore), Docteur en Philosophie, the Quarries. — Newcastle-on-Tyne (Angleterre) 1

MEYNARD (J., J.), Ingénieur en chef des Ponts et Chaussées en retraite (Décédé). . . 1

MILNE-EDWARDS (H.), Membre de l'Institut, Doyen de la Faculté des Sciences de Paris, Président de l'Association scientifique de France (Décédé) 1

MIRABAUD (Robert), Banquier, 56, rue de Provence. — Paris 1

Dr MONOD (Charles), Membre de l'Académie de Médecine, Agrégé à la Faculté de Médecine, Chirurgien des Hôpitaux, 12, rue Cambacérès. — Paris 1

MONY (C.), ancien Ingénieur du Chemin de fer de Saint-Germain, Directeur des Houillères de Commentry (Décédé) 1

MOREL D'ARLEUX (Charles), Notaire honoraire, 13, avenue de l'Opéra. — Paris . . . 1

Dr NÉLATON, Membre de l'Institut (Décédé) 1

NOTTIN (Lucien), 4, quai des Célestins. — Paris 1

OLLIER (Léopold), Correspondant de l'Institut, Professeur à la Faculté de Médecine, Associé national de l'Académie de Médecine, ancien Chirurgien titulaire de l'Hôtel-Dieu, 3, quai de la Charité. — Lyon (Rhône). 1

OPPENHEIM (frères), Banquiers (Décédés). 2

PARMENTIER (le Général Théodore), 5, rue du Cirque. — Paris 1

PARRAN (Alphonse), Ingénieur en chef des Mines en retraite, Directeur de la Compagnie des minerais de fer magnétique de Mokta-el-Hadid, 26, avenue de l'Opéra. — Paris . 1

PARROT, Professeur à la Faculté de Médecine de Paris, Membre de l'Académie de Médecine (Décédé) 1

PASTEUR (Louis), Membre de l'Académie française, de l'Académie des Sciences et de l'Académie de Médecine *(Décédé)* 1

PENNÈS (J., A.), ancien Fabricant de produits chimiques et hygiéniques *(Décédé)*. . . 1

PERDRIGEON DU VERNIER (J.), ancien Agent de change. — Chantilly (Oise). 1

PERROT (Adolphe), Docteur ès sciences, ancien Préparateur de Chimie à la Faculté de Médecine de Paris *(Décédé)*. 2

PEYRE (Jules), ancien Banquier, 6, rue Deville. — Toulouse (Haute-Garonne). 1

PIAT (Albert), Constructeur-mécanicien, 85, rue Saint-Maur. — Paris 1

PIATON, Président du Conseil d'administration des Hospices de Lyon *(Décédé)*. . . . 1

PICCIONI (Antoine) *(Décédé)* 2

POIRRIER (Alcide), Fabricant de produits chimiques, Sénateur de la Seine, 10, avenue de Messinc. — Paris 2

POLIGNAC (le Prince Camille DE), château de la Source-Saint-Cyr en Val par Olivet (Loiret) 1

POMMERY (Louis), Négociant en vins de Champagne, 7, rue Vauthier-le-Noir. — Reims (Marne) 1

POTIER (Alfred), Membre de l'Institut, Ingénieur en chef des Mines, Professeur à l'École Polytechnique, 89, boulevard Saint-Michel. — Paris 1

POUPINEL (Jules), Membre du Conseil général de Seine-et-Oise *(Décédé)* 1

POUPINEL (Paul) *(Décédé)* 1

PROT (Paul), Industriel, 65, rue Jouffroy. — Paris 1

QUATREFAGES DE BRÉAU (Armand DE), Membre de l'Institut et de l'Académie de Médecine, Professeur au Muséum d'histoire naturelle *(Décédé)* 1

QUÉVILLON (Fernand), Lieutenant-Colonel d'infanterie Breveté d'État-Major, Secrétaire du Comité technique d'État-Major, 17, rue du Champ-de-Mars. — Paris. . . 1

RAOUL-DUVAL (Fernand), Régent de la *Banque de France*, Président du Conseil d'administration de la *Compagnie Parisienne du Gaz (Décédé)* 1

RÉCIPON (Émile), Propriétaire, Député d'Ille-et-Vilaine *(Décédé)*. 1

REINACH (Herman-Joseph), Banquier, 31, rue de Berlin. — Paris 1

RENARD (Charles), Ingénieur chimiste *(Décédé)*. 1

RENOUARD (Mme Alfred), 64, rue Singer. — Paris 1

RENOUARD (Alfred), Ingénieur civil, Administrateur de *Sociétés techniques*, 64, rue Singer. — Paris 1

RENOUVIER (Charles), Publiciste, ancien Élève de l'École Polytechnique, 37, rue des Remparts-Villeneuve. — Perpignan (Pyrénées-Orientales) 1

RIAZ (Auguste DE), Banquier, 10, quai de Retz. — Lyon (Rhône). 1

Dr RICORD, Membre de l'Académie de Médecine, Chirurgien honoraire de l'Hôpital du Midi *(Décédé)*. 1

RIFFAUT (le Général) *(Décédé)* 1

RIGAUD (Mme Francisque), 8, rue Vivienne. — Paris. 1

RIGAUD (Francisque), Fabricant de produits chimiques, Membre du Conseil général de la Seine, 8, rue Vivienne. — Paris 1

RISLER (Charles), Chimiste, Maire du VIIe arrondissement, 39, rue de l'Université. — Paris 1

ROCHETTE (Ferdinand DE LA), Ingénieur-Directeur des *Hauts Fourneaux et Fonderies de Givors (Décédé)*. 1

ROLLAND, Membre de l'Institut, Directeur général honoraire des Manufactures de l'Etat *(Décédé)* 1

Dr ROLLET de L'YSLE *(Décédé)* 1

ROSIERS (DES), Propriétaire *(Décédé)* 1

ROTHSCHILD (le Baron Alphonse DE), Membre de l'Institut, 2, rue Saint-Florentin. — Paris 1

Dr ROUSSEL (Théophile), Membre de l'Institut et de l'Académie de Médecine, Sénateur et Président du Conseil général de la Lozère, 71, rue du Faubourg-Saint-Honoré. — Paris. 1

ROUVIÈRE (Albert), Ingénieur des Arts et Manufactures, Propriétaire-Agriculteur. — Mazamet (Tarn) 1

SAINT-PAUL DE SAINÇAY, Directeur de la *Société de la Vieille-Montagne (Décédé)*. . . 1

SALET (Georges), Maître de Conférences à la Faculté des Sciences de Paris *(Décédé)*. . . 1

SALLERON, Constructeur, 24, rue Pavée-Marais. — Paris 1

SALVADOR (Casimir) *(Décédé)* 2

SAUVAGE, Directeur de la *Compagnie des Chemins de fer de l'Est (Décédé)*. 2

SAY (Léon), Membre de l'Académie française et de l'Académie des Sciences morales et politiques, Député des Basses-Pyrénées *(Décédé)* 1

SCHEURER-KESTNER (Auguste), Sénateur, 8, rue Pierre-Charron. — Paris 1
SCHRADER (Ferdinand), ancien Directeur des classes de la *Société philomathique de Bordeaux (Décédé)*. 1
SÉDILLOT (C. Dʳ), Membre de l'Institut, ancien Médecin Inspecteur général des armées, Directeur de l'École militaire de santé de Strasbourg *(Décédé)*. 1
SERRET, Membre de l'Institut *(Décédé)*. 1
Dʳ SEYNES (Jules DE), Agrégé à la Faculté de Médecine, 15, rue Chanaleilles. — Paris 1
SIÉBER (H.-A.), 352, rue Saint-Honoré. — Paris 1
SILVA (R., D.), Professeur à l'École centrale des Arts et Manufactures, ancien Professeur à l'École municipale de Physique et de Chimie industrielles *(Décédé)*. 1
SOCIÉTÉ ANONYME DES HOUILLÈRES DE MONTRAMBERT ET DE LA BÉRAUDIÈRE, 70, rue de l'Hôtel-de-Ville. — Lyon (Rhône) 1
SOCIÉTÉ NOUVELLE DES FORGES ET CHANTIERS DE LA MÉDITERRANÉE, 1 et 3, rue Vignon. — Paris 1
SOCIÉTÉ DES INGÉNIEURS CIVILS DE FRANCE, 10, cité Rougemont. — Paris 1
SOCIÉTÉ GÉNÉRALE DES TÉLÉPHONES, 15, rue Caumartin. — Paris 1
SOLVAY (Ernest), Industriel, Sénateur, 45, rue des Champs-Élysées.— Bruxelles (Belgique). 1
SOLVAY ET Cⁱᵉ, Usine de produits chimiques de Varangéville-Dombasle par Dombasle (Meurthe-et-Moselle). 2
STRZELECKI (le Général Casimir) *(Décédé)* 1
Dʳ SUCHARD, 85, boulevard de Port-Royal. — Paris, et l'été aux Bains de Lavey (Vaud) (Suisse). 1
SURELL, Ingénieur en chef des Ponts et Chaussées en retraite, Administrateur de la *Compagnie des Chemins de fer du Midi (Décédé)*. 1
TALABOT (Paulin), Directeur général de la *Compagnie des Chemins de fer de Paris à Lyon et à la Méditerranée (Décédé)* 1
THÉNARD (le Baron Paul), Membre de l'Institut *(Décédé)*. 1
TISSIÉ-SARRUS, Banquier, 2, rue du Petit-Saint-Jean. — Montpellier (Hérault) . . . 1
TOURASSE (Pierre-Louis), Propriétaire *(Décédé)* 8
TRÉBUCIEN (Ernest), Manufacturier, 25, cours de Vincennes. — Paris. 1
VAUTIER (Émile), Ingénieur civil *(Décédé)*. 1
VERDET (Gabriel), ancien Président du Tribunal de commerce. — Avignon (Vaucluse). 1
VERNES (Félix), Banquier *(Décédé)* 1
VERNES D'ARLANDES (Théodore) *(Décédé)* 1
VERRIER (J. F. G.), Membre de plusieurs Sociétés savantes *(Décédé)*. 1
VIGNON (Jules), Rentier, 45, avenue de Noailles. — Lyon (Rhône) 1
VILLE D'ERNÉE (Mayenne) 1
VILLE DE MARSEILLE (Bouches-du-Rhône). 1
VILLE DE REIMS (Marne). 1
VILLE DE ROUEN (Seine-Inférieure). 1
Dʳ VOISIN (Auguste), Médecin des Hôpitaux, 16, rue Séguier. — Paris. 1
WALLACE (Sir Richard) *(Décédé)*. 2
WORMS DE ROMILLY, ancien Président de la *Société française de Physique*, 25, avenue Montaigne. — Paris 1
WURTZ (Adolphe), Membre de l'Institut, Professeur à la Faculté de Médecine et à la Faculté des Sciences de Paris, Sénateur *(Décédé)* 1
WURTZ (Théodore), Propriétaire, 40, rue de Berlin. — Paris. 1
YVER (Paul), Manufacturier, ancien Élève de l'École Polytechnique. — Briare (Loiret). 1

MEMBRES A VIE

ABBE (Cleveland), Météor., Weather-Bureau, department of Agriculture. — Washington-City (Etats-Unis d'Amérique).
ADUY (Eugène), Prop., 27, quai Vauban. — Perpignan (Pyrénées-Orientales).
ALBERTIN (Michel), Pharm. de 1ʳᵉ cl., Dir. de *la Comp. des Eaux min.* et Maire de Saint-Alban, rue de l'Entrepôt. — Roanne (Loire).
ALLARD (Hubert), Pharm. de 1ʳᵉ cl., Prop.— Neuvy, par Moulins (Allier).

ANGOT (Alfred), Doct. ès. sc., Météorol. tit. au Bureau cent. météor. de France, 12, avenue de l'Alma. — Paris.

APPERT (Aristide), anc. Indust., 58, rue Ampère. — Paris.

ARLOING (Saturnin), Corresp. de l'Inst. et de l'Acad. de Méd., Prof. à la Fac. de Méd., Dir. de l'Éc. nat. vétér., 2, quai Pierre-Scize. — Lyon (Rhône).

ARNOUX (Louis-Gabriel), anc. Of. de marine. — Les Mées (Basses-Alpes).

ARNOUX (René), anc. Ing. des ateliers Bréguet, anc. Ing.-Conseil de la *Comp. continentale Edison*, 16, rue de Berlin. — Paris.

ARVÉNGAS (Albert), Lic. en droit, 1, rue Raimond-Lafage. — Lisle-d'Albi (Tarn).

ASSOCIATION POUR L'ENSEIGNEMENT DES SCIENCES ANTHROPOLOGIQUES (École d'anthropologie), 15, rue de l'École-de-Médecine. — Paris.

AUBAN-MOËT, Nég. en vins de Champagne. — Épernay (Marne).

BABINET (André), Ing. des P. et Ch., 5, rue Washington. — Paris.

BAILLE (Mme J.-B., Alexandre), 26, rue Oberkampf. — Paris.

BAILLOU (André), Prop., 96, rue Croix-de Seguey. — Bordeaux (Gironde).

BARABANT (Roger), Ing. en chef des P. et Ch., Dir. de la *Comp. des Chem. de fer de l'Est*, 14, rue de Clichy. — Paris.

BARD (Louis), Prof. à la Fac. de Méd., 30, rue de la République. — Lyon (Rhône).

BARDIN (Mlle), 2, rue du Luminaire. — Montmorency (Seine-et-Oise).

BARGEAUD (Paul), Percept. — Royan-les-Bains (Charente-Inférieure).

BARILLIER-BEAUPRÉ (Alphonse), Juge de paix, Grande-Rue. — Champdeniers (Deux-Sèvres).

BARON (Henri), Dir. hon. de l'Admin. des Postes et Télég., 64, rue Madame. — Paris.

BARON (Jean), anc. Ing. de la Marine, Ing. en chef aux *Chantiers de la Gironde*, 50, rue du Tondu. — Bordeaux (Gironde).

Dr BARROIS (Charles), Prof. à la Fac. des Sc., 37, rue Pascal. — Lille (Nord).

Dr BARROIS (Jules), Doct. ès sc., Zool., villa de Surville, Cap Brun. — Toulon (Var).

BARTAUMIEUX (Charles), Archit., Expert à la Cour d'Ap., Mem. de la *Soc. cent. des Archit. franç.*, 66, rue La Boëtie. — Paris.

BASTIDE (Scévola), Prop.-vitic., Mem. de la Ch. de Com., 11, rue Maguelonne. — Montpellier (Hérault).

BAUDREUIL (Charles DE), 29, rue Bonaparte. — Paris.

BAUDREUIL (Émile DE), anc. Cap. d'Artil., anc. Élève de l'Éc. Polytech., 9, rue du Cherche-Midi. — Paris.

BAYARD (Joseph), Pharm. de 1re cl., anc. Int. des Hôp. de Paris, Sec. de la *Soc. des Pharm. de Seine-et-Marne*, 16, rue Neuville. — Fontainebleau (Seine-et-Marne).

BAYE (le Baron Joseph de), Mem. de la *Soc. des Antiquaires de France*, Corresp. du Min. de l'Instruc. pub., 58, avenue de la Grande-Armée. — Paris et château de Baye (Marne).

BAYSSELLANCE (Adrien), Ing. de la Marine en retraite, Présid. de la rég. Sud-Ouest du *Club Alpin français*, anc. Maire, 84, rue Saint-Genès. — Bordeaux (Gironde).

BEIGBEDER (David), anc. Ing. des Poudres et Salpêtres, 26, avenue de l'Opéra. — Paris.

BERCHON (Mme Ve Ernest), 96, cours du Jardin-Public. — Bordeaux (Gironde).

BERGERON (Jules), Doct. ès sc., Prof. à l'Éc. cent. des Arts et Man., s.-Dir. du Lab. de Géol. de la Fac. des Sc., 157, boulevard Haussmann. — Paris.

Dr BERGERON (Jules), Sec. perp. de l'Acad. de Méd., 157, boulevard Haussmann. — Paris.

BERTHELOT (Eugène), Sec. perp. de l'Acad. des Sc., anc. Min., Mem. de l'Acad. de Méd., Prof. au Col. de France, Sénateur, 3, rue Mazarine (Palais de l'Institut). — Paris.

BERTIN (Louis), Ing. en chef des P. et Ch. en retraite, 6, rue Mogador. — Paris.

BERTRAND (Joseph), Sec. perp. de l'Acad. des Sc., Mem. de l'Acad. franç., Prof. au Col. de France et à l'Éc. Polytech, 4, rue de Tournon. — Paris.

BÉTHOUART (Alfred), Ing. des Arts et Man., Censeur de la *Banque de France*, anc. Maire, 5, rue Chanzy. — Chartres (Eure et-Loir).

BÉTHOUART (Émile), Conserv. des Hypothèques, 13, rue Dutillet. — Dôle (Jura).

Dr BEZANÇON (Paul), anc. Int. des Hôp., 22, rue de la Pépinière. — Paris.

BIBLIOTHÈQUE-MUSÉE, 10, rue de l'État-Major. — Alger.

BIBLIOTHÈQUE PUBLIQUE DE LA VILLE, Grande-Rue. — Boulogne-sur-Mer (Pas-de-Calais).

BIBLIOTHÈQUE DE LA VILLE. — Pau (Basses-Pyrénées).

BIOCHET, Notaire hon. — Caudebec-en-Caux (Seine-Inférieure).

Dr BLANCHARD (Raphaël), Mem. de l'Acad. de Méd., Agr. à la Fac. de Méd., Répét. à l'Inst. nat. agronom., 32, rue du Luxembourg. — Paris.

BLANDIN (Eugène), anc. s.-Sec. d'État, anc. Député, 28, cours la Reine. — Paris.

BLAREZ (Charles), Prof. à la Fac. de Méd., 3, rue Gouvion. — Bordeaux (Gironde).

BLONDEL (Émile), Chim.-Manufac. — Saint-Léger-du-Bourg-Denis (Seine-Inférieure).

BOAS (Alfred), Ing. des Arts et Man., 34, rue de Châteaudun. — Paris.

Dᵣ **BOECKEL** (Jules), Corresp. de l'Acad. de Méd. et de la *Soc. de Chirurg. de Paris*, Chirurg. des Hosp. civ., Lauréat de l'Inst., 2, quai Saint-Nicolas. — Strasbourg (Alsace-Lorraine).

BOÉSÉ (Mˡˡᵉ Alice), 157, rue du Faubourg-Saint-Denis. — Paris.

BOÉSÉ (Mˡˡᵉ Louise), 157, rue du Faubourg-Saint-Denis. — Paris.

BOÉSÉ (Jean), Nég.-Commis., 157, rue du Faubourg-Saint-Denis. — Paris.

BOÉSÉ (Maurice), 157, rue du Faubourg-Saint-Denis. — Paris.

BOFFARD (Jean-Pierre), anc. Notaire, 2, place de la Bourse. — Lyon (Rhône).

BOIRE (Émile), Ing. civ., 86, boulevard Malesherbes. — Paris.

BONNARD (Paul), Agr. de philo., Avocat à la Cour d'Ap., 11 *bis*, rue de la Planche. — Paris.

BONNIER (Gaston), Prof. de Botan. à la Fac. des Sc., Présid. de la *Soc. botan. de France*, 15, rue de l'Estrapade. — Paris.

BORDET (Lucien), Insp. des Fin., anc. Élève de l'Éc. Polytech., 181, boulevard Saint-Germain. — Paris.

BOUCHÉ (Alexandre), 68, rue du Cardinal-Lemoine. — Paris.

BOUDIN (Arthur), Princ. du Collège. — Honfleur (Calvados).

BOULARD (l'Abbé L.), Prof. au Petit-Séminaire. — Chartres (Eure-et-Loir).

BOURDEAU, Prop., Villa Luz. — Billère par Pau (Basses-Pyrénées).

BOURGERY (Henri), anc. Notaire, Mem. de la *Soc. géol. de France*, Les Capucins. — Nogent-le-Rotrou (Eure-et-Loir).

Dᵣ **BOY** (Philippe), 3, rue d'Espalungue. — Pau (Basses-Pyrénées).

BRAEMER (Gustave), Chim. — Izieux (Loire).

BRENOT (J.), 10, rue Bertin-Poirée. — Paris.

BRESSON (Gédéon), anc. Dir. de la *Comp. du vin de Saint-Raphaël*, 102, rue Faventines. — Valence (Drôme).

BRILLOUIN (Marcel), Maître de Conf. à l'Éc. norm. sup., 31, boulevard de Port-Royal. — Paris.

Dᵣ **BROCA** (Auguste), Agr. à la Fac. de Méd., Chirurg. des Hôp., 5, rue de l'Université. — Paris.

BROCARD (Henri), Chef de Bat. du Génie en retraite, 75, rue des Ducs-de-Bar. — Bar-le-Duc (Meuse).

BRÖLEMANN (Georges), Administ. de la *Soc. Gén.*, 52, boulevard Malesherbes. — Paris.

BROLEMANN (A., A.), anc. Présid. du Trib. de Com., 14, quai de l'Est. — Lyon (Rhône).

BRUHL (Paul), Nég., 57, rue de Châteaudun. — Paris.

BRUYANT (Charles), Lic. ès sc. nat., Prof. sup. à l'Éc. de Méd. et de Pharm., 26, rue Gaultier-de-Biauzat. — Clermont-Ferrand (Puy-de-Dôme).

BRUZON (Joseph) ET Cⁱᵉ, Ing. des Arts et Man., usine de Portillon (céruse et blanc de zinc). — Saint-Cyr-sur-Loire par Tours (Indre-et-Loire).

BUISSON (Maxime), Chim., 11, rue Constance. — Paris.

CAHEN D'ANVERS (Albert), 118, rue de Grenelle. — Paris.

CAIX DE SAINT-AYMOUR (le Vicomte Amédée DE), Publiciste, anc. Mem. du Cons. gén. de l'Oise, Mem. de plusieurs Soc. savantes, 112, boulevard de Courcelles. — Paris.

CALDERON (Fernand), Fabric. de prod. chim., 36, rue d'Enghien. — Paris.

CARBONNIER (Louis), Représ. de com., 2, rue du Tabac. — Toulouse (Haute-Garonne).

CARDEILHAC, anc. Juge au Trib. de Com., 20, quai de la Mégisserie. — Paris.

CARPENTIER (Jules), anc. Ing. de l'État, Succes. de Ruhmkorff, 34, rue du Luxembourg. — Paris.

Dᵣ **CARRET** (Jules), anc. Député, 2, rue Croix-d'Or. — Chambéry (Savoie).

CARTAZ (Mᵐᵉ A.), 39, boulevard Haussmann. — Paris.

Dᵣ **CARTAZ** (A.), anc. Int. des Hôp., Sec. de la rédac. de la *Revue des Sciences médicales*, 39, boulevard Haussmann. — Paris.

CAUBET, Prof. et anc. Doyen de la Fac. de Méd., 44, rue d'Alsace-Lorraine. — Toulouse (Haute-Garonne).

CAZALIS DE FONDOUCE (Paul-Louis), Ing. des Arts et Man., Sec. gén. de l'*Acad. des Sc. et Let. de Montpellier*, 18, rue des Étuves. — Montpellier (Hérault).

CAZENEUVE (Albert), Admin. de la *Comp. des Mines de Lens*, 3, rue Bonte-Pollet. — Lille (Nord) et château d'Esquiré. — Fonsorbes (Haute-Garonne).

CAZENOVE (Raoul DE), Prop., 8, rue Sala. — Lyon (Rhône).

CAZOTTES (A., M., J.), Pharm. — Millau (Aveyron).

Dᵣ **CHABER** (Pierre), 20, rue du Casino. — Royan-les-Bains (Charente-Inférieure).

CHABERT (Edmond), Ing. en chef des P. et Ch., 6, rue du Mont-Thabor. — Paris.

CHAIX (A.), Présid. hon. du Cons. d'admin. de l'*Imprimerie et de la Librairie cent. des Chem. de fer*, 48, avenue du Trocadéro. — Paris.

CHALIER (J.), 13, rue d'Aumale. — Paris.

CHAMBRE DES AVOUÉS AU TRIBUNAL DE 1re INSTANCE. — Bordeaux (Gironde).
CHAMBRE DE COMMERCE DU HAVRE. — Le Havre (Seine-Inférieure).
CHAMBRON-AUGUSTIN (Ernest), Agric., Ferme de Madjanâ-M'Chirâ, par Châteaudun-du-
   Rhumel (départ. de Constantine) (Algérie).
CHARCELLAY, Pharm. — Fontenay-le-Comte (Vendée).
CHARROPPIN (Georges), Pharm. de 1re cl. — Pons (Charente-Inférieure).
CHATEL, Avocat défens., bazar du Commerce. — Alger.
Dr CHATIN (Joannès), Prof. adj. à la Fac. des Sc., Mem. de l'Acad. de Méd., 174, boule-
   vard Saint-Germain. — Paris.
CHAUVASSAIGNE (Daniel), château de Mirefleurs par Les Martres-de-Veyre (Puy-de-Dôme).
CHAUVET (Gustave), Notaire, Présid. de la Soc. archéol. et historique de la Charente.
   — Ruffec (Charente).
CHAUVITEAU (Ferdinand), 112, boulevard Haussmann. — Paris.
CHEUX (Pierre, Antoine), Pharm.-maj. en retraite, villa 9, avenue de Paris. — Châtillon-
   sous-Bagneux (Seine).
CHEVREL (René), Doct. ès sc., Chef des trav. zool. à la Fac. des Sc., 2 bis, rue du Tour-
   de-Terre. — Caen (Calvados).
CHICANDARD (Georges), Lic. ès sc. phys., Pharm. de 1re cl., Dir. de la Soc. anonyme
   des prod. chim. — Fontaines-sur-Saône (Rhône).
Dr CHIL-Y-NARANJO (Gregorio). — Palmas (Grand-Canaria).
CHIRIS (Léon), Sénateur des Alpes-Maritimes, 23, avenue d'Iéna. — Paris.
CHOUËT (Alexandre), anc. Juge au Trib. de Com., 19, rue de Milan. — Paris.
CROUILLOU (Albert), Dir. de l'Usine, anc.. Élève de l'Éc. nat. d'Agric. de Grignon,
   69, avenue du Mont-Riboudet. — Rouen (Seine-Inférieure).
CLERMONT (Philibert DE), Avocat à la Cour d'Ap., 8, boulevard Saint-Michel. — Paris.
CLERMONT (Raoul DE), Ing. agronom. diplômé de l'Inst. nat. agronom., Avocat, anc.
   Attaché d'Ambassade, 8, boulevard Saint-Michel. — Paris.
CLOIZEAUX (Alfred LEGRAND DES), Mem. de l'Inst., Prof. hon. au Muséum d'hist. nat.,
   13, rue de Monsieur. — Paris.
Dr CLOS (Dominique), Corresp. de l'Inst., Prof. hon. de la Fac. des Sc., Dir. du Jardin
   des Plantes, 2, allées des Zéphirs. — Toulouse (Haute-Garonne).
CLOUZET (Ferdinand), Mem. du Cons. gén., 88, cours Victor-Hugo. — Bordeaux (Gironde).
COLLIN (Mme), 15, boulevard du Temple. — Paris.
COMITÉ MÉDICAL DES BOUCHES-DU-RHÔNE, 3, marché des Capucines. — Marseille (Bouches-
   du-Rhône).
CONNESSON (Ferdinand), Ing. en chef des P. et Ch., 9, boulevard Denain. — Paris.
CORDIER (Henri), Prof. à l'Éc. des langues orient. vivantes, 3, place Vintimille. — Paris.
CORNEVIN (Charles), Prof. à l'Éc. nat. vétér., 2, quai Pierre-Scize. — Lyon (Rhône).
CORNU (Mme Alfred), 9, rue de Grenelle. — Paris.
COUNORD (E.), Ing. civ., 127, cours du Médoc. — Bordeaux (Gironde).
COUPRIE (Louis), 35, avenue de la République. — Caudéran (Gironde).
COUTAGNE (Georges), Ing. des Poudres et Salpêtres, le Défends. — Rousset (Bouches-du-
   Rhône).
CRAPON (Denis). — Pont-Évêque par Vienne (Isère).
CRÉPY (Paul), Présid. de la Soc. de Géog. de Lille, 28, rue des Jardins. — Lille (Nord).
CRESPEL-TILLOY (Charles), Manufac., 14, rue des Fleurs. — Lille (Nord).
CRESPIN (Arthur), Ing. des Arts et Man., Mécan., 23, avenue Parmentier. — Paris.
CUNISSET-CARNOT (Paul), Proc. gén., 19, cours du Parc. — Dijon (Côte-d'Or).
Dr DAGRÈVE (Élie), Méd. du Lycée et de l'Hôp. — Tournon-sur-Rhône (Ardèche).
DAVID (Arthur), 29, rue du Sentier. — Paris.
DEGLATIGNY (Louis), Nég. en bois, 11, rue Blaise-Pascal. — Rouen (Seine-Inférieure).
DEGORCE (Marc-Antoine), Pharm. en chef de la Marine en retraite, 42, rue des Semis.
   — Royan-les Bains (Charente-Inférieure).
DELAIRE (Alexis), Sec. gén. de la Soc. d'Économ. sociale, anc. Élève de l'Éc. Polytech.,
   238, boulevard Saint-Germain. — Paris.
Dr DELAPORTE, 24, rue Pasquier. — Paris.
DELATTRE (Carlos), Filat., anc. Élève de l'Éc. Polytech., 126, rue Jacquemars-Giélée.
   — Lille (Nord).
DELAUNAY (Henri), Ing. des Arts et Man., 39, rue d'Amsterdam. — Paris.
DE L'ÉPINE, 7, rue de la Grande-Chaumière. — Paris.
DELESSE (Mme Ve), 59, rue Madame. — Paris.
DELESSERT (Édouard), v.-Présid. du Cons. d'admin. de la Comp. des Chem. de fer de
   l'Ouest, 17, rue Raynouard. — Paris.

DELESSERT (Eugène), anc. Prof. — Rolle (canton de Vaud) (Suisse).

DELESTRAC (Lucien), Ing. en chef des P. et Ch., 3, rue Marengo. — Saint-Étienne (Loire).

DELMAS (Mme Pauline), 5, place Longchamps. — Bordeaux (Gironde).

Dr DELMAS (Paul), Dir. de la maison de convalesc., 5, place Longchamps. — Bordeaux (Gironde).

DELON (Ernest). Ing. des Arts et Man., 27, rue Aiguillerie. — Montpellier (Hérault).

Dr DELVAILLE (Camille). — Bayonne (Basses-Pyrénées).

DEMARÇAY (Eugène), anc. Répét. à l'Éc. Polytech., 8 bis, boulevard de Courcelles. — Paris.

Dr DEMONCHY (Adolphe), 37, rue d'Isly. — Alger.

Dr DENIGÈS (Georges), Doct. ès sc., Pharm. sup., Agr. à la Fac. de Méd., 53, rue d'Alzon. — Bordeaux (Gironde).

DENYS (Roger), Ing. en chef des P. et Ch., 1, rue de Courty. — Paris.

DEPAUL (Henri), Agric., château de Vaublanc. — Plémet (Côtes-du-Nord).

DÉPIERRE (Joseph), Ing.-Chim. — Cernay (Alsace-Lorraine).

DERVILLÉ (Stéphane), Nég. en marbres, Présid. du Trib. de Com., 37, rue Fortuny. — Paris.

DESBOIS (Émile), 17, boulevard Beauvoisine. — Rouen (Seine-Inférieure).

DESBONNES (F.), Nég., 5, cours de Gourgues. — Bordeaux (Gironde).

DÉTROYAT (Arnaud). — Bayonne (Basses-Pyrénées).

DIDA (A.), Chim., 108, boulevard Richard-Lenoir. — Paris.

DIETZ (Émile), Pasteur. — Rothau (Alsace-Lorraine).

DISLÈRE (Paul), Cons. d'État, Mem. du Cons. de l'Ordre de la Légion d'honneur, anc. Ing. de la Marine, Présid. du Cons. d'admin. de l'Éc. coloniale, 10, avenue de l'Opéra. — Paris.

DOLLFUS (Gustave), Ing. des Arts et Man., Filat. — Mulhouse (Alsace-Lorraine).

DOMERGUE (Albert), Prof. à l'Éc. de Méd., 341, rue Paradis. — Marseille (Bouches-du-Rhône).

DORÉ-GRASLIN (Edmond), 24, rue Crébillon. — Nantes (Loire-Inférieure).

DOUMERC (Jean), Ing. civ. des Mines, 36, rue d'Alsace-Lorraine. — Toulouse (Haute-Garonne).

DOUMERC (Paul), Ing. civ., 36, rue d'Alsace-Lorraine. — Toulouse (Haute-Garonne).

DOUVILLÉ (Henri), Ing. en chef, Prof. à l'Éc. nat. sup. des Mines, 207, boulevard Saint-Germain. — Paris.

Dr DRANSART. — Somain (Nord).

DUBESSY (Mlle Madeleine). — Nesles-la-Vallée (Seine-et-Oise).

DUBOURG (Georges), Nég. en drap., 45, cours Victor-Hugo. — Bordeaux (Gironde).

DUCLAUX (Émile), Mem. de l'Inst. et de l'Acad. de Méd., Prof. à la Fac. des Sc. et à l'Inst. nat. agronom., 35 bis, rue de Fleurus. — Paris.

DUCREUX (Alfred), Nég., Consul du Paraguay, Mem. du Cons. d'arrond., 9, boulevard National. — Marseille (Bouches-du-Rhône).

DUCROCQ (Henri), Cap. au 8e Rég. d'Artil., Breveté d'Ét.-Maj. — Lunéville (Meurthe-et-Moselle).

DUFOUR (Léon), Dir.-adj. du Lab. de biologie végét. — Avon (Seine-et-Marne).

Dr DUFOUR (Marc), Rect., Prof. d'ophtalmol. à l'Univ., 7, rue du Midi. — Lausanne (Suisse).

DUFRESNE, Insp. gén. de l'Univ., 61, rue Pierre-Charron. — Paris.

Dr DULAC (H.), 14, boulevard Lachèze. — Montbrison (Loire).

DUMAS (Hippolyte), Indust., anc. Élève de l'Éc. Polytech. — Mousquety, par l'Isle-sur-Sorgue (Vaucluse).

DUMAS-EDWARDS (Mme J.-B.), 57, rue Cuvier. — Paris.

DUMINY (Anatole), Nég. en vins de Champagne. — Ay (Marne).

DUPLAY (Simon), Prof. à la Fac. de Méd., Mem. de l'Acad. de Méd., Chirurg. des Hôp., 10, rue Cambacérès. — Paris.

DUPONT (F.), Chim., Sec. gén. de l'Assoc. des chim. de Sucreries et de Distilleries, 37, rue de Dunkerque. — Paris.

DUPRÉ (Anatole), Chim., 26, rue d'Ulm. — Paris.

DUSSAUD (Élie), Prop., 31, cours Pierre-Puget. — Marseille (Bouches-du-Rhône).

DUTAILLY (Gustave), anc. Prof. à la Fac. des Sc. de Lyon, anc. Député, 181, boulevard Saint-Germain. — Paris.

DUVAL (Edmond), Ing. en chef des P. et Ch. en retraite, 51, rue La Bruyère. — Paris.

DUVAL (Mathias), Prof. à la Fac. de Méd., Mem. de l'Acad. de Méd., Prof. d'anat. à l'Éc. nat. des Beaux-Arts, 11, cité Malesherbes (rue des Martyrs). — Paris.

EICHTHAL (Eugène D'), Admin. de la Comp. des Chem. de fer du Midi, 144, boulevard Malesherbes. — Paris.

EICHTHAL (Louis D'), château des Bézards. — Sainte-Geneviève-des-Bois, par Châtillon-sur-Loing (Loiret).

ÉLIE (Eugène), Manufac., 50, rue de Caudebec. — Elbeuf-sur-Seine (Seine-Inférieure).

ELISEN, Ing., Admin. de la *Comp. gén. Transat.*, 153, boulevard Haussmann. — Paris.

ELLIE (Raoul), Ing. des Arts et Man. — Cavignac (Gironde).

ESPOUS (le Comte Auguste D'), rue Salle-de-l'Évêque. — Montpellier (Hérault).

EYSSÉRIC (Joseph), Artiste-Peintre, 14, rue Duplessis. — Carpentras (Vaucluse).

FABRE (Georges), Insp. des Forêts, anc. Élève de l'Éc. Polytech., 28, rue Ménard. — Nimes (Gard).

FAURE (Alfred), Prof. d'Hist. nat. à l'Éc. nat. vétér., Député du Rhône, 9, avenue de l'Observatoire. — Paris.

FERRY (Émile), Nég., Présid. du Trib. de Com., Mem. du Cons. gén. de la Seine-Inférieure, 21, boulevard Cauchoise. — Rouen (Seine-Inférieure).

FIERE (Paul), Archéol., Mem. corresp. de la *Soc. franç. de numism. et d'archéol.* — Saïgon (Cochinchine).

FISCHER DE CHEVRIERS, Prop., 23, rue Vernet. — Paris.

FLANDIN, Prop., 14, rue Jean-Goujon. — Paris.

FORTEL (A.) (fils), Prop., 7, rue Noël. — Reims (Marne).

FOURNIER (Alfred), Prof. à la Fac. de Méd., Mem. de l'Acad. de Méd., Méd. des Hôp., 1, rue Volney. — Paris.

Dr FRANÇOIS-FRANCK (Charles, Albert), Mem. de l'Acad. de Méd., Prof. sup. au Col. de France, 5, rue Saint-Philippe-du-Roule. — Paris.

Dr FROMENTEL (Louis, Édouard DE). — Gray (Haute-Saône).

GARDÈS (Louis, Frédéric, Jean), Notaire, anc. Élève de l'Éc. nat. sup. des Mines, 7, rue Saint-Georges. — Montauban (Tarn-et-Garonne).

GARIEL (Mme C.-M.), 6, rue Édouard-Detaille (avenue de Villiers). — Paris.

GARNIER (Ernest), anc. Présid. de la *Soc. indust. de Reims*, 4, rue Bréguet. — Paris.

GATINE (Albert), Insp. des fin., 1, rue de Beaune. — Paris.

Dr GAUBE (Jean), 23, rue Sainte-Isaure. — Paris.

GAUTHIOT (Charles), Sec. gén. de la *Soc. de géog. com. de Paris*, Mem. du Cons. sup. des colonies, 63, boulevard Saint-Germain. — Paris.

GAYON (Ulysse), Prof. à la Fac. des Sc., Dir. de la Stat. agronom., 41, rue Permentade. — Bordeaux (Gironde).

GELIN (l'Abbé Émile), Doct. en philo. et en théolog., Prof. de math. sup. au col. de Saint-Quirin. — Huy (Belgique).

GENESTE (Mme Philippe), château de Chapeau Cornu. — Vignieu par la Tour-du-Pin (Isère).

GERBEAU, Prop., 13, rue Monge. — Paris.

GÉRENTE (Mme Paul), 19, boulevard Beauséjour. — Paris.

Dr GÉRENTE (Paul), Méd. dir. hon. des asiles pub. d'aliénés, Sénateur d'Alger, 19, boulevard Beauséjour. — Paris.

Dr GIARD (Alfred), Prof. à la Fac. des Sc., Maître de conf. à l'Éc. norm. sup., anc. Député, 11, rue Stanislas. — Paris.

Dr GIBERT, 41, rue de Séry. — Le Havre (Seine-Inférieure).

GIGANDET (Eugène) (fils), Nég., 16, rue Montaux. — Marseille (Bouches-du-Rhône).

GILBERT (Armand), Présid. du Trib. civ., carrefour Beaupeyrat. — Limoges (Haute-Vienne).

GIRARD (Julien), Pharm. maj. en retraite, 38, rue du Bocage. — Ile-Saint-Denis, par Saint-Denis (Seine).

GIRAUD (Louis). — Saint-Péray (Ardèche).

GOBERT, Présid. hon. du Trib. civ., 8, enclos Notre-Dame. — Saint-Omer (Pas-de-Calais).

GOBIN (Adrien), Insp. gén. hon. des P. et Ch., 26, quai Tilsitt. — Lyon (Rhône).

Dr GORDON Y DE ACOSTA (D. Antonio DE), Présid. de l'*Acad. des Sc. médic., phys. et nat.*, esq. à Amargura. — La Havane (Ile de Cuba).

GOUVILLE (Gustave), Mem. du Cons. gén., rue Sivard. — Carentan (Manche).

Dr GRABINSKI (Boleslas). — Neuville-sur-Saône (Rhône).

GRANDIDIER (Alfred), Mem. de l'Inst., 6, rond-point des Champs-Élysées. — Paris.

GRIMAUD (Émile), Imprim., rue de Gorges. — Nantes (Loire-Inférieure).

Dr GRIMAUX (Édouard), Mem. de l'Inst., Prof. à l'Éc. Polytech. et à l'Inst. nat. agronom., Agr. à la Fac. de Méd., 123, boulevard Montparnasse. — Paris.

Dr GUÉBHARD (Adrien), Lic. ès sc. math. et phys., Agr. de Phys. des Fac. de Méd. — Saint-Vallier-de-Thiey (Alpes-Maritimes).

Dr GUERNE (le Baron Jules DE), Natur., Sec. gén. de la *Soc. nat. d'acclimat. de France*, 6, rue de Tournon. — Paris.

GUÉZARD (Albert), Étud., 16, rue des Écoles. — Paris.

GUÉZARD (Mme Jean-Marie), 16, rue des Écoles. — Paris.

GUÉZARD (Jean-Marie), Princ. clerc de notaire, 16, rue des Écoles. — Paris.

GUIEYSSE (Paul), Ing. hydrog. de la Marine, anc. Min., Député du Morbihan, 42, rue des Écoles. — Paris.
GUILMIN (Mme Ve), 8, boulevard Saint-Marcel. — Paris.
GUILMIN (Ch.), 8, boulevard Saint-Marcel. — Paris.
GUY (Louis), Nég., 232, rue de Rivoli. — Paris.
HABERT (Théophile), anc. Notaire, Conserv. du Musée Archéol. et Céram. de la Ville, 12, place Amélie-Doublié. — Reims (Marne).
HALLER-COMON (Albin). Corresp. de l'Inst.. et de l'Acad. de Méd., Prof. à la Fac. des Sc., 14, rue Victor-Hugo. — Nancy (Meurthe-et-Moselle).
HAMARD (l'Abbé Pierre, Jules), Chanoine, 6, rue du Chapitre. — Rennes (Ille-et-Vilaine).
HÉRON (Guillaume), Prop., château Latour. — Bérat par Rieumes (Haute-Garonne).
HÉRON (Jean-Pierre), Prop., 7, place de Tourny. — Bordeaux (Gironde).
HETZEL (Jules), Libr.-Édit., 18, rue Jacob. — Paris.
HEYDENREICH (Albert), Doyen de la Fac. de Méd., 48, rue Gambetta. — Nancy (Meurthe-et-Moselle).
HOLDEN (Jonathan), Indust., 23, boulevard de la République. — Reims (Marne).
HOLLANDE (Jules), Nég. en bois exotiques, 114, rue de Charenton. — Paris.
HOUDÉ (Alfred), Pharm. de 1re cl., 29, rue Albouy. — Paris.
HOVELACQUE (Maurice), Doct. ès sc. nat., 1, rue de Castiglione. — Paris.
HOVELACQUE-KHNOPFF (Émile), 50, rue Cortambert. — Paris.
HUA (Henri), Lic. ès sc. nat., Botan., 2, rue de Villersexel. — Paris.
HUBERT DE VAUTIER (Émile), Entrep. de confec. milit., 114, rue de la République. — Marseille (Bouches-du-Rhône).
Dr HUBLÉ (Martial), Méd.-maj. attaché à la dir. du serv. de santé du 11e corps d'armée. — Nantes (Loire-Inférieure).
HUMBEL (Mme Ve Lucien). — Éloyes (Vosges).
ISAY (Mme Mayer). — Blâmont (Meurthe-et-Moselle).
ISAY (Mayer), Filat., anc. Cap. du Génie, anc. Élève de l'Éc. Polytech. —. Blâmont (Meurthe-et-Moselle).
JABLONOWSKA (Mlle Julia), 44, rue des Écoles. — Paris.
JACKSON-GWILT (Mrs Hannah), Moonbeam villa, Merton road. — New Wimbledon (Surrey) (Angleterre).
JACQUIN (Anatole), Confis., 12, rue Pernelle. — Paris, et villa des Lys. — Dammarie-les-Lys (Seine-et-Marne).
JARAY (Jean), 32, rue Servient. — Lyon (Rhône).
Dr JAUBERT (Adrien), Insp. de la vérif. des Décès, 57, place Pigalle. — Paris.
Dr JAVAL (Émile), Mem. de l'Acad. de Méd., Dir. du Lab. d'Ophtalm. à la Sorbonne, anc. Député, 52, rue de Grenelle. — Paris.
JOBERT (Clément), Prof. à la Fac. des Sc. de Dijon, 82, boulevard Saint-Germain. — Paris.
JOLLOIS (Henri), Insp. gén. hon. des P. et Ch., 46, rue Duplessis. — Versailles (Seine-et-Oise).
JONES (Charles), 12, rue de Chaligny (chez M. Eugène Vauvert). — Paris.
JORDAN (Camille), Mem. de l'Inst., Ing. en chef des Mines, Prof. à l'Éc. Polytech., 48, rue de Varenne. — Paris.
Dr JORDAN (Séraphin), 11, Campania. — Cadix (Espagne).
JOUANDOT (Jules), Ing. civ., Conduct. princ. du serv. des Eaux de la Ville, 57, rue Saint-Sernin. — Bordeaux (Gironde).
JOURDAN (A., G.), Ing. civ., 116, rue Nollet. — Paris.
JULLIEN (Ernest), Ing. en chef des P. et Ch., 6, cours Jourdan. — Limoges (Haute-Vienne).
JUNDZITT (le Comte Casimir), Prop.-Agric., chemin de fer Moscou-Brest, station Domanow-Réginow (Russie).
JUNGFLEISCH (Émile), Mem. de l'Acad. de Méd., Prof. à l'Éc. sup. de Pharm., 38, rue des Écoles. — Paris.
KNIEDER (Xavier), Admin.-délég. des Établissements Malétra. — Petit-Quévilly (Seine-Inférieure).
KOECHLIN-CLAUDON (Émile), Ing. des Arts et Man., 60, rue Duplessis. — Versailles (Seine-et-Oise).
KRAFFT (Eugène), 27, rue Monselet. — Bordeaux (Gironde).
KREISS (Adolphe), Ing., 46, Grande-rue. — Sèvres (Seine-et-Oise).
KÜNCKEL D'HERCULAIS (Jules), Assistant de Zool. (Entomol.) au Muséum d'hist. nat., 20, villa Saïd (avenue du Bois-de-Boulogne). — Paris.
LABRUNIE (Auguste), Nég., 2, rue Michel. — Bordeaux (Gironde).
LACOUR (Alfred), Ing. civ. des Mines, anc. Élève de l'Éc. Polytech., 60, rue Ampère. — Paris.
LADUREAU (Mme Albert), 85, rue Mozart. — Paris.

LADUREAU (Albert), Chim., Dir. de Mines. — Ocala (Floride) (États-Unis d'Amérique), et 85, rue Mozart. — Paris.

LAFAURIE (Maurice), 104, rue du Palais-Galien. — Bordeaux (Gironde).

LAGACHE (Jules), Ing. des Arts et Man., Admin. de la Soc. des Prod. chim. agric., 22, rue des Allamandiers. — Bordeaux (Gironde).

LALLIÉ (Alfred), Avocat, 11, avenue Camus. — Nantes (Loire-Inférieure).

LAMARRE (Onésime), Notaire, 2, place du Donjon. — Niort (Deux-Sèvres).

LANCIAL (Henri), Prof. au Lycée, 3, boulevard du Champbonnet. — Moulins (Allier).

LANG (Tibulle), Dir. de l'Éc. La Martinière, anc. Élève de l'Éc. Polytech., 5, rue des Augustins. — Lyon (Rhône).

LANGE (Mme Adalbert). — Maubert-Fontaine (Ardennes).

LANGE (Adalbert), Indust. — Maubert-Fontaine (Ardennes).

Dr LANTIER (Étienne). — Tannay (Nièvre).

LARIVE (Albert), Indust., 15, rue Ponsardin. — Reims (Marne).

LAROCHE (Mme Félix), 110, avenue de Wagram. — Paris.

LAROCHE (Félix), Insp. gén. des P. et Ch. en retraite, 110, avenue de Wagram. — Paris.

LASSENCE (Alfred DE), Prop., Mem. du Cons. mun., villa Lassence, 12, route de Tarbes. — Pau (Basses-Pyrénées).

Dr LATASTE (Fernand), s.-Dir. du Musée nat. d'hist. nat., Prof. de zool. à l'Éc. de Méd. v.-Présid. de la Soc. scient. du Chili, casilla 803. — Santiago (Chili).

LAURENT (J. H.), Nég., 5, allées de Tourny. — Bordeaux (Gironde).

LAURENT (Léon), Construc. d'inst. d'optiq., 21, rue de l'Odéon. — Paris.

LAUSSEDAT (le Colonel Aimé), Mem. de l'Inst., Dir. du Conserv. nat. des Arts et Mét., 292, rue Saint-Martin. — Paris.

LEAUTÉ (Henry), Mem. de l'Inst., Ing. des Manufac. de l'État, Répét. à l'Éc. Polytech., 20, boulevard de Courcelles. — Paris.

LE BRETON (André), Prop., 43, boulevard Cauchoise. — Rouen (Seine-Inférieure).

LE CHATELIER (Le Capitaine Frédéric, Alfred), anc. Of. d'ordonnance du Min. de la Guerre, 69, rue de l'Université. — Paris.

Dr LE DIEN (Paul), 155, boulevard Malesherbes. — Paris.

LEDOUX (Samuel), Nég., 29, quai de Bourgogne. — Bordeaux (Gironde).

LEENHARDT (Frantz), Prof. à la Fac. de théol., 12, rue du Faubourg-du-Moustier. — Montauban (Tarn-et-Garonne).

LEFÈBVRE (René), Ing. en chef des P. et Ch., 95, rue Jouffroy. — Paris.

LEFRANC (Émile), Mécan., 21, rue de Monsieur. — Reims (Marne).

Dr LE GRIX DE LAVAL (Auguste, Valère), 28, rue Mozart. — Paris.

LE MONNIER (Georges), Prof. de botan. à la Fac. des Sc., 3, rue de Serre. — Nancy (Meurthe-et-Moselle).

Dr LÉON (Auguste), Méd. en chef de la Marine en retraite, 5, rue Duffour-Dubergier. — Bordeaux (Gironde).

LÉPINE (Camille), Étud., 42, rue Vaubecour. — Lyon (Rhône).

LÉPINE (Raphaël), Corresp. de l'Inst., Assoc. nat. de l'Acad. de Méd., Prof. à la Fac. de Méd., 42, rue Vaubecour. — Lyon (Rhône).

LE ROUX (F., P.), Prof. à l'Éc. sup. de Pharm., Examin. d'admis. à l'Éc. Polytech., 120, boulevard Montparnasse. — Paris.

LE SÉRURIER (Charles), Dir. des Douanes, 39, rue Sylvabelle. — Marseille (Bouches-du-Rhône).

LESOURD (Paul) (fils), Nég., 34, rue Néricault-Destouches. — Tours (Indre-et-Loire).

LESPIAULT (Gaston), Prof. et anc. Doyen de la Fac. des Sc., 5, rue Michel-Montaigne. — Bordeaux (Gironde).

LESTRANGE (le Comte Henry de), 43, avenue Montaigne. — Paris et à Saint-Julien, par Saint-Genis-de-Saintonge (Charente-Inférieure).

LETHUILLIER-PINEL (Mme Ve); Prop., 68, rue d'Elbeuf. — Rouen (Seine-Inférieure).

Dr LEUDET (Robert), anc. Int. des Hôp. de Paris, Prof. à l'Éc. de Méd., 16, rue du Contrat-Social. — Rouen (Seine-Inférieure).

LE VALLOIS (Jules), Chef de Bat. du Génie en retraite, anc. Élève de l'Éc. Polytech., 35, rue de Verneuil. — Paris.

LEVASSEUR (Émile), Mem. de l'Inst., Prof. au Col. de France, 26, rue Monsieur-le-Prince — Paris.

LEVAT (David), Ing. civ. des Mines, anc. Élève de l'Éc. Polytech., 9, rue du Printemps. — Paris.

LE VERRIER (Urbain), Ing. en chef, Prof. à l'Éc. nat. sup. des Mines et au Conserv. nat. des Arts et Mét., 12, avenue Bugeaud. — Paris.

LEWY D'ABARTIAGUE (William, Théodore), Ing. civ., château d'Abartiague. — Ossès Basses-Pyrénées).

LEWTHWAITE (William), Dir. de la maison Isaac Holden, 27, rue des Moissons. — Reims (Marne).

LIGUINE (Victor), Prof. à l'Univ., Maire. — Odessa (Russie).

LINDET (Léon), Doct. ès sc., Prof. à l'Inst. nat. agronom., 108, boulevard Saint-Germain. — Paris.

Dr LOIR (Adrien), Dir. de l'Institut Pasteur de la Régence, Présid. de l'*Inst. de Carthage*, impasse du Contrôle civil. — Tunis.

LONGCHAMPS (Gaston GOBIERRE DE), Prof. de math. spéc. au Lycée Saint-Louis, 9, rue du Val-de-Grâce. — Paris.

LONGHAYE (Auguste), Nég., 22, rue de Tournai. — Lille (Nord).

LOPÈS-DIAS (Joseph), Ing. des Arts et Man., 28, place Gambetta. — Bordeaux (Gironde).

LORIOL-LE FORT (Charles, Louis Perceval DE), Natural. — Frontenex près Genève (Suisse).

LOUGNON (Victor), Ing. des Arts et Man., Juge d'Instruc. — Montluçon (Allier).

LOUSSEL (A.), Prop., 86, rue de la Pompe. — Paris.

LOYER (Henri), Filat., 294, rue Notre-Dame. — Lille (Nord).

MACÉ DE LÉPINAY (Jules), Prof. à la Fac. des Sc., 105, boulevard Longchamp. — Marseille (Bouches-du-Rhône).

MADELAINE (Édouard), Ing. de la voie aux *Chem. de fer de l'État*, anc. Élève de l'Éc. cent. des Arts et Man. — La Roche-sur-Yon (Vendée).

MAIGRET (Henri), Ing. des Arts et Man., 29, rue du Sentier. — Paris.

MALINVAUD (Ernest), Sec. gén. de la *Soc. botan. de France*, 8, rue Linné. — Paris.

Dr MANGENOT (Charles), Méd.-insp. des Éc. com., 55, avenue d'Italie. — Paris.

MARCHEGAY (Mme Vve Alphonse), 11, quai des Célestins. — Lyon (Rhône).

MARÉCHAL (Paul), 2, rue de la Mairie. — Brest (Finistère).

Dr MARÈS (Paul). — Alger-Mustapha.

MAREUSE (Edgard), Prop., Sec. du *Comité des Inscrip. parisiennes*, 81, boulevard Haussmann. — Paris et château du Dorat. — Bègles (Gironde).

Dr MAREY (Étienne, Jules), Mem. de l'Inst. et de l'Acad. de Méd., Prof. au Col. de France, 11, boulevard Delessert. — Paris.

MARQUÈS DI BRAGA (P.), Cons. d'État honor., s.-Gouvern. du *Crédit Foncier*, anc. Élève de l'Éc. Polytech., 200, rue de Rivoli. — Paris.

MARTIN (William), 42, avenue Wagram. — Paris.

Dr MARTIN (Louis DE), Sec. gén. de la *Soc. méd. d'émulation de Montpellier*, Mem. corresp. pour l'Aude de la *Soc. nat. d'Agric. de France*. — Montrabech par Lézignan (Aude).

MARTIN-RAGOT (J.), Manufac., 14, Esplanade Cérès. — Reims (Marne).

MARTRE (Étienne), Dir. des contrib. dir. en retraite. — Perpignan (Pyrénées-Orientales).

MASCART (Eleuthère), Mem. de l'Inst., Prof. au Col. de France, Dir. du Bureau cent. météor. de France, 176, rue de l'Université. — Paris.

MASSAT (Camille), Pharm. de 1re cl. — Sainte-Foy (Gironde).

MATHIEU (Charles, Eugène), Ing. des Arts et Man., anc. Dir. gén. construc. des *aciéries de Jœuf*, anc. Dir. gén. et admin. des *aciéries de Longwy*, Construc. mécan., Mem. du Cons. mun., 34, rue de Courlancy. — Reims (Marne).

MATTAUCH (J.), Chim. — Omegna (Piémont) (Italie).

MAUFROY (Jean-Baptiste), anc. Dir. de manufac. de laine, 4, rue de l'Arquebuse. — Reims (Marne).

Dr MAUNOURY (Gabriel), Chirurg. de l'Hôp., place du Théâtre. — Chartres (Eure-et-Loir).

MAUREL (Émile), Nég., 7, rue d'Orléans. — Bordeaux (Gironde).

MAUREL (Marc), Nég., 48, cours du Chapeau-Rouge. — Bordeaux (Gironde).

MAUBOUARD (Lucien), Sec., d'Ambassade, anc. Élève de l'Éc. Polytech., Légation de France. — Athènes (Grèce).

MAXWELL-LYTE (Farnham), Ing.-Chim., 60, Finboroug road. — Londres, S. W. (Angleterre).

MAYER (Ernest), Ing. en chef conseil de la *Comp. des Chem. de fer de l'Ouest*, Mem. du *Comité d'exploit. tech. des chem. de fer*, anc. Élève de l'Éc. cent. des Arts et Man., 66, boulevard Malesherbes. — Paris.

MAZE (l'Abbé Camille), Rédac. au *Cosmos*. — Harfleur (Seine-Inférieure).

MEISSAS (Gaston de), Publiciste, 10 bis, rue du Pré-aux-Clercs. — Paris.

MÉNARD (Césaire), Ing. des Arts et Man., Concessionnaire de l'Éclairage au gaz. — Louhans (Saône-et-Loire).

MERCET (Émile), Banquier, 2, avenue Hoche. — Paris.

MERLIN (Roger). — Bruyères (Vosges).

Dr MESNARDS (P. DES), rue Saint-Vivien. — Saintes (Charente-Inférieure).

MEUNIER (Mme Hippolyte) *(Décédée)*.

Dr MICÉ (Laurand), Rect. de l'Acad. — Clermont-Ferrand (Puy-de-Dôme).

Dr MILNE-EDWARDS (Alphonse), Mem. de l'Inst. et de l'Acad. de Méd., Dir. et Prof. de Zool. au Muséum d'Hist. nat., Prof. à l'Éc. sup. de Pharm., 57, rue Cuvier. — Paris.

MIRABAUD (Paul), Banquier, 56, rue de Provence. — Paris.

MOCQUERIS (Edmond), 58, boulevard d'Argenson. — Neuilly-sur-Seine (Seine).

MOCQUERIS (Paul), Ing. de la construct. à la *Comp. des Chem. de fer de Bône-Guelma et prolongements*, 58, boulevard d'Argenson. — Neuilly-sur-Seine (Seine) et à Sousse (Tunisie).

MOLLINS (Jean de), Doct. ès Sc., 58, avenue Clémentine. — Spa (province de Liège) (Belgique).

Dr MONDOT, anc. Chirurg. de la Marine, anc. Chef de clin. de la Fac. de Méd. de Montpellier, Chirurg. de l'Hôp. civ., 26, boulevard Malakoff. — Oran (Algérie).

Dr MONIER (Eugène), rue de l'Intendance. — Maubeuge (Nord).

MONNIER (Demetrius), Ing. des Arts et Man., Prof. à l'Éc. cent. des Arts et Man., 1, rue Appert. — Paris.

MONTEFIORE (Eward, Lévi), Rent., 36, avenue Henri-Martin. — Paris.

Dr MONTFORT, Prof. à l'Éc. de Méd., Chirurg. des Hôp., 14, rue de la Rosière.— Nantes (Loire-Inférieure).

MONT-LOUIS, Imprim., 2, rue Barbançon. — Clermont-Ferrand (Puy-de-Dôme).

MOREL D'ARLEUX (Mme Charles), 13, avenue de l'Opéra. — Paris.

Dr MOREL D'ARLEUX (Paul), 33, rue Desbordes-Valmore. — Paris.

MORIN (Théodore), Doct. en droit, 50, avenue du Trocadéro. — Paris.

MORTILLET (Adrien DE), Prof. à l'Éc. d'Anthrop., Conserv. des collections de la Soc. d'Anthrop. de Paris, 3, rue de Lorraine. — Saint-Germain-en-Laye (Seine-et-Oise).

MORTILLET (Gabriel DE), Prof. à l'Éc. d'Anthrop., anc. Député, 3, rue de Lorraine. — Saint-Germain-en-Laye (Seine-et-Oise).

MOSSÉ (Alphonse), Prof. de clin. méd. à la Fac. de Méd., Corresp. nat. de l'Acad. de 36, rue du Taur. — Toulouse (Haute-Garonne).

MOULLADE (Albert), Lic. ès sc., Pharm. princ. à l'hôp. milit. — Vincennes (Seine).

NEVEU (Auguste), Ing. des Arts et Man. — Rueil (Seine-et-Oise).

NICAISE (Victor), Étud. en Méd., 37, boulevard Malesherbes. — Paris.

Dr NICAS, 80, rue Saint-Honoré. — Fontainebleau (Seine-et-Marne).

NIEL (Eugène), v.-Consul du Brésil, 28, rue Herbière. — Rouen (Seine-Inférieure).

NIVET (Gustave). — Marans (Charente-Inférieure).

NIVOIT (Edmond), Ing. en chef des Mines, Prof. de Géol. à l'Éc. nat. des P. et Ch., 2, rue de la Planche. — Paris.

NOELTING, Dir. de l'Éc. de Chim. — Mulhouse (Alsace-Lorraine).

OCAGNE (Maurice D'), Ing., Prof. à l'Éc. nat. des P. et Ch., Répét. à l'Éc. Polytech. 5, rue de Vienne. — Paris.

ODIER (Alfred), Dir. de la *Caisse gén. des Familles*, 4, rue de la Paix. — Paris.

ŒCHSNER DE CONINCK (William), Prof. adj. à la Fac. des Sc., 8, rue Auguste-Comte. — Montpellier (Hérault).

Dr OLIVIER (Paul), Méd. en chef de l'hosp. gén., Prof. à l'Éc. de Méd., 12, rue de la Chaine. — Rouen (Seine-Inférieure).

ORLÉANS (le Prince Henri D'), Explorateur, Mem. de la *Soc. de Géog.*, 27, rue Jean-Goujon. — Paris.

OSMOND (Floris), Ing. des Arts et Man., 83, boulevard de Courcelles. — Paris.

OUTHENIN-CHALANDRE (Joseph), 5, rue des Mathurins. — Paris.

PALUN (Auguste), Juge au Trib. de Com., 13, rue Banasterio. — Avignon (Vaucluse).

Dr PAMARD (Alfred), Corresp. nat. de l'Acad. de Méd., Chirurg. en chef des Hôp., 4, place Lamirande. — Avignon (Vaucluse).

PAMARD (Paul), Étud. en Méd., 4, place Lamirande. — Avignon (Vaucluse).

PARION, Mem. de la *Soc. d'astron.*, 7, quai Conti. — Paris.

PASQUET (Eugène) (fils), 16, rue Croix-de-Seguey. — Bordeaux (Gironde).

PASSY (Frédéric), Mem. de l'Inst., anc. Député, Mem. du Cons. gén. de Seine-et-Oise, 8, rue Labordère. — Neuilly-sur-Seine (Seine).

PASSY (Paul, Édouard), Doct. ès let., Lauréat de l'Inst. (Prix Volney), Maître de Conf. à l'Éc. des Hautes-Études d'Histoire et de Philolog., 92, rue de Longchamp. — Neuilly-sur-Seine (Seine).

PÉDRAGLIO-HOEL (Mme Hélène), 12, quai de la Fosse. — Nantes (Loire-Inférieure).

PÉLAGAUD (Élisée), Doct. ès sc., 15, quai de l'Archevêché. — Lyon (Rhône).

PÉLAGAUD (Fernand), Doct. en droit, Cons. à la Cour d'Ap., 31, quai Saint-Vincent. — Lyon (Rhône).

PELLET (Auguste), Doyen de la Fac. des Sc., 51, rue Blatin. — Clermont-Ferrand (Puy-de-Dôme).

PELTEREAU (Ernest), Notaire hon. — Vendôme (Loir-et-Cher).

PEREIRE (Émile), Ing. des Arts et Man., Admin. de la *Comp. des Chem. de fer du Midi*, 10, rue Alfred-de-Vigny. — Paris.

PEREIRE (Eugène), Ing. des Arts et Man., Présid. du Cons. d'admin. de la *Comp. gén. Transat.*, 45, rue du Faubourg-Saint-Honoré. — Paris.

PEREIRE (Henri), Ing. des Arts et Man., Admin. de la *Comp. des Chem. de fer du Midi*, 33, boulevard de Courcelles. — Paris.

PÉREZ (Jean), Prof. à la Fac. des Sc., 21, rue Saubat. — Bordeaux (Gironde).

PERIDIER (Louis), anc. Jug. sup. au Trib. de Com., 5, quai d'Alger. — Cette (Hérault).

PERRET (Auguste), Prop., 50, quai Saint-Vincent. — Lyon (Rhône).

PERRET (Michel), Mem. du Cons. d'admin. de la *Comp. des Glaces de Saint-Gobain*, 7, place d'Iéna. — Paris.

PERRICAUD, Cultivat. — La Balme (Isère).

PERRICAUD (Saint-Clair). — La Battero commune de Sainte-Foy-lez-Lyon par la Mulatière (Rhône).

Dr PETIT (Henri), Biblioth. adj. à la Fac. de Méd., 18, rue du Pré-aux-Clercs. — Paris.

PETITON (Anatole), Ing.-Conseil des Mines, 91, rue de Seine. — Paris.

PETRUCCI (C., R.), Ing. — Béziers (Hérault).

PETTIT (Georges), Ing. en chef des P. et Ch., boulevard d'Haussy. — Mont-de-Marsan (Landes).

PHILIPPE (Léon), 23 *bis*, rue de Turin. — Paris.

PICHE (Albert), Avocat, Présid. de la *Soc. d'Éducat. popul.*, 8, rue Montpensier. — Pau (Basses-Pyrénées).

PICOU (Gustave), Indust., 123, rue de Paris. — Saint-Denis (Seine).

PICQUET (Henry), Chef de bat. du Génie, Examin. d'admis. à l'Éc. Polytech., 24, rue de Condé. — Paris.

Dr PIERROU. — Chazay-d'Azergues (Rhône).

PILLET (Jules), Prof. aux Éc. nat. des P. et Ch. et des Beaux-Arts et au Conserv. nat. des Arts et Mét., anc. Élève de l'Éc. Polytech., 18, rue Saint-Sulpice. — Paris.

PINON (Paul), Nég., 17, rue Landouzy. — Reims (Marne).

PITRES (Albert), Doyen de la Fac. de Méd., Corresp. nat. de l'Acad. de Méd., Méd. de l'hôp. Saint-André, 119, cours d'Alsace-et-Lorraine. — Bordeaux (Gironde).

Dr PLANTÉ (Jules), Méd. de 1re cl. de la Marine, Prof. à l'Éc. de Méd. navale, cours Saint-Jean. — Bordeaux (Gironde).

POILLON (Louis), Ing. des Arts et Man., Rancho Verde. — Teponaxtla par Cuicatlan (État d'Oaxaca) (Mexique).

POISSON (le Baron Henry), 26, rue Cambon. — Paris.

POISSON (Jules), Assistant de Botan. au Muséum d'hist. nat., 39, rue de la Clef. — Paris.

POIZAT (le Général Henri, Victor), 28, boulevard Bon-Accueil. — Alger-Agha.

POLIGNAC (le Comte Guy DE). — Kerbastic-sur-Gestel (Morbihan).

POLIGNAC (le Comte Melchior DE). — Kerbastic-sur-Gestel (Morbihan).

POMMEROL, Avocat, anc. Rédac. de la revue *Matériaux pour l'histoire primitive de l'Homme.* — Veyre-Mouton (Puy-de-Dôme) et 72, rue Monge. — Paris.

PORCHEROT (Eugène), Ing. civ., la Béchellerie. — Saint-Cyr-sur-Loire par Tours (Indre-et-Loire).

PORGÈS (Charles), Présid. du Cons. d'Admin. de la *Comp. continentale Edison*, 25, rue de Berri. — Paris.

Dr POUPINEL (Gaston), anc. Int. des Hôp., 225, rue du Faubourg-Saint-Honoré. — Paris.

Dr POUSSIÉ (Émile), 2, rue de Valois. — Paris.

POUYANNE (C.-M.), Ing. en chef des Mines, 70, rue Rovigo. — Alger.

Dr POZZI (Samuel), Mem. de l'Acad. de Méd., Agr. à la Fac. de Méd., Chirurg. des Hôp., 10, place Vendôme. — Paris.

PRAT (Léon), Chim., 163, rue Judaïque. — Bordeaux (Gironde).

PRELLER (L.), Nég., 5, cours de Gourgues. — Bordeaux (Gironde).

PREVET (Charles), Nég., 48, rue des Petites-Écuries. — Paris.

PRÉVOST (Georges), Ing. civ. des Mines, anc. Élève de l'Éc. Polytech., 30, quai de Bourgogne. — Bordeaux (Gironde).

PRIOLEAU (Mme Léonce), 4, rue des Jacobins. — Brive (Corrèze).

Dr PRIOLEAU (Léonce), anc. Int. des Hôp. de Paris, 4, rue des Jacobins. — Brive (Corrèze).

PRIVAT (Paul, Édouard), Libr.-Édit., Juge au Trib. de Com., 45, rue des Tourneurs. — Toulouse (Haute-Garonne).

Dr PUJOS (Albert), Méd. princ. du Bureau de bienfais., 58, rue Saint-Sernin. — Bordeaux (Gironde).

QUATREFAGES DE BRÉAU (Mme Ve Armand DE), 155, boulevard Magenta. — Paris.

QUATREFAGES DE BRÉAU (Léonce DE), Ing., Chef de serv. à la *Comp. des Chem. de fer du Nord*, anc. Élève de l'Éc. cent. des Arts et Man., 155, boulevard Magenta. — Paris.

RACLET (Joannis), Ing. civ., 10, place des Célestins. — Lyon (Rhône).

RAFFARD (Nicolas, Jules), Ing.-Mécan., Lauréat de l'Inst. (Prix Monthyon), 5, avenue d'Orléans. — Paris.

RAIMBERT (Louis), Chim. — Cuincy par Douai (Nord).

Dr RAINGEARD, 1, place Royale. — Nantes (Loire-Inférieure).

RAMBAUD (Alfred), Prof. à la Fac. des Let., Min. de l'Instruc. pub., Sénateur et Mem. du Cons. gén. du Doubs, 76, rue d'Assas. — Paris.

RAMÉ (Mlle), 16, rue de Chalon. — Paris.

RAMÉ (Louis, Félix), anc. Présid. du Syndic. de la boulang. de Paris et de la Délég. de la boulang. franç., 16, rue de Chalon. — Paris.

RAOUL (Édouard), Mem. du Cons. sup. de Santé et du Cons.-sup. des Colonies, Prof. du cours de produc. et cultures tropic. à l'Éc. coloniale, Délég. des Ch. d'Agric. et de Com. des Etablis. français de l'Océanie, 5, rue de Vienne. — Paris.

REILLE (le Baron René), Député du Tarn, 10, boulevard de la Tour-Maubourg. — Paris.

RENAUD (Georges), Dir. de la *Revue géographique internationale*, Prof. au Col. Chaptal, à l'Inst. com. et aux Éc. sup. de la Ville de Paris, 76, rue de la Pompe. — Paris.

RÉNIER (Édouard), Recev. partic. des Fin. — Issoire (Puy-de-Dôme).

REY (Louis), Ing. des Arts et Man., Admin. de la *Comp. des Chem. de fer du Cambrésis*, 77, boulevard Exelmans. — Paris.

RIBERO DE SOUZA REZENDE (le Chevalier S.), poste restante. — Rio-Janeiro (Brésil).

RIBOUT (Charles), Prof. hon. de math. spéc. au Lycée Louis-le-Grand, 30, avenue de Picardie. — Versailles (Seine-et-Oise).

RICHIER (Clément), Prop. — Nogent en Bassigny (Haute-Marne).

RIDDER (Gustave DE), Notaire, 4, rue Perrault. — Paris.

RILLIET (Albert), Prof. à l'Univ., 16, rue Bellot. — Genève (Suisse).

RISLER (Eugène), Dir. de l'Inst. nat. agronom., 106 bis, rue de Rennes. — Paris.

RISTON (Victor), Doct. en droit, Avocat à la Cour d'Ap., 3, rue d'Essey. — Malzéville (Meurthe-et-Moselle).

Dr RIVIÈRE (Jean), Méd.-Maj. du 4e Bat. d'Infant. légère d'Afrique. — Le Kef (Tunisie).

ROBERT (Gabriel), Avocat à la Cour d'Ap., 2, quai de l'Hôpital. — Lyon (Rhône).

ROBIN (A.), Banquier, Consul de Turquie, 41, rue de l'Hôtel-de-Ville. — Lyon (Rhône).

ROBINEAU (Th.), Lic. en droit, anc. Avoué, 4, avenue Carnot. — Paris.

RODOCANACHI (Emmanuel), 54, rue de Lisbonne. — Paris.

ROHDEN (Charles DE), Mécan., 189, rue Saint-Maur. — Paris.

ROHDEN (Théodore DE), 189, rue Saint-Maur. — Paris.

ROLLAND (Alexandre), Nég. en papiers, 7, rue Haxo. — Marseille (Bouches-du-Rhône).

ROLLAND (Georges), Ing. en chef des Mines, 60, rue Pierre-Charron. — Paris.

ROUGET, Insp. gén. des Fin., 15, avenue Mac-Mahon. — Paris.

ROUSSELET (Louis), Archéol., 126, boulevard Saint-Germain. — Paris.

SABATIER (Armand), Corresp. de l'Inst., Doyen de la Fac. des Sc., 3, rue Barthez. — Montpellier (Hérault).

SABATIER (Paul), Prof. de chim. à la Fac. des Sc., 11, allées des Zéphirs. — Toulouse (Haute-Garonne).

SAGNIER (Henry), Dir. du *Journal de l'Agriculture*, 2, carrefour de la Croix-Rouge. — Paris.

SAIGNAT (Léo), Prof. à la Fac. de Droit, 18, rue Mably. — Bordeaux (Gironde).

SAINT-LAURENT (Albert DE), Avocat, 128, cours Victor-Hugo. — Bordeaux (Gironde).

SAINT-MARTIN (Charles DE). — Thiaucourt (Meurthe-et-Moselle).

SAINT-OLIVE (G.), anc. Banquier, 9, place Morand. — Lyon (Rhône).

Dr SAINTE-ROSE-SUQUET, 3, rue des Pyramides. — Paris.

SANSON (André), Prof. à l'Inst. nat. agronom. et à l'Éc. nat. d'agric. de Grignon, 11, rue Boissonnade. — Paris.

SCHILDE (le Baron DE), château de Schilde par Wyneghem (province d'Anvers) (Belgique).

SCHLUMBERGER (Charles), Ing. de la Marine en retraite, 21, rue du Cherche-Midi. — Paris.

SCHMITT (Henri), Pharm. de 1re cl., 44, rue des Abbesses. — Paris.

SCHMUTZ (Emmanuel), 1, rue Kageneck. — Strasbourg (Alsace-Lorraine).

SCHWÉRER (Pierre, Alban), Notaire, 3, rue Saint-André. — Grenoble (Isère).

SEBERT (le Général Hippolyte), Admin. de la *Soc. anonyme des Forges et Chantiers de la Méditerranée*, 14, rue Brémontier. — Paris.

SÉDILLOT (Maurice), Entomol., Mem. de la *Com. scient. de Tunisie*, 20, rue de l'Odéon. — Paris.

SEGRETAIN (Léon), Général de Division, Gouverneur de Lille, 28, place aux Bleuets. — Lille (Nord).

SELLERON (Ernest), Ing. de la Marine en retraite, 76, rue de la Victoire. — Paris.
SERRE (Fernand), Prop., 1, rue Levat. — Montpellier (Hérault).
SEYNES (Léonce DE), 58, rue Calade. — Avignon (Vaucluse).
SIÉGLER (Ernest), Ing. en chef des P. et Ch., Ing. en chef adj. de la voie à la *Comp. des Chem. de fer de l'Est*, 96, rue de Maubeuge. — Paris.
SOCIÉTÉ INDUSTRIELLE D'AMIENS. — Amiens (Somme).
SOCIÉTÉ PHILOMATHIQUE DE BORDEAUX, 2, cours du XXX Juillet. — Bordeaux (Gironde).
SOCIÉTÉ DES SCIENCES PHYSIQUES ET NATURELLES, 143, cours Victor-Hugo. — Bordeaux (Gironde).
SOCIÉTÉ ACADÉMIQUE DE BREST. — Brest (Finistère).
SOCIÉTÉ LIBRE D'AGRICULTURE, SCIENCES, ARTS ET BELLES-LETTRES DE L'EURE.—Évreux (Eure).
SOCIÉTÉ CENTRALE DE MÉDECINE DU NORD. — Lille (Nord).
SOCIÉTÉ ACADÉMIQUE DE LA LOIRE-INFÉRIEURE, 1, rue Suffren. — Nantes (Loire-Inférieure).
SOCIÉTÉ CENTRALE DES ARCHITECTES FRANÇAIS, 168, boulevard Saint-Germain. — Paris.
SOCIÉTÉ DE GÉOGRAPHIE, 184, boulevard Saint-Germain. — Paris.
SOCIÉTÉ MÉDICO-CHIRURGICALE DE PARIS (ancienne SOCIÉTÉ MÉDICO-PRATIQUE), 28, rue Serpente (Hôtel des Sociétés savantes). — Paris.
SOCIÉTÉ FRANÇAISE DE PHOTOGRAPHIE, 76, rue des Petits-Champs. — Paris.
SOCIÉTÉ DES SCIENCES, LETTRES ET ARTS DE PAU (Basses-Pyrénées).
SOCIÉTÉ INDUSTRIELLE DE REIMS, 18, rue Ponsardin. — Reims (Marne).
SOCIÉTÉ MÉDICALE DE REIMS, 71, rue Chanzy. — Reims (Marne).
Dr SONNIÉ-MORET (Abel), Pharm. de l'Hôp. des Enfants malades, 149, rue de Sèvres. — Paris.
STEINMETZ (Charles), Tanneur, 60, rue d'Illzach. — Mulhouse (Alsace-Lorraine).
STENGELIN, Banquier, 9, quai Saint-Clair. — Lyon (Rhône).
STORCK (Adrien), Ing. des Arts et Man., 78, rue de l'Hôtel-de-Ville. — Lyon (Rhône).
SURRAULT (Ernest), Notaire hon., 65, avenue de l'Alma. — Paris.
Dr TACHARD (Élie), Méd. princ., Méd. chef de l'Hôp. milit., 42, place des Carmes. — Toulouse (Haute-Garonne).
TANRET (Charles), Pharm. de 1re cl., 14, rue d'Alger. — Paris.
TANRET (Georges), Étud., 14, rue d'Alger. — Paris.
TARRY (Gaston), Insp. des Contrib. diverses, attaché au Gouvern. gén. de l'Algérie. — Kouba (départ. d'Alger).
TARRY (Harold), Insp. des Fin. en retraite, anc. Élève de l'Éc. Polytech., 6, rue de Bagneux. — Paris.
Dr TEILLAIS (Auguste), place du Cirque. — Nantes (Loire-Inférieure).
TESTUT (Léo) Prof. d'anat. à la Fac. de Méd., Corresp. nat. de l'Acad. de Méd., 3, avenue de l'Archevêché. — Lyon (Rhône).
TEULADE (Marc), Avocat, Mem. de la *Soc. de Géog.* et de la *Soc. d'Hist. nat. de Toulouse*, 22, rue Pharaon. — Toulouse (Haute-Garonne).
TEULLÉ (le Baron Pierre), Prop., Mem. de la *Soc. des Agricult. de France*. — Moissac (Tarn-et-Garonne).
Dr TEXIER (Georges). — Moncoutant (Deux-Sèvres).
THÉNARD (Mme la Baronne Ve Paul), 6, place Saint-Sulpice. — Paris.
THIBAULT (J.), Tanneur, 18, place du Maupas. — Meung-sur-Loire (Loiret).
Dr THIBIERGE (Georges), Méd. des Hôp., 7, rue de Surène. — Paris.
Dr THULIÉ (Henri), anc. Présid. du Cons. mun., 37, boulevard Beauséjour. — Paris.
THURNEYSSEN (Émile), Admin. de la *Comp. gén. Transat.*, 10, rue de Tilsitt. — Paris.
TILLY (DE), Teintures et apprêts, 77, rue des Moulins. — Reims (Marne).
TISSANDIER (Gaston), Chim., Rédac. en chef de *La Nature*, 50, rue de Châteaudun. — Paris.
TISSOT, Examin. d'admis. à l'Éc. Polytech. en retraite. — Voreppe (Isère).
TISSOT (J.), Ing. en chef des Mines. — Constantine (Algérie).
Dr TOPINARD (Paul), Dir.-adj. du Lab. d'anthrop. de l'Éc. des Hautes Études, 105, rue de Rennes. — Paris.
TOURTOULON (le Baron Charles DE), Prop., 13, rue Roux-Alphéran. — Aix en Provence (Bouches-du-Rhône).
TRÉLAT (Émile), Ing. des Arts et Man., Archit. en chef hon. du départ. de la Seine, Prof. hon. au Conserv. nat. des Arts et Métiers, Dir. de l'Éc. spéc. d'archit., Député de la Seine, 17, rue Denfert-Rochereau. — Paris.
TULEU (Mme Charles, Aubin), 58, rue d'Hauteville. — Paris.
TULEU (Charles, Aubin), Ing. civ., anc. Élève de l'Éc. Polytech., 58, rue d'Hauteville. — Paris.
URSCHELLER (Henri), Prof. d'allemand au Lycée, 23, rue de Siam. — Brest (Finistère).
Dr VAILLANT (Léon), Prof. au Muséum d'hist. nat., 36, rue Geoffroy-Saint-Hilaire.— Paris.

Dr Valcourt (Théophile de), Méd. de l'hôp. marit. de l'enfance. — Cannes (Alpes-Maritimes), et 64, boulevard Sáint-Germain. — Paris.

Vallot (Joseph), Dir. de l'Observatoire du Mont-Blanc, 61, avenue d'Antin. — Paris.

Valot (Paul), Doct. en Droit, Avocat, rue Kléber. — Lure (Haute-Saône).

Van Aubel (Edmond), Doct. ès sc. phys. et math., Chargé de Cours à l'Univ. de Gand, 12, rue de Comines. — Bruxelles (Belgique).

Van Blarenberghe (Mme Henri, François), 48, rue de la Bienfaisance. — Paris.

Van Blarenberghe (Henri, François), Ing. en chef des P. et Ch. en retraite, Présid. du Cons. d'admin. de la *Comp. des Chem. de fer de l'Est*, 48, rue de la Bienfaisance.—Paris.

Van Blarenberghe (Henri, Michel), Ing: des P. et Ch.. 48, rue de la Bienfaisance. — Paris.

Van Iseghem (Henri), Présid. du Trib. civ., anc. Mem. du Cons. gén. de la Loire-Inférieure, 7, rue du Calvaire. — Nantes (Loire-Inférieure).

Vandelet (O.), Nég., Délég. du Cambodge au Cons. sup. des colonies. — Pnumpenh (Cambodge).

Vassal (Alexandre). — Montmorency (Seine-et-Oise) et 55, boulevard Haussmann. — Paris.

Vautier (Théodore), Prof. adj. à la Fac. des Sc., 30, quai Saint-Antoine. — Lyon (Rhône).

Dr Verger (Théodore). — Saint-Fort-sur-Gironde (Charente-Inférieure).

Vermorel (Victor), Construc., Dir. de la Stat. vitic. — Villefranche (Rhône).

Verney (Noël), Doct. en droit, Avocat à la cour d'Ap., 47, avenue de Noailles. — Lyon (Rhône).

Veyrin (Émile), 96, rue de Miroménil. — Paris.

Vieillard (Charles), 77, quai de Bacalan. — Bordeaux (Gironde).

Dr Viennois (Louis, Alexandre), 3, quai de la Charité. — Lyon (Rhône).

Vignard (Charles), Lic. en droit, anc. Mem. du Cons. mun., Nég., anc. Juge au Trib. de Com., 16, passage Saint-Yves. — Nantes (Loire-Inférieure).

Dr Viguier (C.), Doct. ès sc., Prof. à l'Éc. prép. à l'Ens. sup. des Sc., 2, boulevard de la République. — Alger.

Villard (Pierre), Doct. en droit, 29, quai Tilsitt. — Lyon (Rhône).

Villiers du Terrage (le Vicomte de), 30, rue Barbet-de-Jouy. — Paris.

Vincent (Auguste), Nég., Armat., 14, quai Louis XVIII. — Bordeaux (Gironde).

Violle (Jules), Maître de conf. à l'Éc. norm. sup., Prof. au Conserv. nat. des Arts et Mét., 89, boulevard Saint-Michel. — Paris.

Dr Vitrac (Junior), Chef de clin. chirurg. à la Fac. de Méd., 24, rue Gouvion. — Bordeaux (Gironde).

Warcy (Gabriel de), 38, rue Saint-André. — Reims (Marne).

Warnier et David, Nég., 3, rue de Cernay. — Reims (Marne).

Dr Weiss (Georges), Ing. des P. et Ch., Agr. à la Fac. de Méd., 119, boulevard Saint-Germain. — Paris.

Willm, Prof. de Chim. gén. appliq. à la Fac. des Sc. (Institut de Chimie), rue Barthélemy-Delespaul. — Lille (Nord).

Wouters (Louis), Homme de Lettres, anc. Chef de Cabinet de Préfet, 80, rue du Rocher. — Paris.

Xambeu (François), Prof. de l'Univ. en retraite, 41, Grande-Rue. — Saintes (Charente-Inférieure).

Zeiller (René), Ing. en chef des Mines, 8, rue du Vieux-Colombier. — Paris.

LISTE GÉNÉRALE DES MEMBRES

DE L'ASSOCIATION FRANÇAISE

POUR L'AVANCEMENT DES SCIENCES

FUSIONNÉE AVEC

L'ASSOCIATION SCIENTIFIQUE DE FRANCE

(Les noms des Membres Fondateurs sont suivis de la lettre **F** *et ceux des Membres à vie de la lettre* **R**. *— Les astérisques indiquent les Membres qui ont assisté au Congrès de Carthage.)*

Abadie (Alain), Ing. des Arts et Man., Sec. gén. de la *Comp. gén. de Trav. pub.*, 56, rue de Provence. — Paris.

Dʳ Abadie (Charles), 9, rue Volney. —. Paris.

Abbadie (Antoine d'), Mem. de l'Inst. et du Bureau. des Longit., 120, rue du Bac. — Paris. — **F**.

Abbe (Cleveland), Météor.; Weather-Bureau, department of Agriculture — Washington-City (États-Unis d'Amérique). — **R**

Abert (Hippolyte), Méd.-vétér.-Insp., 95, rue de la République. — Marseille (Bouches-du-Rhône).

Académie d'Hippone. — Bône (départ. de Constantine) (Algérie).

Académie des Sciences, Belles-Lettres et Arts de Tarn-et-Garonne. — Montauban (Tarn-et-Garonne).

Aconin (Charles), Manufac., 21, rue Saint-Nicolas. — Compiègne (Oise).

Adam (Alphonse), Fondé de pouvoirs de la *Soc. anonyme des tissus de laine.* — Le Thillot (Vosges).

Adam (François), Prof. de Phys. au Lycée. — Nantes (Loire-Inférieure).

Adam (Paul), 28, allées d'Amour. — Bordeaux (Gironde).

Dʳ Adda. — Guelma (Algérie).

Adhémar (le Vicomte P. d'), Prop., 25, Grand'Rue. — Montpellier (Hérault).

Adoue (Paul), Pharm. de 1ʳᵉ cl., 28, rue Victor-Hugo. — Pauillac (Gironde).

Adrian (Alphonse), Pharm., Fabric. de prod. pharm., 9, rue de la Perle. — Paris.

Aduy (Eugène), Prop., 27, quai Vauban. — Perpignan (Pyrénées-Orientales). — **R**

Agache (Edmond), 57, boulevard de la Liberté. — Lille (Nord).

Agache (Édouard), Prop. — Pérenchies (Nord).

Dʳ Aguilhon (Élie), 18, rue de la Chaussée-d'Antin. — Paris.

Albenque, Pharm. — Rodez (Aveyron).

Albert Iᵉʳ de Monaco (S. A. S. le Prince régnant), Corresp. de l'Inst., 25, rue du Faubourg-Saint-Honoré. — Paris, et Palais princier. — Monaco.

Albertin (Michel), Pharm. de 1ʳᵉ cl., Dir. de la *Soc. des Eaux min.* et Maire de Saint-Alban, rue de l'Entrepôt. — Roanne (Loire). — **R**

Alcan (Félix), Libr.-Édit., anc. Élève de l'Éc. norm. sup., 108, boulevard Saint-Germain. — Paris.

Alcay (Théodore), 71, rue de Vaugirard. — Paris.

Alché (Louis d'), Pharm. — Monclar (Lot-et-Garonne).

Alché (Séraphin d'), Pharm. — Miramont (Lot-et-Garonne).

Dr Alezais (Henri), Chef des trav. anat. à l'Éc. de Méd., 47, rue Breteuil. — Marseille (Bouches-du-Rhône). .

*Alger, 35, boulevard des Capucines. — Paris.

*Alglave (Émile), Prof. à la Fac. de Droit de Paris, anc. Dir. de la *Revue scientifique*, 27, avenue de Paris. — Versailles (Seine-et-Oise).

*Ali ben Ahmed, Interp. judic., 2, rue de Carthagène. — Tunis.

Dr Alix (Charles, Émile), Méd. princ. de 1re cl. des armées en retraite, 11, allées des Demoiselles. — Toulouse (Haute-Garonne).

Allain-Launay (Armand), anc. Insp. des Fin., anc. Élève de l'Éc. Polytech., 61, rue La Boëtie. — Paris.

Allain-Le Canu (Jules), Lic. ès sc., Pharm. de 1re cl., 36, quai de Béthune. — Paris.

Allard (Hubert), Pharm. de 1re cl., Prop. — Neuvy par Moulins (Allier). — R

Alluard (Émile), Doyen hon. de la Fac. des Sc., Dir. hon. de l'Observ. météor. du Puy-de-Dôme, 22 *bis*, place de Jaude. — Clermont-Ferrand (Puy-de-Dôme).

Aloy (François, Jules), Prépar. de Chim. à la Fac. des Sc., 8, rue Saint-Antoine-du-T. — Toulouse (Haute-Garonne).

Alphandery (Eugène), Nég., 57, rue Sylvabelle. — Marseille (Bouches-du-Rhône).

Alvin (Henri), Ing. des P. et Ch., attaché à la *Comp. des chem. de fer d'Orléans*, 43, rue du Chinchauvaud. — Limoges (Haute-Vienne).

Dr Amans (Paul), Doct. ès sc., 37, rue du Faubourg-Celleneuve. — Montpellier (Hérault).

Amboix de Larbont (Henri d'), Colonel du 15e rég. d'Infant. — Carcassonne (Aude). — F

Amet (Émile), Indust., Usine Saint-Hubert. — Sézanne (Marne).

Ameuil (Pierre), Nég., 22, cours de l'Intendance. — Bordeaux (Gironde).

Amtmann (Th.), Archiv.-Biblioth. de la *Soc. archéol.*, 26, rue Doidy. — Bordeaux (Gironde).

Andouard (Ambroise), Pharm., Prof. à l'Éc. de Méd. et de Pharm., 8, rue Clisson. — Nantes (Loire-Inférieure).

Andrault, Cons. à la Cour d'Ap. — Alger.

André (Charles), Prof. à la Fac. des Sc. de Lyon, Dir. de l'Observatoire. — Saint-Genis-Laval (Rhône).

André (Grégoire), Prof. de Pathol. int. à la Fac. de Méd., 18, rue Lafayette. — Toulouse (Haute-Garonne).

André (Jules), Nég., 5, rue des Griffons. — Avignon (Vaucluse).

*Dr Andrey (Edouard), 19, avenue de Clichy. — Paris.

Andrieux (Gaston), Entrep. de serrur., 12, cours Gambetta. — Montpellier (Hérault).

Anger (Charles, Henri), Ing. chargé des Études du matériel roulant à la *Comp. du chem. de fer du Nord*, anc. Élève de l'Éc. cent. des Arts et Man., 5, place des Vosges. — Paris.

Angot (Alfred), Doct. ès sc., Météor. tit. au Bureau cent. météor. de France, 12, avenue de l'Alma. — Paris. — R

*Anselme de Puisaye (le Marquis d'), anc. Of., 32, rue El Beuna (Palais Ben-Ayed. Tunis.

Anthoine (Édouard), Ing., Chef du serv. de la Carte de France et de la Stat. graph. au Min. de l'Int., anc. Élève de l'Éc. cent. des Arts et Man., 13, rue Cambacérès. — Paris.

Anthoni (Gustave), Ing. des Arts et Man., 67, boulevard du Château. — Neuilly-sur-Seine (Seine).

Dr Antony (Frédéric, Jacques), Méd. princ. à l'Hôpital militaire, rue Saint-Nicolas. — Bordeaux (Gironde).

Apert (Eugène), Int. des Hôp., 73, rue Lecourbe. — Paris.

Dr Apostoli (Georges), 5, rue Molière. — Paris.

Appert (Aristide), anc. Indust., 58, rue Ampère. — Paris. — R

Appert (Léon), Commis.-pris. hon., 11, avenue d'Eglé. — Maisons-Laffitte (Seine-et-Oise).

Arbaumont (Jules d'), v.-Présid. de l'*Acad. des Sc., Arts et Belles-Lettres*, 43, rue Sermaise. — Dijon (Côte-d'Or).

*Arcin (Henri), Nég., 1, place des Quinconces. — Bordeaux (Gironde).

Dr Aris (Prosper), 17, rue du Lycée. — Pau (Basses-Pyrénées).

Arloing (Saturnin), Corresp. de l'Inst. et de l'Acad. de Méd., Prof. à la Fac. de Méd., Dir. de l'Éc. nat. vétér., 2, quai Pierre-Scize. — Lyon (Rhône). — R

Dr Armaingaud (Arthur), anc. Agr. à la Fac. de Méd., 61, cours de Tourny. — Bordeaux (Gironde).

Armengaud (Eugène), Ing. des Arts et Man., 21, boulevard Poissonnière. — Paris.

Dr Armet (Silvère). — Sallèles-d'Aude (Aude).

Armez (Louis), Ing. des Arts et Man., Député des Côtes-du-Nord, 11, rue Juliette-Lamber. — Paris, et château Bourg-Blanc. — Plourivo par Paimpol (Côtes-du-Nord).

Dr Arnaud (François), Prof. sup. à l'Éc. de Méd., 8, place d'Aubagne. — Marseille (Bouches-du-Rhône).

Arnaud (Jean-Baptiste), Ing. des P. et Ch. — Draguignan (Var).

Arnaud (Paulin), Fabric. — Mèze (Hérault).

Dr Arnaud de Fabre (Amédée), 36, rue Sainte-Catherine. — Avignon (Vaucluse).

Arnavon (Honoré), Fabric. de savon, 12, rue du Fort-Notre-Dame. — Marseille (Bouches-du-Rhône).

Arnould (Charles), Nég., Mem. du Cons. gén., 23, rue Thiers. — Reims (Marne).

Arnould (Charles), Insp. gén. des Poudres et Salpêtres, Dir. au Min. de la Guerre, 22, rue de Narbonne. — Paris.

Arnould (Jean-Baptiste, Camille), Dir. de l'Enreg. et des Dom., 6, place Saint-Pierre. — Troyes (Aube).

Arnoux (Louis, Gabriel), anc. Of. de marine. — Les Mées (Basses-Alpes). — **R**

Arnoux (René), anc. Ing. des ateliers Bréguet, anc. Ing.-Conseil de la *Comp. continentale Edison*, 16, rue de Berlin. — Paris. — **R**

Arnozan (Mme Gabriel), 40, allées de Tourny. — Bordeaux (Gironde).

Arnozan (Gabriel), Pharm. de 1re cl., Présid. de la *Soc. de Pharm. de la Gironde*, 40, allées de Tourny. — Bordeaux (Gironde).

Arnozan (Xavier), Prof. à la Fac. de Méd., 27 *bis*, cours du Pavé-des-Chartrons. — Bordeaux (Gironde).

Arosa (Achille), Mem. de la *Soc. de Géog.*, 3, avenue Victor-Hugo. — Paris.

Arrault (Paulin), Ing. des Arts et Man., Construc. d'ap. de sond., 69, rue Rochechouart. — Paris.

Dr Arsonval (Arsène d'), Mem. de l'Inst., de l'Acad. de méd., Prof. au Col. de France, 28, avenue de l'Observatoire. — Paris.

Arth (Georges), Prof. à la Fac. des Sc., 7, rue de Rigny. — Nancy (Meurthe-et-Moselle).

Arvengas (Albert), Lic. en droit, 1, rue Raimond-Lafage. — Lisle-d'Albi (Tarn). — **R**

Arvers (le Général Paul), Command. la 11e brigade d'Infant., Hôtel des Invalides. — Paris.

Association amicale des anciens Elèves de l'Institut du Nord, 17, rue Faidherbe. — Lille (Nord).

*****Association pour l'Enseignement des Sciences anthropologiques** (École d'anthropologie), 15, rue de l'École-de-Médecine. — Paris. — **R**

Association des Ingénieurs civils Portugais, place du Commerce. — Lisbonne (Portugal).

Astor (Auguste), Prof. à la Fac. des Sc., 11, place Victor-Hugo. — Grenoble (Isère).

Dr Astros (Léon d'), Méd. des Hôp., 18, boulevard du Musée. — Marseille (Bouches-du-Rhône).

Auban-Moët, Nég. en vins de Champagne. — Épernay (Marne). — **R**

Aubépine (Marcel d'), Peintre-Graveur, Mem. de la *Soc. des Artistes français* (hôtel d'Angleterre). — Biarritz (Basses-Pyrénées).

Aubert (Charles), Avocat. — Rocroi (Ardennes). — **F**

*****Aubert (Mme Ephrem)**, 31, chaussée du Port. — Reims (Marne).

*****Aubert (Ephrem)**, Nég., 31, chaussée du Port. — Reims (Marne).

Aubert (Ephrem), Prof. d'hist. nat. au Lycée Charlemagne, 20, rue Bonaparte. — Paris.

*****Dr Aubert (Louis)**, Méd.-Maj. à l'Hôp. milit. du Belvédère, 2, rue Saint-Charles. — Tunis.

Dr Aubert (P.-F.), anc. Chirurg. de l'Antiquaille, 33, rue Victor-Hugo. — Lyon (Rhône).

*****Aubert (Mme Raymond)**, 33, chaussée du Port. — Reims (Marne).

*****Aubert (Raymond)**, Nég., 33, chaussée du Port. — Reims (Marne).

Aubert (René), Étud., 33, chaussée du Port. — Reims (Marne).

Aubin (Émile), Chim., Dir. du lab. de la *Soc. des Agric. de France*, 12, rue Pernelle. — Paris.

*****Aubrée (Jules)**, Avoué à la Cour d'Ap., 1, rue d'Estrées. — Rennes (Ille-et-Vilaine).

Aubrun, 86, boulevard des Batignolles. — Paris.

Dr Audé. — Fontenay-le-Comte (Vendée).

Audiffred (Jean), Député de la Loire, 38, rue François Ier. — Paris, et à Roanne (Loire).

Dr Audouin (Pierre), 38, rue Saint-Sernin. — Bordeaux (Gironde).

Audra (Edgard), Trésor. de la *Soc. française de Photog.*, 3, rue de Logelbach. — Paris.

Augé (Eugène), Ing. civ., 6, rue Barralerie. — Montpellier (Hérault).

Ault du Mesnil (Geoffroy d'), Géol., Admin. des Musées, 1, rue de l'Equette. — Abbeville (Somme).

Dr Auquier (Eugène), 18, rue de la Banque. — Nîmes (Gard).

Auric (André), Ing. des P. et Ch. — Montélimar (Drôme).

Dr Auvray (Charles), Archit. de la Ville, 3, rue Daniel-Huet. — Caen (Calvados).

Avenelle (Ernest), Dir. des établiss. Rivière et Cie, 15, rue d'Elbeuf. — Rouen (Seine-Inférieure).

Aynard (Edouard), Banquier, Présid. de la Ch. de Com., Député du Rhône, 11, place de la Charité. — Lyon (Rhône). — **F**

Azam (Eugène), Prof. hon. à la Fac. de Méd., Associé nat. de l'Acad. de Méd., 14, rue Vital-Carles. — Bordeaux (Gironde). — **F**

Dr Azoulay (Léon), Rédac. au *Bulletin médic.*, 51, rue Lafontaine. — Paris.

Babinet (André), Ing. des P. et Ch., 5, rue Washington. — Paris. — **R**

Dr Bachelot-Villeneuve. — Saint-Nazaire (Loire-Inférieure).

Dr Backer (Félix de), 5, rue de la Tour-des-Dames. — Paris.

Badetty (Barthélemy), Armat., 35, rue Canebière. — Marseille (Bouches-du-Rhône).

*Baduel d'Oustrac (Joseph), Étud. en droit, 61, rue d'Anjou. — Paris.

Dr Bagnéris (E.), Agr. des Fac. de Méd., 12, rue de la Grue. — Reims (Marne).

Baillaud, Doyen de la Fac. des Sc., Dir. de l'Observatoire. — Toulouse (Haute-Garonne).

*Baille (Mme J.-B., Alexandre), 26, rue Oberkampf. — Paris. — **R**

*Baille (Mlle), 26, rue Oberkampf. — Paris.

*Baille (J.-B., Alexandre), Répét. à l'Éc. Polytech., 26, rue Oberkampf. — Paris. — **F**

*Baille (M. A. D.) Insp. de l'Ens. prim. à la Dir. de l'Ens., rue d'Italie. — Tunis.

Baillière (Germer), anc. Libraire-Édit., anc. Mem. du Cons. mun., 10, rue de l'Éperon. — Paris. — **F**

Baillière (Paul), Doct. en droit, Avocat à la Cour d'Ap., 20, boulevard de Courcelles — Paris.

Baillon (jeune), Exploitant de carrières, 203 *bis*, boulevard Saint-Germain. — Paris.

Baillou (André), Prop., 96, rue Croix-de-Seguey. — Bordeaux (Gironde). — **R**

Dr Bailly. — Chambly (Oise).

Bailly (Alfred), anc. Mem. Cons. gén., Rédac. au *Républicain de Nogent-le-Rotrou*, rue Saint-Hilaire. — Nogent-le-Rotrou (Eure-et-Loir).

Bailly (Léon). Prof. agr. de Phys. au Lycée, 19, rue Tran. — Pau (Basses-Pyrénées).

Balandreau (Mme Jean, André), 11, rue des Halles. — Paris.

Balandreau (Jean, André), Avocat à la Cour d'Ap., 11, rue des Halles. — Paris.

Balaschoff (Pierre de), Rent., 6, rue Ampère. — Paris. — **F**

Balbiani (Gérard), Prof. au Col. de France, 18, rue Soufflot. — Paris.

*Baldauff (Edmond), Ing.-Archit., 18, rue d'Espagne. — Tunis.

Bamberger (Henri), Banquier, 14, rond-point des Champs-Élysées. — Paris. — **F**

Bapterosses (F.), Manufac. — Briare (Loiret). — **F**

Barabant (Roger), Ing. en chef des P. et Ch., Dir. de la *Comp. des chem. de fer de l'Est*, 14, rue de Clichy. — Paris. — **R**

Dr Baraduc (Hippolyte, Ferdinand), Électrothérap., 191, rue Saint-Honoré. — Paris.

Dr Baratier. — Bellenave (Allier).

Barbe (Isidore), Prop., 103, rue du Palais-Gallien. — Bordeaux (Gironde).

Barbelenet (Simon), Prof. de Math. au Lycée, 18, avenue de Bétheny. — Reims (Marne).

Barbier (Aimé), Étud., 48, rue Cortambert. — Paris.

Barbier (Jean, Louis, Frédéric), Peintre, rue Édouard-Larue. — Le Havre (Seine-Inférieure).

Barbier (Joseph, Victor), Sec. gén. de la *Soc. de Géog. de l'Est*, 1 *bis*, rue de la Prairie. — Nancy (Meurthe-et-Moselle).

Barbier (Philippe), Prof. à la Fac. des Sc., 3, quai Perrache. — Lyon (Rhône).

Barbier-Delayens (Victor), Prop., 5, rue Papacin. — Nice (Alpes-Maritimes). — **F**

Barboux (Henri), Avocat à la Cour d'Ap., anc. Bâton. du Cons. de l'Ordre, 14, quai de la Mégisserie. — Paris. — **F**

Bard (Édouard), Nég. — Fécamp (Seine-Inférieure).

*Bard (Louis), Prof. à la Fac. de Méd., 30, rue de la République. — Lyon (Rhône). — **R**

Bardin (Mlle), 2, rue du Luminaire. — Montmorency (Seine-et-Oise). — **R**

Bardot (Henri), Fabric. de Prod. chim., 19, passage Duranton. — Paris.

Bardoux (Agénor), Mem. de l'Inst., anc. Min. de l'Inst. pub., Sénateur, 37, rue Jean-Goujon. — Paris.

Dr Bardy (Victor), 1, place de l'Arsenal. — Belfort.

Dr Barette, Prof. à l'Éc. de Méd., 13, rue de Bernières. — Caen (Calvados).

Dr Baréty (Alexandre). — Nice (Alpes-Maritimes).

Barge (Henri), Archit., anc. Élève de l'Éc. nat. des Beaux-Arts, Maire. — Janneyrias par Meyzieux (Isère).

Bargeaud (Paul), Percept. — Royan-les-Bains (Charente-Inférieure). — **R**

Bariat (Julien), Ing., Construc. de mach. agricoles. — Bresles (Oise).

*Barié (Ernest, Louis), Méd. des Hôp. 15, rue d'Argenteuil. — Paris.

*Dr Barillet (Alexandre), 18, rue Talleyrand. — Reims (Marne).

Barillier-Beaupré (Alphonse), Juge de paix, Grande-Rue. — Champdeniers (Deux-Sèvres). — **R**

Dr Barnay (Marius), 178 *bis*, rue de Vaugirard. — Paris.

Baron (Alfred), anc. Avoué, 6, rue du Portail-Saint-Denis. — Mortagne (Orne).

Baron (Émile), Fabric. de savon, 23, rue Longue-des-Capucines. — Marseille (Bouches-du-Rhône).

Baron (Henri), Dir. hon. de l'Admin. des Postes et Télég., 64, rue Madame. — Paris.—**R**

Baron (Jean), anc. Ing. de la Marine, Ing. en chef aux *Chantiers de la Gironde*, 50, rue du Tondu. — Bordeaux (Gironde). — **R**

Baron-Latouche (Émile), Juge au Trib. civ. — Fontenay-le-Comte (Vendée).

*Dr Barral (Étienne), Agr. à la Fac. de Méd., 2, quai Fulchiron. — Lyon (Rhône).

Barrau, Notaire, 19, place de la Bourse. — Toulouse (Haute-Garonne).

Barrère (Eugène), Prop. — Gourbera par Dax (Landes).

Barret (Amédée), Photograv., 104, boulevard Montparnasse. — Paris.

*Barrion (Georges), Ing. agronom. 4, rue Al-Djazira. — Tunis.

Dr Barrois (Charles), Prof. à la Fac. des Sc., 37, rue Pascal. — Lille (Nord). — **R**

Dr Barrois (Jules), Doct. ès sc., Zool., villa de Surville, Cap Brun. — Toulon (Var). — **R**

Barrois (Théodore) (fils), Prof. à la Fac. de Méd., 220, rue Solférino — Lille (Nord).

Barrois (Théodore), Filat. de coton, 63, rue de Lannoy. — Fives-Lille (Nord).

Barsalou (Dauphin), Agric. — Montredon par Narbonne (Aude).

Bartaumieux (Charles), Archit., Expert à la Cour d'Ap., Mem. de la *Soc. cent. des Archit. franç.*, 66, rue La Boëtie. — Paris. — **R**

Dr Barth (Henry), Méd. des Hôp., Sec. de l'*Assoc. des Méd. de la Seine*, 2, rue Saint-Thomas-d'Aquin. — Paris.

Dr Barthe (Léonce), Agr. à la Fac. de Méd., Pharm. en chef des Hôp., 6, rue Théodore-Ducos. — Bordeaux (Gironde).

*Barthe-Dejean (Jules), 5, rue Bab-el-Oued. — Alger.

Barthélemy (François), 61, rue de Rome. — Paris.

Barthélemy (le Vicomte François, Pierre de), Étud., 107, rue du Faubourg-Saint-Honoré. — Paris.

*Barthelet (Edmond), Imprim., Dir. du *Sémaphore*, Mem. de la Ch. de Com., 19, rue Venture. — Marseille (Bouches-du-Rhône).

Barthès (Antonin), Prop. — Maraussan (Hérault).

Bartholoni (Fernand), anc. Présid. du Cons. d'admin. de la *Comp. des Chem. de fer d'Orléans*, 12, rue La Rochefoucauld. — Paris. — **F**

Bartin (René), Prop., rue de la Berbeziale. — Issoire (Puy-de-Dôme).

Bary (Alexandre de), Nég. en vins de Champagne, 17, boulevard Lundy. — Reims (Marne).

Basset (Charles), Nég., cours Richard. — La Rochelle (Charente-Inférieure).

Dr Basset (Gabriel), Méd. adj. des Hôp., 34, rue Peyrolières. — Toulouse (Haute-Garonne).

Dr Basset de Séverin (Paul, Henri), château Chamberjot. — Noisy-sur-École par la Chapelle-la-Reine (Seine-et-Marne).

Bassié (Georges), Indust., 46, rue Capdeville. — Bordeaux (Gironde).

Bastid (Adrien), Député du Cantal, 89, boulevard de Courcelles. — Paris.

*Bastide (Émile), 6, rue d'Angleterre. — Tunis.

Bastide (Étienne), Pharm., rue d'Armagnac. — Rodez (Aveyron).

Bastide (Scévola), Prop.-vitic., Mem. de la Ch. de Com., 11, rue Maguelonne. — Montpellier (Hérault). — **R**

Bastit (Eugène), Doct. ès sc., Censeur du Lycée. — Bourges (Cher).

Baton (Ernest), Prop., 5, rue de Sfax. — Paris.

Dr Battandier (Jules, Aimé), Prof. à l'Éc. de méd., Méd. de l'hôp. civ., 9, rue Desfontaines. — Alger-Mustapha.

Dr Battarel, Méd. de l'hôp. civ., 69, rue de Constantine. — Alger-Mustapha.

Battarel (Pierre, Ernest), Ing. civ., château de Polangis, 1, route de Brie. — Joinville-le-Pont (Seine).

Battle (Étienne), rue du Petit-Scel. — Montpellier (Hérault).

Dr Batuaud (Jules), 127, boulevard Haussmann. — Paris.

Baubigny (Henry), Doct. ès sc., Répét. à l'Éc. Polytech., 1, rue Le Goff. — Paris.

Baudet (Cloris), Ing.-Élect., 14, rue Saint-Victor. — Paris.

*Baudoin (Antonin), Pharm. de 1re cl., Dir. du Lab. de Chim. agric. et indust., 4, rue de Barbezieux. — Cognac (Charente).

Baudoin (Mme Ve Édouard), 9, place de l'Hôtel-de-Ville. — Étampes (Seine-et-Oise).

Baudoin (Noël), Ing. civ., 51, rue Lemercier. — Paris. — F

Baudon (Alexandre), Fabric. de prod. pharm., 12, rue Charles V. — Paris.

Baudouin (Alfred), Pharm. — Montlhéry (Seine-et-Oise).

*Dr Baudouin (Marcel), Prépar. à la Fac. de Méd., anc. Int. des hôp., Sec. de l'*Assoc. de la Presse médic. française*, Rédac. en chef des *Archives provinc. de Chirurg.*, 14, boulevard Saint-Germain. — Paris.

Baudreuil (Charles de), 29, rue Bonaparte. — Paris. — R

Baudreuil (Émile de), anc. Cap. d'Artil., anc. Élève de l'Éc. Polytech., 9, rue du Cherche-Midi. — Paris. — R

Baudry (Charles), Ing. en chef du matér. et de la trac. à la *Comp. des Chem. de fer de Paris à Lyon et à la Méditerranée*, anc. Élève de l'Éc. Polytech., 38, rue des Écoles. — Paris.

Baumgartner (Léon), Ing. en chef des P. et Ch. — Agen (Lot-et-Garonne).

Bayard (Joseph), Pharm. de 1re cl., anc. Int. des hôp. de Paris, Sec. de la *Soc. des Pharm. de Seine-et-Marne*, 16, rue Neuville. — Fontainebleau (Seine-et-Marne). — R

Baye (le Baron Joseph de), Mem. de la *Soc. des Antiquaires de France*, Corresp. du Min. de l'Instruc. pub., 58, avenue de la Grande-Armée. — Paris, et château de Baye (Marne). — R

Bayssellance (Adrien), Ing. de la Marine en retraite, Présid. de la rég. sud-ouest du *Club Alpin français*, anc. Maire, 84, rue Saint-Genès. — Bordeaux (Gironde). — R

Beauchais, 130, boulevard Saint-Germain. — Paris.

*Dr Beaudier (H.). — Attigny (Ardennes).

Beaufumé (A.), Attaché au Min. des Fin., 72, rue de Seine. — Paris.

Beaujour (David), Présid. de la Ch. de Com., 11, place de la République. — Caen (Calvados).

Beaumont (Henry Bouthillier de), Présid. hon.; fond. de la *Soc. de Géog. de Genève*. — Collonges-sous-Salève (Haute-Savoie).

Beaurain (Narcisse), Biblioth.-adj. de la Ville, 10, impasse des Sapins. — Rouen (Seine-Inférieure).

*Dr Beauregard (Henri), Assistant d'Anatomie comparée au Muséum d'hist. nat., Agr. à l'Éc. sup. de Pharm., s.-Dir. du Lab. d'anat. comparée de l'Éc. des Hautes-Études, 49, boulevard Saint-Marcel. — Paris.

Beausacq (Mme la Comtesse Diane de), 41, rue d'Amsterdam. — Paris.

Beausoleil (Mme Raymond, J., P.), 2, rue Duffour-Dubergier. — Bordeaux (Gironde).

Dr Beausoleil (Raymond, J., P.), 2, rue Duffour-Dubergier. — Bordeaux (Gironde).

Beauvais (Maurice), Sec. gén. de la Préfect., 60, rue de La Flèche. — Niort (Deux-Sèvres).

Béchamp (Antoine), anc. Prof. à la Fac. de Méd. de Montpellier, Corresp. nat. de l'Acad. de Méd., 15, rue Vauquelin. — Paris. — F

Becker (Mme V^e), 260, boulevard Saint-Germain. — Paris. — F

Becker (A.), 9, quai Saint-Thomas. — Strasbourg (Alsace-Lorraine).

Becker (E.), Agent de change, 76, rue Talleyrand. — Reims (Marne).

Bedel (Louis), Entomol., 20, rue de l'Odéon. — Paris.

Bedout (Louis), château de la Plaine. — Cazaubon (Gers).

Beffroy (Charles, Louis de), Prop., v. Présid. du Bureau de Bienfaisance, 22, rue du Temple. — Reims (Marne).

Béhagle (Ferdinand de), Explorat., anc. Admin. des communes mixtes d'Algérie, 15, rue Antoinette. — Paris.

Behal (Auguste), Pharm. de l'hôpital Ricord, Agr. à l'Éc. sup. de Pharm., 111, boulevard de Port-Royal. — Paris.

Beigbeder (David), anc. Ing. des Poudres et Salpêtres, 26, avenue de l'Opéra. — Paris. — R

Beille (Lucien), Agr. à la Fac. de Méd. de Bordeaux. Jardin Botanique. — Talence (Gironde).

Belin (Marcel). — Chazelles-sur-Lyon (Loire).

Bell (Édouard, Théodore), Nég., 57, Broadway. — New-York (États-Unis d'Amérique). — F

Bellemer (Th.), Prop., Vitic., 52, quai des Chartrons. — Bordeaux (Gironde).

Dr Bellencontre (Élie), 3, rue Scribe. — Paris.

Bellet (Daniel), Rédac. à *la Nature* et au *Journal des Économistes*, 9, rue Chomel. — Paris.

Belloc (Émile), Chargé de Missions scient., 105, rue de Rennes. — Paris.

Bellocq (Auguste), Pharm., 1, rue Montpensier. — Pau (Basses-Pyrénées).

Bellot (Arsène, Henri), s.-Archiv. au Cons. d'État, 4, rue Fontanes. — Courbevoie (Seine).

Bellouard (Mme Albert), 2, rue Saint-James. — Bordeaux (Gironde).

Bellouard (Albert), Pharm., 2, rue Saint-James. — Bordeaux (Gironde).

Dr Belugou (Guillaume), Chef des trav. de Phys. à l'Éc. sup. de Pharm., 3, boulevard Victor-Hugo. — Montpellier (Hérault).

Bémont (Gustave), Chim., 21, rue du Cardinal-Lemoine. — Paris.

Dr Benet (Aimé), Prof. sup. à l'Éc. de Méd., 9, rue de la Grande-Armée. — Marseille (Bouches-du-Rhône).

Benoist, Notaire. — Senlis (Oise).

Benoist (Félix), Manufac., 30, rue de Monsieur. — Reims (Marne).

Benoist (Jules), Nég., 3, rue des Cordeliers. — Reims (Marne).

Benoist (Mlle Juliette), 30, rue de Monsieur. — Reims (Marne).

Benoît, boulevard Saint-Pierre. — Caen (Calvados).

Benoit (Charles), Nég. en vins de Champagne. — Domaine du Mont-Ferré, près Reims (Marne).

Dr Benoit (René), Doct. ès sc., Ing. civ., Dir. du Bur. internat. des poids et mesures, pavillon de Breteuil. — Sèvres (Seine-et-Oise).

Beral (Eloi), Insp. gén. des Mines en retraite, Cons. d'État hon., Sénateur du Lot, 1, rue Boursault. — Paris. — **F**

Beraud (Charles), Courtier de com., 11, rue de Fontenelle. — Rouen (Seine-Inférieure).

Berchon (Auguste), Prop. — Cognac (Charente).

*Berchon (Mme Ve Ernest)**, 96, cours du Jardin-Public. — Bordeaux (Gironde). — **R**

Berdellé (Charles), anc. Garde gén. des Forêts. — Rioz (Haute-Saône). — **F**

Berdoly (H.), Avocat, Député et Mem. du Cons. gén. des Basses-Pyrénées. — Château d'Uhart-Mixe par Saint-Palais (Basses-Pyrénées).

Berge (René), Ing. civ. des Mines, Mem. du Cons. gén. de la Seine-Inférieure, 12, rue Pierre-Charron. — Paris.

Dr Bergeon (Léon), Agr. à la Fac. de Méd., 16, quai de Tilsitt. — Lyon (Rhône).

Dr Berger (Louis, Emmanuel). — Coutras (Gironde).

Berger (Lucien), 53, rue Sainte-Anne. — Paris.

Berger-Levrault (Oscar), Imprim., 7, rue des Glacis. — Nancy (Meurthe-et-Moselle).

Bergeret (Albert), Dir. des ateliers de phototypie de la Maison J. Royer, 3, rue de la Salpétrière. — Nancy (Meurthe-et-Moselle).

Dr Bergeron (Henri), 138, rue de Rivoli. — Paris.

Bergeron (Jules), Doct. ès sc., Prof. à l'Éc. cent. des Arts et Man., s.-Dir. du Lab. de Géol. de la Fac. des Sc., 157, boulevard Haussmann. — Paris. — **R**

Dr Bergeron (Jules), Sec. perp. de l'Acad. de Méd., 157, boulevard Haussmann. — Paris. — **R**

Bergès (Aristide), Ing. des Arts et Man. — Lancey (Isère).

*Bergonié (Mme Jean)**, 6 bis, rue du Temple. — Bordeaux (Gironde).

*Bergonié (Jean)**, Prof. de Phys. à la Fac. de Méd., Corresp. nat. de l'Acad. de Méd., Chef du serv. électrothérap. des Hôp., 6 bis, rue du Temple. — Bordeaux (Gironde).

Dr Bérillon (Edgar), Méd.-Insp. adj. des asiles pub. d'aliénés, Dir. de la *Revue de l'Hypnotisme*, 14, rue Taitbout. — Paris.

Bernard (Adrien), Dir. de la Stat. agronom. de Saône-et-Loire. — Cluny (Saône-et-Loire).

*Bernard (Augustin)**, Prof. à l'Éc. prép. à l'Ens. sup. des Lettres, 12, boulevard Bon-Accueil. — Alger-Mustapha.

Bernard (Edmond), Prof., 59, avenue de Breteuil. — Paris.

Bernard (Gabriel), Contrôl. princ. des Contrib. dir., 37, rue Victor-Hugo. — Le Havre (Seine-Inférieure).

Bernard (Georges, Eugène), Pharm. princ. de 1re cl. de l'armée en retraite, 47, rue Saint-Claude. — La Rochelle (Charente-Inférieure).

Bernard (Remy), Rent., 51, rue de Prony. — Paris.

Bernès (Henri), Prof. au Lycée Michelet, Mem. du Cons. sup. de l'Instruc. pub., 127, boulevard Saint-Michel. — Paris.

Berney (Mme J.-B.), 4, rue du Faubourg-Cérès. — Reims (Marne).

Berney (J.-B.), Nég., 4, rue du Faubourg-Cérès. — Reims (Marne).

Bernheim (Maxime), Prof. de clin. int. à la Fac. de Méd., 24, place de la Carrière. — Nancy (Meurthe-et-Moselle).

Bernis (Pierre), Ing. des P. et Ch., 12, rue Caussan. — Bordeaux (Gironde).

Berrens (Hippolyte), Manufac.-Chim., 230, calle Torrente de la Olla. — Gracia-Barcelone (Espagne).

Berry (Achille), Cap. de frégate en retraite, Agent gén. de la *Comp. gén. Transat.*, 9, quai de la Joliette. — Marseille (Bouches-du-Rhône).

Bertault-Simon, Prop.-Viticult., 37, rue de Châlons. — Ay (Marne).

Bertaut (Léon), Nég., 213, boulevard Saint-Germain. — Paris.

Berthelot (Eugène), Sec. perp. de l'Acad. des Sc., anc. Min., Mem. de l'Acad. de Méd., Sénateur, Prof. au Col. de France, 3, rue Mazarine (Palais de l'Institut). — Paris. — R

Berthier (Camille), Ing. des Arts et Man. — La Ferté-Saint-Aubin (Loiret).

*Dr Bertholon (Lucien), v.-Présid. d'hon. de l'Inst. de Carthage, 8, rue des Maltais. — Tunis.

Berthon (Édouard), Prop., 46, rue de Rome. — Paris.

Berthoud (Louis), Horloger-Expert de la Marine, Biblioth. de l'Éc. d'Horlog., 37, rue de Pontoise. — Argenteuil (Seine-et-Oise).

Bertillon (Alphonse), Chef du serv. de l'identité judiciaire à la Préf. de Police, 36, quai des Orfèvres. — Paris.

Dr Bertin (Georges), Prof. sup. à l'Éc. de Méd., 2, rue Franklin. — Nantes (Loire-Inférieure).

Dr Bertin (Joseph), 35, rue de Tivoli. — Dijon (Côte-d'Or).

Bertin (Louis), Ing. en chef des P. et Ch. en retraite, 6, rue Mogador. — Paris. — R

Bertin (Mme), 123, boulevard Pereire. — Paris, et l'été à Moulins (Allier).

Bertrand (Alexandre), Mem. de l'Inst., Conserv. du Musée. — Saint-Germain en Laye (Seine-et-Oise).

Bertrand (Joseph), Sec. perp. de l'Acad. des Sc., Mem. de l'Acad. franç., Prof. au Col. de France et à l'Éc. Polytech., 4, rue de Tournon. — Paris. — R

Bertrand (J.), Pharm. de 1re cl. — Fontenay-le-Comte (Vendée).

Besançon (Georges), Dir. de l'*Aérophile*, 14, rue des Grandes-Carrières. — Paris.

Besaucèle (Eugène) (fils), Prop., 15, rue de la Mairie. — Carcassonne (Aude).

Bessand (Charles), Admin. de la *Comp. des chem. de fer du Midi,* 2 bis, rue du Pont-Neuf. — Paris.

*Besset (Cyrille), Artiste-Peintre. rue des Roses. — Nice (Alpes-Maritimes).

Dr Bessette (E.), Chirurg. de l'Hôp. civ. et milit. — Angoulême (Charente).

*Bessière (Victor), Avocat-Défenseur, 11, rue de Constantine. — Tunis.

Besson, Archit.-Vérif. — Montlhéry (Seine-et-Oise).

*Dr Besson (Charles, Albert, François), Chef du Lab. de Bactériologie, Hôpital militaire du Belvédère. — Tunis.

Besson (Paul), Chim., 10, Neufeldeweg. — Neudorff près Strasbourg (Alsace-Lorraine).

Béthouart (Alfred), Ing. des Arts et Man., Censeur à la *Banque de France*, anc Maire, 5, rue Chanzy. — Chartres (Eure-et-Loir). — R

Béthouart (Émile), Conserv. des Hypothèques, 13, rue Dutillet. — Dôle (Jura). — R

Beylot, Cons. à la Cour de Cas., 103, rue du Ranelagh. — Paris.

Beyna (Auguste), Dir. de la *Comp. Algérienne*, 20, boulevard Malakoff. — Oran (Algérie).

Beyries (Paul), Avocat. — Marmande (Lot-et-Garonne).

Beyssac (Jean Conilh de), Doct. en droit, Avocat à la Cour d'Ap., 18, rue Boudet. — Bordeaux (Gironde).

Dr Bezançon (Paul), anc. Int. des Hôp., 22, rue de la Pépinière. — Paris. — R

Bezodis (Alexandre), Prof. hon. de l'Univ., 76, boulevard Exelmans. — Paris.

Dr Bézy (Paul), Agr. chargé de Cours de clin. infantile à la Fac. de Méd., Méd. des Hôp., 3, rue Malctache. — Toulouse (Haute-Garonne).

*Biaille (Léon), Pharm. — Chemillé (Maine-et-Loire).

Bibliothèque-Musée, 10, rue de l'État-Major. — Alger. — R

Bibliothèque universitaire, 40, rue Saint-Vincent. — Besançon (Doubs).

Bibliothèque publique de la Ville, Grande-Rue. — Boulogne-sur-Mer (Pas-de-Calais). — R

Bibliothèque populaire de la Ville. — Orthez (Basses-Pyrénées).

Bibliothèque du Service hydrographique de la Marine, 13, rue de l'Université. — Paris.

Bibliothèque de l'École supérieure de Pharmacie de Paris, 4, avenue de l'Observatoire. — Paris.

Bibliothèque du Sénat, rue de Vaugirard. — Paris.

Bibliothèque de la Ville. — Pau (Basses-Pyrénées). — **R**

Bibliothèque de la Ville. — Royan-les-Bains (Charente-Inférieure).

Bibliothèque coloniale de la Réunion. — Saint-Denis (Ile de la Réunion).

Bichat (Ernest, Adolphe), Corresp. de l'Inst., Doyen de la Fac. des Sc., 3 bis,
rue des Jardiniers. — Nancy (Meurthe-et-Moselle).

Bichon (Edmond), Chroniqueur scient. à la *Gironde*, 151, rue Judaïque. — Bordeaux
(Gironde).

Dr Bidard (E.), anc. Int. des Hôp., Mem. de la *Soc. d'Anthrop. de Paris*, 9, rue de
Surène. — Paris.

Bidaud (Louis, François), Prof. de phys. et de chim. à l'Éc. nat. vétér. — Toulouse
(Haute-Garonne).

Dr Bidon (Honoré), Méd. des Hôp., 12, rue Estelle. — Marseille (Bouches-du-Rhône).

Biehler (Charles), Dir. de l'Éc. prép. du col. Stanislas, 22, rue Notre-Dame-des-
Champs. — Paris.

Bienvenüe (Fulgence), Ing. en chef des P. et Ch., 9, rue Roy. — Paris.

Bignon (Jean), Ing. des Arts et Man., 70, rue de Ponthieu. — Paris.

Bigo (Émile), Imprim., 95, boulevard de la Liberté. — Lille (Nord).

Bigot (Alexandre), Prof. à la Fac. des Sc., 28, rue de Geôle. — Caen (Calvados).

Dr Bilhaut (Marceau), 5, avenue de l'Opéra. — Paris.

Billault-Billaudot et Cie, Fabric. de prod. chim., 22, rue de la Sorbonne. — Paris. — **F**

Dr Billon, Maire. — Loos (Nord).

Billy (Alfred de), anc. Insp. des Fin., anc. Élève de l'Éc. Polytech., 88, boulevard de
Courcelles. — Paris.

Billy (Charles. de), Cons. référend. à la Cour des Comptes, 63, avenue Kléber.
— Paris. — **F**

Binet (Ernest), Prop., 32, rue Marie-Talbot. — Sainte-Adresse (Seine-Inférieure).

Binot (Jean), Int. des Hôp., 22, rue Cassette. — Paris.

Biochet, Notaire hon. — Caudebec en Caux (Seine-Inférieure). — **R**

Biraben (Joseph), Ing. des P. et Ch., 1, rue Tran. — Pau (Basses-Pyrénées).

Bischoffsheim (Raphaël, Louis), Mem. de l'Inst., Ing. des Arts et Man., Député des
Alpes-Maritimes, 3, rue Taitbout. — Paris. — **F**

Biscuit (Edmond), anc. Notaire. — Boult-sur-Suippe par Bazancourt (Marne).

Bizard (Émilien), Dir. de l'Exploit. des Docks (Hôtel des Docks), place de la Joliette.
— Marseille (Bouches-du-Rhône).

Dr Blache (R., H.), Mem. de l'Acad. de Méd., 5, rue de Surène. — Paris.

Blaise (Émile), Ing. des Arts et Man., 1, quai de Paris. — Rouen (Seine-Inférieure).

Blaise (Jules), Pharm., 31, boulevard de l'Hôtel-de-Ville. — Montreuil-sous-Bois (Seine).

Blanc (Edmond), Pharm. de 1re cl., Chef des trav. d'histolog. à l'Éc. de Méd., 108, rue
de la République. — Marseille (Bouches-du-Rhône).

Blanc (Édouard), Explorateur, 18, rue Spontini. — Paris.

Dr Blanc (Pierre). — Saint-Loup par Marseille (Bouches-du-Rhône).

Blanchard (Émile), Mem. de l'Inst., Prof. hon. au Muséum d'hist. nat., 34, rue de l'Université. — Paris.

Blanchard (Mme Raphaël), 32, rue du Luxembourg. — Paris.

Dr Blanchard (Raphaël), Mem. de l'Acad. de Méd. Agr. à la Fac. de Méd., Répét. à
l'Inst. nat. agronom., 32, rue du Luxembourg. — Paris. — **R**

Dr Blanche (Emmanuel), Prof. à l'Éc. de Méd. et à l'Éc. prép. à l'Ens. sup. des Sc.,
12, quai du Havre. — Rouen (Seine-Inférieure).

Blanchet (Augustin), Fabric. de papiers, château d'Alivet. — Renage (Isère).

Dr Blanchier. — Chasseneuil (Charente).

Blandin (Eugène), anc. s.-Sec. d'État, anc. Député, 28, cours La Reine. — Paris. — **R**

Blandin (Frédéric, Auguste), Ing. des Arts et Man., anc. Manufac., Admin. de la *Banque
de France*, avenue de la Gare. — Nevers (Nièvre), et 19, place de la Madeleine. — Paris.

Blarez (Charles), Prof. à la Fac. de Méd., 3, rue Gouvion. — Bordeaux (Gironde). — **R**

Blavet, Nég., Présid. de la *Soc. d'Hort. de l'arrond. d'Étampes*, 10, 12 et 14, rue de
la Juiverie. — Étampes (Seine-et-Oise).

Blayac (Joseph), Lic. ès sc., Collaborateur à la Carte géol. de l'Algérie, Prép. à l'Éc.
prép. à l'Ens. sup. des Sc. — Alger.

Bleicher (Gustave), Corresp. nat. de l'Acad. de Méd., Prof. d'hist. nat. à l'Éc. sup. de
Pharm., 9, cours Léopold. — Nancy (Meurthe-et-Moselle).

Blétrix (Charles), Nég., 8, rue Sainte-Catherine. — Avignon (Vaucluse).
Bleynie de Chateauvieux (François, Émile), Pasteur de l'Église réform., 37, rue Blatin. — Clermont-Ferrand (Puy-de-Dôme).
Blin, Fabric. de draps. — Elbeuf-sur-Seine (Seine-Inférieure).
Dᴿ Blin (Emmery), Méd. des Asiles de la Seine, asile de Vauclùse. — Sainte-Geneviève-des-Bois par Saint-Michel (Seine-et-Oise).
Dᴿ Bloch (Adolphe), anc. Méd. de l'hôp. du Havre, 47, rue Blanche. — Paris.
Blondeau-Bertault (Jules), Prop., Nég., Adj. au Maire. — Ay (Marne).
Blondel (André), Ing., Prof. à l'Ec. nat., des P. et Ch. 2, boulevard Raspail. — Paris.
Blondel (Édouard), Insp. gén. des Fin., anc. Élève de l'Éc. Polytech., 14, rue du Regard. — Paris.
Blondel (Émile), Chim., Manufac. — Saint-Léger-du-Bourg-Denis (Seine-Inférieure). — R
Blondlot (René), Corresp. de l'Inst., Prof. à la Fac. des Sc., 8, quai Claude-Lorrain. — Nancy (Meurthe-et-Moselle).
Blottière (René), Pharm. de 1ʳᵉ cl., 56, rue de Sèvres. — Paris.
Blouquier (Charles), 10, rue Salle-de-l'Évêque. — Montpellier (Hérault).
Boas (Alfred), Ing. des Arts et Man., 34, rue de Châteaudun. — Paris. — R
Boas-Boasson (J.), Chim. chez MM. Henriet, Romanna et Vignon, 15, rue Saint-Dominique. — Lyon (Rhône).
Boban-Duvergé (Eugène), Mem. de la Soc. d'Anthrop. de Paris, 18, rue Thibaud. — Paris.
Boca (Léon), 22, rue d'Assas. — Paris.
Dᴿ Boé (F., Jean-Baptiste), 75, rue de Rennes. — Paris et (août et septembre) à Agen (Lot-et-Garonne).
Dᴿ Bœckel (Eugène), 2, quai Saint-Thomas. — Strasbourg (Alsace-Lorraine).
Dᴿ Bœckel (Jules), Corresp. nat. de l'Acad. de Méd., de la Soc. de Chirurg. de Paris, Chirurg. des Hosp. civ., Lauréat de l'Inst., 2, quai Saint-Nicolas. — Strasbourg (Alsace-Lorraine). — R
*Boésé (Mᵐᵉ Jean), 157, rue du Faubourg-Saint-Denis. — Paris.
*Boésé (Mˡˡᵉ Alice), 157, rue du Faubourg-St-Denis. — Paris. — R
*Boésé (Mˡˡᵉ Louise), 157, rue du Faubourg-St-Denis. — Paris. — R
*Boésé (Jean), Nég.-commis., 157, rue du Faubourg-Saint-Denis. — Paris. — R
*Boésé (Maurice), 157, rue du Faubourg-St-Denis. — Paris. — R
Boffard (Jean-Pierre), anc. Notaire, 2, place de la Bourse. — Lyon (Rhône). — R
Dᴿ Bogros. — La Tour-d'Auvergne (Puy-de-Dôme).
Bohn (Frédéric), Admin.-Dir. de la Comp. française de l'Afrique occidentale, 46, rue Breteuil. — Marseille (Bouches-du-Rhône).
Boilevin (Ed.), Nég., Juge au Trib. de Com., Grande-Rue.— Saintes (Charente-Inférieure).
Boire (Émile), Ing. civ., 86, boulevard Malesherbes. — Paris. — R
Bois (Georges, Francisque), Avocat, 11, rue d'Arcole. — Paris.
*Boissier (Louis), Ing. civ., 23, rue du Vieux-Chemin-de-Rome. — Marseille (Bouches-du-Rhône).
*Boissier (Pierre), Ing. Construc., 6, rue Diéudé. — Marseille (Bouches-du-Rhône).
Boissier (Pierre) (fils) Assoc. de la Maison Chabert-Fleur et Cⁱᵉ, 4, rue Abel-Servien. — Grenoble (Isère).
Boissonnet (le Général André, Alfred), anc. Sénateur, 75, rue Miroménil. — Paris. — F
Boivin (Charles), Ing.-Archit., 284, rue Nationale. — Lille (Nord).
Boivin (Émile), Raffineur, 64, rue de Lisbonne. — Paris. — F
Boix (Émile), Pharm., 46, rue des Augustins. — Perpignan (Pyrénées-Orientales).
Bonaparte (le Prince Roland), 10, avenue d'Iéna. — Paris. — F
Bondet, Prof. à la Fac. de Méd., Méd. de l'Hôtel-Dieu, 6, place Bellecour. — Lyon (Rhône). — F
Bonfils (A.), Notaire, 27, boulevard de l'Esplanade. — Montpellier (Hérault).
Dᴿ Bonin, 19, rue d'Amsterdam. — Paris.
Dᴿ Bonnal. — Arcachon (Gironde).
*Bonnard (Paul), Agr. de philo., Avocat à la Cour d'Ap., 11 bis, rue de la Planche. — Paris. — R
*Dᴿ Bonnet (Edmond), 11, rue Claude-Bernard. — Paris.
Dᴿ Bonnet (Noël), 12, rue de Ponthieu. — Paris.
Bonnevie (Victor), Recev. partic. des Fin. — Muret (Haute-Garonne).
Bonnier (Gaston), Prof. de Botan. à la Fac. des Sc., Présid. de la Soc. botan. de France, 15, rue de l'Estrapade. — Paris. — R
Bonpain (Jules), Ing. des Arts et Man., 45, rue d'Amiens. — Rouen (Seine-Inférieure).

Bontemps (Georges), Ing. civ. des Mines, 11, rue de Lille. — Paris.
Bonzel (Arthur), Sup. du Jug. de paix. — Haubourdin (Nord).
Bordé (Paul), Ing.-Opticien, 29, boulevard Haussmann. — Paris.
Bordet (Adrien), Avocat à la Cour d'Ap., 2, rue de la Liberté. — Alger.
Bordet (Léon), Prop. — La Jolivette commune de Chemilly par Moulins (Allier).
Bordet (Lucien), Insp. des fin., anc. Élève de l'Éc. Polytech., 181, boulevard Saint-Germain. — Paris. — **R**
Dr Bordier (Henry), 39, rue Thomassin. — Lyon (Rhône).
Bordo (Louis), Méd. de colonisation, Maire. — Chéragas (départ. d'Alger).
Borel, 5, quai des Brotteaux. — Lyon (Rhône).
Borély (Charles de), Notaire, 9, rue Aiguillerie. — Montpellier (Hérault).
Boreux, Ing. en chef des P. et Ch., 95, rue de Rennes. — Paris.
Dr Bories, anc. Méd.-Maj. de l'armée. — Montauban (Tarn-et-Garonne).
*Bornand (Louis, Henri)**, Juge informateur, 5, avenue de Rumini. — Lausanne (Suisse).
Bosq (Joseph), Prop., 63, cours Devilliers. — Marseille (Bouches-du-Rhône).
*Bosset (Mme Charles)**, 1, rue du Général-Cérez. — Limoges (Haute-Vienne).
*Dr Bosset (Charles)**, 1, rue du Général-Cérez. — Limoges (Haute-Vienne).
Bossu (Mme Antonia), 12, cours Gambetta. — Lyon-Guillotière et Saint-Rambert (Ile-Barbe) (Rhône).
Bosteaux-Paris (Charles), Maire. — Cernay-lez-Reims par Reims (Marne).
Boubès (Jean, Georges), Prop., 15, place des Quinconces. — Bordeaux (Gironde).
Bouchard (Mme Charles), 174, rue de Rivoli. — Paris.
Bouchard (Charles), Mem. de l'Inst. et de l'Acad. de Méd., Prof. à la Fac. de Méd., Méd. des Hôp., 174, rue de Rivoli. — Paris.
Bouché (Alexandre), 68, rue du Cardinal-Lemoine. — Paris. — **R**
Boucher (Henri), Insp. princ. des Chem. de fer, 96, boulevard Longchamp. — Marseille (Bouches-du-Rhône).
Dr Bouchereau (Louis, Gustave), Méd. de l'Asile Sainte-Anne, 1, rue Cabanis. — Paris.
Dr Boucheron, 11bis, rue Pasquier. — Paris.
Bouchez (Pierre) Avocat à la Cour d'Ap., 71, rue du Faubourg-Saint-Honoré. — Paris.
Dr Boudard (Auguste), Méd. de la Marine, corniche de l'Oriol. — Marseille (Bouches-du-Rhône).
Boudard (Charles, Joseph, Maxime), Prof. de Phys. au col., place Casseneuil. — Villeneuve-sur-Lot (Lot-et-Garonne).
Boude (Frédéric), Nég., Mem. de la Ch. de Com., 8, rue Saint-Jacques. — Marseille (Bouches-du-Rhône).
Boude (Paul), Raffineur de soufre, 8, rue Saint-Jacques. — Marseille (Bouches-du-Rhône).
*Dr Boude (Th.)**, 13, rue du Quatre-Septembre. — Bône (départ. de Constantine) (Algérie).
Dr Boudet (Gabriel), Prof. à l'Éc. de Méd. et de Pharm., 1, rue du Général-Cérez. — Limoges (Haute-Vienne).
*Boudet (Gabriel) (fils)**, Étud. en Méd., 1, rue du Général-Cérez. — Limoges (Haute-Vienne).
Boudier (Émile), Corresp. de l'Acad. de Méd., Pharm. hon., 22, rue Grétry — Montmorency (Seine-et-Oise).
Boudin (Arthur), Princ. du collège. — Honfleur (Calvados). — **R**
Dr Bouffé, 117, rue Saint-Lazare. — Paris.
Bouffet (Maurice), Ing. en chef des P. et Ch., 17, rue de la Mairie. — Carcassonne (Aude).
Dr Bouilly (Georges), Agr. à la Fac. de Méd., Chirurg. des Hôp., 9, rue Beaujon. — Paris.
Bouissin d'Ancely (Léon), Prop., anc. Mem. du Cons. gén. de l'Hérault, 5, rue Saint-Philippe-du-Roule. — Paris.
*Boulangier (Mlle)**, Prof. à l'Éc. second. de jeunes Filles, rue de Russie. — Tunis.
Boulard (l'Abbé L.), Prof. au Petit-Séminaire. — Chartres (Eure-et-Loir). — **R**
Boule (Marcellin), Doct. ès sc., Agr. de l'Univ., Assistant de paléontologie au Muséum d'hist. nat., 57, rue Cuvier. — Paris.
Boulé (Auguste), Insp. gén. des P. et Ch. en retraite, 7, rue Washington. — Paris. — **F**
Boulet (Gaston), Manufac., Mem. de la Ch. de Com., 12, quai du Mont-Riboudet. — Rouen (Seine-Inférieure).
Boulet (Sabin), Pharm., 30, rue Abel-de-Pujol. — Valenciennes (Nord).
Dr Boulland (Henri), 36, boulevard Victor-Hugo. — Limoges (Haute-Vienne).
Bouquet de la Grye (Anatole), Mem. de l'Inst., Présid. du Bureau des Longit., Ing. hydrog. en chef de la Marine en retraite, 8, rue de Belloy. — Paris.

Bourdeau, Prop., villa Luz. — Billère par Pau (Basses-Pyrénées). — **R**
Dr Bourdeau d'Antony (Paul), 5, boulevard Garibaldi. — Limoges (Haute-Vienne).
Bourdelles (Jean-Baptiste), Insp. gén. des P. et Ch., 43, avenue du Trocadéro. — Paris.
Bourdil (François-Fernand), Ing. des Arts et Man., 56, avenue d'Iéna. — Paris.
Bourgeois (Jules), anc. Présid. de la *Soc. entomol. de France*. — Sainte-Marie-aux-Mines (Alsace-Lorraine).
Bourgery (Henri), anc. Notaire, Mem. de la *Soc. géol. de France*, Les Capucins. — Nogent-le-Rotrou (Eure-et-Loir). — **R**
*Bourget (Louis), Prof. à la Fac. de Méd., 6, square de Georgette. — Lausanne (Suisse).
Dr Bourneville, Méd. de l'Asile de Bicêtre, Rédac. en chef du *Progrès médical*, anc. Député, 14, rue des Carmes. — Paris.
Bournon (Fernand), Archiv. paléog., Publiciste, 12, rue Antoine-Roucher. — Paris.
*Bourquelot (Émile), Pharm. de l'hôp. Laënnec, Agr. à l'Éc. sup. de Pharm., 42, rue de Sèvres. — Paris.
Bourrette (Joannès), 63, rue Montorgueil. — Paris.
Bourse (Gustave), Manufac., 14, rue Popincourt. — Paris.
Boursier (André), Prof. à la Fac. de Méd., 7, rue Thiac. — Bordeaux (Gironde).
Bousigues (Édouard), Ing. en chef des P. et Ch., 29, avenue Gambetta. — Valence (Drôme).
Boutan, Dir. hon. de l'Instruc. prim., 172, boulevard Voltaire. — Paris.
Boutan (Edmond), Ing. des Mines, 64 *bis*, rue de Monceau. — Paris.
Boutan (Louis), Doct. ès sc., Maître de conf. à la Fac. des Sc., 15, rue de la Sorbonne. — Paris.
Boutet de Monvel, Prof. hon. de l'Université, 5, rue des Pyramides. — Paris.
Boutillier (Antoine), Insp. gén. des P. et Ch. en retraite, Prof. à l'Éc. cent. des Arts et Man., 24, rue de Madrid. — Paris.
Boutmy (Mme Charles). — Messempré, par Carignan (Ardennes).
Boutmy (Charles), Ing. civ., Maître de forges. — Messempré, par Carignan (Ardennes).
Dr Bouton (Paul, Louis) (fils), Chef des trav. anat. à l'Éc. de Méd., 67, Grande-Rue. — Besançon (Doubs).
Boutry-Lafrenay, Recev. princ. des Postes et Télég. en retraite, 1, rue du Collège. — Avranches (Manche).
Bouveault (Louis), Maître de conf. à la Fac. des Sc., 21, rue Chaponnay. — Lyon (Rhône).
Bouvet (Auguste), Insp. régional de l'Ens. indust. et com., 27, cours Lafayette. — Lyon (Rhône).
*Bouvet (Julien), Juge sup. au Trib. de 1re Inst. 19, rue Barbier-d'Aucourt. — Langres (Haute-Marne).
Bouvier (Marius), Insp. gén. des P. et Ch. en retraite, 4, rue Paillet. — Paris.
Bouvier (Octave), Pharm.-chim., 11, place Gambetta. — Bordeaux (Gironde).
Bovet (Alfred), Indust. — Valentigney (Doubs).
Dr Boy (Philippe), 3, rue d'Espalungue. — Pau (Basses-Pyrénées). — **R**
Dr Boy-Teissier (Jules), Méd. des Hôp., 24, rue Sénac. — Marseille (Bouches-du-Rhône).
Braemer (Gustave), Chim. — Izieux (Loire). — **R**
Braemer (Louis), Prof. à la Fac. de Méd., 105, rue des Récollets. — Toulouse (Haute-Garonne).
Dr Brard. — La Rochelle (Charente-Inférieure).
Dr Braud (Aristide-Antoine). — Saint-Laurent-sur-Gorre (Haute-Vienne).
Dr Brégeat (Albert), Méd. sup. de l'Hôp., Dir. de la Santé, 2, rue d'Alger. — Oran (Algérie).
Breil (Antonin), Prof. départ. d'Agric., 20, rue de Bordeaux. — Pau (Basses-Pyrénées).
Breittmayer (Albert), anc. s.-Dir. des Docks et Entrepôts de Marseille, 8, quai de l'Est. — Lyon (Rhône). — **F**
Dr Brémond (Félix), Insp. du trav. dans l'indust., 15, rue Condorcet. — Paris.
Brenier (Casimir), Ing.-Construc., 20, avenue de la Gare. — Grenoble (Isère).
Brenot (J.), 10, rue Bertin-Poirée. — Paris. — **R**
Bréon (Eugène), Mem. de la *Soc. géol. de France*. — Semur (Côte-d'Or).
Bresson (Gédéon), anc. Dir. de la *Comp. du vin de Saint-Raphaël*, 102, rue Faventines. — Valence (Drôme). — **R**
Bressy (Léon), Prof. de math., 1, rue Papère. — Marseille (Bouches-du-Rhône).
Breton (Henri), Pharm. de 1re cl., anc. Prof. à l'Éc. de Méd. et de Pharm., 8, place Notre-Dame. — Grenoble (Isère).
Breul (Charles), Présid. du Trib. civ. — Vervins (Aisne).

Bricard (Henri), Ing. des Arts et Man., Dir. de l'Exploit. de la *Soc. anonyme des Forges et Chantiers de la Méditerranée*, 45, boulevard de Strasbourg. — Le Havre (Seine-Inférieure).

Bricka (Scipion) (fils), Nég. en vins, 27, rue Maguelone. — Montpellier (Hérault).

Brière (Léon), Prop. et Dir. du *Journal de Rouen*, 7, rue Saint-Lô. — Rouen (Seine-Inférieure).

Brillouin (Marcel), Maître de Conf. à l'Éc. Norm. sup., 31, boulevard de Port-Royal. — Paris. — **R**

Brion (Camille), Photog., 73, rue Saint-Ferréol. — Marseille (Bouches-du-Rhône).

*****Bris (Mme Artus)**. — Chênée, près Liège (Belgique).

*****Bris (Artus)**, Dir. des Établis. de la *Soc. de la Vieille-Montagne*. — Chênée, près Liège (Belgique).

Dr Brissaud (Édouard), Agr. à la Fac. de Méd., Méd. des Hôp., 9, quai Voltaire. — Paris.

Brisse (Édouard-Adrien), Ing. des Mines, 46, rue de Dunkerque. — Paris.

Brissonneau, Indust., Adj. au Maire, 86, quai de la Fosse. — Nantes (Loire-Inférieure).

Brissonnet (Jules), Lic. ès sc. phys., Prof. sup. à l'Éc. de Méd., Pharm. de 1re cl., 64, rue Victor-Hugo. — Tours (Indre-et-Loire).

*****Dr Broca (André)**, Prépar. de Phys. à la Fac. de Méd., anc. Élève de l'Éc. Polytech., 7, cité Vaneau. — Paris.

Dr Broca (Auguste), Agr. à la Fac. de Méd., Chirurg. des Hôp., 5, rue de l'Université. — Paris. — **R**

Broca (Georges), Ing. des Arts et Man., 92, boulevard Pereire. — Paris.

Brocard (Henri), Chef de Bat. du Génie en retraite, 75, rue des Ducs-de-Bar. — Bar-le-Duc (Meuse). — **R**

Brochon (Eugène), Entrep. de maçon., 37, rue de Saint-Pétersbourg. — Paris.

*****Brochot**. — Sousse (Tunisie).

Broglie (le Duc de), Mem. de l'Acad. franç. et de l'Acad. des Sc. morales et politiques, anc. Min., 10, rue de Solférino. — Paris.

Brolemann (A.-A.), anc. Présid. du Trib. de Com., 14, quai de l'Est. — Lyon (Rhône). — **R**

Brôlemann (Georges), Administ. de la *Société Générale*, 52, boulevard Malesherbes. — Paris. — **R**

Brongniart (Charles), Doct. ès sc., Assistant de Zool. (Entomol.) au Muséum d'hist. nat., 9, rue Linné. — Paris.

Bros (William-Law), Rent. (Camera club), 28, Charing Cross road. — Londres W. C. (Angleterre).

Brossier, Attaché à la *Comp. du canal de Suez*, 9, rue Charras. — Paris.

Brouant, Pharm. de 1re cl., 91, avenue Victor-Hugo. — Paris.

Brouardel (Paul), Mem. de l'Inst. et de l'Acad. de Méd., Doyen de la Fac. de Méd., 1, place Larrey. — Paris.

Brouzet (Charles), Ing. civ., 38, rue Victor-Hugo. — Lyon (Rhône). — **F**

Dr Bruchon (Just), Prof. à l'Éc. de Méd., 84, Grande-Rue. — Besançon (Doubs).

Dr Brugère. — Uzerche (Corrèze).

Brugère (le Général Henry-Joseph), Command. le 8e corps d'armée. — Bourges (Cher).

Bruhl (Paul), Nég., 57, rue de Châteaudun. — Paris. — **R**

Brun (E.), Méd.-Vétér., 9, rue Casimir-Perier. — Paris.

*****Brun (Louis)**, Avocat, 16, rue de Valois. — Paris.

Bruneau (Léopold) (fils), Pharm. de 1re cl., 71, rue Nationale. — Lille (Nord).

Brunel (Paul), Juge au Trib. de Com., 7, rue de l'Échelle. — Paris.

Brunet (Alphonse), Ing. de la *Soc. gén. de dynamite*, anc. Élève de l'Éc. nat. sup. des Mines. — Saint-Chamond (Loire).

*****Dr Brunet (Daniel)**, Dir.-Méd. en chef de l'Asile pub. d'aliénés. — Évreux (Eure).

*****Brunot (Mme Charles)**, 28, rue Ballu. — Paris.

*****Brunot (Charles)**, Insp. gén. du Min. de l'Int., anc. Élève de l'Éc. Polytech., 28, rue Ballu. — Paris.

Bruyant (Charles), Lic. ès sc. nat., Prof. sup. à l'Éc. de Méd. et de Pharm., 26, rue Gaultier-de-Biauzat. — Clermont-Ferrand (Puy-de-Dôme). — **R**

Bruzon (Joseph) et Cie, Ing. des Arts et Man., usine de Portillon (céruse et blanc de zinc). — Saint-Cyr-sur-Loire, par Tours (Indre-et-Loire). — **R**

Buchet (Charles, François), Dir. de la *Pharmacie centrale de France*, 21, rue des Nonnains-d'Hyères. — Paris.

Buchet (Gaston), Zool., rue de l'Écu. — Romorantin (Loir-et-Cher).

Bucquet (Maurice), Présid. du *Photo-Club*, 12, rue Paul-Baudry. — Paris.

Buffet (Louis), anc. Min., Sénateur, 2, rue de Saint-Pétersbourg. — Paris.
Buirette-Gaulart (Eugène), Manufac. — Suippes (Marne).
*__**Buisson (B.)**__, Dir. du Collège Alaouï (École normale), place aux Chevaux. — Tunis.
Buisson (Maxime), Chim., 11, rue Constance. — Paris. — **R**
Bujard (Amand), Indust. — Fontenay-le-Comte (Vendée).
Bulot, rue de Bourgogne. — Melun (Seine-et-Marne).
Bunau-Varilla (Maurice), 22, avenue du Trocadéro. — Paris.
Bunau-Varilla (Philippe), anc. Ing. des P. et Ch., 22, avenue du Trocadéro. — Paris.
Bunodière (de la), Insp. adj. des Forêts. — Lyons-la-Forêt (Eure).
Dr **Bureau (Édouard)**, Prof. au Muséum d'hist. nat., 24, quai de Béthune. — Paris.
Dr **Bureau (Émile)**, Prof. sup. à l'Éc. de Méd., Sec. de la *Soc. des Sc. nat. de l'Ouest de la France*, 12, boulevard Delorme. — Nantes (Loire-Inférieure).
Dr **Bureau (Louis)**, Dir. du Muséum d'hist. nat., Prof. à l'Éc. de Méd., 15, rue Gresset. — Nantes (Loire-Inférieure).
Burnan (Adrien), Banquier, 3, boulevard de la Banque. — Montpellier (Hérault).
Butin-Denniel, Cultiv., Fabric. de sucre. — Haubourdin (Nord).
Dr **Butte (Lucien)**, Chef de lab. à l'hôp. Saint-Louis, 34, rue du Cherche-Midi. — Paris.
*__**Buysson (le Vicomte Robert du)**__, 9, rue Savaron. — Clermont-Ferrand (Puy-de-Dôme).
Dr **Cabadé (Ernest)**. — Valence-d'Agen (Tarn-et-Garonne).
Cabanès (Jean-Jacques), Nég., 8, rue du Théâtre. — Perpignan (Pyrénées-Orientales).
Cacheux (Émile), Ing. des Arts et Man., v.-Présid. de la *Soc. franç. d'Hyg.*, 25, quai Saint-Michel. — Paris. — **F**
Caffarelli (le Comte), anc. Député, 15, avenue Bosquet. — Paris; l'été à Leschelles (Aisne).
Cahen (Gustave), Avoué au Trib. civ., 61, rue des Petits-Champs. — Paris.
Cahen d'Anvers (Albert), 118, rue de Grenelle. — Paris. — **R**
Cailler (Charles), Prof. extra. à l'Univ., 4, rue de l'École-de-Chimie. — Genève (Suisse).
Cailliau-Brunclair (Ed.), Nég., 71, rue Gambetta. — Reims (Marne).
Caillol de Poncy (Octavien), Prof. à l'Éc. de Méd., 8, rue Clapier. — Marseille (Bouches-du-Rhône).
Caix de Saint-Aymour (le Vicomte Amédée de), Publiciste, anc. Mem. du Cons. gén. de l'Oise, Mem. de plusieurs Soc. savantes, 112, boulevard de Courcelles. — Paris. — **R**
Calamel (Hyacinthe), Ing. des Arts et Man., 30, rue Notre-Dame-des-Victoires. — Paris.
Calando (E.), 27, rue Singer. — Paris.
Calderon (Fernand), Fabric. de prod. chim., 36, rue d'Enghien. — Paris. — **R.**
Callot (Ernest), 160, boulevard Malesherbes. — Paris.
Cambefort (Jules), Admin. de la *Comp. des Chem. de fer de Paris à Lyon et à la Méditerranée*, 13, rue de la République. — Lyon (Rhône). — **F**
*__**Cambiaggio (A.)**__. v.-Présid. de la Municipalité, rue Es-Sadikia. — Tunis.
Cambon (Victor), Ing. des Arts et Man., Présid. de la *Soc. de Vitic. de Lyon*, 37, quai de la Charité. — Lyon (Rhône).
Caméré (E., J., A.), Ing. en chef des P. et Ch., 18, rue de Douai. — Paris.
Campagne (Jean, Pierre, Paul), Lic. en droit (hôtel d'Angleterre). — Biarritz (Basses-Pyrénées).
Campan (Marius), Prof. de Math. au Lycée, 30, rue des Cultivateurs. — Pau (Basses-Pyrénées).
Campou (Pierre de), Prof. de math. spéc. au col. Rollin, 22, rue de Douai. — Paris.
Campredon (Louis, F.), Nég. import. et export., 52, 54, 56, boulevard de Rome. — Marseille (Bouches-du-Rhône).
Camus (Lucien), Prépar. à la Fac. de Méd., 60, rue Saint-Placide. — Paris.
*__**Camuset (Charles)**__, Ing. des Arts et Man., Fabric. de Sucre. — Escaudœuvres (Nord).
Dr **Candolle (Casimir de)**, Botan., 11, rue Massot. — Genève (Suisse).
Canet (Gustave), Ing. des Arts et Man., Dir. de l'artil. de la *Soc. anonyme des Forges et Chantiers de la Méditerranée*, 3, rue Vignon. — Paris. — **F**
Cano y Leon (Manuel), Lieut.-Colonel du Génie, 34, rue Lagasca. — Madrid (Espagne).
Cantagrel (Victor), Admin. de la *Soc. des Libr. et Imprim. réunies*, anc. Élève de l'Éc. Polytech., 154, boulevard Malesherbes. — Paris.
Cantas (Elie), Archiprêtre de l'Église grecque, 15, cours Lieutaud. — Marseille (Bouches-du-Rhône).
Dr **Cantonnet (Donat)**, 20, rue de la Nouvelle-Halle. — Pau (Basses-Pyrénées).
*__**Cany (Mme Ve Marie)**__, Prop., 11, rue Foy. — Brest (Finistère).

Capgrand-Mothes (Bernard), Dir. de l'Éc. prat. d'agric. et de sylvic. — Saint-Pau par Sos (Lot-et-Garonne).

Capus (Jean-Guillaume), Doct. ès sc., 77, rue Denfert-Rochereau. — Paris.

Caraven-Cachin (Alfred), Lauréat de l'Inst. — Salvagnac (Tarn).

*__Carbonaro (Hugh)__, Dir. régional de la *Comp. d'Ass. la New-York*, 52, rue Al-Djazira. — Tunis.

Carbonnier (Louis), Représent. de com., 2, rue du Tabac. — Toulouse (Haute-Garonne). — **R**

Cardeilhac, anc. Juge au Trib. de Com., 20, quai de la Mégisserie. — Paris. — **R**

Carette (Louis), Ing. des Arts et Man., 128, boulevard Voltaire. — Paris.

Carette (le Général Louis, Godefroy, Émile), Command. le Génie de la 15e Région. — Marseille (Bouches-du-Rhône).

Carez (Léon), Doct. ès Sc., 18, rue Hamelin. — Paris.

Carnot (Adolphe), Mem. de l'Inst., Insp. gén. des Mines, Prof. à l'Éc. nat. sup. des Mines et à l'Inst. nat. agron., 60, boulevard Saint-Michel. — Paris. — **F**

Carpentier (Jules), anc. Ing. de l'État, Succes. de Ruhmkorff, 34, rue du Luxembourg. — Paris. — **R**.

Dr Carre (Marius), Méd. en chef de l'Hôtel-Dieu. — Avignon (Vaucluse).

Carré (Paul), anc. Magist , 40, route de Brest. — Lorient (Morbihan).

Dr Carret (Jules), anc. Député, 2, rue Croix-d'Or. — Chambéry (Savoie). — **R**

Carrière (Félix). — Royan-les-Bains (Charente-Inférieure).

Carrière (Gabriel), Présid. de la *Soc. d'étude des Sc. nat.*, Corresp. du Min. de l'Instruc. pub., 5, rue Montjardin. — Nimes (Gard).

*__Carrière (Paul)__, Pharm. — Saint-Pierre (Ile d'Oléron) (Charente-Inférieure).

Carrière (Paul), Insp. des Forêts. — Digne (Basses-Alpes).

Carrieu, Prof. à la Fac. de Méd., 10, rue du Jeu-de-Paume. — Montpellier (Hérault).

Carron (Charles), Ing. des Arts et Man., Admin.-Dir. des Papeteries. — Le Pont-de-Claix (Isère).

Cartailhac (Émile), Dir. de la Revue l'*Anthropologie*, 5, rue de la Chaîne. — Toulouse (Haute-Garonne).

Cartaz (Mme A.), 39, boulevard Haussmann. — Paris. — **R**

*__Dr Cartaz (A.)__, anc. Int. des hôp., Sec. de la rédac. de la *Revue des Sciences Médicales*, 39, boulevard Haussmann. — Paris. — **R**

Casalonga (Dominique, Antoine), Ing.-Conseil, Dir. de la *Chronique industrielle*, 15, rue des Halles. — Paris.

*__Dr Casse (J.)__, Mem. titul. de l'Acad. royale de Méd., Méd. de l'Hôp. maritime Roger de Grimberghe. — Middelkerke par Ostende (Belgique).

Cassé (Émile), Ing., 7, rue Lécluse. — Paris.

Castan (Adrien), Ing. des Arts et Man., 48, rue Saint-Louis. — Montauban (Tarn-et-Garonne).

Castanheira das Neves (J., P.), Ing. civ. du Corps des Ing. des Trav. pub., 405-3o D, rua de Salitre. — Lisbonne (Portugal).

Castanié (Henri, Ernest), Ing. en chef des mines de Beni-Saf, rue d'Orléans. — Oran (Algérie).

Castelnau (Edmond), Prop., 18, rue des Casernes. — Montpellier (Hérault).

Castelnau (Émile), Prop., 2, rue Nationale. — Montpellier (Hérault).

Castelot (E.), anc. Consul de Belgique, 5, place Saint-François-Xavier. — Paris.

*__Castet (Guillaume)__, Dir. du Jardin d'Essai, route de l'Ariana. — (Tunis).

Castets (Camille), Étud. en Pharm., 78, rue Mouneyra. — Bordeaux (Gironde).

Castex (le Vicomte Maurice de), 6, rue de Penthièvre. — Paris.

Casthelaz (John), Fabric. de prod. chim., 19, rue Sainte-Croix-de-la-Bretonnerie. — Paris. — **F**

*__Catalogne (Paul de)__, Proc. de la République. — Castellane (Basses-Alpes).

*__Dr Catat (Louis)__, 11, rue d'Angleterre. — Tunis.

*__Catillon (Alfred)__, Pharm., 3, boulevard Saint-Martin. — Paris.

*__Catois (Mme Eugène, Henri)__, 15, rue Écuyère. — Caen (Calvados).

*__Dr Catois (Eugène, Henri)__, Lic. ès sc., Méd. des Hôp., Prof. à l'Éc. de Méd., 15, rue Écuyère. — Caen (Calvados).

Caubet (Mme), 44, rue d'Alsace-Lorraine. — Toulouse (Haute-Garonne).

Caubet, Prof. et anc. Doyen de la Fac. de Méd., 44, rue d'Alsace-Lorraine. — Toulouse (Haute-Garonne). — **R**

Dr Caussanel, Chirurg. de l'hôp. civ., 9, rue de la Lyre. — Alger.

Dr Cautru (Fernand), anc. Int. des Hôp., 6, rue Mogador prolongée. — Paris.

Cauvet (Alcide), Ing. des Arts et Man., Dir. hon. de l'Éc. cent. des Arts et Man., Mem. du Cons. gén. de la Haute-Garonne, château d'Ampouillac. — Cintegabelle (Haute-Garonne).

Cauvière (Jules), anc. Magist., Prof. à l'Inst. catholique, 16, rue de Fleurus. — Paris.

*Cavaillé-Coll, Fabric. d'orgues, 15, avenue du Maine. — Paris.

Dr Cavayé (Raphaël). — Villepreux (Seine-et-Oise).

Caventou (Eugène), Mem. de l'Acad. de Méd., 11, rue des Saints-Pères. — Paris. — F

*Cayeux (Lucien), Prépar. à l'Éc. nat. des Mines et à l'Éc. nat. des P. et Ch., Présid. de la Soc. géol. de France, 60, boulevard Saint-Michel. — Paris.

*Cayla (Louis), Recev. partic. des Fin., Mem. de la Soc. d'Économ. polit. et de la Soc. de Statistique de Paris. — Segré (Maine-et-Loire).

Cazalis (Gaston), 23, rue Terral. — Montpellier (Hérault).

Cazalis de Fondouce (Paul, Louis), Ing. des Arts et Man., Sec. gén. de l'Acad. des Sc. et Let. de Montpellier, 18, rue des Étuves. — Montpellier (Hérault). — R

Cazanove (François), Nég., 15, rue de Turenne. — Bordeaux (Gironde).

Cazelles (Émile), Cons. d'État, 131, boulevard Malesherbes. — Paris.

Cazeneuve (Albert), Admin. de la Comp. des mines de Lens, 3, rue Bonte-Pollet. — Lille (Nord) et château d'Esquiré. — Fonsorbes (Haute-Garonne).

Cazeneuve (Paul), Prof. à la Fac. de Méd., 21, quai Saint-Vincent. — Lyon (Rhône).

Cazenove (Raoul de), Prop., 8, rue Sala. — Lyon (Rhône). — R

Cazes (Edward, Adrien), Ing. des Chem. de fer du Midi en retraite, Admin. de la Soc. immobilière, 247, boulevard de la Plage. — Arcachon (Gironde).

Dr Cazin (Maurice), Doct. ès sc., Chef du Lab. de la clin. chirurg. de l'Hôtel-Dieu, 3, rue de Villersexel. — Paris.

Cazottes (A.-M.-J.), Pharm. — Millau (Aveyron). — R

Célérier (Émile), Nég., 54, quai Debilly. — Paris.

Dr Censier, Méd. de l'Établis. therm. — Bagnoles-de-l'Orne (Orne).

Cépeck (Auguste), anc. Conduct. des Trav. et Chef d'usine, Agent du serv. des Eaux de la Comp. du Canal de Suez. — Port-Saïd (Égypte).

Cercle artistique, rue de la Comédie. — Montpellier (Hérault).

Cercle pharmaceutique de la Marne. — Reims (Marne).

Cérémonie (Émile), Vétér., 50, rue de Ponthieu. — Paris.

Certes (Adrien), Insp. gén. des Fin., 53, rue de Varenne. — Paris.

Cézard (Léonce) (fils), 2, rue de Lorraine. — Nancy et château de Velaine-en-Haye (Meurthe-et-Moselle).

Cézérac (Louis), Fabric. d'instrum. de chirurg., 75, rue de Rome. — Marseille (Bouches-du-Rhône).

*Dr Cézilly (père), 23, rue de Dunkerque. — Paris.

*Dr Cézilly (H.) (fils), 23, rue de Dunkerque. — Paris.

Dr Chaber (Pierre), 20, rue du Casino. — Royan-les-Bains (Charente-Inférieure). — R

*Dr Chabert (Alfred), Méd. princ. de l'armée. en retraite, rue de la Vieille-Monnaie. — Chambéry (Savoie).

Chabert (Camille), Trés. pay. gén., 27, rue des Chanoines. — Caen (Calvados).

Chabert (Edmond), Ing. en chef des P. et Ch., 6, rue du Mont-Thabor. — Paris. — R

Dr Chabrié (Camille), Doct. ès sc., 9, avenue de Saxe. — Paris.

Chabrier (Ernest), Ing. des Arts et Man., Admin. délég. de la Comp. gén. Transat., 96, boulevard Haussmann. — Paris.

Chabrières-Arlès, Trés. pay. gén., 59, rue Molière. — Lyon (Rhône). — F

Chaigneau (Camille), Lieut. de vaisseau en retraite, 5, rue de l'Arsenal. — Toulon (Var).

Chailley-Bert (Joseph), Avocat à la Cour d'Ap., 12, avenue Carnot. — Paris.

Chaintron (Adrien), Nég., 33, rue Friant. — Paris.

Chaix (A.), Présid. hon. du Cons. d'admin. de l'Imprimerie et de la Librairie cent. des Chem. de fer, 48, avenue du Trocadéro. — Paris. — R

Chalier (J.), 13, rue d'Aumale. — Paris. — R

Dr Chambellan (Victor), 64, boulevard Sébastopol. — Paris.

Chambre des Avoués au Tribunal de 1re instance. — Bordeaux (Gironde). — R

Chambre de Commerce de Lot-et-Garonne. — Agen (Lot-et-Garonne).

—   —   Bayonne (Basses-Pyrénées).

—   —   Bordeaux (Gironde). — F

—   —   Boulogne-sur-Mer (Pas-de-Calais).

—   —   Le Havre (Seine-Inférieure). — R

Chambre de Commerce de Lyon (Rhône). — **F**
— — Marseille (Bouches-du-Rhône). — **F**
— — Tarn-et-Garonne. — Montauban (Tarn-et-Garonne).
— — Nantes, place de la Bourse.—Nantes (Loire-Inférieure).—**F**
— — Narbonne (Aude).
— — Rouen (Seine-Inférieure). — **F**
Chambre syndicale du commerce en gros des Vins et Spiritueux de la Ville de Paris et du département de la Seine, 2, rue Le Regrattier. — Paris.
*Dʳ **Chambrelant** (Jules, J.-B.), Agr. à la Fac. de Méd., 19, rue Jean-Jacques-Rousseau. — Bordeaux (Gironde).
***Chambron-Augustin** (Ernest), Agric., ferme de Medjana M'Chirâ par Châteaudun du Rhumel (départ. de Constantine) (Algérie). — **R**
Champeaud (Edmond), Entrep. de Trav. pub., Maire, Mem. du Cons. gén. de la Seine, 20, rue Gossin. — Montrouge (Seine).
***Champigny** (Armand), Pharm., 19, rue Jacob. — Paris.
Champigny (Armand), Ing. civ., 11, rue de Berne. — Paris.
Champigny (Félix, Jean), 23, rue Ibry. — Neuilly-sur-Seine (Seine).
Chandon de Briailles (le Vicomte Raoul), Nég. en vins de Champagne, 11, rue du Commerce. — Épernay (Marne).
***Chantemesse** (Mᵐᵉ André), 30, rue Boissy-d'Anglas. — Paris.
*Dʳ **Chantemesse** (André), Agr. à la Fac. de Méd., Insp. gén. adj. des serv. sanitaires au Min. de l'Inst., 30, rue Boissy-d'Anglas. — Paris.
Chanteret (l'Abbé Pierre), Doct. en droit. — Renaison (Loire).
Chantre (Mᵐᵉ Ernest), 37, cours Morand. — Lyon (Rhône).
Chantre (Ernest), s.-Dir. du Muséum des sc. nat., 37, cours Morand. — Lyon (Rhône). — **F**
Chantreau (Charles), Chim. et Manufac., rue Saint-Jean. — Douai (Nord).
Chaper (Maurice), Ing. civ. des Mines, anc. Élève de l'Éc. Polytech., 31, rue Saint-Guillaume. — Paris.
Chaperon (J., A.), s.-Dir. au Min. des Fin., 22, rue de Lisbonne. — Paris.
Chaperon-Graugère (Robert), 64, rue Saint-Sernin. — Bordeaux (Gironde), et villa des Fougères. — Bagnères-de-Bigorre (Hautes-Pyrénées).
Dʳ **Chapplain** (Jacques), Dir. hon. de l'Éc. de Méd. et de Pharm., 3, rue Lafon. — Marseille (Bouches-du-Rhône).
Dʳ **Chapuis** (Scipion). — Bou-Farik (départ. d'Alger).
Charbonneaux (Firmin), Maître de verreries, 98, rue Chanzy. — Reims (Marne).
Charcelay, Pharm. — Fontenay-le-Comte (Vendée). — **R**
Chardonnet (Anatole), Nég., 22, rue Hincmar. — Reims (Marne).
Charier, Archit. — Fontenay-le-Comte (Vendée).
Charlier (Etienne), Notaire. — Attigny (Ardennes).
***Charlin**. — Tréon (Eure-et-Loir).
Charlot (Léon), Fabric. de caoutchouc, 25, rue Saint-Ambroise. — Paris.
***Charlu** (Mᵐᵉ Vᵉ Julie), 32, rue Mazarine. — Paris.
Charon (Ernest), Int. des Hôp., 27, rue des Boulangers. — Paris.
Charpentier (Augustin), Prof. à la Fac. de Méd., 6, rue du Manège. — Nancy (Meurthe-et-Moselle).
Dʳ **Charpentier** (Eugène), Méd. des Hôp., 5, rue du Fort. — Gentilly (Seine).
***Charpentier** (René), anc. Élève de l'Éc. Polytech., 4, rue Traversière. — Châlons-sur-Marne (Marne).
Charpin (Mˡˡᵉ Julie), Dir. de l'Éc. profes. Élisa-Lemonnier, 24, rue Duperré. — Paris.
Dʳ **Charrin**, Agr. à la Fac. de Méd., Méd. des Hôp., 11, avenue de l'Opéra. — Paris.
***Charroppin** (Georges), Pharm. de 1ʳᵉ cl. — Pons (Charente-Inférieure). — **R**
Charruey (René), 7, rue des Chariottes. — Arras (Pas-de-Calais).
Charve (Léon), Prof. de Mécan. à la Fac. des Sc., 60, cours Pierre-Puget. — Marseille (Bouches-du-Rhône).
Dʳ **Chaslin** (Philippe), anc. Int. des Hôp., Méd. sup. de l'Hosp. de Bicêtre, 64, rue de Rennes. — Paris.
***Chassaigne** (Jules), s.-Chef au Min. des Fin. en retraite, 61, rue de Saint-Germain. — Argenteuil (Seine-et-Oise).
Chassaing (Eugène), Fabric. de prod. physiol., 6, avenue Victoria. — Paris.
Chasteigner (le Comte Alexis de), Mem. de l'*Acad. nat. des Sc., Belles-Lettres et Arts*, anc. Of. des haras nat., 7, rue de Grassi. — Bordeaux (Gironde), et château des Giraudières. — In rande (Vienne).

*Chastelain (Paul), s.-Chef de Bureau au Cabinet du Min. des Fin., 4, rue Jean-Bart. — Paris.

Chatel, Avocat défens., Bazar du Commerce. — Alger. — R

Chatin (Adolphe), Mem. de l'Inst. et de l'Acad. de Méd., 149, rue de Rennes. — Paris.

Dr Chatin (Joannès), Prof. adj. à la Fac. des Sc., Mem. de l'Acad. de Méd., 174, boulevard Saint-Germain. — Paris. — R

Chaudier, Dir. de la Ferme-École. — Nolhac par Saint-Saulien (Haute-Loire).

*Chauffert (Léon), Nég. en tissus, 6, rue Chanzy. — Reims (Marne).

Chauliaguet (Mlle Juliette), Étud. en méd., 140, rue de la Pompe. — Paris.

Chaumier (Mme Edmond), 19 bis, rue de Clocheville. — Tours (Indre-et-Loire).

Dr Chaumier (Edmond), 19 bis, rue de Clocheville. — Tours (Indre-et-Loire).

Chauvassaigne (Daniel), château de Mirefleurs par les Martres-de-Veyre (Puy-de-Dôme). — R

Dr Chauveau (Auguste), Mem. de l'Inst. et de l'Acad. de Méd., Insp. gén. des Éc. nat. vétér., Prof. au Muséum d'hist. nat., 10, avenue Jules-Janin. — Paris. — F

Dr Chauveau (Claude), 225, boulevard Saint-Germain. — Paris.

Chauvet (Gustave), Notaire, Présid. de la Soc. archéol. et historique de la Charente. — Ruffec (Charente). — R

Chauviteau (Ferdinand), 112, boulevard Haussmann. — Paris. — R

Chavane (Paul), Ing. des Arts et Man., Indust., Manufacture de Bains. — Bains en Vosges (Vosges).

*Chavasse (Jules), Prop., 41, quai de Bosc. — Cette (Hérault).

*Chavasse (Paul), Nég.-Prop., 38, quai de Bosc. — Cette (Hérault).

Chazal (Jean-Baptiste), anc. Avoué. — Murat (Cantal).

Chazal (Léon), Présid. de la Délég. cantonale de Rebais (Seine-et-Marne) et de la Caisse cantonale des Écoles, 37, boulevard Saint-Michel. — Paris.

Chazal (Robert), Lieut. au 24ᵉ rég. d'Artil. — Tarbes (Hautes-Pyrénées).

Chazot, Prop., 12, rue Michelet. — Alger-Agha.

Dr Chenantais, 22, rue de Gigant. — Nantes (Loire-Inférieure).

Dr Chéron (Jules), Doct. ès sc., Méd. de Saint-Lazare, 45, boulevard Malesherbes. — Paris.

Chérot (Albert), Ing., anc. Élève de l'Éc. Polytech., 30, cours Pierre-Puget. — Marseille (Bouches-du-Rhône).

Chérot (Auguste), Ing. civ. des Mines, anc. Élève de l'Éc. Polytech., 10, boulevard Émile-Augier. — Paris.

Dr Chervin (Arthur), Dir. de l'Inst. des Bègues, 82, avenue Victor-Hugo. — Paris.

Cheuret, Notaire, 24, place de l'Hôtel-de-Ville. — Le Havre (Seine-Inférieure).

Cheuret (Robert), Étud. en droit, 24, place de l'Hôtel-de-Ville. — Le Havre (Seine-Inférieure).

Dr Cheurlot, 48, avenue Marceau. — Paris.

Cheux (Albert), Météor., 47, rue Delaage. — Angers (Maine-et-Loire).

Cheux (Pierre, Antoine), Pharm.-Maj. en retraite, villa 9, avenue de Paris. — Châtillon-sous-Bagneux (Seine). — R

Chevalier (J., P.), Nég., 50, rue du Jardin-Public. — Bordeaux. — F

*Chevalier (Joseph), Élect., 15, rue d'Italie. — Tunis.

Chevalier (l'Abbé L.), Lic. ès sc., Prof. à l'Éc. de Saint-Sigisbert, 11, place de l'Académie. — Nancy (Meurthe-et-Moselle).

Chevallier (Georges), Notaire. — Montendre (Charente-Inférieure).

Dr Chevallier (Paul). — Compiègne (Oise).

Chevallier (Victor), Chim. de la Comp. des Salins du Midi, 46, rue Pitot. — Montpellier (Hérault).

Chevrel (René), Doct. ès sc., Chef des trav. zool. à la Fac. des Sc., 2 bis, rue du Tour-de-Terre. — Caen (Calvados). — R.

*Chevreux (Édouard), route du Cap. — Bône (départ. de Constantine) (Algérie).

Cheysson (Émile), Insp. gén. des P. et Ch., Prof. à l'Éc. nat. sup. des Mines, 150, rue de La Tour. — Paris.

Dr Chiaïs (François), Méd. de l'Hôp., rue Villarey. — Menton (Alpes-Maritimes), l'été à Évian-les-Bains (Haute-Savoie).

Chicandard (Georges-R.), Lic. ès sc. phys., Pharm. de 1ʳᵉ cl., Dir. de la Soc. anonyme des prod. chim. — Fontaines-sur-Saône (Rhône). — R

Dr Chil y Naranjo (Gregorio). — Palmas (Grand-Canaria). — R

Chiris (Léon), Sénateur des Alpes-Maritimes, 23, avenue d'Iéna. — Paris. — R

Dr Chobaut (Alfred), 4, rue Dorée. — Avignon (Vaucluse).

Cholley (Paul), Pharm., 2, avenue de la Gare. — Rennes (Ille-et-Vilaine).

Choquin (Albert), Bandagiste, Porte-Jeune. — Mulhouse (Alsace-Lorraine).

Chouët (Alexandre), anc. Juge au Trib. de Com., 19, rue de Milan. — Paris. — **R**

Chouillou (Albert), Dir. de l'usine, anc. Élève de l'Éc. nat. d'agric. de Grignon, 69, avenue du Mont-Riboudet. — Rouen (Seine-Inférieure). — **R**

Chouillou (Édouard), Fabric. de prod. chim., 69, avenue du Mont-Riboudet. — Rouen (Seine-Inférieure).

Chrétien (Paul, Charles), Insp. de l'Éclairage élect. de la Ville, 15, rue de Boulainvil-liers. — Paris.

Dr Christian (Jules), Méd. de la Maison nat. d'aliénés de Charenton, 57, Grande-Rue. — Saint-Maurice (Seine).

Chudeau (René), Chargé du cours de Minéral. et de Géol. à la Fac. des Sc., 10, square Saint-Amour. — Besançon (Doubs).

Dr Civel (Victor). — Brest (Finistère).

Clamageran (Mme Jules), 57, avenue Marceau. — Paris.

Clamageran (Jules), anc. Min. des Fin., Sénateur, 57, avenue Marceau. — Paris. — **F**

Clappier (le Général Edmond), 3, avenue Matignon. — Paris.

Clarenc (Georges), Prof. de Sc. nat. à l'Éc. prat. d'Agric. — Villembits, par Trie (Hautes-Pyrénées).

Claude-Lafontaine (Lucien), Banquier, anc. Élève de l'Éc. Polytech., 32, rue de Trévise. — Paris.

Claudel (Victor), Fabric. de papiers. — Docelles (Vosges).

Claudon (Édouard), Ing. des Arts et Man., 15, rue Hégésippe-Moreau. — Paris.

Claverie (Auguste), Bandag., 234, rue du Faubourg-Saint-Martin. — Paris.

Clémënt (Léopold), Lic. en droit, Agric., Mem. du Cons. gén. — Caumont-sur-Garonne (Lot-et-Garonne).

Clerc (Ernest). — Le Caduceau par Saint-Séverin (Charente).

Clercq (Charles de), 69, avenue Henri-Martin. — Paris.

Clermont (Philibert de), Avocat à la Cour d'Ap., 8, boulevard Saint-Michel. — Paris. — **R**

Clermont (Philippe de), s.-Dir. du Lab. de chim. à la Sorbonne, 8, boulevard Saint-Michel. — Paris. — **F**

Clermont (Raoul de), Ing. agronom. diplômé de l'Inst. nat. agronom., Avocat, anc. Attaché d'Ambassade, 8, boulevard Saint-Michel. — Paris. — **R**

Cloizeaux (Alfred Legrand des), Mem. de l'Inst., Prof. hon. au Muséum d'hist. nat., 13, rue de Monsieur. — Paris. — **R**

Dr Clos (Dominique), Corresp. de l'Inst., Prof. hon. de la Fac. des Sc., Dir. du Jardin des Plantes, 2, allées des Zéphirs. — Toulouse (Haute-Garonne). — **R**

Clos (Mme Élie), 8, Grand-Rond. — Toulouse (Haute-Garonne).

Dr Clos (Élie), 8, Grand-Rond. — Toulouse (Haute-Garonne).

Clouzet (Ferdinand), Mem. du Cons. gén., 88, cours Victor-Hugo. — Bordeaux (Gironde). — **R**

Clozel (Joseph), Explorat., 35, rue Labat. — Paris.

Dr Clozier (Henri-Octave), 62, rue des Jacobins. — Beauvais (Oise).

Coccoz (Victor), Chef d'escadron d'Artil. en retraite, 14, avenue du Maine. — Paris.

Cochon (J.), Insp. des Forêts, 6, avenue de Belfort. — Saint-Claude (Jura).

Cochot (Albert), Ing. civ., Archit. de la Ville, 75, Rempart-du-Nord — Angoulême (Charente).

Codron (E.), Fabric. de sucre. — Beauchamps par Gamaches (Somme).

Cohen (Benjamin), Ing. civ., 45, rue de la Chaussée-d'Antin — Paris.

Cohn (Léon), Trés.-payeur gén. des Ardennes. — Mézières (Ardennes).

Coignet (Jean), Ing. civ. des Mines, anc. Élève de l'Éc. Polytech., 2, rue Cuvier. — Lyon (Rhône).

Colas (Albert), Publiciste, Les Liserons. — Villeneuve-le-Roi par Ablon (Seine-et-Oise).

Colin (Armand), Édit., 5, rue de Mézières. — Paris.

Dr Collardot (Victor), Méd. de l'hôp. civ., 3, rue Cléopâtre. — Alger.

Collignon (Édouard), Insp. gén. des P. et Ch. en retraite, Examin. de sortie à l'Éc. Polytech., 6, rue de Seine. — Paris. — **F**

Collignon (Félix), Dir. des Usines de la *Comp. royale Asturienne*. — Auby-lez-Douai (Nord).

Dr Collignon (René), Méd.-Maj. à l'Éc. sup. de Guerre, 9, avenue de La Bourdonnais. — Paris.

Collin (Mme), 15, boulevard du Temple. — Paris. — **R**

Collin (Émile), Paléoethnologue, 30, rue Saint-Marc. — Paris.

Collin (Émile, Charles), Ing. des Arts et Man., 49, rue Miroménil. — Paris.

Collot (Louis), Prof. à la Fac. des Sc., Dir. du Muséum d'hist. nat., 4, rue du Tillot. — Dijon (Côte-d'Or).

Collot (Michel), Nég. en cuirs, 10, rue Beaurepaire. — Paris.

Dr Colrat, Agr. à la Fac. de Méd., 48, quai de la République. — Lyon (Rhône).

Comberousse (Charles de), Ing. des Arts et Man., Prof. au Conserv. nat. des Arts et Mét. et à l'Éc. cent. des Arts et Man., 94, rue Saint-Lazare. — Paris. — **F**

Combes (Alphonse), Doct. ès sc., Maître de Conf. à la Fac. des Sc., anc. Élève de l'Éc. Polytech.,14, rue du Val-de-Grâce. — Paris.

Combes (Camille), Avocat à la Cour d'Ap., 21, rue Vignon. — Paris.

Dr Combescure (Clément), Sénateur, 13, rue de Poissy. — Paris.

*Combet, Prof. de Math. au Lycée Carnot, 1, rue El Kobbi. — Tunis.

Comité médical des Bouches-du-Rhône, 3, Marché des Capucines. — Marseille (Bouches-du-Rhône). — **R**

Commines de Marsilly (Arthur de), anc. Of. de caval., villa Saint-Georges. — Saint-Lô (Manche).

Commission archéologique de Narbonne. — Narbonne (Aude).

Commission de météorologie du département de la Marne. — Châlons-sur-Marne (Marne).

Commission départementale de météorologie du Rhône. — Lyon (Rhône).

*Commolet (Jean-Baptiste), Prof. de math. au Lycée Carnot, 32, rue Lévis. — Paris.

Compagnie des chemins de fer du Midi, 54, boulevard Haussmann. — Paris. — **F**

—   —   d'Orléans, 8, rue de Londres. — Paris. — **F**

—   —   de l'Ouest, 20, rue de Rome. — Paris. — **F**

—   —   de Paris à Lyon et à la Méditerranée, 88, rue Saint-Lazare. — Paris. — **F**

Compagnie des Fonderies et Forges de l'Horme, 8, rue Victor-Hugo. — Lyon (Rhône). — **F**

— du Gaz de Lyon, rue de Savoie. — Lyon (Rhône). — **F**

— Parisienne du Gaz, 6, rue Condorcet. — Paris. — **F**

— des Messageries Maritimes, 1, rue Vignon. — Paris. — **F**

— des Minerais de fer magnétique de Mokta-el-Hadid (le Conseil d'Administration de la), 26, avenue de l'Opéra. — Paris. — **F**

— des Mines, Fonderies et Forges d'Alais, 7, rue Blanche. — Paris. — **F**

— des Mines de houille de Blanzy (Jules Chagot et Cie), à Montceau-les-Mines (Saône-et-Loire), et 44, rue des Mathurins. — Paris. — **F**

— des Mines de Roche-la-Molière et Firminy, 13, rue de la République. — Lyon (Rhône). — **F**

— des Salins du Midi, 84, rue de la Victoire. — Paris. — **F**

Compayré (Gabriel), Rect. de l'Acad., anc. Député. — Poitiers (Vienne).

Connesson (Ferdinand),Ing. en chef des P. et Ch., 9, boulevard Denain. — Paris. — **R**

Conrad (Louis, Théophile), anc. Attaché à l'admin. gén. de l'Assist. pub., 18, Grande-Rue. — Bourg-la-Reine (Seine).

Constant (Lucien), Avocat, 66, rue des Petits-Champs. — Paris.

Contejean (Charles, Louis), Prof. de Fac. en retraite, 43, rue de Besançon. — Montbéliard (Doubs).

Coppet (Louis de), Chim., villa Irène, rue Magnan. — Nice (Alpes-Maritimes). — **F**

*Coquerel (Georges), Chef adj. du Cabinet du Min. des Colonies, 134, boulevard Saint-Germain. — Paris.

Corbière (Louis), Prof. de sc. nat. au Lycée, Lauréat de l'Inst., 30, rue Dujardin. — Cherbourg (Manche).

Corbin (Paul), Indust., anc. Élève de l'Éc. Polytech. — Lancey (Isère).

Cordier (Henri), Prof. à l'Éc. des langues orient. vivantes, 3, place Vintimille. — Paris. — **R**

Cornet (Auguste), Mem. du Cons. mun., 6, rue de Trévise. — Paris.

*Cornevin (Charles), Prof. à l'Éc. nat. vétér.,2, quai Pierre-Scize. — Lyon (Rhône). — **R**

Cornil (Mme Victor), 19, rue Saint-Guillaume. — Paris.

Cornil (Victor), Prof. à la Fac. de Méd., Mem. de l'Acad. de Méd., Méd. des Hôp., Sénateur de l'Allier, 19, rue Saint-Guillaume. — Paris.

Cornu (Mme Alfred), 9, rue de Grenelle. — Paris. — **R**

Cornu (Alfred), Mem. de l'Inst. et du Bureau des Longit., Ing. en chef des Mines, Prof. à l'Éc. Polytech., 9, rue de Grenelle. — Paris. — **F**

Cornu (Félix), Fabric. de matières tinct. — Riant-Port, par Vevey (Suisse).

*Cornu (Mme Maxime), 27, rue Cuvier. — Paris.

*Cornu (Maxime), Prof.-Admin. au Muséum d'Hist. nat., Mem. du Cons. sup. de l'Agric., 27, rue Cuvier. — Paris.

Cornuault (Émile), Ing. des Arts et Man., Dir. de la Soc. anonyme du Gaz et Hauts Fourneaux de Marseille, 6, rue Le Peletier. — Paris.

Dr Cosmovici (Léon), Prof. à l'Univ., 11, Stefan cel mare. — Jassy (Roumanie).

Cossé (Victor), Raffineur, 1, rue Daubenton. — Nantes (Loire-Inférieure).

Cosserat (Léon), Agr. de l'Univ., Ing.-Chim., 70, rue Brûlée. — Reims (Marne).

Cosset-Dubrulle (Édouard) (fils), Fabric. de lampes de sûreté pour mines, 3, rue de Toul. — Lille (Nord).

Cossmann (Maurice), Ing., Chef des serv. techniques de l'Exploit., à la Comp. des Chem. de fer du Nord, anc. Élève de l'Éc. cent. des Arts et Man., 95, rue de Maubeuge. — Paris.

Costa-Couraça (João da), Ing. au corps d'Ing. des Trav. pub., 6, rue Rosa-Aranjo. — Lisbonne (Portugal).

*Coste (Abdon), Prop., 40, rue des Augustins. — Perpignan (Pyrénées-Orientales).

Coste (Adolphe), Publiciste, 4, cité Gaillard (rue Blanche). — Paris.

Coste (Eugène), 6, rue des Capucins. — Lyon (Rhône).

Coste (Louis), Doct. ès Let., Biblioth. de la Ville. — Salins (Jura).

Cotard (Charles), Ing., anc. Élève de l'Éc. Polytech., 45, boulevard Suchet. — Paris.

Cottance, Nég. en diamants, 39, rue de Châteaudun. — Paris.

Cottancin (Remi, Jean, Paul), Ing. des Arts et Man. (Trav. en ciment, avec ossat. métal.), 22, rue de Chaligny. — Paris.

Cottereau-Rhem (Charles). — Pagny-sur-Moselle (Meurthe-et-Moselle).

Cottignies (Paul), Proc. de la République, 2, rue Denfert-Rochereau. — Alger-Mustapha.

*Cottu (le Baron), Sec. d'Ambas. à la Résidence générale, avenue de la Marine. — Tunis.

*Couband (Paul), Sec. gén. de la Comp. fermière de Vichy, 18, rue de Bruxelles. — Paris.

*Coubertin (le Baron Pierre de), Sec. gén. de l'Union des Soc. de sports athlét., 20, rue Oudinot. — Paris.

*Couchot (E.), Nég., 70, boulevard Notre-Dame. — Marseille (Bouches-du-Rhône).

Dr Couillaud (Jean), Méd. de l'hôp., 5, rue Jean-Moët. — Épernay (Marne).

*Coulet (Camille), Libr.-Édit., 5, Grande-Rue. — Montpellier (Hérault).

Couneau (Émile), Prop., 4, rue du Palais. — La Rochelle (Charente-Inférieure).

Counord (E.), Ing. civ., 127, cours du Médoc. — Bordeaux (Gironde). — R

Coupier (T.), anc. Fabric. de prod. chim. — Saint-Denis-Hors par Amboise (Indre-et-Loire).

Couprie (Louis), 35, avenue de la République. — Caudéran (Gironde). — R

Couriot (Henri), Prof. à l'Éc. des Hautes-Études com. et à l'Éc. spéc. d'Archit., Chargé de Cours à l'Éc. cent. des Arts et Man., 3, rue de Logelbach. — Paris.

*Courjon (Mme Antonin), 14, rue de la Barre. — Lyon (Rhône).

*Dr Courjon (Antonin), Dir. de la maison de santé de Meyzieu, 14, rue de la Barre. — Lyon (Rhône).

Courtefois (Gustave), Indust., 14, rue du Temple. — Paris.

Courtin (Benoît), Chef d'instit. — Solre-le-Château (Nord).

Courtois (Henry), Lic. ès sc. phys., château de Muges. — Damazan (Lot-et-Garonne).

Courtois de Viçose, 3, rue Mage. — Toulouse (Haute-Garonne). — F

Cousin (Alexandre), 58, rue de Bourgogne. — Lille (Nord).

Cousin (Pierre), Prof. au Lycée, 37, rue de Bras. — Caen (Calvados).

Coutagne (Georges), Ing. des Poudres et Salpêtres, le Défends. — Rousset (Bouches-du-Rhône). — R

Coutanceau (Alphonse), Ing. des Arts et Man., 3, rue Michel. — Bordeaux (Gironde).

*Couten (Louis), Minotier, 52, rue de Puty. — Verdun (Meuse).

Coutil (Léon), Présid. de la Soc. normande d'études préhist., rue aux Prêtres. — Les Andelys (Eure).

Coutreau (Léon), Prop. — Branne (Gironde).

Couve (Charles), Courtier d'assur., 28, rue Castéja. — Bordeaux (Gironde).

Couvreux (Abel), Ing., 78, rue d'Anjou. — Paris.

Couzinet (Henri), anc. Notaire. — Saint-Sulpice-d'Eymet (Dordogne).

Couzy (Louis), Insp.-Ing. des Postes et Télég. — Montpellier (Hérault).

*Coyne (Mme Paul, Louis), 8, rue de Verteuil. — Bordeaux (Gironde).

*Coyne (Paul, Louis), Prof. à la Fac. de Méd., 8, rue de Verteuil. — Bordeaux (Gironde).

Coze (André) (fils), Dir. de l'Usine à Gaz, 5, rue des Romains. — Reims (Marne).

Crafts (M.), Chim., 30, avenue Henri-Martin. — Paris.

*Crapez (Mme Auguste). — Landrecies (Nord).
*Crapez (Auguste), Nég. — Landrecies (Nord).
*Crapez (Auguste), Étud., 17, rue Vauquelin. — Paris.
Crapon (Denis). — Pont-Évêque par Vienne (Isère). — R
Craponne (Paul de), Ing. princ. de la Comp. du Gaz, anc. Élève de l'Éc. cent. des Arts et Man., 2, cours Bayard. — Lyon (Rhône).
Cravoisier (Émile), Mem. du Cons. et Sec. adj. de la Soc. de Géog. com. de Paris, 10, rue Lord-Byron. — Paris.
Crépy (Paul), Présid. de la Soc. de géog. de Lille, 28, rue des Jardins. — Lille (Nord). — R
Créquy (Mme Octavie), 99, boulevard Magenta. — Paris.
Crespel (Charles), Nég., 54, rue Gambetta. — Lille (Nord).
Crespel-Tilloy (Charles), Manufac., 14, rue des Fleurs. — Lille (Nord). — R
Crespin (Arthur), Ing. des Arts et Man., Mécan., 23, avenue Parmentier. — Paris. — R
Creuzan (Mme Georges), 62, rue Sainte-Catherine. — Bordeaux (Gironde).
Creuzan (Georges), Fabric. d'Inst. de chirurg., 62, rue Sainte-Catherine. — Bordeaux (Gironde).
Crié (L.), Prof. à la Fac. des Sc., Corresp. de l'Acad. de Méd., 79, avenue du Gué-de-Baud. — Rennes (Ille-et-Vilaine).
Dr Critzman (Daniel), anc. Int. des Hôp., 45, avenue Kléber. — Paris.
Croizé (A.), Ing. à la Comp. des Chem. de fer d'Orléans, 21, boulevard de La Tour-Maubourg. — Paris.
Dr Cros (François, Antoine, André), Méd. princ. de 1re cl., Dir. de serv. de santé de Corps d'armée en retraite, 6, rue de l'Ange. — Perpignan (Pyrénées-Orientales).
Cros-Mayrevieille (Gabriel), Publiciste. — Narbonne (Aude).
Crouan (Fernand), Armat., v.-Présid. de la Ch. de Com., 14, rue Héronnière. — Nantes (Loire-Inférieure). — F
Crouslé (Léon), Prof. à la Fac. des Let., 58, rue Claude-Bernard. — Paris.
*Crouzet (Félix), Doct. en droit, anc. Magist. — Lit-et-Mixe (Landes).
Crouzet (Mme Louis). — Lit-et-Mixe (Landes).
Crouzet (Louis), Indust. — Lit-et-Mixe (Landes).
Crova (André), Corresp. de l'Inst., Prof. à la Fac. des Sc., 12 bis, rue du Carré-du-Roi. — Montpellier (Hérault).
Dr Cruet, 2, rue de la Paix. — Paris.
*Dr Crussard (Jacques-Louis), Méd. princ., Méd. en chef de l'Hôp. milit. du Belvédère, 21, rue d'Angleterre. — Tunis.
Cuau, Entrepren. de fumist., 88, boulevard de Courcelles. — Paris.
*Dr Cuénod, Méd. de l'Hôp. Saint-Louis, 57, rue Al-Djazira. — Tunis.
Cugnin (Émile, Antoine), Chef de bat. du Génie en retraite, 192, rue de Vaugirard. — Paris.
*Dr Culot (Charles), anc. Int. des Hôp., 6, rue de la République. — Maubeuge (Nord).
Dr Cunéo (Bernard), Dir. du Serv. de santé, Présid. du Cons. sup. de santé de la Marine, 2, rue Royale (Ministère de la Marine). — Paris.
Cunisset-Carnot (Paul), Proc. gén., 19, cours du Parc. — Dijon (Côte-d'Or). — R
Curé (Émile), Prop., anc. s.-Préfet. — Provins (Seine-et-Marne).
Cureyras (Gaspard), anc. Maire. — Cusset (Allier).
Curie (Jules), Lieut.-Colonel du Génie en retraite, 155, boulevard de la Reine. — Versailles (Seine-et-Oise).
Cussac (Joseph de), Insp. adj. des forêts, rue Saint-Jean. — Beaune (Côte-d'Or).
Cuvelier (Eugène), Prop. — Thomery (Seine-et-Marne).
*Dabrigeon (Mlle Blanche), Prof. à l'Éc. second. de jeunes Filles, rue de Russie. — Tunis.
Dr Dagrève (Élie), Méd. du Lycée et de l'Hôp. — Tournon-sur-Rhône (Ardèche). — R
Dr Daguenet (Victor), Méd.-maj. en retraite, 44, Grande-Rue. — Besançon (Doubs).
Daleau (François). — Bourg-sur-Gironde (Gironde).
Dalléas (L.), Prop., 3, cours du Chapeau-Rouge. — Bordeaux (Gironde).
Dalligny (A.), anc. Maire du VIIIe arrond., 5, rue Lincoln. — Paris. — F
Damiens (Toussaint), Prop., 29, rue de Saint-Cloud. — Billancourt (Seine).
Damoizeau, 17, rue Saint-Ambroise. — Paris.
Damoy (Julien), Nég., 31, boulevard de Sébastopol. — Paris.
Danel, Imprim., 93, rue Nationale. — Lille (Nord).
Daney (Alfred), Nég. anc. Maire, 36, rue de la Rousselle. — Bordeaux (Gironde).
Danguy (Paul), Lic. ès sc., Prépar. de Botan. au Muséum d'hist. nat., 7, rue de l'Eure. — Paris.

Daniel (Lucien), Doct. ès sc. nat., Prof. au Lycée, 28, rue de Paris. — Rennes (Ille-et-Vilaine).

Danton, Ing. civ. des Mines, 11, avenue de l'Observatoire. — Paris. — **F**

Darbas (Louis), Conserv. du Musée Georges Labit, 23, rue d'Orléans. — Toulouse (Haute-Garonne).

Dard (Jules, Marius), Minoterie Narbonne. — Hussein-Dey (départ. d'Alger).

Dr Darin (Gustave), 41, boulevard des Capucines. — Paris.

Darlan (Jean), Min. de la Justice, Député et Mem. du Cons. gén. de Lot-et-Garonne, 55, rue des Saints-Pères. — Paris.

Darlu (Alphonse), Maître de Conf. à l'Éc. norm. sup. d'Ens. second. pour les jeunes filles, 20, rue de la Terrasse. — Paris.

Darras (A.), Nég., 1, rue Keller. — Paris.

Darrasse (Léon), Fabric. de prod. chim., 13, rue Pavée-Marais. — Paris.

Dr Dassieu (Mathieu), 6, rue Serviez. — Pau (Basses-Pyrénées).

Dassonville (Charles, Léon), Vétér. en 2e à l'Artil. de la 7e Divis. de Caval., 9, rue Béranger. — Fontainebleau (Seine-et-Marne).

*Dastarrac (Henri), Doct. en Droit, Avocat à la Cour d'Ap., 13, place Esquirol. — Toulouse (Haute-Garonne).

Dattez, Pharm., 4, rue Antoinette. — Paris.

Dauriat, Chef de dépôt en retraite de la *Comp. des Chem. de fer de l'Est*, 18, rue Lécluse. — Paris.

Daussargues (Achille), Agent Voyer en chef de Tarn-et-Garonne. — Montauban (Tarn-et-Garonne).

Davanne (Alphonse), v.-Présid. de la *Soc. franç. de Photog.*, 82, rue des Petits-Champs. — Paris.

Daveluy (Charles), Admin. des Contrib. dir., 107, boulevard Brune. — Paris.

David (Arthur), 29, rue du Sentier. — Paris. — **R**

*David (Émile), Pharm. — Objat (Corrèze).

Davy, Prof. au Lycée Louis-le-Grand, 31, rue Madame. — Paris.

Dax (le Comte Armand de), Ing. civ., Sec. gén. de la *Soc. des Ing. civ. de France* 10, cité Rougemont. — Paris.

Daymard (Victor), anc. Ing. de la Marine, Ing. en chef de la *Comp. gén. Transat.*, 47, rue de Courcelles. — Paris.

Debedat (Mme Xavier), 8, rue Saint-Siméon. — Bordeaux (Gironde).

Dr Debedat (Xavier), 8, rue Saint-Siméon. — Bordeaux (Gironde).

*Debroy (Ferdinand), Prof. de Botan. à l'Éc. prép. à l'Ens. sup. des Sc., 39, rue Michelet. — Alger-Mustapha.

Decès (Mme Arthur), 70, rue Chanzy. — Reims (Marne).

Dr Decès (Arthur), Prof. à l'Éc. de Méd., 70, rue Chanzy. — Reims (Marne).

Dr Dechamp (Paul, Jules), Méd. princ. de la Marine en retraite, villa Richelieu. — Arcachon (Gironde).

Dr Decrand (J.), anc. Chef de clin. à la Fac. de Méd. de Montpellier, 27, boulevard Ledru-Rollin. — Moulins (Allier).

Defaye (Paul), Indust., 7, place Jourdan. — Limoges (Haute-Vienne).

Defforges (Gilbert), Chef de bat. d'infant. Breveté hors cadre, 41, boulevard de La Tour-Maubourg. — Paris.

Defrenne (Adolphe), Prop., 295, rue Nationale. — Lille (Nord).

*Degeorge (Hector), Archit. S. C., Expert près le Trib. civ. et le Cons. de Préfect. de la Seine, 151, boulevard Malesherbes. — Paris.

Deglatigny (Louis), Nég. en bois, 11, rue Blaise-Pascal. — Rouen (Seine-Inférieure). — **R**

*Degorce (Mme Marc, Antoine), 42, rue des Semis. — Royan-les-Bains (Charente-Inférieure).

*Degorce (Marc, Antoine), Pharm. en chef de la Marine en retraite, 42, rue des Semis. — Royan-les-Bains (Charente-Inférieure). — **R**

Degousée (Edmond), Ing. des Arts et Man., 164, boulevard Haussmann. — Paris. — **F**

Degrange-Touzin (Armand), Avocat, 6, place Tartas. — Bordeaux (Gironde).

Dehaut (E.), 147, rue du Faubourg-Saint-Denis. — Paris.

Dehaut (Félix), Pharm. de 1re cl., 147, rue du Faubourg-Saint-Denis. — Paris.

Dr Dehenne (Albert), 34, rue de Berlin. — Paris.

Dehérain (Henri), Lic. ès Let., 1, rue d'Argenson. — Paris.

Dehérain (Pierre, Paul), Mem. de l'Inst., Prof. au Muséum d'hist. nat. et à l'Éc. nat. d'agric. de Grignon, 1, rue d'Argenson. — Paris.

Déjardin (E.), Pharm. de 1re cl., anc. Int. des Hôp., 109, boulevard Haussmann. — Paris.

Dejean de Fonroque (Abel), Chef de serv. de la *Comp. du Canal de Suez* en retraite, 202, boulevard Saint-Germain. — Paris.

*Dejou (Paul), Pharm. de 1re cl. — La Ferté-Alais (Seine-et-Oise).

Dr Delabost (Merry), Dir. hon. et Prof. de l'Éc. de Méd., Chirurg. en chef de l'Hôtel-Dieu et des Prisons, 76, rue Ganterie. — Rouen (Seine-Inférieure).

Delacour (Théodore), 4, quai de la Mégisserie. — Paris.

Delacre (Maurice), Prof. à l'Univ. de Gand. — Vilvorde (Belgique).

Delafon (Maurice), Ing. sanitaire, Indust., 14, quai de la Rapée. — Paris.

Delage (Pierre, Joseph), Ing. des Arts et Man., Adj. au Maire du XIe arrond., 90, boulevard Richard-Lenoir. — Paris.

Delagrave (Charles), Libr.-Édit., 15, rue Soufflot. — Paris.

Delahodde-Destombes (Victor), Nég., 19, rue Gauthier-de-Châtillon. — Lille (Nord).

Delaire (Alexis), Sec. gén. de la *Soc. d'Économ. sociale*, anc. Élève de l'Éc. Polytech., 238, boulevard Saint-Germain. — Paris. — R

Delannoy (Henri, Auguste), s.-Intend. milit. de 1re cl. en retraite, anc. Élève de l'Éc. Polytech. — Guéret (Creuse).

Dr Delaporte, 24, rue Pasquier. — Paris. — R

Delattre (Carlos), Filat., anc. Élève de l'Éc. Polytech., 126, rue Jacquemars-Giélée. — Lille (Nord). — R

Delaunay (Henri), Ing. des Arts et Man., 39, rue d'Amsterdam. — Paris. — R

Delavauvre (Jules, Joseph), Prop., les Écossais. — Bresnay par Besson (Allier).

Delbosc (Hippolyte), Dir. des Contrib. dir., 13, rue des Croisiers. — Caen (Calvados).

Delbrück (Jules), Agric., 28, avenue d'Iéna. — Paris.

Delcominète (Émile), Prof. à l'Éc. sup. de Pharm., 23, rue des Ponts. — Nancy (Meurthe-et-Moselle).

*De L'Épine, 7, rue de la Grande-Chaumière. — Paris. — R

Delesse (Mme Ve), 59, rue Madame. — Paris. — R

Delessert (Édouard), v.-Présid. du Cons. d'admin. de la *Comp. des chem. de fer de l'Ouest*, 17, rue Raynouard. — Paris. — R

Delessert (Eugène), anc. Prof. — Rolle (canton de Vaud) (Suisse). — R

Delest (Auguste). — Linxe (Landes).

Delestrac (Lucien), Ing. en chef des P. et Ch., 3, rue Marengo. — Saint-Étienne (Loire). — R

Dr Delisle (Fernand), 26, rue Vauquelin. — Paris.

Delmas (Charles), Prop., 1 *bis*, allée du Pont-des-Demoiselles. — Toulouse (Haute-Garonne).

Delmas (Fernand), Ing., Archit., Prof. d'Archit. à l'Éc. cent. des Arts et Man., 4, rue de Lota (135, rue de Longchamps). — Paris.

Delmas (Jules), Étud., 4, place Longchamps. — Bordeaux (Gironde).

Delmas (Julien), Armat., cours des Dames. — La Rochelle (Charente-Inférieure).

Delmas (Maurice), Étud. en méd., 4, place Longchamps. — Bordeaux (Gironde).

Delmas (Mme Pauline), 5, place Longchamps. — Bordeaux (Gironde). — R

Dr Delmas (Paul), Dir. de la Maison de convalesc., 5, place Longchamps. — Bordeaux (Gironde). — R

Deloche (René), Insp. gén. des P. et Ch., 75, rue de La Tour. — Paris.

Delocre, Insp. gén. des P. et Ch., 1, rue Lavoisier. — Paris.

Delon (Ernest), Ing. des Arts et Man., 27, rue Aiguillerie. — Montpellier (Hérault). — R

Dr Delore, Corresp. nat. de l'Acad. de Méd., Agr. à la Fac. de Méd., anc. Chirurg. en chef de la Charité, 8, rue Vaubecour. — Lyon (Rhône). — F

Delorme (Eugène), Chef de Bureau au Min. des Fin., 6, place de Rennes. — Paris.

Delort (Jean-Baptiste), Prof. au Collège. — Romans (Drôme).

Delpech (L.), 9, rue Jean-Jacques-Bel. — Bordeaux (Gironde).

Delrieu, anc. No'aire, 7, rue du Loup. — Bordeaux (Gironde).

Dr Delthil (Édouard), 11, rue Rougemont. — Paris.

*Délugin (Mme Antoine), 26, rue de la Boëtie. — Périgueux (Dordogne).

*Délugin (Antoine), Pharm., 26, rue de La Boëtie. — Périgueux (Dordogne).

Delune (Théodore), Nég. en ciment, 94, quai de France. — Grenoble (Isère).

Deluns-Montaud (Pierre), anc. Min. des Trav. pub., Député de Lot-et-Garonne, 3, rue des Beaux-Arts. — Paris.

Dr Delvaille (Camille). — Bayonne (Basses-Pyrénées). — R

Demarçay (Eugène), anc. Répét. à l'Éc. Polytech., 8 *bis*, boulevard de Courcelles. — Paris. — R

Démarres (Robert), 11 *bis*, rue de Milan. — Paris.

Demay (Prosper), Entrep. de trav. pub., 18, rue Chaptal. — Paris. — **F**

Demesmay (Félix), Fabric. de ciment de Portland. — Cysoing (Nord).

Démichel (Alphonse), Construc. d'instrum. de précis., 24, rue Pavée-Marais. — Paris.

Demierre (Marius), 3, rue de Rouvray. — Neuilly-sur-Seine (Seine).

Demoget (Charles), Ing. des Arts et Man., Archit. de la Ville, 9, rue de Sébastopol. — Bar-le-Duc (Meuse).

***Demolliens (Mme Henri)**, 84, rue de Longchamps. — Paris.

***Demolliens (Henri)**, Ing. des Arts et Man., 84, rue de Longchamps. — Paris.

Dʳ Demonchy (Adolphe), 37, rue d'Isly. — Alger. — **R**

Démonet (François, Charles), Ing. des Arts et Man., Mem. du Cons. mun., 19, rue de la Commanderie. — Nancy (Meurthe-et-Moselle).

Demons (Albert), Prof. à la Fac. de Méd., Corresp. nat. de l'Acad. de Méd., 18, cours du Jardin-Public. — Bordeaux (Gironde).

Demoussy (Émile), Prépar. au Muséum d'Hist. nat., 10, rue Chaptal. — Levallois-Perret (Seine).

Dʳ Denigès (Georges), Doct. ès sc., Pharm. sup., Agr. à la Fac. de Méd., 53, rue d'Alzon. — Bordeaux (Gironde). — **R**

Denise (Lucien), Archit., Ing. des Arts et Man., 17, rue d'Antin. — Paris.

Denoyel (Antonin), Prop., 9, rue du Plat. — Lyon (Rhône).

Dʳ Denucé (Maurice), Agr. à la Fac. de Méd., Chirurg. des Hôp., 47, cours du Pavé-des-Chartrons. — Bordeaux (Gironde).

Denys (Marcel), Maître de verreries. — Courcy par Loivre (Marne).

***Denys (Roger)**, Ing. en chef des P. et Ch., 1, rue de Courty. — Paris. — **R**

Depaul (Henri), Agric., château de Vaublanc. — Plemet (Côtes-du-Nord). — **R**

Dʳ Depéret (Charles), Prof. de Géol. à la Fac. des Sc., 16, quai Claude-Bernard. — Lyon (Rhône).

Dépierre (Alphonse), Prop. — Macheron par Thonon (Haute-Savoie).

Dépierre (Joseph), Ing.-Chim. — Cernay (Alsace-Lorraine). — **R**

Deprez (Édouard), Chef de Divis. à la Préf. de l'Aisne, 8, rue Milon-de-Martigny. — Laon (Aisne).

Deprez (Marcel), Mem. de l'Inst., Prof. au Conserv. nat. des Arts et Mét., 23, avenue de Marigny. — Vincennes (Seine).

Dequoy (J.), Prop., 67, boulevard Victor-Hugo. — Lille (Nord).

***Deroye (Mme André)**, 17, rue Piron. — Dijon (Côte-d'Or).

***Dʳ Deroye (André)**, Dir. de l'Éc. de Méd., 17, rue Piron. — Dijon (Côte-d'Or).

Deroye (Fernand), Insp. adj. des Forêts, 1, rue Sambin. — Dijon (Côte-d'Or).

***Dersheid (Melle)**, 10, avenue des Arts. — Bruxelles (Belgique).

Dervillé (Stéphane), Nég. en marbres, Présid. du Trib. de Com., 37, rue Fortuny. — Paris. — **R**

Desailly (Paul), Exploit. de phosph. de chaux fossile, 17, rue du Faubourg-Montmartre. — Paris.

Desbois (Émile), 17, boulevard Beauvoisine. — Rouen (Seine-Inférieure). — **R**

Desbonnes (F.), Nég., 5, cours de Gourgues. — Bordeaux (Gironde). — **R**

Descamps (Maurice), Ing. des Arts et Man., 22, rue de Tournai. — Lille (Nord).

Deschamps (Arnold), v.-Présid. au Trib. de 1re inst., 17, rue de la Poterne. — Rouen (Seine-Inférieure).

Dʳ Deschamps (Eugène), Prof. de Phys. à l'Éc. de Méd., 22, rue la Monnaie. — Rennes (Ille-et-Vilaine).

Deschamps (Georges), Pharm. de 1re cl., Sec. gén. de *la Soc. de Pharm. du Centre*, 10, rue de l'Horloge. — Riom (Puy-de-Dôme).

Des Étangs (A.), Présid. hon. du Trib. civ. — Châtillon-sur-Seine (Côte-d'Or).

Desfontaines (Charles), Rent., 17, boulevard Haussmann. — Paris.

Desharnoux, 69, rue Monge. — Paris.

Deshayes (Victor), Ing. civ. des Mines, 79, rue Claude-Bernard. — Paris.

Deslandres (Henri), anc. Élève de l'Éc. Polytech., 43, rue de Rennes. — Paris.

Desmarests, Dir. de l'Observat. météor. — Douai (Nord).

Desmaroux (Louis), Ing. en chef des Poudres et Salpêtres, Dir. de la Raffinerie nationale, 14, rue Fondaudège. — Bordeaux (Gironde).

Desormos, Ing. en chef des P. et Ch. — Sisteron (Basses-Alpes).

Despécher (Jules), 37, rue Caumartin. — Paris.

Despierres (Albert, Léon), Étud. en méd., 21, rue Bréa. — Paris.

***Dʳ D'Espine (Adolphe)**, Prof. de Pathol. int., 6, rue Beauregard. — Genève (Suisse).

Dʳ Desprez (Eugène, Marius), 27, rue de la Sous-Préfecture. — Saint-Quentin (Aisne).

Desprez (H.), Dir. du *Comptoir Maritime,* anc. Élève de l'Éc. Polytech., 6, place de la Bourse. — Paris.

Desroziers (Edmond), Ing. Elect., Expert près le Trib. de la Seine et Arbitre près le Trib de Com., 74, rue Condorcet. — Paris.

Dethan (Adhémar), Pharm. de 1re cl., 25, rue Baudin. — Paris.

Dethan (Georges), Étud. en pharm., 26, rue Baudin. — Paris.

Detolle (Édouard), Adj. au Maire, 8, rue du Cours-la-Reine. — Caen (Calvados).

Détroyat (Arnaud). — Bayonne (Basses-Pyrénées). — **R**

Deullin (Marcel), Ing. des Arts et Man., 24, rue du Collège. — Épernay (Marne).

Devay (Justin), 82, rue Taitbout. — Paris.

Dr Devic (Eugène), Agr. à la Fac. de Méd., 4, rue Sainte-Catherine. — Lyon (Rhône).

Devienne (Joseph), Cons. à la Cour d'Ap., 1, rue Vaubecour. — Lyon (Rhône).

Deville (Jules), Nég., Mem. de la Ch. de Com., 24, rue Lafon. — Marseille (Bouches-du-Rhône).

Dewalque (François), Ing., Prof. de Chim. indust. à l'Univ., 26, rue des Joyeuses-Entrées. — Louvain (Belgique).

Dewatines (Félix), Relieur, Artiste-Peintre, Admin. du Musée des Arts décoratifs, 87, rue Nationale. — Lille (Nord).

Dharvent (Isaïe), Mem. de la Com. des monum. hist. du Pas-de-Calais, 16, boulevard Frédéric-Degeorges. — Béthune (Pas-de-Calais).

Dhers (Gaston), château de Terrien. — Lussac-de-Libourne (Gironde).

Dida (A.), Chim., 108, boulevard Richard-Lenoir. — Paris. — **R**

Diéderichs-Perrégaux, Manufac. — Jallieu par Bourgoin (Isère).

Dietz (Émile), Pasteur. — Rothau (Alsace-Lorraine). — **R**

Dieulafoy (Georges), Prof. à la Fac. de Méd., Mem. de l'Acad. de Méd., Méd. des Hôp. 38, avenue Montaigne. — Paris.

Digeon (Jules), Ing. construct. de modèles pour l'Enseign., 19, rue du Terrage. — Paris.

*Dislère (Mme Paul),** 10, avenue de l'Opéra. — Paris.

*Dislère (Paul),** Cons. d'État, Mem. du cons. de l'Ordre de la Légion d'Honneur, anc. Ing. de la Marine, Présid. du Cons. d'admin. de l'Éc. coloniale, 10, avenue de l'Opéra. — Paris. — **R**

Dive, Pharm.-Chim. — Mont-de-Marsan (Landes).

Doin (Octave), Libr.-Edit., 8, place de l'Odéon. — Paris.

Doisy (H., L.), Fabric. de sucr. et Cultivat. — Margny-lez-Compiègne (Oise).

Dollfus (Adrien), Dir. de la *Feuille des Jeunes Naturalistes,* 35, rue Pierre-Charron. — Paris.

Dollfus (Mme Auguste), 53, rue de la Côte. — Le Havre (Seine-Inférieure). — **F**

Dollfus (Auguste), Présid. de la Soc. indust. — Mulhouse (Alsace-Lorraine).

Dollfus (Charles), 16, avenue Bugeaud. — Paris.

Dollfus (Gustave), Ing. des Arts et Man., Filat. — Mulhouse (Alsace-Lorraine). — **R**

*Dolot (le Commandant Gabriel),** Chef du Génie, boulevard Bab-Menara (chefferie du Génie. — Tunis.

Dombre (Louis), Ing. civ. des Mines, Admin. des Mines de Douchy. — Lourches (Nord).

Domergue (Mme Albert), 341, rue Paradis. — Marseille (Bouches-du-Rhône).

Domergue (Albert), Prof. à l'Éc. de Méd., 341, rue Paradis. — Marseille (Bouches-du-Rhône). — **R**

Donnadieu, Prof. à la Fac. catholique, 13, rue Basse-du-Port-au-Bois. — Lyon (Rhône).

Dr Donnezan (Albert), Présid. de la Soc. des Méd. et Pharm. des Pyrénées-Orient., 5, rue Font-Froide. — Perpignan (Pyrénées-Orientales).

Dony (Marcellin), Ing. des Arts et Man., 327, rue Paradis. — Marseille (Bouches-du-Rhône).

Dr Dor (Henri), Prof. hon. à l'Univ. de Berne, 55, montée de la Boucle.—Lyon (Rhône).

Doré-Graslin (Edmond), 24, rue Crébillon. — Nantes (Loire-Inférieure). — **R**

Douay (Léon), 4, rue Hérold (chalet Silvia). — Nice (Alpes-Maritimes).

Doumenjou (Paul), Avoué. — Foix (Ariège).

Doumerc (Jean), Ing. civ. des Min., 36, rue d'Alsace-Lorraine. — Toulouse (Haute-Garonne). **R**

Doumerc (Paul), Ing. civ., 36, rue d'Alsace-Lorraine. — Toulouse (Haute-Garonne). — **R**

Doumergue (François), Prof. au Lycée, boulevard de Sébastopol. — Oran (Algérie).

*Doumet-Adanson (Paul),** Dir. de la Mission scient. de Tunisie, Présid. de la Soc. d'Hortic. et d'Hist. nat. de l'Hérault, château de Baleine. — Villeneuve-sur-Allier (Allier).

Doumic (**Max**), Archit., 108, rue de Richelieu. — Paris.

Douvillé (**Henri**), Ing. en chef, Prof. à l'Éc. nat. sup. des Mines, 207, boulevard Saint-Germain. — Paris. — **R**

Dr **Doyen** (Eugène), 5, rue Cotta. — Reims (Marne).

Dr **Doyon** (A.), Corresp. nat. de l'Acad. de Méd., Méd. des Eaux. — Uriage (Isère), et 27, rue de Jarente. — Lyon (Rhône).

Drake del Castillo (**Emmanuel**), 2, rue Balzac. — Paris. — **F**

Dramard (**Léon**), Rent., 8, rue Saint-Vincent. — Fontenay-sous-Bois (Seine).

Dr **Dransart**. — Somain (Nord). — **R**

Dr **Dresch**. — Pontfaverger (Marne).

Dreyfus (**Félix**), Nég., 1, rue Bonaparte. — Paris.

Dreyfus (**Ferdinand**), Avocat à la Cour d'Ap., anc. Député, 98, avenue de Villiers. — Paris.

*Drouet (**Paul**), Prop., 23, rue Jean-Romain. — Caen (Calvados.)

*Drouin (**Alexis**), Ing.-Chim., 95, rue de Rennes. — Paris.

Drouin (**René**), Prépar. de chim. à la Fac. de Méd., 13, avenue de l'Opéra. — Paris.

*Dr **Drouineau** (Gustave), Insp. gén. des Serv. admin. au Min. de l'Int., 19, rue Le Verrier. — Paris.

Druart (**Mme Émile**), 37, chaussée du Port. — Reims (Marne).

*Druart (**Émile**), Nég. en matér. de construc. et charbons de terre, 37, chaussée du Port. — Reims (Marne).

Dubail-Roy (**Gustave**), Sec. de la *Soc. belfortaine d'émulation*, 42, faubourg de Montbéliard. — Belfort.

Dubard (**Édouard**), Ing., Dir. de l'*Exposit. de la Lumière, des Indust. chim. et de la Trac. automobile*, 4, villa Monceau. — Paris.

Dubertret (**L.-M.**), Prop., 11, rue Newton. — Paris.

Dubessy (**Mlle Madeleine**). — Nesles-la-Vallée (Seine-et-Oise). — **R**

Dubiau (**Paul**), Ing. de l'*Assoc. des prop. d'appareils à vapeur du Sud-Est*, 80, rue Paradis. — Marseille (Bouches-du-Rhône).

Dubief (**Mlle**), 9 *bis*, rue de Moscou. — Paris.

Dr **Dubief** (Henri), Méd.-Insp. des épidémies du départ. de la Seine, 9 *bis*, rue de Moscou. — Paris.

Dublanc (**Mme Aline**), 79, rue Claude-Bernard. — Paris.

Dubois (**Albert**), anc. Juge sup. au Trib. civ. — La Châtre (Indre).

Dubois (**Frédéric**), s.-Dir. de l'Imprim. Chaix, 20, rue Bergère. — Paris.

*Dubois (**Henri**), Prop., 19, rue de Berri. — Paris.

Dubois (**Joseph**), Doct. en Droit, Sec.-adj. du Comité de législat. étrang., 52, avenue de Breteuil. — Paris.

Dubois (**Marcel**), Prof. à la Fac. des Let., 76, rue Notre-Dame-des-Champs. — Paris.

Dr **Dubois** (Raphaël), Prof. à la Fac. des Sc., 27, rue du Juge-de-Paix. — Lyon (Rhône).

Dubois de l'Estang (**Étienne**), Insp. des Fin., 43, rue de Courcelles. — Paris.

Dubourg (**A.**), Avoué à la Cour d'Ap., 51, rue de la Devise. — Bordeaux (Gironde).

Dubourg (**Élisée**), Doct. ès Sc., Chef des trav. de chim. à la Fac. des Sc., 22, rue du Parlement-Sainte-Catherine. — Bordeaux (Gironde).

Dubourg (**Georges**), Nég. en drap., 45, cours Victor-Hugo. — Bordeaux (Gironde). — **R**

Dubourg (**Paul**), Nég., Mem. du Cons. gén., 5, rue du Perron. — Besançon (Doubs).

Dr **Dubreuïlh** (Charles) (fils), 12, rue du Champ-de-Mars. — Bordeaux (Gironde).

Dr **Dubreuïlh** (William), Agr. à la Fac. de Méd., 46, cours du Jardin-Public. — Bordeaux (Gironde).

Dubreca (**Camille**), Prop. — Cérons (Gironde).

Dr **Ducamp** (Arthur), Agr. à la Fac. de Méd., 23, boulevard du Jeu-de-Paume. — Montpellier (Hérault).

Duchâtaux (**Victor**), Avocat, anc. Présid. de l'*Acad. nat. de Reims*, 12, rue de l'Échauderie. — Reims (Marne).

Duchauffour (**Mme Alfred**), 3, rue de la Terrasse. — Paris.

Duchauffour (**Alfred**), anc. Proc. de la République, s.-Chef du Bureau au Min. de la Justice, rue de la Terrasse. — Paris.

Duchemin (**Émile**), Présid. de la Ch. de Com., 33, place Saint-Sever. — Rouen (Seine-Inférieure).

Duchemin (**Paul, Henri**), Dir. de la *Comp. gén. des Transports*, 33, place Saint-Sever. — Rouen (Seine-Inférieure).

Dr **Duchemin** (Victor, Eugène, Arsène), Méd. princ. de 1re cl., Dir. du serv. de santé du 9e corps d'armée. — Tours (Indre-et-Loire).

Duclaux (Émile), Mem. de l'Inst. et de l'Acad. de Méd., Prof. à la Fac. des Sc. et à l'Inst. nat. agronom., 35 *bis*, rue de Fleurus. — Paris. — **R**

Duclos (Lucien), Fabric. de prod. chim. — Croisset par Dieppedale (Seine-Inférieure).

*Ducloux, Vétér. en 2ᵉ à la Dir. de l'Agric., 34; rue de l'Halfa. — Tunis.

Ducretet (Eugène), Construc. d'inst. de phys., 75,? rue Claude-Bernard. — Paris.

Ducreux (Alfred), Nég., Consul du Paraguay, Mem. du Cons. d'arrond., 9, boulevard National. — Marseille (Bouches-du-Rhône). — **R**

Ducrocq (Henri), Cap. au 8ᵉ Rég. d'Artil., Breveté d'Ét.-Maj. — Lunéville (Meurthe-et-Moselle). — **R**

Dr Dufay (Charles), 17, boulevard de l'Est. — Blois (Loir-et-Cher).

Dufet (Henri), Maître de Conf. à l'Éc. norm. sup., Prof. de Phys. au Lycée Saint-Louis, 35, rue de l'Arbalète. — Paris.

Dufour (Léon), Dir.-adj. du Lab. de Biologie végét. — Avon (Seine-et-Marne). — **R**

Dr Dufour (Marc), Rect., Prof. d'ophtalmol. à l'Univ., 7, rue du Midi. — Lausanne (Suisse). — **R**

Dufresne, Insp. gén. de l'Univ., 61, rue Pierre-Charron. — Paris. — **R**

Dufresne (L.), Lieut. de vaisseau en retraite, La Chaletière. — Sainte-Honorine-la-Guillaume (Orne).

Duguet (Francis), Chim., 40, rue de Paris. — Asnières (Seine).

*Dr Duguet (Jean-Baptiste), Mem. de l'Acad. de Méd., Agr. à la Fac. de Méd., Méd. des Hôp., 60, rue de Londres. — Paris.

*Duguet (Raymond), Étud., 60, rue de Londres. — Paris.

Duhem (Arthur), Manufac., 18, rue Saint-Génois. — Lille (Nord).

Dr Dulac (H.), 14, boulevard Lachèze. — Montbrison (Loire). — **R**

Dr Du Lac (Dieudonné). — La Gauphine par Cazouls-les-Béziers (Hérault).

Dulac (Frédéric), Prop., 40, place Gambetta. — Bordeaux (Gironde).

Dumas (Hippolyte), Indust., anc. Élève de l'Éc. Polytech. — Mousquety par l'Isle-sur-Sorgue (Vaucluse). — **R**

Dumas-Edwards (Mᵐᵉ J.-B.), 57, rue Cuvier. — Paris. — **R**

*Dumée (Paul,), Pharm., vis-à-vis la Cathédrale. — Meaux (Seine-et-Marne).

Duminy (Anatole), Nég. en vins de Champagne. — Ay (Marne). — **R**

Dumollard (Félix), 6, rue Hector-Berlioz. — Grenoble (Isère).

Dumon (Augustin), Sénateur, 7, Marché des Capucines. — Marseille (Bouches-du-Rhône).

*Dr Dumont (Emile), 16, rue Haute. — Bruges (Belgique).

*Dumont (Arsène), Démog., 17, rue de Bras. — Caen (Calvados).

Dumont (François), Lieut.-Colonel d'Artil. en retraite, 1, rue de Savoie. — Versailles (Seine-et-Oise).

Dumont (Paul, Charles), Doct. en droit, Biblioth. de l'Univ., 16, place de la Carrière. — Nancy (Meurthe-et-Moselle).

Dr Dumontpallier, Mem. de l'Acad. de Méd., Méd. hon. des Hôp., 24, rue Vignon. — Paris.

Du Pasquier, Nég., 6, rue Bernardin-de-Saint-Pierre. — Le Havre (Seine-Inférieure).

Dr Dupau (Justin), Chirurg. en chef de l'Hôtel-Dieu, 1, Jardin Royal. — Toulouse (Haute-Garonne).

Duplay (Simon), Prof. à la Fac. de Méd., Mem. de l'Acad. de Méd.; Chirurg. des Hôp., 10, rue Cambacérès. — Paris. — **R**

Dr Duplouÿ (Charles, Jean), Dir. du Serv. de Santé de la Marine au port de Rochefort en retraite, Corresp. nat. de l'Acad. de Méd., 34, rue des Fonderies. — Rochefort-sur-Mer (Charente-Inférieure).

Dupont (F.), Chim., Sec. gén. de l'*Assoc. des chim. de Sucreries et Distilleries*, 37, rue de Dunkerque. — Paris. — **R**

Dupont (Justin), Chim., 112, boulevard Rochechouart. — Paris.

Dr Dupouy (Abel). — Larroque-sur-l'Osse par Condom (Gers).

Dupouy (Eugène), Sénateur de la Gironde, Présid. du Cons. gén., 109, rue Croix-de-Seguey. — Bordeaux (Gironde). — **F**

Dupré (Anatole), Chim., 36, rue d'Ulm. — Paris. — **R**

Dr Dupuis, Mem. du Cons. gén., 1, rue de Poitiers. — Bressuire (Deux-Sèvres).

Dupuis (Charles), Dispacheur consult. de la marine, 9, rue Roy. — Paris.

Dupuy (Henri), Prof., 22, avenue de Tourville. — Paris.

Dupuy (Léon), Prof. au Lycée, 43, cours du Jardin-Public. — Bordeaux (Gironde). — **F**

*Dupuy (Paul), Prof. à la Fac. de Méd. de Bordeaux, 16, chemin d'Eysines. — Caudéran (Gironde). — **F**

Duran (Paul, Émile), Ing. des Arts et Man., Nég. — Condom (Gers).

Durand (Eugène), Prof. à l'Éc. nat. d'Agric., 6, rue du Cheval-Blanc. — Montpellier (Hérault).

e

*Dr Durand (Jean), Méd. des Hôp., 116, cours d'Alsace-et-Lorraine. — Bordeaux
(Gironde).

*Durand-Claye (Mme Ve Alfred). — La Bretèche par Palaiseau (Seine-et-Oise) et, l'hiver, 69, rue de Clichy. — Paris.

Durand-Claye (Léon), Insp. gén., des P. et Ch. en retraite 81, rue des Saints-Pères. — Paris.

Dr Durand-Fardel (Max), Mem. assoc. nat. de l'Acad. de Méd., 166, rue du Faubourg-Saint-Honoré. — Paris.

Duranteau (Mme la Baronne Albert), château de Laborde d'Antran. — Ingrande par Châtellerault (Vienne).

Duranteau (le Baron Albert), Prop., château de Laborde d'Antran. — Ingrande par Châtellerault (Vienne).

Dr Durante (Gustave), 68, rue Gay-Lussac. — Paris.

D^rDureau (Alexis), Biblioth. de l'Acad. de Méd., Archiv. hon. de la Soc. d'Anthrop. de Paris, 49, rue des Saints-Pères. — Paris.

Durègne (Mme Ve E.), 22, quai de Béthune. — Paris.

Durègne (Émile), Ing. des Télég., 34, cours de Tourny. — Bordeaux (Gironde).

Duret (Théodore), Homme de lettres, 4, rue Vignon. — Paris.

Dr Duriau, 30, rue de Soubise. — Dunkerque (Nord).

Durthaller (Albert), Nég. — Altkirch (Alsace-Lorraine).

Dussaud (Elie), Prop., 31, cours Pierre-Puget. — Marseille (Bouches-du-Rhône). — R

Dussaut (Louis), Recev. princ. des Contrib. indir., Entreposeur des Tabacs. — Châtellerault (Vienne).

Dutailly (Gustave), anc. Prof. à la Fac. des Sc. de Lyon, anc. Député, 181, boulevard Saint-Germain. — Paris. — R

Dutens (Alfred), 12, rue Clément-Marot. — Paris.

Duval (Edmond), Ing. en chef des P. et Ch. en retraite, 51, rue La Bruyère. — Paris. — R

*Duval (Mme Frédéric, Arthur), 89, rue Pierre-Corneille. — Sotteville-lez-Rouen (Seine-Inférieure).

*Duval (Frédéric, Arthur), Notaire, 89, rue Pierre-Corneille. — Sotteville-lez-Rouen (Seine-Inférieure).

Duval (Mathias), Prof. à la Fac. de Méd., Mem. de l'Acad. de Méd., Prof. d'anat. à l'Éc. nat. des Beaux-Arts, 11, cité Malesherbes (rue des Martyrs). — Paris. — R

Duvergier de Hauranne (Emmanuel), Mem. du Cons. gén. du Cher, 3, rue Gounod. — Paris et château d'Herry (Cher).

Duvert (Georges), Indust., La Gabie. — Verneuil-sur-Vienne (Haute-Vienne).

Dybowski (Jean), Dir. de l'Agric. — Tunis.

Ecoffey (Eugène), Entrep., 24, rue Dauphine. — Paris.

École spéciale d'Architecture, 136, boulevard Montparnasse. — Paris.

*Égli (Arthur), anc. Indust., 19, boulevard Muret. — Antony (Seine).

Église évangélique libérale (M. Charles Wagner, pasteur), 91, boulevard Beaumarchais. — Paris. — F

Eichthal (Eugène d'), Admin. de la Comp. des Chem. de fer du Midi, 144, boulevard Malesherbes. — Paris. — R

Eichthal (Louis d'), château des Bézards. — Sainte-Geneviève-des-Bois par Châtillon-sur-Loing (Loiret). — R

Eissen (Émile), Manufac. — Valentigney par Audincourt (Doubs).

Élie (Eugène), Manufac., 50, rue de Caudebec. — Elbeuf-sur-Seine (Seine-Inférieure). — R

Elisen, Ing., Admin. de la Comp. gén. Transat., 153, boulevard Haussmann. — Paris. — R

*Ellie (Raoul), Ing. des Arts et Man. — Cavignac (Gironde). — R.

Emerat, Nég., rue d'Orléans. — Oran (Algérie).

Emery (Emile), Int. des Hôp., 10, rue Saint-Martin. — Paris.

Engel (Michel), Relieur, 91, rue du Cherche-Midi. — Paris. — F

Érard (Paul), Ing. des Arts et Man. — Jolivet par Lunéville (Meurthe-et-Moselle).

Erceville (le Comte Charles d'), 42, rue de Grenelle. — Paris.

Dr Ernous (Ernest), 7, rue Delaborde. — Paris.

Dr Espagne, Agr. des Fac. de Méd., 3, place Notre-Dame. — Montpellier (Hérault).

Espous (le Comte Auguste d'), rue Salle-de-l'Évêque. — Montpellier (Hérault). — R

Essars (Pierre des), s.-Chef au Secrét. gén. de la Banque de France, 14, rue d'Édimbourg. — Paris.

Dr Eternod, Prof. à l'Univ., Campagne des Grands-Acacias. — Genève (Suisse).

Dr Eury. — Charmes-sur-Moselle (Vosges).

Eymard (Albert), usine de Neuilly-sur-Seine, 14, rue des Huissiers. — Neuilly-sur-Seine (Seine).

*Eysséric (Joseph), Artiste-Peintre, 14, rue Duplessis. — Carpentras (Vaucluse). — **R**

Dr Fabre (Albert), 23, rue Truffault. — Paris.

Fabre (Charles), Doct. ès sc., Chargé de cours à la Fac. des Sc., Dir. de la stat. agronom., 18, rue Fermat. — Toulouse (Haute-Garonne).

Fabre (Cyprien), Nég., anc. Présid. de la Ch. de Com., 71, rue Sylvabelle. — Marseille (Bouches-du-Rhône).

Fabre (Ernest), Ing. des Arts et Man., Dir. de la *Soc. anonyme des chaux hydraul. de l'Homme-d'Armes*. — L'Homme-d'Armes par Montélimar (Drôme).

Fabre (Georges), Insp. des Forêts, anc. Élève de l'Éc. Polytech., 28, rue Ménard. — Nîmes (Gard). — **R**

Fabre (Louis), Pharm. de 1re cl., 9, place de Rome. — Marseille (Bouches-du-Rhône).

Fabre, anc. Examin. à l'Éc. spéc. milit., 135, boulevard Saint-Michel. — Paris.

Fabrègue (Jules), Chef de Bureau au Min. de la Justice, 3, rue des Feuillantines. — Paris.

Dr Fabriès (Ernest). — Sidi-Bel-Abbès (départ. d'Oran) (Algérie).

Fabvre (Édouard), Avocat. — Blaye (Gironde).

*Dr Fage (Arthur), 17, rue Pierre-l'Ermite. — Amiens (Somme).

Faget (Marius), Archit., 34, rue du Palais-Gallien. — Bordeaux (Gironde).

Fagnon (Ernest), Nég. en vins, Mem. du Cons. mun., 42, rue de Battant. — Besançon (Doubs).

Faguet (L., Auguste), Chef des trav. pratiques d'hist. nat. à la Fac. de Méd., 26, avenue des Gobelins. — Paris.

*Dr Faguet (Charles), anc. Chef de clin. à la Fac. de Méd. de Bordeaux, 8, rue du Palais. — Périgueux (Dordogne).

Faisans (Henri), Bâton. du Cons. de l'Ordre des Avocats à la Cour d'Ap., Maire, 19, rue Porte-Neuve. — Pau (Basses-Pyrénées).

Dr Faisant (Léon). — La Clayette (Saône-et-Loire).

Falcouz (Étienne), Archit., 10, place des Célestins. — Lyon (Rhône).

Falières (E.), Pharm.-Chim., 5, rue Michel-Montaigne. — Libourne (Gironde).

*Fallot (Emmanuel), Prof. de Géol. à la Fac. des Sc., 56, rue Turenne. — Bordeaux (Gironde).

Faucher (Émile), Ing. des Arts et Man. — Levesque par Sauve (Gard).

Faucheur (Edmond), Manufac., Présid. du *Comité linier du Nord de la France*, 13, square Rameau. — Lille (Nord).

Fauchille (Auguste), Doct. en droit, Lic. ès let., Avocat à la Cour d'Ap., 56, rue Royale. — Lille (Nord).

Faucon (Henri), Gref. du Trib. de Com., 1, quai de la Bourse. — Rouen (Seine-Inférieure).

Faure (Alfred), Prof. d'Hist. nat. à l'Éc. nat. vétér. de Lyon, Député du Rhône, 9, avenue de l'Observatoire. — Paris. — **R**

Faure (Mme Fernand), 83, rue Mozart. — Paris.

Faure (Fernand), Prof. à la Fac. de Droit, Dir. gén. de l'Enregist., des Domaines et du Timbre, anc. Député, 83, rue Mozart. — Paris.

*Fauré-Hérouart (Dominique), Nég., Maire. — Montataire (Oise).

Dr Fauvelle (Charles). — Marle (Aisne).

Fauvelle (René), Étud. en Méd., 11, rue de Médicis. — Paris.

Favereaux (Georges), 52, quai Debilly. — Paris.

Favre (Louis), Ing. agronom., 82, rue Fauchier. — Marseille (Bouches-du-Rhône).

Favrel (Georges), Pharm. de 1re cl., Prépar. de chim. à la Fac. de Méd., 20, rue Marcel. — Bordeaux (Gironde).

Dr Fayard (Eugène), Chirurg. en chef de l'Hôp., 10, rue Dupin. — Niort (Deux-Sèvres).

Faye (Hervé), Mem. de l'Inst., anc. Présid. du Bur. des Longit., 95, avenue des Champs-Élysées. — Paris.

Dr Fayel-Deslongrais (Charles), Prof. hon. à l'Éc. de Méd., 6, boulevard du Théâtre. — Caen (Calvados).

Fayet (E. Pierre) (aîné), Courtier de com., 30, cours du Médoc. — Bordeaux (Gironde).

Fayot (Louis) Ing., Chef du serv. élect. de la Maison Bréguet, 14, rue Lecuirot. — Paris.

Febvre (Mme Édouard), 16, boulevard Gambetta. — Chaumont (Haute-Marne).

Febvre (Édouard), Nég., 16, boulevard Gambetta. — Chaumont (Haute-Marne).

Feineux (Edmond), 38, rue Saint-Didier. — Sens (Yonne).

Félix (Julien), Fabric., d'horlog., Mem. du Cons. mun., 12, rue Gambetta. — Besançon (Doubs).

Félix (Marcel), 30, rue de Berlin. — Paris.
Feraud (Louis), Avoué au Trib. civ., 10, rue de La Loge. — Montpellier (Hérault).
*Féret (Alfred), Prop. vitic., Présid. du *Comice agric. de Tunisie*, domaine de Zama. — Souk-el-Kmis (Tunisie).
Féret (Alfred), Indust., 16, rue Étienne-Marcel. — Paris.
Fermé (Gabriel), Pharm. de 1re cl., Lic. en Droit, 2, rue Baudin. — Paris.
Fernet (Émile), Insp. gén. de l'Instruc. pub., 9, rue de Médicis. — Paris.
Dr Ferrand (Amédée), Mem. de l'Acad. de Méd., Méd. des Hôp., 110, rue du Bac. — Paris.
Dr Ferrand (Joseph). — Blois (Loir-et-Cher).
*Ferrand (Lucien), Étud., 9, rue de Villersexel. — Paris.
Ferrand (Xavier), Archit. mun., 21, quai Saint-Pierre. — Cannes (Alpes-Maritimes).
*Ferray (Édouard), Pharm. de 1re cl., Présid. du Trib. et de la Ch. de Com. — Évreux (Eure).
Dr Ferré (Gabriel), Prof. à la Fac. de Méd., 61, cours d'Aquitaine.—Bordeaux (Gironde).
Ferrère (G.), Armat., 19, rue Jules-Lecesne. — Le Havre (Seine-Inférieure).
Ferrié (Michel), Banq., 19, rue Noailles. — Marseille (Bouches-du-Rhône).
Ferrouillat (Prosper), Lic. en droit, Syndic de la Presse départ., 10, rue du Plat. — Lyon (Rhône).
*Ferry (Émile), Nég., Présid. du Trib. de Com., Mem. du Cons. gén. de la Seine-Infé rieure, 21, boulevard Cauchoise. — Rouen (Seine-Inférieure). — **R**
Ferté (Émile), 3, rue de la Loge. — Montpellier (Hérault).
Férussac (le Baron Henri de), Prop., 9, rue du Lycée. — Pau (Basses-Pyrénées).
Féry (Charles), Chef des trav. prat. à l'Éc. mun. de Phys. et de Chim. indust., 22, rue de Nansouty. — Paris.
Février (le Général Louis, Victor), anc. Grand Chancelier de la Légion d'honneur, 53, boulevard Malesherbes. — Paris.
*Ficheur (Émile), Doct. ès sc., Prof. de Géol. à l'Éc. prép. à l'Ens. sup. des Sc., 77, rue Michelet. — Alger-Mustapha.
Fière (Paul), Archéol., Mem. corresp. de la *Soc. française de Numism. et d'Archéol.* — Saïgon (Cochinchine). — **R**
Dr Flessinger (Charles), Corresp. nat. de l'Acad. de Méd. — Oyonnax (Ain).
Fiévet (Gustave), Pharm. de 1re cl., Mem. de la *Soc. chim.*, 53, rue Réaumur. — Paris.
Figaret, Dir. des Postes et Télég. de l'Hérault, anc. Élève de l'Éc. Polytech., Hôtel des Postes. — Montpellier (Hérault).
Figuier (Albin), Prof. à la Fac. de Méd., 17, place des Quinconces. — Bordeaux (Gironde).
Dr Filhol (Henri), Prof. au Muséum d'hist. nat., 9, rue Guénégaud. — Paris.
Filloux, Pharm. — Arcachon (Gironde).
Finart d'Allonville, avenue des Caves. — Bois d'Avron par Neuilly-Plaisance (Seine-et-Oise).
Dr Fines (Jacques), Méd. en chef de l'Hôp. civ., Dir. de l'Observ. météor., 2, rue du Bastion-Saint-Dominique. — Perpignan (Pyrénées-Orientales).
Dr Fioupe (Jacques), Méd. des Hôp., 9, rue Dragon. — Marseille (Bouches-du-Rhône).
Fischer (H.), 13, rue des Filles-du-Calvaire. — Paris.
Fischer de Chevriers, Prop., 23, rue Vernet. — Paris. — **R**
Fisson (Charles), Fabric. de chaux hydraul. natur. — Xeuilly (Meurthe-et-Moselle).
Flamand (G., B., M.), Chargé de cours à l'Éc. prép. à l'Ens. sup. des sc. — Alger-Mustapha.
Flammarion (Camille), Astronome, 40, avenue de l'Observatoire. — Paris; et à l'Observatoire. — Juvisy-sur-Orge (Seine-et-Oise).
Flandin, Prop., 14, rue Jean-Goujon. — Paris. — **R**
Fleureau (Georges), Ing. des P. et Ch., 58, rue La Boëtic. — Paris.
Fleury (Alcide), Prop., Maire. — Hennaya (départ. d'Oran) (Algérie).
*Dr Fleury (C. M.), Dir. du Bureau mun. d'Hygiène, 3, place de l'Hôtel-de-Ville. — Saint-Étienne (Loire).
Fleury (Jules, Auguste), Ing. civ. des Mines, Chef du Sec. de la *Comp. du Canal de Suez*, 12, rue du Pré-aux-Clercs. — Paris.
Fliche, Prof. à l'Éc. forest., 9, rue Saint-Dizier. — Nancy (Meurthe-et-Moselle).
Floquet (Gaston), Prof. à la Fac. des Sc., 17, rue Saint-Lambert. — Nancy (Meurthe-et-Moselle).
*Florent (Mme Paul), 22, rue des Encans. — Avignon (Vaucluse).
*Florent (Mlle Léontine), 22, rue des Encans. — Avignon (Vaucluse).
*Florent (Mlle Pauline), 22, rue des Encans. — Avignon (Vaucluse).
*Florent (Paul), Indust., 22, rue des Encans. — Avignon (Vaucluse).

Fochier (Alphonse), Prof. de clin. obstétric. à la Fac. de Méd., 3, place Bellecour.
— Lyon (Rhône).

Fock (Abraham), Ing. à la *Comp. des chem. de fer de l'Est-Algérien*, 1, boulevard de
l'Ouest. — Constantine (Algérie).

Follie, Lieut.-Colonel du Génie en retraite, rue du Champ-Gareau. — Le Mans (Sarthe).

Foncin (Pierre), Insp. gén. de l'Instruc. pub., 1, rue Michelet. — Paris.

Dr Fontan (Émile, Jules), Méd. princ. de 1re cl., Prof. à l'Éc. de Méd. navale, 9, avenue
Colbert. — Toulon (Var).

Fontane (Marius), anc. Sec. gén. de la *Comp. du Canal de Suez*, 8, rue Boccador.
— Paris.

Fontaneau (Éléonor), anc. Of. de Marine, 8, cours Bugeaud. — Limoges (Haute-Vienne).

Fontès (Joseph), Ing. en chef des P. et Ch., 3, rue Romiguières. — Toulouse (Haute-
Garonne).

Forestier (Charles), Prof. hon. de Lycée, 36, rue d'Alsace-Lorraine. — Toulouse
(Haute-Garonne).

Formigny de la Londe (Arthur, Richard de), 33, rue des Carmes. — Caen (Calvados).

Fortel (A.) (fils), Prop., 7, rue Noël. — Reims (Marne). — **R**

Fortin (Raoul), 24, rue du Pré. — Rouen (Seine-Inférieure).

Fortoul (l'Abbé Eugène), Doct. ès sc., 57, boulevard de Sébastopol. — Paris.

Fosse (Achille, Eugène), Prop. — 53, rue d'Auteuil. — Paris.

Fougeron (Paul), 55, rue de la Bretonnerie. — Orléans (Loiret).

Fouju (Gustave), Représ. de com., 33, rue de Rivoli. — Paris.

Fouqué (Ferdinand, André), Mem. de l'Inst., Prof. au Col. de France, 23, rue Hum
boldt. — Paris.

Fourcade-Cancellé (Édouard), Caissier central de la *Comp. du Canal de Suez*, 23, rue
des Imbergères. — Sceaux (Seine).

Foureau (Fernand), Ing. civ., Mem. de la *Soc. de Géog* — Bussière-Poitevine (Haute-
Vienne).

Fouret (Georges), Examin. d'admis. à l'Éc. Polytech., 16, rue Washington. — Paris.

Fouret (René), 22, boulevard Saint-Michel. — Paris.

Fournié (Victor), Insp. gén. des P. et Ch., 9, rue du Val-de-Grâce. — Paris.

Dr Fournier (Alban). — Rambervillers (Vosges).

Fournier (Alfred), Prof. à la Fac. de Méd., Mem. de l'Acad. de Méd., Méd. des Hôp.,
1, rue Volney. — Paris. — **R**.

*Fournier (Edmond), Lic. ès Sc. nat., Int. des Hôp., 1, rue Volney. — Paris.

Fournier (Édouard), Entrep. de Trav. pub., 3, rue de Rome. — Nancy (Meurthe-et
Moselle).

Fournier (Eugène), Étud., 61, Grande rue Marengo. — Marseille (Bouches-du-Rhône).

*Fournier (Eugène), Fabric. de Bonneterie, 11, rue des Halles. — Paris.

Dr Foveau de Courmelles (François, Victor), Lic. ès Sc. phys., ès Sc. nat. et en
droit, Lauréat de l'Acad. de Méd., 26, rue Le Peletier. — Paris.

Foville (Alfred de), Mem. de l'Inst., Prof. hon. au Conserv. nat. des Arts et Mét. Dir.
de l'Admin. des Monnaies et Médailles, anc. Élève de l'Éc. Polytech., 11, quai Conti
(à la Monnaie). — Paris.

Foville (Jean de), Étud., 11, quai Conti (à la Monnaie). — Paris.

Francezon (Paul), Chim. et Indust., 7, rue Madajors. — Alais (Gard).

*Dr Francken (William), Méd. Insp. de la Stat. balnéaire de Scheviningen, Mem. de la
Soc. d'Hydrol. méd. de Paris, Méd. consul., villa Laurenti. — Menton (Alpes-Maritimes).

Dr François-Franck (Charles, Albert), Mem. de l'Acad. de Méd., Prof. sup. au Col.
de France, 5, rue Saint-Philippe-du-Roule. — Paris. — **R**

Francq (Léon), Ing. civ. des Mines, Lauréat de l'Inst., 92, avenue d'Iéna. — Paris.

Francq (Pierre, Roger), Élève au Lycée Janson-de-Sailly, 92, avenue d'Iéna. — Paris.

Dr Frat (Victor), 23, rue Maguelone. — Montpellier (Hérault).

Frébault (Émile), Pharm., Insp. de Pharm. — Châtillon en Bazois (Nièvre).

Fréchou, Pharm. — Nérac (Lot-et-Garonne).

Frémont-Saint-Chaffray (Mme Berthe), 54, rue de Seine. — Paris.

Dr Friant, Prof. à la Fac. des Sc., 10, rue Victor-Poirel. — Nancy (Meurthe-et-Moselle).

Dr Fricker, 10, rue Duperré. — Paris.

Friedel (Mme Charles) (née Combes), 9, rue Michelet. — Paris. — **F**

Friedel (Charles), Mem. de l'Inst., Prof. à la Fac. des Sc., 9, rue Michelet. — Paris. — **F**

Friedel (Jean), Étud., 9, rue Michelet. — Paris.

Dr **Friot**, 11, rue Saint-Nicolas. — Nancy (Meurthe-et-Moselle).

Dr **Frison (A.)**, 5, rue de la Lyre. — Alger.

Frizeau (G.), Avocat à la Cour d'Ap. de Bordeaux. — Branne (Gironde).

Froissart (Émile), Cap. au 15e rég. d'Artil., 16, rue Jean-de-Gouy. — Douai (Nord).

Frolov (le Général Michel), 10, quai Pierre-Fatio. — Genève (Suisse).

Dr **Fromaget**, Chef de clin. à la Fac. de Méd., place d'Aquitaine. — Bordeaux (Gironde).

Dr **Fromentel (Louis, Édouard de)**. — Gray (Haute-Saône). — **R**

Fron (Albert), Garde gén. des Forêts. — Charolles (Saône-et-Loire).

Fron (Émile), Météor. tit. au Bur. cent. météor. de France, 19, rue de Sèvres. — Paris.

Frossard (Charles), v.-Présid. de la *Soc. Ramond*, 14, rue Ballu. — Paris. — **F**

Frotté (Pierre, Frédéric), Notaire hon., Juge de paix sup., 12, rue Pierre-Gauthier. — Troyes (Aube).

Fualdès (Eugène), Rent. villa Sainte-Claire. — Villefranche (Aveyron).

Fumouze (Mme Armand), 78, rue du Faubourg-Saint-Denis. — Paris.

Dr **Fumouze (Armand)**, Pharm. de 1re cl., 78, rue du Faubourg-Saint-Denis.—Paris.— **F**

Dr **Fumouze (Victor)**, 132, rue Lafayette. — Paris.

Gabeau (Charles), Interp. milit. princ. en retraite, château de Fontaines-les-Blanches. — Autrèche (Indre-et-Loire).

Dr **Gaches-Sarraute-Barthélemy (Mme Inès)**, 61, rue de Rome. — Paris.

Dr **Gadaud (Antoine)**, anc. Min. de l'agric., Sénateur de la Dordogne, 5, avenue de l'Observatoire. — Paris.

***Gadeau de Kerville (Henri)**, Homme de sc., 7, rue du Passage-Dupont. — Rouen (Seine-Inférieure).

***Gaillard (Mme Eugène)**, 11, rue Lafayette. — Paris.

*Dr **Gaillard (Eugène)**, 11, rue Lafayette. — Paris.

Gaillot (Jean-Baptiste, Amable), Astron. à l'Observatoire nat. de Paris. — Arcueil (Seine).

Gaillot (Léon), Dir. de la Stat. agronom. de l'Aisne, avenue Brunehaut.— Laon (Aisne).

Gain (Edmond), Doct. ès sc. nat., Maître de Conf. à la Fac. des Sc., 24, rue Saint-Lambert. — Nancy (Meurthe-et-Moselle).

***Galante (Émile)**, Fabric. d'inst. de chirurg., 2, rue de l'École-de-Médecine.—Paris.— **F**

Galbrun (A.), Pharm. de 1re cl., 4, rue Beaurepaire. — Paris.

Galdeano y Janguas (Zoel Garcia de), Prof. à l'Univ., Coso 99, 3°.—Zaragoza (Espagne).

Dr **Galezowski (Xavier)**, 103, boulevard Haussmann. — Paris.

Galibert (Paul), anc. Avoué, 1, rue Cheverus. — Bordeaux (Gironde).

Galicher (J.) (fils), Relieur, 81, boulevard Montparnasse. — Paris.

Dr **Galippe (Victor)**, Chef de lab. à la Fac. de Méd., 12, place Vendôme. — Paris.

***Galland (G.)**, Filat. — Remiremont (Vosges).

Gallé (Émile), Maître de verrerie, Mem. de l'*Acad. de Stanislas*, 2, avenue de la Garenne. — Nancy (Meurthe-et-Moselle).

Dr **Galliard (Lucien)**, Méd. des Hôp., 95, rue Saint-Lazare. — Paris.

Gallice (Henry), Nég. en vins de Champagne, faubourg du Commerce. — Épernay (Marne).

Dr **Gallois**, Prof. à l'Éc. de Méd. — Grenoble (Isère).

Dr **Gallois (Paul)**, anc. Int. des Hôp., 97, boulevard Malesherbes. — Paris.

Gally (Georges), Ing.-Élect., 20, rue Baudin. — Paris.

*Dr **Gamet (Alfred)**, 15, rue d'Italie. — Tunis.

Gandoulf (Léopold), Princ. du Collège. — Narbonne (Aude).

Dr **Gandy (Paul)**. — Bagnères-de-Bigorre (Hautes-Pyrénées).

Gardair (Aimé), s.-Dir. de la *Comp. gén. des prod. chim. du Midi*, 51, rue Saint-Ferréol. — Marseille (Bouches-du-Rhône).

Gardères (Sylvain), Mem. du Cons. mun., 2, place Royale. — Pau (Basses-Pyrénées).

Gardès (Louis, Frédéric, Jean), Notaire, anc. Élève de l'Éc. nat. sup. des Mines, 7, rue Saint-Georges. — Montauban (Tarn-et-Garonne). — **R**

Gariel (Mme C.-M.), 6, rue Édouard-Detaille (avenue de Villiers). — Paris. — **R**

***Gariel (C.-M.)**, Prof. à la Fac. de Méd., Mem. de l'Acad. de Méd., Ing. en chef, Prof. à l'Éc. nat. des P. et Ch., 6, rue Édouard-Detaille (avenue de Villiers). — Paris. — **F**

Gariel (Émile), Homme de Lettres, 18, quai du Port. — La Ciotat (Bouches-du-Rhône).

*Dr **Gariel (Marius)**, Dir. du serv. de Santé, 9, rue de Belgique. — Tunis.

Garnier (Charles), Mem. de l'Inst., Insp. des Bâtiments civ., 90, boulevard Saint-Germain. — Paris.

Garnier (Ernest), anc. Présid. de la *Soc. indust. de Reims*, 4, rue Bréguet. — Paris. — **R**

Garnier (Louis), Nég. en tissus, 16, rue de Talleyrand. — Reims (Marne).

Garnier (Paul), Ing.-Mécan., Horlog., 16, rue Taitbout. — Paris.

Garreau (L.-Philippe), Cap. de frégate en retraite, 1, rue de Floirac. — Agen (Lot-et-Garonne), et l'hiver, 62, boulevard Malesherbes. — Paris.

Garric (Jules), Banquier, 3, rue Esprit-des-Lois. — Bordeaux (Gironde).

Garrigou (Félix), Prof. à la Fac. de Méd., 38, rue Valade. — Toulouse (Haute-Garonne).

Garrigou-Lagrange (Paul), Avocat, Sec. gén. de la Soc. Gay-Lussac, 23, avenue Foucaud. — Limoges (Haute-Vienne).

Gascard (Albert) (père), anc. Pharm., Indust., Juge sup. au Trib. de Com. — Bihorel-lez-Rouen par Rouen (Seine-Inférieure).

Gascard (A.) (fils), Prof. sup. à l'Éc. de Méd. et de Pharm., 14, rue d'Alsace-Lorraine. — Rouen (Seine-Inférieure).

Gasqueton (Mme Georges), château Capbern. — Saint-Estèphe (Gironde).

Gasqueton (Georges), Avocat, anc. Maire, château Capbern. — Saint-Estèphe (Gironde).

Gasselin (Jean, Victor), Pharm. de l'Hôp. Broca, 97, boulevard Arago. — Paris.

Gastinel-Pacha (Joseph, Bernard), Prof. hon., 183, rue de Rome. — Marseille (Bouches-du-Rhône).

Dr Gaston (R.), 19, avenue de la Gare. — Voiron (Isère).

Gaté-Richard (Michel), Prop., faubourg Saint-Hilaire. — Nogent-le-Rotrou (Eure-et-Loir).

Gatine (Albert), Insp. des Fin., 1, rue de Beaune. — Paris. — R

Dr Gaube (Jean), 23, rue Sainte-Isaure. — Paris. — R

*Dr Gauchas (Alfred), 6, rue Meissonier. — Paris.

*Dr Gaucher (Ernest), Agr. à la Fac. de Méd., Méd. des Hôp., 11, rue Saint-Pétersbourg. — Paris.

Gauchery (Paul), Lic. ès sc. nat., 26, rue de Vaugirard. — Paris.

*Gauckler (Paul), Agr. d'Histoire, Chef du Serv. des Antiquités et Arts, boulevard Bab-Benat. — Tunis.

*Gaudibert (Joseph), Aide de clin. ophtalmol. à la Fac. de Méd., 4, rue Barthez. — Montpellier (Hérault).

Gaudry (Albert), Mem. de l'Inst., Prof. au Muséum d'hist. nat., 7 bis, rue des Saints-Pères. — Paris. — F

Gauthier-Villars (Albert), Imprim.-Édit., anc. Élève de l'Éc. Polytech., 55, quai des Grands-Augustins. — Paris. — F

*Gauthiot (Charles), Sec. gén. de la Soc. de Géog. com. de Paris, Mem. du Cons. sup. des colonies, 63, boulevard Saint-Germain. — Paris. — R

Gautier (Alfred), Doct. en droit, 3, square Labruyère. — Paris.

Gautier (Gaston), anc. Présid. du Comice agric., place Saint-Just. — Narbonne (Aude).

Gavelle (Émile), Filat., 289 bis, rue Solférino. — Lille (Nord).

Gavelle (Julien). — Franconville (Seine et-Oise).

*Gay (François), Doct. ès sc., Prof. à l'Éc. sup. de Pharm., 7, rue du Collège. — Montpellier (Hérault).

Gay (Henri), Prof. de Phys. au Lycée de Lille, 214, rue des Pyrénées. — Paris.

Gay (Jean-Baptiste), Insp. gén. des P. et Ch., Cons. d'État, Dir. de l'Éc. nat. des P. et Ch., 28, rue des Saints-Pères. — Paris.

Gay (Tancrède), Prop., 17, rue Chanzy. — Reims (Marne).

Gayet (Alphonse), Prof. à la Fac. de Méd., Corresp. nat. de l'Acad. de Méd., anc. Chirurg. tit. de l'Hôtel-Dieu, 106, rue de l'Hôtel-de-Ville. — Lyon (Rhône).

*Gayon (Ulysse), Prof. à la Fac. des Sc., Dir. de la Stat. agron., 41, rue Permentade. — Bordeaux (Gironde). — R

Dr Gayraud (E.), Agr. à la Fac. de Méd., 7, rue des Trésoriers-de-France. — Montpellier (Hérault).

Gazagnaire (Joseph), anc. Sec. de la Soc. entomol. de France, 31, boulevard de Port-Royal. — Paris.

Gazagne (Gaston), Chef de sect. à la Comp. des chem. de fer de Paris à Lyon et à la Méditerranée, 40, rue de l'Hôtel-de-Ville. — Arles-sur-Rhône (Bouches-du-Rhône).

Gelin (l'Abbé Émile), Doct. en philo. et en théolog., Prof. de math. sup. au col. de Saint-Quirin. — Huy (Belgique). — R

*Gélineau (Mme Jean-Baptiste), 17, rue de Châteaudun. — Paris.

*Dr Gélineau (Jean-Baptiste), 17, rue de Châteaudun. — Paris.

Dr Gellie (Pierre), Méd. en chef des prisons, 33, rue Neuve. — Bordeaux (Gironde).

Dr Gémy, Chirurg. de l'Hôp. civ., 1, impasse Berbrugger. — Alger.

Genaille (Henri), Ing. civ., Chef de l'entret. des bâtiments à l'Admin. cent. des Chem. de fer de l'État, 68, boulevard Rochechouart. — Paris.

Géneau de Lamarlière (Léon), Doct. ès sc., Chargé d'un Cours d'Hist. nat. à l'Éc. de Méd., Lauréat de l'Inst., rue Simon. — Reims (Marne).

Geneste (Eugène), Ing. civ., 42, rue du Chemin-Vert. — Paris.

Geneste (Mme Philippe), château de Chapeau-Cornu. — Vignieu par La Tour-du-Pin (Isère). — R

Genis (Louis), Ing., Dir. de la Soc. d'assainis., 8, rue de Provence. — Paris.

Gensoul (Paul), Ing. des Arts et Man., Admin. de la Comp. du Gaz de Lyon, 42, rue Vaubecour. — Lyon (Rhône).

Gentil (Louis), Prépar. au Col. de France, rue des Écoles. — Paris.

Dr Geoffroy (Jules), 26, boulevard Sébastopol. — Paris.

Geoffroy (Victor), anc. Libraire, 3, rue Werlé. — Reims (Marne).

Geoffroy Saint-Hilaire (Albert), anc. Dir. du Jardin zool. d'acclimat., Présid. de la Soc. nat. d'Acclimat. de France, 8, rue Coëtlogon. — Paris. — F

Georgel (Léon), Ing. civ., Expert, 17, place Sainte-Eulalie, — Bordeaux (Gironde).

Georges (H.), Nég., v.-Consul de l'Uruguay, 1, place des Quinconces. — Bordeaux (Gironde).

Georgin (Ed.), Étud., 7, faubourg Cérès. — Reims (Marne).

Gérard (Alexandre), v.-Présid. du Cons. d'admin. de la Manufac. de Saint-Gobain, 16, rue Bayard. — Paris.

-Dr Gérard (Joseph, François), 14, rue d'Amsterdam. — Paris.

Gérard (René), Prof. de botan. à la Fac. des Sc., Dir. du Jardin botan. de la Ville, 32, rue Malesherbes. — Lyon (Rhône).

Gérard (René), Contrôl. cent. du Trésor publ., Chef du Cabinet du Min. des Fin., 43, rue Blanche. — Paris.

Gerbaud (Mme Germain), usine de Prades. — Castelsarrazin (Tarn).

Gerbaud (Germain) (fils), usine de Prades. — Castelsarrazin (Tarn).

Gerbeau, Prop., 13, rue Monge. — Paris. — R

*Dr Gerber (Charles), Prof. à l'Éc. de Méd., 194, boulevard Baille. — Marseille (Bouches-du-Rhône).

Gérente (Mme Paul), 19, boulevard Beauséjour. — Paris. — R

Dr Gérente (Paul), Méd.-Dir. hon. des asiles pub. d'aliénés, Sénateur d'Alger, 19, boulevard Beauséjour. — Paris. — R

Germain (Henri), Mem. de l'Inst., Présid. du Cons. d'admin. du Crédit Lyonnais, anc. Député, 89, rue du Faubourg-Saint-Honoré. — Paris. — F

Germain (Philippe), 33, place Bellecour. — Lyon (Rhône). — F

Gervais (Alfred), Dir. de la Comp. des Salins du Midi, 2, rue des Étuves. — Montpellier (Hérault).

Gévelot, Nég., 30, rue Notre-Dame-des-Victoires. — Paris.

Dr Giard (Alfred), Prof. à la Fac. des Sc., Maître de Conf. à l'Éc. Norm. sup., anc. Député 14, rue Stanislas. — Paris. — R

Dr Gibert, 41, rue de Séry. — Le Havre (Seine-Inférieure). — R

Giblain (François), Ing. des Arts et Man., Huilerie de Graville-Sainte-Honorine — Ingouville par Le Havre (Seine-Inférieure).

Gibou (Édouard), Prop., 19, rue Pajou. — Paris.

Gigandet (Eugène) (fils), Nég., 16, rue Montaux. — Marseille (Bouches-du-Rhône). — R

Gignier (Justin, Régis), Pharm., anc. Maire. — Romans (Drôme).

Gilardoni (Camille), Manufac. — Altkirch (Alsace-Lorraine).

Gilardoni (Frantz), Manufac. — Altkirch (Alsace-Lorraine).

Gilardoni (Jules), Manufac. — Altkirch (Alsace-Lorraine).

*Gilbert (Armand), Présid. du Trib. civ., carrefour Beaupeyrat. — Limoges (Haute-Vienne). — R

Gilbert (Mme Valentin), 10, boulevard du Théâtre. — Genève (Suisse).

*Dr Gilbert (Valentin), 10, boulevard du Théâtre. — Genève (Suisse).

Gillet (Albert), Huis., 156, boulevard Pereire. — Paris.

Gillet (François), Teintur., 9, quai de Serin. — Lyon (Rhône).

Dr Gillet (Henry), 3, place Pereire. — Paris.

Gillet (fils aîné), Teintur., 9, quai de Serin. — Lyon (Rhône). — F

Gillet (Stanislas), Ing. des Arts et Man., 32, boulevard Henri IV. — Paris.

*Dr Gillot (François, Xavier), 5, rue du Faubourg-Saint-Andoche. — Autun (Saône-et-Loire).

*Giorgino (Jacques), Pharm., v.-Présid. de la Soc. d'Hist. nat. de Colmar, 7, rue de la Vieille-Poste. — Colmar (Alsace-Lorraine).

Dr Girard, Mem. du Cons. gén. — Riom (Puy-de-Dôme).

Girard (Aimé), Mem. de l'Inst., Prof. au Conserv. nat. des Arts et Mét. et à l'Inst. nat. agronom., 44, boulevard Henri IV. — Paris. — F

Girard (Albert), Avocat, 6, place des Jacobins. — Lyon (Rhône).
Girard (Charles), Chef du Lab. mun. de la Préf. de Police, 2, rue de la Cité.—Paris.—F
Dʳ Girard (Joseph de), Agr. à la Fac. de Méd., 4, rue des Trésoriers-de-la-Bourse. — Montpellier (Hérault).
Dʳ Girard (Jules), Prof. à l'Éc. de Méd., Mem. du Cons. mun., 4, rue Vicat. — Grenoble (Isère).
Girard (Jules, Augustin), Mem. de l'Inst., Prof. hon. à la Fac. des Let., 3, rue du Bac. — Paris.
Girard (Julien), Pharm.-maj. en retraite, 38, rue du Bocage. — Ile-Saint-Denis par Saint-Denis (Seine). — R
Girardon (Henri), Ing. en chef des P. et Ch., 5, quai des Brotteaux. — Lyon (Rhône).
Girardot (Louis, Abel), Géol., Prof. au Lycée, 63, rue des Salines. — Lons-le-Saunier (Jura).
Girardot (V.), Nég., 15, 17, place des Marchés. — Reims (Marne).
Giraud (Louis). — Saint-Péray (Ardèche). — R
Girault (Charles), Prof. hon. à la Fac. des Sc., 110, rue de Geôle. — Caen (Calvados).
Giresse (Édouard), Mem. du Cons. gén., Maire. — Meilhan (Lot-et-Garonne).
Dʳ Girin (Francis), 24, rue de la République. — Lyon (Rhône).
Girod (Francis), 30 bis, boulevard de la Contrescarpe. — Paris.
Dʳ Girod (Paul), Prof. à la Fac. des Sc. et à l'Éc. de Méd., 26, rue Blatin. — Clermont-Ferrand (Puy-de-Dôme).
Giry (Mᵐᵉ Marius), 8, Rue Sainte. — Marseille (Bouches-du-Rhône).
Giry (Marius), Fabric. de papiers et de pâte de bois, 8, Rue Sainte. — Marseille (Bouches-du-Rhône).
Gob (Antoine), Prof. à l'Athénée, 10, boulevard du Canal. — Hasselt (Belgique).
Gobert, Pharm.-Chim. — Montferrand (Puy-de-Dôme).
Gobert, Présid. hon. du Trib. civ., 8, enclos Notre-Dame. — Saint-Omer (Pas-de-Calais). — R
Gobin (Adrien), Insp. gén. hon. des P. et Ch., 26, quai Tilsitt. — Lyon (Rhône). — R
Godillot-Alexis (Georges), Ing. des Arts et Man., 50, rue d'Anjou. — Paris.
Godron (Émile), Doct. en Droit, Avoué, 103, boulevard de la Liberté. — Lille (Nord).
Goldenberg (Alfred), anc. Manufac., 39, rue de la Gare. — Ermont (Seine-et-Oise).
Dʳ Goldschmidt (David), 4 bis, rue des Rosiers (chez M. Reblaub). — Paris.
Goldschmidt (Frédéric), Rent., 33, rue de Lisbonne. — Paris. — F
Goldschmidt (S.-H.), 6, rond-point des Champs-Élysées. — Paris. — F
Gomant (Victor, Charles), Rent., 38, rue Copernic. — Paris.
Dʳ Gomet (Alfred), 79, Grande-Rue. — Besançon (Doubs).
Dʳ Gordon y de Acosta (D. Antonio de), Présid. de l'Acad. des Sc. méd., phys. et nat., esqᵈ à Amargura. — La Havane (Ile de Cuba). — R
Gorges (Ferdinand), Nég., 7, passage Dauphine. — Paris.
*Dʳ Gornard de Coudré, 39, rue Notre-Dame-de-Lorette, — Paris.
Gossart (Émile), Maître de Conf. de Phys. à la Fac. des Sc., 45, cours d'Albret. — Bordeaux (Gironde).
Gosse, anc. Doyen de la Fac. de Méd., 8, rue des Chaudronniers. — Genève (Suisse).
Gossiome (Paul), Nég., 7, quai Voltaire. — Paris.
Got (Albert), Pharm. — Lamarque (Gironde).
*Dʳ Gouas (Ernest), — La Croix-Saint-Leufroy (Eure).
Dʳ Gouguenheim (Achille), Méd. des Hôp., 73, boulevard Haussmann. — Paris.
Gouin (Adolphe), Ing. des Arts et Man., Admin.-gérant de la Soc. des Savonneries Menpenti, Mem. fondat. de la Soc. scient. indust., 118, Grand Chemin de Toulon. — Marseille (Bouches-du-Rhône).
Gouin (Édouard), Ing. des P. et Ch., 32, rue Breteuil. — Marseille (Bouches-du-Rhône).
Gouin (Raoul), Ing. agronom., usine de Foucauge. — Yvré-l'Évêque (Sarthe).
Goulet (Georges), Nég. en vins de Champagne, 21, rue Buirette. — Reims (Marne).
Goulet-Gravet (François), 21, rue Buirette. — Reims (Marne).
Goullin (Gustave, Charles), Consul de Belgique, anc. Adj. au Maire, 51, place Launay. — Nantes (Loire-Inférieure).
*Goumont (Mˡˡᵉ), Prof. à l'Éc. second. de Jeunes filles, rue de Russie. — Tunis.
Gounouilhou (G.), Imprim., 11, rue Guiraude. — Bordeaux (Gironde). — F
Gounelle (Alfred), Fabric. d'huile, 102, rue Sylvabelle. — Marseille (Bouches-du-Rhône).
Gouttes (François), Insp. divis. du Trav. dans l'Indust., 11, quai Paludate. — Bordeaux (Gironde).
Gouville (Gustave), Mem. du Cons. gén., rue Sivard. — Carentan (Manche).
Gouy de Bellocq de Feuquières, 3, rue de l'Alliance. — Nancy (Meurthe-et-Moselle).

Dr **Goy (Lucien)**, 35, boulevard du Musée. — Marseille (Bouches-du-Rhône).

Dr **Gozard**. — Toury-sur-Jour par Chantenay-Saint-Imbert (Nièvre).

Dr **Grabinski (Boleslas)**. — Neuville-sur-Saône (Rhône). — **R**

Grammaire (Louis), Géom., Cap. adjud.-maj. au 52e rég. territ. d'Infant., Agent gén. du *Phénix*. — Chaumont (Haute-Marne).

Grandeau (Louis), Insp. gén. des stat. agronom., Prof. au Conserv. nat. des Arts et Mét., 3, quai Voltaire. — Paris.

Grandidier (Mme Alfred), 6, rond-point des Champs-Élysées. — Paris.

Grandidier (Alfred), Mem. de l'Inst., 6, rond-point des Champs-Élysées. — Paris. — **R**

Granet (Paul), Avocat, 32, rue Gay-Lussac. — Paris.

Granet (Vital), Recev. mun., 2, rue Julienne-Petit. — Saint-Junien (Haute-Vienne).

Grange (Célestin), Ing. des Arts et Man., Agent voyer en chef du départ. de la Vienne, 4, place Saint-Pierre. — Poitiers (Vienne).

Granger (Alfred), Nég., Dir. de la *Comp. du Hamel-Bazire*. — Cavigny par Pont-Hébert (Manche).

Granier (Germain), Avoué, place Magdeleine. — Rodez (Aveyron).

Grasset (Mme Joseph), 6, rue Jean-Jacques-Rousseau. — Montpellier (Hérault).

Grasset (Joseph), Prof. à la Fac. de Méd., Corresp. de l'Acad. de Méd., 6, rue Jean-Jacques-Rousseau. — Montpellier (Hérault).

Graterolle (Romain), Élève à l'Éc. des Hautes-Études, 31, rue du Cherche-Midi. — Paris.

Dr **Gratiot (E.) (fils)**. — La Ferté-sous-Jouarre (Seine-et-Marne).

Gréard (Octave), Mem. de l'Acad. Française et de l'Acad. des Sc. morales et politiques, v.-Rect. de l'Acad. de Paris, 15, rue de la Sorbonne. — Paris.

Grédy (Frédéric), Nég. en vins, 16, quai des Chartrons. — Bordeaux (Gironde).

Dr **Grégoire (Junior)**, Méd. de la *Comp. des Chem. de 'er de Paris à Lyon et à la Méditerranée*. — Chazelles-sur-Lyon (Loire).

Grellet (V.), v.-Consul des États-Unis. — Kouba par Hussein-Dey (départ. d'Alger).

Grelley (Jules), Dir. de l'Éc. sup. de com., anc. Élève de l'Éc. Polytech., 102, rue Amelot. — Paris.

*Dr **Grémaud (Pierre, Louis)**, 15, rue de Grèce. — Tunis.

Grenier, Pharm., 61, rue des Pénitents. — Le Havre (Seine-Inférieure).

Dr **Greuell**, Dir. de l'établis. hydrothérap. — Gérardmer (Vosges).

Dr **Grillot**, anc. Chirurg. de l'Hôp., 5, rue Jeannin. — Autun (Saône-et-Loire).

Grimaud (B.-P), anc. Mem. du Cons. mun., 28, rue de Châteaudun. — Paris.

Grimaud (Émile), Imprim., rue de Gorges. — Nantes (Loire-Inférieure). — **R**

Dr **Grimaux (Édouard)**, Mem. de l'Inst., Prof. à l'Éc. Polytech. et à l'Inst. nat. agronom., Agr. à la Fac. de Méd., 123, boulevard Montparnasse. — Paris. — **R**

*Dr **Grimoux (Henri)**, Méd. hon. des Hôp. — Beaufort (Maine-et-Loire). — **F**

Griolet (aîné), Vétér., 25, rue Bayard. — Toulouse (Haute-Garonne).

Grison (Eugène), Chef de caves, 8, place du Chapitre. — Reims (Marne).

Grison (Ernest), s.-Insp. de l'Enregist., 27, rue de la République. — Vervins (Aisne).

*Grison-Poncelet (Eugène)**, Manufac. — Creil (Oise).

Dr **Grizou**, 30, rue de Chastillon. — Châlons-sur-Marne (Marne).

Dr **Gros (Joseph)**, Méd. en chef de la Maison d'Éduc. de la Légion d'hon., place de la Mairie. — Écouen (Seine-et-Oise).

Gros et Roman, Manufac. — Wesserling (Alsace-Lorraine).

Dr **Grosclaude (Alphonse)**. — Elbeuf-sur-Seine (Seine-Inférieure).

*Grosjean (Jules)**, Avocat, 4, rue d'Allemagne. — Tunis.

Gross (Mme), 15, rue Isabey. — Nancy (Meurthe-et-Moselle).

Gross, Prof. de clinique ext. à la Fac. de Méd., Corresp. nat. de l'Acad. de Méd., 15, rue Isabey. — Nancy (Meurthe-et-Moselle).

Grosseteste (William), Ing. des Arts et Man., 11 rue des Tanneurs. — Mulhouse (Alsace-Lorraine).

Grottes (le Comte Jules des), Mem. du Cons. gén., 9, place Gambetta. — Bordeaux (Gironde).

Groult (Edmond), Doct. en droit, Avocat, Fondat. des *Musées canton.* — Lisieux (Calvados).

Grouselle (Mme Émile). — Voncq (Ardennes).

Grouselle (Emile), Notaire. — Voncq (Ardennes).

Grousset (Eugène), Pharm. de 1re cl., 35, rue de la République. — Castelsarrasin (Tarn-et-Garonne).

Grouvelle (Jules), Ing. des Arts et Man., Prof. de Phys. indust. à l'Éc. cent. des Arts et Man., 18, avenue de l'Observatoire. — Paris.

Dr Gruby (David), 66, rue Saint-Lazare. — Paris.

Gruter (Dominique, Jost), Méd.-Dent., 7, square Saint-Amour. — Besançon (Doubs).

Gruyer (Hector), Mem. du Cons. gén., Maire. — Sassenage (Isère).

Grynfeltt, Prof. à la Fac. de Méd., 8, place Saint-Côme. — Montpellier (Hérault).

Guccia (Jean-Baptiste), Prof. de Géom. sup. à l'Univ., 28, via Ruggiero Settimo.
   — Palerme (Italie).

Dr Guébhard (Adrien), Lic. ès sc. math. et phys., Agr. de phys. des Fac. de Méd.
   — Saint-Vallier-de-Thiey (Alpes-Maritimes). — R

Guérard.(Adolphe), Ing. en chef des-P. et Ch., Ing. en chef du Port, 16, rue Moustier.
   — Marseille (Bouches-du-Rhône).

Guerassimoff (Nicolas), Ing. milit. russe, 59, rue des Petites-Écuries. — Paris.

Guérin (Jules), Ing. civ. des Mines, 56, rue d'Assas. — Paris.

Guérin (Louis), Opticien, 14, rue Bab-Azoun. — Alger.

Dr Guerne (le Baron Jules de), Natur., Sec. gén. de la Soc. nat. d'Acclimat. de France,
   6, rue de Tournon. — Paris. — R.

Guerrapin, anc. Nég., l'Hermitage. — Saint-Denis-Hors par Amboise (Indre-et-Loire).

Guerreau (Paul, Auguste), Provis. du Lycée. — Nevers (Nièvre).

Guerrin (Louis), Avocat à la Cour d'Ap., 20, rue de la Préfecture. — Besançon (Doubs).

Guéry (Georges), Doct. en Droit, Indust., 4, boulevard du Château. — Angers (Maine-
   et-Loire).

Guestier (Daniel), anc. Mem. de la Ch. de Com., 31, cours du Pavé-des-Chartrons.
   — Bordeaux (Gironde).

*Gueydon (Louis), Pharm. de 1re cl. — Chabreville par Guitres-sur-l'Isle (Gironde).

*Guézard (Albert), Étud., 16, rue des Écoles. — Paris. — R

*Guézard (Mme Jean-Marie), 16, rue des Écoles. — Paris. — R

*Guézard (Jean-Marie), Princ. Clerc de Notaire, 16, rue des Écoles. — Paris. — R

Dr Guglielmi (Eugène), Méd. de l'Hôp. civ., 18, rue Charles-Quint. — Oran (Algérie).

Guiard (Georges), Ing. en chef des P. et Ch., 4, rue Cambacérès. — Paris.

Guiauchain, Archit., rue Clauzel. — Alger-Agha.

Guibert(Léonce), Ing. des P. et Ch., 86, rue de l'Église-Saint-Seurin.—Bordeaux(Gironde).

Guiet (Gustave), 57, avenue Montaigne. — Paris.

Guieysse (Paul), Ing.-Hydrog. de la Marine, anc. Min.; Député du Morbihan, 42, rue des
   Écoles. — Paris. — R

Guignan (Alcide). — Sainte-Terre (Gironde).

Guignard (Léon), Mem. de l'Inst., Prof. de Botan. à l'Éc. sup. de Pharm., 1, rue des
   Feuillantines. — Paris.

Guignard (Ludovic, Léopold), Présid. de la Soc. des Sc. et des Let. de Loir-et-Cher,
   Sans-Souci. — Chouzy (Loir-et-Cher).

Dr Guilbeau (Martin). — Saint-Jean-de-Luz (Basses-Pyrénées).

Guilbert (Gabriel), Météorol., 28, rue Bicoquet. — Caen (Calvados).

Guillain (Antoine), Insp. gén. des P. et Ch., Dir. au Min. des Trav. pub., Cons. d'État,
   55, rue Scheffer. — Paris.

Guillaud (A.), Prof. à la Fac de Méd. de Bordeaux. — Saintes (Charente-Inférieure).

Dr Guillaume (Ed.), 22, rue Carnot. — Reims (Marne).

Guillaume (Eugène, C.), Mem. de l'Inst., Statuaire, 5, rue de l'Université. — Paris.

Guillaume (Léon), Dir. de l'Éc. d'hortic. des pupilles de la Seine. — Villepreux
   (Seine-et-Oise).

Guillaume (Louis), Prop., 7, rue de la Tirelire. — Reims (Marne).

Guillemard (Henri), Archit., 6, rue du Faubourg-Saint-Honoré. — Paris.

Guillemin (Auguste), Prof. de phys. à l'Éc. de Méd. et de Pharm., Maire, 4, boulevard de la République. — Alger.

Guillemin (Joseph), Caissier de la Banque Jacquard, 26, rue Saint-Pierre. — Besançon
   (Doubs).

*Guillemin (Léon), Caissier de la Banque Veil-Picard, 14, Grande-Rue. — Besançon
   (Doubs).

*Guilleminet (André), Mem. des Soc. de Pharm., Fabric.-Prop. des Prod. pharm. de
   Macors, 30, rue Saint-Jean. — Lyon (Rhône). — F

Guillemot (Charles), Mécan., 73, rue Saint-Louis en l'Ile. — Paris.

Dr Guillet, Prof. à l'Éc. de Méd., 11, rue de Bernières. — Caen (Calvados).

Guillibert (le Baron Hippolyte), Avocat à la Cour d'Ap., anc. Bâton. du Cons. de l'Ordre,
   10, rue Mazarine. — Aix en Provence (Bouches-du-Rhône).

*Guillot (Mlle), Dir. de l'Éc. second. de jeunes Filles, rue de Russie. — Tunis.

Guillotin (Amédée), anc. Présid. du Trib. de Com. de la Seine, 77, rue de Lourmel. — Paris.

Guillou (Ernest), anc. Chef de Bat. de la Garde nat., 77, rue Montyon. — Paris.

Guillouët (Frédéric, Pierre), Nég., Mem. du Cons. mun., 12, boulevard de la Gare. — Caen (Calvados).

Dr Guilloz (Théodore), Agr. à la Fac. de Méd., 38, place de la Carrière. — Nancy (Meurthe-et-Moselle).

Guilmin (Mme Ve), 8, boulevard Saint-Marcel. — Paris. — R

Guilmin (Ch.), 8, boulevard Saint-Marcel. — Paris. — R

Guimarães (Rodolphe Ferreira de Souza Marqûes Sovo Dias), Mem. de l'*Acad. royale des Sc.*, Lieut. de l'Ét.-maj. du Génie, Astron. à l'Observ. royal, 61-3°, Garret (Chiado). — Lisbonne (Portugal).

Guimet (Émile), Nég. (Musée Guimet), avenue d'Iéna. — Paris. — F

Guionnet (Paul), Empl. à la *Comp. des Chem. de fer d'Orléans*, faubourg de la Tranchée. — Poitiers (Vienne).

Dr Guiraud (Louis), Chargé de cours à la Fac. de Méd., 48, rue Bayard. — Toulouse (Haute-Garonne).

*Guiraut (Gabriel), Président d'hon. de la Ch. synd. du com. des vins et spiritueux de la Gironde, 28, allée de Boutaut. — Bordeaux (Gironde).

Guntz (N.), Prof. à la Fac. des Sc., 15, rue de Metz. — Nancy (Meurthe-et-Moselle).

Gurnaud (Adolphe), Sec. de la *Soc. forestière*, château de Nancray par Bouclans (Doubs).

Guy (Louis), Nég., 232, rue de Rivoli. — Paris. — R

Guyard (Henri), Mem. de la *Soc. des Sc. nat.*, 17, rue d'Égleny. — Auxerre (Yonne).

Guyot (Charles), 15, boulevard du Temple. — Paris.

Guyot (Yves), Dir. polit. du *Siècle*, anc. Min. des Trav. pub., 95, rue de Seine. — Paris.

Haag (Paul), Ing. en chef, Prof. à l'Éc. nat. des P. et Ch., 11 *bis*, rue Chardin. — Paris.

Habert (Théophile), anc. Notaire, Conserv. du Musée Archéol. et Céram. de la Ville, 12, place Amélie-Doublié. — Reims (Marne). — R

Hachette et Cie, Libr.-Édit., 79, boulevard Saint-Germain. — Paris. — F

Hadamard (David), Nég. en Diamants, 53, rue de Châteaudun. — Paris. — F

Hagenbach-Bischoff (Édouard), Doct. ès sc., Prof. de phys. à l'Univ. — Bâle (Suisse).

Haller-Comon (Albin), Corresp. de l'Inst. et de l'Acad. de Méd., Prof. à la Fac. des Sc., 14, rue Victor-Hugo. — Nancy (Meurthe-et-Moselle). — R

Hallette (Albert), Fabric. de sucre. — Le Cateau (Nord).

Hallez (Paul), Prof. à la Fac. des Sc., 9, rue de Valmy. — Lille (Nord).

Hallion (Louis), Chef des trav. du Lab. de Physiol. pathol. de l'Éc. des Hautes-Études (Collège de France), 31, rue de Poissy. — Paris.

Dr Hallopeau (Henri), Mem. de l'Acad. de Méd., Agr. à la Fac. de Méd., Méd. des Hôp., 91, boulevard Malesherbes. — Paris.

Halphen (Constant), 11, rue de Tilsitt. — Paris.

Halphen (Georges), Chim. au Min. du Com., 10, passage du Saumon. — Paris.

Hamard (l'Abbé Pierre, Jules), Chanoine, 6, rue du Chapitre. — Rennes (Ille-et-Vilaine). — R

Dr Hameau. — Arcachon (Gironde).

Hamelin (Elphège), Prof. à la Fac. de Méd., 7, rue de la République. — Montpellier (Hérault).

Dr Hamy (Ernest), Mem. de l'Inst., Prof. au Muséum d'hist. nat., Conserv. du Musée d'ethnog., 36, rue Geoffroy-Saint-Hilaire. — Paris.

*Hannezo (Gustave), Cap. au 108e Rég. d'Infant. — Bergerac (Dordogne).

*Dr Hanot (Charles, Victor), Agr. à la Fac. de Méd., Méd. des Hôp., 122, rue de Rivoli. — Paris.

Hanrez (Prosper), Ing., Mem. de la Ch. des Représentants, 190, chaussée de Charleroi. — Bruxelles (Belgique).

Dr Hanriot (Maurice), Mem. de l'Acad. de Méd., Agr. à la Fac. de Méd., 4, rue Monsieur-le-Prince. — Paris.

Haraucourt (C.), Prof. de Phys. au Lycée Corneille, 8, place du Boulingrin. — Rouen (Seine-Inférieure).

Hariot (Paul), Prépar. au Muséum d'Hist. nat., 63, rue de Buffon. — Paris.

Harlé (Émile), anc. Ing. des P. et Ch., Construc., 12, rue Pierre-Charron. — Paris.

Hartmann (Albert), Indust., 18, rue de Courcelles. — Paris.

Hartmann (Georges), 14, quai de la Mégisserie. — Paris.

*Hartmayer, Cap. en retraite, Consul de France hon. — Djerba (Tunisie).

Haton de la Goupillière (J., N.), Mem. de l'Inst., Insp. gén., Dir. de l'Éc. nat. sup. des Mines, 60, boulevard Saint-Michel. — Paris. — F

Hatt (Philippe), Ing.-hydrog. de 1re cl. de la Marine, 31, rue Madame. — Paris.
Hattier (Mme Louise), 9, place de l'Hôtel-de-Ville. — Étampes (Seine-et-Oise).
Hau (Michel), Nég. en vins de Champagne, 17, rue Lesage. — Reims (Marne).
*Haug (Émile), Chef des trav. prat. de Géol. à la Fac. des Sc.; 2, rue Antoine-Dubois. — Paris.
Hausser (Édouard), Ing. en chef des P. et Ch., Dir. de l'Exposition, 12, rue de l'Église-Saint-Seurin. — Bordeaux (Gironde).
Hautefeuille (Paul), Mem. de l'Inst., Prof. à la Fac. des Sc., 28, rue du Luxembourg. — Paris.
Hayem (Georges), Prof. à la Fac. de Méd., Mem. de l'Acad. de Méd., Méd. des Hôp., 7, rue Alfred-de-Vigny. — Paris.
Hays (Jules), anc. Mem. du Cons. gén., faubourg Charrault. — Saint-Maixent (Deux-Sèvres).
Hébert (Alexandre), Prépar. adj. des trav. prat. de chim. à la Fac. de Méd., 66, rue Gay-Lussac. — Paris.
Hecht, Prof. hon. à la Fac. de Méd., 4, rue Isabey. — Nancy (Meurthe-et-Moselle).
Dr Hecht (Émile), 15, rue de Lorraine. — Nancy (Meurthe-et-Moselle).
Hecht (Étienne), Nég., 19, rue Le Peletier. — Paris. — F
Dr Heckel (Édouard), Prof. à la Fac. des Sc. et à l'Éc. de Méd., Corresp. nat. de l'Acad. de Méd., Dir. du Jardin botan., 31, cours Lieutaud. — Marseille (Bouches-du-Rhône).
Dr Heim (Frédéric), Doct. ès sc., Agr. à la Fac. de Méd., 15, rue de Rivoli. — Paris.
Heinbach (Albert), Pharm. de 1re cl., anc. Int. des Hôp., 8, rue Pierre-Charron. — Paris.
*Heitz (Paul), Ing. des Arts et Man., anc. Élève de l'Éc. libr. des Sc. polit., Avocat à la Cour d'Ap., 29, rue Saint-Guillaume. — Paris.
Dr Heitz (Victor), Prof. sup. à l'Éc. de Méd., Chef de clin. à l'Hôp., 45, Grand-Rue. — Besançon (Doubs).
Held (Alfred), Prof. à l'Éc. sup. de Pharm., 36 bis, rue Grandville. — Nancy (Meurthe-et-Moselle).
Héliand (le Comte d'), 21, boulevard de la Madeleine. — Paris.
Hellé (Eugène), Graveur-Dessinat., 4, rue Royer-Collard. — Paris.
*Dr Hélot (Paul), 7, rue Lémery. — Rouen (Seine-Inférieure).
Dr Henneguy (Félix), Prof. sup. au Col. de France, 9, rue Thénard. — Paris.
Hennequin (E.), Nég., 84, avenue Ledru-Rollin. — Paris.
*Hennet (le Baron Léopold), Étud. à l'Univ., Ill. Landtagsplatz. — Prague (Bohême) (Autriche-Hongrie).
Hennuyer (Alexandre), Imprim.-Édit., 47, rue Laffitte. — Paris.
Dr Hénocque (Albert), Dir. adj. du Lab. de Physiol. biol. de l'Éc. des Hautes Études au Collège de France, 11, avenue Matignon. — Paris.
Henrivaux (Jules), Dir. de la Manufac. de Glaces. — Saint-Gobain (Aisne).
Dr Henrot (Adolphe), 73, rue Gambetta. — Reims (Marne).
*Dr Henrot (Henri), Corresp. de l'Acad. de Méd., Dir. de l'Éc. de Méd., anc. Maire, 73, rue Gambetta. — Reims (Marne).
Henrot (Jules), Présid. du Cercle pharm. de la Marne, 75, rue Gambetta. — Reims (Marne).
Henry (Mme), Sage-Femme en chef hon. de la Maternité, 3, rue de Courcelles. — Paris.
Henry (Charles), Maître de conf. à l'Éc. prat. des Hautes-Études, 2, rue Jean-de-Beauvais. — Paris.
Henry (Edmond), Insp. gén. des P. et Ch., 22, boulevard Saint-Germain. — Paris.
Dr Henry (J.), 38 bis, rue de l'Hôpital-Militaire. — Lille (Nord).
Henry-Lepaute (Léon), Ing. des Arts et Man., Construc. d'horlog. et de phares, 34, boulevard Haussmann. — Paris.
*Hérail (Joseph). Prof. à l'Éc. de Méd., 10 bis, boulevard Bon-Accueil. — Alger-Mustapha.
Dr Hérard (Hippolyte), Mem. de l'Acad. de Méd., Agr. de la Fac. de Méd., Méd. des Hôp., 12 bis, place De Laborde. — Paris.
Herbault (Nemours), Agent de change, hon. 5, rue Gaillon. — Paris.
Héron (Mme Guillaume), château Latour. — Bérat par Rieumes (Haute-Garonne).
Héron (Guillaume), Prop., château Latour. — Bérat par Rieumes (Haute-Garonne). — R
Héron (Jean-Pierre), Prop., 7, place de Tourny. — Bordeaux (Gironde). — R
Herran (Adolphe), Ing. civ. des Mines, 36, avenue Henri-Martin. — Paris.
Herrenschmidt (Henri), Étud., 10, boulevard Magenta. — Paris.
Hérubel (Frédéric), Fabric. de prod. chim. — Petit-Quévilly (Seine-Inférieure).
Dr Hervé (Georges), Prof. à l'Éc. d'Anthrop., 8, rue de Berlin. — Paris.
*Hetzel (Mme Jules), 18, rue Jacob. — Paris.

*Hetzel (Jules), Libr.-Edit., 18, rue Jacob. — Paris. — **R**

Heydenreich (Albert). Doyen de la Fac. de Méd., 48, rue Gambetta. — Nancy (Meurthe-et-Moselle). — **R**

*Heymann (Charles), s.-Insp. de l'Enregist. et des Domaines, Recev. mun., 3, avenue de Carthage. — Tunis.

Hézard (Charles), Entrep. de Trav. pub., rue Manesceau (villa Hézard). — Pau (Basses-Pyrénées).

Hillel frères, 2, avenue Marceau. — Paris. — **F**

Himly (L., Auguste), Mem. de l'Inst., Doyen de la Fac. des Let., 23, avenue de l'Observatoire. — Paris.

Hirsch, Archit. en chef de la Ville, 17, rue Centrale. — Lyon (Rhône).

. Hirsch (Joseph), Ing. en chef, Prof. à l'Éc. nat. des P. et Ch., 1, rue de Castiglione. — Paris.

Hirsch (Paul, Charles, Marcel), Élève à l'Éc. cent. des Arts et Man., 55, rue de Boulainvilliers. — Paris.

Hoareau-Desruisseaux (Léon), Prof. au collège, 12, boulevard de la République. — Langres (Haute-Marne).

Holden (Isaac), Manufac., 27, rue des Moissons. — Reims (Marne).

Holden (Jonathan), Indust., 23, boulevard de la République. — Reims (Marne). — **R**

Hollande (Jules), Nég. en bois exotiques, 114, rue de Charenton. — Paris. — **R**

Dr Hollande, Dir. de l'Éc. prép. à l'Ens. sup. des Sc. et des Let., 19, rue de Boigne. — Chambéry (Savoie).

Holstein (Prosper), Dir. de l'agence du *Comptoir National d'Escompte*, 13, quai de l'Est. — Lyon (Rhône).

Holtz (Paul), Insp. gén., des P. et Ch., 24, rue de Milan. — Paris.

Dr Hommey (Joseph), Méd. de l'Hôp., Mem. du Cons. départ. d'hygiène, rue des Cordeliers. — Sées (Orne).

Honnorat-Bastide (Édouard, F.), quartier de la Sèbe. — Digne (Basses-Alpes).

Hordain (Émile d'), 22, rue Grange-Batelière. — Paris.

Hospitalier (Édouard), Ing. des Arts et Man., Prof. à l'Éc. mun. de Phys. et de Chim. indust., Rédac. en chef de l'*Industrie élect.*, 12, rue de Chantilly. — Paris.

Hottinguer, Banquier, 38, rue de Provence. — Paris. — **F**

Houdaille (François), Prof. de phys. à l'Éc. nat. d'Agric., 3, rue Auguste-Comte. — Montpellier (Hérault).

Houdard (Adolphe), Publiciste, 235, boulevard Saint-Germain. — Paris.

Houdé (Alfred), Pharm. de 1re cl., 29, rue Albouy. — Paris. — **R**

Houel (J.-G.), anc. Ing. de la *Comp. de Fives-Lille*, anc. Élève de l'Éc. cent. des Arts et Man., 40, avenue Kléber. — Paris. — **F**

Houlbert (Constant), Prof. de sc. phys. et nat. au collège, 16, rue de l'Eperon. — Melun (Seine-et-Marne).

Hourdequin (Maurice), Avocat, 93, rue Jouffroy. — Paris.

Houzé de l'Aulnoit (Aimé), Avocat, 61, rue Royale. — Lille (Nord).

Houzeau (Auguste), Corresp. de l'Inst., Prof. de chim. gén. à l'Éc. prép. à l'Ens. sup. des Sc., 31, rue Bouquet. — Rouen (Seine-Inférieure).

Houzeau (Paul), Huile et Savons, 8, place de la République. — Reims (Marne).

*Hovelacque (Maurice), Doct. ès sc. nat., 1, rue de Castiglione. — Paris. — **R**

Hovelacque-Khnopff (Émile), 50, rue Cortambert. — Paris. — **R**

Hua (Henri), Lic. ès sc. nat., Botan., 2, rue de Villersexel. — Paris. — **R**

Hubert (Pierre), Indust., 16, rue Marceau. — Nantes (Loire-Inférieure).

Hubert de Vautier (Émile), Entrep. de confec. milit., 114, rue de la République. — Marseille (Bouches-du-Rhône).

Dr Hublé (Martial), Méd.-Maj. attaché à la Dir. du serv. de santé du 11e corps d'armée. — Nantes (Loire-Inférieure). — **R**

Hubou (Ernest), Ing. civ. des Mines, Insp. de la *Comp. des Chem. de fer de l'Est*, 19, allée des Bois du Chenil. — Le Raincy (Seine-et-Oise).

Huc (le Baron), 1, rue Embouque-d'Or. — Montpellier (Hérault).

Dr Huchard (Henri), Méd. des Hôp., 53, avenue Montaigne. — Paris.

Hudelo (Louis), Ing. des Arts et Man., Répét. de phys. gén. à l'Éc. cent. des Arts et Man., 10, rue Saint-Louis en l'Ile. — Paris.

*Hue (Mme François), 48, rue aux Ours. — Rouen (Seine-Inférieure).

*Dr Hue (François), 48, rue aux Ours. — Rouen (Seine-Inférieure).

*Hugon (Henri), Chef du Serv. des Domaines, 22, rue d'Angleterre. — Tunis.

Hugon (Pierre), Ing. civ., 77, rue de Rennes. — Paris.

Hulot (le Baron Étienne), Avocat, Publiciste, 80, rue de Grenelle. — Paris.

Humbel (Mme Ve Lucien). — Éloyes (Vosges). — **R**

Huot (Joseph), Archit. en chef de la Ville, 33, rue Paradis. — Marseille (Bouches-du-Rhône).
Hureau de Villeneuve (Mᵐᵉ Abel), 91, rue d'Amsterdam. — Paris.
Dʳ Hureau de Villeneuve (Abel), Lauréat de l'Inst., 91, rue d'Amsterdam. — Paris. — **F**
Hurel (Alexandre), 1, square Labruyère. — Paris.
Hurion (Alphonse), Prof. à la Fac. des Sc., 65, rue Blatin. — Clermont-Ferrand (Puy-de-Dôme).
*Huyard (Étienne), Avocat à la Cour d'Ap., 26, rue Vital-Carles. — Bordeaux (Gironde).
Ibry-Goulet, anc. Manufac., 34, rue Marlot. — Reims (Marne).
Dʳ Icard, Sec. gén. de la Soc. des Sc. méd., 48, rue de la République. — Lyon (Rhône).
Icard (Jules), Pharm. de 1ʳᵉ cl., 24, cours Belzunce. — Marseille (Bouches-du-Rhône).
Ichon (Jules), Ing. en chef des Mines, 22, rue Repigeon. — Angers (Maine-et-Loire).
Illaret (Antoine), Vétér., 17, rue du Petit-Goave. — Bordeaux (Gironde).
Dʳ Imbert de la Touche (Paul), 23, place Bellecour. — Lyon (Rhône).
*Institut de Carthage (*Association tunisienne des Lettres, Arts et Sciences*), rue de Russie. — Tunis.
Irroy (Ernest), Nég. en vins de Champagne, 46, boulevard Lundy. — Reims (Marne).
Isay (Mᵐᵉ Mayer). — Blâmont (Meurthe-et-Moselle). — **R**
Isay (Mayer), Filat., anc. Cap. du Génie, anc. Élève de l'Éc. Polytech. — Blâmont (Meurthe-et-Moselle). — **R**
Issaurat (C.), Publiciste, 27, rue Drouot. — Paris.
Dʳ Istrati (Constantin), Doct. ès sc. phys., Prof. à l'Univ., Mem. du Cons. sup. de santé, 11, caléa Dorobantilor. — Bucarest (Roumanie).
Jablonowska (Mˡˡᵉ Julia), 44, rue des Ecoles. — Paris. — **R**
Jaccoud (François), Prof. à la Fac. de Méd., Mem. de l'Acad. de Méd., Méd. des Hôp. 3, rue Scribe. — Paris.
Jackson-Gwilt (Mʳˢ Hannah), Moonbeam villa, Merton road. — New-Wimbledon (Surrey) (Angleterre). — **R**
Jacob de Cordemoy (Hubert), Doct. ès sc., 50, boulevard de Port-Royal. — Paris.
Jacotin (Émile), Chim.-Herboriste, 18, place des Batignolles. — Paris.
*Jacquard (Pierre), Prop., 33, avenue de la Marine. — Tunis.
Jacquelin (Mᵐᵉ Juliette). — Beuzeville par Ourville (Seine-Inférieure).
Jacquemart-Ponsin (Adolphe), Prop., 4, place Godinot. — Reims (Marne).
Jacquemet (Louis), Nég., 5, rue Saint-Jacques. — Marseille (Bouches-du-Rhône).
Jacquerez (Charles), Agent Voyer cantonal. — Fraize (Vosges).
*Jacques (D. E.), s.-Dir. des Postes et Télég., 3, rue d'Angleterre. — Tunis.
*Dʳ Jacques (Paul), Agr. à la Fac. de Méd., 1, rue de l'Équitation. — Nancy (Meurthe-et-Moselle).
Jacquet (Élie), Ing. civ. — L'Albenc (Isère).
Jacquin (Anatole), Confis., 12, rue Pernelle. — Paris et villa des Lys. — Dammarie-lez-Lys (Seine-et-Marne). — **R**
Jacquin (Charles), Avoué de 1ʳᵉ inst., 5, rue des Moulins. — Paris.
Jadin (Fernand), Agr. à l'Éc. sup. de Pharm., rue de l'École-de-Pharmacie. — Montpellier (Hérault).
*Dʳ Jalaguier, 25, rue Lavoisier. — Paris.
Jalard (Bernard), Pharm. hon., 526, rue Sainte-Anne. — Narbonne (Aude).
Jalliffier, Prof. agr. au Lycée Condorcet, 11, rue Say. — Paris.
Jameson (Conrad), Banquier, anc. Élève de l'Éc. cent. des Arts et Man., 115, boulevard Malesherbes. — Paris. — **F**
Jannelle (Émile), Nég. en vins. — Villers-Allerand (Marne).
Jannettaz (Paul), Répét. à l'Éc. cent. des Arts et Man., 68, rue Claude-Bernard. — Paris.
Janssen (Jules), Mem. de l'Inst. et du Bur. des Longit., Dir. de l'Observ. d'astro. phys. — Meudon (Seine-et-Oise).
Japy (Jules), Indust. — Beaucourt par Audincourt (Doubs).
*Jaray (Jean), 32, rue Servient. — Lyon (Rhône). — **R**
Jardinet (Ludovic, Eugène), Cap. du Génie, Attaché au Serv. géog. de l'Armée, 140, rue de Grenelle. — Paris.
Jarsaillon (François), Prop., v.-Présid. du *Comice agric.*, 7, rue Saint-Denis. — Oran (Algérie).
Dʳ Jaubert (Adrien), Insp. de la vérif. des Décès, 57, rue Pigalle. — Paris. — **R**
Jaumes (I., P.,), Prof. de Méd. lég. et toxicol. à la Fac. de Méd., 5, rue Sainte-Croix. — Montpellier (Hérault).

Dr Javal (Émile), Mem. de l'Acad. de méd., Dir. du Lab. d'ophtalm. à la Sorbonne, anc. Député, 52, rue de Grenelle. — Paris. — **R**

Dr Jean (Alfred), anc. Int. des Hôp., 27, rue Godot-de-Mauroy. — Paris.

Jean (Amédée), Gref. de la Justice de Paix. — Saint-Pierre (Ile d'Oléron) (Charente-Inférieure).

Jean (Paul), Ing. des Arts et Man., Construc. d'ap. à gaz, 52, rue des Martyrs. — Paris.

Jeanjean, Dir. de l'Éc. sup. de Pharm., 1, rue Embouque-d'Or. — Montpellier (Hérault).

Jeanjean (Adrien), Présid. du *Comice agric.* — Saint-Hippolyte-du-Fort (Gard).

Jeannel (Maurice), Prof. de clin. chirurg. à la Fac. de Méd., allée Saint-Étienne. — Toulouse (Haute-Garonne).

Dr Jeannin (O.). — Montceau-les-Mines (Saône-et-Loire).

Jeannot (Auguste), Dir. du serv. des Eaux et de l'Éclairage à la mairie, Dir. adj. du Bureau d'hyg., 96, Grande-Rue. — Besançon (Doubs).

Jeansoulin et Luzzatti, Fabric. d'huiles, avenue d'Arenc, 6, traverse du Château-Vert. — Marseille (Bouches-du-Rhône).

Jobard (Jean, François), Manufac., 24, rue de Gray. — Dijon (Côte-d'Or).

Jobert, Prop., 10, rue des Croisades. — Paris.

Jobert (Clément), Prof. à la Fac. des Sc. de Dijon, 82, boulevard Saint-Germain. — Paris. — **R.**

Jochum (Édouard), Peintre-Céram., Maire, 64, avenue Victor-Hugo. — Boulogne-sur-Seine (Seine).

*Jodin (Henri), Lic. ès Sc., Prépar. à la Fac. des Sc., 30, rue des Boulangers. — Paris.

Joffroy (Alix), Prof. à la Fac. de Méd., Méd. des Hôp., 186, rue de Rivoli. — Paris.

Johnston (Nathaniel), anc. Député, 18, cours du Pavé-des-Chartrons. — Bordeaux (Gironde). — **F**

Joliet (Gaston), anc. Préfet, 64, rue Chabot-Charny. — Dijon (Côte-d'Or).

Jolivald (l'Abbé), anc. Prof. — Mandern par Sierck (Alsace-Lorraine).

Jollois (Henri), Insp. gén. hon. des P. et Ch., 46, rue Duplessis. — Versailles (Seine-et-Oise). — **R**

Jolly (Léopold), Pharm. de 1re cl., 64, rue du Faubourg-Poissonnière. — Paris.

Joly (Charles), v.-Présid. de la *Soc. nat. d'Hortic. de France*, 11, rue Boissy-d'Anglas. — Paris.

Joly (Louis, Robert), Ing. des Arts et Man., Archit., 8, boulevard de la Cité. — Limoges (Haute-Vienne).

Jolyet (Félix), Prof. à la Fac. de Méd., 24, rue Diaz. — Bordeaux (Gironde).

Jones (Charles), 12, rue de Chaligny (chez M. Eugène Vauvert). — Paris. — **R**

Jones-Dussaut (Mlle G.), les Ruches. — Avon (Seine-et-Marne).

Jordan (Camille), Mem. de l'Inst., Ing. en chef des Mines, Prof. à l'Éc. Polytech., 48, rue de Varenne. — Paris. — **R**

Jordan (Samson), Ing. des Arts et Man., Prof. à l'Éc. cent. des Arts et Man., 5, rue Viète, — Paris.

Dr Jordan (Séraphin), 11, Campania. — Cadix (Espagne). — **R**

Joret (Charles), Corresp. de l'Inst., Prof. à la Fac. des Let., 25, rue Roux-Alphéran — Aix en Provence (Bouches-du-Rhône).

Jouandot (Jules), Ing. civ., Conduct. princ. du serv. des Eaux de la Ville, 57, rue Saint-Sernin. — Bordeaux (Gironde). — **R**

Jouanny (Georges), Fabric. de papiers peints, 70, rue du Faubourg-du-Temple. — Paris.

Jouatte (Eugène, Charles), Commis princ. au Min. des Fin., 17, rue du Sommerard. — Paris.

Dr Joubin (Louis), Prof. à la Fac. des Sc., 19, rue de la Monnaie. — Rennes (Ille-et-Vilaine).

Joubin (Paul, Jules), Prof. de phys. à la Fac. des Sc., 11, rue Morand. — Besançon (Doubs).

*Jouin (Mme François), 11 bis, cité Trévise. — Paris.

*Dr Jouin (François), anc. Int. des Hôp., 11 bis, cité Trévise. — Paris.

Joulie, Pharm., à la Maison mun. de Santé, 15, rue des Petits-Hôtels. — Paris.

Jourdain (Hippolyte), anc. Prof. à la Fac. des Sc. de Nancy, villa Belle-Vue. — Portbail (Manche).

Jourdan (Adolphe), Libr.-Édit., Juge au Trib. de Com., 4, place du Gouvernement — Alger.

Jourdan (A.-G.), Ing. civ., 116, rue Nollet. — Paris. — **R**

Jourdin (Michel), Chim., Insp. princ. des établis. classés, 31, avenue de l'Est. — Saint-Maur-les-Fossés (Seine).

Dr Jousset (Marc), anc. Int. des Hôp., 241, boulevard Saint-Germain. — Paris.

Dr **Jousset de Bellesme**, Physiol., Dir. des serv. de piscicul. de la Ville de Paris. 54, rue du Faubourg-Saint-Honoré. — Paris.

Jouvet (J.-B.), Libraire, 5, rue Palatine. — Paris.

Dr **Joyeux-Laffuie (Jean)**, Prof. à la Fac. des Sc., 135, rue Saint-Jean. — Caen (Calvados).

Jubeau (H.), Ing., 1, rue de Villars. — Denain (Nord).

Juglar (Mme Joséphine), 58, rue des Mathurins. — Paris. — **F**

Julia (Santiago), Doct. ès sc. — La Bédoule par Aubagne (Bouches-du-Rhône).

Julien, Prof. de Géol. à la Fac. des Sc., 40, place de Jaude. — Clermont-Ferrand. (Puy-de-Dôme).

Julien (Albert), Archit., Expert-vérific. des trav. de la Ville, 117, boulevard Voltaire. — Paris.

Julien (Alfred), Ing. civ., Biblioth. de la *Soc. scient. Indust.*, 16, rue de la Bibliothèque. — Marseille (Bouches-du-Rhône).

Jullien, Horlog., 36, avenue d'Italie. — Paris.

Jullien (Ernest), Ing. en chef des P. et Ch., 6, cours Jourdan. — Limoges (Haute-Vienne). — **R**

Jullien (Jules, André), Command.-Maj. au 27e rég. d'Infant. — Dijon (Côte-d'Or).

Jumelle (Henri), Doct. ès sc., Maître de conf. à la Fac. des Sc., 10, place Castellane. — Marseille (Bouches-du-Rhône).

Jundzitt (le Comte Casimir), Prop.-Agric. — Chemin de fer Moscou-Brest, station Domanow-Réginow (Russie). — **R**

Jungfleisch (Émile), Mem. de l'Acad. de Méd., Prof. à l'Éc. sup. de Pharm., 38, rue des Écoles — Paris. — **R**

Justinart (J.), Imprim., Dir. de l'*Indépendant rémois*, 40, rue de Talleyrand. — Reims (Marne).

Dr **Kablukov (Ivan)**, Agr. à l'Univ., laboratoire de chimie de l'Université. — Moscou (Russie).

Kahn (Zadoc), Grand rabbin de France, 17, rue Saint-Georges. — Paris.

Kaplan (Jacques), Étud. à la Fac. des Sc., 3, rue Clotaire. — Paris.

Keittinger (Maurice), Manufac., v.-Présid. de la *Soc. Indust.*, 36, rue du Renard. — Rouen (Seine-Inférieure).

Kilian (Wilfrid), Prof. à la Fac. des Sc., 11 *bis*, cours Berriat. — Grenoble (Isère).

Dr **Kirchberg**, Prof. sup. à l'Éc. de Méd., 1, rue Basse-du-Château. — Nantes (Loire-Inférieure).

Kleinmann (E.), Admin. du *Crédit Lyonnais*, 12, rue Magellan. — Paris.

Klipffel (Auguste), anc. Juge au Trib. de Com. de Béziers, Vitic. à Aïn-Bessem (Algérie), 1, rue Largillière. — Paris.

Klipsch-Laffitte (Édouard), Nég., 10, rue de la Paix. — Paris et 9, rue Cornac. — Bordeaux (Gironde).

Knieder (Xavier), Admin. délég. des Établissements Malétra. — Petit-Quévilly (Seine-Inférieure). — **R**

Kœchlin-Claudon (Émile), Ing. des Arts et Man., 60, rue Duplessis. — Versailles (Seine-et-Oise). — **R**

Kohler (Mathieu), Artiste-Peintre, 12, rue du Bassin. — Mulhouse (Alsace-Lorraine).

Kollmann (Jules), Prof. d'anat. — Bâle (Suisse).

Kowalski (Eugène), Lic. ès sc., Ing. des Arts et Man., Prof. à l'Éc. sup. de Com. et d'Indust., 1, rue de Grassi. — Bordeaux (Gironde).

Kowatchoff (Joseph, A.), 120, rue Samakowska. — Sofia (Bulgarie).

Krafft (Eugène), 27, rue Monselet. — Bordeaux (Gironde). — **R**

Krantz (Camille), Ing. des Manufac. de l'État, Maître des requêtes hon. au Cons. d'État. Prof. adj. à l'Éc. nat. des P. et Ch., Député des Vosges, 226, boulevard Saint-Germain. — Paris.

Krantz (Jean-Baptiste), Insp. gén. hon. des P. et Ch., Sénateur, 47, rue La Bruyère. — Paris. — **F**

Kreiss (Adolphe), Ing., 46, Grande-rue. — Sèvres (Seine-et-Oise). — **R**

Krug (Paul), Nég. en vins de Champagne, 40, boulevard Lundy. — Reims (Marne).

*Künckel d'Herculais (Jules)**, Assistant de Zool. (Entomol.) au Muséum d'hist. nat., 20, villa Saïd (avenue du Bois-de-Boulogne). — Paris. — **R**

*Kunkler (Louis, Victor)**, Ing.-Expert près le Cons. de Préfect. de la Seine, anc. Élève de l'Éc. Polytech., 39, rue de Clichy. — Paris.

Kunstler (Joseph), Prof. adj. à la Fac. des Sc., 49, rue Duranteau. — Bordeaux (Gironde).

Kuss (Georges), Int. des Hôp., Corresp. de la *Gazette hebdomadaire*, 7, rue Nicole. — Paris.

Dr Labat (A.), Prof. à l'Éc. nat. vétér., 48, rue Bayard. — Toulouse (Haute-Garonne).

Labat (Théophile), anc. Ing. de la Marine, Construc. maritime, Député de la Gironde, 15, rue Blanc-Dutrouilh. — Bordeaux (Gironde).

Labbé (Henri), Insp.-adj. des Forêts, anc. Élève de l'Éc. Polytech. — Alais (Gard).

Labbé (Mme Léon), 117, boulevard Haussmann. — Paris.

Dr Labbé (Léon), Mem. de l'Acad. de Méd., Agr. à la Fac. de Méd., Chirurg. hon. des Hôp., Sénateur de l'Orne, 117, boulevard Haussmann. — Paris.

Labéda, Doyen de la Fac. de Méd. et de Pharm., 19, rue Héliot. — Toulouse (Haute-Garonne).

Dr Laborde, Mem. de l'Acad. de Méd., Dir. des trav. prat. à la Fac. de Méd., 15, rue de l'École de Médecine. — Paris.

Laborie (Eugène), Doct. ès sc., Vétér., Chef du serv. sanitaire de la Haute-Garonne, 35, boulevard Gambetta. — Toulouse (Haute-Garonne).

Laboulaye (P. Lefebvre de), anc. Ambassadeur de France à Saint-Pétersbourg, 129, avenue des Champs-Elysées. — Paris.

Laboureur (Louis), Pharm., Chim.-essay. du com., 4, boulevard Raspail. — Paris.

Labrie (l'abbé Jean, Joseph), Curé. — Lugasson par Rauzan (Gironde).

Labrunie (Auguste), Nég., 2, rue Michel. — Bordeaux (Gironde). — R

Labry (le Comte Olry de), Insp. gén. hon. des P. et Ch., 51, rue de Varenne. — Paris.

Dr Lacaze-Duthiers (Henri de), Mem. de l'Inst. et de l'Acad. de Méd., Prof. à la Fac. des Sc., 7, rue de l'Estrapade. — Paris.

*Lacour (Alfred), Ing. civ. des Mines, anc. Élève de l'Éc. Polytech., 60, rue Ampère. — Paris. — R

Lacroix (Adolphe), Chim., 186, avenue Parmentier. — Paris.

Lacroix, 1, rue Sauval. — Paris.

Lacroix (René), Empl. de com., 118, boulevard Richard-Lenoir. — Paris.

Lacroix (Th.), 272, rue du Faubourg-Saint-Honoré. — Paris.

*Dr Ladame, Privat-Docent à l'Univ., 24, rue de la Corrâterie. — Genève (Suisse).

Dr Ladreit de la Charrière, Méd. en chef de l'Instit. nat. des Sourds-Muets et de la Clin. otolog., 3, quai Malaquais. — Paris.

Ladureau (Mme Albert), 85, rue Mozart. — Paris. — R

Ladureau (Albert), Chim., Dir. de Mines. — Ocala (Floride) (États-Unis d'Amérique) et 85, rue Mozart. — Paris. — R

Lafargue (Georges), Trés. pay. gén., anc. Préfet. — Belfort.

*Lafaurie (Maurice), 104, rue du Palais-Gallien. — Bordeaux (Gironde). — R

Laffitte (Léon), Chim., Dir. des usines Gouin et Cie, 118, grand chemin de Toulon. — Marseille (Bouches-du-Rhône).

Laffitte (Paul), 52, avenue de Saint-Cloud. — Versailles (Seine-et-Oise).

Lafon (A.), Prof. à la Fac. des Sc., 5, rue du Juge-de-Paix. — Lyon (Rhône).

Lafont (Georges), Archit., 17, rue de la Rosière. — Nantes (Loire-Inférieure).

Lafourcade (Auguste), Dir. de l'Éc. prim. sup., 41, rue des Trente-Six-Ponts. — Toulouse (Haute-Garonne).

Lagache (Jules), Ing. des Arts et Man., Admin. de la Soc. des Prod. chim. agric., 22, rue des Allamandiers. — Bordeaux (Gironde). — R.

Lagarde (Auguste), anc. Mem. de la Ch. de Com., 27, cours Pierre-Puget. — Marseille (Bouches-du-Rhône).

Dr Laget (Émile), Prof. à l'Éc. de Méd., 72, rue Consolat. — Marseille (Bouches-du-Rhône).

Lagneau (Didier), Ing. civ. des Mines, 38, rue de la Chaussée-d'Antin. — Paris.

Dr Lagrange (Félix), Agr. à la Fac. de Méd., 11, cours du XXX Juillet. — Bordeaux (Gironde).

Lagranval (Charles), Prof. hon. de math. spéc. au Lycée, 22, rue d'Audenge. — Bordeaux (Gironde).

Lahillonne (Jacques), Prof. de Rhéto. au Lycée. — Toulouse (Haute-Garonne).

Lair (le Comte Julien), 18, rue Las-Cases. — Paris.

Laire (G. de), Fabric. de prod. organ., 92, rue Saint-Charles. — Paris.

Laisant (Charles), Doct. ès sc., anc. Cap. du génie, Répét. à l'Éc. Polytech., anc. Député, 162, avenue Victor-Hugo. — Paris.

Lajard (Joseph) (fils), Prop., Mem. de la Soc. d'Anthrop. de Paris, 83, rue Joseph-Vernet. — Avignon (Vaucluse).

Lajonkaire (Michel de), Nég., château de Crame. — Solre-sur-Sambre (Belgique).

Dr Lalanne (Gaston), Doct. ès sc., Dir. de la maison de santé de Castél d'Andorte. — Le Bouscat (Gironde).

Lalanne (Mme Louis), place Tournon. — La Teste de Buch (Gironde).

Dr Lalanne (Louis), place Tournon — La Teste de Buch (Gironde).

Laleman (Édouard), Avocat, 47, rue Inkermann. — Lille (Nord).

Dr Lalesque (Fernand), anc. Int. des Hôp. de Paris, boulevard de la Plage, villa Claude-Bernard — Arcachon (Gironde).

Lalheugue (H.), Archit. de la Ville, 17, rue Samonzet. — Pau (Basses-Pyrénées).

Lallié (Alfred), Avocat, 11, avenue Camus. — Nantes (Loire-Inférieure). — R

*Lamalmaison (Charles), Distillateur, 16, rue Cuvier. — Paris.

Dr Lamarque (Henri), 204, rue Saint-Genès. — Bordeaux (Gironde).

Lamarre (Onésime), Notaire, 2, place du Donjon. — Niort (Deux-Sèvres). — R

Lambert (Charles), Représent. de com., 3, place Barrée. — Reims (Marne).

Lamblin (Joseph), Prof. à l'Éc. Saint-François de Sales, 39, rue Vannerie. — Dijon (Côte-d'Or).

Lamé-Fleury (E.), anc. Cons. d'État, Insp. gén. des Mines en retraite, 62, rue de Verneuil. — Paris. — F

Lamey (Adolphe), Conserv. des Forêts en retraite, 22, cité des Fleurs. — Paris.

Lamey (le Révérend Père Dom Mayeul), O. S. B., rue Saint-Mayeul. — Cluny (Saône-et-Loire).

Lami (Eugène), Publiciste, 6, rue Say. — Paris.

Lamy (Adhémar), Insp. des Forêts, 24, rue des Jacobins. — Clermont-Ferrand (Puy-de-Dôme).

Lamy (Ernest), anc. Banquier, 113, boulevard Haussmann. — Paris. — F

Lanabère (François), Prop. agric., domaine de Truquez. — Pouillon (Landes).

Lancial (Henri), Prof. au Lycée, 3, boulevard du Champbonnet. — Moulins (Allier). — R

Dr Lande (Louis), Adjoint au maire, 34, place Gambetta. — Bordeaux (Gironde).

Landel (Georges), Lic. ès sc. nat., 24, rue Nicole. — Paris.

Landouzy (Louis), Prof. à la Fac. de Méd., Mem. de l'Acad. de Méd., Méd. des Hôp., 4, rue Chauveau-Lagarde. — Paris.

Dr Landreau (Jean-Baptiste). — Artigues par Bordeaux (Gironde).

Landrin (Édouard), Chim., 76, rue d'Amsterdam. — Paris.

Lanelongue (Martial), Prof. à la Fac. de Méd., Corresp. nat. de l'Acad. de Méd., 24, rue du Temple. — Bordeaux (Gironde).

*Lanes (Jean), anc. Chef de Cabinet du Garde des Sceaux, Min. de la Justice et des Cultes, 24, rue Molinier. — Agen (Lot-et-Garonne).

Lang (Léon), 17, avenue de La Bourdonnais. — Paris.

Lang (Tibulle), Dir. de l'Éc. La Martinière, anc. Élève de l'Éc. Polytech., 5, rue des Augustins. — Lyon (Rhône). — R

*Lange (Mme Adalbert). — Maubert-Fontaine (Ardennes). — R

*Lange (Adalbert), Indust. — Maubert-Fontaine (Ardennes). — R

Lange (Albert), Prop., 2, rue Pigalle. — Paris.

Dr Langlet (Jean-Baptiste), anc. Député, 24, rue Buirette. — Reims (Marne).

Langlois (Jacques), Étud. en droit, 57, rue Taitbout. — Paris.

Langlois (Ludovic), Notaire, 7, rue de la Serpe. — Tours (Indre-et-Loire).

Langlois (Pierre), Étud. en droit, 57, rue Taitbout. — Paris.

Lannelongue (Odilon-Marc), Mem. de l'Inst. et de l'Acad. de Méd., Prof. à la Fac. de Méd., Chirurg. des Hôp., Député du Gers, 3, rue François Ier. — Paris.

Lanqué, Chef de la 5e Divis. de l'Exploit. à la Comp. des Chem. de fer de l'Ouest, rue d'Auge. — Caen (Calvados).

Dr Lantier (Étienne). — Tannay (Nièvre). — R

*Laplanche (Maurice C. de), château de Laplanche. — Millay par Luzy (Nièvre).

Laporte (Maurice), Nég. — Jarnac (Charente).

Laporte (Michel), ancien Prof. de math. au Lycée, 18, rue de Strasbourg. — Bordeaux (Gironde).

Laporterie (Joseph de), anc. Magist. — Saint-Sever-sur-Adour (Landes).

Lapparent (Albert de), anc. Ing. des Mines, Prof. à l'Éc. libre des Hautes-Études, 3, rue de Tilsitt. — Paris. — F

Dr Larauza (Albert), Méd. des Thermes. — Dax (Landes).

Dr Lardier. — Rambervillers (Vosges).

Larive (Albert), Indust., 15, rue Ponsardin. — Reims (Marne). — R

Larmoyer (Gaston), anc. Notaire. — Mouzon (Ardennes).

Laroche (Mme Félix), 110, avenue de Wagram. — Paris. — R

Laroche (Félix), Insp. gén. des P. et Ch., en retraite, 110, avenue de Wagram. — Paris. — R

Larocque, Dir. de l'Éc. prép. à l'Ens. sup. des Sc., rue Voltaire. — Nantes (Loire-Inférieure).

Dr Laroyenne, anc. Chirurg. en chef de la Charité, Chargé de clin. complém. à la Fac. de Méd., 11, rue Boissac. — Lyon-Bellecour (Rhône).

Laroze (Alfred), Cons. à la Cour d'Ap., anc. Député, 19, avenue Bosquet. — Paris.

Larré (P.), Lic. en droit, Avoué hon., 5, rue Vital-Carles. — Bordeaux (Gironde).

Larregain, Conduct. des P. et Ch., 6, rue Porte-Neuve. — Pau (Basses-Pyrénées).

Lartilleux (Arthur), Pharm., 26, place Saint-Timothée. — Reims (Marne).

*Las Cases (Emmanuel de), Avocat à la Cour d'Ap., 61, rue d'Anjou. — Paris.

Laskowski (Sigismond), Prof. à la Fac. de Méd., 110, route de Carouge (villa de la Joliette). — Genève (Suisse).

*Lassale (Louis), Of. de réserv. de Caval., 16, rue Riguepels. — Toulouse (Haute-Garonne).

Lassence (Alfred de), Prop., Mem. du Cons. mun., villa Lassence, 12, route de Tarbes. — Pau (Basses-Pyrénées). — R

Lassudrie (Georges), 23, quai Saint-Michel. — Paris.

Dr Lataste (Fernand), s.-Dir. du Musée nat. d'Hist. nat., Prof. de zool. à l'Éc. de Méd., v.-Présid. de la Soc. scient. du Chili, casilla 803. — Santiago (Chili). — R

Latham (Éd.), Nég., Présid. de la Ch. de Com., 145, rue Victor-Hugo. — Le Havre (Seine-Inférieure).

La Tour du Breuil (le Vicomte Auguste de), Ing. civ., 2, boulevard Onfroy. — Marseille (Bouches-du-Rhône).

Dr Launois (Pierre, Émile), Méd. des Hôp., 12, rue Portalis. — Paris.

Laurent (J., H.), Nég., 5, allées de Tourny. — Bordeaux (Gironde). — R

Laurent (François), Insp. des Manufac. de l'État, 7, rue de la Néva. — Paris.

Laurent (Georges), Prop., 53 bis, quai des Grands-Augustins. — Paris.

Laurent (Joseph), Ing.-chim., 90, rue Consolat. — Marseille (Bouches-du-Rhône).

*Laurent (Léon), Construc. d'inst. d'optiq., 21, rue de l'Odéon. — Paris. — R

Laussedat (Mme Aimé), 292, rue Saint-Martin. — Paris.

Laussedat (le Colonel Aimé), Mem. de l'Inst., Dir. du Conserv. nat. des Arts et Mét., 292, rue Saint-Martin. — Paris. — R

Lauth (Charles), Admin. hon. de la Manufac. nat. de porcelaines de Sèvres, 36, rue d'Assas. — Paris. — F

Lavalley (Étienne), Prop., 30, rue de Lisbonne. — Paris.

La Vallière (Henri de Boisguéret de), anc. Dir. d'assurances, 6, rue Augustin-Thierry. — Blois (Loir-et-Cher).

Lavergnolle (Gaston), Avocat à la Cour d'Ap., 22, boulevard Carnot. — Limoges (Haute-Vienne).

Dr Lavisé (G.), Chirurg. des Hôp., 7, rue des Deux-Églises. — Bruxelles (Belgique).

Lax (Jules), Insp. gén. des P. et Ch., 17, rue Joubert. — Paris.

Lazerges (Pierre), Chef de serv. des Exprop. aux Chem. de fer de l'État, 6, rue du Pont-Montaudran. — Toulouse (Haute-Garonne).

Léauté (Henry), Mem. de l'Inst., Ing. des manufac. de l'État, Répét. à l'Éc. Polytech., 20, boulevard de Courcelles. — Paris. — R

Le Bel (Charles, Léopold), v.-Présid. du Syndicat de la boulangerie de Paris, 75, rue Lafayette. — Paris.

Le Blanc (Camille), Mem. de l'Acad. de Méd., Vétér., 88, avenue Malakoff. — Paris.

Dr Leblond (Albert), Méd. de Saint-Lazare, 53, rue d'Hauteville. — Paris.

Leblond (Paul), anc. Juge d'Inst., anc. Mem. du Cons. mun. de Rouen, à la Grâce-de-Dieu. — Neufchâtel en Bray (Seine-Inférieure).

Lebon (Ernest), Prof. de math. au lycée Charlemagne, Rédac. du Bulletin scientifique, 4 bis, rue des Écoles. — Paris.

Lebon (Maurice), anc. s.-Sec. d'État des Colonies, Député et Mem. du Cons. gén. de la Seine-Inférieure, 87, rue Jeanne-d'Arc. — Rouen (Seine-Inférieure).

Lebret, Prof. à la Fac. de Droit, Maire, Député du Calvados, 68, rue Saint-Martin. — Caen (Calvados).

Le Bret (Mme Ve Paul), 148, boulevard Haussmann. — Paris.

Le Breton (André), Prop., 43, boulevard Cauchoise. — Rouen (Seine-Inférieure). — R

Le Breton (l'Abbé Ch., Clovis), Dir. de la stat. astro. et météor., Curé. — Sainte-Honorine-du-Fay (Calvados).

Le Breton (Gaston), Corresp. de l'Inst., Dir. du Musée départ. des antiq. et du Musée de céram. de la ville, 25 bis, rue Thiers. — Rouen (Seine-Inférieure).

Lecaplain, Dir. de l'Éc. prép. à l'Ens. sup. des Sc., Prof. au Lycée, 6, rue Dulong. — Rouen (Seine-Inférieure).

Le Chatelier (Le Capitaine Frédéric, Alfred), anc. Of. d'ordonnance du Min. de la Guerre, 69, rue de l'Université. — Paris. — R

Le Cler (Achille), Ing. des Arts et Man., Maire de Bouin (Vendée), 7, rue de la Pépinière. — Paris.

Dr Lecler (Alfred). — Rouillac (Charente).

Leclerc (Constant), Prop., 106, boulevard Magenta. — Paris.

*Lecocq (Gustave), Dir. d'assurances, Mem. de la *Soc. géol. du Nord*, 7, rue du Nouveau-Siècle. — Lille (Nord).

Lecœur (Édouard), Ing., Archit., 10, rampe Bouvreuil. — Rouen (Seine-Inférieure).

Lecomte (René), Sec. d'ambassade, 61, rue de l'Arcade. — Paris.

Leconte (Mme Louis), 73, rue de la Paroisse. — Versailles (Seine-et-Oise).

Leconte (Louis), Pharm., 73, rue de la Paroisse. — Versailles (Seine-et-Oise).

Leconte-Colette, Nég. en chaussures, 10, rue Neuve. — Lille (Nord).

Lecoq de Boisbaudran (François), Corresp. de l'Inst., 36, rue de Prony. — Paris. — F

Lecornu (Léon), Ing. en chef des Mines, 3, rue Gay-Lussac. — Paris.

Dr Ledé (Fernand), Méd.-Insp. Sec. rapporteur du comité sup. de protection des enfants du premier âge, 19, quai aux Fleurs. — Paris.

Le Dentu (Auguste), Prof. à la Fac. de Méd., Mem. de l'Acad. de Méd., Chirurg. des Hôp., 27, rue du Général-Foy. — Paris.

Le Deuil (Étienne), Ing. des Arts et Man., Construct., Mécan., 21, rue de l'Estrapade. — Paris.

Dr Le Dien (Paul), 155, boulevard Malesherbes. — Paris. — R

*Ledoux (Samuel), Nég., 29, quai de Bourgogne. — Bordeaux (Gironde). — R

Le Doyen, Prop., 35, boulevard Saint-Michel. — Paris.

Leduc (H.), 51, avenue Marceau. — Paris.

Dr Leduc (Stéphane), Prof. à l'Éc. de Méd., 5, quai de la Fosse. — Nantes (Loire-Inférieure).

Lee (Henry), v.-Consul des États-Unis d'Amérique, 2, rue Thiers. — Reims (Marne).

Leenhardt (André), Dir. de la *Comp. gén. des Pétroles*, 2, rue Fongate. — Marseille (Bouches-du-Rhône).

Leenhardt (Charles), Nég., Présid. de la Ch. de Com., 27, cours Gambetta. — Montpellier (Hérault).

Leenhardt (Frantz), Prof. à la Fac. de théol., 12, rue du Faubourg-du-Moustier. — Montauban (Tarn-et-Garonne). — R

Leenhardt-Pomier (Jules), Nég. (Maison Vidal), rue Clos-René. — Montpellier (Hérault).

Dr Leenhardt (René), 7, rue Marceau. — Montpellier (Hérault).

Lefèbvre (Alfred, Ernest), Construc. d'appareils de Chauffage, 80, place Drouet-d'Erlon. — Reims (Marne).

Lefèbvre (Léon), Ing. en chef des P. et Ch., Ing. de la voie à la *Comp. des Chem. de fer du Nord*, 1, avenue Trudaine. — Paris.

Lefèbvre (René), Ing. en chef des P. et Ch., 95, rue Jouffroy. — Paris. — R

Le Féron de Longcamp, Mem. de la *Soc. des Antiquaires de Normandie*, 51, rue de Geôle. — Caen (Calvados).

Lefort, Notaire, 4, rue d'Anjou. — Reims (Marne).

Lefranc (Émile), Mécan., 21, rue de Monsieur. — Reims (Marne). — R

*Dr Lefranc (Jules, Clément). — Pont-Hébert (Manche).

Legat (Jean-Baptiste), Mécan., 35, rue de Fleurus. — Paris.

Le Gendre (Charles), Dir. de la *Revue scient. du Limousin*, Insp. des Contrib. indir., 3, place des Carmes. — Limoges (Haute-Vienne).

Dr Le Gendre (Paul), Méd. des Hôp., 25, rue de Châteaudun. — Paris.

Léger (Jules), Doc. ès sc. nat., Chargé de conf., Chef de trav. à la Fac. des Sc., 18, place Saint-Martin. — Caen (Calvados).

Léger (Léopold), Ing. des Arts et Man., Admin. délég. de la *Comp. des Chem. de fer de l'Est-Algérien*, 6, rue Ménerville. — Alger.

Legrand (A.), Dir.-gérant de la *Société coopérative*. — Saint-Remy-sur-Avre (Eure-et-Loir).

Legrand (Paul), Dessinat.-Compositeur pour Orfèvrerie-Joaillerie, 50, rue Ernest-André. — Le Vésinet (Seine-et-Oise).

Legriel (Paul), Archit. diplômé du Gouvern., Lic. en Droit, 83, rue de Lille. — Paris.

*Le Grix de Laval (Mme Auguste, Valère), 28, rue Mozart. — Paris.

*Dr Le Grix de Laval (Auguste, Valère), 28, rue Mozart. — Paris. — R

Lehuby (Louis), Piqueur à la *Comp. des chem. de fer de l'Ouest*, à la Gare. — Vivoin-Beaumont (Sarthe).

Leistner (Victor), Pharm. de 1re cl., 13, rue Wurtz. — Juvisy-sur-Orge (Seine-et-Oise).

Lejard (Mme Ve Charles), 6, rue Édouard-Detaille (avenue de Villiers). — Paris.

Lejeune (Mme Henri), 6, avenue Nationale. — Moulins (Allier).

Dr Lejeune (Henri), 6, avenue Nationale. — Moulins (Allier).

Le Lasseur (François), Étud. en droit, château du Bois-Hue en Saint-Joseph de Portriçq. — Nantes (Loire-Inférieure).

Lelegard (A.). — Villiers-sur-Marne (Seine-et-Oise).

Lelièvre (D.), anc. Notaire, 10 *bis*, rue Hincmar. — Reims (Marne).

Dr Lelièvre (Ernest), anc. Int. des Hôp. de Paris, 53, rue de Talleyrand. — Reims (Marne).

Lelong (l'Abbé), 44, rue David. — Reims (Marne).

Lemaignan (Jules), Représ. de com., 10, quai du Louvre. — Paris.

Le Marchand (Abel), Construc. de navires, 29, 31, rue Traversière. — Le Havre (Seine-Inférieure).

Le Marchand (Augustin), Ing., les Chartreux. — Petit-Quévilly (Seine-Inférieure). — **F**

Lemarchand (Edmond), Manufac. — Le Houlme (Seine-Inférieure).

Lémeray (Mᵐᵉ Ernest, Maurice), villa des Troënes. — La Seyne (Var).

Lémeray (Ernest, Maurice), Lic. ès sc. Ing. civ. attaché aux *Chantiers de Construc. nav. de la Seyne*, villa des Troënes. — La Seyne (Var).

Lemercier (Alfred), Conduct. des P. et Ch., 75, rue Mercier. — Lille (Nord).

Lemercier (le Comte Anatole), Député et Présid. du Cons. gén. de la Charente-Inférieure, Maire de Saintes, 18, rue de l'Université. — Paris.

Lemoine, (Émile), Chef du serv. de la vérific. du gaz, anc. Élève de l'Éc. Polytech., 5, rue Littré. — Paris.

Lemoine (Georges), Ing. en chef des P. et Ch., Examin. de sortie à l'Éc. Polytech. 76, rue d'Assas. — Paris.

Dr Lemoine (Victor), Prof. hon. à l'Éc. de Méd. de Reims, 11, rue Soufflot. — Paris.

Le Mounier (Georges), Prof. de botan. à la Fac. des Sc., 3, rue de Serre. — Nancy (Meurthe-et-Moselle). — **R**

*Lemuet (Léon), Prop., 9, boulevard des Capucines. — Paris.

Lemut (André), Ing. des Arts et Man., 12 *bis*, rue Mondésir. — Nantes (Loire-Inférieure).

Lennier (G.), Dir. du Muséum d'hist. nat., 2, rue Bernardin-de-Saint-Pierre. — Le Havre (Seine-Inférieure).

Lenoble (Henri), Avocat à la Cour d'Ap., 9, quai Saint-Michel. — Paris.

Dr Lenoël (Jules), Dir. et Prof. hon. à l'Éc. de Méd., 25, rue Lamarck. — Amiens (Somme).

Léon (Adrien), anc. Député de la Gironde, 15, quai Louis XVIII. — Bordeaux (Gironde).

*Léon (Alexandre), Nég., 127, boulevard Haussmann. — Paris.

Dr Léon (Auguste), Méd. en chef de la Marine en retraite, 5, rue Duffour-Dubergier. — Bordeaux (Gironde). — **R**

Dr Léon-Petit, Sec. gén. de l'*Œuvre des Enfants tuberculeux*, 73, rue du Faubourg-Saint-Honoré. — Paris.

*Léotard (Jacques), Sec. de la Soc. scient. *Flammarion*, Rédac. au *Sémaphore*, 7, rue Noailles. — Marseille (Bouches-du-Rhône).

Dr Le Page, 33, rue de la Bretonnerie. — Orléans (Loiret).

Lépiller (Marcel), Nég. en vins, 54, rue Camille-Godard. — Bordeaux (Gironde).

Lépine (Camille), Étud., 42, rue Vaubecour. — Lyon (Rhône). — **R**

Lépine (Raphaël), Corresp. de l'Inst., Prof. à la Fac. de Méd., Assoc. nat. de l'Acad. de Méd. 42, rue Vaubecour. — Lyon (Rhône). — **R**.

Lèques (Henri, François), Ing. géog., *Mem. de la Soc. de Géog.* — Nouméa (Nouvelle-Calédonie). — **F**

Lequeux (Jacques), Archit., 44, rue du Cherche-Midi. — Paris.

Leriche (Louis, Narcisse), Rent., 7, rue Corneille. — Paris.

Dr Leroux (Armand). — Ligny-le-Châtel (Yonne).

LeᴏRoux (F.-P.), Prof. à l'Éc. sup. de Pharm., Examin. d'admis. à l'Éc. Polytech., 120, boulevard Montparnasse. — Paris. — **R**

Le Roux (Henri), Dir. des affaires départ. à la Préfecture de la Seine, 14, rue Cambacérès. — Paris.

*Leroy (René), Nég. en vins, 37, quai de la Tournelle. — Paris.

Dr Lesage (Max), Député de l'Oise. — Beauvais (Oise).

Lesage (Pierre), Doct. ès sc. nat., Maître de Conf. de Botan. à la Fac. des Sc., 45, avenue du Mail-d'Onges. — Rennes (Ille-et-Vilaine).

*Lescarret (Jean-Baptiste), Corresp. de l'Inst., Prof. d'Écon. polit., 110, rue Paulin. — Bordeaux (Gironde).

*Lescœur (Henri), Prof. à la Fac. de Méd., 11, place de la Gare. — Lille (Nord).

Dr Lescure, place de la République. — Oran (Algérie).

Le Sérurier (Charles), Dir. des Douanes, 39, rue Sylvabelle. — Marseille (Bouches-du-Rhône). — **R**

Leseur (Mme **Félix**), 46, rue de l'Université. — Paris.

Leseur (**Félix**), Rédac. au *Siècle*, Sec. gén. de la *Soc. d'Économ. indust. et Com.*, Mem. du Cons. sup. des Colonies, 46, rue de l'Université. — Paris.

Lesourd (**Paul**) (fils), Nég., 34, rue Néricault-Destouches. — Tours (Indre-et-Loire). — **R**

Lespiault (**Gaston**), Prof. et anc. Doyen de la Fac. des Sc., 5, rue Michel-Montaigne. — Bordeaux (Gironde). — **R.**

Lestelle (**Xavier**), Insp. des Postes et Téle̓g., 28, rue Frédéric-Bastiat. — Mont-de-Marsan (Landes).

Lestrange (le Comte **Henry** de), 43, avenue Montaigne. — Paris et Saint-Julien par Saint-Genis de Saintonge (Charente-Inférieure). — **R**

Lestringant (**Auguste**), Libr., 11, rue Jeanne d'Arc. — Rouen (Seine-Inférieure).

Letellier (**Alfred**), Mem. du Cons. gén. d'Alger, anc. Député, 2, rue Rotrou. — Paris.

Letellier (Mme **Augustin**), 12, rue Grusse. — Caen (Calvados).

Letellier (**Augustin**), Prof. au Lycée Malherbe, 12, rue Grusse. — Caen (Calvados).

Letellier (**Victor**), 123, rue de Paris. — Saint-Denis (Seine).

Le Tellier-Delafosse (**Ludovic**), Prop., 88, avenue de Villiers. — Paris.

Letestu (**Maurice**), Ing. des Arts et Man., Construc.-hydraul., 64, rue Amelot. — Paris.

Lethuillier-Pinel (Mme V^e), Prop., 68, rue d'Elbeuf. — Rouen (Seine-Inférieure). — **R**

***Letort** (**Charles**), Conserv. adj. à la Biblioth. nat., 9, place des Ternes. — Paris.

*Dr **Letourneau** (**Charles**), Prof. à l'Éc. d'Anthrop., 70, boulevard Saint-Michel. — Paris.

Leudet (Mme Ve **Émile**), 49, boulevard Cauchoise. — Rouen (Seine-Inférieure). — **F**

Dr **Leudet** (**Lucien**), Sec. gén. de la *Soc. d'Hydrolog. médic.*, 20, rue de Londres. — Paris.

Dr **Leudet** (**Robert**), anc. Int. des Hôp. de Paris, Prof. à l'Éc. de Méd., 16, rue du Contrat-Social. — Rouen (Seine-Inférieure). — **R**

Dr **Leuillieux** (**Abel**). — Conlie (Sarthe).

Leune, Prof., 21, quai de la Tournelle. — Paris.

Leuvrais (**Louis, Pierre**), Ing. des Arts et Man., Dir. de la fabriq. de ciment de Portland artif. Quillot frères. — Frangey par Lézinnes (Yonne).

Le Vallois (**Jules**), Chef de bat. du Génie en retraite, anc. Élève de l'Éc. Polytech., 35, rue de Verneuil. — Paris. — **R**

Levasseur (**Émile**), Mem. de l'Inst., Prof. au Collège de France, 26, rue Monsieur-le-Prince. — Paris. — **R**

Levassort (**Charles**), Étud. en Méd., 25 *bis*, rue Charlemagne. — Paris.

Levat (**David**), Ing. civ. des Mines, anc. Élève de l'Éc. Polytech., 9, rue du Printemps. — Paris. — **R**

Léveillé, Prof. à la Fac. de Droit, Député de la Seine, 55, rue du Cherche-Midi. — Paris.

Dr **Lévêque** (**Louis**), 20, rue du Clou-dans-le-Fer. — Reims (Marne).

Levesque (**Georges**), Pharm., 11 *bis*, place de la République. — Caen (Calvados).

Le Verrier (**Urbain**), Ing. en chef, Prof. à l'Éc. nat. sup. des mines et au Conserv. nat. des Arts et Mét., 12, avenue Bugeaud. — Paris. — **R**

Lévi-Alvarès (**Albert**), Ing. civ., anc. Élève de l'Éc. Polytech., 62, rue Albert-Joly. — Versailles (Seine-et-Oise).

Dr **Leviste** (**Henri**). — Dreux (Eure-et-Loir).

Lévy (**Georges**), Photog., 25, rue Louis-le-Grand. — Paris.

Lévy (**Maurice**), Mem. de l'Inst., Ing. en chef des P. et Ch., 15, avenue du Trocadéro. — Paris.

Lévy (**Michel**), Ing. en chef des Mines, 26, rue Spontini. — Paris.

Lévy (**Raphaël, Georges**), Prof. à l'Éc. des sc. polit., 80, boulevard de Courcelles. — Paris.

Lewthwaite (**William**), Dir. de la maison Isaac Holden, 27, rue des Moissons. — Reims (Marne). — **R**

Lewy d'Abartiague (**William**), Ing. civ., château d'Abartiague. — Ossès (Basses-Pyrénées). — **R.**

Lez (**Henri**), — Lorrez-le-Bocage (Seine-et-Marne).

L'Hôte (**Louis**), Chim.-expert, Arbitre près le Trib. de Com. de la Seine, 16, rue Chanoinesse. — Paris.

Licherdopol (**Jean-P.**), Prof. de Phys. et de Chim. à l'Éc. de Com., 181, Sosea Dorobanti. — Bucarest (Roumanie).

Lichtenstein (**Henri**), Nég. (Maison Andrieux), 12, cours Gambetta. — Montpellier (Hérault).

Dr **Lichwitz** (**L.**), 34, cours de Tourny. — Bordeaux (Gironde).

Lieb (l'Abbé Constant), Prof. de sc., 16, rue de la Grande-Armée. — Marseille (Bouches-du-Rhône).
Liégeois (Jules), Prof. de droit admin. à la Fac. de Droit, 4, rue de la Source. — Nancy (Meurthe-et-Moselle).
Lieutier (Léon), Pharm. de 1re cl., 9, rue Pavillon. — Marseille (Bouches-du-Rhône).
*****Lignier (Mme Octave),** impasse Bagatelle. — Caen (Calvados).
*****Lignier (Octave),** Prof. de botan. à la Fac. des Sc., Sec. de la *Soc. linnéenne de Normandie,* impasse Bagatelle. — Caen (Calvados).
Liguine (Victor), Prof. à l'Univ., Maire. — Odessa (Russie). — **R**
Lilienthal (Sigismond), Mem. de la Ch. de Com., 13, quai de l'Est. — Lyon (Rhône).
Limasset (Lucien), Ing. en chef des P. et Ch., 6, rue Saint-Cyr. — Laon (Aisne).
*****Limbo (Mme Julie),** 38, avenue de Wagram. — Paris.
*****Dr Limbo (Saint-Germain),** 38, avenue de Wagram. — Paris.
Lindet (Léon), Doct. ès sc., Prof. à l'Inst. nat. agronom., 108, boulevard Saint-Germain. — Paris. — **R**
*****Dr Linossier (Georges),** Agr. à la Fac. de Méd., 4, rue Martin. — Lyon (Rhône).
Lisbonne (Gaston), Avocat, 18, rue Nationale. — Montpellier (Hérault).
Lisbonne (Georges), 18, rue Terral. — Montpellier (Hérault).
Livache (Achille), Ing. civ. des Mines, 24, rue de Grenelle. — Paris.
*****Dr Livon (Charles),** Dir. de l'Éc. de Méd. et de Pharm., Dir. du *Marseille Médical,* 14, rue Peirier. — Marseille (Bouches-du-Rhône).
Livon (Jean), 14, rue Peirier. — Marseille.
Dr Llorens-Gallart (Évariste de), 6, rue de la Paja. — Barcelone (Espagne).
Locard (Arnould), Ing. des Arts et Man., 38, quai de la Charité. — Lyon (Rhône).
Loche (Maurice), Ing. en chef des P. et Ch., 24, rue d'Offémont. — Paris. — **F**
Lœvy (Maurice), Mem. de l'Inst. et du Bureau des Longit., s.-Dir. de l'Observ. nat., 119 *bis,* rue Notre-Dame-des-Champs. — Paris.
*****Dr Loir (Adrien),** Dir. de l'Institut Pasteur de la Régence, Présid. de l'*Inst. de Carthage,* impasse du Contrôle Civil. — Tunis. — **R**
Dr Loisel (Louis, Jean, Marie), anc. Méd. de la Marine, anc. Résid. de l'établis. de Sainte-Marie-de-Madagascar, 32, boulevard Henri-Martin. — Tergnier (Aisne).
Lombard (Emile), Ing. des Arts et Man., Dir. de la *Soc. des prod. chim. de Marseille-l'Estaque (Rio-Tinto),* 32, rue Grignan. — Marseille (Bouches-du-Rhône).
*****Lombard-Dumas (Armand),** Prop. — Sommières (Gard).
Lombard-Gérin (Pierre, Louis), Ing. des Arts et Man., 31, quai Saint-Vincent. — Lyon (Rhône).
Loncq (Émile), Sec. du Cons. départ. d'hyg. pub., 6, rue de la Plaine. — Laon (Aisne).
Londe (Albert), Chef du serv. photog. à la Salpêtrière, 8 *bis,* rue Lafontaine. — Paris.
Dr Londe (Numa), 56, rue Michel-Ange. — Paris.
Longchamps (Gaston Gohierre de), Prof. de math. spéc. au Lycée Saint-Louis, 9, rue du Val-de-Grâce. — Paris. — **R**
Longhaye (Auguste), Nég., 22, rue Tournai. — Lille (Nord). — **R**
*****Lopès-Dias (Joseph),** Ing. des Arts et Man., 28, place Gambetta. — Bordeaux (Gironde). — **R**
Dr Lordereau, 41, rue Madame. — Paris.
Dr Lorey, 163, rue Saint-Honoré. — Paris.
Loriol-Lefort (Charles, Louis Perceval de), Natural. — Frontenex près Genève (Suisse). — **R**
Lortet (Louis), Doyen de la Fac. de Méd., Dir. du Muséum des sc. nat., 15, quai de l'Est. — Lyon (Rhône). — **F**
Lothelier (Aimable), Prépar. au Lycée Michelet, 4, rue du Moulin. — Issy-sur-Seine (Seine).
Lottin, Juge de paix. — Selles-sur-Cher (Loir-et-Cher).
Louer (Jacques), Brasseur, 92, boulevard François Ier. — Le Havre (Seine-Inférieure).
Lougnon (Victor), Ing. des Arts et Man., Juge d'Instruc., rue du Collège. — Montluçon (Allier). — **R**
Dr Louise, Prof. à la Fac. des Sc. et à l'Éc. de Méd., Dir. de la Stat. agronom., 15, rue Malfilâtre. — Caen (Calvados).
Dr Loumeau (Émilien), 82, cours du Jardin-Public. — Bordeaux (Gironde).
*****Lourdelet (Mme Ernest),** 69, boulevard Magenta. — Paris.
*****Lourdelet (Ernest),** Mem. de la Ch. de Com., 69, boulevard Magenta. — Paris.
Loussel (A.), Prop., 86, rue de la Pompe. — Paris. — **R**

Loustau (Pierre), Prop., Mem. du Cons. mun., 4, boulevard du Midi. — Pau (Basses-Pyrénées).

*Dr **Lovy (F.)**, 4, avenue de France. — Tunis.

Loyer (Henri), Filat., 294, rue Notre-Dame. — Lille (Nord). — **R**

Dr **Lucas-Championnière (Just)**, Mem. de l'Acad. de Méd., Chirurg. des Hôp., 3, avenue Montaigne. — Paris.

Dr **Lugeol (Pedro)**, 8, rue Dufau. — Bordeaux (Gironde).

Lugol (Édouard), Avocat, 11, rue de Téhéran. — Paris. — **F**

Luneau (Édouard), Ing. en chef des P. et Ch., 6, rue Chaptal. — Paris.

Luppé (le Comte Louis de), anc. Député, château de Luppé. — Asson par Nay (Basses-Pyrénées).

Lusson (F.), Prof. de Phys. au Lycée, rue Alcide-d'Orbigny. — La Rochelle (Charente-Inférieure).

Lutscher (A.), Banquier, 22, place Malesherbes. — Paris. — **F**

Dr **Luys (Jules)**, Mem. de l'Acad. de Méd., Méd. des Hôp., 20, rue de Grenelle. — Paris.

Lyon (Gustave), Ing. civ. des Mines, Chef de la maison Pleyel, Wolff et Cⁱᵉ, anc. Élève de l'Éc. Polytech., 22, rue Rochechouart. — Paris.

Lyon (Max), Ing. civ., 66, rue Basse-du-Rempart. — Paris.

Dr **Macaigne**, Chef du Lab. d'Histol. de Clamart (Assistance publique), 36, rue Godot-de-Mauroy. — Paris.

Macé de Lépinay (Jules), Prof. à la Fac. des Sc., 105, boulevard Longchamp. — Marseille (Bouches-du-Rhône). — **R**

*Machuel (Louis)**, Dir. de l'Enseign. pub., place aux Chevaux. — Tunis.

Macquart-Leroux (Henri), Mem. du Cons. mun., 145, rue des Capucins. — Reims (Marne).

Madelaine (Édouard), Ing. de la voie aux *Chem. de fer de l'État*, anc. Élève de l'Éc. cent. des Arts et Man. — La Roche-sur-Yon (Vendée). — **R**

Maës (Gustave), Prop. de la cristal. de Clichy, Mem. de la Ch. de Com., 19, rue des Réservoirs. — Clichy (Seine).

Mager (Henri), Mem. du Cons. sup. des Colonies, Délégué de Diégo-Suarez et de Sainte-Marie-de-Madagascar, 21, rue des Martyrs. — Paris.

Dr **Magitot (Émile)**, Mem. de l'Acad. de Méd., 9, boulevard Malesherbes. — Paris. — **F**

Dr **Magnan (Valentin)**, Mem. de l'Acad. de Méd., Méd. de l'Asile Sainte-Anne, 1, rue Cabanis. — Paris.

Magne (Lucien), Archit. du Gouvern., Prof. à l'Éc. nat. des Beaux-Arts, 6, rue de l'Oratoire-du-Louvre. — Paris.

Magnien (Lucien), Ing. agric., Prof. départ. d'agric., Présid. du Comité cent. d'études et de vigil. de la Côte-d'Or, 10, rue Bossuet. — Dijon (Côte-d'Or).

Magnin (Mme Antoine), 3 *bis*, square Saint-Amour. — Besançon (Doubs).

Dr **Magnin (Antoine)**, Prof. de botan. à la Fac. des Sc. et à l'Éc. de Méd., anc. Adj. au Maire, 3 *bis*, square Saint-Amour. — Besançon (Doubs).

Magnin (Joseph), Gouvern. de *la Banque de France*, Sénateur, 3, rue La Vrillière. — Paris.

Mahé (Eugène), Conduct. princ. des P. et Ch. — Mascara (départ. d'Oran) (Algérie).

Mahieu (Auguste), Filat. — Armentières (Nord).

Maigret (Henri), Ing. des Arts et Man., 29, rue du Sentier. — Paris. — **R**

Dr **Mailhet**. — Beni-Saf (départ. d'Oran) (Algérie).

*Maillart (Mlle Hélène)**, 4, rond-point de Plainpalais. — Genève (Suisse).

*Dr **Maillart (Hector)**, 4, rond-point de Plainpalais. — Genève (Suisse).

Maillet (Edmond), Doct. ès sc. math., Ing. des P. et Ch., 3, rue des Jardins. — Toulouse (Haute-Garonne).

Maingaud, Insp. des Forêts. — Saint-Gaudens (Haute-Garonne).

Maire (Alfred), Présid. de Ch. à la Cour d'Ap., 12, rue du Chateur. — Besançon (Doubs).

Mairot (Henri), Banquier, Présid. du Trib. de Com., Mem. de l'*Acad. des Sc., Belles-Let. et Arts*, 17, rue la Préfecture. — Besançon (Doubs).

Maisonneuve (Paul), Prof. de zool. à la Fac. libre des Sc., 5, rue Volney. — Angers (Maine-et-Loire).

Maistre (Jules). — Villeneuvette par Clermont-l'Hérault (Hérault).

Malaize (Mme), 83, rue du Faubourg-Saint-Honoré. — Paris.

Malaquin (Alphonse), Doct. ès Sc., Prépar. à la Fac. des Sc., 159, rue Brûle-Maison. — Lille (Nord).

Malarce (A. de), Sec. perp. de *la Soc. des Institut. de Prévoyance de France*, Insp.-Cons. près la caisse nat. d'Épargne (Min. du Com. et des Postes), Mem. du Cons. sup. de statistique, 68, rue de Babylone. — Paris.

Malavant (Claude), Pharm. de 1ʳᵉ cl., 19, rue des Deux-Ponts. — Paris.

Malinvaud (Ernest), Sec. gén. de la *Soc. botan. de France*, 8, rue Linné. — Paris. — **R**

Mallet (F.), Nég., 25, rue de l'Orangerie. — Le Havre (Seine-Inférieure).

Malleville (Paul), Chirurg.-Dent., 28, 30, allées de Meilhan. — Marseille (Bouches-du-Rhône).

Malloizel (Raphaël), Prof. de math. spéc. au col. Stanislas, anc. Élève de l'Éc. Polytech., 7, rue de l'Estrapade. — Paris.

Malvezin (Pierre), Dir. de la Soc. *filologique française*, 20, boulevard Saint-Michel. — Paris.

*** Manchon (Ernest)**, Manufac., Sec. et Mem. de la Ch. de Com., 34, boulevard Cauchoise. — Rouen (Seine-Inférieure).

Dr Mandillon (Justin, Laurent), Méd. des Hôp., 49. ter, allées d'Amour. — Bordeaux (Gironde).

Manès (Mme Julien), 20, rue Judaïque. — Bordeaux (Gironde).

Manès (Julien), Ing. des Arts et Man., Dir. de l'Éc. sup. de Com. et d'Indust., 20, rue Judaïque. — Bordeaux (Gironde).

Dr Mangenot (Charles), Méd. Insp. des Éc. com., 55, avenue d'Italie. — Paris. — **R**

Mangini (Lucien), Ing. civ., anc. Sénateur, château de Fenoyl. — Les Halles par Sainte-Foy-l'Argentière (Rhône). — **F**

Manier (André), Cultivat., 93, rue Nationale. — Montreuil-sur-Mer (Pas-de-Calais).

Mannheim (le Colonel Amédée), Prof. à l'Éc. Polytech., 11, rue de la Pompe. — Paris. — **F**

***Manoir (Gaston Le Courtois du)**, Présid. de la Soc. des *Antiquaires de Normandie*, 7, rue Singer. — Caen (Calvados).

Dr Manouvrier (Léon), Prépar. au Lab. d'anthrop. de l'Éc. des Hautes-Études, Prof. à l'Éc. d'Anthrop., 15, rue de l'École-de-Médecine. — Paris.

Mansy (Eugène), Nég., 6, rue des Ternes. — Paris. — **F**

Manuel (Constantin), Filat., Mem. de la Ch. de Com., 39, rue des Amidonniers. — Toulouse (Haute-Garonne).

Maquenne (Léon), Doct. ès sc., Assistant de Physiol. végét. au Muséum d'hist. nat., 82, boulevard Beaumarchais. — Paris.

Marais (Charles), Sec. gén. de la Préfecture, 29, rue Nationale. — Montpellier (Hérault).

Marbeau (Eugène), anc. Cons. d'État, Présid. de la Soc. des *Crèches*, 27, rue de Londres. — Paris.

Marcadé (Georges), Avorat, 116, rue de Rennes. — Paris.

Marchal (Colin), Ing. des *Salines de Gouhenans*, 25, rue Bergère. — Paris.

***Marchal (Mme Paul)**, 126, rue Boucicaut. — Fontenay-aux-Roses (Seine).

***Dr Marchal (Paul)**, 126, rue Boucicaut. — Fontenay-aux-Roses (Seine).

Dr Marchand (Alfred), Agr. à la Fac. de Méd., Chirurg. des Hôp., 67, boulevard Malesherbes. — Paris.

*** Marchand (Antoine)**, Chef d'Escadrons de Spahis en retraite. — Mornag par Hammam-el-Lif (Tunisie).

Marchand (Charles, Émile), Dir. de l'Observat. du Pic du Midi, 9, rue Gambetta. — Bagnères-de-Bigorre (Hautes-Pyrénées).

***Marche (Alfred)**, Voyageur natural., Archiv., 4, rue Lavalette. — Tunis.

Marchegay (Mme Vve Alphonse), 11, quai des Célestins. — Lyon (Rhône). — **R**

Marchis (Lucien), Maître de Conf. de Phys. à la Fac. des Sc., 30, rue Guilbert. — Caen (Calvados).

Marcilhacy (Camille), anc. Sec. de la Ch. de Com., 20, rue Vivienne. — Paris.

Dr Marcorelles (Joseph), 18, rue Armény. — Marseille (Bouches-du-Rhône).

Dr Marduel (P.), 10, rue Saint-Dominique. — Lyon (Rhône).

Maré (Alexandre), Fabric. de ferronnerie. — Bogny-sur-Meuse par Château-Regnault (Ardennes).

***Maréchal (Auguste)**, Indust., 38, rue de la Verrerie. — Paris.

Maréchal (Hippolyte), s.-Préfet. hon., 47, rue Clément-et-Maurel. — Bègles (Gironde).

Dr Maréchal (Jules), Méd. princ. de la Marine en retraite, 2, rue de la Mairie. — Brest (Finistère).

Maréchal (Paul), 2, rue de la Mairie. — Brest (Finistère). — **R**

Marès (Henri), Corresp. de l'Inst., Ing. des Arts et Man., 3, place Castries. — Montpellier (Hérault). — **F**

Dr Marès (Paul). — Alger-Mustapha. — **R**

***Marette (Mme Charles)**. — Châteauneuf-en-Thymerais (Eure-et-Loir).

***Dr Marette (Charles)**, Pharm. de 1re cl., anc. s.-Chef de Lab. à la Fac. de Méd. de Paris. — Châteauneuf-en-Thymerais (Eure-et-Loir).

Mareuse (Edgard), Prop., Sec. du Comité des *Inscrip. parisiennes*, 81, boulevard Haussmann. — Paris et château du Dorat. — Bègles (Gironde). — **R**

Dᴿ Marey (Étienne, Jules), Mem. de l'Inst. et de l'Acad. de Méd., Prof. au Col. de France, 11, boulevard Delessert. — Paris. — Rᵢ

Margaine (Georges), Ing., anc. Chef des trav. du Lab. cent. d'Élect., 19 boulevard Haussmann. — Paris.

Marguerite-Delacharlonny (Paul), Ing. des Arts et Man., Manufac. — Urcel (Aisne).

Margueritte (Frédéric), 203, rue du Faubourg-Saint-Honoré. — Paris.

Mariage (Charles), Notaire. — Phalempin (Nord).

Mariage (Jean-Baptiste), Fabric. de sucre. — Thiant (Nord).

Marie, Avocat, 1, rue du Calvaire. — Nantes (Loire-Inférieure).

Marie (Almyre), anc. Pharm., 38, rue de Bretagne. — Caen (Calvados).

Dᴿ Marignan (Émile). — Marsillargues (Hérault).

Marignier (Jules), Ing., Fabric. de chaux. — Joze (Puy-de-Dôme).

Dᴿ Maritoux (Eugène). — Uriage-les-Bains (Isère).

Marix (Myrthil), Nég.-commis., 44, rue Le Peletier. — Paris.

Marlier (Dominique), Nég. en bois, 79, rue du Jard. — Reims (Marne).

Marly (Henri), Nég., Mem. du Cons. d'arrond., 7, rue de La-Tour-de-Gassies. — Bordeaux (Gironde).

Dᴿ Marmottan (Henri), Député de la Seine, Maire du XVIᵉ arrond., 31, rue Desbordes-Valmore. — Paris.

Marnas (J.-A.), Prop., 12, quai des Brotteaux. — Lyon (Rhône).

Marqfoy (Gustave), Trés.-payeur gén. en retraite, anc. Élève de l'Éc. Polytech., Prop., 5, rue Guillaume-Brochon. — Bordeaux (Gironde).

Marqués di Braga (P.), Cons. d'État hon.. s.-Gouvern. du *Crédit Foncier de France*, anc. Élève de l'Éc. Polytech., 200, rue de Rivoli. — Paris. — R

Marquet (Léon), Fabric. de prod. chim., 15, rue Vieille-du-Temple. — Paris.

Marquisan (Henri), Ing. des Arts et Man., Chef de l'Exploit. de la *Comp. du Gaz et Hauts Fourneaux de Marseille*, 39, rue Montgrand. — Marseille (Bouches-du-Rhône).

Dᴿ Marrot (Edmond). — Foix (Ariège).

Marsy (le Comte Arthur de), Dir. de la *Soc. franç. d'archéol.* — Compiègne (Oise).

Marteau (Albert), Nég., 65, rue Cérès. — Reims (Marne).

Marteau (Charles), Ing. des Arts et Man., Manufac., 13, avenue de Laon. — Reims (Marne).

Marteau-Jacquemart (Victor), Ing. des Arts et Man., Manufac., 39, rue de Chativesle. — Reims (Marne).

Martel (Édouard, Alfred), Avocat, Agréé au Trib. de Com., 8, rue Ménars. — Paris.

Dᴿ Martel (Joannis), anc. Chef de clin. à la Fac. de Méd., 4, rue de Castellane. — Paris.

Martet (Jules), Rent., villa Bel-Air, avenue de la Gare. — Rochechouart (Haute-Vienne).

Dᴿ Martin (André), Insp. gén. du serv. de l'assainis. des habitat., Sec. gén. adj. de la *Soc. de Méd. pub. et d'Hyg. profes.*, 3, rue Gay-Lussac. — Paris.

Martin (Charles), Dir. de l'Éc. nat. de Laiterie. — Mamirolle (Doubs).

Martin (Eugène), Fabric. d'instrum. de sc. et d'élect., 37, rue Saint-Joseph. — Toulouse (Haute-Garonne).

Dᴿ Martin (Georges). — La Foye-Monjault par Beauvoir-sur-Niort (Deux-Sèvres).

Martin (Jules), Insp. gén. en retraite, anc. Prof. à l'Éc. nat. des P. et Ch., 88, rue de Varenne. — Paris.

Martin (Louis), Ing. civ., 9, rue de Condé. — Paris.

Martin (William), 42, avenue Wagram. — Paris. — R

Dᴿ Martin (Louis de), Sec. gén. de la *Soc. méd. d'émulation de Montpellier*; Mém. corresp. pour l'Aude de la *Soc. nat. d'Agric. de France*. — Montrabech par Lézignan (Aude). — R

Martin de Brettes, Lieut.-Colonel d'Artil. en retraite, 28, rue de l'Orangerie. — Versailles (Seine-et-Oise).

Martin-Ragot (J.), Manufac., 14, esplanade Cérès. — Reims (Marne). — R

Martineau, Juge d'instruc. — Rochefort-sur-Mer (Charente-Inférieure).

Martinet (Camille), Publiciste, 98, boulevard Rochechouart. — Paris.

Martre (Étienne), Dir. des Contrib. dir. du Var en retraite. — Perpignan (Pyrénées-Orientales). — R

*Marty (Léonce), Notaire. — Lanta (Haute-Garonne).

Marveille de Calviac (Jules de), château de Calviac. — Lasallé (Gard). — F

Marx (Armand), Nég., 18, rue du Calvaire. — Nantes (Loire-Inférieure).

Marx (Raoul), Nég., 18, rue du Calvaire. — Nantes (Loire-Inférieure).

Marzac (Ferdinand) (aîné), Nég., 3, rue Porte-des-Portanets. — Bordeaux (Gironde).

Mascart (Éleuthère), Mem. de l'Inst., Prof. au Col. de France, Dir. du Bureau cent. météor. de France, 176, rue de l'Université. — Paris. — **R**.

Masfrand, Pharm. de 1er cl., Présid. de la Soc. *des Amis des Sc. et Arts.* — Roche-chouart (Haute-Vienne).

Masquelier (Émile), Nég., 7, quai d'Orléans. — Le Havre (Seine-Inférieure).

Massard (Mme), 8, rue Saint-Philippe-du-Roule. — Paris.

Dr **Massart** (Édouard), Méd. en chef de l'Hôp. — Honfleur (Calvados).

***Massat** (Mlle Camille). — Sainte-Foy (Gironde).

***Massat** (Mlle Jeanne). — Sainte-Foy (Gironde).

***Massat** (Camille), Pharm. de 1re cl. — Sainte-Foy (Gironde). — **R**

***Masselot**, Payeur princ. à la Trésorerie aux Armées, 19, boulevard Bab-Menara. — Tunis.

Massénat (Élie), boulevard Carnot. — Brive (Corrèze).

***Masserano** (Jean-Baptiste), Archit., 28, rue d'Italie. — Tunis.

Massiou (Ernest), Archit. diocésain, 12, rue du Palais. — La Rochelle (Charente-Infé-rieure).

Massol (Gustave), Prof. à l'Éc. sup. de Pharm., villa Germaine, boulevard des Arceaux. — Montpellier (Hérault).

Masson (Georges), Chef de Bureau au Min. des Fin., 16, rue Las-Cases. — Paris.

Masson (Georges), Libr. de l'Acad. de Méd., 120, boulevard Saint-Germain. — Paris.— **F**

Masson (Louis), Insp. de l'Assainis., 22, avenue Parmentier. — Paris.

Massot (Charles), Avoué hon. — Bourgoin (Isère).

Dr **Massot** (Joseph), Chirurg. en chef de l'Hôpital, 8, place d'Armes. — Perpignan (Pyrénées-Orientales).

Matheron (Philippe), Corresp. de l'Inst., Ing. civ., 86, boulevard Notre-Dame. — Mar-seille (Bouches-du-Rhône).

Mathias (Émile), Prof. à la Fac. des Sc., 22, rue Sainte-Anne. — Toulouse (Haute-Garonne).

Mathieu (Charles, Eugène), Ing. des Arts et Man., anc. Dir. gén. construc. des *Aciéries de Jœuf,* anc. Dir. gén. et admin. des *Aciéries de Longwy,* Construc. mécan. et Mem. du Cons. mun., 34, rue de Courlancy. — Reims (Marne). — **R**

Mathieu (Émile), Prop. — Bize (Aude).

Mathieu (Paul), Prof. de math. spéc. au Lycée, 71, rue Libergier. — Reims (Marne).

Mathiss (Léon), Avoué-plaidant. — Mostaganem (départ. d'Oran) (Algérie).

***Matignon** (Camille), Prof. à la Fac. des Sc., 212, rue Nationale. — Lille (Nord).

Matignon (Henri), Proc. de la République. — Ribérac (Dordogne).

Mattauch (J.), Chim. — Omegna (Piémont) (Italie). — **R**.

*Dr **Matton** (René), anc. Int. des Hôp. de Paris. — Salies-de-Béarn (Basses-Pyrénées) et l'hiver à Dax (Landes).

Maubrey (Gustave, Alexandre), Conduct. princ. des P. et Ch. (Trav. de la Ville), 73, rue Claude-Bernard. — Paris.

Maufras (Émile), anc. Notaire. — Beaulieu par Bourg-sur-Gironde (Gironde).

Maufroy (Jean-Baptiste), anc. Dir. de manufac. de laine, 4, rue de l'Arquebuse. — Reims (Marne). — **R**

Maumené (Edmond), Doct. ès sc., anc. Prof. à l'Univ. catholique de Lyon, 91, avenue de Villiers. — Paris.

Maunoir (Charles), Sec. gén. de la *Soc. de Géog.*, 3, square du Roule. — Paris.

Dr **Maunoury** (Gabriel), Chirurg. de l'Hôp., place du Théâtre. — Chartres (Eure-et-Loir). — **R**

Dr **Maurel** (Édouard, Émile), Agr. à la Fac. de Méd., Méd. princ. de la Marine en re-traite, 10, rue d'Alsace-Lorraine. — Toulouse (Haute-Garonne).

***Maurel** (Émile), Nég., 7, rue d'Orléans. — Bordeaux (Gironde). — **R**

Maurel (Marc), Nég., 48, cours du Chapeau-Rouge. — Bordeaux (Gironde). — **R**

Dr **Mauriac** (Jean, Émile), Insp. de la Salubrité, Mem. du Cons. cent. d'hygiène de la Gironde, 16, rue du Palais-Gallien. — Bordeaux (Gironde).

Maurouard (Lucien), Sec. d'Ambassade, anc. Élève de l'Éc. Polytech., Légation de France. — Athènes (Grèce). — **R**

Maxant (Charles), Exploitant de carrières, 130, route de Toul. — Nancy (Meurthe-et-Moselle).

Maxwell-Lyte (Farnham), Ing.-Chim., 60, Finborough-road. — Londres, S. W. (Angle-terre). — **R**

Mayer (Ernest), Ing. en chef conseil de la *Comp. des Chem. de fer de l'Ouest,* Mem. du *Comité d'exploit. tech. des chem. de fer,* anc. Élève de l'Éc. cent. des Arts et Man., 66, boulevard Malesherbes. — Paris. — **R**

Mayet (Félix, Octave), Prof. de pathol. gén. à la Fac. de Méd., 20, cours de la Liberté. — Lyon (Rhône).

Dr **Mazade (Henri)**, Insp. en chef de l'Assist. pub., 82, boulevard de la Magdeleine. — Marseille (Bouches-du-Rhône).

Maze (l'Abbé Camille), Rédac. au *Cosmos*. — Harfleur (Seine-Inférieure). — **R**

*Medina (Gabriel)**, Prop., rue d'Oran (maison Samama). — Tunis.

Méheux (Félix), Dessinat. dermatol. et syphil. des serv. de l'Hôp. Saint-Louis, 35, rue Lhomond. — Paris.

Meissas (Gaston de), Publiciste, 10 *bis*, rue du Pré-aux-Clercs. — Paris. — **R**

Mekarski (Louis), Ing. civ., 24, rue d'Athènes. — Paris.

Meller (Auguste), Nég., 43, cours du Pavé-des-Chartrons. — Bordeaux (Gironde).

Mellerio (Alphonse), Prop., anc. Élève de l'Éc. des Hautes Études, 18, rue des Capucines. — Paris.

Melon (Paul), Publiciste, 24, place Malesherbes. — Paris.

Ménager (Louis), 4, boulevard de Lesseps. — Versailles (Seine-et-Oise).

Ménard (Césaire), Ing. des Arts et Man., Concessionnaire de l'Éclairage au gaz. — Louhans (Saône-et-Loire). — **R**

Mendelssohn (Isidore), Chirurg.-Dent., 18, boulevard Victor-Hugo. — Montpellier (Hérault).

Ménegaux (Auguste), Doct. ès sc., Prof. agr. au Lycée Lakanal, 9, rue du Chemin-de-Fer. — Bourg-la-Reine (Seine).

Menviel, Chirurg.-Dent., 58, avenue des Gobelins. — Paris.

Mer (Émile), Insp. adj. des Forêts, Mem. de la *Soc. nat. d'agric. de France*, 19, rue Israël-Sylvestre. — Nancy (Meurthe-et-Moselle).

Dr **Méran (Gustave)**, 54, rue Judaïque. — Bordeaux (Gironde).

Mercadier (Jules), Insp. des Télég., Dir. des études à l'Éc. Polytech., 21, rue Descartes. — Paris.

Merceron (Georges), Ing. civ. — Bar-le-Duc (Meuse).

Mercet (Émile), Banquier, 2, avenue Hoche. — Paris. — **R**

Dr **Mergier (Émile)**, Prépar. à la Fac. de Méd., 27, avenue d'Antin. — Paris.

Merlin (Roger). — Bruyères (Vosges). — **R**

*Mermet**, Payeur partic. à la Trésorerie aux Armées, 32, rue Al-Djazira. — Tunis.

Merz (John, Théodore), Doct. en Philo., the Quarries. — Newcastle-on-Tyne (Angleterre). — **F**.

Mesnard (Eugène), Prof. à l'Éc. prép. à l'Ens. sup. des Sc. et à l'Éc. de Méd., 79, rue de la République. — Rouen (Seine-Inférieure).

Dr **Mesnards (P. des)**, rue Saint-Vivien. — Saintes (Charente-Inférieure). — **R**

Mesnil (Armand du), Cons. d'État, 1, place de l'Estrapade. — Paris.

Dr **Mesnil (Octave du)**, Méd. de l'asile de Vincennes, 15, rue Lacépède. — Paris.

*Mesplé (Armand)**, Agr. de l'Univ., Prof. de Littérature étrang. à l'Éc. prép. à l'Ens. sup. des Lettres, 13, rue Saint-Augustin. — Alger.

Messimy (Paul), Notaire hon., 33, place Bellecour. — Lyon (Rhône).

Mestrezat, Nég., 27, rue Saint-Esprit. — Bordeaux (Gironde).

Dr **Métaxas-Zani (Gérasime)**, anc. Int. des Hôp. de Paris, 4, rue Dieudé. — Marseille (Bouches-du-Rhône).

Mettrier (Maurice), Ing. des Mines, 33 *bis*, faubourg Saint-Jaumes. — Montpellier (Hérault).

Meunié (Louis), Élève-Archit., 17, rue du Cherche-Midi. — Paris.

*Dr **Meunier (Henri, Valéry)**, 16, avenue de l'Observatoire. — Paris.

Meunier (Ludovic), Nég., 20, rue de la Tirelire. — Reims (Marne).

Dr **Meunier (Valéry)**, Méd.-Insp. des Eaux-Bonnes, 6, rue Adoue. — Pau (Basses-Pyrénées)

Dr **Meyer (Édouard)**, 73, boulevard Haussmann. — Paris.

Meyer (Lucien), Chim., 13, rue Fontaine-au-Roi. — Paris.

Meyran (Octave), 8, rue Centrale. — Lyon (Rhône).

Dr **Micé (Laurand)**, Rect. de l'Acad. — Clermont-Ferrand (Puy-de-Dôme). — **R**

Michalon, 96, rue de l'Université. — Paris.

Michau (Alfred), Exploitant de carrières, 93, boulevard Saint-Michel. — Paris.

Michaut (Camille), Chim. de la Stat. vitic. — Villefranche (Rhône).

Michel (Alphonse), Ing. des Arts et Man., 17, rue des Jacobins. — Beauvais (Oise).

Michel (Charles), Entrep. de peinture, 15, rue de la Terrasse. — Paris.

Michel (Henry), Archit.-Paysagiste, Prof. à l'Éc. mun. des Beaux-Arts. — Fontaine-Écu par Besançon (Doubs).

Dr **Michel-Dansac (J., B., A.)**, 73, boulevard Haussmann. — Paris.

Michel-Jaffard (Louis), Premier Présid. de la Cour d'Ap., 18, rue de l'Opéra. — Aix en Provence (Bouches-du-Rhône).

Micheli (Marc), château du Crest, près Genève (Suisse).

Dr Michou (Casimir, Laurent), anc. Int. des Hôp., Député de l'Aube, 76, rue de Grenelle. — Paris.

Mieg (Mathieu), 48, avenue de Modenheim. — Mulhouse (Alsace-Lorraine).

Dr Mignen. — Montaigu (Vendée).

Dr Millard (Auguste), Méd. des Hôp., 4, rue Rembrandt. — Paris.

Millardet (Pierre), Prof. à la Fac. des Sc., 152, rue Bertrand-de-Goth. — Bordeaux (Gironde).

*Millet (René), Min. plénipotentiaire, Résid. gén. de la République française, avenue de la Marine, (Palais de la Résidence). — Tunis.

*Dr Milliot (Benjamin), Méd. de colonisation de 1re cl. — Herbillon (départ. de Constantine) (Algérie).

Dr Milne-Edwards (Alphonse), Mem. de l'Inst. et de l'Acad. de Méd., Dir. et Prof. de zool. au Muséum d'Hist. nat., Prof. à l'Éc. sup. de Pharm., 57, rue Cuvier. — Paris. — R

Milsom (Gustave), Ing. civ. des Mines, Agric.-vitic. — Rachgoun (Basse-Fafna) par Beni-Saf (départ. d'Oran) (Algérie).

Mine (Albert), Nég.-Commis., Consul de la République Argentine, 10, rue Jean-Bart. — Dunkerque (Nord).

Minvielle (Clément), Pharm. de 1re cl., 10, place de la Nouvelle-Halle. — Pau (Basses-Pyrénées).

Mirabaud (Paul), Banquier, 56, rue de Provence. — Paris. — R

Mirabaud (Robert), Banquier, 56, rue de Provence. — Paris. — F

Miray (Paul), Teintur., Manufac., 2, rue de l'École. — Darnétal-lez-Rouen (Seine-Inférieure).

Dr Mireur (Hippolyte), anc. Adj. au Maire, 1, rue de la République. — Marseille (Bouches-du-Rhône).

Mocqueris (Edmond), 58, boulevard d'Argenson. — Neuilly-sur-Seine (Seine). — R

Mocqueris (Paul), Ing. de la construc. à la Comp. des Chem. de fer de Bône-Guelma et prolongements. 58, boulevard d'Argenson. — Neuilly-sur-Seine (Seine) et à Sousse (Tunisie). — R

*Mocquery (Charles), Ing. en Chef des P. et Ch., 6, boulevard Sévigné. — Dijon (Côte-d'Or).

Modelski (Edmond), Ing. en chef des P. et Ch. — La Rochelle (Charente-Inférieure.

Moëssard (Paul), Lieut.-Colonel du Génie en retraite, 58, rue de Vaugirard. — Paris.

Moffre (Gustave), Ing. civ. des Mines, Dir. des verreries de Carmaux, anc. Élève de l'Éc. Polytech. — Carmaux (Tarn).

Mohler (Edmond), Chim., 5, rue Le Verrier. — Paris.

Moine (Gaston), 53, rue d'Auteuil. — Paris.

Moinet (Édouard), Dir. des Hosp. civ., 1, rue de Germont. — Rouen (Seine-Inférieure).

*Moisy (Alexandre), Notaire, 1, rue de Caumont. — Caen (Calvados).

Mollins (Jean de), Doct. ès sc., 58, avenue Clémentine. — Spa (province de Liège) (Belgique). — R

Molteni (Alfred), Construc. de mach. et d'inst. de précis., 44, rue du Château-d'Eau. — Paris.

Dr Mondot, anc. Chirurg. de la Marine, anc. Chef de clin. de la Fac. de Méd. de Montpellier, Chirurg. de l'Hôp. civ., 26, boulevard Malakoff. — Oran (Algérie). — R

Mongin, Dir. du Dépôt de mendicité. — Beni-Messous par Chéragas (départ. d'Alger).

*Dr Monier (Eugène), rue de l'Intendance. — Maubeuge (Nord). — R.

Monier (Frédéric), Sénateur et Mem. du Cons. gén. des Bouches-du-Rhône, Maire d'Eyguières, 2, boulevard Périer. — Marseille (Bouches-du-Rhône).

Monnet (Prosper), Chim., Manuf. — Saint-Fons-lez-Lyon par Venissieux (Rhône).

Monnier (Demetrius), Ing. des Arts et Man., Prof. à l'Éc. cent. des Arts et Man., 1, rue Appert. — Paris. — R

*Monod (Mlle Marthe), 12, rue Cambacérès. — Paris.

*Dr Monod (Charles), Mem. de l'Acad. de Méd., Agr. à la Fac. de Méd., Chirurg. des Hôp., 12, rue Cambacérès. — Paris. — F

Dr Monod (Eugène), Chirurg. des Hôp., 19, rue Vauban. — Bordeaux (Gironde).

*Dr Monod (Frédéric), Méd. adj. de l'Hôp. civ., 5, rue du Lycée. — Pau (Basses-Pyrénées).

Monod (Henri), Mem. de l'Acad. de Méd., Dir. de l'assist. et de l'Hyg. pub. au Min. de l'Int., Cons. d'État, 29, rue de Rémusat. — Paris.

Dr Monod (Louis), 24, avenue Friedland. — Paris.

Monod (le Pasteur Théodore), 7, rue de la Cerisaie. — Paris.

Monod (le Pasteur William), 55, avenue de la République. — Vincennes (Seine).

Monoyer (Mlle Élisabeth), 1, cours de la Liberté. — Lyon (Rhône).

Monoyer (F.), Prof. à la Fac. de Méd., 1, cours de la Liberté. — Lyon (Rhône).

Montefiore (Eward, Lévi), Rent., 76, avenue Henri-Martin. — Paris. — **R**

Montél (Jules), Publiciste, anc. Juge au Trib. de Com. de Montpellier, 11, rue Monsigny. — Paris.

Dr Montfort, Prof. à l'Éc. de Méd., Chirurg. des Hôp., 14, rue de la Rosière. — Nantes (Loire-Inférieure). — **R**.

Montgrand (le Marquis Charles de), Prop., château de Montgrand. — Saint-Menet par Marseille (Bouches-du-Rhône).

Monthiers (J., Victor), Prop., 70, rue d'Amsterdam. — Paris.

Montier (Armand), Doct. en Droit, Avocat, Présid. de la *Soc. Normande d'Études préhistoriques*, 46, rue Notre-Dame-du-Pré. — Pont-Audemer (Eure).

Montjoie (de), Prop., château de Lasnez. — Villers-lez-Nancy par Nancy (Meurthe-et-Moselle).

Montlaur (le Comte Amaury de), Ing. civ., 51, avenue Friedland. — Paris.

Mont-Louis, Imprim., 2 rue Barbançon. — Clermont-Ferrand (Puy-de-Dôme). — **R**

Montreuil, Prote de l'Imprim. Gauthier-Villars, 55, quai des Grands-Augustins. — Paris.

Montricher (Henri de), Ing. civ. des Mines, Admin.-Dir. de la *Soc. nouvelle du Canal d'irrig. de Craponne et de l'assainis. des Bouches-du-Rhône*, 3, rue Lafayette. — Marseille (Bouches-du-Rhône).

Dr Mony (Adolphe), 70, rue Spontini. — Paris, et l'été, château de Sarre. — Blomard par Montmarault (Allier).

Morain (Paul), Prof. départ. d'agric. de Maine-et-Loire, 52, rue Lhomond. — Paris.

Morand (Gabriel), 16, place de la République. — Moulins (Allier).

Morandière (Jules), Ing. civ. des Mines, Ing. des Études, du Matériel et de la Trac. à la *Comp. des Chem. de fer de l'Ouest*, 19, rue Decamps. — Paris.

Dr Moreau (Émile), 7, rue du Vingt-Neuf-Juillet. — Paris.

*Moreau (Émile), Associé de la maison Larousse, 14, avenue de l'Observatoire. — Paris.

Dr Moreau (Henri), 30, rue Vital-Carles. — Bordeaux (Gironde).

Morel (Auguste), Prof. de math. à l'Éc. mun. Lavoisier, anc. Élève de l'Éc. Polytech., 57, rue Claude-Bernard. — Paris.

Morel (Léon), Archéol., Recev. des fin. en retraite, 3, rue de Sedan. — Reims (Marne).

Morel (René), Avocat à la Cour d'Ap., 5, square Saint-Amour. — Besançon (Doubs).

Morel d'Arleux (Mme Charles), 13, avenue de l'Opéra. — Paris. — **R**

Morel d'Arleux (Charles), Notaire hon., 13, avenue de l'Opéra. — Paris. — **F**

Dr Morel d'Arleux (Paul), 33, rue Desbordes-Valmore. — Paris. — **R**

Morillot (André, Paul), Doct. en droit, Avocat au Cons. d'État et à la Cour de Cas., anc. Avocat gén., 42, rue du Louvre. — Paris.

*Morin (Mlle Angélique), 4, rue Saint-Gilles. — Saint-Brieuc (Côtes-du-Nord).

Morin (Paul), Prof. à la Fac. des Sc. 49, boulevard Sévigné. — Rennes (Ille-et-Vilaine).

Morin (Théodore), Doct. en droit, 50, avenue du Trocadéro. — Paris. — **R**

Morlet (Jean-Baptiste), anc. Nég., Mem. du Cons. mun., 2, rue des Granges. — Besançon (Doubs).

Mornac (le Général Gustave Boscal de Réals de), 61, rue de Ponthieu. — Paris.

Mortier (François), Teintures et Apprêts, 68, rue Clovis. — Reims (Marne).

Mortillet (Adrien de), Prof. à l'Éc. d'Anthrop., Conserv. des collections de la *Soc. d'Anthrop. de Paris*, 3, rue de Lorraine. — Saint-Germain en Laye (Seine-et-Oise). — **R**

Mortillet (Gabriel de), Prof. à l'Éc. d'Anthrop., anc. Député, 3, rue de Lorraine. — Saint-Germain en Laye (Seine-et-Oise). — **R**

*Mossé (Alphonse), Prof. de clin. médic. à la Fac. de Méd., Corresp. nat. de l'Acad. de Méd., 36, rue du Taur. — Toulouse (Haute-Garonne). — **R**

Dr Motais (Ernest), Chef des trav. anatom. à l'Éc. de Méd., 8, rue Saint-Laud. — Angers (Maine-et-Loire).

*Motelay (Léonce), Rent., 8, cours de Gourgue. — Bordeaux (Gironde).

*Motelay (Paul), Nég., 8, cours de Gourgue. — Bordeaux (Gironde).

Dr Motet (A.), Mem. de l'Acad. de Méd., Dir. de la Maison de santé, 161, rue de Charonne. — Paris.

Mouchot (A.), Prof. en retraite, 56, rue de Dantzig. — Paris.

*Mouchotte (Octave), Distillateur, rue de l'Épinette. — Saint-Mandé (Seine).

Mougin (Xavier), Dir. de la *Soc. anonyme des Verreries de Vallerysthal et de Portieux*. — Portieux (Vosges).

Dr Moulinier. — Excideuil (Dordogne).

Moullade (Albert), Lic. ès sc., Pharm. princ. attaché à l'Hôp. milit. — Vincennes (Seine). — **R**

Dr **Moulonguet (Albert)**, Prof. à l'Éc. de Méd., 55, rue de la République. — Amiens (Somme).

Moulonguet (Georges), Présid. du Trib. civ., 4, place Départementale. — Agen (Lot-et-Garonne).

Dr **Moure (Émile)**, Chargé de cours à la Fac. de Méd., 25 *bis*, cours du Jardin-Public. — Bordeaux (Gironde).

Moureaux (Théodule), Chef du serv. magnét. à l'Observ. météor. du Parc-Saint-Maur. — Saint-Maur-les-Fossés (Seine).

Moureu (Charles), Doct. ès sc., Pharm. de l'Asile d'aliénés de Ville-Évrard, 25, boulevard Saint-Marcel. — Paris.

Dr **Mourgues**. — Lasalle (Gard).

Mouriès (Gustave), Ing.-archit., 7, rue Colbert. — Marseille (Bouches-du-Rhône).

Mourly-Vold (John), Prof. de Philo. à l'Univ. — Christiania (Norwège).

Mousnier (Jules), Fabric. de prod. pharm., 26, rue de Houdan. — Sceaux (Seine).

Dr **Moussous (André) (fils)**, Agr. à la Fac. de Méd., Méd. des Hôp., 12, rue du Jardin Public. — Bordeaux (Gironde).

Dr **Moussous (L., D.)**, 38, rue d'Aviau. — Bordeaux (Gironde).

Moussu (Léon), Sec. des Fac. de Droit et Let., 8, rue Déville. — Toulouse (Haute-Garonne).

Dr **Moutier**, Prof. à l'Éc. de Méd., 6, rue Jean-Romain. — Caen (Calvados).

Dr **Moutier (A.)**, 11, rue Miroménil. — Paris.

Muller-Soehnée (Charles, Eugène), Prop., 21, rue La Pérouse. — Paris.

Mulot (François), Ing. civ., 25, rue du Faubourg-Saint-Jean. — Nancy (Meurthe-et-Moselle).

Mumm (G., H.), Nég. en vins de Champagne, 24, rue Andrieux. — Reims (Marne).

Munier-Chalmas (Ernest, Philippe), Prof. de Géol. à la Fac. des Sc., Maître de conf. à l'Éc. norm. sup., 75, rue Notre-Dame-des-Champs. — Paris.

Müntz (Georges), Ing. en chef des P. et Ch., Ing. princ. de la 1re Divis. de la voie à la *Comp. des Chem. de fer de l'Est*, 20, rue de Navarin. — Paris.

****Murat (Mme Alfred)**, 68, rue Victor-Hugo. — Périgueux (Dordogne).

****Murat (Alfred)**, Nég., 68, rue Victor-Hugo. — Périgueux (Dordogne).

Musée-Calvet (le Conseil d'administration du), rue Calade. — Avignon (Vaucluse).

Dr **Musgrave-Clay (René de)**, Sec. gén. de la *Soc. des Sc., Let. et Arts*, 10, rue Gachet. — Pau (Basses-Pyrénées).

Mussat (Émile, Victor), Prof. de Botan. à l'Éc. nat. d'agric. de Grignon, 11, boulevard Saint-Germain. — Paris.

Nabias (Barthélemy de), Prof. à la Fac. de Méd., 17 *bis*, cours d'Aquitaine. — Bordeaux (Gironde).

Nachet (A.), Construc. d'inst. de précis., 17, rue Saint-Séverin. — Paris.

Nadaillac (le Marquis Albert de), Corresp. de l'Inst., 18, rue Duphot. — Paris.

Nalin (Antoine), Pharm. de 1re cl., 27, place Notre-Dame-du-Mont. — Marseille (Bouches-du-Rhône).

Dr **Napias (Henri)**, Insp. gén. des serv. admin. au Min. de l'Int., Sec. gén. de la *Soc. de Méd. pub. et d'Hyg. profes.*, 68, rue du Rocher. — Paris.

Narbonne (Paul), Prop. — Bize (Aude).

Dr **Nargaud (Léon)**, 17, quai Veil-Picard. — Besançon (Doubs).

Dr **Négrié**, Méd. des Hôp., 54, rue Ferrère. — Bordeaux (Gironde).

Negrin (Paul), Prop. — Cannes-La-Bocca (Alpes-Maritimes).

Neptien, Ing. des Mines, 15, rue Monselet. — Bordeaux (Gironde).

Dr **Nepveu (Gustave)**, Prof. d'anat. pathol. à l'Éc. de Méd., 61, rue Paradis. — Marseille (Bouches-du-Rhône).

Neuberg (Joseph), Prof. à l'Univ., 6, rue de Sclessin. — Liège (Belgique).

Neveu (Auguste), Ing. des Arts et Man. — Rueil (Seine-et-Oise). — **R**

Neyreneuf (Vincent), Prof. à la Fac. des Sc., 82, rue Saint-Martin. — Caen (Calvados).

****Nibelle (Maurice)**, Avocat, 9, rue des Arsins. — Rouen (Seine-Inférieure).

Nicaise (Victor), Étud. en Méd., 37, boulevard Malesherbes. — Paris. — **R**

Dr **Nicas**, 80, rue Saint-Honoré. — Fontainebleau (Seine-et-Marne). — **R**

Nicéville (de), Avocat à la Cour d'Ap., 24, place de la Carrière. — Nancy (Meurthe-et-Moselle).

Nicklès (Adrien), Pharm. de 1re cl., 128, Grande-Rue. — Besançon (Doubs).

Nicklès (René), Doct. ès sc., Ing. civ. des Mines, Chargé de cours à la Fac. des Sc., 29, rue des Tiercelins. — Nancy (Meurthe-et-Moselle).

Nicolas (Désiré), Représ. de com., 30, rue Ruinart-de-Brimont. — Reims (Marne).

Nicolas-Hector (Ulysse), Biblioth. de l'*Acad. de Vaucluse*, Archéol., Conduct. des P. et Ch., 9, rue Velouterie. — Avignon (Vaucluse).

*Nicolos (Louis), Imprim., 11, rue de Constantine. — Tunis.

Niel (Eugène), v.-Consul du Brésil, 28, rue Herbière. — Rouen (Seine-Inférieure). —**R**

D' Niepce (Alexandre). —Allevard (Isère].

Ninaud (Paul), Prop., 18, quai de la Mégisserie. — Paris.

Nivesse (Achille), Ing.-Chim. attaché à la Maison Lefebvre. — Corbehem (Pas-de-Calais).

Nivet (Albin), Ing. des Arts et Man. — Marans (Charente-Inférieure).

Nivet (Gustave). — Marans (Charente-Inférieure). — **R**

Nivoit (Edmond), Ing. en chef des Mines, Prof. de géol. à l'Éc. nat. des P. et Ch., 2, rue de la Planche. — Paris. — **R**

Noblom (Maurice), Ing. civ., 24, rue des Fripiers. — Bruxelles (Belgique).

Nocard (Edmond), Prof. à l'Éc. nat. vétér., Mem. de l'Acad. de Méd. — Maisons-Alfort (Seine).

*Noel (Charles), Prof. au Lycée Victor-Hugo, 123, Grande-Rue. — Besançon (Doubs).

*Noël (Jean), Ing. des Arts et Man., 75, rue de l'Eglise-Saint-Séurin.— Bordeaux (Gironde).

Noelting, Dir. de l'Éc. de chim. — Mulhouse (Alsace-Lorraine). — **R**

Noiret (Gustave), Étud. en Droit, 12, rue Basse-des-Treilles. — Poitiers (Vienne).

Noirot (Maurice), Associé Manufac., 39, boulevard de la République. — Reims (Marne).

Norbert-Nanta, Opticien, 15, place du Pont-Neuf. — Paris.

Normand (Augustin), Construc. de navires, 80, rue Augustin-Normand. — Le Havre (Seine-Inférieure).

Noter (Albert de), Nég., 14, rue Bab-Azoun. — Alger.

Nottelle (Sabin), anc. Sec. du Synd. gén. des Chamb. synd., Mem. de la *Soc. d'Économ. polit.*, 170, boulevard de l'Hôtel-de-Ville. — Montreuil-sous-Bois (Seine).

Nottin (Lucien), 4, quai des Célestins. — Paris. — **F**

Noury (Charles, Edmond), Prof. sup. à l'Éc. de Méd., 30, rue de l'Arquette. — Caen (Calvados).

Nouvelle (Georges), Ing. civ., 25, rue Brézin. — Paris.

Noyer (le Colonel Ernest), 103, rue de Siam. — Brest (Finistère).

Nozal, Nég., 7, quai de Passy. — Paris.

Oberkampff (Ernest), 20, avenue de Noailles. — Lyon (Rhône).

Obermayer (Frédéric), Avocat à la Cour d'Ap., 15, rue de Milan. — Paris.

Ocagne (Maurice d'), Ing., Prof. à l'Ec. nat. des P. et Ch., Répét. à l'Éc. Polytech., 5, rue de Vienne. — Paris. — **R**

Odier (Alfred), Dir. de la *Caisse gén. des Familles*, 4, rue de la Paix. — Paris. — **R**

D' Odin, 16, rue Garnier. — Nice (Alpes-Maritimes).

D' Odin (Joseph), 3, place de la Bourse. — Lyon (Rhône).

Œchsner de Coninck (William), Prof. adj. à la Fac. des Sc., 8, rue Auguste-Comte. — Montpellier (Hérault). — **R**

*Olivier (Ernest), Dir. de la *Revue scient. du Bourbonnais*, 10, cours de la Préfecture. — Moulins (Allier).

*Olivier (Louis), Doct. ès sc., Dir. de la *Revue générale des Sciences*, 34, rue de Provence. — Paris.

D' Olivier (Paul), Prof. à l'Éc. de Méd., Méd. en chef de l'Hosp. gén., 12, rue de la Chaîne. — Rouen (Seine-Inférieure). — **R**

D' Olivier (Victor), v.-Présid. du Comité d'Admin. des hosp., 314, rue Solférino. — Lille (Nord).

Olivier-Thellier (Pierre), 314, rue Solférino. — Lille (Nord).

Ollier (Léopold), Corresp. de l'Inst., Prof. à la Fac. de Méd., Associé nat. de l'Acad. de Méd., anc. Chirurg. titul. de l'Hôtel-Dieu, 3, quai de la Charité. — Lyon (Rhône). — **F**

Olry (Albert), Ing. en chef des Mines, 23, rue Clapeyron. — Paris.

Oltramare (Gabriel), Prof. à l'Univ., 21, rue des Grandes-Grottes. — Genève (Suisse).

Onde (Xavier, Michel, Marius), Prof. de phys. au Lycée Henri IV, 41, rue Claude-Bernard. — Paris.

Onèsime (le Frère), 24, montée Saint-Barthélemy. — Lyon (Rhône).

Oppermann (Alfred), Ing. en chef des Mines, 2, rue des Arcades. — Marseille (Bouches-du-Rhône).

*Oppert (Jules), Mem. de l'Inst., Prof. au Col. de France, 2, rue de Sfax. — Paris.

Orbigny (Alcide d'), Armat., rue Saint-Léonard. — La Rochelle (Charente-Inférieure).

O'Reilly (Joseph, Patrick), Prof. de Minéral. et d'exploit. des Mines au Col. Royal. — Dublin (Irlande).

Dr Orfila (Louis), Agr. à la Fac. de Méd. de Paris, Sec. gén. de l'*Assoc. des Méd. de la Seine*, château de Chemilly. — Langeais (Indre-et-Loire).

Orléans (le Prince Henri d'), Explorat., Mem. de la *Soc. de Géog.*, 27, rue Jean-Goujon. — Paris. — R.

*Ornano (Luc d'), Bâton. de l'Ordre des Avocats, 4, rue d'Italie. — Tunis.

Ory (Fernand), Ing. des Arts et Man., rue Chanzy. — Toul (Meurthe-et-Moselle).

Osmond (Floris), Ing. des Arts et Man., 83, boulevard de Courcelles. — Paris. — R

*Dr Ossian-Bonnet (Émile), Prem. Méd. de S. A. le Bey. — La Marsa (Tunisie).

Otto (Marius), Ing.-chim., 7, quai de Seine. — Courbevoie (Seine).

Oudin, Nég. en objets d'art, 18, rue de la Darse. — Marseille (Bouches-du-Rhône).

Oustalet (Émile), Doct. ès sc., Assistant de Zool. (Mammifères, Oiseaux) au Muséum d'hist. nat., 121 *bis*, rue Notre-Dame-des-Champs. — Paris.

Outhenin-Chalandre (Joseph), 5, rue des Mathurins. — Paris. — R

*Ozanne (Raoul), Chef de Bat. d'Infant. Breveté d'Ét.-Maj., Chef d'Ét.-Maj. de la Divivion d'occupation. — Tunis.

Page (François), Nég., 60, rue Monsieur-le-Prince. — Paris.

Paget-Blanc (Le Colonel Alexandre). — Auxerre (Yonne).

*Pagnard (Abel), Ing. des Arts et Manuf., 88, rue Judaïque. — Bordeaux (Gironde).

Pagnoul (Aimé), Corresp. de l'Inst. Prof. de chim., Dir. de la Stat. agronom. du Pas-de-Calais, 2, rue Poitevin. — Arras (Pas-de-Calais).

Pairier, Insp. gén. des P. et Ch. en retraite, 35, allées de Chartres. — Bordeaux (Gironde).

Pallary (Paul), Prof., faubourg d'Eckmühl-Noiseux. — Oran (Algérie).

Palun (Auguste), Juge au Trib. de Com., 13, rue Banasterio. — Avignon (Vaucluse). — R

Dr Pamard (Alfred), Corresp. nat. de l'Acad. de Méd., Chirurg. en chef des Hôp., 4, place Lamirande. — Avignon (Vaucluse). — R

Pamard (Ernest), Colonel command. le 2e Rég. du Génie. — Montpellier (Hérault).

Pamard (Paul), Étud. en Méd., 4, place Lamirande. — Avignon (Vaucluse). — R

*Dr Papillault (Georges), Mem. du Com. cent. de la *Soc. d'anthrop. de Paris*, 110, boulevard Saint-Germain. — Paris.

*Dr Papillon (Ernest), 8, rue Montalivet. — Paris.

Paradis (Léon), Entrep. de serrurerie, 6, rue des Charseix. — Limoges (Haute-Vienne).

*Pariente (Semtob, Joseph), Dir. de l'*Alliance israélite*, 1, rue Malta S'rira. — Tunis.

Parion, Mem. de la *Soc. d'astron.*, 7, quai de Conti. — Paris. — R

Dr Paris (H.). — Chantonnay (Vendée).

Parisse (Eugène), Ing. des Arts et Man., Mem. du Con. mun., 49, rue Fontaine-au-Roi. — Paris.

Parmentier (Paul), Doct. ès sc., Prof. au col., 15, rue Courvoisier. — Baume-les-Dames (Doubs).

Parmentier (le Général Théodore), 5, rue du Cirque. — Paris. — F

Parquet (Mme), 1, rue Daru. — Paris.

Parran (Alphonse), Ing. en chef des Mines en retraite, Dir. de la *Comp. des minerais de fer magnét. de Mokta-el-Hadid*, 26, avenue de l'Opéra. — Paris. — F

Parsat (A.), Pharm. — Monpazier (Dordogne).

Pascal (Hilarion), Insp. gén. des P. et Ch. en retraite, 171, rue de Rome. — Marseille (Bouches-du-Rhône).

*Pasqueau (Alfred), Ing. en chef des P. et Ch., 6, rue La Trémoille. — Paris.

Dr Pasquet (A.). — Uzerche (Corrèze).

Pasquet (Eugène) (fils), 16, rue Croix-de-Seguey. — Bordeaux (Gironde). — R

Passey-Morin (Eugène), Étud., 9, rue des Marronniers. — Paris.

Passion (Octave), Avocat. — Issoire (Puy-de-Dôme).

Passy (Frédéric), Mem. de l'Inst., anc. Député, Mem. du Cons. gén. de Seine-et-Oise, 8, rue Labordère. — Neuilly-sur-Seine (Seine). — R

Passy (Paul, Édouard), Doct. ès Let., Lauréat de l'Inst. (Prix Volney), Maître de conf. à l'Éc. des Hautes-Études d'hist. et de philologie, 92, rue de Longchamp. — Neuilly-sur-Seine (Seine).

Patapy (Junien), Avocat, v.-Présid. du Cons. gén., 12, boulevard Montmailler. — Limoges (Haute-Vienne).

Pateu (Léon), Entrep., Mem. du Cons. mun., 9, rue des Chaprais. — Besançon (Doubs).

Pathier (A.), Manufac., 15, rue Bara. — Paris.

Paturel (Georges), Dir. de la Stat. agronom. du Finistère. — Quimperlé (Finistère).

*Dr Paturet (Émile). — Joinville (Haute-Marne).

Pauquet (Henri), Nég., Maire. — Creil (Oise).

*Pavillier, Ing. en chef des P. et Ch., Dir. gén. des Trav. pub.; place de la Kasba. — Tunis.

*Payelle (Mme Georges), 10, avenue de l'Opéra. — Paris.

*Payelle (Georges), Dir. au Min. des Fin., 10, avenue de l'Opéra. — Paris.

Payen (Louis, Eugène), Caissier de la Comp. d'Assur. l'Aigle, 44, rue de Châteaudun. — Paris.

Péchiney (A.), Ing. Chim. — Salindres (Gard).

*Pecker (Eugène), Nég., Mem. du Cons. mun., 9, Grande-Rue. — Besançon (Doubs).

Pector (Sosthènes), Sec. gén. de l'Union nat. des Soc. photo. de France, 9, rue Lincoln. — Paris.

*Pédézert (Charles, Henri), Ing. du Matériel et de la Trac. aux Chem. de fer de l'État, anc. Élève de l'Éc. cent. des Arts et Man., 21, rue de la Vieille-Prison. — Saintes (Charente-Inférieure).

Pédraglio-Hoël (Mme Hélène), 12, quai de la Fosse. — Nantes (Loire-Inférieure). — R

Pélagaud (Élysée), Doct. ès sc., 15, quai de l'Archevêché. — Lyon (Rhône). — R

Pélagaud (Fernand), Doct. en droit, Cons. à la Cour d'Ap., 31, quai Saint-Vincent. — Lyon (Rhône). — R

Pelé (F.), 52, rue Caumartin. — Paris.

Pelissot (Jules de), s.-Dir. de la Comp. des Docks et Entrepôts (Hôtel des Docks), 1, place de la Joliette. — Marseille (Bouches-du-Rhône).

Pellat (Henri), Prof. adj. à la Fac. des Sc., 3, avenue de l'Observatoire. — Paris.

Pellerin de Lastelle (Henri), Admin. délég. de la Soc. nouv. de construc. syst. Tollet, 81, rue Saint-Lazare. — Paris.

Pellet (Auguste), Doyen de la Fac. des Sc., 51, rue Blatin. — Clermont-Ferrand (Puy-de-Dôme). — R

Pelletier (Horace), Présid. du Comice agric. de Blois. — Madon par les Montils (Loir-et-Cher).

Pellin (Philibert), Ing. des Arts et Man., Construc. d'inst. de précis., 21, rue de l'Odéon. — Paris.

Peltereau (Ernest), Notaire hon. — Vendôme (Loir-et-Cher). — R

Pénières (Lucien), Prof. à la Fac. de Méd., 16, rue Boulbonne. — Toulouse (Haute-Garonne).

Pennart (de), Prop. — Mondeville par Caen (Calvados).

Dr Pennetier (Georges), Prof. à l'Éc. de Méd., Dir. du Muséum d'hist. nat., impasse de la Corderie, barrière Saint-Maur. — Rouen (Seine-Inférieure).

Dr Pénoyée (Albert), 8, place Louvois. — Paris.

Péquignot (A.), Dir. des Salines. — Arzew (départ. d'Oran) (Algérie).

Perard (Louis), Prof. à l'Univ., 103, rue Saint-Esprit. — Liège (Belgique).

*Dr Percepied (Élie), 36, rue de Reims. — Rouen (Seine-Inférieure).

Perdrigeon du Vernier (J.), anc. Agent de change. — Chantilly (Oise). — F

Péré (Paul), Avoué. — Marmande (Lot-et-Garonne).

Pereire (Émile), Ing. des Arts et Man., Admin. de la Comp. des Chem. de fer du Midi, 10, rue Alfred-de-Vigny. — Paris. — R

Pereire (Eugène), Ing. des Arts et Man., Présid. du Cons. d'Admin. de la Comp. gén. Transat., 45, rue du Faubourg-Saint-Honoré. — Paris. — R

Pereire (Henri), Ing. des Arts et Man., Admin. de la Comp. des Chem. de fer du Midi, 33, boulevard de Courcelles. — Paris. — R

Pérez (Jean), Prof. à la Fac. des Sc., 21, rue Saubat. — Bordeaux (Gironde). — R

Péridier (Louis), anc. Jug. sup. au Trib. de Com., 5, quai d'Alger. — Cette (Hérault). — R

Dr Périer (Charles), Mem. de l'Acad. de Méd., Agr. à la Fac. de Méd., Chirurg. des Hôp., 9, rue Boissy-d'Anglas. — Paris.

Périer (Émile), Ing. en chef des P. et Ch. — Draguignan (Var).

Périer (Louis), Indust., 21, quai d'Issy. — Issy (Seine).

Péron (Pierre, Alphonse), Intend. milit. du 6e corps d'armée, 14, rue Saint-Memmie. — Châlons-sur-Marne (Marne).

Pérouse (Denis), Ing. en chef des P. et Ch., Mem. du Cons. gén. de l'Yonne, 40, quai Debilly. — Paris.

Perré (Auguste) (fils), Manufac., anc. Présid. du Trib. de Com. — Elbeuf-sur-Seine (Seine-Inférieure).

Perregaux (Louis), Manufac. — Jallieu par Bourgoin (Isère).

Perrelet (Mme), 38, rue des Écoles. — Paris.

Perrenoud, Prop., 107, avenue de Choisy. — Paris.

Perret (Auguste), Prop., 50, quai Saint-Vincent. — Lyon (Rhône). — R

*Perret (Marius), Peintre de la Marine et du départ. des Colonies, 22, rue Monsieur-le-Prince. — Paris.

Perret (Michel), Mem. du Cons. d'admin. de la *Comp. des glaces de Saint-Gobain*, 7, place d'Iéna. — Paris. — **R**.

Perricaud, Cultivat. — La Balme (Isère). — **R**

Perricaud (Saint-Clair). — La Battero commune de Sainte-Foy-lez-Lyon par la Mulatière (Rhône). — **R**

Perrier (Edmond), Mem. de l'Inst., Prof. au Muséum d'hist. nat., 28, rue Gay-Lussac, — Paris.

Perrier (Gustave), Chef des trav. chim. à la Fac. des Sc. et à l'Éc. de Méd. — Caen (Calvados).

Perrin (Élie), Prof. de math. à l'Éc. mun. Jean-Baptiste-Say, 7, rue Lamandé. — Paris.

Perrin (Louis), Insp. gén. adj. des Postes et Télég., 1, rue Boursault. — Paris.

Perrin (Raoul), Ing. en chef des Mines, 5, rue Erpell. — Le Mans (Sarthe).

Perrot (Émile), Pharm. de 1re cl., Chef des trav. prat. de botan. micrograph. à l'Éc. sup. de Pharm., 6, rue des Ursulines. — Paris.

Perrot (Ernest), 7, rue du Lycée. — Laval (Mayenne).

Perrot (Paul), anc. Commis.-pris., 66, rue Miroménil. — Paris.

Dr Perry (Jean). — Miramont (Lot-et-Garonne).

Persoz, 167, rue Saint-Jacques. — Paris.

Pertuis, Construc. d'inst. de précis., 4, place Thorigny. — Paris.

Peschard (Albert), Doct. en Droit, anc. Organiste de Saint-Étienne, 52, rue de Bayeux. — Caen (Calvados).

Dr Peschaud (Gabriel), Méd. de la *Comp. des Chem. de fer d'Orléans*, de l'Hôp. et des Prisons, Adjoint au Maire, rue Neuve-du-Balat. — Murat (Cantal).

Petau de Maulette, Ing. civ. des Mines, 9, route de la Croix. — Le Vésinet (Seine-et-Oise).

Petit (Mme Arthur), 8, rue Favart. — Paris.

Petit (Arthur), Pharm. de 1re cl., Présid. de l'*Assoc. gén. des Pharm. de France*, 8, rue Favart. — Paris.

Dr Petit (Henri), Biblioth.-adj. à la Fac. de Méd., 18, rue du Pré-aux-Clercs. — Paris. — **R**

*Petit (Henri, Gustave), Dir. particulier de la *Comp. d'assurances gén.*, 2, rue Saint-Joseph. — Châlons-sur-Marne (Marne).

Petit (Jules), Ing. en chef des P. et Ch., 3, quai des Brotteaux. — Lyon (Rhône).

Petit (Louis), Doct. ès Sc., anc. Élève de l'Éc. Polytech., 23, rue Caussan. — Bordeaux (Gironde).

Petit (Paul), anc. Pharm. de 1re cl., 34, boulevard de la Pie. — Saint-Maur-les-Fossés (Seine).

Petiton (Anatole), Ing.-Conseil des Mines, 91, rue de Seine. — Paris. — **R**

Petrucci (C.-R.), Ing. — Béziers (Hérault). — **R**

Pettit (Georges), Ing. en chef des P. et Ch., boulevard d'Haussy. — Mont-de-Marsan (Landes). — **R**

Peugeot (Armand), Manufac., Mem. du Cons. gén. — Valentigney par Audincourt (Doubs).

Peugeot (Eugène), Manufac., Mem. du Cons. gén. — Hérimoncourt (Doubs).

Dr Peyraud. — Libourne (Gironde).

Peyre (Jules), anc. Banquier, 6, rue Deville. — Toulouse (Haute-Garonne). — **F**

Dr Peyron (Ernest), Dir. de l'Assist. pub. à Paris, Mem. du Cons. gén. de Seine-et-Oise, 3, place de l'Hôtel-de-Ville. — Paris.

Dr Peyrot (Jean, Joseph), Agr. à la Fac. de Méd., Chirurg. des Hôp., 33, rue Lafayette. — Paris.

Peyrusson (Édouard), Prof. de Chim. et de Toxicol. à l'Éc. de Méd. et de Pharm., 7, chemin du Petit-Tour. — Limoges (Haute-Vienne).

Pezat (Albert), Nég., 21, rue Saint-Esprit. — Bordeaux (Gironde).

Philippe (Edmond), Ing. civ., 39, boulevard des Écoles. — Lille (Nord).

Philippe (Léon), 23 *bis*, rue de Turin. — Paris. — **R**

Dr Phisalix (Césaire), Doct. ès sc., Assistant de Pathol. comparée au Muséum d'hist. nat., 26, boulevard Saint-Germain. — Paris.

Piat (Albert), Construc.-Mécan., 85, rue Saint-Maur. — Paris. — **F**

Piat (fils), Mécan.-Fondeur, 85, rue Saint-Maur. — Paris.

Dr Piberet (Pierre, Antoine), 75, rue Saint-Lazare. — Paris.

Dr Picard. — Selles-sur-Cher (Loir-et-Cher).

Picard (Paul, Ernest), Avocat à la Cour d'Ap., 9, rue Mazarine. — Paris.

Dr Picardat (Adrien). — Saint-Parres-les-Vaudes (Aube).

Picaud (Albin), Répét. gén. au Lycée. — Grenoble (Isère).

Dr Pichancourt. — Bourgogne (Marne).

Piche (Albert), avocat, Présid. de la Soc. d'Éducat. popul., 8, rue Montpensier. — Pau (Basses-Pyrénées). — R

Pichou (Alfred), Chef de bureau à la Comp. des Chem. de fer du Midi, 11, chemin de Cauderès. — Talence (Gironde).

Picot, Prof. de clin. médic. à la Fac. de Méd., Assoc. nat. de l'Acad. de Méd., 25, rue Ferrère. — Bordeaux (Gironde).

Picou (Gustave), Indust., 123, rue de Paris. — Saint-Denis (Seine). — R

Picqué (Mlle M., L.), 8, rue de l'Isly. — Paris.

Dr Picqué (Lucien), Chirurg. des Hôp., 8, rue de l'Isly. — Paris.

Picquet (Henry), Chef de bat. du Génie, Examin. d'admis. à l'Éc. Polytech., 24, rue de Condé. — Paris. — R

*Pierrard (Mme), 28, rue Ballu. — Paris.

Pierret (Antoine, Auguste), Prof. de clin. des malad. ment. à la Fac. de Méd., Méd. en chef de l'asile de Bron, 8, quai des Brotteaux. — Lyon (Rhône).

Dr Pierrou. — Chazay-d'Azergues (Rhône). — R

Piéton (Louis), Avocat, 27, rue de Vesle. — Reims (Marne).

Piette (Édouard), Juge hon. — Rumigny (Ardennes).

Pifre (Abel), Ing., des Arts et Man., 176, rue de Courcelles. — Paris.

Pillet (Jules), Prof. aux Éc. nat. des P. et Ch. et des Beaux-Arts, et au Conserv. nat. des Arts et Mét., anc. Élève de l'Éc. Polytech., 18, rue Saint-Sulpice. — Paris. — R

Pillot (Maurice), Nég. — La Brasserie par Montmorillon (Vienne).

Pilon, Notaire. — Blois (Loir-et-Cher).

Dr Pin (Paul), rue Curéjan. — Alais (Gard).

Pinasseau (F.), Notaire. — Saintes (Charente-Inférieure).

*Pinatel (Valentin), Lic. ès Sc. nat., v.-Sec. de la Soc. scient. Flammarion, 27, boulevard du Musée. — Marseille (Bouches-du-Rhône).

Pinchon (Mme Paul), rue de Constantine. — Sétif (départ. de Constantine) (Algérie).

Pinchon (Paul), Notaire, rue de Constantine. — Sétif (départ. de Constantine) (Algérie).

Pinguet (E.), 4, rue de la Terrasse. — Paris.

Pinocheau (Eugène), Notaire. — Bressuire (Deux-Sèvres).

Pinon (Paul), Nég., 17, rue Landouzy. — Reims (Marne). — R

Piogey (Julien), anc. Juge de paix du XVIIe arrond., 142, rue de La Tour. — Paris.

Piquemal (François), Nég. en vins, 95, rue de Richelieu. — Paris et à Lézignan (Aude).

Dr Pirondi (Sirus), Associé nat. de l'Acad. de Méd., Prof. hon. à l'Éc. de Méd., Chirurg.-consult. des Hôp., 80, rue Sylvabelle. — Marseille (Bouches-du-Rhône).

*Dr Pitois (Eugène), Lic. ès sc. phys. et nat., 16, rue Linné. — Paris.

Pitre (Charles), Archit., anc. Contrôl. des bâtiments civils, 25, rue de Douai. — Paris.

Pitres (Albert), Doyen de la Fac. de Méd., Corresp. nat. de l'Acad. de Méd., Méd. de l'Hôp. Saint-André, 119, cours d'Alsace-et-Lorraine. — Bordeaux (Gironde). — R

Pizon (Antoine), Doct. ès sc., Prof. d'hist. nat. au Lycée Janson-de-Sailly, 22, rue Gustave-Courbet. — Paris.

Planche (Paul), Pharm. de 1re cl., anc. Int. des Hôp. de Paris, 1, boulevard de la Magdeleine. — Marseille (Bouches-du-Rhône).

Planté (Adrien), Maire, anc. Député. — Orthez (Basses-Pyrénées).

Planté (Charles) (fils), Insp. princ. de l'exploit. aux Chem. de fer de l'État, 12, rue du Bocage. — Nantes (Loire-Inférieure).

D[r]Planté (Jules), Méd. de 1re cl. de la Marine, Prof. à l'Éc. de Méd. navale, cours Saint-Jean. — Bordeaux (Gironde). — R

Dr Pluyette (Édouard), Chirurg. adj. des Hôp. 2, rue de la Grande-Armée. — Marseille (Bouches-du-Rhône).

Poche (Guillaume), Nég. — Alep (Syrie) (Turquie d'Asie).

Dr Poché. — Royan-les-Bains (Charente-Inférieure).

Pochon, Présid. de la Soc. des Étudiants, 10, rue au Canu. — Caen (Calvados).

Pogneaux (Junius), Fabrique de—piles électriq., 5, avenue Thiers. — Bordeaux (Gironde) et 25, rue de Paradis. — Paris.

Poillon (Louis), Ing. des Arts et Man., Rancho Verde. — Teponaxtla par Cuicatlan (État d'Oaxaca) (Mexique). — R

Poincaré (Antoine), Insp. gén. des P. et Ch. en retraite, 14, rue du Regard. — Paris.

Poincaré (Henri), Mem. de l'Inst., Prof. à la Fac. des Sc., Ing. des Mines, 63, rue Claude-Bernard. — Paris.

Poinssot, 7, rue Nicole. — Paris.

Poirier (J.), Prof. de zool. à la Fac. des Sc. — Clermont-Ferrand (Puy-de-Dôme).

Poirier (Julien), Nég., 49, boulevard Saint-Germain. — Paris.

Poirrier (Alcide), Fabric. de prod. chim., Sénateur de la Seine, 10, avenue de Messine. — Paris. — **F**

Poisson (le Baron Henry), 26, rue Cambon. — Paris. — **R**

Poisson (Jules), Assistant de Botan. au Muséum d'hist. nat., 39, rue de la Clef. — Paris. — **R**

Dr Poisson (Louis), anc. Int.-lauréat des Hôp. de Paris, Prof. sup. à l'Éc. de Méd., Chirurg. de Pen-Bron, 12, rue Lafayette. — Nantes (Loire-Inférieure).

*Poitou (Jean, Joseph), Prop.-vitic., Mem. du Cons. gén., villa des Charmilles. — Libourne (Gironde).

*Poizat (Ernest), Ing. civ. des Mines, 1, rue Porte-de-Beaune. — Chalon-sur-Saône (Saône-et-Loire).

Poizat (le Général Henri, Victor), 28, boulevard Bon-Accueil. — Alger-Agha. — **R**

Dr Polaillon (Joseph), Mem. de l'Acad. de Méd., Agr. à la Fac. de Méd., Chirurg. des Hôp., 229, boulevard Saint-Germain. — Paris.

*Polak (Maurice), Admin.-gérant du journal de la *Société libre des artistes français*, et Trésor. de la Soc., 29, boulevard des Batignolles. — Paris.

Polignac (le Prince Camille de), château de la Source-Saint-Cyr en Val par Olivet (Loiret). — **F**

Polignac (le Comte Guy de). — Kerbastic-sur-Gestel (Morbihan). — **R**

Polignac (le Comte Melchior de). — Kerbastic-sur-Gestel (Morbihan). — **R**

Pollet (J.), Vétér. départ., 20, rue Jeanne-Maillotte. — Lille (Nord).

Pollosson (Maurice), Prof. de Méd. opératoire à la Fac. de Méd.,16, rue des Archers. — Lyon (Rhône).

Polony, Ing. en chef des P. et Ch. — Rochefort-sur-Mer (Charente-Inférieure).

Pomel (Auguste), Corresp. de l'Inst., Dir. hon. de l'Éc. prép. à l'Ens. sup. des Sc., anc. Sénateur, 72, rue Rovigo. — Alger.

Pommerol, Avocat, anc. Rédac. de la Revue *Matériaux pour l'Hist. prim. de l'Homme*. — Veyre-Mouton (Puy-de-Dôme), et 72, rue Monge. — Paris. — **R**

Pommerol (Mme François). — Gerzat (Puy-de-Dôme).

Dr Pommerol (François), Mem. du Cons. gén. — Gerzat (Puy-de-Dôme).

Pommery (Louis), Nég. en vins de Champagne, 7, rue Vauthier-le-Noir. — Reims (Marne). — **F**

Poncet (Antonin), Prof. à la Fac. de Méd., Corresp. nat. de l'Acad. de Méd., Chirurg. en chef désigné de l'Hôtel-Dieu, 19, rue Confort. — Lyon (Rhône).

Poncin (Henri), anc. Chef d'instit., 8, rue des Marronniers. — Lyon (Rhône).

Dr Pons (Louis). — Nérac (Lot-et-Garonne).

Pontier (André), Pharm. de 1re cl., Prépar. de toxicolog. à l'Éc. sup. de Pharm., 48, boulevard Saint-Germain. — Paris.

Pontzen (Ernest), Ing. civ., anc. Élève de l'Éc. nat. des P. et Ch., Mem. du *Comité d'exploit. tech. des chem. de fer*, 89, rue Saint-Lazare (3, avenue du Coq). — Paris.

*Porak (Mme), 176, boulevard Saint-Germain. — Paris.

*Dr Porak, Mem. de l'Acad. de Méd., Accoucheur des Hôp., 176, boulevard Saint-Germain. — Paris.

Porcherot (Eugène), Ing. civ., la Béchellerie. — Saint-Cyr-sur-Loire par Tours (Indre-et-Loire). — **R**

Porgès (Charles), Présid. du Cons. d'Admin. de la *Comp. continentale Edison*, 25, rue de Berri. — Paris — **R**

Porte (Arthur), Dir. du Jardin zool. d'acclimat., 50, boulevard Maillot (Porte des Sablons). — Neuilly-sur-Seine (Seine).

Porte (Victor), 53, avenue des Champs-Élysées. — Paris.

*Porteu (Henry), anc. Garde gén. des Forêts, Prop., Agric., 8, rue de la Psalette. — Rennes (Ille-et-Vilaine).

Portevin (Hippolyte), Ing. civ., anc. Élève de l'Éc. Polytech., 2, rue de la Belle-Image, — Reims (Marne).

Potain (Edouard), Mem. de l'Inst. et de l'Acad. de Méd., Prof. à la Fac. de Méd. Méd. des Hôp., 256, boulevard Saint-Germain. — Paris.

Potier (Mme Alfred), 89, boulevard Saint-Michel. — Paris.

Potier (Alfred), Mem. de l'Inst., Ing. en chef des Mines, Prof. à l'Éc. Polytech., 89, boulevard Saint-Michel. — Paris. — **F**

Potin (Louis), Mem. de la *Soc. scient. et méd. de l'Ouest*, Attaché à la *Comp. des Chem. de fer de l'Ouest*, 25, boulevard Magenta. —Rennes (Ille-et-Vilaine).

Dr **Poucel (Eugène)**, Chirurg. en chef des Hôp., 22, boulevard du Musée. — Marseille (Bouches-du-Rhône).

Pouchet (Gabriel), Prof. à la Fac. de Méd., 15, villa de la Réunion (rue Chardon-Lagache). — Paris.

Poulet (Ernest), Dir. des plât. de Vaucluse. — La Parisienne par Velleron (Vaucluse).

Poullain (Georges), Lic. ès sc., 44, rue de Turbigo. — Paris.

****Poulin-Thierry (Léonce)**, Distillateur, rue de Lille. — Pont-Sainte-Maxence (Oise).

Poupinel (Émile), 24, rue Cambon. — Paris.

Dr **Poupinel (Gaston)**, anc. Int. des Hôp., 225, rue du Faubourg-Saint-Honoré. — Paris. — **R**

Pourtalé (Valentin), Méd.-Vétér., 18, rue Calvimont. — Bordeaux (Gironde).

Pousset (Albert), Prof. de math. au Lycée, 16, rue Boucenne. — Poitiers (Vienne).

Dr **Poussié (Émile)**, 2, rue de Valois. — Paris. — **R**

Pouyanne (C., M.), Ing. en chef des Mines, 70, rue Rovigo. — Alger. — **R**

Pouyer (l'Abbé Joseph, Édouard), Prof. de Sc. phys. à l'Institut. Sainte-Marie, La Maladrerie. — Caen (Calvados).

Dr **Pouzet (Paul) (fils)**, 7, rue de Rome. — Paris.

Dr **Powell (Osborne, C.)**. — Fontenelle-Saint-Laurent (Ile de Jersey).

Dr **Pozzi (Samuel)**, Mem. de l'Acad. de Méd., Agr. à la Fac. de Méd., Chirurg. des Hôp., 10, place Vendôme. — Paris. — **R**

Pralon (Léopold), Ing. civ. des Mines, Ing. à la *Société de Denain et d'Anzin*, anc. Élève de l'Éc. Polytech., 23, rue des Martyrs. — Paris.

Prarond (Ernest), Présid. d'hon. de la *Soc. d'émulation d'Abbeville*, 42, rue du Lillier. — Abbeville (Somme).

Dr **Prat**, villa Lutèce. — Royan les-Bains (Charente-Inférieure).

Prat (Charles-Amédée), Ing. des serv. extérieurs de la *Comp. du Gaz et Hauts Fourneaux de Marseille*, anc. Élève de l'Éc. cent. des Arts et Man., 39, rue Montgrand. — Marseille (Bouches-du-Rhône).

Prat (Léon), Chim., 163, rue Judaïque. — Bordeaux (Gironde). — **R**

Dr **Prats (J., M.), Méd. de S. A. le Bey. — La Marsa (Tunisie).

Préaudeau (Albert de), Ing. en chef, Prof. à l'Éc. nat. des P. et Ch., 21, rue Saint-Guillaume. — Paris.

****Preller (L.)**, Nég., 5, cours de Gourgues. — Bordeaux (Gironde). — **R**

Prève (Laurent), 2, rue Dante. — Nice (Alpes-Maritimes).

Prevet (Ch.), Nég., 48, rue des Petites-Écuries. — Paris. — **R**

Prévost (Adolphe), Nég., 9, rue Saint-Pierre-les-Dames. — Reims (Marne).

****Prévost (Albert)**, Prop., rue de Beaujour. — Pontoise (Seine-et-Oise).

****Prévost (Georges)**, Ing. civ. des Mines, anc. Élève de l'Éc. Polytech., 30, quai de Bourgogne. — Bordeaux (Gironde).

Dr **Prévost (Léandre). — Pont-l'Évêque (Calvados).

****Prévost (Maurice)**, Nég., 19, rue Foy. — Bordeaux (Gironde).

****Prévost (Maurice)**, Publiciste, 55, rue Claude-Bernard. — Paris.

Prieur (Félix), Biblioth. des Fac., 6, rue Morand. — Besançon (Doubs).

****Prioleau (Mme Léonce)**, 4, rue des Jacobins. — Brive (Corrèze). — **R**

Dr **Prioleau (Léonce), anc. Int. des Hôp. de Paris, 4, rue des Jacobins. — Brive (Corrèze). — **R**

Priou (Louis), Interp. judic., Mem. du Cons. gén., 40, rue Greuze. — Mostaganem (départ. d'Oran) (Algérie).

****Pris (Mme Paul)**, 48, rue aux Ours. — Rouen (Seine-Inférieure).

Privat (Paul, Édouard), Libr.-Édit., Juge au Trib. de Com., 45, rue des Tourneurs. — Toulouse (Haute-Garonne). — **R**

Prot (Paul), Indust., 65, rue Jouffroy. — Paris. — **F**

Proudhon (Mme V^e), 78, boulevard Saint-Germain. — Paris.

Prouho (Henri), Doct. ès sc., Prof. adj. à la Fac. des Sc., anc. Élève de l'Éc. cent. des Arts et Man., 72, rue Jeanne d'Arc. — Lille (Nord).

****Proust**, Dir. du *Comptoir national d'Escompte*, 23, boulevard Bab-Benat. — Tunis.

Proust (Adrien), Prof. à la Fac. de Méd., Mem. de l'Acad. de Méd., Méd. des Hôp. Insp. gén. des serv. sanit., 9, boulevard Malesherbes. — Paris.

Proust (Louis, Charles), Ing.-chim., 99, rue du Faubourg-Saint-Honoré. — Paris.

Prunget (Joseph), s.-Chef de Bureau au Min. du Com., 106, rue de Rennes. — Paris.

Pruvot (Georges), Prof. de zool. à la Fac. des Sc. — Grenoble (Isère).

Puerari (Eugène), Admin. de la *Comp. des Chem. de fer du Midi*, 40, boulevard de Courcelles. — Paris.

Pugens, Ing. en chef des P. et Ch., 7, Jardin-Royal. — Toulouse (Haute-Garonne).

Dr Pujos (Albert), Méd. princ. du Bureau de bienfais., 58, rue Saint-Sernin. — Bordeaux (Gironde). — R

Pütz (le Général Henry), 98, rue Saint-Merry. — Fontainebleau (Seine-et-Marne).

Dr Putzeÿs (Félix), Prof. d'hyg. à l'Univ., 15, boulevard Frère-Orban.—Liège (Belgique).

Puvis (Paul), 128, avenue Parmentier. — Paris.

Quarré-Reybourbon, Mem. de la Commis. hist., Sec. gén. adj. de la Soc. de Géog. de Lille, 70, boulevard de la Liberté. — Lille (Nord).

Quatrefages de Bréau (Mme Ve Armand de), 155, boulevard Magenta. — Paris. — R

Quatrefages de Bréau (Léonce de), Ing., Chef de serv. à la Comp. des Chem. de fer du Nord, anc. Élève de l'Éc. cent. des Arts et Man., 155, boulevard Magenta. — Paris. — R

Quef-Debièvre (Victor), Prop., 2, boulevard Louis XIV. — Lille (Nord).

Queirel (Mme Auguste), 20, rue Grignan. — Marseille (Bouches-du-Rhône).

Dr Queirel (Auguste), Corresp. nat. de l'Acad. de Méd., Prof. de clin. obstétric. à l'Éc. de Méd. Chirurg. en chef de la Maternité, 20, rue Grignan. — Marseille (Bouches-du-Rhône).

Dr Quélet (Lucien), Natural., Lauréat de l'Acad. des Sc. — Hérimoncourt (Doubs).

Quesné (Victor), anc. Banquier. — Elbeuf-sur-Seine (Seine-Inférieure).

Quesnel (Gustave), 10, rue Legendre. — Rouen (Seine-Inférieure).

Queva (Charles), Doct. ès sc., Maître de conf. de Botan. à la Fac. des Sc., 14, rue Malus. — Lille (Nord).

Quévillon (Fernand), Lieut.-Colonel d'Infant., Breveté d'Ét.-Maj., Sec. du Comité technique d'Ét.-Maj., 17, rue du Champ-de-Mars. — Paris. — F

Quévreux (Amédée), Prop., château Langladure. — Bourdettes par Nay (Basses-Pyrénées).

*Quillardet, rue d'Autriche (maison Versini). — Tunis.

Quinemant (Auguste), Colonel d'Infant. en retraite, villa Beau-Site. — Thonon-les-Bains (Haute-Savoie).

Quinette de Rochemont (le Baron Émile, Théodore), Insp. gén., Prof. à l'Éc. nat. des P. et Ch., 18, rue de Marignan. — Paris.

*Rabaut (Charles), Chim., 20, rue Pestalozzi. — Paris.

Rabion (J., E.), Notaire, 32, rue Vital-Carles. — Bordeaux (Gironde).

Rabot, Doct. ès sc., Pharm., Présid. du Cons. d'hyg. du départ., 33, rue de la Paroisse. — Versailles (Seine-et-Oise).

Racapé (Maurice), Insp. de l'Ens. prim. — Langogne (Lozère).

Racine (Émile), Nég., anc. Juge au Trib. de Com., 30, rue Breteuil. — Marseille (Bouches-du-Rhône).

Racine (Gustave), Nég., 30, rue Breteuil. — Marseille (Bouches-du-Rhône).

Racine (Henri), Indust., v.-Consul d'Autriche. — Menton (Alpes-Maritimes).

Raclet (Joannis), Ing. civ., 10, place des Célestins. — Lyon (Rhône). — R

Radais (Maxime), Agr. à l'Éc. sup. de Pharm., 257, boulevard Raspail. — Paris.

Dr Rafaillac (Sylvain), Présid. de la Ch. Synd. des Méd. du Médoc. — Margaux (Gironde).

Raffalovich (Mme Arthur), 19, avenue Hoche. — Paris.

Raffalovich (Arthur), Corresp. de l'Inst., Rédac. au Journal des Débats, 19, avenue Hoche. — Paris.

Raffalovich (Mme H.), 48, avenue du Bois-de-Boulogne. — Paris.

Raffard (Nicolas, Jules), Ing.-Mécan., Lauréat de l'Inst. (Prix Montyon), 5, avenue d'Orléans. — Paris. — R

Dr Raffegeau. — Le Vésinet (Seine-et-Oise).

Ragain (Gustave), Prof. au Lycée et à l'Éc. sup. de Com. et d'Indust., 42, rue de Ségalier. — Bordeaux (Gironde).

*Ragot (J.), Ing. civ., Admin. délégué de la Sucrerie de Meaux. — Villenoy par Meaux (Seine-et-Marne).

Raillard (Emmanuel), Insp. gén. des P. et Ch. en retraite, 7, rue Fénelon. — Paris.

*Raimbault (Paul), Pharm. de 1re cl., Prof. à l'Éc. de Méd., 12, rue de la Préfecture. — Angers (Maine-et-Loire).

Raimbert (Louis), Chim. — Cuincy par Douai (Nord). — R

Rainbeaux (Abel), anc. Ing. des Mines, 16, rue Picot. — Paris.

Dr Raingeard, 1, place Royale. — Nantes (Loire-Inférieure). — R

Ralli (Étienne), Prop., 24, place Malesherbes. — Paris.

Rambaud (Alfred), Prof. à la Fac. des Let., Min. de l'Instruc. pub., Sénateur et Mem. du Cons. gén. du Doubs, 76, rue d'Assas. — Paris. — R

*Ramé (Mlle), 16, rue de Chalon. — Paris. — R

*Ramé (Louis, Félix), anc. Présid. du syndic. de la boulang. de Paris et de la délég. de la boulang. franç., 16, rue de Chalon. — Paris. — R

Ramon, Chef de serv. du matér. et de la trac. au *Réseau de l'Eure*. — Trie-Château (Oise).

Ramond (Georges), Assistant de Géol. au Muséum d'hist. nat., 61, rue de Buffon. — Paris, et 25, rue Jacques-Dulud. — Neuilly-sur-Seine (Seine).

Randoing (Jean, Henri), Insp. gén. de l'Agric., 70, rue de Rennes. — Paris.

*Dr Ranque (Paul), 13, rue Champollion. — Paris.

Dr Ranse (Félix, Henri de), Corresp. de l'Acad. de Méd., Rédac. en chef de la *Gazette médicale*, 6, rue de Monceau. — Paris.

Raoul (Édouard), Mem. du Cons. sup. de Santé et du Cons. sup. des Colonies, Prof. du cours de produc. et cultures tropic. à l'Éc. coloniale, Délég. des Ch. d'Agric. et de Com. des Établis. français de l'Océanie, 5, rue de Vienne. — Paris. — R

Dr Raoult (Aimar), anc. Int. des Hôp. de Paris, 4, rue de Serre. — Nancy (Meurthe-et-Moselle).

Raoult (François), Corresp. de l'Inst., Doyen de la Fac. des Sc., 2, rue des Alpes. — Grenoble (Isère).

Raoulx, Insp. gén. des P. et Ch. en retraite, 48, route de Lavalette. — Toulon (Var).

Rateau, Prop., 5, rue Saint-Laurent. — Bordeaux (Gironde).

Rateau (A.), Ing. des Mines, Prof. à l'Éc. des Mines, 27, rue de la République. — Saint-Étienne (Loire).

*Raugé (Mme Paul). — Challes (Savoie).

*Dr Raugé (Paul). — Challes (Savoie).

*Raugé van Gennep (Arnold), Étud. — Challes (Savoie).

Raulet (Lucien), anc. Nég., Biblioth.-Conserv. hon. de la *Soc. de Géog. com. de Paris*, 9, rue des Dames. — Paris.

Raulin (Victor), anc. Prof. à la Fac. des Sc. de Bordeaux. — Montfaucon-d'Argonne (Meuse).

Ravenel (Jules), Artiste-Peintre, 18, rue des Carmélites. — Caen (Calvados).

Raymond (Fulgence), Prof. à la Fac. de Méd., Méd. des Hôp., 156, boulevard Haussmann. — Paris.

Dr Raymond (Théophile), Prof. de Pathol. int. à l'Éc. de Méd. et de Pharm., 8, avenue de Juillet. — Limoges (Haute-Vienne).

Raynal (David), anc. Min. Député de la Gironde, 11, rue Château-Trompette. — Bordeaux (Gironde).

Reber (Jean), Chim. — Notre-Dame-de-Bondeville (Seine-Inférieure).

Reboul (Frédéric), Cap. à l'Ét.-maj. du 2e corps d'armée, 16, rue Montaigne. — Paris.

Dr Reboul (Jules), anc. Int. des Hôp. de Paris, Chirurg. en chef de l'Hôtel-Dieu, 1, rue d'Uzès. — Nîmes (Gard).

Rebuffel (Charles), Ing. des P. et Ch., Dir. de la *Soc. des grands trav. de Marseille*, 70, rue Paradis. — Marseille (Bouches-du-Rhône).

Dr Reclus (Paul), Mem. de l'Acad. de Méd., Agr. à la Fac. de Méd., Chirurg. des Hôp., 9, rue des Saints-Pères. — Paris.

Dr Redard (Camille), Prof., 14, rue du Mont-Blanc. — Genève (Suisse).

*Reddon (Mme Henry), villa Penthièvre. — Sceaux (Seine).

*Dr Reddon (Henry), Méd.-Dir. de la villa Penthièvre. — Sceaux (Seine).

Dr Régis (Emmanuel), Chargé de cours à la Fac. de Méd., 54, rue Huguerie. — Bordeaux (Gironde).

Dr Regnard (Paul), Mem. de l'Acad. de Méd., Prof. à l'Inst. nat. agronom., 224, boulevard St-Germain. — Paris.

Régnard (Paul, Louis), Ing. des Arts et Man., Mem. du Comité de la *Soc. des Ing. civ. de France*, 53, rue Bayen. — Paris.

Régnault (Félix), Libraire, 19, rue de la Trinité. — Toulouse (Haute-Garonne).

Dr Régnault (Félix, Louis), anc. Int. des Hôp., 54, rue Lafontaine. — Paris.

Dr Régnier (Pierre), 23, rue Huguerie. — Bordeaux (Gironde).

Reich (Louis), Ing.-Agric., Domaine du Bourrian. — Gassin (Var).

Dr Reignier (Alexandre), Méd. consult., place Rosalie. — Vichy (Allier).

Reille (le Baron René), Député du Tarn, 10, boulevard de La Tour-Maubourg. — Paris. — R

Reinach (Herman-Joseph), Banquier, 31, rue de Berlin. — Paris. — F

Rémond (Antoine), Prof. à la Fac. de Méd., 2, allée du Pont-des-Demoiselles. — Toulouse (Haute-Garonne).

Dr Rémy (Charles), Agr. à la Fac. de Méd., 31, rue de Londres. — Paris.

*Renard (Mme Auguste), 33, rue Rovigo. — Alger.

*Renard (Auguste), Prof. de réto. au Licée., Sec. gén. de l'*Association oriografique*, 33, rue Rovigo. — Alger.

Renard (Charles), Chef de bat. du Génie, Dir. de l'Établis. cent. d'aérostat. milit. de Chalais, 7, avenue de Trivaux. — Meudon (Seine-et-Oise).

Renard (Soulange), Banquier, 10, avenue de Messine. — Paris.

Renard et Villet, Teintur. — Villeurbanne (Rhône).

Renaud (Georges), Dir. de la *Revue géographique internationale*, Prof. au col. Chaptal, à l'Inst. com. et aux Éc. sup. de la Ville de Paris, 76, rue de la Pompe. — Paris. — **R**

Renaud (Paul), anc. Indust., 6, rue du Chapeau-Rouge. — Nantes (Loire-Inférieure).

Renault (Bernard), Doct. ès sc., Assistant de Botan. au Muséum d'hist. nat., 1, rue de la Collégiale. — Paris.

Renault (Gustave), Pharm. de 1re cl., Présid. de la *Soc. des Pharm. du Loiret*, 4, rue de la Hallebarde. — Orléans (Loiret).

Renaut (Joseph), Prof. à la Fac. de Méd., Assoc. nat. de l'Acad. de Méd., 6, rue de l'Hôpital. — Lyon (Rhône).

*Rénier (Édouard), Recev. partic. des Fin. — Issoire (Puy-de-Dôme). — **R**

Renou (Émilien), Dir. de l'Observatoire météor. du parc Saint-Maur, anc. Élève de l'Éc. Polytech., avenue de la Tourelle. — Saint-Maur-les-Fossés (Seine).

Renouard (Mme Alfred), 64, rue Singer. — Paris.

Renouard (Alfred), Ing. civ. Dir. de *Soc. techniq.*, 64, rue Singer. — Paris. — **F**

Renouard-Béghin, Filat. et Fabric. de toiles, 3, rue à Fiens. — Lille (Nord).

Renouf (Désiré), Dir. de l'agence de la *Soc. gén.*, 41, boulevard de la Gare. — Beauvais (Oise).

Renouvier (Charles), Publiciste, anc. Élève de l'Éc. Polytech., 37, rue des Remparts-Villeneuve. — Perpignan (Pyrénées-Orientales). — **F**

Repelin (Joseph), Doct. ès Sc., Prépar. à la Fac. des Sc., 11, boulevard Dugommier. Marseille (Bouches-du-Rhône).

Dr Repéré. — Gémozac (Charente-Inférieure).

Rességuier (Eugène), Admin. délég. des *Verreries de Carmaux*, 15, allées Lafayette. — Toulouse (Haute-Garonne).

Rettig (Fritz), Chim. (maison Heilmann et Cie). — Mulhouse Alsace-Lorraine).

Revoil (Henri), Corresp. de l'Inst., Archit. des monuments historiques, avenue Feuchères. — Nîmes (Gard).

Rey (Albert), Présid. de *la Soc. marseillaise de Crédit indust. et com.*, 63, rue Paradis. — Marseille (Bouches-du-Rhône).

Rey (Louis), Ing. des Arts et Man., Admin. de la *Comp. des Chem. de fer du Cambrésis*, 77, boulevard Exelmans. — Paris. — **R**

Rey (Paul), Notaire, Mem. du Cons. gén. — Nay (Basses-Pyrénées).

Dr Reybert (Louis), anc. Député, Maire de Saint-Claude, 53, rue Pigalle. — Paris.

Dr Rey-Pailhade (Joseph de), Ing. civ. des Mines, 38, rue du Taur. — Toulouse (Haute-Garonne).

Reynaud (Georges), Ing. des Arts et Man., Manufac. — Betheniville (Marne).

Dr Reynier (Paul), Agr. à la Fac. de Méd., Chirurg. des Hôp., 12 *bis*, place Delaborde. — Paris.

Dr Riant (A.), Méd. de l'Éc. norm. prim. du départ. de la Seine, 138, rue du Faubourg-Saint-Honoré. — Paris.

Riaz (Auguste de), Banquier, 10, quai de Retz. — Lyon (Rhône). — **F**

Dr Riban (Joseph), Dir. adj. du Lab. d'enseign. chim. et des Hautes Études à la Sorbonne, Prof. à l'Éc. nat. des Beaux-Arts, 85, rue d'Assas. — Paris.

Dr Ribard (Élisée), 84, rue du Point-du-Jour. — Paris.

Ribero de Souza Rezende (le Chevalier S.), Poste restante. — Rio-Janeiro (Brésil). — **R**

Ribot (Alexandre), anc. Min., Député du Pas-de-Calais, 6, rue de Tournon. — Paris.

Ribout (Charles), Prof. hon. de math. spéc. au Lycée Louis-le-Grand, 30, avenue de Picardie. — Versailles (Seine-et-Oise). — **R**

*Dr Ricard (Etienne), Chirurg. de l'Hôp., 6, impasse Voltaire. — Agen (Lot-et-Garonne).

Ricard (Louis), anc. Min., Député de la Seine-Inférieure, 160, rue du Faubourg-Saint-Honoré. — Paris.

Richard (Jules), Ing., Fabric. d'inst. de phys., 8, impasse Fessart. — Paris.

Dr Richard (Léon), 22, rue de Chastillon. — Châlons-sur-Marne (Marne).

*Richard (V.), s.-Dir. du *Comptoir nat. d'Escompte*, 8, avenue de France. — Tunis.

Dr Richardière (Henri), Méd. des Hôp., 18, rue de l'Université. — Paris.

Dr Richelot (L., Gustave), Agr. à la Fac. de Méd., Chirurg. des Hôp., 32, rue de Penthièvre. — Paris.

Richemont (Albert de), anc. Maître des Requêtes au Cons. d'État, 4, rue Cambacérès. — Paris.

Dr Richer (Paul), Dir. hon. du Lab. des maladies nerveuses à la Fac. de Méd., 11, rue Garancière. — Paris.

Richet (Charles), Prof. à la Fac. de Méd., 15, rue de l'Université. — Paris.
*Richier (Clément), Prop. — Nogent en Bassigny (Haute-Marne). — R
Ridder (Gustave de), Notaire, 4, rue Perrault. — Paris. — R
Rieder (Jacques), Ing. des Arts et Man., Gérant de la Maison Gros, Roman et Cⁱᵉ. — Wesserling (Alsace-Lorraine).
Rigaud (Mᵐᵉ Francisque), 8, rue Vivienne. — Paris. — F
Rigaud (Francisque), Fabric. de prod. chim., Mem. du Cons. gén. de la Seine, 8, rue Vivienne. — Paris. — F
Rigaud (Albert), Ing. des Arts et Man., Insp. du serv. élect. de la Comp. des Chem. de fer d'Orléans, 41, rue de Berlin. — Paris.
Rigaud (Adolphe), Nég., Adj. au Maire, 15, rue de Valmy. — Lille (Nord).
Rigaut (E.), Filat. de coton, 71, rue Guillaume-Werniers. — Lille (Nord).
Rigel (Jérôme), Caissier de la maison Way, 27, rue Jean-Jacques-Rousseau. — Paris.
Rilliet (Albert), Prof. à l'Univ., 16, rue Bellot. — Genève (Suisse). — R
Rimbault (Jacques), Conduc. princ. des P. et Ch. en retraite, avenue La Quintinie. — Niort (Deux-Sèvres).
Risler (Charles), Chim., Maire du VIIᵉ arrond., 39, rue de l'Université. — Paris. — F
Risler (Eugène), Dir. de l'Inst. nat. agronom., 106 bis, rue de Rennes. — Paris. — R
Rispal, Nég., 200, boulevard de Strasbourg. — Le Havre (Seine-Inférieure).
Riston (Victor), Doct. en droit, Avocat à la Cour d'Ap., 3, rue d'Essey. — Malzéville (Meurthe-et-Moselle). — R
Ritter (Charles), Ing. en chef des P. et Ch. en retraite, 1, rue de Castiglione. — Paris.
Ritter (Henri), Commis de Dir. des Postes et Télég., 11, rue Latapie. — Pau (Basses-Pyrénées).
Rivié (l'Abbé C.), Curé de Saint-François-Xavier, 39, boulevard des Invalides. — Paris.
Rivière (A.), Archit., 16, rue de l'Université. — Paris.
Rivière (Émile), s.-Dir. adj. du Lab. d'hist. nat. des corps inorganiques du Collège de France, 18, place Saint-Médard. — Brunoy (Seine-et-Oise).
*Dʳ Rivière (Jean), Méd.-Maj. du 4ᵉ Bat. d'Inf. légère d'Afrique. — Le Kef (Tunisie). — R
Rivière (Paul), Prépar. à la Fac. de Méd., 3, rue Jean-Burguet. — Bordeaux (Gironde).
Robert (Émile), Nég., 5, cours d'Alsace-et-Lorraine. — Bordeaux (Gironde).
Robert (Gabriel), Avocat à la Cour d'Ap., 2, quai de l'Hôpital. — Lyon (Rhône). — R
Roberty (H.), Nég., 52, rue Notre-Dame-de-Nazareth. — Paris.
Robin (A.), Consul de Turquie, Banquier, 41, rue de l'Hôtel-de-Ville. — Lyon (Rhône). — R
Robineau (Th.), Lic. en droit, anc. Avoué, 4, avenue Carnot. — Paris. — R
Robinet (Édouard), Chim. — Épernay (Marne).
Dʳ Rochard (Jules), Insp. gén. du serv. de Santé de la Marine en retraite, Mem. de l'Acad. de Méd., 4, rue du Cirque. — Paris.
Rochas d'Aiglun (le Lieutenant-Colonel Albert de), Admin. de l'Éc. Polytech., 21, rue Descartes. — Paris.
Dʳ Roche (Léon). — Oradour-sur-Vayres (Haute-Vienne).
Roche-Galos (Louis), Gérant du crû de Mouton-Rothschild, 103, rue de la Croix-Blanche. — Bordeaux (Gironde).
Rochebillard (Paul), Filat. de coton, 38, rue du Phénix. — Roanne (Loire).
Rochefort (de), Dir. de la Comp. gén. Transat. — Oran (Algérie).
Rocques (Xavier), Expert-Chim., anc. Chim. princ. au Lab. mun. de la Préf. de Police, 11, avenue Laumière. — Paris.
Rodel (Henri), Substitut du Proc. de la République, 1, rue de Condé. — Bordeaux (Gironde).
Rodier (E.), Prof. d'Hist. nat. au Lycée, 20, rue Matignon. — Bordeaux (Gironde).
*Rodocanachi (Emmanuel), 54, rue de Lisbonne. — Paris. — R
Rodrigues-Ély (Amédée), Banquier, 3, cours Pierre-Puget. — Marseille (Bouches-du-Rhône).
Rodrigues-Ély (Camille), Manufac., Lic. en Droit, anc. Cap. d'Artil., anc. Élève de l'Éc. Polytech., 2, boulevard Henri IV. — Paris.
*Rœderer (David), Ing., anc. Élève de l'Éc. Polytech., Dir. de la Soc. de construc. des Batignolles, 1 bis, rue Es-Sadikia. — Tunis.
*Rœser (Paul), Pharm. Maj. de 1ʳᵉ cl., Hôpital militaire du Belvédère. — Tunis.
Rogé (Xavier), Maître de forges, Présid. de la Ch. de Com. de Nancy. — Pont-à-Mousson (Meurthe-et-Moselle).
*Dʳ Rogée (Léonce). — Saint-Jean-d'Angély (Charente-Inférieure).
Rogelet (Edmond), Manufac., 41, rue de Talleyrand. — Reims (Marne).
*Roger (Albert), Nég. en vins de Champagne, rue Croix-de-Bussy. — Épernay (Marne).

Roger (André), Juge au Trib. de Com., 14, rue Léon-Dégenétais. — Fécamp (Seine-Inférieure).

*Roger (Georges)**, Nég. en vins, rue Croix-de-Bussy. — Épernay (Marne).

Rohden (Charles de), Mécan., 189, rue Saint-Maur. — Paris. — **R**

Rohden (Théodore de), 189, rue Saint-Maur. — Paris. — **R**

Rohmer (Mme Joseph), 58, rue des Ponts. — Nancy (Meurthe-et-Moselle).

Dr Rohmer (Joseph), Agr. à la Fac. de Méd., 58, rue des Ponts. — Nancy (Meurthe-et-Moselle).

Roig y Torres (Mme Rafael), 38, ronda San-Pedro. — Barcelone (Espagne).

Roig y Torres (Rafael), Dir. de la Stat. agronom., 38, ronda San-Pedro. — Barcelone (Espagne).

Dr Roland (François), Prof. à l'Éc. de Méd., Mem. de l'*Acad. des Sc., Belles-Let. et Arts*, Sec. de la *Soc. de Méd.*, 10, rue de l'Orme-de-Chamars. — Besançon (Doubs).

Rolland (Alexandre), Nég. en papiers, 7, rue Haxo. — Marseille (Bouches-du-Rhône). — **R**

Rolland (Georges), Ing. en chef des Mines, 60, rue Pierre-Charron. — Paris. — **R**

Rollez (G.), 48, boulevard de la Liberté. — Lille (Nord).

Romann (Auguste), Fabric. de brosses, 14, rue des Merles. — Mulhouse (Alsace-Lorraine).

Rondeau (Julien), Avocat, 47, rue de la Victoire. — Paris.

Dr Rondeau (Pierre), Chef adj. des trav. prat. de physiol. à la Fac. de Méd., 14, rue Desbordes-Valmore. — Paris.

Ronna (Antoine), Ing., Mem. du Cons. sup. de l'Agric., anc. Dir. des mines, usines et domaines de la *Soc. autrichienne-hongroise privilégiée des chem. de fer de l'État*, 48, boulevard Emile-Augier. — Paris.

Roosmalen (Ephrème de), Délég. au Min. de l'Agric., 13, rue Washington. — Paris.

*Roques (Camille)**, Juge au Trib. civ., rue Droite. — Villefranche (Aveyron).

Rosenfeld (Jules), Délég. cant. du IXe arrond., anc. Chef d'Instit., 39, rue Condorcet. — Paris.

Rosenstiehl (Auguste), 61, route de Saint-Leu. — Enghien (Seine-et-Oise).

Rothschild (le Baron Alphonse de), Mem. de l'Inst., 2, rue Saint-Florentin. — Paris. — **F**

Rothschild (le Baron Gustave de), Consul gén. d'Autriche, 23, avenue de Marigny. — Paris.

Rouanne (Antoine), Pharm. — Henrichemont (Cher).

Rouart (Henri), Construc.-mécan., anc. Élève de l'Éc. Polytech., 137, boulevard Voltaire. — Paris.

Dr Rouby (Pierre), Dir. de la Maison de santé. — Dôle (Jura).

Rouchy (l'Abbé), Curé. — Chastel par Murat (Cantal).

Rouffio (Félix), Ing. des Arts et Man., 22, rue de la Darse. — Marseille (Bouches-du-Rhône).

Rougerie (Monseigneur Pierre, Eugène), Évêque de Pamiers. — Pamiers (Ariège).

Rouget, Insp. gén. des Fin., 15, avenue Mac-Mahon. — Paris. — **R**

Rougeul, Insp. gén. hon. des P. et Ch., 3, rue du Regard. — Paris.

Rouher (Gustave), château de Creil (Oise).

Rouillé (Louis), Publiciste, Mem. de l'*Acad. de La Rochelle*, villa Marjac. — Bois-Vert par Fouras (Charente-Inférieure).

Roule (Louis), Prof. de Zool. à la Fac. des Sc., 19, rue d'Alsace-Lorraine. — Toulouse (Haute-Garonne).

Roumazeilles, Vétér. — Bernos par Bazas (Gironde).

Dr Roussan (Georges), anc. Int. des Hôp., 106, avenue Victor-Hugo. — Paris.

Dr Rousseau (Henri), Institution du Parangon. — Joinville-le-Pont (Seine).

Rousseau (le Général Jules), anc. Sec. gén. de la Grande Chancellerie de la Légion d'honneur, 73, boulevard Haussmann. — Paris.

Rousseau (Paul), Fabric. de prod. chim., 16, rue des Fossés-Saint-Jacques. — Paris.

Dr Rousseau-Saint-Philippe (Léon), Agr. à la Fac. de Méd., Méd. des Hôp., 13, place Pey-Berland. — Bordeaux (Gironde).

Dr Roussel (Albéric), 47, boulevard Beaumarchais. — Paris.

Roussel (Joseph), Prof. de Phys. au collège, La Folie. — Cosne (Nièvre).

Roussel (Jules), Nég., 1, rue Auguste. — Nimes (Gard).

Dr Roussel (Théophile), Mem. de l'Inst. et de l'Acad. de Méd., Sénateur et Présid. du Cons. gén. de la Lozère, 71, rue du Faubourg-Saint-Honoré. — Paris. — **F**

Rousselet (Louis), Archéol., 126, boulevard Saint-Germain. — Paris. — **R**

Roussellier (Jean), Agent gén. de la *Comp. des houillères de Bessèges*, 20, cours Pierre-Puget. — Marseille (Bouches-du-Rhône).

Dr Roustan (Auguste), 58, rue d'Antibes. — Cannes (Alpes-Maritimes).

Rouveix (Mme Lucie). — Saint-Germain-Lembron (Puy-de-Dôme).

*Dr Rouveix (Mathieu). — Saint-Germain-Lembron (Puy-de-Dôme).

Rouvier, Mem. du Cons. gén., château de Puyravault par Surgères (Charente-Infé-rieure).

Dr Rouvier (Jules), Prof. à la Fac. de Méd. française de Beyrouth (Syrie), 6, rue Nau. — Marseille (Bouches-du-Rhône).

Rouvière (Albert), Ing. des Arts et Man., Prop.-Agric. — Mazamèt (Tarn). — **F**

Rouvière (Léopold), Pharm. — Avignon (Vaucluse).

Rouville (Étienne de), Prépar. de zool. à la Fac. des Sc., 69, cité Industrielle. — Montpellier (Hérault).

Rouville (Paul de), Doyen hon. de la Fac. des Sc., 69, cité Industrielle. — Montpellier (Hérault).

Dr Roux (Émile), Dir. de l'Inst. Pasteur, Mem. de l'Acad. de Méd., 25, rue Dutot. — Paris.

*Roux (Mme Gustave), 72, rue de Rome. — Paris.

*Roux (Gustave), 72, rue de Rome. — Paris.

Roux (Jules, Charles), Fabric. de savon, Député des Bouches-du-Rhône, 81, rue Sainte. — Marseille (Bouches-du-Rhône).

Rouyer-Warnier (L.), Nég., 27, rue David. — Reims (Marne).

Rouzès (Hippolyte), Dir. gén. de la *Soc. d'assurances « La Garantie Fédérale »*, 9, rue Lagrange. — Paris.

Royon (Eugène), Rent., 8, rue de Cérisy. — Amiens (Somme).

Roze (Émile), Avocat, ancien Avoué, 19, rue Libergier. — Reims (Marne).

Rozier (Octave), Prof. de math., 12 *bis*, rue Prosper. — Bordeaux (Gironde).

Dr Ruault (Albert), Méd. de la clin. laryngol. de l'Instit. nat. des Sourds-Muets, 83, rue du Faubourg-Saint-Honoré. — Paris.

Ruch (Alphonse), Fabric. de prod. chim., 29, rue Sévigné. — Paris.

*Ruchonnet (Pierre, Paul), Ing. des Arts et Man., 13, boulevard de Belleville. — Paris.

Dr Ruelle (Paul de), 19, rue Sainte. — Marseille (Bouches-du-Rhône).

Ruffin (Achille), Chim., 135, rue Vinoc-Chocqueel. — Tourcoing (Nord).

Russel (William), Doct. ès sc., 17, rue Berthollet. — Paris.

Dr Sabatier, 11, rue de la Coquille. — Béziers (Hérault).

Sabatier (Armand), Corresp. de l'Inst., Doyen de la Fac. des Sc. 3, rue Barthez. — Montpellier (Hérault). — **R**

*Sabatier (Paul), Prof. de Chim. à la Fac. des Sc., 11, allées des Zéphirs. — Toulouse (Haute-Garonne). — **R**

Dr Sabatier-Desarnauds, 9, rue des Balances. — Béziers (Hérault).

Dr Sabouraud (Raymond), Chef de Lab. à la Fac. de Méd. à l'Hôp. Saint-Louis, 12, rue de Rome. — Paris.

Sachot (Octave), Rédac. scient. et Sec. de la Rédac. de la *Revue britannique*, 19, rue du Dragon. — Paris.

Sagey, Dir. de la *Banque de France*. — Tours (Indre-et-Loire).

Sagnier (Henry), Dir. du *Journal de l'Agriculture*, 2, carrefour de la Croix-Rouge. — Paris. — **R**

Saignat (Léo), Prof. à la Fac. de Droit, 18, rue Mably. — Bordeaux (Gironde). — **R**

Sainsère (Louis), Avocat, anc. Maire de Bar-le-Duc, 59, boulevard Saint-Michel. — Paris.

Saint-Guily (Xavier), Dir. des Salines. — Salies-de-Béarn (Basses-Pyrénées).

Saint-Joseph (le Baron Anthoine de), 23, rue François Ier. — Paris.

*Saint-Laurent (Albert de), Avocat, 128, cours Victor-Hugo. — Bordeaux (Gironde). — **R**

Saint-Martin (Charles de). — Thiaucourt (Meurthe-et-Moselle). — **R**

Saint-Olive (G.), anc. Banquier, 9, place Morand. — Lyon (Rhône). — **R**

Saint-Quentin (le Comte de), Prop., Présid. de la *Soc. d'Agric. et de Com.*, Député du Calvados, château de Garcelles-Secqueville par Bourguébus (Calvados).

Saint-Quentin (Edmond, Philippe), Prof. de sc., 10, Terrasse Saint-Pierre. — Douai (Nord).

Dr Sainte-Rose-Suquet, 3, rue des Pyramides. — Paris. — **R**

*Saladin (Henri), Archit. diplômé par le gouvern., 47, rue du Faubourg-Saint-Honoré. — Paris.

Salaire-Petit (Mme V^e), 35, rue de l'Université. — Reims (Marne).

Salanson (Alphonse), Ing. civ. des Mines, 15 *bis*, rue Saint-Georges. — Paris.

Dr Salathé (Auguste), 27, rue Michel-Ange. — Paris.

Salet (Mme Ve Georges), 120, boulevard Saint-Germain. — Paris.

Salet (Pierre), Étud., 120, boulevard Saint-Germain. — Paris.

Salle (Adolphe), Nég., 55, rue Saint-Remy. — Bordeaux (Gironde).

*Sallenave (Victor), Chim.-exp., 3, place du Palais-de-Justice. — Pau (Basses-Pyrénées).

Salleron, Construc., 24, rue Pavée-Marais. — Paris. — F

Salles (J.-Marie, Ed.), Ing. en chef des P. et Ch. en retraite, 1, rue des Cloches,. — Toulouse (Haute-Garonne).

Salmon (Philippe), Avocat, v.-Présid. de la *Commis. des monum. mégalith.*, 29, rue Le Peletier. — Paris.

*Salomé (Théophile), Doct. en Droit, 27, rue Saint-Jean. — Pontoise (Seine-et-Oise).

Salvago (Nicolas), 15, place Malesherbes. — Paris.

Dʳ Samalens (Gabriel). — Auch (Gers).

Samama (Moïse), Rent., 194, avenue du Prado. — Marseille (Bouches-du-Rhône).

Samama (Nissim), Doct. en droit, Avocat, 194, avenue du Prado. — Marseille (Bouches-du-Rhône).

Samary (Paul), Ing. des Arts et Man., Archit. Député d'Alger, 2, rue Corvetto. — Paris.

Samazeuilh (Fernand), Avocat, 6, cours du Jardin-Public. — Bordeaux (Gironde).

Sambuc (Camille), Prof. sup. à l'Éc. de Méd. et de Pharm., 7, rue Michelet. — Alger-Mustapha.

Samuel (Émile), Manufac. — Neuville-sur-Saône (Rhône).

Sanson (André), Prof. à l'Inst. nat. agronom. et à l'Éc. nat. d'agric. de Grignon, 11, rue Boissonnade. — Paris. — R

Dʳ Sa Pereira (Cosme de). — Pernambuco (Brésil).

Saporta (le Comte Antoine de), 3, ru (Germain. — Montpellier (Hérault).

Sarcey (Francisque), Publiciste, 59, rue de Douai. — Paris.

Sarlit (Frédéric), Prof. de math. à l'Éc. sup. de Com. et d'Indust., 6, rue Rohan. — Bordeaux (Gironde).

Sartiaux (Albert), Ing. en chef des P. et Ch., Ing. Chef de l'Exploit. à la *Comp. des Chem. de fer du Nord*, 20, rue de Dunkerque. — Paris.

*Saugrain (Gaston), Avocat à la Cour d'Ap., 15, rue de Tournon. — Paris.

Saunion (Alexandre), Nég., rue des Ormeaux. — La Rochelle (Charente-Inférieure).

*Saurin (Alphonse), Banq., Agent gén. du *Phénix*. — Castellane (Basses-Alpes).

Dʳ Sauvage (Émile), Dir. de la station aquicole, 39 *bis*, rue Tour-Notre-Dame. — Boulogne-sur-Mer (Pas-de-Calais).

Sauvageau (Camille), Maître de Conf. de Botan. à la Fac. des Sc., 8, cours de la Liberté. — Lyon (Rhône).

Savé, Pharm. — Ancenis (Loire-Inférieure).

Savoire (Victor, Camille), Chef adj. du Lab. de Clin. Chirurg. à l'Hôtel-Dieu, 1, place du Parvis Notre-Dame. — Paris.

Savoyaud (Jean-Baptiste), Nég., 55, ancienne route d'Aixe. — Limoges (Haute-Vienne).

Schæffer (Gustave), Chim.-Manufac. — Château de Pfastatt (Alsace-Lorraine).

*Schamoun (Philippe), Délég. à la Dir. gén. des Fin. — Tozeur (Tunisie).

Scheurer (Auguste). — Logelbach près Colmar (Alsace-Lorraine).

Scheurer-Kestner (Auguste), Sénateur, 8, rue Pierre-Charron. — Paris. — F

Schickler (le Baron Fernand de), 17, place Vendôme. — Paris.

Schiess-Gemuseus (H.), Prof. à la Fac. de Méd., Dir. de la clin. ophtalm., 28, rue des Missions. — Bâle (Suisse).

Schilde (le Baron de), château de Schilde par Wyneghem (province d'Anvers) (Belgique). — R

Schlagdenhaufen (F.), Dir. de l'Éc. sup. de Pharm., 53, rue de Metz. — Nancy (Meurthe-et-Moselle).

Schleicher (Mᵐᵉ Adolphe), 15, rue des Saints-Pères. — Paris.

Schleicher (Adolphe), Libr.-Édit., 15, rue des Saints-Pères. — Paris.

Schloesing (Henri), Fabric. de Prod. chim., 103, rue Sylvabelle. — Marseille (Bouches-du-Rhône).

Schlotfeld (Louis). — Beaufort-sur-Gervanne (Drôme).

Schlumberger (Charles), Ing. de la Marine en retraite, 21, rue du Cherche-Midi. — Paris. — R

Schlumberger (Donald), 1, rue de Riedisheim. — Mulhouse (Alsace-Lorraine).

*Schmidt (Mˡˡᵉ), Prof. de l'Éc. second. de jeunes Filles, rue de Russie. — Tunis.

Schmidt (Oscar), 51, boulevard Saint-Michel. — Paris.

Schmit (Émile), Pharm., 24, rue Saint-Jacques. — Châlons-sur-Marne (Marne).

Dʳ Schmitt (Ernest), Prof. de Chim. et de Pharm. à l'Univ. catholique, 119, rue Nationale. — Lille (Nord).

Schmitt (Henri), Pharm. de 1re cl., 44, rue des Abbesses. — Paris. — **R**

Schmitt (Joseph), Prof. à la Fac. de Méd., 51, rue Chanzy. — Nancy (Meurthe et-Moselle).

Schmutz (Emmanuel), 1, rue Kageneck. — Strasbourg (Alsace-Lorraine). — **R**

Schneegans (le Général Frédéric), 67, faubourg de Besançon. — Montbéliard (Doubs).

Schneider (Henri), Maître de Forges au Creusot, Député de Saône-et-Loire, 1, boulevard Malesherbes. — Paris.

Schoeb (Joseph), Géom. en chef, Chef du serv. topog., rue Thiers.— Constantine (Algérie).

Dr Schœlhammer. — Mulhouse (Alsace-Lorraine).

Schœlhammer (Paul), Chim. chez MM. Scheurer, Rott et Cie. — Thann (Alsace-Lorraine).

Schœndœrffer (Paul), Ing. en chef des P. et Ch. — Annecy (Haute-Savoie).

Schoengrun (Théodore), anc. Mem. de la Ch. de Com., 28, place Gambetta. — Bordeaux (Gironde).

Schoenlaub (Auguste), Agent d'assur., 25, rue du Bassin.—Mulhouse (Alsace-Lorraine).

Schoenlaub (Paul), Pharm., 7, rue Saint-Jean. — Genève (Suisse).

Schonenberg (Adolphe), Sculpt., 110, avenue d'Orléans. — Paris.

Schott (Frédéric), anc. Pharm., rue Kühn. — Strasbourg (Alsace-Lorraine).

Schrader (Frantz), Mem. de la Dir. cent. du *Club Alpin français*, 75, rue Madame. — Paris.

Schutzenberger (Paul), Mem. de l'Inst. et de l'Acad. de Méd., Prof. au Collège de France, 12, rue Cassette. — Paris.

Dr Schwartz (Édouard), Agr. à la Fac. de Méd., Chirurg. des Hôp., 183, boulevard Saint-Germain. — Paris.

Schwérer (Pierre, Alban), Notaire, 3, rue Saint-André. — Grenoble (Isère). — **R**

*****Schwich (Vincent)**, Ing. civ., Représentant de la maison Pavin de Lafarge, 24, avenue de France. — Tunis.

Schwob, Dir. du *Phare de la Loire*, 6, rue de l'Héronnière. — Nantes (Loire-Inférieure).

Scrive-Loyer (Jules), Nég., 294, rue Gambetta. — Lille (Nord).

Scrive de Negri (Jules), Manufac., 292, rue Gambetta. — Lille (Nord).

Sebert (le Général Hippolyte), Admin. de la *Soc. anonyme des Forges et Chantiers de la Méditerranée*, 14, rue Brémontier. — Paris. — **R**

Secrestat, Nég., 34, rue Notre-Dame. — Bordeaux (Gironde).

Secretan (Georges), Ing.-Optic., 13, place du Pont-Neuf. — Paris.

*****Dr Secrétan (Henri)**, 32, rue du Bourg. — Lausanne (Suisse).

Sédillot (Maurice), Entomol., Mem. de la *Com. scient. de Tunisie*, 20, rue de l'Odéon. — Paris. — **R**

*****Dr Sedlacek (Jaroslas)**, Prof. sup. à l'Univ., 305, Husova Ulice. — Smichow (Bohême) (Autriche-Hongrie).

Dr Sée (Marc), Mem. de l'Acad. de Méd., Agr. à la Fac. de Méd., Chirurg. des Hôp., 126, boulevard Saint-Germain. — Paris.

Dr Segond (Paul), Agr. à la Fac. de Méd., Chirurg. des Hôp., 11, quai d'Orsay. — Paris.

Segretain (Léon), Général de Division, Gouverneur de Lille, 28, place aux Bleuets. — Lille (Nord). — **R**

Séguier (le Baron Pierre), anc. Préfet., 19, rue Dumont-Durville. — Paris.

Séguin (F.), Chef de bureau au Min. des Fin., 10, rue du Dragon. — Paris.

Seguin (J., M.), Rect. hon., 1, rue Ballu. — Paris.

Séguin (Léon), Dir. de la *Comp. du Gaz du Mans, Vendôme et Vannes*, à l'usine à gaz. — Le Mans (Sarthe).

Seguy (Paul), Ing.-Elect., 53, rue Monsieur-le-Prince. — Paris.

Seignouret (P.-E.), anc. Élève de l'Éc. Polytech., 23, cours du Jardin-Public. — Bordeaux (Gironde).

Seiler (Albert), Ing. des Arts et Man., Construc. d'ap. à gaz, 17, rue Martel. — Paris.

Seiler (Mme Antonin). — La Châtre (Indre).

Seiler (Antonin), Juge hon. — La Châtre (Indre).

Seiler (Joseph, Charles), Ing. civ., Construct. d'ap. à gaz, 17, rue Martel. — Paris.

Séligmann (Eugène), Agent de Change hon., 133, boulevard Malesherbes. — Paris.

Séligmann-Lui (Émile), Insp. d'Assur. sur la vie, 92, rue Lafayette. — Paris.

Selleron (Ernest), Ing. de la Marine en retraite, 76, rue de la Victoire. — Paris. — **R**

Dr Sellier (Jean), Prépar. de Physiol. à la Fac. de Méd., 6, rue d'Albret. — Bordeaux (Gironde).

Sélys-Longchamps (le Baron Edmond de), Mem. de l'Acad. royale des Sc., Sénateur, 34, boulevard Sauvinière. — Liège (Belgique).

Sélys-Longchamps (Walther de). — Ciney (Belgique).

*Senderens (Jean-Baptiste), Doct. ès sc., Prof. de chim. à l'Inst. catholique, 31, rue de la Fonderie. — Toulouse (Haute-Garonne).

Sentini (Émile), Pharm., Présid. de la Soc. de Pharm. de Lot-et-Garonne. — Agen (Lot-et-Garonne).

Sergent (René), Prof. à l'Éc. spéc. d'Archit., Archit., 9, rue Treilhard. — Paris.

Serre (Fernand), Prop., 1, rue Levat. — Montpellier (Hérault). — R

Serré-Guino (Alphonse), Prof. hon. à l'Éc. norm. sup. d'Ens. second. pour les jeunes filles, anc. Examin. d'admis. à l'Éc. spéc. milit., 114, rue du Bac. — Paris.

Dr Serres (Léon), anc. Int. des Hôp. de Paris, rue Bazillac. — Auch (Gers).

*Serres (Victor), Contrôleur civ., attaché à la Résidence gén., 14, rue Boû Khriss. — Tunis.

Dr Servantie (Xavier), Pharm. de 1re cl., 31, rue Margaux. — Bordeaux (Gironde).

Dr Seure, 4, rue Diderot. — Saint-Germain-en-Laye (Seine-et-Oise).

Dr Seuvre, 9, rue Chanzy. — Reims (Marne).

Sevin-Reybert, 20, boulevard de la Préfecture. — Moulins (Allier).

Dr Seynes (Jules de), Agr. à la Fac. de Méd., 15, rue Chanaleilles. — Paris. — F

Seynes (Léonce de) ; 58, rue Calade. — Avignon (Vaucluse). — R

Seyrig (Théophile), Ing. des Arts et Man., Construc., 147, avenue Wagram. — Paris.

Sibillot (Charles), Rédac. en chef de la France aérienne, Sec. gén. de la Colombophilie au Petit Journal, 7, quai Valmy. — Paris.

Sibour (Auguste), Cap. de vaisseau en retraite. — Salon (Bouches-du-Rhône).

Sicard (Hilaire), Pharm. de 1re cl., 1, place de la République. — Béziers (Hérault).

Dr Sicard (Léonce), 4, rue Montpelliéret. — Montpellier (Hérault).

*Sicre de Fontbrune (Alphonse), Prop., 182, rue du Faubourg-Saint-Honoré. — Paris.

Siéber (H.-A.), 352, rue Saint-Honoré. — Paris. — F

Siégler (Ernest), Ing. en chef des P. et Ch., Ing. en chef adj. de la voie à la Comp. des Chem. de fer de l'Est, 96, rue de Maubeuge. — Paris. — R

Sieur (Pierre), Prof. de Phys. au Lycée, 93, avenue de Paris. — Niort (Deux-Sèvres).

Dr Sigalas (Clément), Agr. à la Fac. de Méd., Chef des trav. de Phys., 67, rue de La Teste. — Bordeaux (Gironde).

Signoret (Maximin), Prop., 10, rue du Vingt-Neuf-Juillet. — Paris.

Silliman (Gustave), Nég. exportat., Consul de Suisse, 36, rue Arnaud-Miqueu. — Bordeaux (Gironde).

Siméon (Paul), Ing. civ., Représent. de la Soc. I. et A⁰. Pavin de Lafarge, anc. Élève de l'Éc. Polytech., 42, boulevard des Invalides. — Paris.

Simon, Prof. à la Fac. de Méd., 23, place de la Carrière. — Nancy (Meurthe-et-Moselle).

Simon (Aaron), Ing. civ. des Mines, Admin. délég. de la Comp. des mines de Graissessac, 12, rue du Clos-René. — Montpellier (Hérault).

Simon (Georges), Prop.-Vitic., domaine des Hamyans. — Saint-Leu (départ. d'Oran) (Algérie).

Simon (J.), Pharm., 13, rue Grange-Batelière. — Paris.

Simon (Louis), Prof. d'hydrog. de la Marine en retraite, 148, rue de Paris. — Boulogne-sur-Seine (Seine).

Sinard (Mlle Berthe), Géol., 6, rue Galante. — Avignon (Vaucluse).

Dr Sinety (le Comte Louis de), 14, place Vendôme. — Paris.

Sirand (Pierre), Pharm., 4, rue Vicat. — Grenoble (Isère).

Sire (Georges), Corresp. de l'Inst., Mem. de l'Acad. des Sc., Belles-Let. et Arts, rue de la Mouillère. — Besançon (Doubs).

Siret (Louis), Ing., 32, rue Albert. — Anvers (Belgique).

Sirodot (Simon), Corresp. de l'Inst., Doyen hon. et Prof. à la Fac. des Sc., rue Malakoff. — Rennes (Ille-et-Vilaine).

Sivry (Pierre), Chef de la comptab. gén. au Crédit Foncier de France, 34, rue de l'Ouest. — Paris.

Dr Smester (A.), 31, rue de Naples. — Paris.

Société industrielle d'Amiens. — Amiens (Somme). — R

Société médicale d'Amiens, boulevard Longueville. — Amiens (Somme).

Société d'études scientifiques d'Angers, place des Halles. — Angers (Maine-et-Loire).

Société scientifique d'Arcachon. — Arcachon (Gironde).

Société de Médecine vétérinaire de l'Yonne. — Auxerre (Yonne).

Société Ramond. — Bagnères-de-Bigorre (Hautes-Pyrénées).

Société d'Émulation du Doubs. — Besançon (Doubs).

Société de Médecine de Besançon et de la Franche-Comté. — Besançon (Doubs).

Société d'Études des Sciences naturelles. — Béziers (Hérault).
Société d'Histoire naturelle de Loir-et-Cher. — Blois (Loir-et-Cher).
Société des Sciences et des Lettres de Loir-et-Cher. — Blois (Loir-et-Cher).
*Société linnéenne de Bordeaux (à l'Athénée), 53, rue des Trois-Conils. — Bordeaux (Gironde).
Société de Médecine et de Chirurgie de Bordeaux (à l'Athénée), 53, rue des Trois-Conils. — Bordeaux (Gironde).
Société de Pharmacie de Bordeaux (à l'Athénée), 53, rue des Trois-Conils. — Bordeaux (Gironde).
Société philomathique de Bordeaux, 2, cours du XXX Juillet. — Bordeaux (Gironde). — **R**
Société des Sciences physiques et naturelles, 143, cours Victor-Hugo. — Bordeaux (Gironde). — **R**
Société académique de Brest. — Brest (Finistère). — **R**
*Société française d'entomologie. — Caen (Calvados).
Société de Médecine de Caen et du Calvados. — Caen (Calvados).
Société des Arts et Sciences de Carcassonne. — Carcassonne (Aude).
Société d'Agriculture, Commerce, Sciences et Arts du département de la Marne. — Châlons-sur-Marne (Marne).
Société nationale des Sciences naturelles et mathématiques de Cherbourg. — Cherbourg (Manche).
Société de Borda. — Dax (Landes).
Société d'Agriculture, Sciences et Arts de Douai, 8 bis, rue d'Arras. — Douai (Nord).
Société libre d'Agriculture, Sciences, Arts et Belles-Lettres de l'Eure. — Évreux (Eure). — **R**
Société des Sciences naturelles et archéologiques de la Creuse. — Guéret (Creuse).
Société médicale de Jonzac. — Jonzac (Charente-Inférieure).
Société de Médecine et de Chirurgie. — La Rochelle (Charente-Inférieure).
Société des Sciences naturelles de la Charente-Inférieure (représentée par M. Beltrémieux). — La Rochelle (Charente-Inférieure).
Société de Géographie commerciale du Havre, 131, rue de Paris. — Le Havre (Seine-Inférieure).
Société agricole et scientifique de la Haute-Loire. — Le Puy en Velay (Haute-Loire).
Société centrale de Médecine du Nord. — Lille (Nord). — **R**
Société de Géographie de Lisbonne (Portugal).
Société d'Économie politique de Lyon (M. P. A. Bléton, Secrétaire général), 13, quai de l'Archevêché. — Lyon (Rhône).
Société anonyme des Houillères de Montrambert et de la Béraudière, 70, rue de l'Hôtel-de-Ville. — Lyon (Rhône). — **F**
Société de Lecture de Lyon, 1, place Saint-Nizier. — Lyon (Rhône).
Société de Pharmacie de Lyon, Palais des Arts. — Lyon (Rhône).
Société des Sciences médicales de Lyon, 41, quai de l'Hôpital. — Lyon (Rhône).
Société départementale d'Agriculture des Bouches-du-Rhône, 10, rue Venture. — Marseille (Bouches-du-Rhône).
Société des Pharmaciens des Bouches-du-Rhône, 3, marché des Capucines. — Marseille (Bouches-du-Rhône).
Société de Statistique, 27, boulevard Périer. — Marseille (Bouches-du-Rhône).
Société générale des Transports maritimes à vapeur, 3, rue des Templiers. — Marseille (Bouches-du-Rhône).
*Société d'Émulation de Montbéliard (Doubs).
Société des Sciences de Nancy (Meurthe-et-Moselle).
Société académique de la Loire-Inférieure, 1, rue Suffren. — Nantes (Loire-Inférieure). — **R**
Société des Lettres, Sciences et Arts des Alpes-Maritimes, 1, rue Sainte-Clotilde. — Nice (Alpes-Maritimes).
Société de Médecine et de Climatologie de Nice, 4, rue de la Buffa. — Nice (Alpes-Maritimes).
Société d'études des Sciences naturelles, 6, quai de la Fontaine. — Nîmes (Gard).
Société d'Agriculture, Sciences et Arts d'Orléans, 6, rue Antoine-Petit. — Orléans (Loiret).
*Société centrale des Architectes français, 168, boulevard Saint-Germain. — Paris. — **R**
*Société des anciens Élèves des Écoles nationales d'Arts et Métiers, 6, rue Chauchat. — Paris.

Société entomologique de France, 28, rue Serpente (Hôtel des Sociétés Savantes).
— Paris.
*Société nouvelle des Forges et Chantiers de la Méditerranée, 1 et 3, rue Vignon.
— Paris. — **F**
Société française d'Hygiène (le Président de la), 30, rue du Dragon. — Paris.
*Société de Géographie, 184, boulevard Saint-Germain. — Paris. — **R**
*Société des Ingénieurs civils de France, 10, cité Rougemont. — Paris. — **F**
*Société de Médecine vétérinaire pratique, 28, rue Serpente (Hôtel des Sociétés
Savantes). — Paris.
Société médico-chirurgicale de Paris (ancienne Société médico-pratique), 28, rue
Serpente (Hôtel des Sociétés Savantes). — Paris. — **R**
Société obstétricale et gynécologique de Paris, 28, rue Serpente (Hôtel des Sociétés
Savantes). — Paris.
Société de Pharmacie de Paris, 4, avenue de l'Observatoire (École de Pharmacie). — Paris.
Société française de Photographie, 76, rue des Petits-Champs. — Paris. — **R**
Société générale des Téléphones, 15, rue Caumartin. — Paris. — **F**
Société des Sciences, Lettres et Arts de Pau (Basses-Pyrénées). — **R**
Société agricole, scientifique et littéraire des Pyrénées-Orientales. — Perpignan
(Pyrénées-Orientales).
Société industrielle de Reims, 18, rue Ponsardin. — Reims (Marne). — **R**
Société médicale de Reims, 71, rue Chanzy. — Reims (Marne). — **R**
Société d'Agriculture, Industrie, Sciences, Arts, Belles-Lettres du département
de la Loire. — Saint-Étienne (Loire).
Société d'Agriculture, d'Archéologie et d'Histoire naturelle du département de
la Manche. — Saint-Lô (Manche).
Société anonyme de la Brasserie de Tantonville (Meurthe-et-Moselle).
*Société polymathique du Morbihan. — Vannes (Morbihan).
Société des Sciences et Arts de Vitry-le-François (Marne).
Solier (François). — Moissac (Tarn-et-Garonne).
Dr Solles (Ed.), anc. Mem. du Cons. mun., 3, place Pey-Berland. — Bordeaux (Gironde).
Sollier (E.), Fabric. de ciment. — Neufchâtel (Pas-de-Calais).
Solms (le Comte Louis de), Ing. des Arts et Man. — Saint-Bauzire par Ennezat (Puy-
de-Dôme).
Solvay (Ernest), Indust., Sénateur, 45, rue des Champs-Élysées. — Bruxelles
Belgique). — **F.**
Solvay et Cie, Usine de prod. chim. de Varangeville-Dombasle par Dombasle (Meurthe-
et-Moselle). — **F.**
Somasco (Charles), Ing. civ. — Creil (Oise).
Dr Sonnié-Moret (Abel), Pharm. de l'Hôp. des Enfants malades, 149, rue de Sèvres.
— Paris. — **R**
*Sordoillet (Paul), de la Maison Berger-Levrault, 117, rue de Toul. — Nancy (Meurthe-
et-Moselle).
Soret (Charles), Prof. à l'Univ., 6, rue Beauregard. — Genève (Suisse).
Sorin de Bonne (Louis), Avocat, anc. s.-Préfet, 10, rue Nitot. — Paris, et château
d'Estrées. — Molinet (Allier) par Digoin (Saône-et-Loire).
*Soubise (Mme Armel), 138, rue Boucicaut. — Fontenay-aux-Roses (Seine).
*Dr Soubise (Armel), 138, rue Boucicaut. — Fontenay-aux-Roses (Seine).
Souché (Baptiste), anc. Instit. com. — Pamproux (Deux-Sèvres).
Dr Soulez. — Romorantin (Loir-et-Cher).
Soulier (Albert), Maître de conf. de Zool. à la Fac. des Sc., 34, boulevard Henri IV.
— Montpellier (Hérault).
*Dr Spengler (Georges), 2, place Saint-François. — Lausanne (Suisse).
Spillmann (Paul), Prof. à la Fac. de Méd., Corresp. nat. de l'Acad. de Méd., 40, rue
des Carmes. — Nancy (Meurthe-et-Moselle).
Dr Stagienski de Holub (Adolphe), 13, rue Gambetta. — Saint-Étienne (Loire).
Stapfer (Daniel), Ing. des Arts et Man., Construc., Sec. gén. de la *Soc. scient. indust.*,
5, boulevard Notre-Dame. — Marseille (Bouches-du-Rhône).
Stapfer (Henri), Nég., 5, boulevard Notre-Dame. — Marseille (Bouches-du-Rhône).
Steinmetz (Charles), Tanneur, 60, rue d'Illzach. — Mulhouse (Alsace-Lorraine). — **R**
Stengelin, Banquier, 9, quai Saint-Clair. — Lyon (Rhône). — **R**
Stéphan (Édouard), Corresp. de l'Inst., Prof. d'Astro. à la Fac. des Sc., Dir. de l'Ob-
servatoire, 2, place Le Verrier. — Marseille (Bouches-du-Rhône).
Dr Stéphann (E.), 15, boulevard de la République. — Alger.
Stern (Edgar), Banquier, 20, avenue Montaigne. — Paris.

D^r Stœber, 66, rue Stanislas. — Nancy (Meurthe-et-Moselle).

Stœcklin (Auguste), Insp. gén. des P. et Ch., 6, avenue de l'Alma. — Paris.

Storck (Mme Adrien), 78, rue de l'Hôtel-de-Ville. — Lyon (Rhône).

Storck (Adrien), Ing. des Arts et Man., 78, rue de l'Hôtel-de-Ville. — Lyon (Rhône). — R

Dr Strapart (Charles), Prof. à l'Éc. de Méd., 6, rue des Telliers. — Reims (Marne).

Suarez de Mendoza (Mme Ferdinand), 23, rue Tarin. — Angers (Maine-et-Loire).

Dr Suarez de Mendoza (Ferdinand), 23, rue Tarin. — Angers (Maine-et-Loire).

Sube (Ludovic), Indust., 35, boulevard Périer. — Marseille (Bouches-du-Rhône).

Dr Suchard, 85, boulevard de Port-Royal. — Paris, et l'été aux bains de Lavey (Vaud) (Suisse). — F

Suchetet (André), Prop., 10, rue Allain-Blanchard. — Rouen (Seine-Inférieure).

Surrault (Ernest), Notaire hon., 65, avenue de l'Alma. — Paris. — R

Surun (Émile), Pharm., 165, rue Saint-Honoré. — Paris.

Syndicat agricole et viticole de l'arrondissement de Tlemcen (départ. d'Oran) (Algérie).

Syndicat des Pharmaciens de l'Indre. — Châteauroux (Indre).

Tabaraud (Wilfrid), 2, rue Lombard. — Bordeaux (Gironde).

Dr Tachard (Élie), Méd. princ., Méd. Chef de l'Hôp. milit., 42, place des Carmes. — Toulouse (Haute-Garonne). — R

Tachet, Nég., anc. Présid. du Trib. de Com., 12, boulevard de la République. — Alger.

Taillefer (Amédée), Cons. à la Cour d'Ap., 27, rue Cassette. — Paris.

Tanesse, Prof. de l'Ens. second. en retraite, 53, quai Valmy. — Paris.

Tanret (Charles), Pharm. de 1re cl., 14, rue d'Alger. — Paris. — R

Tanret (Georges), Étud., 14, rue d'Alger. — Paris. — R

Tantounat (Henri), Nég., 18, rue de la Préfecture. — Pau (Basses-Pyrénées).

Tarde (Gabriel), Juge d'instruc., rue Jean-Jacques-Rousseau. — Sarlat (Dordogne).

Tardy (Mme Charles). — Simandre (Ain).

Tardy (Frédéric), 12, rue Lalande. — Bourg (Ain).

Target (Émile), Fabric. de prod. chim., 26, rue Saint-Gilles. — Paris.

Tarneaud (Frédéric), Banquier, 13, rue Banc-Léger. — Limoges (Haute-Vienne).

Tarry (Gaston), Insp. des Contrib. diverses, attaché au gouvern. gén. de l'Algérie. — Kouba (départ. d'Alger). — R

Tarry (Harold), Insp. des fin. en retraite, anc. Élève de l'Éc. Polytech., 6, rue de Bagneux. — Paris. — R

Tastet (Édouard), Nég., 60, quai des Chartrons. — Bordeaux (Gironde).

Tatin (Victor), Ing.-Construc., Lauréat de l'Inst., 6, rue Mont-Louis. — Paris.

Tausserat-Radel (Alexandre), s.-Chef du Bureau hist. au Min. des Af. étrang., 6, rue de Mézières. — Paris.

Dr Taverni (le Chevalier Roméo), Prof. de Pédagog. à l'Univ., poste restante. — Catane (Italie).

Tavernier (Charles de), Ing. en chef des P. et Ch., 8, rue Fortuny. — Paris.

Dr Teillais (Auguste), place du Cirque. — Nantes (Loire-Inférieure). — R

Teisserenc de Bort (Edmond), Agric., Sénateur de la Haute-Vienne, villa de Muret. — Ambazac (Haute-Vienne).

Teisserenc de Bort (Léon), Sec. gén. de la Soc. météor. de France, 82, avenue Marceau. — Paris.

Teissier (Mme Joseph), 8, place Bellecour. — Lyon (Rhône).

Teissier (Joseph), Prof. à la Fac. de Méd., Corresp. nat. de l'Acad. de Méd., Méd. des Hôp., 8, place Bellecour. — Lyon (Rhône).

Templier (Armand), 81, boulevard Saint-Germain. — Paris.

Terquem (Paul, Augustin), Prof. d'hydrog. de la Marine en retraite, 41, rue Saint-Jean. — Dunkerque (Nord).

Terras (Amédée de), anc. Cap. d'Ét.-Maj., anc. Élève de l'Éc. Polytech., château du Grand-Bouchet. — Choue par Mondoubleau (Loir-et-Cher).

*Terrasse (Gabriel), Avocat à la Cour d'Ap., 21, rue Jean-de-Beauvais. — Paris.

Terrier (Félix), Prof. à la Fac. de Méd., Mem. de l'Acad. de Méd., Chirurg. des Hôp., 3, rue de Copenhague. — Paris.

Terrier (Léon), Prof. de rhéto. au Lycée Condorcet, 10, rue d'Aumale. — Paris.

Terrier (Paul), Ing. civ., 56, rue de Provence. — Paris.

Dr Terson (Albert), anc. Int. des Hôp., Chef de Lab. à la Clin. ophtalm. de l'Hôtel-Dieu, 14, rue Tronchet. — Paris.

Testut (Léo), Prof. d'Anat. à la Fac. de Méd., Corresp. nat. de l'Acad. de Méd., 3, avenue de l'Archevêché. — Lyon (Rhône). — R

Teulade (Marc), Avocat, Mem. de la *Soc. de Géog.* et de la *Soc. d'Hist. nat. de Toulouse*, 22, rue Pharaon. — Toulouse (Haute-Garonne). — R

Teullé (le Baron Pierre), Prop., Mem. de la *Soc. des Agricult. de France*. — Moissac (Tarn-et-Garonne). — R

Dr Texier (Georges). — Moncoutant (Deux-Sèvres). — R

Teyssier (Antoine), Dir. des Contrib. dir., rue de Jayan. — Agen (Lot-et-Garonne).

Thélin (René de), Ing. en chef des P. et Ch. — Tarbes (Hautes-Pyrénées).

Thénard (Mme la Baronne Ve Paul), 6, place Saint-Sulpice. — Paris. — R

Thénard (le Baron Arnould), Chim.-Élect., 6, place Saint-Sulpice. — Paris.

Théry (Raymond), anc. Notaire, 7, rue Desurmont. — Tourcoing (Nord).

*****Thevenet (Antoine)**, Dir. de l'Éc. prép. à l'Ens. sup. des Sc., 34, rue Hoche. — Alger Agha.

Thibault (J.), Tanneur, 18, place du Maupas. — Meung-sur-Loire (Loiret). — R

Dr Thibierge (Georges), Méd. des Hôp., 7, rue de Surène. — Paris. — R

Thiercelin (Alphonse), Dir. de la *Soc. gén.* — Auxerre (Yonne).

Thirion (Émile), Présid. de la *Soc. d'Hortic. de Senlis*, faubourg de Villevert. — Senlis (Oise).

Thomas (A.), Notaire, 53, route d'Orléans. — Montrouge (Seine).

Thomas (Eugène), Nég., château de la Rouquette. — Villeveyrac (Hérault).

Thomas (Jean), Pharm., Maire du XIIIe arrond., 48, avenue d'Italie. — Paris.

Dr Thomas-Duris (René), rue de Figeac. — Eymoutiers (Haute-Vienne).

Thouroude (Eugène), Doct. en droit, Commis-pris., 32, rue Le Peletier. — Paris.

Dr Thovisté. — Amplepuis (Rhône).

Thuile (Henri), Ing. du port d'Alexandrie. — Alexandrie (Égypte).

Dr Thulié (Henri), anc. Présid. du Cons. mun., 37, boulevard Beauséjour. — Paris. — R

Thurneyssen (Émile), Admin. de la *Comp. gén. Transat.*, 10, rue de Tilsitt. — Paris. — R

*****Thurninger (Albert)**, Ing. en chef des P. et Ch., 31, rue Dauphine. — La Rochelle (Charente-Inférieure).

Tillion (Antoine), Prop., 15, rue Sous-les-Augustins. — Clermont-Ferrand (Puy-de-Dôme).

Tilly (de), Teint. et Apprêts, 77, rue des Moulins. — Reims (Marne). — R

Dr Tison (Édouard), Doct. ès sc. nat., Méd. en chef de l'Hôp. Saint-Joseph, 137, rue de Rennes. — Paris.

*****Tissandier (Albert)**, Archit., 50, rue de Châteaudun. — Paris.

Tissandier (Gaston), Chim., Rédac. en chef de *la Nature*, 50, rue de Châteaudun. — Paris. — R

Tisserand (Paul), Prof. hon. de l'Univ., 16, place Saint-Martin. — Saint-Dié (Vosges).

Tisseyre (Albert), 43, rue Boudet. — Bordeaux (Gironde).

Tissié (Alphonse), Banquier. — Montpellier (Hérault).

Dr Tissié (Philippe), 95, rue Fondaudège. — Bordeaux (Gironde).

Tissié-Sarrus, Banquier, 2, rue du Petit-Saint-Jean. — Montpellier (Hérault). — F

Tissot, Examin. d'admis. à l'Éc. Polytech. en retraite. — Voreppe (Isère). — R

Tissot (J.), Ing. en chef des Mines. — Constantine (Algérie). — R

Toche (Mme Lucie), Rent., 11, rue des Fêtes. — Paris.

Dr Tommasini (Paul), 22, boulevard Seguin. — Oran (Algérie).

Tondut (Edmond), Étud. en méd., château Pardailhan. — Cars par Blaye (Gironde).

Dr Topinard (Paul), Dir. adj. du Lab. d'anthrop. de l'Éc. des Hautes Études, 105, rue de Rennes. — Paris. — R

Torrilhon, Fabric. de caoutchouc. — Chamalières par Clermont-Ferrand (Puy-de-Dôme).

*****Touchard (Ernest)**, Nég., 97, avenue de Clichy. — Paris.

Touche (Rémy), Int. des Hôp., 6, rue Gay-Lussac. — Paris.

Toulon (Paul), Lic. ès let. et ès sc., Ing. des P. et Ch., Attaché à la *Comp. des Chem. de fer de l'Ouest*, 36, avenue du Maine. — Paris.

Dr Tourangin (Gaston), anc. Mem. du Cons. gén. de l'Indre, 20 *bis*, boulevard Voltaire. — Paris.

Tourniel (Paul), Prop., 3, rue Herschel. — Paris.

Tourtelot (Mme Gabriel), 18, rue de Foncillon. — Royan-les-Bains, et l'hiver à Saint-Fort-sur-Gironde (Charente-Inférieure).

*****Dr Tourtelot (Gabriel)**, 13, rue de Foncillon. — Royan-les-Bains, et l'hiver à Saint-Fort-sur-Gironde (Charente-Inférieure).

Tourtoulon (le Baron Charles de), Prop., 13, rue Roux-Alphéran. — Aix en Provence (Bouches-du-Rhône). — R

Toussaint (Mlle J.), 7, rue de Bruxelles. — Paris.

Dr Toutant. — Marans (Charente-Inférieure).

Dr Touvenaint (L.), Rédac. en chef de la *Revue internat. de Méd. et de Chirurg.*, 18, rue de Provence. — Paris.

Towne (Gélion), Astronome, 5, chemin des Perrières. — Dijon (Côte-d'Or).

Trabaud (Pierre), anc. Dir. de l'*Acad. des Sc.. Let. et Arts*, anc. Avocat, 11, boulevard Baille. — Marseille (Bouches-du-Rhône).

*Dr Trabut (Louis), Prof. à l'Éc. de Méd., Méd. de l'Hôp. civ., 7, rue Desfontaines. — Alger-Mustapha.

Trabut-Cussac (Paul), Prop., 6, quai Louis XVIII. — Bordeaux (Gironde).

Tramasset (Édouard), Prop., 30, place Gambetta. — Bordeaux (Gironde).

*Trasbot (Léopold, Laurent), Dir. de l'Éc. nat. vétér., Grande-rue. — Alfort (Seine).

Travet (Antoine), Prop. — Crécy en Brie (Seine-et-Marne).

Trébucien (Ernest), Manufac., 25, cours de Vincennes. — Paris. — **F**

*Treilhes (Émile), Agent des Mines de Carmaux, 1, rue Sesquière. — Toulouse (Haute-Garonne).

*Dr Treille (Alcide), Prof. à l'Éc. de Méd., 14, rue de Constantine. — Alger.

*Trélat (Émile), Ing. des Arts et Man., Archit. en chef hon. du départ. de la Seine, Prof. hon. au Conserv. nat. des Arts et Mét., Dir. de l'Éc. spéc. d'Archit., Député de la Seine, 17, rue Denfert-Rochereau. — Paris. — **R**

Trélat (Gaston), Archit., 9, rue du Val-de-Grâce. — Paris.

Trenquelléon (Fernand de), Prop., 5, rue André-Chénier. — Agen (Lot-et-Garonne).

Trépied (Charles), Dir. de l'Observatoire. — Bouzaréa (départ. d'Alger).

Dr Trévelot (H.), 14, rue des Marbriers. — Charleville (Ardennes).

*Trèves (Mme Edmond), 11. avenue des Peupliers (villa Montmorency). — Paris.

*Trèves (Edmond), Rent., 11, avenue des Peupliers (villa Montmorency). — Paris.

Tricout (A.), Orthop., 82, place Drouet-d'Erlon. — Reims (Marne).

Troncet (Louis), Homme de Lettres, 9, rue Charlet. — Paris.

Troost (Louis), Mem. de l'Inst., Prof. de Chim. à la Fac. des Sc., 84, rue Bonaparte. — Paris.

Trouette (Édouard), Pharm. de 1re cl., Fabric. de prod. pharm., 15, rue des Immeubles-Industriels. — Paris.

Trouvé (Gustave), Ing.-Élect., 14, rue Vivienne. — Paris.

Truchy (Émile), anc. Juge au Trib. de Com., 9, rue Duphot. — Paris.

Trutat (Eugène), Doct. ès sc., Dir. du Musée d'hist. nat., 10, place du Palais. — Toulouse (Haute-Garonne).

Trystram (Jean-Baptiste), Sénateur et Mem. du Cons. gén. du Nord, 95, rue de Rennes. — Paris.

*Tuleu (Mme Charles, Aubin), 58, rue d'Hauteville. — Paris. — **R**

*Tuleu (Charles, Aubin), Ing. civ., anc. Élève de l'Éc. Polytech., 58, rue d'Hauteville. — Paris. — **R**

Turpaud (Georges), Nég. — Langon (Gironde).

*Turquan (Victor), Chef du bureau de la Stat. gén. de la France au Min. du Com., 13, rue Gœthe. — Paris.

Dr Ulhmann. — Mascara (départ. d'Oran) (Algérie).

Urscheller (Henri), Prof. d'allemand au Lycée, 23, rue de Siam. — Brest (Finistère). — **R**

Ussel (le Vicomte d'), Ing. en chef des P. et Ch., 4, rue Bayard. — Paris.

Vaillant (Alcide), Archit., 108, avenue de Villiers. — Paris.

Dr Vaillant (Léon), Prof. au Muséum d'hist. nat., 36, rue Geoffroy-Saint-Hilaire. — Paris. — **R**

*Dr Valcourt (Théophile de), Méd. de l'hôp. marit. de l'Enfance. — Cannes (Alpes-Maritimes), et l'été, 64, boulevard Saint-Germain. — Paris. — **R**

*Valensi (Raymond), Ing. des Arts et Man., 41, rue Al-Djazira. — Tunis.

Dr Vallon (Charles), Méd. en chef de l'asile d'aliénés de Villejuif, 3, rue Lagrange. — Paris.

Vallot (Joseph), Dir. de l'Observatoire du Mont-Blanc, 61, avenue d'Antin. — Paris. — **R**

*Valot (Paul), Doct. en Droit, Avocat, rue Kléber. — Lure (Haute-Saône). — **R**

Van Aubel (Edmond), Doct. ès sc. phys. et math., Chargé de cours à l'Univ. de Gand, 12, rue de Comines. — Bruxelles (Belgique). — **R**

Van Blarenberghe (Mme Henri, François), 48, rue de la Bienfaisance. — Paris. — **R**

Van Blarenberghe (Henri, François), Ing. en chef des P. et Ch. en retraite, Présid. du Cons. d'admin. de la *Comp. des Chem. de fer de l'Est*, 48, rue de la Bienfaisance. — Paris. — **R**

Van Blarenberghe (Henri, Michel), Ing. des P. et Ch., 48, rue de la Bienfaisance. — Paris. — **R**

Van Iseghem (Henri), Présid. du Trib. civ., anc. Mem. du Cons. gén. de la Loire Inférieure, 7, rue du Calvaire. — Nantes (Loire-Inférieure). — **R**

Van Tiéghem (Philippe), Mem. de l'Inst., Prof. au Muséum d'hist. nat., 22, rue Vauquelin. — Paris.

Vandelet (O.), Nég., Délég. du Cambodge au Cons. sup. des Colonies. — Pnumpehn (Cambodge). — **R**

Varin (Achille), Doct. en droit, Avocat à la Cour d'Ap., 140, boulevard Haussmann. — Paris.

Variot, Ing. civ., 13, rue de Constantine. — Lyon (Rhône).

*__Varlé (Paul)__, Ing. civ., Dir. du Bureau de Paris de la *Comp. de Courrières*, 20, rue des Petits-Hôtels. — Paris.

Varoquier, Vétér., 19, rue Saint-Georges. — Paris.

Vaschalde (Henry), Dir. de l'Établis. therm. — Vals-les-Bains (Ardèche).

Vasnier, Gref. des Bâtiments, 34, rue de Constantinople. — Paris.

Vasnier (Henri), Associé de la maison Pommery, 7, rue Vauthier-le-Noir.—Reims (Marne).

Vassal (Alexandre). — Montmorency (Seine-et-Oise); et 55, boulevard Haussmann. — Paris. — **R**

*__Vassel (le Capitaine Eusèbe)__, Mem. de la *Soc. Géol. de France*. — Maxula-Radès (Tunisie).

Vassiliere (Frédéric), Prof. départ. d'Agric., 52, cours Saint-Médard. — Bordeaux (Gironde).

Vattier (Jean-Baptiste), Prof. d'hydrog. de la Marine en retraite, 5, place du Calvaire. — Paris.

Vaûquelin (Mme), château de Saint-Maclou par Beuzeville (Eure).

Dr Vautherin, 5, rue du Repos. — Belfort.

Vauthier (Louis, Léger), anc. Ing. des P. et Ch., 41, rue Spontini. — Paris.

Vautier (Théodore), Prof. adj. à la Fac. des Sc., 30, quai Saint-Antoine. — Lyon (Rhône). — **R**

Dr Vautrin (Alexis), Agr. à la Fac. de Méd., 45, cours Léopold. — Nancy (Meurthe-et-Moselle).

Vée (Amédée), Fabric. de prod. pharm., 24, rue Vieille-du-Temple. — Paris.

Vée (Georges), Fabric. de prod. pharm., 24, rue Vieille-du-Temple. — Paris.

Vélain (Charles), Maître de Conf. des Hautes Études à la Fac. des Sc., 9, rue Thénard. — Paris.

Velten (Eugène), Admin. de la *Banque de France*, Mem. de la Ch. de Com., Présid. de la *Soc. anonyme des Brasseries de la Méditerranée*, 32, rue Bernard-du-Bois. — Marseille (Bouches-du-Rhône).

Venet (le Commandant Paul), 68 *bis*, rue Jouffroy. — Paris.

Dr Verchère (Fernand), Chirurg. de Saint-Lazare, 101, rue du Bac. — Paris.

Verdalle (Mme Henri), 5, rue Guillaume-Brochon. — Bordeaux (Gironde).

Dr Verdalle (Henri), Méd. des Hôp., 5, rue Guillaume-Brochon. — Bordeaux (Gironde).

Verdet (Ernest), Présid. de la Ch. de Com., 87, rue Joseph-Vernet.—Avignon (Vaucluse).

Verdet (Gabriel), anc. Présid. du Trib. de Com. — Avignon (Vaucluse).— **F**

Verdier (A.), Libr., 35, rue du Commerce. — Blois (Loir-et-Cher).

Verdin (Charles), Construc. d'inst. de précis. pour la physiol., 7, rue Linné. — Paris.

Vereker (J.-P.-G.), Hamsterley-Hall, Lintz Green. — Newcastle-on-Tyne (Angleterre).

Vergely, Prof. à la Fac. de Méd., Corresp. nat. de l'Acad. de Méd., Méd. dès Hôp., 3, rue Guérin. — Bordeaux (Gironde).

*__Dr Verger (Théodore)__. — Saint-Fort-sur-Gironde (Charente-Inférieure). — **R**

Verminck (C., A.), Fabric. d'huiles, 55, cours Pierre-Puget. — Marseille (Bouches-du-Rhône).

*__Vermorel (Victor)__, Construc., Dir. de la Stat. vitic. — Villefranche (Rhône). — **R**

Verneuil (Christian de), Ing. civ. attaché aux Études du *Crédit Lyonnais*, 248, rue de Rivoli. — Paris.

Verney (Noël), Doct. en droit, Avocat à la Cour d'Ap., 47, avenue de Noailles. — Lyon (Rhône). — **R.**

*__Versini (Eugène)__, Prop., 16 *bis*, rue d'Autriche. — Tunis.

*__Vésine (Henri de)__, Ing. des Arts et Man., Archit., 22, rue d'Espagne. — Tunis.

Veyrin (Émile), 96, rue Miroménil. — Paris. — **R**

Vial (Émile), Pharm.-Chim., 81, rue Jouffroy. — Paris.

Vial (Paulin), Cap. de frégate en retraite. — Voiron (Isère).

Vialay (Alfred), Ing. des Arts et Man., 1, rue de la Chaise. — Paris.

Dr Viardin (E.). — Troyes (Aube).

Viault (François), Prof. à la Fac. de Méd., place d'Aquitaine. — Bordeaux (Gironde).

Vicat (Clément), Fabric. de Prod. chim., 9, rue Jules-César. — Paris.

Dr Vidal (Émile), Méd. de la *Comp. des Chem. de fer de Paris à Lyon et à la Méditerranée*. — Hyères (Var).

Vidal (Gustave), Insp. des contrib. dir. en retraite, 2, rue Ségurane. — Nice (Alpes-Maritimes).

Vidal (Léon), Prof. à l'Éc. nat. des Arts décoratifs, 7, rue Scheffer. — Paris et château de la Gaffette. — Port-de-Bouc (Bouches-du-Rhône).

Vidal (Paul), Ing. des P. et Ch., 307, boulevard de Caudéran. — Bordeaux (Gironde).

Vieillard (Charles), 77, quai de Bacalan. — Bordeaux (Gironde). — **R**

Vieille (Paul), Ing. en chef des Poudres et Salpêtres, 19, quai Bourbon. — Paris.

Vieille-Cessay (l'Abbé François), Dir. au Grand-Séminaire, rue Saint-Vincent. — Besançon (Doubs).

Viellard (Armand), Présid. de la *Soc. Forestière*, Député de Belfort, 62, rue de Courcelles. — Paris.

Dr Viennois (Louis, Alexandre), 3, quai de la Charité. — Lyon (Rhône). — **R**

Viet (Léon) (chez M. le Dr Tison). — Chauny (Aisne).

Vigarié (Émile), Expert-Géom. — Laissac (Aveyron).

Vignard (Charles), Lic. en droit, Nég., anc. Juge au Trib. de Com., anc. Mem. du Cons. Mun., 16, passage Saint-Yves. — Nantes (Loire-Inférieure). — **R**

Vignaud de Saint-Florent (Edmond), Lieut.-Colonel du génie en retraite, 59, rue du Faubourg-Montmailler. — Limoges (Haute-Vienne).

Vignes (Léopold), Prop., 4, rue Michel-Montaigne. — Bordeaux (Gironde).

Vignon (Jules), Rent., 45, avenue de Noailles. — Lyon (Rhône). — **F**

Vignon (Louis), Maître des requêtes au Cons. d'Etat, Prof. à l'Éc. coloniale, Lauréat de l'Inst., 152, rue de La Tour. — Paris.

***Vigouroux (Louis)**, Prof. d'Économ. polit. à l'Ec. spéc. d'Archit., 5, rue Laffitte. — Paris.

Dr Viguier (C.), Doct. ès sc., Prof. à l'Éc. prép. à l'Ens. sup. des Sc., 2, boulevard de la République. — Alger. — **R**

Villain (Mme), 5, rue Médicis. — Paris.

Dr Villar (Francis), Agr. à la Fac. de Méd., Chirurg. des Hôp., 9, rue Castillon. — Bordeaux (Gironde).

Dr Villard (Auguste), Corresp. de l'Acad. de Méd., Prof. à l'Éc. de Méd., 20, rue Saint-Jacques. — Marseille (Bouches-du-Rhône).

Villard (Pierre), Doct. en droit, 29, quai Tilsitt. — Lyon (Rhône). — **R**

Villaret, 13, rue Madeleine. — Nîmes (Gard).

Ville (Alphonse), Député de l'Allier, Maire, rue d'Allier. — Moulins (Allier).

Ville (Mme Georges), 57, rue Cuvier. — Paris.

Ville (Georges), Prof. de Phys. végét. au Muséum d'hist. nat., 57, rue Cuvier. — Paris.

Ville d'Ernée (Mayenne). — **F**

Ville de Marseille (Bouches-du-Rhône). — **F**

Ville de Reims (Marne). — **F**

Ville de Remiremont (Vosges).

Ville de Rouen (Seine-Inférieure). — **F**

Villeréal-Lassaigne (Paul), Notaire. — Fumel (Lot-et-Garonne).

Villey-Desmézerets, Doyen de la Fac. de Droit, 46, rue Bicoquet. — Caen (Calvados).

Villiers du Terrage (le Vicomte de), 30, rue Barbet-de-Jouy. — Paris. — **R**

***Vilmorin (Henry de)**, 17, rue de Bellechasse. — Paris.

***Vilmorin (Maurice de)**, 13, quai d'Orsay. — Paris.

***Vilmorin (Philippe de)**, 17, rue de Bellechasse. — Paris.

Vincens (Charles), Dir. de l'*Acad. des Sc., Let. et Arts*, 9, rue de l'Arsenal. — Marseille (Bouches-du-Rhône).

Dr Vincent, Chirurg. de l'Hôp. civ., Prof. à l'Éc. de Méd., 13, rue d'Isly. — Alger.

Vincent (Auguste), Nég., Armat., 14, quai Louis XVIII. — Bordeaux (Gironde). — **R**

Vinchon (A.), Filat., 40, rue Deregnaucourt. — Roubaix (Nord).

Dr Vinerta. — Oran (Algérie).

Vinson (Julien), Insp. adj. des Forêts, Prof. à l'Éc. des langues orient. vivantes, 52, rue de Verneuil. — Paris.

Dr Violet, 41, rue de l'Hôtel-de-Ville. — Lyon (Rhône).

Violle (Jules), Maître de conf. à l'Éc. norm. sup., Prof. au Conserv. nat. des Arts et Mét., 89, boulevard Saint-Michel. — Paris. — **R**

Dr Viron (Lucien), Pharm. de la Salpêtrière, Rédac. en chef de *l'Union Pharm.*, 47, boulevard de l'Hôpital. — Paris.

***Dr Vitrac (Junior)**, Chef de Clin. chirurg. à la Fac. de Méd., 24, rue Gouvion. — Bordeaux (Gironde). — **R**

Vivenot (Henry), Ing. en chef des P. et Ch. en retraite, 70, boulevard Saint-Michel.—Paris.

Vivien (Armand), Ing.-Chim. Expert près des Trib., 18, rue de Baudreuil. — Saint-Quentin (Aisne).

Vizern (Marius), Pharm. de 1re cl., 54, rue Vacon. — Marseille (Bouches-du-Rhône).

Vlasto (Ernest), Ing. des Arts et Man., 44, rue des Écoles. — Paris.

Vogley (Charles), Consul de Belgique. — Oran (Algérie).

Vogt (Charles), Pharm., 7, rue des Trois-Rois. — Mulhouse (Alsace-Lorraine).

Vogt (Georges), Ing. des Arts et Man., Chef des trav. chim. à la Manufac. nat. de porcelaines. — Sèvres (Seine-et-Oise).

*Dr Voisin (Auguste), Méd. des Hôp., 16, rue Séguier. — Paris. — F

*Voisin (Henri), Ext. des Hôp., 16, rue Séguier. — Paris.

Voisin-Bey (Philippe), Insp. gén. des P. et Ch. en retraite, 3, rue Scribe. — Paris.

Voisins (le Comte Georges, Gilbert de), Nég., 12, allées des Capucines. — Marseille (Bouches-du-Rhône).

Voulquin (Gustave), Publiciste, 2, rue des Francs-Bourgeois. — Paris.

Vourloud (Gustave), Ing. civ., Indust. — Oullins (Rhône).

Vrana (Constantin), Lic. ès sc., 48, caléa Dorobantilor. — Bucarest (Roumanie).

Vuigner (Henri), Ing. civ. des Mines, anc. Élève de l'Éc. Polytech., 46, rue de Lille. — Paris.

Vuillemin (Émile), Admin., anc. Dir. de la Comp. des Mines d'Aniche, 3, rue Victor-Hugo. — Douai (Nord).

Vuillemin (Georges), Ing. civ. des Mines, Sec. gén. de la Comp. des Mines d'Aniche. — Aniche (Nord).

Dr Vuillemin (Paul), Agr. à la Fac. de Méd., 27, rue Grandville. — Nancy (Meurthe-et-Moselle).

*Vulpian (André), Lic. ès sc. nat., 24, rue Soufflot. — Paris.

Walbaum (Édouard), Manufac., 20, boulevard Lundy. — Reims (Marne).

Walecki, Insp. gén. de l'Instruct. pub. aux colonies, 4, rue Trézel. — Paris.

Wallaert (Auguste), Ing. des Arts et Man., Filat., 23, boulevard de la Liberté. — Lille (Nord).

Wallon (Etienne), Prof. au Lycée Janson-de-Sailly, 65, rue de Prony. — Paris.

*Dr Walther (Charles), 21, boulevard Haussmann. — Paris.

Warcy (Gabriel de), 38, rue Saint-André. — Reims (Marne). — R

Warée (Adrien), Fabric. de dentelles, 19, rue de Cléry. — Paris.

Warnier et David, Nég., 3, rue de Cernay. — Reims (Marne). — R

Weber (Émile), Mem. de l'Acad. de Méd., Vétér., 64, boulevard de Strasbourg. — Paris.

Dr Wecker (Louis de), 55, rue du Cherche-Midi. — Paris.

Dr Weill (Edmond), Agr. à la Fac. de Méd., 38, rue Franklin. — Lyon (Rhône).

Weiller (Lazare), Ing.-Manufac. — Angoulême (Charente), et 36, rue de la Bienfaisance. — Paris.

Dr Weisgerber (Charles, Henri), 62, rue de Prony. — Paris.

Weiss (Albert), Fabric., 36, rue du Tunnel. — Lyon (Rhône).

Dr Weiss (Georges), Ing. des P. et Ch., Agr. à la Fac. de Méd., 119, boulevard Saint-Germain. — Paris. — R

Wenz (Émile), Nég., 9, boulevard Cérès. — Reims (Marne).

Wertheimer (E.), Prof. de Physiol. à la Fac. de Méd., 31, rue de Bourgogne. — Lille (Nord).

West (Émile), Ing. des Arts et Man., Chef du lab. d'essais à la Comp. des Chem. de fer de l'Ouest, 29, rue Jacques-Dulud. — Neuilly-sur-Seine (Seine).

Weyland (Joseph), Étud., 3, avenue Carnot. — Paris.

Wickersheimer (Émile), Ing. en chef des Mines, anc. Député, 37 ter, rue de Bourgogne. — Paris.

Dr Wickham (Georges), Adj. au Maire du IIe arrond., 78, boulevard Maillot.—Neuilly-sur-Seine (Seine).

Dr Wickham (Henri), 16, rue de la Banque. — Paris.

Wilde (Prosper de), Prof. de chim. à l'Éc. milit. et à l'Univ. libre, 339, avenue Louise. — Bruxelles (Belgique).

Wilhélem (Georges), Lic. en droit, Notaire, 24, rue des Minimes. — Compiègne (Oise).

Willm, Prof. de chim. gén. appliq. à la Fac. des Sc., (Institut de Chimie) rue Barthélemy-Delespaul. — Lille (Nord). — R

Winter (David), Nég., 64, rue Tiquetonne. — Paris.

Witz (Albert), Photog., 46, place des Carmes. — Rouen (Seine-Inférieure).

Witz (Joseph), Nég. — Épinal (Vosges).

Wolf (Charles), Mem. de l'Inst., Prof. à la Fac. des Sc., Astron. hon. à l'Observ. nat. 1, rue des Feuillantines. — Paris.

*Wolfrom (Gustave), Attaché d'Ambassade à la Résidence gén., avenue de France. — Tunis.

Dr Worms (Jules), Mem. de l'Acad. de Méd., 12, rue Pierre-Charron. — Paris.

Worms de Romilly, anc. Présid. de la *Soc. française de Phys.*, 27, avenue Montaigne — Paris. — **F**

*Wouters (Louis), Homme de Lettres, anc. Chef de Cabinet de Préfet, 80, rue du Rocher. —. Paris. — **R**

Wurtz (Théodore), Prop., 40, rue de Berlin. — Paris. — **F**

Wyrouboff (Grégoire), Doct. ès sc., 141, rue de Rennes. — Paris.

Xambeu (François), Prof. de l'Univ. en retraite, 41, Grande-Rue. — Saintes (Charente-Inférieure). — **R**

Yver (Paul), Manufac., anc. Élève de l'Éc. Polytech. — Briare (Loiret). — **F**

Yvernès (Emile), Chef de Divis. hon. au Min. de la Justice, Sec. gén. de la *Soc. de Statisque de Paris,* 21, rue de La Tour. — Paris.

Yvert (Mme Gustave), 15, rue Gargoulleau. — La Rochelle (Charente-Inférieure).

Yvert (Gustave), Avoué, 15, rue Gargoulleau. — La Rochelle (Charente-Inférieure).

Dr Yvon (Édouard). — Cinq-Mars-la-Pile (Indre-et-Loire).

Dr Yvonneau, 14, rue de la Butte. — Blois (Loir-et-Cher).

Zaborowski, Publiciste, Archiv. de la *Soc. d'Anthrop. de Paris,* 2, avenue de Paris. — Thiais (Seine).

Zeiller (René), Ing. en chef des Mines, 8, rue du Vieux-Colombier. — Paris. — **R**

Zenger (Charles, V.), Mem. de l'Acad. des Sc. de l'Empereur François-Joseph Ier, Prof. de Phys. et d'Astro. phys. à l'Éc. polytech. slave, 18/III, rue du Belvédère. — Prague (Autriche-Hongrie).

Ziégel (Emmanuel), Examin. d'admis. à l'Éc spéc. milit. de Saint-Cyr, Présid. de la Commis. d'admis., 30, rue du Luxembourg. — Paris.

Ziegler (C.), 23, boulevard de la République. — Alger.

Ziegler (Henri), Ing. civ., 14, avenue Raphaël. — Paris.

Ziffer (Emmanuel, A.), Ing. civ., Présid. des *Chem. de fer Lemberg-Czernowitz-Jassy,* 9, Giselastrasse. — Vienne (Autriche).

*Zindel (Édouard), Ing. à la Soudière de la *Comp. de Saint-Gobain.* — Chauny (Aisne).

Zivy (Paul), Ing. des Arts et Man., 19, rue Desbordes-Valmores. — Paris.

Zorn (Louis), anc. Dir. de l'*Express.* — Mulhouse (Alsace-Lorraine).

Zuber (Ernest), Manufac., île Napoléon. — Rixheim (Alsace-Lorraine).

Zürcher (Philippe), Ing. en chef des P. et Ch., 1 *bis,* allée des Mûriers. — Toulon (Var).

ASSOCIATION FRANÇAISE

POUR

L'AVANCEMENT DES SCIENCES

Fusionnée avec

L'ASSOCIATION SCIENTIFIQUE DE FRANCE

(Fondée par Le Verrier en 1864)

CONFÉRENCES DE PARIS

1896

M. Émile ALGLAVE

Professeur à la Faculté de droit de Paris.

L'ALCOOLISME ET LE MOYEN DE LE COMBATTRE

— 16 janvier 1896. —

L'hygiène jouit d'une très mauvaise réputation. Elle passe, à juste titre, pour être une science très coûteuse, et cette renommée s'explique, car, toutes les fois qu'il s'agit d'hygiène, on est assuré d'avoir à mettre la main à la poche pour en tirer quelque argent. — Cependant, pour une fois, l'hygiène va mentir à sa réputation, car, parlant en son nom, je vais vous proposer, au contraire. non d'apporter de l'argent, mais d'en procurer beaucoup à l'État : *un milliard.* La thèse que je vais soutenir est donc une thèse très particulière, car, en même temps qu'elle doit garantir la santé de tous, elle a pour but de remplir les caisses du Trésor public.

J'entre immédiatement dans mon sujet. L'alcoolisme est une chose sur laquelle il faut d'abord s'entendre parce que l'on confond assez généralement l'alcoolisme avec l'ivresse en dépit des différences profondes qui les séparent.

L'ivresse est un phénomène passager.

L'alcoolisme est un état permanent.

1

On peut être alcoolique sans avoir jamais été ivre une seule fois. L'alcoolisme est une modification de l'organisme très longue à se produire, attendu qu'il faut en général à l'homme qui boit du mauvais alcool deux ou trois ans pour devenir alcoolique, tandis qu'il suffit d'une heure ou même de quelques minutes pour devenir ivre en buvant trop, même du bon alcool.

Il résulte bien clairement de cette seule constatation qu'il faut que la cause de l'ivresse et celle de l'alcoolisme ne soient pas les mêmes.

Au surplus, l'homme ivre et l'alcoolique diffèrent absolument d'aspect et l'on ne saurait s'y tromper quand on est prévenu : les images que nous allons faire passer sous vos yeux vous en fourniront un exemple qui suffira pour vous édifier et vous faire distinguer à l'avenir tous les cas semblables que vous rencontrerez.

Jadis on buvait du vin, de la bière et des eaux-de-vie faites avec du vin ; il n'en résultait pas grand mal. Aujourd'hui on boit encore du vin, de la bière et des eaux-de-vie, mais ces boissons étant fabriquées trop souvent avec des alcools dangereux, leurs effets ne sont plus les mêmes ; nous allons voir pourquoi. Mais examinons d'abord les images dont je vous parlais.

Ce sont les photographies de trois tableaux d'un peintre allemand qui a pris sur le vif le buveur de vin, le buveur de bière et le buveur d'alcool.

Dans les deux premiers tableaux nous voyons de joyeux compères ivres pour avoir bu du bon vin et de la bonne bière comme on en buvait autrefois ; ils ne sont pas alcooliques.

Le troisième sujet nous montre, au contraire, un malheureux buveur d'alcool dont l'organisme a été ruiné par l'intoxication et qui n'a pas du tout l'égayant aspect des premiers buveurs. C'est la victime du mauvais alcool, alcoolique qui sera un criminel inconscient à la première occasion.

L'artiste en le reproduisant avec ce facies qui est sa tare ne songeait guère assurément que son œuvre pourrait fournir un argument aussi frappant à notre thèse ; son tableau, qui n'a pas été fait pour les besoins de notre cause, témoigne de l'exactitude de nos affirmations.

Maintenant que vous avez vu la physionomie de ces buveurs, je vais vous indiquer les causes des différences que vous constatez.

Dans le vin, dans la bière, il y a aussi de l'alcool. Il semble donc que ces deux boissons devraient produire les mêmes effets que l'alcool des liqueurs. Mais il arrive qu'un roi a des frères, des cousins qui ne lui ressemblent pas. L'alcool est un roi comme un autre ; il a une cour, une famille et dans sa famille comme dans toutes les familles il y a des frères, des cousins qui ne valent pas grand'chose ou même qui ne valent rien du tout. — Les frères de l'alcool de vin, ou alcool éthylique, ce sont les alcools amylique, méthylique, butylique, propylique, etc. Ses cousins ce sont notamment les éthers et les aldéhydes, parmi lesquels je vous signale spécialement l'aldéhyde salicylique et le furfurol qui ne sont que de mauvais drôles. Tel est le petit scandale de famille qui explique tout.

Prenez-vous de l'alcool éthylique, c'est-à-dire du bon alcool de vin ? vous tombez dans l'ivresse, cela n'est pas grave. Mais gardez-vous de prendre l'un des cousins, l'alcool amylique, par exemple, car en ce cas vous vous préparez à l'alcoolisme et fatalement vous devez y tomber.

L'alcoolisme est un fléau récent. Avant 1840 on n'en parlait pas ; c'est un médecin suédois qui l'a découvert.

Néanmoins il est bien certain que l'on buvait autrefois, puisque l'ivresse remonte au Déluge. Mais les anciens n'ont connu que l'ivresse. Aujourd'hui nul n'ignore qu'en buvant trop l'on risque de devenir alcoolique. Pourquoi ?

C'est parce qu'au lieu de boire des produits naturels et des eaux-de-vie de vin, on boit des alcools d'industrie ou du vin et des bières dans lesquels il entre de ces frères et de ces cousins de l'alcool auxquels je faisais allusion tout à l'heure.

Pour le mieux démontrer nous allons faire sous vos yeux des expériences probantes avec le concours que veut bien me prêter à cet effet M. Laborde, de l'Académie de médecine.

Nos sujets seront de petits cobayes faciles à montrer et par suite plus propres que d'autres à subir devant vous ces expériences.

Nous allons injecter à un petit cobaye un centilitre d'alcool pur. Il deviendra ivre ; il sera très gai, content de vivre et sous vos yeux il continuera à se bien porter.

A un autre nous administrerons une même dose d'alcool amylique pur ; il mourra devant vous en peu de temps.

L'alcool amylique notamment donne, en effet, la sensation que les habitués des assommoirs appellent le « coup de marteau ». Quand les alcools sont parfaitement purs, ils ne produisent nullement cette intoxication. Et si l'on obtient ces résultats néfastes avec le vin, c'est parce qu'à présent le vin lui-même est falsifié avec des alcools pernicieux. Aujourd'hui l'industrie fabrique, par exemple, des vins de raisins secs additionnés de ces méchants alcools qui sont capables de tout, sauf de bien faire. Certaines maisons de Paris en fournissent des quantités considérables.

Remarquez bien que notre premier cobaye, pendant que je vous entretiens des méfaits des mauvais alcools, persiste à se bien porter parce qu'il n'a reçu qu'une injection de bon alcool, tandis que le second, gratifié d'une même dose d'alcool méthylique, se meurt.

Je reprends. Pour faire des liqueurs, des cognacs, il ne faut pas seulement de l'alcool pur inoffensif, comme celui que nous avons administré sous vos yeux à notre premier cobaye ; cela est bien certain. On m'a reproché de vouloir obliger les gens à boire de l'alcool insipide. Mais rien n'est plus évident que la mauvaise foi de ceux qui m'ont adressé ce reproche. Pour peu que l'on soit au courant des choses de la distillation, on sait très bien que les liqueurs se font avec des alcools insipides, bons ou mauvais, en y ajoutant des « bouquets » ; un centigramme d'un bouquet quelconque déterminé ajouté à un litre d'alcool pur donne, suivant la nature de ce bouquet, du cognac, du rhum, du genièvre, du whisky, etc., etc.

Ainsi il y a un très bon bouquet de cognac qu'on fait avec certaine plante par un procédé que je passe sous silence pour abréger. Mais ce bouquet coûte 400 à 500 francs le kilogramme, tandis que d'autres moins anodins ne coûtent que 25, 30 ou 40 francs le kilogramme.

En vertu du principe industriel qui veut que l'on produise le maximum d'effets avec le moindre effort, on prend naturellement ces derniers sans s'arrêter à considérer qu'ils peuvent tuer une si grande quantité d'hommes !

Poursuivons cette revue de poisons. Voici un bouquet d'aldéhyde salicylique. Cet aldéhyde salicylique est ce qui sert à fabriquer le vermout et le bitter.

Le vermout n'est pas un vin, c'est un alcool faible qui a été parfumé. Dans d'autres cas on prend l'absinthe qui donne des produits merveilleux avec un alcool plus fort ; elle engendre le crime et la folie.

La moitié des cas de folie sont, en effet, dus à l'alcool, disent les médecins ; et les criminalistes ajoutent que plus de la moitié des crimes lui sont également dus.

À l'appui de ces deux affirmations également fondées, nous allons vous montrer sur deux petits cobayes les effets de l'alcool parfumé d'absinthe et ceux de l'aldéhyde salicylique.

Prenez un homme âgé de moins de cinquante à soixante ans, examinez-le ; si sa main étendue tremble, vous pouvez l'affirmer, c'est un homme qui a bu de l'alcool, et même de mauvais alcools.

Chaque variété a ses symptômes caractéristiques. Ainsi le bon alcool grise et ne tue pas ; l'alcool méthylique assomme d'un seul coup ; l'aldéhyde salicylique donne des convulsions, l'absinthe donne des attaques épileptiques, et pendant que je vous le dis vous voyez ces divers effets se produire sur les petits cobayes qu'on vient d'injecter d'une même dose de ces alcools funestes devant vous. Notez que nous n'employons que de très faibles quantités de poisons, car si nous avions employé des doses plus fortes les effets auraient été plus rapides ; mais il y aurait eu un danger, l'animal au lieu d'avoir sa crise, comme l'alcoolique, serait mort d'un coup, assommé !

Nous allons d'ailleurs vous faire encore revoir ces phénomènes amplifiés sur un chien et vous assisterez mieux ainsi à la genèse du crime.

En attendant, remarquez-le, notre premier cobaye qui n'a absorbé, lui, que du bon alcool continue à se porter fort bien ; seule, sa patte injectée est en ce moment insensible, mais cet effet ne sera que passager.

Quant au chien, le voici ; nous tenons à vous le montrer tout d'abord tandis qu'il est sain, gai, joyeux, qu'il se dresse, accablant de caresses l'homme qui le tient en laisse.

On ne saurait nier qu'il est doué d'un excellent caractère et vous verrez cependant tout à l'heure qu'il sera capable des crimes les plus abominables.

On va faire à ce chien une seule injection d'absinthe. Alors, comme le cobaye, il se dressera sur ses pattes, il écumera, sa gueule se couvrira de bave et il voudra se précipiter sur tout ce qui l'entourera.

Aussi aurons-nous la précaution de le museler et de le tenir solidement à la chaîne.

Plus tard, si la dose est bien calculée, il sera redevenu très doux et vous aurez eu le résumé de l'histoire d'un crime.

Tel est le criminel alcoolique devant la cour d'assises. Il a tué dans un accès et son avocat semble autorisé réellement à demander pour un homme d'aspect si doux en temps ordinaire l'indulgence des jurés. — Tous les jours se répète le même fait devant la justice criminelle.

Laissez-moi vous citer un cas récemment observé à Paris :

Un homme entre dans un débit de vin et boit deux verres de vin blanc.

Il rentre ensuite chez lui, se trouve pris d'un accès et tue sa femme. Ses voisins, attirés par le bruit de la lutte et les cris de la victime, accourent. Ils saisissent l'alcoolique, ils l'entraînent au poste, mais en route l'assassin parvient à leur échapper. Il retourne dans sa maison avant eux, y trouve ses enfants et les tue comme leur mère, avant qu'on ait pu intervenir pour l'en empêcher.

Pendant que la police l'arrête enfin, on va au cabaret où il a bu et par l'analyse on trouve précisément dans la boisson qu'on lui a donnée tous les éléments pernicieux que je vous ai signalés tout à l'heure.

Comment cela se fait-il ? Le plus souvent on ne prévoit pas ce qui doit arriver. On sait que l'absinthe est mauvaise ; tout le monde la dénonce ; tout le monde veut la chasser de la société, c'est entendu. Mais un vermout cela n'est pas méchant, cela augmente l'appétit, dit-on couramment.

Ce n'est pas vrai ; cela délabre simplement l'estomac.

Pendant six mois, un an, on se porte bien. Mais au bout de dix-huit mois par exemple on a des maux de tête, des nausées.

Qu'est-ce que cela veut dire ?

C'est la faute du boucher, de la cuisinière. Quant au bon apéritif, cet excellent vermout, personne ne songe à l'en accuser ! — Voici une autre histoire qui montre comment il est démasqué quelquefois.

Un homme rangé habitait Paris, où il se portait bien. Ses affaires exigent un déplacement, l'obligent à aller résider au bord de la mer. Cela ira mieux encore évidemment là-bas qu'ici. Pourtant non ; cela va plus mal jusqu'au moment où il se décide à se plaindre à un ami, membre de l'Académie de médecine.

— Vous devez boire du mauvais alcool ? lui dit-on.

— Moi ? pas du tout, je bois du très bon vermout dans le meilleur café de la ville.

On prend ce vermout et l'on obtient des résultats comme ceux que vous voyez sur ce cobaye. Heureusement convaincu par l'expérience qu'on lui montre, l'homme renonce au vermout et guérit en quelques mois.

Tels sont les faits quotidiens dont notre société donne l'exemple, tel est le mal qu'il faudrait empêcher.

Et comment l'empêcher ? Cela ne paraît pas commode. Défendre de vendre de mauvaises liqueurs est plus vite dit que réalisé ; il faudrait trouver aussi le moyen d'appliquer la *défense*.

Ainsi, voilà dans ce litre un cognac fait à Paris, vendu dans une maison de Paris. Ce cognac, nous l'avons expérimenté et nous allons pouvoir vous montrer les effets qu'il a produit.

Un centimètre cube de ce cognac tue un cobaye au bout de dix-huit heures.

Vous voudriez assurément savoir où l'on vend ce cognac... pour n'en pas acheter. Je me garderai bien de vous le dire ; j'ai même eu soin avant de l'apporter, de coller une bande de papier sur l'étiquette de la bouteille car *celui qui l'a fait n'est pas coupable ; celui qui le vend ne peut être poursuivi et si moi je vous disais où on le vend et qui l'a fabriqué c'est moi qui serais coupable de diffamation, bien que le danger soit certain et c'est moi qu'on mettrait en prison.*

Voilà où nous en sommes.

N'est-ce pas là un état de choses exigeant un prompt remède ?

Pour l'homme c'est la folie qui augmente tous les jours ; le crime en continuelle hausse dans les statistiques. Tout le monde le sait, tout le monde le dit, plus de la moitié des crimes et des cas de folie sont dus à l'alcoolisme.

Il suffit d'ailleurs pour s'en convaincre de voir le diagramme de la marche ascendante de la folie en France, il coïncide exactement avec le développement de la fabrication des mauvais alcools.

Mais avant de poursuivre, résumons nos expériences :

Voici le chien que vous avez vu si doux et si caressant tout à l'heure. A présent il est impossible de le maintenir même muselé. On a dû lui lier les pattes. Sa crise est au plus haut point d'intensité ; il bave, il écume..., il tombe enfin en proie à la dernière attaque ; on peut à présent le délier mais sans cesser de le tenir enchaîné, car il reste toujours dangereux.

Voici encore un cobaye qui n'a pas été opéré devant vous parce que les substances employées n'auraient pas donné des effets immédiats vu le peu de durée de cette conférence. Ici c'est encore un des résultats annoncés précédemment. Cet animal a reçu 3 centimètres cubes de cognac de fantaisie, non pas de bouquet de cognac, mais 1/350 de litre de cognac dit vieux pris dans un cabaret. Vous voyez le résultat. Il a été opéré il y a trois heures : dans quinze à dix-huit heures il sera mort.

Voulez-vous savoir ce qu'il faut de ce cognac artificiel pour obtenir un effet identique sur un homme ? Il en faut un peu plus qu'un demi-litre. Quand un homme aura bu au cabaret un peu plus d'un demi-litre de ce cognac du commerce, il sera comme ce cobaye et il aura le même sort.

Devant de pareils faits on peut se demander si nous avons à opter entre ne pas boire de vin, de bière, de cognac ou boire de ces produits malsains. Je me hâte de dire qu'il y a une troisième alternative : celle de boire des alcools purs ou des boissons contenant des alcools parfaitement fabriqués qui donneront l'ivresse, si l'on en prend avec excès, mais jamais la mort. — Je ne parle pas bien entendu du vrai cognac de vin trop rare et trop cher pour qu'on puisse en donner à tout le monde. Les cabarets, de toute façon, ne peuvent débiter que des cognacs artificiels.

Ce cobaye que voici a reçu 3 centimètres cubes de cognac inoffensif fabriqué avec du bon alcool et un bon bouquet ; vous voyez qu'il ne s'en porte pas plus mal.

En voici un second dans le même cas ; il a reçu la même quantité d'un autre alcool fabriqué de la même façon ; il est très guilleret. Ce second alcool comme le précédent, provient du Monopole suisse. Mais ceci ne suffit pas. Il faut que je vous démontre que je ne vous raconte pas un roman et qu'on fait d'excellentes liqueurs de cette façon-là. J'y vais procéder devant vous.

On prend de l'alcool sain, absolu, que voici ; on le met dans un récipient comme je le mets dans ce verre ; on y ajoute de l'eau et on a de l'alcool inoffensif étendu d'eau. Cet alcool qu'on pourrait boire impunément est insipide encore, il est vrai. Mais on lui ajoute un peu de bouquet de cognac anglais, par exemple, comme ceci, et cela fait un cognac exquis. Vous pouvez le goûter et constater qu'il est, en effet, excellent.

Ainsi procède-t-on pour faire toutes les liqueurs qu'on désire, et cette méthode est sans danger à condition que l'alcool soit pur, sain, et les bouquets choisis également sains.

Vous voyez qu'il n'y a pas là de jonglerie, de légende, comme on l'a prétendu pour me combattre, mais une réalité très triste. J'avais raison de dire : l'alcoolisme est le plus grand mal social de notre temps ; on doit faire les plus grands sacrifices pour le détruire.

Or, maintenant que le problème est posé, maintenant que nous savons, à n'en plus douter, que la cause de l'alcoolisme tient à l'impureté de l'alcool, quels moyens pourra-t-on employer pour enrayer l'alcoolisme ?

Voyons d'abord ce qui se passe à l'étranger. Il y a des sociétés de tempérance qui sont très développées en Amérique. Ce sont les femmes qui en font surtout partie. Mais en Amérique comme ici, les hommes n'écoutent pas toujours les bons conseils de leurs femmes ou de leurs parentes et de leurs amies. Alors que font ces Américaines ? Elles se réunissent, se rendent en masse aux portes des cabarets où elles chantent à tue-tête des litanies jusqu'à ce que leurs hommes s'enfuient épouvantés.

Ailleurs, la plupart des sociétés de tempérance se bornent à recommander de ne pas boire d'alcool. Mais pour cela il ne faudrait boire ni vin, ni bière ; il ne faudrait boire que de l'eau. C'est en effet ce qu'exigent les sociétés de tempérance. Malheureusement, la plupart des gens ne se résigneraient pas volontiers à cette abstention complète. Aussi les sociétés de tempérance qui existent en France ne font-elles pas beaucoup de progrès.

Je demandais un jour au président d'une de ces sociétés combien il y avait d'ivrognes dans son association.

— Aucun ! me répondit-il d'un air indigné.

— Mais alors vous ne servez à rien ? lui répliquai-je.

— S'il n'y a pas d'ivrognes parmi nos membres, ajouta-t-il, après réflexion, il y en a peut-être parmi nos lauréats, car je m'en rappelle quelques-uns qui venaient chercher leurs couronnes avec le tremblement de main caractéristique, mais c'était peut-être d'émotion.

En Amérique, les sociétés de tempérance ont beaucoup d'amis : quels résultats y ont-elles acquis ?

On s'est dit, en Amérique : voyons, nous avons des meurtriers. nous allons leur demander s'ils sont membres de sociétés de tempérance ou s'ils n'en font pas partie. Quels furent les chiffres accusés par cette statistique ? elle indiquait 20 0/0 de buveurs d'eau parmi les meurtriers. Mais comme, d'autre part, sur la masse de la nation il n'y avait pas 20 0/0 de buveurs d'eau, cela tendait à démontrer que les membres des sociétés de tempérance fournissaient plus de meurtriers que le reste de la nation.

Bien plus ! ce fut dans l'État du Maine, où il est défendu à tout le monde par la loi de boire de l'alcool, que la statistique découvrit le plus d'idiots et de criminels.

D'où provenaient ces constatations si décevantes ? d'une supercherie très simple ; il arrivait pour les sociétés de tempérance ce qui se passe dans les pays sauvages où des prêtres de religions concurrentes se disputent les néophytes. Interrogez en extrême Orient, par exemple, le missionnaire catholique et le missionnaire protestant ; l'un et l'autre obtiennent des résultats merveilleux. Fait-on la somme de leurs conversions ? Avec surprise on constate qu'elle accuse une quantité fausse, infiniment plus forte que celle de la réalité. Néanmoins les bons missionnaires n'ont pas menti ; mais leurs recrues sont les mêmes. Les soi-disant convertis sont des faux frères qui passent de l'une à l'autre chapelle suivant qu'ils ont besoin d'une chemise ou d'une petite somme d'argent, menus cadeaux qu'ils savent trouver auprès des Pères ou des Pasteurs réjouis de leur prétendue conversion.

Les mêmes faits se reproduisent avec les sociétés de tempérance. Elles procurent à leurs adhérents divers avantages qui suffisent pour leur amener des ivrognes se résignant à jouer pour un temps donné le rôle d'abstinents. Mais alcooliques ils étaient, et alcooliques ils restent en réalité, jusqu'au moment où ils commettent un crime et où on les met en prison.

Ce qui se passe dans l'État du Maine est tout à fait analogue. Il n'y a pas d'alcool dans les cabarets ; on y vend du thé ; impossible d'incriminer un tel débit de boissons !

Mais à côté de cela il y a *la liberté du commerce*, droit sacré au sujet duquel nul Américain ne saurait transiger. Or, c'est en vertu de ce droit qu'on trouve

chez l'épicier, par exemple des œufs, oh! des œufs de la plus honnête apparence; seulement ces œufs contiennent tout simplement du whisky, alcool,
mauvais parmi les pires et d'autant plus mauvais que caché il échappe à tout
contrôle.

On s'explique ainsi comment il y a dans l'État soi-disant abstinent du Maine
plus de criminels que dans tous les autres.

En Suède et en Norvège, on s'est fort inquiété de la question de l'alcoolisme
et l'on a imaginé le système dit de Gottembourg. Voyons en quoi il consiste :

Il n'est permis d'établir un cabaret qu'autant que le Conseil Municipal le
permet... et il le refuse souvent. De telle sorte que l'on peut faire 70 à 80 kilomètres dans ce pays-là sans rencontrer un seul cabaret.

En outre, si l'on se donne la peine d'aller jusqu'à l'endroit où il existe
exceptionnellement un cabaret, on ne peut en rapporter plus de 3 litres d'alcool
par habitant mâle sans s'exposer à l'emprisonnement.

Le cabaretier, en Suède, est un fonctionnaire sans intérêt dans le débit, les
bénéfices étant partagés entre la ville et le département.

En France, étant donné l'énorme influence des cabaretiers, on peut concevoir
sans un grand effort de raisonnement, qu'il n'y aura jamais une Chambre
française pour voter une pareille loi.

Les libéraux, — ceux qui comprennent la liberté de tout faire à la manière
anglaise récemment esquissée au Transvaal, — les libéraux ont un autre
système. Voyons comment ils entendent supprimer les 400.000 cabarets
français.

Ils proposent de remettre à l'autorité administrative le pouvoir d'en supprimer un certain nombre d'après le chiffre de la population.

On avouera, quelque tourmenté que l'on puisse être de voir la réalisation de
cette réforme, que le moyen dont il s'agit pour l'obtenir serait absolument
antilibéral et qu'il laisserait une trop large marge à l'arbitraire contre lequel
on a tant lutté sous l'Empire. La majorité en France ne saurait certainement
admettre un tel procédé!

Admettons pourtant que cela puisse se faire et voyons ce qu'il en résulterait.
On a fait un très curieux relevé qui va nous l'apprendre.

En 1882, quand il résistait à la campagne du monopole, le Gouvernement
suisse a fait dresser des cartes de tous les cantons avec des teintes d'autant
plus foncées que ces cantons contenaient plus de cabarets par milliers d'habitants. En même temps il faisait aussi dresser des cartes également teintées de
plus en plus foncées d'après la proportion d'alcooliques existant dans chaque
canton. Il se disait fort judicieusement : « Si les débits de boissons poussent
à l'alcoolisme, les deux cartes superposeront leurs teintes. »

Ces cartes les voici. Ce qu'elles disent, c'est que, moins il y a de cabarets
plus il y a d'alcooliques. La diminution du nombre des débits de boissons n'est
donc pas le moyen de réduire le fléau de l'alcoolisme.

Surpris, le Gouvernement suisse s'est demandé si cet état de choses, appa-
remment anormal, n'était point particulier à la Suisse. Le même relevé fut
fait alors, comme contrôle, pour la Hollande... et fournit les mêmes résultats.

Encore une fois, on est donc bien fondé à croire que la diminution du
nombre des cabarets n'est pas de nature à diminuer le nombre des alcooliques.

Alors qu'est-ce qu'il s'agit de faire? Ne suffirait-il pas de défendre la fabrication du mauvais alcool? On a dit à ce sujet : Faites une loi. Hélas! on fait
beaucoup de lois en France, mais elles ne servent à rien. En fait de lois de ce

genre, il n'y a que de fâcheux précédents. Voyons par exemple ce qui s'est passé pour les vins de raisins secs.

« On ne peut poursuivre sur les déclarations des experts chimistes, dit le procureur général ou garde des sceaux, car ces experts ne sont pas d'accord! »

En effet, mais quels sont ces experts? Ce sont les experts des fraudeurs ou parfois les fraudeurs eux-mêmes. Cela seul indique quelle est la garantie qu'ils offrent!

Rappelons les faits pour corroborer par vos souvenirs leur exactitude. Les marchands, on s'en souvient, ont d'abord été jugés d'après la dégustation. Ils ont demandé l'analyse chimique. Celle-ci ne leur ayant pas donné plus de satisfaction, ils ont encore réclamé la dégustation pour contrôler l'analyse! Les deux choses réunies embrouillent si bien les constatations que finalement on les acquitte. Il en a été de même pour la loi Griffe et cela sera toujours ainsi. Toute loi de ce genre sera simplement vexatoire; l'expérience en est assez faite.

* * *

En résumé, c'est la mesure que j'ai proposée qui reste la seule possible : *le monopole de l'alcool.*

— Le monopole! s'écrie-t-on, mais c'est contraire au grand principe de la liberté! Tous ceux qui vendent les poisons que vous dénoncez ne violent pas votre liberté, car vous n'êtes pas obligé d'acheter leurs produits.

— Peut-être, car enfin celui qui entre dans un débit de boissons pour y consommer avec excès une liqueur propre à le griser n'a pas réclamé un liquide qui le tue. — Moi, au lieu de le tuer, je prétends lui donner une substance qui le grisera impunément et qui ne lui coûtera pas plus cher que les poisons d'aujourd'hui. Avec mon monopole, la seule liberté que vous violerez, c'est simplement la liberté d'empoisonner à plaisir des millions de Français ! ?

D'ailleurs la liberté commerciale n'existe vraiment plus quand on prélève un impôt de 156 à 300 francs sur une marchandise qui vaut 30 francs.

Aujourd'hui, quand il est vendu de l'alcool, remarquez bien que ce produit est vendu à la fois au profit de l'État et au profit des particuliers.

Seulement l'État dans cette transaction a un intérêt des quatre cinquièmes et le particulier un intérêt de un cinquième. Il y a donc là une sorte d'association où l'État est associé pour quatre cinquièmes et les particuliers pour quatre fois moins : un cinquième. Mais, *chose extraordinaire*, c'est l'associé pour un cinquième qui gère l'association sans que l'autre ait rien à y voir... La conséquence de cette étrange combinaison en découle fatalement : *le petit associé pour 1/5 fraude le gros.*

Dira-t-on que le monopole de l'alcool dérangera la production et nuira aux producteurs? Faisons justice d'un pareil argument. En France, les producteurs sont des gens dont on ne s'occupe jamais réellement. On en parle « pour la forme », pour les besoins d'une cause... et la preuve dans le cas qui nous occupe justement, c'est que le monopole que je propose est favorable aux producteurs.

L'alcool qu'ils fabriquent, ils ne le vendent que 30 francs; je le leur fais payer 40.

Ils vendent 30 francs à crédit; sans savoir s'ils seront payés; je le leur fais vendre 40 francs à l'État qui est autrement plus solvable.

Pourquoi donc n'accepte-t-on pas cette solution si satisfaisante ?

Ces gens-là pourtant ne sont pas incapables de comprendre leurs intérêts; ils ont donc des raisons pour repousser une offre aussi avantageuse. Sans doute ! et ces raisons, c'est que par des moyens cachés, indirects, ils parviennent à tirer de leur alcool un bénéfice frauduleux plus considérable.

En effet, l'agriculture elle-même profiterait de ce monopole et c'est bien pour cela que l'Association Agricole du Nord a voté le monopole alors que les députés de la même région représentant les grands distillateurs votaient contre ce monopole.

Examinons une autre classe d'intéressés : est-ce que ce sont les fabricants de liqueurs qui auraient à se plaindre ? Non, car on leur donnera du bon alcool avec lequel ils fabriqueront ce qu'ils voudront. Ils pourront le vendre aux particuliers avec une légère surtaxe.

Quant au consommateur, lui, il aura toujours son petit verre pour deux sous, mais il ne se tuera pas.

Notez bien qu'en somme ce que l'on réclame, ce n'est pas le droit de *se suicider*, proclamé par la Révolution française; *c'est le droit de suicider les autres.* Est-ce que les grands principes de la Révolution française ont quelque chose de commun avec ce crime-là ?

Reste le cabaretier, ce modeste débitant, si malheureux ! Est-il avec le régime actuel aussi libre qu'on voudrait nous le faire croire ? Voyons cela de près :

La moitié de ces cabaretiers ne sont que les hommes de paille des marchands en gros. Loin de jouir de leur liberté, ces faux patrons sont moins que des esclaves entre les mains de leurs maîtres.

Dans le Nord par exemple, quand on vend un cabaret qui n'est pas la propriété d'un brasseur ou d'un marchand en gros, la chose est si rare qu'*on le met sur l'affiche...* et alors le cabaret acquiert de la valeur par ce seul fait; il se vend plus cher.

Presque jamais le cabaretier n'est un homme riche, et quand il n'est pas un homme de paille, il est commandité. Souvent c'est un employé ou un ouvrier qui veut ouvrir un cabaret pour occuper sa femme. Il n'a pas d'argent pour acheter le fonds de commerce. Alors il s'adresse au marchand en gros qui lui fournit les marchandises et vend le vin avec l'alcool.

Naturellement il les lui vend plus cher et plus mauvais; c'est la carte forcée. Plus tard le cabaretier fait faillite et l'on apprend la vérité : son cabaret appartient en réalité au marchand en gros !

Le cabaretier dans mon système devient entièrement libre et n'a plus besoin de commandite, car il a le crédit gratuit complet pour l'alcool. L'État lui accorde sur ses ventes 20 0/0 de bénéfice. Quel est le commerce où l'on peut être assuré d'avoir 20 0/0 de bénéfice net ?

Cette remise lui donnera un bénéfice net moyen de 1.000 francs par an. Eh bien, en France, tout compte fait, il ne réalise sans doute pas cette moyenne actuellement.

Enfin il ne paiera son alcool à l'État que lorsqu'il l'aura vendu et comme il ne doit pas vendre à crédit, il n'aura rien à débourser.

Aucune des diverses classes d'intéressés n'aura donc à se plaindre, sauf les marchands en gros. Ah ! ces derniers, je le reconnais, je les gêne ! je coupe court à tous les moyens de fraude qu'ils ont .eus jusqu'ici et qu'ils sont bien obligés d'employer pour lutter contre leurs concurrents qui le font.

Mais ce sont les négociants fraudeurs qui dominent les autres et qui réclament la suppression des mesures de surveillance qui les entravent.

C'est comme cela qu'on a voulu, pour délivrer les marchands en gros de toute gêne, soumettre à l'exercice un demi-million de paysans, ce qui est impossible; une pareille loi ne peut arriver à faire rentrer dans les caisses de l'État les millions dont nous avons besoin.

Le monopole donnera au contraire 800 millions de plus que ne nous donne actuellement l'alcool et cela ne coûtera un peu plus qu'au consommateur riche surtaxé très légèrement.

Dans les cafés le cognac se vend jusqu'à 20, 25 et même 50 francs le litre. A ce prix-là peu importe qu'on l'ait payé 40 centimes de plus. Quant à la grande masse, elle continuera à payer son eau-de-vie deux sous le verre comme toujours.

Les 800 millions dont il s'agit seront simplement pris aux fraudeurs.

On a proposé une série de taxes pour supprimer les octrois. Par exemple, on propose de faire payer aux contribuables 0,30 0/0 de leur loyer en taxe supplémentaire. Moi je supprime l'octroi sans qu'il en coûte rien au contribuable. En effet, les octrois rapportent 300 millions. J'en donne 800 par le moyen du monopole de l'alcool.

* * *

Appuyons-nous sur d'autres faits : la grande masse boit des vins falsifiés. Bien plus, les marchands de vin ne veulent pas du vin naturel parce qu'il a, disent-ils, un goût de terroir. Ils préfèrent les vins du « cru de Bercy » qui n'ont pas ces goûts de terroir et que les consommateurs préfèrent aussi parce qu'une accoutumance trompeuse les porte à prendre au contraire les vins naturels à goûts *sui generis* pour des vins falsifiés.

D'où vient cette situation ? de l'octroi et de l'impôt sur les vins. Mais le jour où nous aurons supprimé l'octroi, où nous aurons du même coup supprimé l'impôt sur les vins qui est de 150 millions et aussi celui qui frappe les bières et le cidre, tout sera changé.

Sans l'impôt on aurait ici du vin à 30 centimes le litre. Ce bas prix déterminerait quand même la masse de la population à en acheter, et à en acheter aux producteurs parce qu'elle s'habituerait alors à ces fameux goûts de terroir tant incriminés, qu'elle ne le confondrait plus avec un goût de falsification supposée. Le vin artificiel de Bercy se vendrait moins. Aussi les marchands de vin en gros ont-ils fait une furieuse campagne contre la suppression de l'impôt afin d'empêcher les viticulteurs du Midi de vendre aux Parisiens leurs bons produits et de pouvoir continuer à vendre les crus de Bercy. Or c'est pour cela qu'ils font appel aux grands principes de 1789 ? qu'ils clament en faveur de la liberté du commerce ?... Singulière interprétation ! A ce compte, je ne veux plus croire aux principes.

* * *

C'est en 1880, que pour la première fois, je commençai à publier mon système, à essayer d'enfoncer mon clou dans la planche.

Du moins le clou est entré dans les planches étrangères, s'il n'est pas encore entré dans celle de la France.

D'abord il est entré en Suisse où j'ai été appelé à faire des conférences à ce sujet.

L'une des objections qui ont été faites au monopole, c'est la difficulté de le faire admettre malgré l'opposition des cabaretiers. Cet argument tombe de lui-même, car en Suisse le cabaretier est bien plus influent encore qu'en France et cela n'a pas empêché le monopole d'y être voté à deux reprises, par deux plébiscites. Et la difficulté était grande cependant, car, pour introduire la question, il a fallu tout d'abord reviser la Constitution suisse, qui ne permettait pas au gouvernement fédéral de s'occuper de ce sujet.

Autre objection : on a dit que le monopole ne peut donner de l'argent en France puisqu'il n'en donne pas en Suisse. Ici la mauvaise foi devient évidente. En Suisse, *on n'a pas voulu avoir d'argent*; il a été naturellement facile d'arriver à ce résultat négatif. Expliquons pourquoi on y tenait, car la chose est évidemment faite pour surprendre en France.

La Suisse est un État confédératif où chacun des cantons qui le composent tient à son autonomie. Là, chaque canton pourvoit à ses propres dépenses. Le conseil fédéral ayant très peu de dépenses par suite de cette autonomie même n'a qu'un budget très faible (30 millions environ). Or, par le monopole de l'alcool, le gouvernement fédéral suisse aurait pu se procurer 100 millions, véritable richesse qui lui eût donné la prépondérance sur chacun des États : ceux-ci ne l'ont pas voulu et c'est ainsi que l'État ne peut vendre l'alcool à un prix qui lui assure plus de 60 francs de bénéfices par hectolitre. Le monopole n'était pas nécessaire pour cela. Aussi n'avait-on pas de préoccupation fiscale en l'établissant ; on voulait simplement lutter contre l'alcoolisme.

Depuis plus d'un an le monde a un autre exemple de l'application du monopole de l'alcool. C'est la Russie qui nous l'offre.

Le monopole de l'alcool donnera en Russie plus de un milliard et demi. Il n'existe pour le moment que dans quatre gouvernements russes qui sont le long de l'Oural et qui forment d'ailleurs une superficie égale à celle de la France et de l'Italie réunies. Dès le mois de juillet prochain il sera établi dans la moitié de la Russie d'Europe, et dans trois ans dans le reste de l'Empire successivement.

Les arrestations pour ivrognerie ont déjà diminué de 45 0/0. Je me hâte d'ailleurs d'ajouter qu'en Russie on a poussé mon système aux dernières limites de sa rigueur. Ainsi j'avais demandé que l'alcool ne pût circuler qu'en bouteilles d'un litre au plus afin que la fraude n'eût plus d'avantage à se faire. Eh bien, en Russie, l'alcool se vend en bouteilles de *six centilitres* et ces bouteilles sont cachetées pour garantir la perception de l'impôt.

On s'est dit, de plus, que le cabaretier étant en Russie la cause de la plupart des maux sociaux, parce qu'il est usurier là-bas en même temps qu'empoisonneur, il fallait le supprimer. L'État lui-même devait donc s'interdire de créer des cabaretiers. Pour réaliser ce rêve on a trouvé le bon moyen : on a décidé que l'alcool serait vendu au détail au même prix qu'en gros. Enfin on n'a pas voulu que l'endroit où la vente de l'alcool se fait pût être transformé en lieu de consommation ; on a créé dans ce but des débits installés comme des bureaux de poste.

Là, pour trois kopecks on donne à l'acheteur sa petite bouteille de six centilitres, mais dès qu'il a son flacon il doit céder sa place à un autre acheteur.

Libre à lui d'aller ingurgiter séance tenante son récipient dans la rue et de revenir en acheter un autre, mais au moins cela n'est pas si tentant que le cabaret et, de fait, depuis que ce système fonctionne, il fait merveille !

Le monopole de l'alcool donnera en Russie un milliard et demi. Pourtant l'alcool y est vendu au consommateur un peu moins cher qu'auparavant et il est acheté au producteur beaucoup plus cher.

***

L'Allemagne est encore l'un des pays où l'on a été sur le point d'établir le monopole de l'alcool. M. de Bismarck avait présenté, d'après mes travaux, un plan du monopole, mais on y introduisit des idées qui n'étaient pas les miennes et qui devaient faire du grand chancelier un dictateur de l'Allemagne.

Un pareil objectif n'était pas pour séduire les autres partis de ce pays ; la Bavière, par exemple, qui n'a qu'un amour très modéré pour la Prusse. L'Unité si fameuse de nos voisins est loin d'être en réalité un fait accompli et ce n'est que devant l'étranger que l'accord se fait. Or, en Bavière, d'après le projet, devaient se trouver dans chaque localité des cabarets installés là par l'Empire et destinés à faire de la propagande pour détruire l'esprit particulariste cher au pays.

Lors de la discussion du projet au Reichstag, M. Richter eut un facile succès lorsqu'il s'avisa de dire : « Les gros distillateurs que l'on veut sauver de la ruine quels sont-ils ? c'est le roi de Bavière, M. de Bismarck, M. Rothschild, tous gros distillateurs qui n'ont jamais passé pour être inscrits aux bureaux de bienfaisance. »

Mais, j'abrège : pour aboutir, on fit en 1887 la loi du contingent, loi calquée sur le projet de loi que j'avais présenté au Sénat et qui permet d'assurer à l'agriculteur une partie des bénéfices que lui donne le monopole. En même temps cette loi du contingent prépare l'avènement du monopole complet, qu'il devient facile d'établir rapidement.

Or, qu'arriverait-il le jour où l'État interviendrait ? L'Allemagne paraît obérée pour le moment ; elle ne peut se sauver que par le monopole que je préconise et celui-ci ne peut être établi actuellement en raison de la situation politique que je viens de signaler. Ainsi l'on reste dans une situation sans issue apparente ; mais, qu'on ne s'y trompe pas, s'il survenait une guerre, les objections politiques disparaîtraient, le monopole serait établi sans aucun délai et du même coup, l'Allemagne gagnerait 600 millions, avec lesquels elle posséderait la force financière qui lui manque.

***

En France, la Chambre des députés a voté le monopole à quatre-vingt deux voix de majorité ; mais on a beau voter, les réformes ne s'obtiennent pas.

On reconnaît bien en France, — la majorité du moins, — que le monopole est ce qu'il y aurait de mieux, mais on prétend qu'il serait long à établir, qu'une demi-réforme préparerait mieux la réforme entière. Nous sommes déplorablement enclins aux demi-mesures, hélas ! En matière de réforme la logique la plus simple indique bien pourtant qu'on ne peut que perdre à atermoyer !

Je crois pourtant que le siècle ne se terminera pas sans que nous puissions voir le monopole de l'alcool établi partout. Alors la statistique enregistrera une diminution énorme de cas de folie et de crime et ce ne sera pas une amélioration négligeable pour notre pays.

Déjà les femmes, épouses ou mères, commencent à s'intéresser à la question ; elles comprennent que ce sont leurs maris, leurs enfants qui sont sacrifiés. Elles s'en émeuvent enfin.

Toutes celles qui voient le pauvre salaire du chef de la famille absorbé par le cabaret doivent se dire, en effet, si elles ont un fils : « Mon mari est alcoolique, mon fils a toutes les chances de le devenir, ils sont l'un et l'autre par cela même prédestinés au crime et à la folie ! »

Or, une pareille perspective commande des mesures promptes quand bien même elles devraient écorner l'orthodoxie des principes.

A trop respecter en effet certains principes, comme celui que je vise, on risque de choir dans la pire absurdité. Qu'il me soit permis d'en donner un dernier exemple pris sur le vif, un exemple d'hier, si fréquent qu'il est de tous les jours presque et que tout le monde le reconnaîtra.

Hier donc, une malheureuse ouvrière allait, sur les conseils de ses voisins, se plaindre au commissaire de police de son quartier des menaces et des violences de son mari.

— Mon homme, disait-elle, n'est pas un criminel, mais il est alcoolique et, quand il a bu, il est comme fou ; il me bat ; il menace de me tuer. A plusieurs reprises déjà il a failli le faire ; il y arrivera, et ce sera peut-être ce soir ou demain ; je le sens !... Venez à mon secours ! !

Le commissaire avait le devoir de respecter le principe de la liberté individuelle ; il ne pouvait faire enfermer le mari pour protéger sa femme ; il dut se borner à répondre :

Attendez qu'il vous ait assassinée ; alors je ne manquerai pas d'agir.
— C'est ce qu'il fit en effet le lendemain, quand la malheureuse femme eut été assassinée.

Eh bien ! moi, je trouve qu'il vaut mieux ne pas attendre, prévoir le mal et l'enrayer, dût-on pour cela manquer de respect aux fameux principes.

Tout homme arrivé à la fin de sa carrière doit se demander s'il laissera en mourant quelque œuvre accomplie utile à ses semblables ; je me suis fait maintes fois cette question. Eh bien, il me semble que quand je serai arrivé au résultat final, il me sera possible de me dire que ma vie n'aura pas été tout à fait perdue, car si je n'ai pas eu le respect des principes, j'ai fait tout ce que je pouvais faire pour sauver des milliers d'êtres humains du péril de l'alcoolisme, ce père du crime et de la folie si mal à propos défendu au nom de la liberté.

M. Charles RICHET

Professeur à la Faculté de Médecine de Paris.

LA MÉTHODE EN BIBLIOGRAPHIE ET LA CLASSIFICATION DÉCIMALE

— *23 janvier 1896* —

MESDAMES, MESSIEURS,

Je tiens tout d'abord à m'excuser auprès de vous du choix de mon sujet : vous êtes accoutumés à entendre raconter des voyages pittoresques, à voir des projections intéressantes ou des expériences nouvelles ; ici vous n'aurez rien de semblable.

Il s'agit du système décimal, qui forme une partie de l'enseignement des écoles primaires ; il s'agit aussi de la bibliographie, qui passe aux yeux de quelques personnes pour une science fastidieuse, répétition de ce que l'on connaît, sans aucun accroissement apporté aux connaissances acquises.

Cependant, j'ai une excuse pour aborder un tel sujet ; car, si je suis physiologiste, j'appartiens à la famille d'un bibliographe qui a rendu à la science bibliographique et aux livres un signalé service dont je vous parlerai d'autant plus volontiers qu'il est à peu près inconnu.

Il y a cent ans, au temps de la Terreur, mon arrière-grand-père, Antoine-Auguste Renouard, très ami des livres, alors bibliophile et bibliographe, et qui devint plus tard imprimeur célèbre, était tout à fait lancé dans le courant politique révolutionnaire d'alors : il faisait partie de la commune de Paris, il était l'ami de Chaumette, d'Hébert et des plus grands révolutionnaires.

Tout d'un coup, certains fanatiques s'émeuvent à l'idée que les livres de la Bibliothèque nationale portent encore sur leurs reliure les écussons et les empreintes des rois, des souverains, des prêtres et des moines ; il fallait, disaient-ils, détruire toutes ces reliures et même tous ces livres qui portent les vestiges du despotisme !

Antoine-Auguste Renouard fut pris d'une légitime indignation ; il adressa d'énergiques pétitions aux clubs des Cordeliers, des Jacobins, à la Convention et au Comité de salut public : bref, il fit tant que l'on rapporta la fatale mesure et que les livres de la Bibliothèque nationale furent sauvés.

Grâce à lui, ce grand massacre, ce grand crime fut épargné, et nous avons conservé tous les trésors de nos admirables bibliothèques.

Voilà ce qui me justifie presque, et ce qui m'encourage à vous parler de bibliographie, bien que je ne sois pas bibliographe. Donc vous voudrez bien m'excuser si je commets quelque erreur, puisque ce n'est pas ma profession d'être bibliographe.

La bibliographie n'est d'ailleurs pas une science inutile, ni même négligeable.

Quand on tient un livre entre les mains, ce n'est pas, il me semble, sans une sorte de religieux respect qu'il faut le considérer, car ce livre représente toute une existence de travail. Il en est, certes, parmi vous qui ont déjà fait un livre ; et ils savent avec quel amour on a chéri cet enfant de sa pensée. On a assisté avec angoisse à son éclosion. Quelle joie lorsqu'on le voit sortir du néant, arriver en épreuves, puis en bonnes feuilles, puis, enfin, quand on le voit imprimé, quand on le tient !

Un livre, c'est presque plus qu'un être humain : c'est toute une pensée humaine. Lorsque l'on entre dans une grande bibliothèque et que l'on considère tous ces livres accumulés sur les rayons, ces in-folio gigantesques avec ces petits in-seize, c'est comme autant d'idées humaines qui nous entourent. On est donc impardonnable de les traiter sans respect, car c'est à ces livres que nous devons ce que nous sommes. Ce sont nos éducateurs, ce sont nos maîtres, et bien audacieux serait celui qui voudrait se passer de tous ces trésors d'autrefois !

Il ne faut donc pas mépriser la bibliographie, car nous nous priverions de tout ce qu'ont fait nos pères et nous serions réduits à nos propres forces.

C'est d'ailleurs, je crois, une erreur de dire que la bibliographie et l'érudition tuent la science ; depuis longtemps on a fait justice de cette assertion étonnante ; ce ne sont pas ceux qui ignorent le plus qui ont fait les plus grandes découvertes.

Il est certain que la bibliographie ne crée rien ; elle ne donne pas l'invention, aussi utile dans la science que dans les arts, mais elle nous fournit le moyen de savoir ce qui a été fait avant nous, et ainsi nous épargne hésitations et erreurs. On a le droit de ne pas être un grand inventeur, de ne pas faire de grandes découvertes, mais on n'a pas le droit d'ignorer ce que l'on a dit avant nous.

Il faut donc être érudit et connaître les travaux antérieurs, quelque peu que ce soit.

Mais connaître les travaux antérieurs, c'est bien facile à dire ! Ces travaux sont innombrables, et la marche ascendante des recherches, travaux, articles, mémoires et livres qui se publient est véritablement effrayante.

Examinons les faits, et vous verrez à quel point la bibliographie a dû devenir confuse, compliquée et difficile.

Il se publie dans le monde 30.000 journaux ; sur ce nombre, 4.000 se publient en France, et, rien qu'en Amérique, il s'en publie 13.000.

Il existe 565 sociétés médicales, ce qui nous permet d'évaluer au décuple, environ, soit à 6.000, le nombre des sociétés scientifiques du monde entier. Toutes ces sociétés publient un bulletin qui contient par an 10, 20, 50, 500 mémoires. Il y a des sociétés savantes, et l'une d'entre elles, la plus illustre de toutes, je le veux bien, notre Académie des sciences, publie à elle seule 5.000 mémoires ou notices tous les ans. Vous voyez quelle effrayante quantité de documents cela suppose !

Rien que pour la bibliographie médicale, M. Baudouin a relevé exactement le nombre des articles isolés, des mémoires, et il est arrivé au chiffre de 40.000 indications bibliographiques par an. Cela concerne la médecine seulement, ce qui représente environ pour tous les mémoires, quels qu'ils soient, 600.000 indications bibliographiques annuelles.

Pour les livres, il existe une progression au moins aussi grande et absolument étonnante.

Il entrait en 1811 environ 2.000 livres par an à la Bibliothèque nationale, et il en entre actuellement 60.000 dans le même temps !

Quel est celui qui peut se vanter de connaître, et de pouvoir manier sans une clef, sans une méthode, toute cette bibliographie ?

La science s'est répandue partout ; elle a augmenté en surface et en profondeur ; des pays qui n'existaient pas, il y a deux siècles, ont aujourd'hui une énorme production scientifique.

L'Amérique du nord, dont je vous parlais, avait une production scientifique nulle il y a un siècle, alors que maintenant cette production y est très considérable ; en bibliographie seulement, on y fait d'admirables travaux.

Dans certaines régions de la France, rien ne se produisait, et les sociétés savantes n'existaient pas alors dans les provinces comme aujourd'hui, où elles publient des quantités de choses intéressantes.

En faisant dans l'*Index-Catalogue* de Billings le relevé des seules personnes s'appelant Smith et ayant écrit sur la médecine, je trouve qu'il y a eu 350 Smith, ayant fait des publications médicales.

En France, si l'on prend un nom très commun, celui de Martin, je trouve, non pas parmi les mémoires, mais parmi les livres, qu'il y a eu en 10 ans 125 livres entrés à la Bibliothèque nationale et écrits par des « Martin » différents !

Chaque fois qu'une solution nouvelle se présente ou qu'un progrès nouveau est fait dans une science, la bibliographie augmente aussitôt dans des proportions considérables, car c'est une donnée nouvelle qui vient s'ajouter aux autres.

Vous vous rappelez sans doute cette fameuse équipée de M. Koch à propos de la tuberculine. Jusqu'au mois d'août 1890, cette substance était absolument inconnue : elle n'existait pas, elle était dans le néant. En août 1890, paraît le mémoire de Koch : deux ans après, en 1892, le nombre des mémoires sur la tuberculine s'élevait à 596 !

596 mémoires que le bibliographe consciencieux doit non pas lire, parce qu'on ne peut pas lui imposer un travail pareil, mais connaître, au moins par une citation, afin de savoir s'ils lui sont utiles.

Lorsque l'humanité marche en avant, elle avance pour ainsi dire dans une forêt de plus en plus touffue, forêt de richesses si vous voulez, mais de richesses qui sont perdues, si l'on ne possède pas le « Sésame, ouvre-toi » qui permettra de les connaître.

Il faut donc une méthode, une clef, un livre pour connaître toute cette bibliographie et pour pouvoir entrer en possession des richesses que nos ancêtres et nos contemporains ont accumulées pour nous.

Il est vrai que, souvent aussi, c'est un peu la faute des auteurs eux-mêmes si la bibliographie n'est pas mieux faite, et, heureusement, à l'Association française, grâce à l'initiative de M. Gariel, nous avons pris des mesures qui paraissent très utiles pour indiquer les conditions d'une bonne bibliographie, et nous avons pu indiquer les procédés qu'il faut suivre pour donner un bon titre.

Nous avons condamné les titres vagues et peu explicatifs, comme, par exemple,

Recherches sur la physiologie ou *Étude sur le système nerveux*, titres qu'il faut condamner, tellement ils sont vagues. Il faut préciser le sujet que l'on a traité; et l'on précisera mieux encore en soulignant le titre principal, le mot principal, de manière à permettre à une classification soit alphabétique, soit analytique, de se faire facilement. Donc : titre *explicite*, titre *simple*.

Il faut aussi s'abstenir de citer un ouvrage d'une manière incomplète. A cet égard, je ne crois pas qu'il y ait un seul savant qui n'ait commis de graves erreurs. On écrit trop vite, on est pressé, on ne recherche pas exactement où se trouve l'indication que l'on a prise, et alors on cite un peu au hasard.

Il ne faut pas faire d'inexactes citations bibliographiques, car ces mauvaises citations peuvent entraîner une perte de temps de cinq ou six heures pour celui qui viendra après nous. Chacun doit avoir le scrupule des citations exactes, correctes, suivant certaines règles précises, que nous avons déterminées, car, chose étrange, elles l'avaient été à peine avant la décision prise par l'Association française !

On ne s'était pas donné la peine — peut-être croyait-on que c'était trop simple — d'indiquer comment il faut faire une citation. Quoique cela ne soit pas exactement le système de la classification décimale, je veux vous en dire un mot, parce que le principe est tellement simple qu'il suffit de l'énoncer pour le comprendre.

Il faut d'abord citer le titre du mémoire, ne pas se contenter d'un à peu près, et, si un mémoire porte un titre même très long, il faut le citer intégralement.

Il ne faut pas traduire ce titre, parce que le traducteur est souvent un traître, parce qu'il peut faire des fautes de traduction. Il faut supposer que ceux qui vous liront comprendront tout au moins l'italien, l'anglais, l'allemand.

Il faut donc citer le titre intégralement et dans sa langue originelle.

Quand on veut indiquer un journal où l'on a puisé une indication, il ne suffit pas d'indiquer le titre du journal et celui de l'article, mais il faut encore indiquer sa date, le numéro de la livraison du journal, le nombre de pages, la page initiale et la page finale.

Dans ces conditions, on fera une bonne bibliographie, et si, dans tel ou tel ouvrage, on rencontre une bibliographie faite, et soigneusement faite, on pourra se dispenser de la renouveler et de risquer d'y introduire de nombreuses fautes d'impression. Il suffira de se reporter à l'ouvrage où elle a été donnée, en se disant qu'il est inutile de la répéter ; car, en y recourant, on aura l'indication de tous les livres qui ont traité ce sujet.

J'arrive maintenant aux systèmes de classification.

Il y en a deux en usage actuellement : le système *alphabétique* et le système *analytique*.

Le premier consiste à classer par noms d'auteurs : méthode excellente — jamais personne ne songera à remplacer cette classification par une autre, — mais méthode insuffisante.

Par exemple, je veux chercher un travail sur le pneumo-gastrique : je ne sais pas si les docteurs Smith et Martin ont écrit sur ce sujet, et, pour me reporter à ces noms, il faudrait savoir, au préalable, qu'ils ont étudié le pneumogastrique.

Cette classification alphabétique par noms d'auteurs fournit une table extrêmement utile mais qui, tout en rendant les plus grands services, est insuffisante, car on a besoin d'un autre système de classification.

On emploie cette classification *alphabétique* pour les titres d'ouvrages à la magnifique bibliothèque du British Museum, à Londres. Ce système est parfois assez bon, mais voyez comme il est dangereux... je suppose que, trompé par une citation inexacte, — et il y en a beaucoup dans les livres, — au lieu d'avoir écrit : *Recherches et Expériences sur l'Électricité*, on ait inscrit par erreur : *Expériences et Recherches sur l'Électricité*; il sera impossible de trouver cet ouvrage au British Museum, car on le cherchera à « *Expériences* », lorsqu'il se trouve à « *Recherches* ».

Par le seul fait d'une classification purement alphabétique, qui a certains avantages, je le reconnais, on ne se débrouillera pas de la plus petite erreur.

De plus, combien de fois sera-t-il possible d'avoir le titre d'un ouvrage ? c'est ce titre que je cherche, précisément. Je ne peux donc pas supposer le problème résolu, et me trouve dans l'obligation d'avoir un index analytique qui me dira où je trouverai ce que je cherche : la classification *alphabétique* ne remédie à rien en ce sens, et il faut une classification *analytique*.

Il y a certes d'excellentes classifications de ce genre, et beaucoup de personnes en ont fait d'excellentes, sans aucun doute, pour leur usage privé, leur bibliothèque, leurs travaux, leurs recherches.

Ces classifications ont cependant le grand défaut d'être *spéciales*. Lorsque l'on a amassé dans sa bibliothèque quantité de fiches et de documents, si l'on vient à mourir, et qu'on lègue tout cela à ses héritiers, le seul usage qu'ils puissent en faire est de les brûler, car ces matériaux, si longuement amassés, ne peuvent leur servir. La méthode n'est connue que du propriétaire des fiches, et elle restera inconnue de tous ceux qui viendront après lui.

Il en est de même pour toutes les classifications analytiques, qui sont d'ailleurs très difficiles à faire, et dont la diversité infinie empêche pour ainsi dire l'usage.

Il n'y a pas de classification méthodique, et pourtant, c'est ce que nous devons essayer de faire, c'est à quoi nous devons tendre.

Est-il possible qu'il y ait, de par le monde, une classification *unique, analytique, méthodique*. C'est un rêve, direz-vous, une chimère !

C'était en effet une chimère il y a quelque temps encore, mais je crois que ce n'en est plus une maintenant. Oui, nous possédons cette classification méthodique générale, universelle, dans laquelle les différences de langues ou les différences d'individualités, de personnalités, disparaissent, de manière à en permettre l'usage à tout le monde, à en faire une sorte de langue idéologique qui peut se répandre dans le monde entier.

Vous allez voir tout à l'heure qu'elle se répand et que son succès sera, à bref délai, considérable.

Le système auquel je fais allusion est celui de la classification décimale.

Il a été imaginé par M. Melwil Dewey, qui l'a mis, il y a longtemps, en usage pour ses bibliothèques; mais il est resté longtemps lettre close pour les Européens, soit qu'ils n'aient pas voulu en entendre parler, soit plutôt qu'ils n'en aient pas entendu parler.

C'est seulement depuis qu'en Belgique l'initiative hardie et vigoureuse de MM. La Fontaine et Otlet a fait connaître ce système, que la classification décimale, avec les modifications qu'elle comporte, peut être considérée comme satisfaisant aux conditions d'une classification universelle.

Je vais vous exposer très succinctement le mécanisme de la classification décimale, et vous verrez à quel point elle est simple et ingénieuse.

Supposons que toutes les connaissances humaines, quelles qu'elles soient, aient été partagées en neuf groupes : nous pouvons représenter chacun de ces groupes par un chiffre ; par exemple :

1. Philosophie,
2. Religions,
3. Sociologie,
4. Philologie,
5. Sciences,
6. Sciences appliquées,
7. Beaux-Arts,
8. Littérature,
9. Histoire et Géographie,

en réservant le chiffre **0**, pour ce qui ne rentre dans aucun des groupes précédents, c'est-à-dire, vous le comprenez, ce qui les concerne tous, comme la bibliographie elle-même, les encyclopédies, dictionnaires, traités généraux, essais, etc.

Ainsi, le premier chiffre que nous donnerons indiquera un de ces dix groupes bien distincts. S'il s'agit par exemple d'un mémoire sur le *sang*, nous le classerons dans les sciences appliquées (puisque ce sont les sciences appliquées à la médecine), et nous lui donnerons comme premier numéro, le numéro **6**.

Je réponds de suite à une première objection : cette classification, direz-vous, est *artificielle*.

Certainement ! elle est artificielle, mais est-il possible de classer toutes les connaissances humaines d'une manière qui ne le soit pas ?

Est-ce que la classification d'il y a vingt ans n'était pas mauvaise par rapport à celle d'aujourd'hui ; celle d'aujourd'hui ne sera-t-elle pas mauvaise par rapport à celle de demain ; celle des Français n'est-elle pas mauvaise pour un Anglais ou un Allemand ? Celle même de tel ou tel Français ne sera-t-elle pas mauvaise pour d'autres Français ?

Qui pourra nous faire adopter une classification méthodique ? Quel est l'homme supérieur, non pas seulement l'homme de génie, mais l'homme divin, qui construira une classification adoptée sans réserve par tout le monde ?

Une classification est donc artificielle, et la nôtre l'est franchement ; mais peu nous importe, pourvu qu'elle nous permette de classer : le classement des soldats dans un régiment, pour former des escouades, des sections, des compagnies, des bataillons, n'est-il pas artificiel ? et cependant ce classement sert à établir l'ordre, la discipline et la hiérarchie !

Peu importe donc si l'ordre établi, la discipline et la hiérarchie dans nos connaissances, sont le fait d'un classement artificiel. Le classement existe, et c'est déjà beaucoup que d'en avoir un.

Revenons maintenant à notre exposé.

Divisons chacun des groupes que nous avons établis en dix groupes nouveaux : 1, 2, 3, 4, 5, 6, 7, 8, 9, 0, pour chacun : nous aurons ainsi cent nouvelles divisions dans lesquelles nous pourrons grouper les livres, articles et mémoires à l'aide d'un second chiffre.

61 représentera, par exemple, les sciences appliquées à la médecine, c'est-à-dire le groupe des sciences médicales.

De même, 5 représentant les sciences, 51 représentant les sciences *mathématiques* ; 52, les sciences *astronomiques* ; 53, la physique ; 54, la chimie ; 5 représente le groupe des sciences, et le deuxième chiffre détermine la nature de la science.

De même, pour la *littérature*, nous avons :

Une littérature américaine représentée par **1** ;

Une littérature anglaise représentée par 2;

Une littérature allemande représentée par 3;

Une littérature française représentée par 4.

Le second chiffre nous permet donc de diviser la littérature en différents groupes.

Nous pouvons aller plus loin encore en ajoutant un troisième chiffre qui va encore nous permettre de diviser les sciences en d'autres groupes : par exemple, s'il s'agit de sciences appliquées médicales, nous pouvons avoir 1 anatomie, et 2 physiologie, etc. Si nous voulons classer le sang, nous le mettrons au chiffre 612, qui voudra dire : physiologie.

En analysant ce chiffre, nous revenons au principe primitif :

6 sciences appliquées;

1 sciences appliquées à la médecine;

2 physiologie, et de même pour le reste.

Ainsi, prenant un exemple de littérature, nous aurons, je suppose :

841 poésie française :

   8 littérature;

   4 littérature française ;

   1 poésie.

831, c'est la poésie allemande, 851, la poésie italienne.

Il y a donc une certaine symétrie dans cette classification.

Continuons encore, et voyons jusqu'où nous pouvons aller dans les indications numériques. Vous voyez, du reste, que la méthode est tellement simple que l'énoncer suffit pour la faire comprendre.

Dans la physiologie, nous avons :

1 circulation ;

2 respiration;

3 digestion, etc. etc.;

et alors, si nous voulons parler du sang et de la circulation, nous aurons : 612.1, ce qui voudra dire : *physiologie de la circulation*.

Nous pouvons alors, comme la physiologie de la circulation est très vaste, diviser la circulation en neuf chapitres, et nous aurons, par exemple : 2 propriétés générales du sang.

De sorte que 612.12 signifie : propriétés générales du sang.

On peut encore diviser en dix chaque classe ainsi obtenue. Vous voyez ainsi qu'avec six chiffres nous aurions, pour classer l'ensemble des connaissances humaines, comme un million de compartiments dans lesquels nous pouvons ranger tous les livres, tous les articles, toutes les notices les plus diverses.

Cette classification, en somme, est très simple. Mais elle comporte encore des détails, des perfectionnements, qu'il me sera facile d'exposer rapidement.

D'abord, le chiffre O voudra toujours dire : *Étude générale et d'ensemble*.

Si nous écrivons un 0 par exemple à la suite du chiffre 53, qui signifie *physique*, cela veut dire : *physique en général*. Mais la physique en général, comme la chimie, comme la physiologie, comme la littérature en général, comporte des divisions qui sont toujours à peu près les mêmes, de telle sorte qu'un 0 suivi d'un certain chiffre aura toujours à peu près le même sens.

01 voudra dire *théorie de...*, de telle sorte que *théorie de la physique* s'écrira : 530-1.

Théorie de la physiologie s'écrira : 612-01 ;
Théorie de la chimie s'écrira :   540-1 ;

2 signifiera *traité de...* ; 3 *dictionnaire de...* Alors tous les traités de chimie s'écriront : 540-2.

Tant de chiffres divers semblent, à première vue, difficiles à retenir ; mais cela nécessite, en réalité, un très petit effort de mémoire.

Ainsi, pour les dix nombres qui suivent le 0, c'est-à-dire qui se rapportent à une étude générale, il y aura, sinon une identité parfaite, du moins parallélisme presque absolu entre tous les développements de la notion générale. Quand nous aurons un 0 suivi d'un chiffre, nous saurons tout de suite ce que cela veut dire.

Ainsi, tous les traités généraux, les dictionnaires,. les essais, les études, les discours, les mélanges, qui sont si difficiles à classer dans toutes les bibliothèques et dans toutes les tables analytiques, auront là leur place trouvée de suite.

En outre, ce *parallélisme* des chiffres n'existe pas seulement pour les généralités ; on le retrouve pour d'autres modes de classification, et certains chiffres ont toujours à peu près le même sens.

Je vous montrais tout à l'heure que le 0 suivi d'un chiffre représentait toujours la même chose ; que

0.1   signifie théorie de... ;
0.2   —   traité de... ;
0 3   —   dictionnaire de... ;

de même, les chiffres 1, 2, 3, 4, etc., précédés d'un 8, indiquent souvent le pays d'origine ; et cette classification s'applique à la philosophie, aux beaux-arts, à la philologie, à l'histoire et à la géographie.

1 désigne l'Amérique ;
2   —   l'Angleterre ;
: 3   —   l'Allemagne ;
4   —   la France.

Ainsi :

84 signifie littérature française :
44 signifie philosophie française ;
43   —   philosophie allemande ;
45   —   philosophie italienne ;
85   —   littérature italienne.

Le chiffre qui suit le second chiffre a souvent le même sens. Au point de vue de la littérature :

1. veut dire poésie ;
2.   —   drame, théâtre ;
3.   —   roman ;
4   —   essais ;
5   —   correspondance, etc., etc. ;

et le chiffre qui suit a encore toujours le même sens. C'est ainsi que les ouvrages du xixᵉ siècle ont toujours un 8, et que, par conséquent :

841.8 signifie poésie française du xixᵉ siècle ;
841.78 signifie poésie française du xviiiᵉ siècle.

Vous voyez donc qu'il y a un fil conducteur qui permet de se frayer un chemin et de se reconnaître au milieu de ce dédale de chiffres, au premier abord inextricable, par des procédés très simples.

MM. La Fontaine et Otlet ont aussi proposé d'ajouter à ce chiffre, qu'on met au livre ou au mémoire, un chiffre entre parenthèses, qui est une indication géographique souvent très précieuse.

Histoire et géographie sont représentées par 9, et les chiffres 1, 2, 3, 4 signifient Amérique, Angleterre, Allemagne, France, comme nous l'avons dit.

Donc 944 voudra dire qu'il s'agit de la France, et que l'ouvrage a été fait en France ; 43 dira qu'il s'agit de l'Allemagne.

Donc les chiffres (43), (44) ajoutés au titre du mémoire, indiqueront que l'ouvrage est allemand ou français, etc., etc.

C'est souvent une classification, puisque, dans certains cas, — par exemple pour les questions de sociologie qu'ont traitées MM. La Fontaine et Otlet, — il se présente fréquemment des points de droit se rapportant à tel ou tel pays.

Ainsi, en mettant entre parenthèses l'indication géographique, on peut se rendre compte du lieu d'origine et faire ainsi une véritable lecture idéographique.

Mais je ne veux pas abuser de ces détails techniques. Je vais simplement essayer de réfuter quelques-unes des objections que l'on peut adresser au système décimal et vous indiquer l'état actuel de la question.

1° La première objection est celle-ci. On nous dit : Vous demandez un effort de mémoire considérable ! Comment, quand il y a cinq ou six chiffres, retenir ce qu'ils représentent ? Peut-on garder tous ces chiffres dans l'esprit ?

Je crois que l'on fait ainsi une erreur, et je vous ai montré tout à l'heure que ces chiffres ne sont pas livrés au hasard et qu'ils ont un ordre facile à retenir. D'ailleurs, nous sommes tous plus ou moins spécialisés, et nous n'avons pas besoin de connaître l'ensemble des connaissances humaines. Nous avons une science que nous préférons et que nous cultivons, ou une littérature de prédilection.

Les premiers chiffres, nous les retiendrons tout de suite sans effort. Le physicien, par exemple, retiendra 53 (physique) aussi facilement que celui de sa maison. — Il en sera de même du nombre 612 pour le physiologiste et de 617 pour le chirurgien.

Donc, sur ce groupe de cinq chiffres, il y en a trois que l'on n'aura aucune peine à retenir, car ils seront bien vite comme une partie de nous-mêmes ; chacun les utilisera si fréquemment pour sa spécialité qu'il lui sera impossible de ne pas les avoir toujours présents à la mémoire.

Restent deux chiffres qui seront, certes, plus difficiles à retenir ; mais, avec un peu d'usage, surtout quand on aura bien compris le système général de cette langue décimale, on les retiendra sans grande peine.

Vraiment, cette objection relative à l'effort de mémoire ne tient pas debout ; car il ne s'agit pas de retenir tous les chiffres, ce qui est absurde. On devra avoir toujours le livre de Dewey à sa disposition, et il ne sera pas possible de s'en passer.

2º On dit encore — et c'est une objection qui a des apparences plus sérieuses que la première : — il est très difficile de faire une classification méthodique, même ayant un livre à sa disposition. Dans quelle classe faudra-t-il ranger tel ou tel mémoire, tel ou tel article?

Il est vrai qu'il y a des titres, des sujets de mémoires qui paraissent rebelles à toute classification, car on ne sait pas trop où les mettre, et les titres qui sont donnés par l'auteur lui-même sont insuffisants.

Mais est-il possible à une classification analytique de les classer mieux? N'est-ce pas toujours une œuvre artificielle qu'une classification, quelle qu'elle soit? En pareille matière, il faut faire comme l'enseigne M. Baudouin : c'est-à-dire, lorsqu'il y a doute, ne pas classer à un seul article, mais bien à deux, ou même à trois articles.

Par exemple, on peut classer les questions relatives à la *vision*, à la physiologie de l'œil, à la *physique* et à la *pathologie*.

La *chimie de la nutrition* pourra être classée aussi bien à la *chimie* qu'à la *physiologie*.

La psychologie peut également se mettre à la *philosophie* et à la *physiologie*.

Si donc l'on est embarrassé, il y a une façon très simple de se tirer d'embarras, ce qui donnera, il est vrai, un petit supplément de travail : c'est de faire deux fiches et deux mentions bibliographiques, car il n'y a pas de mal à avoir abondance de documents et à retrouver le même mémoire dans deux parties différentes.

Je crois que c'est là la meilleure solution et que, dans toute classification analytique, lorsqu'on ne sait s'il faut mettre un titre à A ou à B, il faut le mettre à la fois à A et à B.

3º On dit enfin : La classification de Dewey est très mauvaise.

Eh bien, oui, elle est mauvaise. M. Dewey ne pouvait pas classer toutes les connaissances humaines ; car ce travail, pour être irréprochable, est au-dessus des ressources du génie d'un homme. M. Dewey n'était ni savant, ni littérateur, ni philologue, de sorte qu'il a fait une assez mauvaise classification, dont il serait très facile de montrer le côté ridicule.

Mais cette classification existe, et, si on ne l'adoptait pas, on en adopterait une autre qui ne vaudrait pas beaucoup mieux, et qui courrait grand risque d'être plus mauvaise.

On a même décidé à l'unanimité, à la Conférence de Bruxelles, que, si l'on adoptait la classification décimale, — et c'est ce qui est arrivé, — il faudrait s'en rapporter au livre de Dewey. Il faut donc accepter la classification telle qu'elle est.

Elle a des défauts, mais elle a un grand avantage, c'est qu'elle perfectible, — *perfectible* et cependant *immuable*. Et voici comment peuvent s'employer simultanément ces deux mots qui semblent contradictoires : classification immuable, car il ne faut rien changer aux chiffres qui ont été donnés ; classification perfectible, car tous les numéros ne sont pas indiqués, et on pourra toujours en ajouter de nouveaux.

Ainsi, la physiologie de la vision n'a qu'un chapitre. Cependant on concevrait sans peine que l'on pût classer toute la physiologie de la vision dans trente ou quarante chapitres au moins : ils sont à faire, mais on les fera.

Je vous dirai tout à l'heure le grand effort que l'on tentera de divers côtés pour arriver à perfectionner la méthode, mais je veux dire tout de suite que l'on a tort de prétendre qu'elle ne comporte pas de perfection ; car au contraire elle en comporte une très grande, et sans remaniements qui la bouleverseraient.

On peut, en effet, ajouter à cette classification, mais il ne faut rien y modifier.

On peut, dans une certaine mesure, en retrancher tels ou tels chiffres, et, cela, par un procédé très simple, en n'employant pas ces chiffres. Si une classe de chiffres vous paraît inutile, condamnez-les en ne vous en servant pas.

Par exemple, il est certain que la physiologie — si je parle tant de cette science, c'est que je la connais moins mal que les autres — est classée deux fois : une fois dans la *zoologie* et une autre fois à *physiologie*.

Je trouve ce système très défectueux, mais on supprimera sans peine cette défectuosité en ne tenant pas compte du double classement de la physiologie.

Il y aura des lacunes ? Peu importe. Des chiffres non représentés par des numéros bibliographiques ? Mais cela ne me gêne pas ! Nous aurons, dans les chiffres acceptés comme rationnels, des articles, des mémoires, des livres, et, dans ceux qui représentent une mauvaise notation, nous ne mettrons rien, ce qui ne sera pas un inconvénient.

4° On dit enfin : Cette méthode ne sert à rien, parce qu'il faudra avoir le livre de M. Dewey entre les mains pour pouvoir l'appliquer !

Cela, je l'accorde. Mais est-ce une objection bien sérieuse ?

Je suppose qu'au moment de l'invention du téléphone, je fasse installer chez moi un de ces appareils ; on va me dire : Mais pourquoi prenez-vous un téléphone ? A quoi cela peut-il vous servir ? Personne n'en a à Paris ; avec qui pourrez-vous correspondre ?

Ce raisonnement prouvera-t-il que le téléphone soit un mauvais instrument ? Il est certain que, si je suis seul à posséder un téléphone, ce ne sera qu'un bibelot, et un bibelot très gênant ; mais, si les autres en prennent, ils y trouveront des avantages ainsi que moi.

Cette classification décimale n'a donc de valeur que si elle est généralement employée ; mais, dans ce cas, elle acquiert par cela même une autorité puissante. C'est un instrument qui ne sert à rien si on reste isolé à l'employer ; si au contraire, tout le monde l'emploie, il devient d'une extrême utilité.

5° Enfin, — car je passe en revue toutes les objections que l'on peut soulever — les bibliothécaires disent : il faudra bouleverser les bibliothèques, et tous ces magnifiques catalogues qui ont coûté tant d'années de travail, qui sont des œuvres monumentales ! Est-ce possible de ne pas tenir compte de tout le travail accompli ? Combien de longues années seront nécessaires pour classer tous les livres de nos bibliothèques d'après la classification décimale.

Je suis un peu embarrassé pour répondre à cet argument ; car, dès qu'il se fait un progrès, il est certain que ce progrès est toujours gênant pour quelque chose ou pour quelqu'un, et c'est le fait même du progrès de détruire en passant des usages antiques, et de froisser ce qui est dépassé.

Lorsqu'on a construit les chemins de fer, vous vous rappelez que l'un des principaux arguments qu'on leur opposait était qu'on allait ruiner les maîtres de postes que l'on venait d'établir à grands frais ; c'était une objection, je le reconnais ; mais elle était médiocre, et elle n'a pas tenu très longtemps.

Je crois de même que, si nous avons une classification générale, universelle, méthodique, il faudra, bon gré mal gré, au prix de très grands efforts, — et les bibliothécaires sont accoutumés à travailler beaucoup, et ils ont l'habitude de faire d'immenses efforts d'intelligence et de travail, — il faudra reconstituer les bibliothèques sur ces nouvelles bases. Ce sera un système très simple, qui aura l'avantage d'être général, qui sera facilement compris par tout le public, et ne sera pas basé sur la fantaisie individuelle, comme le sont, hélas ! tous les systèmes analytiques actuels.

Il faut que nous nous y mettions tous, et il faut que les bibliothécaires fassent comme nous, sans quoi nous courons grand risque d'être dépassés.

Il se produit en ce moment un véritable effort pour arriver à la généralisation de cette classification décimale. Il n'y a pas seulement ce livre de M. Dewey destiné en principe aux bibliothécaires et aux bibliothéco-économistes : il y a encore, au point de vue de la bibliographie générale, des publications qui commencent.

MM. La Fontaine et Otlet, en Belgique, ont entrepris la classification méthodique par ce mécanisme de tout ce qui ressort des sciences sociologiques. Quand on voit leur travail, on comprend que ce procédé facilite les recherches, car, en cherchant un sujet quelconque, on le trouve tout de suite à l'endroit qui est prévu.

C'est en effet non pas une classification des mots, mais une classification des idées : c'est un langage idéologique, pour me servir de l'expression de mon ami M. Baudouin. Ce n'est pas une langue de *mots*, mais bien une langue d'*idées*, qui peut être parlée facilement par tout le monde.

Il y a déjà une bibliothèque sociologique qui existe : il y a aussi une *Bibliotheca philosophica* qui se fait aussi de cette manière, de même qu'une bibliographie astronomique.

A l'Association française des sciences, il a été convenu que, pour l'indication des articles et des notices, on se servirait de la classification décimale. Il en est de même pour la *Revue Scientifique* et pour la *Revue Bleue* et pour quelques sociétés savantes.

Si je ne me trompe, les tables de la Société zoologique vont être construites d'après ce système, qui sera suivi également pour le recueil de documents photographiques de M. Vallot. Enfin, la Société royale de Londres, voulant continuer la publication de son magnifique ouvrage *Catalogue of scientific papers*, va probablement adopter la même classification : une grande réunion va avoir lieu à Londres au Congrès de juillet, provoqué par la Société Royale de Londres dans laquelle on décidera la continuation de ce catalogue, avec les efforts réunis de toutes les nations et de tous les gouvernements du monde, de manière à grouper toutes les forces éparses pour former une immense table de tous les documents scientifiques existant actuellement, pour les réunir en un faisceau commun, avec une clef commune, qui sera la classification analytique, méthodique, décimale..

Vous voyez donc que nous n'en sommes plus à la période d'enfantement, d'hésitation, mais à la période conquérante, au moment décisif et glorieux, où ce système, après avoir fait lentement son apparition dans le monde, va très rapidement étendre ses ramifications de tous côtés.

Et c'est justice, car c'est une langue vraiment nouvelle et universelle.

Ainsi, ce qui paraissait une chimère va se réaliser, au moins en partie.

Certes, c'est véritablement une chimère qu'une langue universelle. Pour exprimer les idées communes, avec les nuances de nos sentiments et nos émotions, — pour les verbes, si vous voulez, qui expriment les sentiments de l'âme, — une langue universelle est irréalisable : on ne peut être ému que dans sa langue maternelle, et tous les essais d'une langue maternelle universelle ont été vraiment ridicules. Vous vous rappelez cette histoire lamentable du volapuk que l'on a essayé de répandre. C'était absolument grotesque, et cela ne méritait pas la peine d'entrer en considération.

Comment ! il existe de petits peuples perdus, entre de grande nations, lesquelles ont des langues magnifiques, et ces peuples, malgré des oppressions de toutes sortes, conservent leur idiome national, sans que ni le temps, ni les écoles, ni le nombre puissent le déraciner. Les Bretons n'ont-ils pas en partie conservé la langue de leurs ancêtres, comme les Provençaux et comme les Basques, dont la langue bizarre persiste, inaltérée, entre l'espagnol et le français, langues si envahissantes et si puissantes ? Comment ! il existe des langues aussi vivaces, et l'on veut parler d'une langue universelle ! Non, une telle conception n'est qu'une chimère !

Mais, si, au point de vue du langage usuel, c'est une folie que de vouloir imposer une langue universelle, ce n'est plus une folie s'il s'agit de faire la *classification des Connaissances humaines,* car l'on peut classer toutes les connaissances humaines d'après une langue universelle, et nous venons d'en voir un exemple.

C'est ce que les botanistes et les zoologistes avaient déjà bien compris, puisque, dans leurs classifications, ils emploient le latin. Les noms de ces deux sciences sont toujours indiqués en latin ; c'est un vestige du temps passé, mais il est bien respectable, et il y a certes bien des avantages à employer le latin comme langue universelle.

Nous proposons maintenant une autre langue, sinon supérieure au latin, du moins plus générale, car les chiffres forment une véritable langue.

Songez-vous à ce qui aurait pu se passer si les peuples européens n'avaient pas adopté le système de numération décimale, et s'ils avaient employé un système sexagésimal, duodécimal ou autre, si, encore, au lieu de chiffrer avec les chiffres arabes, uniformément, les signes représentatifs des nombres avaient été différents pour chaque peuple ?

Ç'aurait été un renversement de la tour de Babel, plus terrible encore que celui qui est advenu il y a six mille ans, s'il y avait eu bouleversement dans la méthode de ranger les nombres !

Eh bien ! si nous n'avons pas de langue universelle, nous avons une classification. C'est à nous de l'adopter, de la répandre ; à nous de donner l'exemple, à nous, Français qui avons donné le système décimal pour les poids et mesures, de le donner également pour la classification de toutes les connaissances humaines !

Nous pouvons constater qu'il y a un besoin universel, une sorte de tendance des savants de tous les pays à s'unir, une tendance des hommes de tous les pays à se grouper pour arriver à faire converger leurs efforts communs vers un but unique.

Il y a, si je puis dire, deux grands courants opposés qui traversent le monde. D'une part, tendance à une séparation nationale plus marquée, plus nette, avec des sentiments de haine et de jalousie et de protectionnisme à outrance ; et, d'autre part un autre courant — un courant meilleur, je crois, — qui pousse les hommes à s'unir et rend de jour en jour leur solidarité plus parfaite.

Voyez ce qui se passe. A peine une découverte se produit-elle sur un point quelconque du globe, et partout elle se répand, partout elle est connue par la voie de la presse. Les congrès se multiplient, l'uniformisation des mesures tend à se faire.

Hier encore, M. Balfour disait que le système décimal allait probablement

être adopté en Angleterre, pays qui avait résisté jusqu'à ce jour à son introduction, et il donnait à cet égard des raisons bien spirituelles.

« On nous objecte, disait-il, que le système duodécimal nécessite un effort
d'esprit considérable : par conséquent c'est un bon exercice pour l'esprit.

» Mais c'était aussi un bon exercice pour le corps que d'avoir des fossés à
traverser et des routes mal pavées ; cependant nous nous trouvons bien de n'avoir
plus de fossés et d'avoir des routes bien pavées qui nous conduisent facilement
d'un point à un autre. »

Messieurs, il faut remplacer les fossés, les précipices, les haies par de grandes
routes, par de belles avenues. Il faut, dans ce dédale immense des faits qui
s'accumulent chaque jour, qu'il nous soit impossible d'errer à l'aventure pendant de longues heures. L'unité est nécessaire.

Le système décimal a été un grand bienfait ; il en est de même pour la classification analytique générale. Il y a là un grand effort vers l'unité, et je crois
qu'il faut l'encourager ; car, toutes les fois que les hommes s'entendront au lieu
de se diviser, ils pourront arriver à combattre plus facilement l'ennemi commun qui est l'ignorance !

M. le Dr Fernand DELISLE

MADAGASCAR — LA COLONISATION ET LES HOVA

— *30 janvier 1896* —

MESDAMES, MESSIEURS,

Quand on m'a demandé de vous parler de Madagascar, je ne vous cacherai
pas que j'ai été grandement surpris et que j'ai hésité à accepter cet honneur.
Depuis plus de dix ans, cette question a été, sans trêve, l'objet de l'attention
du public français ; mais d'une façon plus particulière, depuis dix-huit mois,
il n'est pas de jour qu'elle ne soit l'occasion de publications, de conférences
nouvelles. Il peut paraître presque suranné d'y revenir aujourd'hui, alors surtout
que les voix si autorisées des professeurs du Muséum ont exposé, d'une façon
complète, devant un public nombreux, tout ce qui a trait aux Sciences naturelles,
à l'Anthropologie, à la Géologie, à la Botanique.

Si, après réflexion, j'ai accepté de venir devant vous, c'est que la question
de Madagascar n'a pas encore été traitée dans les conférences de l'*Association
française*. C'est qu'elle est de plus, pour bien des raisons, une question toute
d'actualité sur laquelle il est encore possible de revenir, sans même espérer la
traiter complètement en une seule conférence.

Après les vicissitudes de la dernière campagne militaire, encore présente à vos esprits, la France est aujourd'hui en situation de prendre la position politique qui lui revenait. Elle a battu les Hova et pris Tananarive.

Il ne faut pas croire que tout soit fini là, parce que notre domination ne sera pas acceptée, — c'est du moins à redouter, — avec le même plaisir par tous les intérêts qui sont en jeu. L'abaissement du parti hova nous obligera à nous tenir sur nos gardes parce que, réduit dans sa puissance, blessé dans son orgueil, dépossédé de son autorité, il s'efforcera de nous susciter tous les ennuis possibles. Vous avez pu voir, par les nouvelles reçues, que des tentatives de résistance se sont produites. D'autres se renouvelleront, c'est à peu près certain.

Il ne faut pas toutefois trop s'en effrayer, et cela ne doit pas nous détourner du véritable but à poursuivre, la vraie conquête de Madagascar par la colonisation par la France et par les Français.

Ce ne sera pas l'œuvre d'un jour, et dès le début, aux administrateurs, aux militaires, aux marins, il faudra adjoindre des chercheurs, des savants de divers ordres: forestiers, agriculteurs, médecins, botanistes, anthropologistes, ingénieurs, topographes, qui achèveront l'exploration de cette grande île, afin qu'on puisse exactement connaître, dans le plus court temps possible, les ressources de toute nature qu'on sait s'y trouver.

Établir partout notre autorité bienveillante, mais ferme, telle doit être notre première action. Éviter de tomber dans les fautes commises antérieurement, lors de l'organisation de certaines de nos colonies, telle est la seconde.

A Madagascar, nous n'aurons d'autres voisins que les flots de l'Océan ; donc pas de frontières à discuter avec des voisins envieux et mal intentionnés, nos difficultés ne pourront venir que de nous-mêmes, de notre façon de gouverner, de gérer notre propre bien.

Vous savez tous, je n'en doute pas, quels puissants motifs ont provoqué notre intervention armée, pourquoi des troupes françaises sont allées à Tananarive.

Je ne m'attarderai pas non plus à vous faire un historique de la découverte de l'île malgache, des premières tentatives de colonisation par la France, au cours des deux derniers siècles, ni des événements politiques qui s'y sont déroulés au cours du siècle actuel. C'est de l'histoire.

Ce qu'il nous importe de bien connaître, ce sont les conditions qui nous permettront de développer avec sûreté, et rapidement, la colonisation de cette grande terre, de l'utiliser à notre avantage réel, et sans que la Métropole, surtout ses finances, en soit obérée.

Il est indispensable, par conséquent, d'avoir, au point de vue géographique, géologique, agricole, industriel, les renseignements les plus étendus, les plus complets.

La reconnaissance géographique a été établie d'une façon définitive, quant au contour des côtes; les grandes lignes du relief intérieur sont connues, mais de nombreux détails manquent encore, par suite des difficultés de l'exploration de certaines régions.

Madagascar est située dans l'océan Indien et séparée de l'Afrique par le canal de Mozambique. Sa superficie équivaut à celle de la France, de la Corse, de la Belgique et des Pays-Bas réunis. Du cap d'Ambre au nord, au cap Sainte-Marie au sud, elle mesure plus de 1.500 kilomètres de longueur, et sa plus grande largeur est de 500 kilomètres. Le développement de ses côtes, avec les baies qui les entament, est de près de 5.000 kilomètres. Les principales de ces baies sont celles d'Antongil, de Diégo-Suarez, de Passandava, de Bombétok ou Mojanga.

L'aspect général du pays, tel que le représente la carte que je mets sous vos yeux, est fort montagneux, et certaines régions, l'Imérina ou Ankova et le pays des Betsileo, sont particulièrement tourmentées.

Au point de vue de l'orographie générale, Madagascar est divisée en deux versants forts inégaux comme étendue. Le versant oriental, qui regarde la mer des Indes, est séparé de l'occidental, qui regarde le canal de Mozambique, par l'ensemble des chaînes qui constituent la ligne de partage des eaux.

L'orientation générale des masses montagneuses est sensiblement parallèle à la côte Est, c'est-à-dire du Nord Nord-Est au Sud Sud-Ouest. Leur altitude varie entre 800, 1.000, 1.500 et même 1.700 mètres. Cette ligne de partage des eaux est composée d'abord d'une chaîne principale, allant des environs de Mandritsara au nord, jusqu'à Ivohibé au sud, dans le pays Bara. Une chaîne parallèle, moins importante, coupée de cols, de failles, qui donnent passage à de nombreuses rivières, court dans la même direction plus près de la côte Est, et ses derniers contreforts arrivent parfois très près de la mer, à Tamatave, par exemple.

Du côté de l'ouest, de la chaîne principale se détachent de puissants contreforts qui vont rejoindre le massif de l'Ankaratra où se trouvent les sommets les plus élevés (2.600 mètres), du système des montagnes de Madagascar. C'est là ce qui constitue la barrière occidentale du massif central.

Des chaînes secondaires, encore assez importantes, prolongent vers le nord et vers le sud jusqu'à la mer la ligne de partage des eaux. Vous savez que la montagne d'Ambre, à l'extrême nord de l'île, a plus de 1.100 mètres d'altitude, mais telle n'est pas la hauteur moyenne de ce prolongement de la chaîne.

Les divers échelons successifs du massif montagneux de l'île malgache sont tantôt très rapprochés les uns des autres, formant des vallées étroites, véritables gorges avec des pentes très rapides, tantôt au contraire, assez distantes, limitant des plateaux, des plaines parcourues par des cours d'eau importants.

Certains de ces plateaux sont eux-mêmes très montueux, coupés de chaînes de collines atteignant un relief notable, ainsi qu'on peut en juger par l'état de l'Imérina et du pays betsileo.

Cette disposition, ajoutée à l'absence de routes, est l'une des principales difficultés que rencontre le voyageur dans ses courses à Madagascar. Il faut monter et descendre à tout instant, et à ces obstacles s'ajoute la traversée des parties boisées et marécageuses, qui vont se succédant le long du chemin.

Comme exemple de trajet difficile, je mets sous vos yeux le profil du terrain levé par le Père Collin (1) entre la côte Est et Tananarive. En partant d'Andevorante, on traverse d'abord la région littorale étroite, coupée de lacs, de lagunes, de rivières, et on a à franchir successivement les divers échelons raides, abrupts et glissants, généralement boisés, qui composent le massif montagneux de l'est. Ainsi que vous pouvez le voir, quelques plateaux, sorte de paliers, se rencontrent sur le parcours, et l'un d'eux, plus étendu que les autres, est traversé par un grand fleuve, le Mangoro.

Tous les bas-fonds des vallées sont coupés de fondrières, de marécages qu'il faut traverser, non sans danger quelquefois, et ce n'est qu'après bien des fatigues qu'on arrive jusqu'au sommet de la route, jusqu'au plateau de l'Ankôve et à Tananarive.

Si, après avoir traversé le plateau montueux et déboisé de l'Imérina, on veut se diriger vers l'ouest, l'aspect du pays est différent. On ne retrouve pas

(1) J.-B. PIOLET. — Madagascar, sa description, ses habitants. 1 vol. in-16, Paris, 1895.

de zone forestière, comme dans les chaines de montagnes de l'est. La grande forêt a disparu ; de-ci, de-là, quelques bouquets de bois, de la brousse, de grandes herbes. Les plateaux ondulés du pays hova traversés, les derniers cols du massif de l'Ankaratra franchis, on descend par une série d'échelons, de vastes gradins, jusqu'à la côte occidentale, au canal de Mozambique.

Cette description vous permet de saisir la grande différence qui existe dans le régime des eaux sur les deux versants de Madagascar.

Les rivières du versant Est ont un parcours généralement assez court, mais très rapide, coupé de chutes, de cascades ; celles du versant ouest ont un régime tout autre. Si elles ont un cours rapide, encore violent, avec de belles chutes dans leur trajet supérieur, dans le voisinage des grands massifs montagneux, elles s'étalent et se ralentissent dans la région des grandes plaines des pays sakalaves où la pente est plus douce, et leur parcours beaucoup plus long.

Nombreux sont les grands fleuves de ce versant occidental, je ne vous les énumérerai pas tous. Il me suffira de vous rappeler le Betsiboka et l'Ikopa, dont il a été assez parlé dans ces derniers mois. Vous avez pu voir que l'Ikopa, descendu de la ligne de partage des eaux, traverse l'Imérina, passe aux abords de Tananarive pour se joindre au Betsiboka, et aller se déverser par un vaste estuaire dans le canal de Mozambique ; c'est ce qu'on appelle la baie de Mojanga ou de Bombetok.

Ce serait ici le moment de vous parler des régions côtières, mais j'aurai l'occasion d'y revenir plus loin.

D'après la description que je viens de vous faire du relief de Madagascar, vous comprenez combien il est nécessaire de savoir quelle en est la composition. Cela a une très grande importance au point de vue de la colonisation (1).

Les régions montagneuses sont composées de roches éruptives et s'étendent sur la plus grande partie de l'île, à nu dans les parties déboisées, et ailleurs, surtout sur le versant occidental, recouvertes par des terrains sédimentaires d'origine marine, ou par des dépôts argileux rougeâtres ou foncés très favorables à la culture.

Au milieu de ces masses différentes de roches et de terrains, on trouve des traces manifestes de l'ancienne activité volcanique, nombreux cratères éteints au sommet des montagnes, ou émergeant dans les plaines, coulées de laves, basaltes, etc. De nombreuses sources thermales chaudes, sulfureuses ou alcalines, témoignent encore aujourd'hui de cette activité.

Les couches d'argile rougeâtre, qui recouvrent une grande partie du sol de Madagascar, et donnent au pays un aspect particulier, peuvent être considérées comme provenant de la décomposition et de la désagrégation des roches anciennes sous l'influence des agents atmosphériques. Ces couches rougeâtres doivent en général leur coloration à la présence du fer.

Ailleurs, la couche argileuse se présente sous un aspect différent ; elle est noirâtre, moins compacte, indice manifeste de la grande quantité de débris organiques, principalement d'origine végétale, qu'elle contient. Cette seconde variété de terre se trouve dans les régions forestières et marécageuses, où la flore, plus abondante, acquiert une plus grande vitalité.

Mais on observe à Madagascar des régions où le sol argileux et cultivable manque, ou à peu près, complètement. Il s'y trouve de véritables régions déser-

_____

(1) Pour ce qui a trait à la géologie de Madagascar, voir la conférence de M. Stanislas Meunier, *in Revue scientifique*, 4e série, t. IV, n° 8, 24 août 1895 et les ouvrages spéciaux.

tiques, où le sable, les roches roulées occupent de vastes espaces, tel le désert de l'Horombe dans le sud. Ailleurs, dans les vastes plaines de l'ouest sakalave, des étendues immenses, coupées de quelques zones forestières couronnant les chaînes de collines, ne produisent que certaines graminées et paraissent peu propres à la culture. Là pourra, par contre, se développer, en grand, l'élevage des bêtes à cornes et des moutons. Vous savez combien grands sont les résultats qu'on en peut retirer. L'exemple de l'Australie et de l'Amérique méridionale doit exciter le zèle de nos futurs colons.

Si le sol de Madagascar peut offrir un vaste champ à l'activité au point de vue agricole, il renferme dans son sein des richesses d'un tout autre genre, précieuses à des points de vue divers et sur lesquelles on a depuis longtemps appelé l'attention.

Depuis les grands progrès de l'industrie métallurgique, dès le milieu du siècle actuel, et plus réellement depuis vingt-cinq ans, il s'est fait une consommation exagérée en apparence de fer, de cuivre et de bien d'autres métaux. Il a fallu, pour les traiter, étendre l'exploitation des gisements de houille et brûler des étendues de forêts qui n'ont pu être renouvelées.

Madagascar contient de vastes réserves à ces différents points de vue; le fer y abonde, les gisements de cuivre y sont nombreux.

Les forêts, exploitées avec méthode, fourniront le combustible, lorsqu'un réseau de voies de communications aura été établi. Quant à la houille, sa valeur n'est pas encore suffisamment établie pour pouvoir se prononcer.

Ce ne sont pas encore les seules richesses minérales de ce grand pays. Celleslà n'excitent pas les convoitises, elles appellent le travail, pour le travail luimême. Mais il en est d'autres qui appellent le travail avec l'appât de la richesse, de la fortune, la convoitise par excellence. Madagascar, sur une grande étendue, recèle de puissants gisements aurifères. Vous vous rappelez la soif de l'or dans la Californie, en Australie nous assistons à la fièvre de l'or dans l'Afrique australe. Espérons que l'exploitation des dépôts aurifères de notre colonie ne conduira pas aux mêmes faits malheureux que ceux qui se sont produits dans les autres pays. L'or, à Madagascar, a été jusqu'à ce jour relativement peu exploité, bien que son existence ait été reconnue depuis fort longtemps. Sous le gouvernement hova, des lois restrictives interdisaient de se livrer à sa recherche, et si, dans les dernières années, des concessions avaient été accordées, à M. Suberbie par exemple, c'est que le premier ministre éprouvait le besoin de s'assurer par là un surcroît de revenu plus réel que celui qu'il obtenait des impôts, n'ayant plus à compter sur le produit des douanes. L'exploitation des gisements aurifères attira en Californie et en Australie des travailleurs de tous pays; le même fait se produit depuis quinze ou vingt ans dans l'Afrique australe. Il est à prévoir qu'une poussée du même genre conduira à Madagascar un flot d'émigrants, dès que la sécurité de cette grande île sera complète.

A nous de la favoriser ou de la modérer, suivant les nécessités réelles. Pour ma part, je ne verrais pas sans appréhension se produire une invasion analogue à celle que subit l'Afrique australe. Je voudrais voir mettre quelques obstacles à l'arrivée d'un flot étranger toujours exigeant, envahissant et bien souvent composé d'une écume de population peu recommandable. Je crois qu'il est inutile d'insister.

Cette recherche de l'or, toute grande qu'en soit l'importance, peut enrichir ceux qui s'y livrent; mais d'une façon absolue, elle ne deviendra une vraie richesse pour le pays qu'à la condition de faciliter le travail du colon par excellence, agriculteur ou éleveur, c'est-à-dire du producteur de l'aliment de vie.

Les richesses minérales qu'on extrait du sol sont un moyen d'acquérir, de conserver la vie; celles qu'on lui fait produire servent à l'assurer, à la maintenir.

Et, Messieurs, à Madagascar, autant qu'ailleurs, assurer la vie de l'individu est chose importante, d'autant que pour nombre de raisons la nature se plaît à la rendre souvent précaire. Il faut lutter contre le climat, contre des conditions biologiques défectueuses et mauvaises, généralement fort différentes de celles qui régissent l'aire d'habitat des populations blanches d'Europe.

Madagascar devra produire tout ce qui sera nécessaire à l'alimentation; aussi est-ce aux exploitations agricoles, aux cultures qu'il faudra accorder la plus grande sollicitude. Malgré les différences d'altitude qu'on observe dans les différentes parties de l'île, les plantes des régions tropicales peuvent être cultivées sur les côtes et dans l'intérieur. Le café, par exemple, prospère dans l'Imérina et le Betsiléo comme à Tamatave et Mahanoro sur la côte est. Les richesses végétales sont, vous le savez, considérables, et aux productions indigènes : raphia, caoutchouc, gomme copal, riz, bananes, patates, ignames, manioc, taro, canne à sucre, vient s'ajouter tout ce qui a été déjà introduit par les Européens : légumes de tous genres, blé qui donne de bons rendements dans les plateaux de l'Imérina, café, cacao, vigne, vanille, etc.

L'élevage des vers à soie sera certainement l'objet de l'attention particulière de nos résidents, le mûrier étant tout acclimaté à Madagascar. Quelques colons des Cévennes, si experts en ce genre d'élevage, pourraient y créer cette belle industrie qui fait la richesse de la population cévenole.

Les régions forestières de Madagascar ont depuis longtemps déjà attiré l'attention. Leur exploitation, étant données la qualité des bois et la variété des essences, sera d'un grand produit. On y trouve, en effet, des bois propres à tous les usages, ébénisterie, charronnage, menuiserie, charpente, etc.

Depuis un certain temps des essais d'exploitation ont été tentés, du côté de la baie d'Antongil, entre autres. Mais de grandes difficultés s'opposent à ce genre de commerce, spécialement l'absence de routes pour l'enlèvement des bois coupés. Il y aura des mesures conservatrices à édicter pour éviter les grands déboisements qui seront la conséquence de l'extension de l'exploitation des régions forestières, afin d'éviter ce qui s'est produit en maint pays, à la Réunion par exemple, où les déboisements exagérés ont été si nuisibles.

La connaissance du climat, de ses variations, de son influence sur l'être humain est des plus importantes. Radama Ier et ses successeurs les gouvernants hova n'ont jamais autorisé la construction d'une route de la côte à Tananarive, ils ont toujours compté sur la forêt et sur la fièvre pour être garantis contre une invasion des blancs. Vous savez que la volonté, la hardiesse du corps expéditionnaire ont triomphé de toutes les difficultés. La forêt et, surtout, la fièvre ont été des obstacles, mais non insurmontables.

Les saisons dans la zone intertropicale sont bien différentes de ce que nous les voyons dans la zone tempérée. Au lieu des quatre saisons que vous connaissez, il n'y en a plus que deux, la saison froide, relativement sèche, et la saison chaude ou pluvieuse, qui pour Madagascar sont transposées par rapport à notre hiver et à notre été.

De plus, à Madagascar, il y a, par suite de la constitution géologique du sol, de la disposition générale du pays, de vastes régions malsaines, comme dans d'autres colonies françaises. La malaria y atteint, à des degrés divers, ceux qui résident dans ces portions du territoire, quelle qu'en soit la race. Mais en France même, n'avons-nous pas des pays à malaria, la Sologne, les Dombes, la Camargue, certaines parties des Landes de Gascogne et la Corse? Les fièvres paludéennes y sévissent et si elles y sont moins graves, moins intenses, c'est que ces derniers foyers se trouvent dans la zone tempérée, tandis qu'à Madagascar, les périodes d'extrêmes chaleurs et d'humidité sont beaucoup plus intenses.

Si ces conditions d'existence sont heureusement limitées à certaines régions, le grand désavantage consiste en ce fait que pour arriver aux régions saines, il faut toujours traverser les régions malariennes.

A la côte est, sur une longueur de plusieurs centaines de kilomètres, on rencontre un chapelet presque ininterrompu de lacs, de lagunes, de marais bordant de très près le rivage de l'océan Indien. La violence des lames y forme, sur une substruction de coraux, une barrière de sables, de dunes, parfois couvertes de bois de filaos, sorte de barre presque continue qui rejette vers l'intérieur les eaux douces, apport des nombreuses rivières descendues des montagnes.

Les irrégularités des soulèvements permettent d'expliquer la formation des quelques lacs et des nombreux marais qui se trouvent dans l'intérieur.

Sur la côte ouest, nous retrouvons les conditions habituelles des grandes plaines d'alluvion, ainsi que dans l'Inde, l'Indo-Chine, le Tonkin. Dans ces plaines peu élevées au-dessus du niveau de la mer, le cours des fleuves est alangui et peut facilement, au moment des crues hivernales, s'étendre et former de vastes marécages, où pousse une végétation abondante qui pourrira ensuite sur place, foyers certains de contamination malarienne.

Ainsi donc manifestations climatériques et saisonnières, influences telluriques très différentes de celles de la zone tempérée, tels sont les plus sérieux obstacles naturels que l'émigrant blanc rencontrera dans les régions littorales. Mais à mesure qu'il tendra à se rapprocher des plateaux élevés du centre, les conditions seront sensiblement modifiées. L'altitude compensant en partie les effets de la latitude, il trouvera des conditions d'existence qui seront plus semblables à celles de la zone tempérée. Si les pluies et l'humidité y sont grandes, si la chaleur y est encore intense, ce n'est plus de la même façon que dans le voisinage de la mer.

A cela il faut ajouter la qualité des eaux de boisson qui, pour une grande part, contribue à développer la contamination malarienne.

Ce tableau, me direz-vous, n'est guère encourageant; la malaria est menaçante; vaut-il la peine d'aller coloniser un tel pays?

Eh bien! oui, il faut coloniser cette magnifique terre de Madagascar.

Que n'a-t-on pas dit de l'Algérie au début de la période de conquête, alors que la malaria était aussi redoutable à nos soldats que la balle du Kabyle ou de l'Arabe? L'Algérie devait être le tombeau des Français! Vous savez ce qu'il est advenu.

Pas plus que l'Algérie, Madagascar ne sera un autre tombeau, si on s'y conduit avec sagesse. Sans doute, il y aura des victimes, il y en a eu déjà beaucoup trop, mais la thérapeutique mieux armée, une hygiène convenable et sévèrement suivie, permettront de lutter avec un succès certain.

Madagascar n'est pas, au point de vue de la salubrité, plus mauvais que beaucoup d'autres pays du globe.

En lui-même, le climat est très variable suivant les régions : les chaleurs sont pénibles à supporter dans la zone des côtes, où la température à l'ombre atteint de 30° à 35° centigrades, mais elle s'abaisse considérablement sur les hauts plateaux du centre, ce qui en rend le séjour agréable.

Si j'ai autant insisté sur cette question, c'est qu'en matière de colonisation les conditions biologiques ont pour la race européenne une importance capitale.

Je ne puis entrer ici dans le détail des règles que doit strictement observer le blanc transporté dans les pays chauds, au point de vue de l'hygiène individuelle suivant l'âge et le sexe, de l'alimentation, etc. Cependant je m'arrêterai sur l'hygiène de la boisson. Vous savez que la sobriété est la règle absolue dans les pays chauds, que l'usage des boissons alcooliques doit être très limité, sous peine de complications désastreuses. Dans nos pays tempérés, l'abus de l'alcool et des liqueurs fortes, des soi-disant apéritifs, entraîne des désordres graves dans l'organisme humain ; plus dangereux ils deviennent dans les pays chauds. Je vous ai dit qu'il fallait aussi se défier de l'eau. Au lieu de la boire pure et crue, il faudra imiter les indigènes, qui la font bouillir avec le rampang, le riz collé aux parois de la marmite.

Enfin, pour ne pas trop nous attarder sur le chapitre de la pathologie et de l'hygiène coloniale, le colon devra se persuader qu'il n'est pas là pour se livrer aux travaux si pénibles de la culture, il se contentera de les diriger. Tout au plus pourra-t-il se livrer au travail de culture dans les régions centrales au moment de la saison froide. Il évitera l'influence prolongée du soleil aussi bien que la fraîcheur des soirées et de la nuit. Son vêtement devra être approprié aux régions qu'il habite. Cette règle est des plus importantes ; l'apparition de la fièvre se produit bien souvent à la suite d'un simple petit refroidissement presque inaperçu.

Après ces considérations un peu spéciales et arides, il est bon de voir ce qu'est cette population de Madagascar, avec laquelle les émigrants se trouveront en contact.

D'avance, je vous préviens que je n'en ferai pas une description détaillée et complète. Elle a été faite par beaucoup de voyageurs, elle se trouve développée dans les diverses publications de M. Grandidier et résumée dans la conférence faite par M. le professeur Hamy au Muséum (1). Des éléments ethniques multiples ont participé à sa formation. Les divers caractères individuels relevés, les mœurs, les coutumes, la langue, l'ethnographie, conduisent à cette solution que les éléments qui entrent, en quantités variables, dans ce qui constitue les peuples de Madagascar, sont venus de l'archipel indien, Malais et Indonésiens, de l'Arabie ou des pays ayant reçu des colonies arabes et du continent africain. Et ce dernier contingent y est surtout arrivé sous forme d'esclaves, et y arrivait encore récemment de la même façon.

Quant au nombre des habitants de Madagascar, il n'a jamais été relevé. On l'estime, un peu au hasard, entre deux et sept millions.

Parmi ces populations, il en est une qui, par suite de circonstances spéciales, est arrivée à primer les autres et dont on a parlé peut-être plus que de raison, ce sont les Antimerina, Merina, ou comme on les désigne généralement, mais à tort, les Hova.

Ces Antimerina ou Merina, d'origine malaisienne, sont loin de constituer, au point de vue du type, une population homogène.

---

(1) E.-T. HAMY. — *Les Races humaines de Madagascar*, in *Revue scientifique*, 4e série, t. IV, n° 12, 21 septembre 1893.

Les différents flots d'immigrants qui ont participé à la composition de la population malgache ne sont pas restés cantonnés dans telle ou telle région. Les guerres, les rapts, les divers événements de la vie des peuples, se sont manifestés à Madagascar comme sur les autres points du globe, et il s'est produit des mélanges à l'infini, mélanges qui ont altéré foncièrement les caractères ethniques primitifs de chacun des groupes.

Le Merina de race pure, par ses caractères physiques, donne l'impression d'un Mongol, se rapprochant beaucoup des Javanais, des Soudanais. Il a un teint jaune olivâtre, assez clair, parfois brun, avec des cheveux noirs, longs, lisses, abondants, lustrés ; la barbe, assez fournie, est raide, la face est élargie, les pommettes assez accusées, le nez, presque droit, est enfoncé à la racine et un peu dilaté à la base. La taille est peu élevée.

Mais à côté de ces sujets de race plus ou moins pure, on trouve tous les mélanges possibles, les uns presque noirs ont encore des cheveux lisses ou ondulés, d'autres des cheveux plus ou moins crépus. Les lèvres, modifiées par les croisements, deviennent épaisses, déroulées.

Ce peuple des Mérina, que les autres Malgaches appellent du nom aimable et caractéristique d'Amboa-Lambo, chien-cochon, est le premier qui soit arrivé à se constituer, à la fin du dernier siècle, en une sorte de corps de nation, si je puis m'exprimer ainsi, bien que ce terme dépasse et ma pensée et le sens réel de la chose.

Quoi qu'il en soit, par suite de cette cohésion obtenue par Andrianampoinimerina d'abord, complétée par Radama Ier ensuite, les Mérina soumirent successivement à leur autorité les Betsiléo, les Antsianaka, les Bezanozano, Betanimènes, Betsimisaraka, etc. Ils s'étendirent un peu dans toutes les directions, mais ils n'ont jamais pu dompter les Sakalaves, les Bara, ni la plupart des populations du sud de l'île. Leur autorité ne s'est pas étendue réellement sur plus d'un quart de l'île, et encore ailleurs leur puissance était-elle bien souvent limitée à une courte distance de leurs rova, de leurs postes d'occupation militaire. Les populations insoumises, de beaucoup les plus nombreuses, occupent le reste de Madagascar.

Puisque, par suite de la conquête, nous allons avoir à nous débrouiller dans ce chaos de soumis au pouvoir de Tananarive et d'insoumis, il y a intérêt à nous rendre un compte exact de ce que valent les uns et les autres, puisque tous également sont appelés à fournir la main-d'œuvre qu'empruntera la colonisation pour les travaux agricoles, pour les mines, etc.

Ayant des besoins limités, les Malgaches sont paresseux, et il est très difficile de les retenir dans les exploitations, même par l'appât du gain. Une seule population semble plus apte que les autres à se livrer à un travail rémunéré suivi, ce sont les Antaimoros, et encore dans certains cas, ils vous quittent du jour au lendemain.

Heureusement le colon européen trouvera à Madagascar un utile serviteur dans le zébu qu'il sera possible de dresser, de dompter comme nos bœufs d'Europe, comme l'est ce même zébu dans l'Inde, à Ceylan et ailleurs.

Jusqu'à ce jour on n'a, pour ainsi dire, parlé que des Merina, des Hova ; on a pour ainsi dire laissé les autres peuplades presque entièrement de côté.

On a regardé ce peuple comme beaucoup plus élevé en intelligence et comme le seul apte à pouvoir bénéficier utilement, fructueusement de notre civilisation.

Il est bon, à ce sujet, de remonter un peu aux causes qui ont conduit à accepter cette manière de voir.

A la suite des traités de 1815, l'Angleterre reconnut la priorité des droits de la France sur Madagascar, mais le gouverneur anglais de Maurice, Sir Robert Farquhar, entreprit de rendre nulle la restitution que nous faisait le gouvernement britannique. Il n'épargna rien pour gagner la confiance de Radama Ier, et l'incita à prendre le titre de roi de Madagascar et dépendances.

Depuis, les intrigues anglaises, après avoir facilité aux Merina, par des subsides d'armes et d'argent, les diverses conquêtes dans l'est et le nord, eurent pour but de rendre impossible à la France de faire reconnaître ses droits et son autorité. Mais, en même temps, on agissait par des moyens multiples pour persuader à la France et surtout aux Français que le gouvernement de Tananarive était un gouvernement fort, éclairé, que le peuple Merina était à la fois compact, puissant, capable de comprendre la civilisation européenne, qu'il abandonnait ses vieilles croyances, qu'il acceptait la religion chrétienne, qu'il était enfin un peuple d'avenir. Mais incessamment les faits démontraient qu'il en était tout autrement, que le pouvoir le plus tyrannique, le plus faux en paroles comme en actes, présidait aux destinées des malheureux Merina et des populations soumises, et que partout ailleurs le Hova n'osait se montrer, assuré qu'il était d'être tué ou réduit pour le moins en esclavage.

Quand on y réfléchit on se demande comment, nous Français, nous avons pu nous laisser berner si longtemps, et cependant de sérieux avis avaient été donnés à ce sujet.

Le Merina vaut-il mieux que les autres peuples de Madagascar? Ni plus, ni moins.

Mensonge, duplicité, cruauté, ivrognerie, paresse, cupidité, rapacité, il a tout à l'égal des autres Malgaches. On le dit plus intelligent, plus industrieux en matière de cultures, c'est possible; mais à bien des points de vue il n'a guère profité des leçons qui lui ont été données par des éducateurs européens, par des Français.

Au point de vue religieux, les missionnaires de quelque secte que ce soit ne peuvent prétendre avoir fait œuvre sérieuse chez les Hova.

En dehors des Hova et des Betsiléo, à toutes les époques, les indigènes n'ont pas toléré l'ingérence religieuse des missionnaires. Grattez le converti méthodiste ou catholique, vous retrouverez le pur Malgache qui consultera l'ombiache et le sikidi, qui croit au Fady sous toutes ses formes, qui porte des amulettes, des ody, comme on fait des scapulaires ou des médailles en Europe, qui sacrifie en cachette aux idoles, ou aux esprits des Vazimbas redoutés et leur offre des têtes de bœufs, de moutons ou de poulets, afin de se les rendre propices, qui rend un vrai culte aux pierres levées et aux sommets des montagnes réputés le séjour des âmes des chefs. La reine elle-même, chef de l'Église protestante malgache, donnait l'exemple en allant tous les ans à Ambohimanga, la ville sainte, offrir les sacrifices traditionnels sur la tombe des rois ses prédécesseurs.

Cette tribu des Merina, comme du reste toutes les autres tribus malgaches, est divisée en castes, subdivisées elles-mêmes. Elles comprenaient chez les Merina, les descendants de la famille royale, les Andriana ou nobles, puis les castes hova, les plébéiens, roturiers et bourgeois, enfin les esclaves.

Les Andriana, les seigneurs jadis puissants et influents, ont, par suite des évolutions politiques du pays perdu leur situation, et c'est une des castes hova, qui a accaparé le pouvoir, particulièrement depuis l'assassinat de Radama II, fils et successeur de la despote sanguinaire qui avait nom Ranavalona Ire.

Rainilaiarivony, le premier ministre que l'on vient de mettre de côté, l'un des assassins du roi Radama II, a pendant plus de trente ans, incarné le type du tyran hova. Politique cauteleuse et mauvaise foi, souplesse et cruauté, ténacité, telles ont été ses manières d'agir. Patriote à son point de vue, tous les moyens ont été bons pour arriver à ses fins. Il ne voulut jamais avoir l'air de comprendre, des conseils intéressés aidant, que la France saurait un jour, poussée à bout, se faire justice elle-même. A l'heure actuelle, il doit réfléchir que la justice est la même pour tous (1).

Quand on aura balayé tous les gouverneurs, créatures de ce ministre, qu'on les aura transportés hors du pays, alors seulement l'autorité de la France sera devenue possible et effective.

Il faut bien se persuader que les Malgaches sont, à tous les points de vue, ce qu'ils étaient au moment où Flacourt écrivait son histoire il y a deux siècles. On n'a fait jusqu'à ce jour que confirmer ce qu'il a vu, en l'étendant toutefois et l'un des hommes qui ont le plus fait pour nous bien faire connaître les choses de Madagascar est M. Grandidier.

J'ai dit précédemment qu'il faudrait supprimer l'esclavage, mais on ne doit pas le comparer à ce qu'il était dans nos colonies avant son abolition. L'esclave malgache est généralement un descendant d'esclave ou un prisonnier de guerre. Il y a aussi des individus qui, à la suite de condamnations, sont vendus comme esclaves. Pour tous, quelle que soit l'origine, la condition est la même, ils peuvent être vendus et doivent travailler au service du maître. Celui-ci n'est pas souvent d'éducation plus élevée que ses esclaves, et les rapports sont faciles entre eux. L'esclave est presque considéré comme faisant partie de la famille, de la maison du maître. Il peut se marier, mais il n'est pas toujours assuré qu'il conservera femme et enfants auprès de lui. Le maître peut les vendre tous à son gré, et la famille ainsi créée est exposée à une dispersion définitive.

Il y a dans le nord et le nord-ouest, surtout en pays sakalave de nombreux nègres macoas importés du Mozambique par les marchands arabes, et qui jusqu'à ces dernières années étaient encore un objet de commerce important. C'était la traite dans toute sa réalité. Notre occupation en sera la fin.

Après l'esclavage examinons ce qu'est la corvée, la *fanampoana*, qui a été certainement le plus puissant moyen d'assujettissement employé par le gouvernement hova.

Instituée primitivement pour aider le souverain, sorte d'assistance qu'il recevait comme chef des seigneurs dans un but déterminé, la corvée n'a pas tardé à devenir un moyen de main-d'œuvre pour tous ceux qui, à un degré quelconque détenaient une part d'autorité. Il y eut des corvées pour les membres de la famille royale, pour les ministres, pour les hauts fonctionnaires, et ainsi de suite.

Dans les premiers temps, les souverains de l'Imérina utilisèrent avec succès la corvée pour accomplir les grands travaux d'utilité publique dont on voit les vestiges de divers côtés, ponts, barrages, les fameuses digues de l'Ikopa aux environs de Tananarive, par exemple. Tout le monde y participait, même les

(1) Depuis que ces pages sont écrites, on s'est décidé à déporter en Algérie l'ancien premier ministre qui vient d'y mourir récemment. Il est à regretter qu'on ne lui ait pas donné comme compagnons d'exil quelques-uns des plus compromis de ce parti hova dont il était le chef et l'inspirateur.

Andriana. Bientôt, elle servit à réaliser les fantaisies de grandeur du roi
Radama Ier, et depuis un demi-siècle tous ceux qui peuvent employer ce moyen
en profitent.

C'est un genre d'exploitation et de tyrannie auquel il est malaisé de se soustraire. Les populations malgaches soumises aux Hova et ces derniers eux-
mêmes, supportent impatiemment cet ordre de choses; mais trop respectueux
de l'autorité, du pouvoir, trop avilis, ils sont incapables de secouer seuls le
joug.

Pour une corvée tous les habitants de telle ou telle région étaient pris en
masse, hommes et femmes, jeunes et vieux ; ils n'avaient ni paiement, ni
nourriture à attendre et encore ne les libérait-on pas toujours quand le travail
était terminé.

Imposée aux populations soumises, elle a amené des résultats tout particuliers.

Les indigènes pour se soustraire à cette servitude ont abandonné leurs villages,
et un grand nombre de Betsimisaraka, habitants de la côte est, ont émigré
dans les régions montagneuses et boisées, hors de l'atteinte des Hova.

La terreur de la corvée existe partout, et elle est telle, même dans l'Imérina,
que le Dr Catat, au cours de son voyage, eut toutes les peines possibles à se faire
ouvrir une case pour y passer la nuit, le propriétaire hova croyant que le
vazaha venait le réquisitionner pour le faire travailler aux mines (1).

L'administration française supprimera la corvée, comme l'esclavage. La corvée,
transformée en un système de prestations locales, permettra l'exécution rapide
et peu onéreuse des travaux publics les plus indispensables. Les indigènes
l'accepteront, à la condition de la voir répartie avec justice et également sur
tous et sans les éloigner de chez eux.

Les mœurs des Hova, comme celles de tous les Malgaches, sont des plus libres ;
c'est une véritable promiscuité, que les lois édictées par le gouvernement de
Tananarive sous l'inspiration des missionnaires anglais, n'ont en rien modifiée.

Et c'est un peuple ainsi fait qu'on veut nous faire regarder comme valant
mieux que ceux que, par notre inertie et nos fautes, il a pu dominer ! Non,
Messieurs, ce peuple est moins intéressant que beaucoup d'autres, qui ailleurs
sont aujourd'hui placés sous la domination de la France.

Grands parleurs, bavards, sans courage réel, fourbes, pleins d'orgueil, incapables
de comprendre ce qui est grand ou généreux, essentiellement et froidement
cruels, telles sont les véritables caractéristiques de ces Hova surfaits dans un but
intéressé.

Facile sera la conduite à tenir à leur égard. Vigueur sans rudesse, justice
sans faiblesse. Mais pour cela il faut supprimer l'esclavage et la corvée, relever
ceux qui ont été si longtemps pressurés, abaisser sans retard la caste domina-
trice des Hova, qui ont accaparé le pouvoir pour eux.

Je viens de vous exposer quelques détails sur la géographie, la pathologie et
l'hygiène de Madagascar, sur le peuple des Mérina et sur sa valeur sociale, mais
je ne vous ai rien dit encore, ou à peu près, de ceux qui nous ont fait connaître le pays et ses habitants. Ce serait une grave ingratitude de ma part de
n'y pas revenir.

Le premier en date, qui ait compendieusement écrit, il y a deux siècles, sur
Madagascar, est Etienne de Flacourt. Depuis, la liste est devenue tellement
longue que vous la dire entière serait monotone. C'est surtout depuis les

(1) Dr L. Catat. — *Voyage à Madagascar (1889-1890).* 1 vol. in-4°. Paris, 1895, p. 81.

quarante dernières années qu'elle s'est accrue, et je vous citerais beaucoup de noms français, Albran, Frappaz, Jehenne, Guillain, le commandant Dupré, Grandidier, Vinson, Charnay, etc., jusqu'à Catat. Les Français y occupent la plus belle place.

Madagascar a aussi son martyrologe scientifique. Les uns, comme Douliot, mon collègue au Muséum, chargé de mission scientifique, succombe à la maladie. Parmi les autres, Muller est assassiné par des Fahavalos avec la connivence des autorités hova ; Grévé, correspondant du Muséum, est fusillé par les Hova il y a à peine un an, avant le début de la guerre. De pareils crimes ne sont pas pour faire admettre que les Hova sont des civilisés. Honneur à ceux qui ont si tristement succombé !

Mais à côté des hommes de science, des voyageurs, il y a d'autres noms à évoquer, noms de Français qui, à des points de vue divers, ont beaucoup fait pour Madagascar, qui ont tenté d'être d'utiles éducateurs des Mérina, les Lambert, les de Lastelle et plus qu'eux tous Laborde.

Je ne puis vous dire en détail l'histoire de ce dernier, elle est bien curieuse. Il avait su prendre une place exceptionnelle dans ce pays où les blancs, les vazahas, étaient suspects. Aimé de tous, il avait même, chose bien rare, conquis la confiance de la reine Ranavalo Ire, et il fit tous ses efforts pour donner pacifiquement Madagascar à la France. Il faillit y réussir.

Enfant du peuple, il possédait un véritable génie pour la colonisation, et ses essais de culture et d'industrie ont été remarquables. Il montrait, réunies en lui, toutes les facultés de notre race essentiellement apte à créer encore des établissements coloniaux, quoi qu'en puissent penser des esprits défaillants et moroses.

Eh bien ! Messieurs, c'est l'heure de reprendre hardiment les ébauches, les rêves de Laborde, qui fut consul de France à Tananarive, le prédécesseur de nos résidents actuels.

Ainsi que je vous l'ai dit au début, si nous avons une somme déjà bien grande de renseignements sur Madagascar, il y a encore beaucoup à savoir, à découvrir. Les divers services du gouvernement métropolitain se préoccupent de former des missions scientifiques dans le but de pousser à fond les recherches. Mais il faut attendre, pour mettre ces missions en marche, que la tranquillité soit assurée, que la saison soit propice.

Il faut se hâter cependant de façon à pouvoir donner aux immigrants les renseignements précis qui leur éviteront, suivant leur spécialité, les déboires si fréquents qu'ils sont exposés à subir dans les pays neufs.

Dans des régions différentes, il sera utile de créer des centres agricoles, analogues à nos stations agronomiques de France, où des essais méthodiques seront faits afin d'indiquer et les procédés de culture les meilleurs, et les essences végétales les plus productives et les plus utiles.

Dans ce but, la métropole aura à faire une avance de fonds, et elle n'hésitera pas.

Madagascar est possession française. La colonisation et son commerce rendront au centuple, à la condition de donner aux Français, en tout, la première place, une situation privilégiée. Sans aucun doute on appellera cela de la partialité, de l'égoïsme, c'est possible. Vis-à-vis de l'étranger, dans la lutte pour l'existence, quand la Patrie favorise la collectivité de ses enfants, ce n'est plus de l'égoïsme, c'est de la prévoyance et ce doit être le gage assuré de la réussite dans l'avenir.

Dans les siècles précédents et dans le cours du siècle actuel, la nation française a fait de grandes choses, elle doit encore aller de l'avant sans crainte.

La France orientale, Madagascar aux Français et par les Français, telles doivent être là devise et la conclusion.

Mesdames, Messieurs, un peu par la force des choses, je me suis laissé entraîner à mettre un pied sur la lisière politique, mais que voulez-vous! quand on fait de l'ethnographie, on est conduit à passer en revue tous les côtés de la question que l'on étudie. Du reste, je trouve mon excuse dans la devise même de l'Association française : « Par la science, pour la Patrie ».

Faisons à Madagascar de bonne ethnographie sociale, ayons une connaissance nette, précise des êtres et des choses, appliquons-nous à en juger par nous-mêmes, ne nous en laissons plus imposer comme par le passé.

Les événements que vous connaissez ont démontré ce que valait cette soi-disant puissance du gouvernement d'Emyrne, et notre présence à Tananarive a suffi pour provoquer le mouvement de révolte des Malgaches contre les Hova détestés.

M. le Dr BROUARDEL

Membre de l'Institut, Doyen de la Faculté de Médecine de Paris.

PASTEUR ET SON ŒUVRE

— 6 février 1896 —

M. Édouard BLANC

LA NOUVELLE FRONTIÈRE ANGLO-RUSSE EN ASIE CENTRALE

— 13 février 1896 —

Entre toutes les questions géographiques qui ont été à l'ordre du jour en 1895, l'une des plus importantes et dont la solution a été le plus décisive est celle de la nouvelle frontière anglo-russe en Asie centrale. La convention récemment conclue entre l'Angleterre et la Russie, et sanctionnée, au mois de septembre dernier, par une délimitation sur le terrain, qui a déterminé la frontière commune entre les deux empires ou entre leurs vassaux, n'est pas seulement un acte diplomatique ; c'est le dernier acte — ou peut-être l'avant-dernier acte — d'une double évolution. Au point de vue de la géographie physique, c'est la dernière étape dans la découverte scientifique de l'Asie ; au point de vue de la géographie politique, c'est la consécration du partage de ce vaste continent entre les deux grandes puissances européennes qui, l'abordant par les deux extrémités opposées, l'une par le nord et l'autre par le sud, en avaient depuis longtemps commencé la conquête, et qui pour la première fois, après de longues et minutieuses précautions, ont pris contact. C'est à ce double titre que cet arrangement mérite surtout de fixer notre attention.

Ces événements du Pamir ne sont d'ailleurs qu'un épisode dans la vaste évolution de l'expansion coloniale anglaise, laquelle ne tend à rien moins que la conquête du monde entier, ou du moins à son inféodation par la race anglo-saxonne. Le plan de cette opération, plan admirable, d'ailleurs, admirable surtout par la persévérance avec laquelle il a été poursuivi depuis plusieurs siècles, est celui de l'agrandissement indéfini de la « Greater Britain » la « toujours plus grande Bretagne. »

Je dirai d'abord ici quelques mots des contrées où se sont déroulés ces événements. Ce pays du Pamir, d'une si grande altitude, est toujours le « Toit du monde », mais il n'est plus aussi inconnu qu'il y a dix ans. Ce n'est plus sur les cartes un espace blanc et son nom n'évoque plus l'idée d'une région inabordable et presque fabuleuse. Les chemins de fer en ont diminué la distance. Cependant cette région est encore assez éloignée de l'Europe et assez peu connue de beaucoup d'entre nous pour qu'il ne soit pas inutile de dire quelques mots de sa situation géographique et de sa configuration générale.

Comme nous l'écrivions en 1893 (1), si l'on jette les yeux sur une carte générale de l'Asie, ce continent le plus anciennement habité, le plus vaste de tous, dont l'Europe — n'en déplaise à notre amour-propre — n'est, aux yeux des physiciens, qu'un simple appendice, nous voyons que la charpente principale de ce vieux continent, son ossature, pour ainsi dire, est formée par quatre grandes chaînes de montagnes, qui se rencontrent en un énorme nœud commun, le massif du Pamir. Ces quatre chaînes, ce sont : les monts Himalaya, l'Hindou-Kouch, le système des monts Célestes, comprenant le Tian-Chan, l'Altaï et leurs prolongements jusqu'à l'océan Pacifique, et enfin un quatrième système, moins important, mais convergeant encore au même point, auquel on donne parfois dans son ensemble le nom de monts Soliman. Ce dernier système n'est pas une ligne de faîte à proprement parler : c'est le rebord de la falaise orientale du plateau de l'Iran. C'est cette ligne que les Anglais ont, depuis la seconde expédition d'Afghanistan jusqu'en 1893, appelée « la frontière scientifique des Indes ». Cette ligne scientifique, et que l'on aurait pu, comme telle, croire immuable, a, pour des raisons politiques, été déplacée vers l'Ouest, en 1893, jusqu'à la véritable ligne de partage des eaux, et même un peu au delà de celle-ci, jusqu'au delà du pays des Ouaziris, tout près de Kandahar.

Ces quatre grandes arêtes montagneuses, murailles colossales et presque infranchissables, divisent l'Asie tout entière en quatre compartiments bien nettement séparés. Aussi, dès les temps les plus reculés, quatre races humaines, et plus tard quatre civilisations, celles des Chinois, des Indiens, des Iraniens et des Touraniens — cette dernière plus vague et moins connue — se sont, suivant ces limites, partagé le monde asiatique.

(1) Cf. *Revue des Deux Mondes*, 1er décembre 1893. *La Question du Pamir.*

Cette division ethnographique n'est pas absolue, c'est-à-dire qu'elle ne correspond pas exactement à la division orographique. La race touranienne a étendu son aire d'habitation sur les deux versants des monts Tian-Chan, disputant l'empire de la Chine à la race jaune proprement dite, par laquelle elle a été peu à peu refoulée. Et sur la limite nord du plateau de l'Iran, les Aryens ont débordé, formant avec les Touraniens une race métisse, les Sartes.

Pourtant, dans leur ensemble, les limites naturelles ci-dessus indiquées ont continué à s'imposer à travers les âges, et ce sont ces mêmes limites orographiques qui bornent aujourd'hui les domaines des quatre civilisations plus modernes auxquelles les anciennes ont fait place. La domination russe s'est étendue sur l'ancien secteur touranien presque tout entier, la domination anglaise sur le secteur indien. L'empire chinois, le plus vieux, le plus vermoulu, et comme tel le plus solide, a résisté jusqu'à présent; mais déjà il est entamé par ses deux puissants voisins qui, en plusieurs points, ont dépassé les crêtes naturelles. Quant au compartiment iranien, jadis siège des grands empires assyriens, chaldéens et perses, les races qui l'habitent sont aujourd'hui hors d'état de lutter contre les deux grands États adjacents, et la rivalité de ceux-ci l'a seule empêché jusqu'ici de devenir la proie de l'un ou de l'autre. Pourtant la domination anglaise s'affermit de plus en plus sur l'Afghanistan, tandis que la Perse semble devenir chaque jour plus inféodée à l'influence russe. Le partage de l'Iran, cette région encore indivise, celle que les anciens appelaient la Haute-Asie, est à la veille de devenir un fait accompli.

De ces quatre familles ethniques, de ces quatre groupes de peuples, les Indiens, les Chinois, les Iraniens et les Touraniens, c'est le dernier groupe qui a été, jusqu'à présent, le plus inconnu et le plus problématique. C'est aussi celui-là dont nous parlerons plus spécialement aujourd'hui, car cette région montagneuse de l'Asie centrale, qui nous occupe, c'est peut-être le lieu d'origine commun à toutes les races humaines, mais elle est restée surtout, pendant les temps historiques, le domaine de la race turque. On peut remarquer que cette race s'est développée autour du grand nœud central-asiatique, et spécialement sur son versant nord, comme le monde romain s'est développé autour du bassin méditerranéen.

Il serait intéressant, assurément, de donner ici un aperçu de l'histoire des peuples touraniens. Cette histoire, si peu connue, jusqu'à présent, des Occidentaux, est enfin entrée dans le domaine des études de nos savants, grâce à des travaux tout récents, au premier rang desquels il faut citer ceux de MM. Schefer, Alfred Rambaud, Henri Cordier et Léon Cahun (1). Elle y est surtout entrée grâce à la conquête russe, qui a permis aux Européens d'aller en toute sécurité étudier des contrées jusque-là impénétrables et légendaires.

Nous savons maintenant à peu près ce qu'ont été ces puissants empires mongols, les plus vastes qui aient jamais existé au monde, lesquels n'ont pas été sans avoir une profonde influence sur la marche de notre propre histoire, et qui auraient pu en avoir une bien plus grande encore si certains souverains européens du moyen âge avaient été mieux avisés. Nous savons aujourd'hui, par exemple, que l'issue finale des croisades aurait pu être tout autre qu'elle n'a été, et que les destinées de l'islamisme auraient changé du tout au tout, si certains princes temporels ou spirituels de l'Occident avaient eu une politique quelque peu différente vis-à-vis de ces Grands Khans mongols qui, du fond de

(1) Cf. Léon Cahun, *Introduction à l'histoire de l'Asie*, 1 vol. Paris, A. Colin, 1896.

leur immense empire, considéraient l'Allemagne, la France et l'Italie comme de petites provinces de minime importance, mais n'avaient cependant pas négligé d'entamer avec elles des négociations lointaines.

Nous savons que les monuments laissés par ces peuples, quand ils ont quitté la vie nomade pour fonder des villes, sont au nombre des plus curieux, des plus colossaux et des plus beaux qu'ait produits l'architecture humaine. Nous avons décrit ailleurs (1) quelques-uns d'entre eux, et maintes fois nous avons eu l'occasion d'en montrer des spécimens au public géographique.

Mais, quelque intéressante que puisse être l'évocation de ces grandes civilisations disparues, si obscures et si colossales, nous ne nous y arrêterons pas aujourd'hui, et nous nous bornerons à remonter à l'époque récente où les Russes d'une part, les Anglais d'autre part, marchant à la rencontre les uns des autres et élargissant constamment les limites de leurs empires respectifs, ont soulevé le voile qui, depuis cinq siècles, c'est-à-dire depuis la conversion des Mongols à l'Islamisme, avait caché l'Asie centrale aux yeux des Européens. C'est à la Russie surtout que revient la gloire d'avoir rempli cette tâche.

C'est en 1865 que les Russes, après avoir, durant un siècle et demi, suivant le plan que Pierre le Grand et plus tard Catherine II avaient eux-mêmes tracé, absorbé par tranches successives l'interminable steppe kirghize, stérile et déserte, ont pris contact avec les contrées riches, fertiles et populeuses, constituant le territoire des États indépendants, résidus du démembrement de l'ancien empire de Tamerlan. Ces États étaient alors les trois khanats de Boukhara, de Khiva et de Kokan.

Nous ne recommencerons pas ici l'historique détaillé ni même sommaire de la laborieuse conquête du Turkestan par les Russes. Pour ce seul sujet il ne serait pas trop de la durée d'une conférence tout entière. Nous renverrons au résumé que nous avons déjà donné ailleurs de cette conquête (2) dont l'histoire commence déjà à être bien connue en Occident.

Il est assez difficile, si l'on n'a pas sous les yeux une carte physique de la Sibérie occidentale et du Turkestan, de comprendre les causes déterminantes de la marche, en apparence indirecte et compliquée, qui a été suivie par la conquête militaire d'abord, puis par la conquête économique, c'est-à-dire par la pénétration coloniale et par l'organisation progressive de l'administration. Cette marche s'explique facilement, et du même coup les obstacles qu'elle a rencontrés deviennent nettement manifestes, si l'on regarde une carte hypsométrique, ou plutôt encore, peut-être, une carte géologique. Il était nécessaire de contourner et d'éviter à la fois les régions de hautes montagnes, inhabitables et presque inaccessibles, qui couvrent une grande partie de l'Asie centrale, et les déserts de sable, arides, inexploitables, et presque aussi difficiles à franchir pour une armée, qui occupent d'autres surfaces non moins vastes. Les conquérants ont dû s'avancer en suivant les bandes habitables et arrosées, ou du moins arrosables, qui, par des contours sinueux, serpentent entre ces montagnes et ces déserts. Ces bandes sont formées, soit par les très rares thalwegs de grands fleuves dont l'Oxus et l'Iaxartes sont les principaux, et qui seuls ont un débit assez fort pour pouvoir, sans se perdre, se frayer une route à travers les déserts au sol brûlant et perméable, soit par la juxtaposition des cônes de

(1) Cf. *Revue des Deux Mondes* du 15 février 1893. *Samarkande.*

(2) Cf. *Revue des Deux Mondes* du 15 janvier 1895. *Le Turkestan russe.* — Annales de géographie des 15 avril et 15 juillet 1894. *La colonisation russe en Asie centrale.*

déjection, très aplatis, des nombreux torrents actuels ou anciens, qui des montagnes descendent dans les plaines pour s'y perdre après une course de faible longueur. Les eaux qui sortent des montagnes ne sont pas en quantité suffisante pour assurer l'irrigation de la surface totale de ces zones d'alluvion, dont le sol est presque toujours très fertile ; mais ces eaux peuvent, en général, au gré des possesseurs du pays, être dirigées vers telle ou telle partie de ces zones, et c'est ce qui a eu lieu aux diverses époques, selon que les centres de population se sont portés sur tel ou tel emplacement. Mais en somme, le long du pied de chaque massif montagneux, il existe une assez large zone qui tout entière est susceptible d'être habitée et mise en valeur, à la condition d'être irriguée.

Nous avons décrit ailleurs la conquête de la steppe, les progrès graduels des Russes le long de la vallée du Syr-Daria (l'ancien Iaxartes), qu'ils ont atteinte près de l'embouchure du fleuve, et le long de laquelle ils ont remonté pendant 1.500 kilomètres. Nous avons dit les luttes que les armes russes ont eu à soutenir sur cette ligne, depuis leur premier contact avec les troupes du khan de Kokan, suzerain de cette région, lors de l'expédition du général Pérovsky, en 1852, jusqu'à la prise de Tachkent par le général Tcherniaïeff, en 1865. Nous avons raconté la guerre contre les Boukhares, terminée en 1868 par la prise de Samarkande, l'annexion de cette province et de celle de Katti-Kourgane, et la soumission de l'émir de Boukhara, réduit à l'état de vassal, bien que nominalement simple allié de la Russie. Puis vient la pénible campagne de Khiva (1873) et la conquête de ce khanat dont l'oasis principale, le delta de l'Oxus, protégée de tous côtés par une ceinture de déserts et par des marais infranchissables, avait jusque-là bravé les Européens et était restée le centre du commerce des esclaves. En 1876 ont lieu la conquête du Ferganah par le général Kauffmann, l'expédition du général Skobeleff au Pamir et celle du général Kouropatkine en Kachgarie. Enfin, en 1880, a lieu la campagne décisive contre les Turkmènes, populations guerrières cantonnées le long des frontières septentrionales de la Perse, entre le désert de Kara-Koum et les montagnes de Khorassan, et qui ne reconnaissaient que vaguement la suzeraineté du khan de Khiva.

Longtemps ils avaient résisté avec succès aux entreprises des Russes. Skobeleff, on le sait, réussit à les soumettre par la sanglante prise d'assaut de Geok-Tépé (24 janvier 1881), après une laborieuse campagne qu'appuyait la construction du chemin de fer transcaspien, œuvre du général Annenkoff.

L'annexion de Merv, due au colonel Alikhanoff, en 1884, complétait la prise de possession de la province transcaspienne. La plaine touranienne tout entière était conquise, à la réserve du Turkestan afghan comprenant la rive gauche du haut Oxus, c'est-à-dire les bassins des affluents réels ou virtuels de ce grand fleuve. Nous désignons sous cette dernière qualification les rivières qui, tout en se perdant dans les sables ou en étant absorbées par les irrigations artificielles avant d'atteindre le thalweg de l'Oxus, ont cependant, à une époque ancienne, été ses tributaires. Herat et Balkh, l'ancienne Bactres, sont les villes les plus connues du Turkestan afghan, où de grandes cités ont existé jadis. Cette région, menacée par le général Komaroff, qui remporta sur les Afghans la facile victoire de Kouchka, aurait été, sans résistance possible, conquise par la Russie, si l'intervention de l'Angleterre n'avait pas arrêté ses progrès, en provoquant la délimitation de 1884-85 entre l'empire russe et l'Afghanistan.

(L'orateur, après cet exposé, présente une série de projections photographiques qui donnent une idée nette des localités et des principaux personnages dont il vient de parler.)

En 1884, dans la perspective de partage de ces régions entre les nations européennes, l'avantage appartenait, d'une façon manifeste, à la Russie qui, en vingt années, avait reculé la limite méridionale de son empire depuis la steppe kirghize jusqu'en vue de la ligne de faîte séparative entre l'Iran et le Touran, c'est-à-dire jusqu'en vue de la grande chaîne de l'Hindou-Kouch. On pouvait considérer celle-ci comme la frontière naturelle entre ses vassaux, déjà soumis pour la plupart, et les peuples dont l'Angleterre pouvait aspirer à faire les siens. Mais il semblait bien que la Russie fût destinée à dépasser politiquement cette frontière naturelle, tant son avance était grande sur l'Angleterre, encore séparée de cette même chaîne, par une large zone de pays indépendants. Ces derniers étaient constitués par un inextricable labyrinthe de montagnes, de l'accès le plus difficile, et dont la géographie même était inconnue.

De 1884 à 1891, les Russes restèrent immobiles, sans faire aucun progrès ; ils avaient confiance en leur force et en la solidité de leur base d'opérations au Turkestan, laquelle, pensaient-ils, pouvait leur permettre d'intervenir à leur gré d'un moment à l'autre, si les Anglais exécutaient, de leur côté, un mouvement en avant.

Ceux-ci, bien qu'inactifs, en apparence, pendant la même période, firent preuve d'une habileté politique supérieure. Sans déplacer un pouce des frontières de leur domaine direct, ils firent agir deux États nominalement indépendants, mais en réalité soumis à leur influence, le Kachmir et l'Afghanistan. Ce dernier pays surtout, qui en apparence était tout à fait indépendant de l'Angleterre, empiéta progressivement sur sa frontière nord-est d'une façon incessante, soit en englobant les petites principautés indépendantes, qui, depuis une époque plus ou moins reculée, s'étaient constituées entre les contreforts du Pamir, dans des vallées fermées et presque inaccessibles, soit en émettant des prétentions croissantes sur des territoires inhabitables, et qui, bien souvent, n'avaient jamais fait partie de son domaine. Puis, lorsque ces prétentions eurent provoqué, en 1891 et en 1892, la protestation de la Russie et l'affirmation de ses droits par les deux expéditions successives du colonel Yonoff, poussées facilement et sans résistance sérieuse jusqu'à la ligne de faîte de l'Hindou-Kouch, où les Russes eurent la modération de s'arrêter, l'Angleterre, jugeant que son action directe était devenue urgente, entra elle-même en lice, et fit brusquement d'énormes progrès, avec une rapidité et une décision qui déconcertèrent ses adversaires. Coup sur coup, elle annexa le Beloutchistan, en déposant purement et simplement le khan de Kelat, suspect d'intrigues avec la Russie ; puis le Ouaziristan et le Dardistan furent envahis, occupés et réunis à l'empire indien. L'insurrection des Ouaziris, signalée pour la première fois à un moment quelque peu arbitraire, d'ailleurs, car ces tribus montagnardes, dont l'état troublé était permanent, n'avaient jamais reconnu que très vaguement la suzeraineté de l'Afghanistan, fournit aux Anglais un prétexte pour intervenir au delà de l'Indus. En même temps le général Lockhart envahissait le Yassine et le Khondjout, et en quelques semaines la Grande-Bretagne réunissait à ses domaines ces petites principautés, situées à l'ouest du Kachmir, au sud-est du massif pamirien, et dont les souverains, en 1891, étaient encore indécis entre le protectorat russe et le protectorat anglais. A la suite des campagnes de 1892 et de 1893, les Anglais réunirent définitivement à leur empire indien le Ouaziristan, c'est-à-dire la région montagneuse qui s'étend sur la rive droite du moyen Indus, au delà des monts Soliman, jusqu'à la ligne de partage des eaux et même un peu au delà de celle-ci, jusqu'aux portes de Kandahar et de Kaboul.

L'Yassine, le Khoundjout, et les autres petits États voisins, occupant autant de vallées tributaires directes ou indirectes du haut Indus, furent considérés comme vassaux du Kachmir. Enfin, en 1895 au moment même où était conclue la convention anglo-russe du mois d'avril, l'Angleterre intervint brusquement, de la façon la plus énergique, dans les affaires du Kafiristan.

Comme nous avons eu l'occasion de le raconter déjà ailleurs (1), avant 1891, un souverain brigand, régnant lui-même sur une population de brigands, le viel Amman-Ould-Moulk, avait fini, au prix d'assassinats compliqués et nombreux, conformes d'ailleurs aux mœurs du pays, par établir solidement son autorité sur le Kafiristan tout entier et par étendre sa suzeraineté sur les petites principautés voisines, dont chacune se composait d'une vallée de très grande altitude, enserrée de montagnes colossales et peuplée de pasteurs féroces, presque sans communication avec le reste du monde.

Amman-Ould-Moulk étant mort, ses fils, au nombre de dix-sept, se disputèrent le pouvoir et s'entre-tuèrent. L'aîné, Nizam, gouverneur du Yassine, du vivant de son père, ne put recueillir la totalité de l'héritage de celui-ci. Son frère Afzoul s'empara du pouvoir par un coup de main, fit mettre à mort un certain nombre de ses frères, et réduisit Nizam à se réfugier à Ghilghit, auprès du résident anglais. Mais leur oncle, Chir-Afzoul, qui sous le règne précédent avait trouvé un asile en territoire afghan, sortit tout à coup du Badakchan, fit tuer Afzoul, ainsi que tous ceux de ses frères qui n'avaient pas fait partie de la série précédente et qu'il put atteindre, et s'empara de la forteresse de Tchitral, où il s'installa. Nizam, revenant à la charge avec l'appui des Anglais, reprit Tchitral et chassa de nouveau Chir-Afzoul, qui reprit le chemin de l'Afghanistan. Mais, au commencement de l'année 1895, un autre frère, Amir-Ould-Moulk, fit tuer Nizam, prit sa place, et Chir-Afzoul reparut, appuyé par un chef montagnard, le khan de Jandol, Oumra-Khan. Le moment propice pour agir étant venu, les Anglais déclarèrent que ces derniers incidents constituaient une insulte à leur puissance, Nizam ayant été reconnu par le gouvernement britannique. Le Dr Robertson, résident à Ghilghit, se rendit à Tchitral avec 300 hommes pour surveiller les événements et s'assurer des dispositions du nouveau souverain. Celui-ci se déclara franchement contre les Anglais, et, avec l'aide d'Oumra-Khan, il bloqua et assiégea dans le fort de Tchitral le Dr Robertson et sa petite troupe. Aussitôt, 14.000 hommes réunis à Pechaver sous les ordres de Sir Robert Low, major général, et des trois brigadiers généraux Kinloch, Waterfield et Gatacre, franchirent la frontière, le 1er avril 1895, traversèrent et soumirent au prix de brillants combats la vallée du Souat, puis celle de la Pendjkorah, où l'un des chefs indigènes, le khan de Dir, se déclara pour les Anglais. Pour leur donner un gage de son dévouement, ce chef pénétra dans le Tchitral et débloqua le Dr Robertson le 18 avril. Deux jours après, le 20 avril, le colonel Kelly, chef du district de Ghilghit, arrivait à Tchitral par le nord, après un trajet extraordinairement difficile pour une colonne : il avait au prix d'escalades comme aucune expédition militaire européenne peut-être n'en a jamais fait, traversé le Yassine, franchi le col de Chandar, et passé par Laspour et Mastoudj, où, le 9 avril, il avait débloqué le capitaine Bretherton et le lieutenant Jones, qui y étaient assiégés, après avoir, au mois de mars, subi un échec dans une tentative d'expédition au Kafiristan par la voie du nord-est. L'avant-garde du général Low atteignit Tchitral le 10 mai,

---

(1) Cf. *Revue des Deux Mondes*, 1er décembre 1893. *La Question du Pamir*.

et toute l'armée s'y trouva concentrée le 17. Oumra-Khan après s'être retiré de proche en proche sans combattre, fut fait prisonnier par les Afghans et conduit à Kaboul. Amir-Ould-Mould fut déposé et emmené à Pechaver. Quant aux principaux chefs du Tchitral, parmi lesquels Chir-Afzoul, ils furent faits prisonniers par le khan de Dir et livrés aux Anglais.

En résumé, le corps expéditionnaire a rencontré, dans cette campagne, de terribles difficultés, provenant surtout des obstacles naturels qu'opposent le relief du sol et le climat du pays. Les Anglais en sont venus à bout, grâce à l'énergie de leurs soldats, à la rapidité et à la décision avec lesquelles a été conduite leur expédition, et grâce aussi, il faut le dire, à la division que leur politique habile a su mettre parmi les indigènes. Si le khan de Dir n'avait pas combattu du côté des Anglais et ne les avait précédés au Tchitral, il est probable que la conquête de ce dernier pays et même celle de la vallée de la Pendjkorah, aurait présenté de sérieuses difficultés, c'est-à-dire que le succès final aurait été sans doute beaucoup plus chèrement acheté. En outre, il est probable que l'expédition si hardie et si remarquable du colonel Kelly, qui, avec des forces bien moindres que celles du corps de Pechaver, descendit la vallée du Tchitral en y pénétrant par le nord, aurait été arrêtée ou du moins bien retardée, si elle avait eu devant elle toutes les forces des montagnards.

Il est certain que ces mêmes pays, presque infranchissables par eux-mêmes, livrés jusqu'à présent à l'anarchie, vont constituer, sous l'autorité absolue de l'Angleterre, et avec le secours des fortifications que peut y établir l'art européen, une zone de défense de premier ordre pour l'empire indien.

(M. Édouard Blanc montre des projections photographiques représentant quelques localités des pays montagneux récemment conquis par les Anglais, ainsi que quelques-uns des personnages qui ont été mêlés aux événements de la conquête.)

Entre ces deux régions, le bassin de l'Indus et ses affluents, aujourd'hui entièrement conquis par les Anglais, et le Turkestan occidental, constitué par les bassins de l'Iaxartes et de l'Oxus, dont les Russes possèdent la plus grande partie, la frontière naturelle était formée, théoriquement, par la ligne de partage des eaux. Cette ligne, c'était l'énorme chaîne de l'Hindou-Kouch, le Paropamise ou Caucase indien des anciens. Il était assez logique, au point de vue de l'équité comme au point de vue ethnique, de prendre a priori cette crête comme frontière au moins provisoire, entre les deux empires, alors que ceux-ci n'avaient pas encore étendu leurs domaines jusque dans son voisinage immédiat, et alors qu'aucun conflit prochain de ce côté, n'était à craindre. C'est ce que firent, dit-on, lord Granville et le prince Gortchakoff, dans une convention provisoire qui fut le prélude et la première base des transactions diplomatiques au dénouement desquelles nous venons d'assister. Mais, lorsque cet arrangement fut conclu, il y a plus de vingt ans, on ignorait complètement la situation exacte de la ligne de faîte, à tel point que nous nous souvenons d'avoir entendu enseigner, à cette époque, dans un cours de géographie professé à Paris, que décidément le Paropamise des auteurs antiques n'existait pas. On sait maintenant que cette chaîne de montagnes existe, qu'elle constitue même une barrière formidable, qui n'est franchissable qu'en bien peu de points, et qui se prolonge sans interruption depuis la Perse, où elle se relie aux montagnes du Khorassan et de l'Hyrcanie, jusque sur le plateau même du Pamir, qu'elle traverse. Et au delà même du Pamir, plus à l'est, elle se prolonge au sud de l'empire chinois par une autre chaîne non moins colossale, le Karakoroum ou Mouz-Tagh, qui va se souder au plateau du Thibet. C'est cette grande arête, si peu connue, qui fut prise comme limite provisoire entre les zones d'influence respectives de la Russie et de l'Angleterre par les deux grands hommes d'État qui, à cette époque, dirigeaient les relations extérieures des deux pays.

Il se trouve qu'en fait la ligne de partage hydrographique est beaucoup plus rapprochée du bord septentrional de la zone montagneuse, c'est-à-dire de la zone longtemps inabordée et maintenant contestée, que du bord sud. Les Anglais ont donc eu à franchir et à conquérir, pour l'atteindre, une beaucoup plus large zone de montagnes que les Russes. Aussi, lorsque la situation exacte du Paropamise fut connue, il y a peu d'années, ne semblait-il pas que la Russie dût, en définitive, s'y borner. Déjà ses avant-postes l'avaient presque atteinte et aucun obstacle politique ne les en séparait plus, tandis que les Anglais en étaient encore à une très grande distance. Cette probabilité d'un dénouement favorable aux Russes semblait accrue encore par la circonstance, bien connue et souvent commentée en Europe, de la faculté d'assimilation qu'ils possèdent vis-à-vis des races de l'Asie centrale, et de la popularité, si l'on peut s'exprimer ainsi, dont la domination russe jouit parmi elles. C'est cependant le dénouement contraire auquel nous venons d'assister. Il est intéressant de rechercher comment il a été amené. Sans examiner quelles peuvent avoir été les causes particulières qui, diplomatiquement, ont servi à amener ce résultat et l'ont rendu possible, discussion qui sortirait complètement du cadre de notre étude, nous nous bornerons à faire ressortir simplement le résultat final des péripéties géographiques par lesquelles a passé la limite topographique des deux empires ou celle des pays soumis à leurs influences respectives.

L'Inde, sous la domination britannique, pas plus que sous le gouvernement des grands empires indigènes d'autrefois, n'a jamais eu de frontières stratégiques du côté du nord-ouest. Elle n'en a jamais eu, à aucune époque de l'histoire, parce que l'autorité des souverains qui régnaient dans la vallée du Gange ou dans le Penjab s'est toujours arrêtée au pied ou à l'entrée des montagnes dont la conquête eût été longue, pénible et improductive. Ces régions, pauvres et d'un relief extraordinairement bouleversé, ont toujours été laissées en dehors du théâtre des grandes guerres indigènes, guerres de pillage avant tout. Et d'autre part, quelque avancées, coûteuses et méthodiques qu'aient été les opérations tentées par les Anglais dans ces montagnes, depuis qu'ils sont les maîtres de l'Inde, jamais, jusqu'en 1895, elles n'étaient arrivées à la véritable ligne de faîte hydrographique. Toujours, dans les plus hautes vallées, péniblement atteintes, s'ouvraient latéralement, par des coupures profondes, d'autres vallées imprévues, d'une irrégularité déconcertante et par où pouvaient déboucher les invasions venues du nord et de l'ouest. Aussi tous les possesseurs successifs de l'Inde ont-ils dû se résigner à avoir, du côté nord-ouest, une frontière ouverte et à attendre l'ennemi dans le Pendjab, où ils ont toujours été vaincus, quand il s'est agi d'une invasion venant de par delà les montagnes. Les Anglais, par leurs rapides conquêtes de ces dernières années, conquêtes dont la préparation et l'exécution ont été si intéressantes à suivre, sont arrivés à résoudre ce problème en apparence si difficile et où l'on pouvait croire qu'ils réussiraient moins encore que leurs devanciers, car ils avaient en face d'eux, non pas seulement des peuplades insoumises, mais, derrière celles-ci, un rival puissant.

Dans la grande barrière montagneuse dont nous venons de parler et qui sépare la région aryenne de la région touranienne, les passages praticables qu'ont pu suivre, à diverses époques de l'histoire, les invasions toujours attirées du nord et de l'ouest vers les fertiles plaines de l'Inde, sont peu nombreux. Ce sont : 1° la trouée de Hérat, par laquelle du bas Tedjen, c'est-à-dire du pays des Turkmènes, aujourd'hui sujets de la Russie, on accède facilement à Kandahar, et de là au bas Indus, sans s'élever même à 2.000 mètres ; 2° les fameuses passes de Bamian (3.700 mètres et 3.450 mètres), qui, de la Bactriane et principalement de la vallée de Koundouz, conduisent à Kaboul, capitale de l'Afghanistan, laquelle est, comme on le sait, située sur un affluent de l'Indus ; 3° la route pamirienne qui, partant du Ferganah et traversant les cols de Baroghil et de Darkoth (12 à 13.000 pieds), coupe tranversalement, dans sa partie supérieure, l'étroite vallée du Tchitral et permet de passer assez aisément, du moins relativement, des sources de l'Oxus à la vallée supérieure de l'Indus. C'est cette dernière route dont les Russes semblaient, depuis vingt ans, c'est-à-dire depuis l'expédition de Skobeleff, tenir la clef, et dont les Anglais viennent de s'assurer, à la suite des événements de 1895, l'entière possession.

Le principal article de la convention arrêtée au mois d'avril 1895 entre les deux grandes puissances est le suivant :

« Les zones d'influence de la Grande-Bretagne et de la Russie à l'est du lac Victoria (Zor-Koul) seront limitées par une ligne qui, partant d'un point de la rive de ce lac près de son extrémité orientale, gagnera la passe de Bendersky, puis suivra les crêtes de la chaîne de montagnes qui court au sud de la latitude du lac jusqu'à la passe d'Orta-Bel. De ce dernier point, la ligne suivra cette même chaîne tant que l'arête en restera au sud de la latitude du lac. A partir de l'endroit où elle rejoindra cette latitude, elle suivra un contrefort de la chaîne jusqu'à Kizil-Rabat, sur la rivière Ak-Sou, si ce point n'est pas au nord de la latitude du lac Victoria. De là elle sera prolongée à l'est jusqu'à la frontière chinoise. Si l'on découvre que Kizil-Rabat se trouve au nord de la latitude du lac Victoria, la ligne de démarcation sera tracée en se dirigeant vers un point *optimum* choisi sur l'Ak-Sou, au sud de cette latitude, et de là elle sera prolongée comme il est dit plus haut. La ligne sera jalonnée et son tracé exact sera déterminé par une commission mixte d'un caractère exclusivement technique, accompagnée d'une escorte militaire n'excédant pas ce qui sera strictement nécessaire pour assurer sa sécurité. »

Par l'article 4, les deux gouvernements anglais et russe s'engagent à s'abstenir d'exercer aucune influence politique ou aucun contrôle, le premier au nord, le second au sud de la ligne de démarcation ci-dessus définie.

L'article 5, particulièrement important, stipule que la portion de territoire comprise entre l'Hindou-Kouch, la nouvelle frontière basée sur le lac Victoria et la frontière chinoise restera à l'Afghanistan et ne sera pas annexée à la Grande-Bretagne. Le gouvernement anglais s'y engage. Il s'engage aussi à ce qu'aucun fort ou forteresse ne soit installé sur ce territoire.

Enfin le cours du bas Oxus est pris comme frontière entre le territoire du khanat de Boukhara et celui de l'Afghanistan. Les deux gouvernements européens s'engagent à user de leurs influences respectives auprès des deux émirs pour leur faire exécuter cette dernière partie de la convention.

Un coup d'œil jeté sur la carte suffit pour montrer clairement l'habileté et l'unité du plan des opérations anglaises. L'Angleterre poussant devant elle l'Afghanistan et le Kachmir, deux États dont la politique ne lui faisait assumer nominalement aucune responsabilité, a fait absorber par le premier, du côté du nord et du nord-est, tous les territoires à peine habités, mal connus, difficilement accessibles, et sans maîtres bien déterminés, qu'il a pu envahir dans la région des sources de l'Oxus. Ensuite, lorsque l'Afghanistan, après s'être heurté, à plusieurs reprises, aux avant-postes russes et même chinois, s'est trouvé dans l'impossibilité de s'étendre davantage, la Grande-Bretagne a conclu à point nommé, avec lui, un arrangement qui le place tout entier sous la dépendance anglaise, dans un état de protectorat virtuel. Puis, par la délimitation qui vient d'être appliquée sur le terrain, elle a refoulé la frontière nord-est de l'Afghanistan aussi loin vers le nord qu'il était possible de le faire. c'est-à-dire qu'elle a, par un effort vigoureux et bien dirigé, profité pour le mieux, à l'avantage de son client, ou plutôt au sien propre, de l'élasticité des zones limitrophes d'une frontière non peuplée, à peine reconnue, et non encore définitivement occupée de part ni d'autre. En même temps, par une énergique et rapide offensive prise au Khondjout et au Tchitral, et par la solide incorporation de ces deux pays à l'empire indien, sous son autorité directe, l'Angleterre a réduit ces nouveaux territoires afghans à n'être qu'un mince rideau masquant ses propres progrès.

C'est à la fois le triomphe de l'annexion directe et celui du système de l'État-tampon, deux combinaisons coloniales qui, à première vue, semblaient incompatibles, et dont de la Grande-Bretagne a su réunir les avantages.

Au point de vue particulièrement français, la délimitation qui vient d'être conclue, bien loin d'être indifférente, comme nos hommes d'État ont paru le croire, a, au contraire une importance fort grande.

Tant que l'Inde n'avait pas de frontière naturelle du côté du nord-ouest, c'est-à-dire tant que le grand bastion formé par les chaînes colossales qui, se coudant à angle droit, encadrent le bassin hydrographique de l'Indus, n'était pas atteint, les Anglais étaient obligés, en cas de grand conflit européen, de conserver dans l'Inde une attitude purement défensive. La moitié de l'armée indienne, dont l'effectif régulier n'atteint pas 200.000 hommes, était nécessairement immobilisée dans le Pendjab, pour le défendre contre une invasion éventuelle, venue du nord. Le reste était à peine suffisant pour assurer les garnisons de la Péninsule, d'autant plus que 50.000 hommes des meilleures troupes sont nécessaires pour occuper la frontière nord-est, du côté de la Birmanie, et couvrir Calcutta. Au contraire, avec la nouvelle frontière, 10.000 hommes de troupes européennes, appuyés sur les fortifications des cols du Tchitral et secondés par les indigènes, suffiront pour rendre l'accès de l'Inde impossible de ce côté, ou du moins pour arrêter longtemps les envahisseurs.

Les Anglais pourront donc porter tout leur effort, soit sur la route de Kandahar et de Hérat, vers l'ouest, soit vers le nord-est, du côté du Laos et de la Chine méridionale, où, comme on le sait, le fleuve Bleu est leur grand objectif actuel. Dans la compétition qui existe actuellement entre la France et l'Angleterre pour la pénétration commerciale dans la Chine méridionale et pour la prépondérance politique qui peut en être la conséquence, l'arrangement qui vient d'être conclu au Pamir, a donc, comme on le voit, une portée qui mérite d'être considérée.

Et ceci répond à l'objection tactique formulée, non sans quelque apparence de raison, par certains diplomates, à savoir que le Pamir en lui-même est un pays trop pauvre, trop accidenté, et trop impénétrable à de grandes armées pour que l'action principale, dans l'hypothèse d'une invasion de l'Inde, ait lieu sur ce terrain ou sur la ligne qui le traverse. Cela peut être vrai, mais il n'en faut pas conclure que la position n'ait pas, par suite des circonstances spéciales qui viennent d'être exposées, une importance essentielle.

En même temps que cette délimitation pamirienne assure à l'Inde anglaise une frontière excellente et définitive du côté du Turkestan russe, on peut remarquer encore qu'elle lui ouvre une porte sur la Kachgarie, c'est-à-dire sur la partie occidentale de l'empire chinois, porte que la Grande-Bretagne ambitionnait depuis longtemps, et qui n'existait pas, à travers l'énorme muraille de l'Himalaya. Avec la nouvelle frontière, les Afghans, c'est-à-dire les Anglais, peuvent maintenant, des sources de l'Oxus, descendre sur Kachgar par une route relativement facile, en passant par le col de Ouakdjir, et en contournant par le sud le grand massif montagneux du Tagharma.

Quant au Kachmir, qui a fourni la base d'opérations contre le Dardistan, puis contre le Kafiristan, nous ne dirons rien de ses empiétements sur le territoire chinois, c'est-à-dire au nord de la ligne de faîte du Karakoroum, dans les vallées supérieures des affluents du Yarkend-Daria et du Khotan-Daria : la question n'est pas encore ouverte. De ce côté, c'est-à-dire du côté chinois, la politique anglaise, qui vient d'obtenir un si grand succès du côté russe et afghan, en est encore à la période de préparation. Attendons-nous à voir surgir prochainement une question de Kachgar. Nous n'en dirons rien pour le moment, sinon qu'elle promet d'être intéressante.

Nous nous bornerons donc, tout en constatant le grand succès que le règlement de la question pamirienne consacre pour la diplomatie anglaise, de répéter ce que nous disions au début de cette conférence, à savoir que nous venons d'assister à la solution d'un important problème dans la connaissance progressive de la géographie physique du globe, en même temps qu'à un profond changement dans l'équilibre des nations européennes qui se le partagent. Et les conséquences de ce règlement de la question d'Asie centrale, il n'est pas certain que ni la nouvelle attitude de la Chine, à la suite de la guerre sino-japonaise, ni la réaction récente causée dans les deux mondes par l'excès même des succès de la politique anglaise, puissent suffire à les compenser.

M. A. de LAPPARENT

Ancien Ingénieur des Mines, Professeur à l'École libre des Hautes-Études de Paris.

L'ART DE LIRE LES CARTES GÉOGRAPHIQUES

— Séance du 20 février 1896 —

Mesdames, Messieurs,

Ne vous semble-t-il pas qu'il y ait une rare outrecuidance à oser convoquer, dans le palais des Sociétés savantes, l'auditoire d'élite de l'Association française, en affichant l'intention de lui apprendre à lire? Même quand cette prétention se borne à la lecture des cartes géographiques, n'est-ce pas une grave injure de paraître supposer que cet art ait encore des secrets pour vous? C'est pourquoi j'ai hâte de déclarer que je ne suis pas coupable envers vous de ce soupçon outrageant. Ce que je voudrais aujourd'hui vous montrer, c'est comment on doit lire *à travers* les signes géographiques usuels, et quelle précieuse signification peuvent prendre, aux yeux de ceux qui en ont la clef, les réseaux de lignes par lesquels on a coutume de représenter l'hydrographie et le relief d'une région. Quant à ces lignes elles-mêmes, j'admets que vous êtes tous familiarisés avec leur maniement et que nul d'entre vous n'éprouverait le moindre embarras à interpréter, avec leur secours, l'allure de n'importe quelle contrée.

Ici, remarquez-le, c'est plutôt par excès de confiance que je risquerais de pécher. Car, il faut bien le reconnaître, le goût de la topographie ne figure pas parmi ces aptitudes natives qu'un long usage aurait rendues héréditaires dans la nation française. En 1859, juste au moment où celui qui vous parle venait d'entrer à l'École polytechnique, le maître distingué qui avait, dans cet établissement, la direction des travaux graphiques, M. Bardin, commençait une campagne pour faire pénétrer, dans l'enseignement usuel, la lecture des cartes topographiques (1). « Enseigner à tout le monde à lire les cartes, disait-il, c'est-à-dire à bien comprendre ce que signifient les cotes d'altitude, les courbes de niveau et les hachures ou lignes de plus grande pente..., faciliter l'étude de la géographie physique, en plaçant la topographie à côté d'elle ou avant elle dans les programmes des écoles..., tel est le but que je me suis proposé d'atteindre. » Aussi, plein de confiance dans l'efficacité des méthodes très simples et très pratiques qu'il avait imaginées, M. Bardin, lors de l'Exposition universelle de 1855, n'avait-il pas hésité à dire au maréchal Vaillant : « Je prends l'engagement d'apprendre à lire les cartes aux tambours des régiments.»

Hélas! quinze ans après cette promesse, si les tambours connaissaient le maniement des cartes, ce que j'ignore, il ne paraît pas que tous les états-majors fussent aussi avancés ; et plus d'un, parmi ceux qui avaient la direction des troupes, a pu être accusé d'afficher un dédain sincère pour ces grimoires, à peu près comme les brillants chevaliers du moyen âge, habiles à frapper d'estoc et de taille, abandonnaient avec mépris l'art de lire et d'écrire aux truands et aux clercs! Je ne veux pas rééditer ici les légitimes doléances auxquelles cette infériorité de notre instruction fondamentale a donné lieu, et je ne demande pas mieux que d'admettre le complet succès des efforts si louables qui ont été tentés depuis lors pour en amener la réforme. Bien mieux, il est de mon intérêt de ne pas mettre ce succès en doute; car c'est sur cette base que je voudrais m'élever avec vous, pour vous faire entrevoir tout un monde de considérations nouvelles, qui se cache derrière les signes habituels de la représentation géographique, et prête à leur lecture un intérêt vraiment extraordinaire.

D'ailleurs c'est bien d'une lecture qu'il s'agit. Les signes en question, quand ils sont convenablement choisis, ont un langage propre auquel il suffit d'avoir été une fois initié pour en comprendre la portée. En est-il autrement, du reste, pour toutes les sciences d'observation ? Celui qui en cultive une branche quelconque a-t-il d'autres yeux ou une autre cervelle que ses semblables? Ce qu'il voit, n'importe qui peut le voir aussi, à la seule condition de savoir le regarder; et l'initiation à une science naturelle consiste simplement dans l'art de diriger

(1) *La Topographie enseignée par des plans-reliefs et des dessins;* Metz, 1859.

son attention vers une catégorie déterminée d'objets, à l'observation desquels on apporte une méthode d'analyse, que seuls des esprits tout à fait supérieurs pourraient mettre en pratique d'instinct, sans une éducation préalable des sens et de l'intelligence.

Mais c'est assez philosopher, et de même que le mouvement se prouve en marchant, c'est par des exemples qu'il convient de vous démontrer la réalité de ce que j'avance. Pour cela, nous devons commencer par prendre une carte *lisible*, c'est-à-dire bien faite. Une telle carte ne doit pas seulement indiquer avec exactitude les contours des rivages et le tracé des cours d'eau; il faut aussi qu'elle fournisse une exacte représentation du relief. Or un seul système satisfait à cette condition, celui des courbes de niveau, que ces courbes soient employées seules, ou que, pour en faciliter l'intelligence, on les accompagne de hachures dirigées suivant les lignes de plus grande pente et accentuées par un mode d'éclairement convenable.

Ce n'est pas tout encore. On a généralement coutume de négliger tout ce qui se passe au-dessous du niveau de la mer. C'est une grave erreur, et la pleine intelligence de la géographie réclame la connaissance, au moins générale, de la forme du fond des océans. Une bonne carte, quand elle s'applique à un grand ensemble, doit donc être à la fois *hypsométrique* et *bathymétrique*, c'est-à-dire donner les courbes d'altitude comme celles de profondeur; et sur les continents, s'il existe des lacs, il importe que l'allure de la partie immergée soit précisée de la même façon.

Rien que l'exécution de ces conditions implique déjà d'assez grandes difficultés. La variété des détails du terrain est infinie, et seule une carte à très grande échelle peut les représenter avec précision. Pour passer de là aux cartes usuelles, il faut de toute nécessité simplifier tous les contours, mais en ayant soin de ne rien sacrifier d'essentiel. En cela consiste l'art, je devrais dire la science du bon géographe. A coup sûr, une photographie réduite peut beaucoup lui faciliter la tâche. Mais de quel tact n'a-t-il pas besoin encore pour ce travail de simplification! Quel juste sentiment de la réalité il lui faut pour donner une idée exacte du terrain, après la suppression de tant de courbes et de tant d'échancrures secondaires des lignes hypsométriques! Car nous n'en sommes plus au temps où les géographes figuraient le relief en dessinant sur les cartes des buttes de convention, et nous ne voulons plus de ces horribles chenilles par lesquelles tant d'atlas représentent encore les chaînes de montagnes.

Il faut bien le dire, parmi les cartes qui ont cours dans les écoles et les collèges, il en est peu où l'on se soit inspiré de ces principes. Ce genre de géographie a paru jusqu'ici devoir être écarté de l'enseignement et réservé aux travaux de haute précision. Aussi est-ce un devoir de signaler d'une façon toute particulière la tentative faite, dès 1873, par l'Institut des Frères des Écoles chrétiennes, pour introduire dans l'enseignement primaire l'usage de grandes cartes murales satisfaisant aux conditions précédemment indiquées (1). Plaise à Dieu que cet usage se généralise, aujourd'hui surtout que la connaissance du relief a fait des progrès considérables, permettant d'imprimer à de telles cartes une précision bien supérieure à celle qui était réalisable il y a vingt ans!

Prenons donc les cartes existantes, nous réservant au besoin, par moments, de les supposer encore plus complètes qu'elles ne sont, et apprenons à traduire

---

(1) Voir les cartes murales d'Europe et de France, publiées par le frère A. M. G., avec teintes hypsométriques.

leur langage, chose d'autant plus méritoire que c'est généralement à des cartes muettes, ou au moins très peu chargées de noms, que nous nous adressons de préférence.

Nous commencerons par l'Europe. Un premier coup d'œil semble révéler, entre le nord et le sud de ce continent, d'assez grandes analogies. Les îles Britanniques avancent, entre l'Atlantique et la mer du Nord, comme l'Espagne entre le même océan et la Méditerranée. La péninsule scandinave se projette au loin comme l'Italie, et le Jutland n'est pas moins saillant que le Péloponèse. Pourtant quelle différence dans la répartition du relief des terres ! Que de montagnes nettement alignées dans la région méditerranéenne, où la teinte caractéristique des terres basses occupe une place presque négligeable, tandis qu'elle domine sans partage dans le nord, où les montagnes sont exclusivement collées contre la côte Atlantique. Que de fleuves débouchent dans ces régions du nord, quand la Méditerranée ne reçoit qu'un tribut presque insignifiant !

Mais c'est surtout dans l'allure des fonds marins que se révèle la différence des deux territoires. Au large de la Manche et des îles Britanniques se dessine une plate-forme immergée sous moins de 200 mètres d'eau, qui embrasse toute la mer du Nord ainsi que la Baltique, et va presque toucher la Norvège méridionale, dont elle n'est séparée que par une fosse étroite. Encore, au sud d'une ligne allant de Newcastle à la pointe du Jutland, la profondeur de la mer du Nord, toujours inférieure à 100 mètres, est-elle le plus souvent voisine de 40, et le cas est le même pour les détroits danois. Le Danemark est donc, en quelque sorte, une fausse presqu'île, qu'un insignifiant abaissement du niveau marin réunirait à l'Angleterre. Les îles Britanniques sont un appendice étroitement lié à l'Europe occidentale, et porté avec elle sur un socle commun, à la submersion duquel l'érosion par les vagues a eu une grande part. Enfin si le régime marin prévaut franchement le long de la côte norvégienne, le reste de la Scandinavie n'est baigné que par des eaux superficielles, à peine suffisantes pour masquer son absolue continuité avec la Finlande.

Tout autre est la condition des péninsules méditerranéennes. De profondes fosses maritimes les bordent, où la sonde descend à plus de 3.000, parfois même à 4.000 mètres. Ces grandes cavités entrent jusque dans les échancrures du littoral, comme elles font dans le golfe d'Otrante et au débouché de l'Adriatique, ou encore entre les promontoires du Péloponèse et ceux de la Chalcidique ; si bien que la zone des fonds de moins de 200 mètres, si largement développée dans le nord, joue un rôle insignifiant dans le domaine méditerranéen.

Bien curieuse aussi est la forme des péninsules méridionales à leur terminaison vers le sud. La botte italienne, avec sa pointe de la Calabre et son talon d'Otrante ; la Morée aux trois caps si saillants, mais surtout la Chalcidique, avec ses trois pointes montagneuses, aussi longues qu'étroites, dont l'une porte le célèbre mont Athos, sont étonnantes à ce point de vue. La dernière pourrait être comparée à une main mutilée et décharnée, que la Roumélie enverrait dans la mer Égée pour essayer de ressaisir quelque chose qui s'y serait noyé. Et de fait, toutes ces fosses méditerranéennes résultent de grands effondrements, survenus après les dislocations qui ont dressé dans les airs la chaîne alpine et ses dépendances. Les cassures qui les limitent, encore bien apparentes, sont de date récente, et parfois en état d'équilibre instable, comme on l'a bien vu lors du dernier tremblement de terre de Locride. Des volcans, actifs ou éteints depuis peu, en jalonnent le parcours ; de sorte qu'à tous les points de vue, le domaine méditerranéen est absolument distinct de celui du

nord. Et la différence apparaîtrait encore bien plus tranchée : si je pouvais
donner ici des détails sur la composition du terrain, presque exclusivement
ancien et cristallin dans l'extrême nord, tandis que la Méditerranée abonde en
formations marines variées, appartenant aux dernières formations géologiques.

Si, après avoir considéré la forme générale des rivages, nous arrivons au
détail des côtes, le nord va encore nous montrer une particularité inconnue au
midi. Je veux parler des fjords, ces curieux bras de mer étroits et profondément ramifiés, qui pénètrent dans l'intérieur des terres jusqu'à des distances
de 180 kilomètres, et se poursuivent au delà sur le continent par des vallées
semées de lacs étagés et de cascades, pendant que leur partie immergée abonde
en fosses distinctes, dont quelques-unes descendent infiniment plus bas que la
mer voisine. D'une part, il y a submersion évidente de portions de vallées
autrefois creusées à l'air libre, et, de l'autre, les accidents transversaux de ces
vallées, joints aux nombreux alignements de détail que fait ressortir le dessin
des fjords, imposent absolument l'idée de cassures, accompagnant tout le bord
norvégien du continent ; comme si la plate-forme finlandaise et scandinave,
relevée en masse vers l'ouest avec légère flexion au centre, suivant le golfe de
Bothnie, avait été brusquement tranchée du côté de l'Atlantique, en regard des
grandes profondeurs de cet océan.

Comment d'ailleurs pourrait-on douter de l'ampleur des dislocations survenues, quand on voit les Highlands d'Écosse traversés de part en part, comme ils
le sont sur 160 kilomètres, par le *Grand Glen*, cette coupure si exactement rectiligne où se succèdent des lacs étroits, profonds de plus de 200 mètres, sans
qu'aucun des seuils intermédiaires dépasse 30 mètres d'altitude, ce qui permet
au canal Calédonien d'en emprunter sans difficulté tout le parcours. C'est
comme une incision que la nature a gravée d'avance, pour marquer le bord
d'un compartiment destiné à s'effondrer, le jour où le morcellement de l'Écosse
aura fait de nouveaux progrès.

Si, de plus, je pouvais mettre sous vos yeux une carte détaillée de l'un des
fjords de Norvège ou d'Écosse, vous seriez frappés du rapprochement des
courbes hypsométriques, accusant une raideur de versants que les vallées
ordinaires ne présentent jamais. D'autre part, la vue d'une photographie des
parois vous montrerait en abondance de grandes surfaces rocheuses, aux contours dressés, arrondis et exempts de toute aspérité. Que faudrait-il en conclure ? sinon qu'un puissant agent de déblaiement et de polissage a fait sentir
ici son action, poussant devant lui tous les matériaux meubles pour les jeter
à la mer, et rabotant les versants mis à nu. Et comme les parois immergées des
fjords, au voisinage de leurs fosses les plus profondes, font exactement suite
aux escarpements qui dominent le niveau de l'eau, il faut que l'agent en question ait occupé à la fois toute la section des échancrures. Est-il besoin d'une
grande science pour deviner que cet agent ne peut être qu'un glacier ? Si bien
qu'il est à peine nécessaire d'aller reconnaître en place les nombreux dépôts
morainiques qui transforment cette hypothèse en réalité.

Mais pourquoi les caractères distinctifs des fjords vont-ils en s'atténuant du
nord au sud ? Pourquoi leur allure, si franche sur le bord occidental disloqué
des Highlands, s'efface-t-elle dans le Cumberland, et plus encore dans le pays
de Galles, où même les lacs intérieurs ont disparu ? Pourquoi les cartes de cette
dernière région nous montrent-elles le fond des vallées sinueuses entièrement
comblé et leurs versants beaucoup plus adoucis, alors que le terrain est le
même et également disloqué ? La cause en est bien simple. Les glaciers, qui à

une autre époque assuraient par leur présence la conservation du profil des fjords, ont disparu du pays de Galles beaucoup plus tôt que du nord, et la douceur du climat aidant, la grande quantité de pluie qui s'abat sur ce littoral a produit l'effet ordinaire du ruissellement, c'est-à-dire l'adoucissement des pentes et le comblement des creux par des alluvions.

Voilà bien des confidences arrachées à la géographie ainsi qu'à la topographie des pays du nord. Mais nous pouvons encore leur en demander davantage.

Rien n'est plus caractéristique que l'abondance des lacs dans les parties septentrionales de l'Europe. La Suède en est parsemée. Il y en a tant en Finlande que la région est un vrai labyrinthe d'eau et de terre, et que sa partie centrale a mérité de s'appeler le *Pays aux mille lacs*. Le Mecklembourg, le Brandebourg, la Poméranie n'en sont guère moins riches, et ce régime s'étend sur la Courlande et la Livonie. Or, il ne s'agit pas de lagunes maritimes, que les progrès d'une ligne de dunes auraient séparées de la mer. Tous les lacs en question sont à des niveaux différents et souvent assez élevés ; même ceux de la Poméranie offrent cette particularité curieuse de couronner justement la ligne de faîte qui sépare le versant de la Baltique de celui des affluents de droite de l'Oder.

D'un autre côté, rien n'est plus irrégulier ni plus capricieux que les contours de ces lacs. Ils s'anastomosent bien souvent les uns dans les autres, et sont reliés par le réseau de cours d'eau le plus indécis qui se puisse imaginer. Si quelques-uns laissent voir un alignement défini dans certains de leurs contours, ce cas est exceptionnel, et l'aspect général qu'ils engendrent est vraiment celui d'une étoffe trouée par quelque acide. Presque tous aussi sont de faible profondeur ; de sorte que tous ces caractères réunis sont absolument contradictoires avec l'idée que de telles cavités lacustres pourraient provenir de dislocations du sol.

Mais à quelle cause les attribuer ? Pour la découvrir, réfléchissons que le rôle constant de la pluie et des eaux courantes est d'imprimer à un terrain, quel qu'il soit, un modelé en vertu duquel, au bout d'un temps plus ou moins long, toutes les parties de la surface trouvent à écouler leurs eaux vers un même réservoir. Peu à peu les creux se comblent, le réseau des rivières se régularise, les lacs se vident les uns dans les autres, et bientôt le relief devient tel, qu'il n'est pas une parcelle de l'eau du ruissellement (en dehors de ce que l'évaporation enlève) qui ne soit sûre de parvenir à l'océan par la voie la plus simple.

Dès lors, un pays abondant en cavités lacustres offre une surface dont on peut dire à coup sûr que le modelé en est à peine ébauché. Dans le cas qui nous occupe, l'insuffisance de ce modelé ne saurait être attribuée, comme dans les déserts, au défaut d'humidité. Au contraire, la pluie apporte beaucoup plus d'eau que ce que l'évaporation en fait disparaître. La seule explication possible est donc la jeunesse d'un territoire qui ne subit certainement que depuis un temps très court l'action des puissances régulatrices du relief. Mais, nous l'avons dit, ce territoire n'est pas un fond de mer récemment émergé. Au contraire, les preuves abondent que, depuis longtemps, il a été soustrait à toute immersion.

Or il n'y a que deux agents qui, dans ces circonstances, puissent donner directement naissance à des surfaces dépourvues de tout relief régulier : les volcans, qui jettent sur le sol des amas de scories ou des coulées de lave, et les glaciers, qui rabotent le terrain, en semant devant leur extrémité libre des amas de matériaux meubles. L'hypothèse de volcans est immédiatement exclue, d'abord par la forme même de la surface, dépourvue de toute traînée de lave dure, comme de toute éminence conique aux flancs roides, puis par l'imperméabilité du terrain, que révèle le réseau serré des thalwegs. Restent donc les glaciers. On sait précisément qu'à la fin des temps qui ont immédiatement précédé l'ère actuelle, d'immenses glaciers, descendant de la Scandinavie, venaient former un énorme front de lobes de glace, s'étendant sur la moitié orientale du Jutland, les plaines de l'Allemagne du nord, la Russie occidentale, jusqu'à une ligne passant par les lacs Ladoga et Onéga pour aboutir à la mer Blanche. Sur toute cette étendue, les cartes de grand détail nous montreraient que le terrain abonde en amas de gros blocs erratiques, originaires du nord, et que là où les roches se laissent voir à nu, elles sont moutonnées, arrondies et semées d'incisions caractéristiques.

Alors on devine que cette plate-forme lacustre culminante, que nous avons signalée en Poméranie, marque justement les points où l'extrémité des lobes glaciaires a dû être le plus longtemps stationnaire. Sur toute cette ligne, les glaces étalaient leurs moraines terminales sous la forme de cônes de déjection, dont chacun, jeté plus ou moins en travers de ceux de la veille, interférait avec eux; si bien qu'au bout de quelque temps, l'ensemble arrivait à former une suite de mamelons, disséminés sans ordre à la manière des dunes, et enfermant entre eux, par suite de l'enchevêtrement de leurs talus, de nombreuses cavités sans écoulement. De là viennent les lacs de la plate-forme.

Mais si cette hypothèse est vraie, l'allure du côté méridional du plateau lacustre doit être quelque peu différente. En effet, c'est là que, du front de la glace, s'échappaient les eaux provenant de la fonte. Ce n'était donc pas une vraie moraine qui se formait à cette place, mais bien un mélange de matériaux glaciaires avec des alluvions torrentielles de cailloux et de sable. Or, justement, tandis que le sol de la plate-forme est argileux, fertile, et porte une population assez dense, ce que trahit de suite l'aspect d'une carte détaillée, le revers sud se compose de landes incultes et désertes; et les petits lacs, au lieu d'être indépendants, y sont allongés et se succèdent en chapelets, ce qui dénonce un état plus avancé de régularisation.

Nulle part cette topographie révélatrice du stationnement de l'extrémité des anciens glaciers n'est mieux caractérisée qu'aux États-Unis, au sud de la contrée des Grands-Lacs canadiens. Là s'étend, sur bien des centaines de kilomètres, une chaîne de petites collines mamelonnées, aux formes très douces, entre lesquelles subsistent d'innombrables cavités minuscules, occupées par des mares ou de petits étangs. Les Américains ont donné à ces cavités le nom de *Kettles* ou chaudrons, d'où la dénomination de *Kettle Range* appliquée à la chaîne de hauteurs où elles se rencontrent. La topographie est tout ce qu'il y a de plus confus. Les courbes de niveau s'enchevêtrent sans aucun ordre (1). C'est le contraste le plus curieux qu'on puisse imaginer avec les régions où le modelé a pu être achevé. Aux environs de Plainfield, ce contraste est d'autant mieux marqué que le Kettle Range vient toucher une vallée régulière; de sorte que l'absolue concordance des courbes hypsométriques successives, sur les flancs de cette vallée, tranche du premier coup sur le parcours capricieux des lignes représentatives du relief morainique.

(1) Voir, pour la figure qui exprime cette topographie, comme pour celles qui se rapportent aux autres exemples cités dans cette conférence, le livre que l'auteur vient de publier sous le titre de *Leçons de géographie physique*, (1 vol. in-8° de 600 pages; Paris, Masson, 1896).

Un de nos meilleurs géologues, M. Marcellin Boule, a récemment tiré un excellent parti de ce caractère distinctif des terrains glaciaires. Il a remarqué que les pentes occidentales du Cantal, notamment aux environs de Mauriac, étaient parsemées de mamelons isolés, très nettement dessinés sur la carte de l'état-major. D'autre part, dans la même région, on voit pointer beaucoup de petits dômes granitiques, exactement arrondis et moutonnés à l'est, tandis que leur face opposée est abrupte et offre des arêtes vives. Ayant ainsi diagnostiqué des formes glaciaires, M. Boule a procédé à des recherches de détail qui lui ont fait retrouver de nombreux témoins des moraines primitives, reconstituant ainsi, pour le Cantal, une phase glaciaire bien ancienne, car elle est antérieure au creusement des vallées dans lesquelles se sont épanchées les dernières coulées de basalte. C'est donc ici un caractère d'ordre purement topographique qui a mis sur la voie d'une importante constatation géologique.

On ne se fait pas idée du nombre de suggestions intéressantes que peut ainsi éveiller dans l'esprit l'inspection d'une carte bien faite. Lors de L'Exposition universelle de 1878, on avait eu l'excellente inspiration d'appliquer, contre l'une des extrémités de la galerie des machines, un châssis sur lequel étaient collées à leur place toutes les feuilles de notre carte d'état-major au 80 000 °. La somme de jouissances que la contemplation de ce panneau procurait aux initiés peut difficilement être appréciée, et il serait vraiment à souhaiter qu'il y eût quelque part un local public où ce genre de satisfactions pourrait être goûté d'une façon permanente.

Supposons que ce vœu soit réalisé, et qu'en face de l'immense panneau qui couvre un carré d'environ 12 mètres de côté, un observateur soit commodément assis à distance convenable, disposant d'ailleurs d'une lorgnette pour distinguer les détails. Demandons lui maintenant de nous associer à quelques-unes de ses impressions.

La première résultera évidemment de la netteté avec laquelle se dessinent les grandes artères fluviales, grâce au fond plat sur lequel les rivières déroulent leurs méandres. L'horizontalité presque absolue du terrain se traduit par le manque complet de hachures; cependant le grand nombre des indications de *lieux-dits* qui noircissent la carte, et la façon pressée dont les agglomérations humaines se succèdent, disent assez qu'il s'agit généralement de fertiles alluvions.

En second lieu, l'observateur sera frappé par la façon dont se poursuivent, sur de grandes étendues, à travers plusieurs bassins fluviaux successifs, des bandes remarquables par la constance de l'impression qu'elles produisent sur les yeux. Fût-on hors d'état d'analyser avec précision ces caractères, il est impossible de ne pas deviner, à la similitude des traits visibles, l'homogénéité de chaque bande, non plus que le contraste frappant qu'offrent souvent deux bandes consécutives. C'est surtout dans la partie orientale du bassin de Paris, entre la vallée de l'Yonne et celle de l'Oise, que cette succession de zones contrastantes se voit dans toute sa netteté. Elle accuse au premier coup d'œil la constitution spéciale de ce bassin formé d'une série de cuvettes emboîtées, de diamètre décroissant vers le centre, et dont chacune, affleurant au jour par son bord oriental, engendre autour du bassin une auréole où la constance du terrain détermine celle des caractères extérieurs, et par conséquent l'uniformité des signes représentatifs.

Il y a longtemps que Belgrand, l'éminent ingénieur, a montré que la division

du bassin de Paris en auréoles concentriques n'avait pas besoin d'être mise en
évidence par un coloriage géologique; que même elle pouvait se passer d'une
représentation du relief, et que seule l'indication des cours d'eau suffisait pour
la mettre en pleine lumière.

En effet, de ces auréoles d'affleurement, les unes sont formées par des couches
imperméables, de nature argileuse ou argilo-sableuse, tandis que d'autres
correspondent à des massifs de calcaires souvent très compacts et parcourus
par de nombreuses fissures. Or, sur un terrain imperméable, l'eau doit ruisseler
partout à la surface, qu'elle façonne en une infinité de rigoles ramifiées; de
sorte que le réseau des cours d'eau, infiniment serré, se développe à la façon
d'un chevelu de racines.

Au contraire, avec des calcaires fissurés, l'eau, appelée par la pesanteur, file
de suite au niveau le plus bas qu'elle puisse atteindre. Au lieu de ruisseler,
elle s'infiltre pour aller se concentrer dans des canaux souterrains, d'où elle
sort en sources abondantes et limpides. Les cours d'eau sont donc rares et bien
alimentés. Ainsi chaque zone imperméable se signale par la multitude des cours
d'eau de faible importance, pour la plupart même sujets à tarir, et offrant
dans leurs thalwegs des pentes continues, tandis qu'à la traversée des zones
perméables correspond un très petit nombre de rivières constantes et de fort
débit, qui seules ont su défendre leur individualité contre l'infiltration, et où
la pente se maintient, en général, au minimum admissible pour l'écoulement
des eaux.

Voilà pourquoi, en cheminant du Morvan vers Paris, on rencontre successivement : la zone aux thalwegs multiples et fortement inclinés du Morvan et
de l'Auxois; la bande aux rivières rares et sans affluents du massif calcaire
entre Montbard et les limites du Barrois; puis la zone argileuse de la Champagne humide, où s'épanouit de nouveau le réseau chevelu des tributaires;
enfin, à partir de Troyes et un peu en amont d'Arcis, la bande sèche de la
Champagne pouilleuse, où l'on ne voit plus guère subsister que la Seine et
l'Aube.

Ainsi, à deux reprises, la traversée des calcaires s'accuse par un changement
à vue dans la topographie du pays. Encore n'y a-t-il pas identité entre les deux
bandes perméables. Dans la zone calcaire de la Bourgogne, les rivières (Yonne,
Serein, Armançon, Seine) coulent dans des lits bien définis, recevant de temps
à autre le produit de sources importantes ou *dhuys*. Par contre, en Champagne,
on voit l'Aube et la Seine accompagnées sur une grande longueur par des
dérivations parallèles ou *fausses rivières*, que de nombreux bras accessoires
relient parfois au courant principal, le tout ensemble occupant une largeur
considérable.

Rien que ce caractère suffit à établir une différence profonde dans la nature
des deux territoires. On devine dans le premier un pays qui doit sa perméabi-
lité à des fissures bien ouvertes, capables d'exercer sur les eaux souterraines
une action directrice. Au contraire, en Champagne, la craie, bien différente des
calcaires massifs de la Bourgogne, est perméable dans toute sa masse, un peu
à la façon des corps spongieux, grâce à une multitude de menues fissures de
retrait. Les eaux s'y concentrent rarement, et forment dans la profondeur une
nappe continue, qui trouve à s'écouler au pied des versants, moins par des
sources que par une série presque ininterrompue de suintements. Ce sont ces
suintements que recueillent les fausses rivières, comme ferait un fossé d'assai-
nissement, et celles-ci sont souvent obligées de cheminer très longtemps avant

de retrouver la branche-maîtresse; car cette dernière, plus puissante, roule dans ses crues des alluvions qu'elle dépose en exhaussant son lit, tandis que les bras latéraux, toujours limpides, finissent, pour une section donnée, par être sensiblement au-dessous de la rivière principale. La carte met cette différence en pleine lumière, et il suffit d'être tant soit peu familiarisé avec le régime des cours d'eau pour en tirer du premier coup l'interprétation qui vient d'être donnée.

Si, à ces indications fournies par le dessin du réseau hydrographique, nous joignons celles qui y ajouterait l'examen de la topographie, l'intérêt de notre lecture deviendra encore plus grand.

En voyant la tête des rivières se frayer son chemin dans le Morvan à travers un pays de relief notable, on reconnaît de suite que l'imperméabilité, clairement accusée par le grand nombre des thalwegs, ne peut être celle d'un sol argileux. L'allure de la contrée dénote un terrain compact et solide en profondeur, mais imperméable à la surface, qualités réalisées par les sols granitiques. Un peu plus bas, il est aisé de constater que le relief s'aplatit beaucoup, et que les petits affluents sont, à la fois, plus multipliés et moins longs. En effet, ce changement correspond à la traversée des fortes terres argileuses de l'Auxois. Ensuite apparaissent des plateaux uniformes, aux vallées encaissées, comme en doit engendrer un calcaire solide et fissuré. Puis la Champagne humide nous offre un territoire imperméable entièrement aplati, qui est descendu en masse sous l'effort de l'érosion, parce que le terrain, composé de marnes et de sables argileux, n'offre, en aucun point, de surfaces de résistance, et s'éboule dès que la pente d'un versant devient sensible. Enfin quand, dans la Champagne pouilleuse, nous voyons se dessiner des plaines aux larges ondulations avec des vallons aux formes douces, presque tous sans eaux courantes, nous devinons qu'il s'agit d'une roche tendre, facile à débiter en menus morceaux, sans présenter de ces assises dures sur lesquelles un plateau horizontal peut prendre une ferme assiette. Ce sont les qualités de la craie.

Est-il besoin de mentionner encore l'allure topographique toute particulière des districts où l'activité volcanique, bien qu'éteinte aujourd'hui, s'est donné carrière à une époque peu éloignée de la nôtre? La forme exactement conique des montagnes, la raideur inusitée de leurs versants, les cavités cratériformes qui s'ouvrent parfois au sommet de ces cônes, les coulées qui s'étalent à leur pied, avec des contours où rien ne trahit les effets ordinaires de l'érosion; tout cela est tellement significatif que même l'œil le moins exercé ne saurait s'y tromper.

Combien d'autres enseignements nous donnerait encore la contemplation pure et simple de la carte d'état-major! Voici, par exemple, la Beauce, avec ses immenses surfaces dépourvues de tout relief comme de cours d'eau, et ses gros villages très espacés, entre lesquels nous ne voyons presque nulle part les signes qui correspondent aux fermes isolées. Fussions-nous étrangers à la France ou complètement ignorants des caractères propres au pays ainsi figuré, que le seul examen de la carte nous contraindrait à y voir un plateau assis sur une masse perméable et solide qu'il faut percer profondément pour obtenir l'eau nécessaire, ce qui oblige les habitations à se grouper autour de grands puits. Au contraire, sur le Perche comme sur le Bocage, l'extrême multiplicité des habitations isolées, qui font que la carte devient noire d'indications, révèle un pays où l'eau ne manque jamais, et où l'humidité du sol permet l'existence des prairies même sur les versants inclinés; après quoi, l'examen plus détaillé des formes topographiques, de la valeur des pentes et de la distribution des ruisseaux autoriserait quelques aperçus certains relativement à la nature du terrain ; car un sol se comporte différemment à tous ces points de vue, selon qu'il est argileux, marneux, argilo-sableux, etc.

Si l'on venait à nous dire que cet exercice de divination, tout ingénieux qu'il puisse être, n'apparaît que comme un amusement scientifique, il nous serait aisé de répondre que les applications pratiques ne manquent pas. Tantôt c'est un avant-projet de chemin de fer ou de route, où il faut se garder de toute solution qui conduirait à entamer trop profondément certaines natures de terrains ; auquel cas le diagnostic d'un ingénieur qui sait lire lui permettra d'éviter tout de suite les tracés dangereux, sans demander son expérience à de coûteux essais. Tantôt c'est un corps d'armée en manœuvres, où le choix des campements appropriés aux différentes armes, comme aussi celui des emplacements de combat, auront tout à gagner à une judicieuse interprétation des caractères cachés sous la topographie.

Jusqu'ici nos essais de lecture ont surtout porté sur la signification actuelle des figurés géographiques. Mais nous pouvons aller plus loin, et entrevoir, à travers les formes du présent, les vestiges parfois encore très nets d'un lointain passé. C'est principalement dans l'étude des réseaux hydrographiques que cet intérêt historique va se manifester. Nous le trouverons, entre autres, clairement empreint dans les circonstances qui caractérisent le tracé des fleuves de la Russie méridionale.

Après avoir affecté, dans leur partie supérieure, un cours plus ou moins capricieux, ces fleuves, Dniepr, Donetz, Don, prennent dans leur tronçon moyen une direction très marquée du nord-ouest au sud-est. Ensuite, ils tournent brusquement au sud-ouest, parallèlement au bord si rectiligne de la mer d'Azov. D'autre part, il est remarquable qu'avant ce coude, le tronçon moyen du Don est prolongé exactement par le cours inférieur du Volga.

L'alignement du nord-ouest au sud-ouest est parallèle à la chaîne septentrionale des Carpathes comme à celle du Caucase. C'est une direction profondément gravée dans toute la Russie méridionale, et qui a été déterminée, sans nul doute, par le contre-coup de la surrection des montagnes. Or, si elle ne commence à se manifester, sur les fleuves, qu'au bout d'un certain parcours, c'est que probablement elle est masquée en amont par quelque chose qui en a ultérieurement atténué l'effet. Justement les points au delà desquels apparaît la direction indiquée coïncident avec la limite méridionale du manteau d'argile et de cailloux que les anciens glaciers, lors de leur plus grande extension, ont jeté sur le sol russe. Comme les dislocations qui avaient déterminé le cours des fleuves étaient antérieures à cette invasion glaciaire, on comprend sans peine que les moraines, là où elles se superposaient au sol préexistant, aient engendré une topographie nouvelle, non gouvernée par les directions primitives du terrain enfoui sous leur masse.

D'autre part, en voyant avec quelle régularité les tronçons moyens des rivières se dirigent vers la Caspienne, où aboutit encore aujourd'hui le Volga, on est porté à imaginer que la brusque déviation qui les ramène à la mer Noire doit résulter d'un phénomène ultérieur. Or, précisément, les points où se produit cette déviation sont tous situés sur le rivage d'une ancienne mer que les géologues ont appelée *Sarmatienne*; et qui, vers la fin des temps tertiaires, embrassait dans une dépression commune le bassin du Danube, la mer Noire et la grande cuvette aralocaspienne. Dans cette mer débouchaient les fleuves, naturellement appelés vers le centre de la dépression.

Mais on peut s'assurer que le Danube, entre la Roumanie et la Bulgarie, prolonge exactement le sillon septentrional de la mer d'Azof, pendant que la partie orientale des Balkans trouve sa continuation dans les hauteurs de la Crimée méridionale, lesquelles se soudent intimement au Caucase. Dès lors tout s'éclaire. Évidemment, lorsque la mer Sarmatienne avait sensiblement reculé vers l'est, où la Caspienne en représente aujourd'hui le dernier vestige, la mer Noire ne devait pas exister dans sa forme actuelle; un précurseur du Danube, contenu par le bourrelet montagneux du Balkan et de la Tauride, coulait alors au nord-est, recueillant au passage tous les fleuves russes, pour se jeter dans la dépression orientale. Et ce qui le prouve, c'est la remarquable similitude que les naturalistes ont depuis longtemps signalée entre les poissons du Danube et ceux de la Caspienne.

Un jour, cette vallée danubienne s'est effondrée en son milieu, sans doute par un mouvement lié à ceux qui ont, aux derniers temps géologiques, créé la communication de la Méditerranée avec la mer Noire. Alors le grand fleuve, ainsi mutilé, a dû terminer son cours à la limite de l'effondrement survenu, pendant que sa branche inférieure, affectée désormais d'une contre-pente, servait à ramener dans la mer Noire les eaux du Don, du Donetz et du Dniepr.

Encore pourrait-on dire que, dans cet exemple, à côté des faits géographiques immédiatement visibles, nous faisons intervenir des circonstances d'un ordre moins évident; de sorte qu'ici la lecture de la carte n'est pas absolument spontanée et dépend beaucoup, dans son résultat, des lumières fournies par un autre ordre de considérations. Aussi ai-je hâte d'appeler votre attention sur des cas où les conclusions s'imposent d'une façon encore plus directe. Nous allons les trouver dans l'examen du réseau formé par la Meuse et les rivières voisines dans la traversée de la Lorraine.

La carte nous montre la Moselle coulant, à partir d'Épinal, dans une belle et large vallée, suivant une direction qui tend au nord-ouest. Mais devant Toul, la rivière rebrousse chemin de la façon la plus brusque et décrit une boucle pour se diriger au nord-est par un véritable couloir ouvert au milieu de roches calcaires, et dont les faibles dimensions sont hors de proportion avec l'ampleur qu'avait la vallée en amont. Enfin, au bout de cette gorge, la Moselle tombe à angle droit sur la vallée beaucoup plus importante de la Meurthe, qui, des environs de Nancy jusqu'à Pont-à-Mousson, se déploie majestueusement suivant une grande courbe absolument continue.

D'un autre côté, 12 kilomètres seulement séparent Toul de Pagny, où coule la Meuse; et dans l'intervalle, on peut suivre sans interruption un sillon sinueux, qui commence à Toul par le ruisseau de l'Ingressin et se poursuit jusqu'à Pagny par la boucle encaissée du Val de l'Ane. Sauf un point, où le sol s'élève d'environ 16 mètres, toute cette boucle a son fond au niveau même de la Meuse, et elle est parsemée d'alluvions avec ossements de mammouths et cailloux vosgiens, qui établissent avec la dernière évidence qu'autrefois la Moselle a passé par là.

Quelle cause a donc pu l'en détourner? L'examen des cotes d'altitude va nous le dire.

A Pagny, la Meuse est à 245 mètres au-dessus du niveau de la mer, et telle est aussi, à Toul, l'altitude du plateau d'anciennes alluvions au fond duquel est ouverte, à 204 mètres, l'espèce de tranchée où se loge aujourd'hui la boucle de la Moselle. Quant à la Meurthe, elle atteint Frouard à 197 mètres seulement.

C'était évidemment, pour la Moselle, un dangereux voisinage que celui d'une rivière puissante et bien assise comme la Meurthe, qui coulait tout près d'elle à une cinquantaine de mètres plus bas. Comme les cours d'eau régularisent toujours la pente de leur lit en commençant par l'aval, il a suffi qu'un affluent de gauche, qui dans l'origine devait rejoindre la Meurthe à Frouard, creusât peu à peu son thalweg jusqu'à ce qu'il atteignît la plaine de Toul. Ce jour-là, la Moselle a été littéralement soutirée à la Meuse, et peu à peu, par le progrès du creusement régressif, son lit s'est abaissé de plus de 40 mètres.

Il est vrai que ce triomphe a été fatal pour la Meurthe, qui, en opérant la capture d'un volume d'eau supérieur à son débit propre, y a perdu son nom au profit de la rivière conquise. Mais la Meuse n'en a pas moins été dépossédée d'un affluent important, ce qui a pu singulièrement modifier la puissance qu'elle déployait en aval de Pagny.

Cette défaite n'est d'ailleurs pas la seule que la Meuse ait subie. Pendant qu'une rivale ambitieuse opérait avec succès sur sa droite, une autre la menaçait sur son flanc gauche. Nous voulons parler de l'Aisne, qui a trouvé moyen d'appauvrir, au profit du bassin de la Seine, la rivière déjà mutilée au bénéfice du Rhin par la perte de la Moselle. Cette nouvelle amputation ressort de la façon la plus nette du seul examen d'une carte.

En effet, on constate que si l'Aire est aujourd'hui tributaire de l'Aisne, c'est grâce à une brusque déviation qui la rejette à l'ouest, après un long parcours exactement dirigé au nord-nord-est. Or, justement, au point où le tracé se coude, c'est-à-dire près de Grandpré, l'ancienne direction continue à être suivie par un affluent, l'Agron, auquel succède le sillon du Briquenay. On arrive ainsi à deux pas des sources de la Bar, rivière qui va se jeter dans la Meuse auprès de Sedan, suivant toujours le prolongement de l'Aire. La Bar est un cours d'eau insignifiant, décrivant mille méandres dans une vallée tout à fait disproportionnée avec son débit, et qui certainement, dans l'origine, a dû avoir bien plus d'importance. Le creux de cette vallée continue d'ailleurs, en amont, au delà du point où commence actuellement la Bar ; et de la même façon on s'assure que l'Aire, à Grandpré, et le sillon de l'Agron, sont dominés par des terrasses aplaties qui marquent un ancien fond de vallée.

Il devient donc certain qu'un affluent de la Meuse a été ainsi partiellement capturé au profit de l'Aisne, et divisé définitivement en deux tronçons : l'Aire, conquise par le bassin de la Seine, et la Bar, devenue, par la réduction de son volume, impuissante à justifier l'ampleur de la coupure qui l'abrite aujourd'hui. Quant à la cause de cette capture, elle éclate avec évidence dans la comparaison des niveaux, car l'Aire atteint l'Aisne à 113 mètres d'altitude, tandis que le confluent de la Meuse et de la Bar se tient à 153. La rivière conquérante disposait donc d'un avantage de 40 mètres.

Si jamais exemple méritait d'être invoqué à l'appui d'une thèse sur l'art de lire les cartes géographiques, c'est assurément celui qui vient de vous être exposé. Savez-vous, en effet, qui a eu le mérite de mettre ces ingénieux aperçus en lumière? C'est un savant américain, M. Morris Davis, le même qui, depuis sept ou huit ans, a donné aux États-Unis une si vigoureuse impulsion aux études de ce genre. De l'autre côté de l'Atlantique, il examinait curieusement nos cartes de l'état-major, s'efforçant d'y appliquer la pénétrante analyse qu'il avait employée avec tant de succès à l'étude des réseaux hydrographiques du New-

Jersey et de la Pensylvanie. L'allure si particulière de la Bar lui semblait tellement caractéristique qu'il n'avait pas hésité à en déduire, sur la seule inspection
de la carte, la série des conséquences dont je vous ai entretenus. Venu en Europe
en 1894, il s'est donné le plaisir de vérifier sur place le bien fondé de ses
conclusions, tout heureux, lui Américain, d'apprendre à ses collègues de France
ce qu'ils avaient ignoré jusqu'alors, faute d'une clef pour déchiffrer couramment les hiéroglyphes de la géographie !

M. Davis ne s'en est pas tenu là, et nous lui devons encore la connaissance
de l'un des plus curieux épisodes auxquels ait donné lieu la formation du réseau
des rivières de la Champagne.

Entre Épernay et Châlons se profile, sur la rive gauche de la Marne, la falaise
de l'Ile-de-France qui, faisant face à l'est aux plaines champenoises, s'abaisse
doucement vers la vallée de l'Aube en passant par Sézanne. Quatre petites
rivières : la Maurienne, la Vaure, la Somme et la Soude, viennent de l'est à la
rencontre de cette falaise ; mais avant d'en atteindre le pied, elles sont détour-
nées à angle droit et recueillies, les deux premières par l'Aube, les deux autres
par la Marne. Cependant une échancrure de la falaise livre passage au Petit-
Morin, qui naît dans le marais de Saint-Gond ; juste en prolongement de la
Somme et de la Vaure ; et sur le plateau de l'ouest, on voit se diriger vers la
Marne le Surmelin, qui prolonge la Soude et le Grand-Morin, dont le tracé fait
suite au sillon de la Maurienne.

Si l'on réfléchit à l'avantage dont l'Aube d'un côté, la Marne de l'autre, dis-
posaient grâce à leur moindre altitude, on devine que toutes deux ont dû
conquérir avec le temps la partie haute de trois anciens cours d'eau qui se rendaient directement à l'ouest, à l'époque où les plaines champenoises étaient
plus hautes que de nos jours et où la falaise de l'Ile-de-France devait être à
peine dessinée. Parmi ces rivières décapitées, le Grand-Morin se trouve aujour-
d'hui divisé en trois tronçons de pentes alternativement contraires : le Grand-
Morin proprement dit, le ruisseau des Auges, qui tombe à l'est, enfin la
Maurienne. La source du ruisseau des Auges touche absolument celle du Grand-
Morin, et, chose bien curieuse, sur cette origine commune, le géologue retrouve
avec certitude les traces d'une cascade qui, au début de l'ère tertiaire, tombait
en ce point des hauteurs de la Champagne, aujourd'hui si déprimée, pour se
rendre dans les lagunes du bassin de Paris.

Voilà donc tout un nouveau chapitre qui s'ouvre devant nous ; mieux que
cela, oserons-nous dire, un nouveau sens mis à la disposition des géographes,
le sens de l'évolution des réseaux hydrographiques. Une fois avertis de cette
lutte acharnée que se livrent les cours d'eau, de ce véritable *struggle for life*, où
les affluents les mieux favorisés par l'altitude marchent à la conquête des
rivières voisines, toute carte de géographie peut devenir pour nous le thème
des considérations les plus intéressantes ; et c'est seulement affaire de sagacité
de savoir reconstituer les différents épisodes de ce perpétuel combat des éléments
naturels. Telle série d'affluents aujourd'hui isolés nous apparaît clairement
comme les restes d'une rivière meurtrie par de nombreuses captures, tandis
qu'un cours d'eau en apparence homogène se révèle comme le produit de la
jonction tardive, en un seul tronc, de lambeaux volés à des rivières moins habiles
à se défendre. Variables avec l'altitude, la raideur des pentes, la nature du terrain, l'abondance des pluies, les circonstances de la lutte sont partout écrites
sur des cartes bien faites, ce qui prête à leur lecture un attrait que nous étions
tous, il y a peu de temps, fort loin de soupçonner.

On croyait jusqu'ici que le privilège de raconter les batailles et les conquêtes appartenait exclusivement à l'histoire. Voici maintenant que la géographie peut revendiquer le même avantage ; avec cette différence qu'au lieu d'y employer de gros volumes, où la véracité des récits peut varier selon la conscience et le mérite des historiens, il lui suffit d'une bonne carte, mise sous les yeux d'un observateur attentif aux moindres détails. Que si, par surcroît, ce lecteur est familiarisé avec les considérations géologiques, ce n'est plus seulement le relief actuel de l'écorce dont tous les secrets lui seront bientôt livrés. A travers le présent, il lui sera donné d'entrevoir les péripéties d'un lointain passé. Ici, sur l'emplacement d'une chaîne gigantesque comme l'Himalaya, il évoquera le souvenir des temps où la mer accumulait paisiblement ses dépôts. Ailleurs, comme sur les plateaux de l'Ardenne, il ressuscitera par la pensée les hautes montagnes que l'impitoyable érosion a rabotées ; ou encore il verra fumer au-dessus du Cantal les grands volcans dont quelques ruines subsistent seules aujourd'hui.

Mais ne soyons pas trop exigeants et ne cherchons pas à franchir trop vite les obstacles qui nous séparent du moment où la lecture des cartes géologiques pourra devenir d'un usage courant. C'est déjà bien assez, pour l'instant, de réclamer ce premier progrès, qui consisterait à voir se vulgariser la pratique de ce que j'appellerais volontiers une intelligente familiarité avec les cartes de géographie. Me permettrez-vous du moins d'espérer qu'après tant de preuves accumulées, il ne reste plus de doutes dans votre esprit sur ce que je prétendais établir : à savoir qu'il y a véritablement un art de lire les cartes, et que la possession de cet art est pour les esprits cultivés une source de vraies jouissances ?

Il vous est arrivé plus d'une fois, sans doute, de rencontrer un de ces amateurs d'élite, qui trouvent un plaisir extrême dans la lecture silencieuse d'une partition musicale. Pour le gros du public, la vue de ce genre de satisfaction produit d'ordinaire un effet d'ébahissement ; car nombre de gens ne peuvent pas comprendre que l'écriture musicale puisse avoir un autre objet que de déterminer la façon dont il convient d'attaquer un instrument sonore, pour lui faire rendre les sons voulus par le compositeur. Et pourtant, les dilettantes initiés n'ont pas besoin de cette traduction qui frappe l'oreille. Leur sens artistique est assez fin pour se passer de la perception matérielle et leur permettre de jouir à première vue d'une mélodie écrite. Même il en est chez qui la vue des signes d'un accord éveille une sensation voisine de celle que donnerait la production simultanée des sons correspondants.

Eh bien, il en est à peu près de même pour les cartes géographiques. Beaucoup de personnes s'imaginent que l'ambition des plus exigeants doit se borner à la lecture courante de ces systèmes de représentation du terrain. Reconnaître les cours d'eau, distinguer les montagnes et les vallées, apprécier la valeur des pentes, se représenter exactement les distances, pouvoir, au besoin, juger de l'effort que nécessitera un parcours donné, voilà, semble-t-il d'ordinaire, le maximum de ce qu'on doit se proposer. Oui, pour le commun des mortels, cela peut suffire. Mais j'ai cherché à vous montrer que la géographie comporte aussi ses dilettantes, qui découvrent à travers les signes extérieurs mille harmonies cachées, et deviennent capables de se délecter à la vue d'une carte bien faite, comme l'œil d'un musicien s'éclaire à la lecture d'une belle partition.

Or, que faut-il pour devenir l'un de ces privilégiés ? Bien peu de chose, en vérité ; car l'initiation préalable n'exige pas une grande somme de connaissances, et c'est moins par l'acquisition d'un bagage nouveau que par une meilleure orientation des études géographiques qu'on peut se mettre en état de goûter ces satisfactions. Laissez-moi penser que j'aurai donné à quelques-uns d'entre vous l'idée de diriger leurs efforts de ce côté, et de se faire ainsi, pour le plus grand bien du pays, les champions d'une réforme où la science géographique a tout à gagner.

M. André LEBON

Député, ancien Ministre du Commerce.

LA LÉGISLATION OUVRIÈRE SOUS LA TROISIÈME RÉPUBLIQUE
(RÉSUMÉ)

— 27 février 1896 —

J'ai hésité à accepter l'invitation qui m'était adressée par l'Association pour l'Avancement des Sciences. Je n'appartiens plus aux régions sereines d'où la science domine les faits et les juge et je craignais de ne pas apporter ici les qualités nécessaires pour examiner avec impartialité les graves problèmes que soulèvent les questions ouvrières.

Je me suis décidé à venir parmi vous avec la pensée qu'il y aurait pourtant profit, sinon pour vous, du moins pour moi, à rapprocher dans cette conférence la politique de la science et à faire juger par un auditoire savant ce qu'il y a de juste et de fondé dans les transformations que le sentiment des nécessités politiques et la connaissance des faits de la vie sociale font subir aux idées enseignées à l'école et issues d'une doctrine souvent trop absolue.

Le sujet que j'ai choisi vous rendra l'indulgence facile pour le conférencier. Il est, en effet, de ceux qui forcent l'attention.

J'ai annoncé que j'étudierai la législation ouvrière sous la troisième République.

Il importe peut-être de dire, dès le début, ce qu'il faut entendre par législation ouvrière. M. l'avocat général Sarrut, dans un discours récent qui a retenu l'attention, a défini la législation ouvrière « l'ensemble des lois dont les dispositions intéressent plus particulièrement la catégorie des citoyens pour qui le salaire constitue le principal moyen d'existence, à qui le capital argent fait le plus souvent défaut et qui créent leur pécule par des versements modiques et continus dans les établissements consacrés à l'épargne ».

Ce sont ces diverses lois que je veux étudier ici rapidement sans entrer dans des discussions abstraites sur les théories socialistes ou collectivistes. J'essaierai de faire le tableau des progrès réalisés depuis vingt-cinq ans et de dégager des efforts tentés une orientation à prendre et une direction à suivre.

En matière de législation ouvrière, tout est en effet une question d'orientation : il ne s'agit pas de rester immobile, et nul homme de bonne foi ne peut admettre qu'une évolution continue ne doit pas s'accomplir dans le monde ; mais on peut aller plus ou moins vite, et surtout par des voies différentes ; selon que l'on veut faire œuvre durable ou précaire, agir par la liberté ou par voie d'autorité on recourra au système d'un parti politique ou à celui d'un autre. Le but est le même. Dans un récent discours, M. Bourgeois indiquait quel était, selon lui, le devoir du législateur : « Il faut, disait-il, créer une moindre inégalité au point de départ des combattants, — créer, ensuite, pendant la lutte de chacun, au cours de son existence, une moindre inégalité des concurrents, — créer, enfin, à l'heure où la lutte est finie mais où la vie ne l'est pas, où l'on a droit au repos, le réconfort nécessaire pour que l'homme qui ne peut plus travailler, ni combattre, ne soit jamais abandonné sur la route par la société passant sur son chemin ».

M. Bourgeois se faisait, à mon avis, une idée fausse de l'impôt, en prétendant recourir au fisc pour réaliser ce triple idéal, — mais il indiquait bien dans son discours les différents chapitres du code des lois sociales.

Oui, il faut armer les enfants pour la lutte, c'est-à-dire faire des lois de protection de l'enfance, des lois d'hygiène, des lois sur l'instruction, mais non, comme le veulent certains amis politiques de l'éminent orateur dont je viens de parler, désarmer les plus favorisés du sort par la suppression de l'héritage. — Il faut soutenir les hommes au cours de la lutte, c'est-à-dire aider les faibles en leur fournissant les moyens de s'associer, en organisant la mutualité, mais non affaiblir les forts en les dépouillant et en apportant mille entraves à l'exercice de leur activité. — Il faut secourir les vieillards après la lutte, c'est-à-dire assurer des retraites aux vaincus de la vie qui ont travaillé, mais non donner une prime à l'inertie, à la paresse et au vice, en ne demandant aucun effort aux assistés.

Le problème, énoncé par M. Bourgeois et résolu différemment par les socialistes ou par les libéraux, se pose pour tout le monde. Et il ne peut pas ne pas se poser aujourd'hui.

Si, en effet, on jette un coup d'œil rapide sur l'histoire de ce siècle, on voit que le programme de la Révolution française, qui se résume dans la formule grandiose : « liberté, égalité, fraternité », n'a eu qu'une réalisation partielle et bien incomplète jusqu'au début de la troisième République. Au point de vue politique, l'égalité a été vite conquise ; mais, au point de vue social, le législateur jusqu'en 1870 s'est assez peu préoccupé des réformes à faire. Comment lui en vouloir : ne fallait-il pas qu'il conquît d'abord la liberté politique ?

Depuis vingt-cinq ans, au contraire, tout l'effort s'est porté dans un sens nouveau. C'est à la fraternité que l'on songe après avoir conquis la liberté.

La réalisation du programme sur ce point était bien malaisée, et pourtant on a fait de grandes choses. Nous sommes volontiers injustes pour l'œuvre de la troisième République. C'est d'ailleurs la règle commune que l'on ne rende pas justice au temps où l'on vit.

L'histoire jugera mieux certainement l'immense effort accompli en France depuis vingt-cinq ans.

Nous avons pu suivre un programme social et améliorer le sort des plus malheureux, malgré les difficultés multiples qui entravaient notre marche dans la voie de toute réforme : charges écrasantes de la guerre et reconstitution militaire, nécessité de développer l'outillage national, de tenir tête à la concurrence industrielle et commerciale de peuples nouveaux.

Voyons donc ce qui a été fait; et nous dirons ensuite ce qui reste à faire ou du moins dans quel sens doivent aller nos efforts et nos tentatives futures.

Prenons, suivant la division qu'indiquait M. Bourgeois, l'homme à son berceau et suivons-le dans la vie pas à pas.

A peine en ce monde de douleur, la mort le guette.

Les épidémies infantiles, qui n'épargnent pas les riches, font des quartiers d'agglomération industrielle le domaine favori de leurs ravages. Une loi admirable, due, dès 1874, à un médecin philanthrope, la loi Roussel, vient lutter par la surveillance et par l'hygiène pour la vie et la santé du premier âge. Puis la loi de 1892 sur le travail des femmes et des enfants s'efforce de garder à l'enfant ou de lui rendre le plus possible de la présence et de la protection maternelles; limiter les heures de travail de la femme, lui garantir le repos hebdomadaire, n'est-ce pas encore et surtout songer à l'enfant?

Mais l'enfant est orphelin ou, qui pis est, trouve au foyer des parents indignes. L'assistance départementale, très développée depuis 1871, recueille les orphelins; la loi du 24 juillet 1889 enlève à la puissance paternelle déchue les enfants maltraités ou moralement abandonnés.

Voici pour les soins physiques et moraux donnés aux enfants. Restent leurs besoins intellectuels et professionnels. Est-il nécessaire de rappeler ce que la République a fait pour l'instruction gratuite et obligatoire de ses enfants? C'est une œuvre dont on ne nous conteste pas la pleine responsabilité, fût-ce pour en accuser l'esprit et en dénier les bienfaits! Oui, nous avons voulu donner l'enseignement primaire au peuple, à tout le peuple, munir d'un viatique commun tous les Français. Nous ne nous en repentons pas. Nous avons ainsi préparé des citoyens.

Mais nous avons aussi préparé des travailleurs, des hommes de leur condition et de leur métier. L'enseignement professionnel et industriel a reçu depuis quelques années une extension remarquable. A nos belles écoles nationales d'arts et métiers formant pour l'industrie ce qu'on a appelé un cadre de sous-officiers solides sont venues s'ajouter, en nombre chaque jour plus grand, les écoles manuelles d'apprentissage réorganisées par la loi du 11 décembre 1880, les écoles pratiques de commerce et d'industrie, les écoles spéciales et régionales des mines, de tissage, d'horlogerie, etc.

La loi du 2 novembre 1892 permet cette instruction plus complète de l'adolescent, en lui interdisant le travail jusqu'à treize ans (sauf dans certaines conditions) et en limitant pour l'adulte âgé de moins de dix-huit ans la journée de travail, soit à dix heures par jour, soit à soixante heures par semaine.

Voilà donc l'homme armé pour la lutte. Que peut-il demander encore? Que le législateur crée une moindre inégalité en cours de lutte, dit-on.

La législation a, en effet, laissé longtemps subsister des inégalités inexplicables entre les divers membres de la société. L'ouvrier a été moins protégé par le Code que le patron : ainsi, ce dernier était cru sur son affirmation dans les contestations relatives à la quotité des salaires; — l'obligation du livret permettait d'exercer une surveillance souvent tyrannique sur les travailleurs; — le droit de coalition leur était refusé alors qu'il était accordé aux patrons.

Avant 1870 déjà, l'article 1731 du Code civil était supprimé et la loi de 1864 établissait en droit la liberté de coalition. Mais il appartenait à la troisième République de faire davantage, de supprimer les livrets d'ouvriers (loi du 2 juillet 1890), de déclarer insaisissables les salaires des ouvriers (loi du 12 janvier 1895), de faire la loi du 21 mars 1884 sur les syndicats professionnels.

Cette dernière loi donne aux ouvriers le droit d'imposer par le nombre et par le concert le respect de leurs intérêts; elle met entre leurs mains une arme puissante qu'il est juste de leur laisser. Il ne faut pas s'inquiéter si cette loi a donné parfois des résultats autres que ceux que l'on en attendait, si elle a été un instrument de guerre pour fomenter la grève. S'il y a eu des abus, on peut croire qu'ils disparaîtront avec le temps et à mesure qu'un usage plus complet de la liberté syndicale fera mieux comprendre aux intéressés leurs devoirs et leurs intérêts, à mesure que les chefs des syndicats ne seront plus recrutés parmi les plus violents adversaires du patronat, fait qui s'explique souvent à présent par l'opposition du patron au principe même du syndicat.

Si les syndicats sont des armes de guerre, le législateur a forgé aussi des instruments de paix. Il a fait la loi du 27 décembre 1892 sur la conciliation et l'arbitrage, complétée par le projet que j'ai eu l'honneur de déposer sur les conseils permanents de conciliation.

En matière de syndicat comme en matière de conseils de conciliation, certaines écoles se montrent partisans d'une législation plus coercitive que celle qui existe actuellement. Elles veulent, par exemple:

Que la loi oblige l'ouvrier à se syndiquer et qu'elle empêche le patron de congédier les ouvriers syndiqués;

Qu'elle impose l'obligation de recourir à la conciliation et à l'arbitrage avant de décider la grève.

Je ne crois pas que l'obligation en cette matière puisse être efficacement employée; la liberté d'association doit avoir sa limite dans la faculté pour chaque individu de ne pas s'associer, et, quant à la conciliation et à l'arbitrage, ils ne peuvent avoir d'efficacité que lorsqu'ils résultent du libre consentement des intéressés.

Je n'en dirai point autant en ce qui concerne la législation destinée à réaliser la troisième partie du programme que nous avons énoncé plus haut, l'ensemble des lois qui doivent assurer, après la lutte, les ressources nécessaires aux vieillards qui ne peuvent plus travailler.

Non pas que je sois partisan des systèmes d'obligation et d'intervention de l'État, dont le collectivisme est la plus complète application.

Je ne suis pas collectiviste, ai-je besoin de le dire? et je suis le défenseur de la propriété individuelle. Mais je sens que l'organisation sociale, reposant sur la propriété individuelle, pour préférable à toute autre, n'est pas parfaite, parce que, dans la société actuelle, la division de la propriété laisse encore bien des indigents. Il faut donc que la société protège et secoure ceux-là et qu'en même temps elle obtienne d'eux, durant leur période d'activité, un effort d'épargne, dont les effets utiles seraient multipliés par des combinaisons particulièrement avantageuses, qui permettraient de les mettre à l'abri de la misère au jour de l'indigence et de la vieillesse.

Les institutions de prévoyance et la mutualité, encouragées, subventionnées même par le législateur, ont eu pour but d'accomplir cette œuvre de justice sociale, mais elles n'y ont pas pleinement réussi; et c'est pour cela que je pense qu'il y a plus à faire et que l'obligation peut être utile sur ce point.

La question se pose notamment en matière d'accidents et pour les retraites en cas d'invalidité ou de vieillesse.

Elle a soulevé une grosse polémique. Ceux qui se sont prononcés pour l'assurance obligatoire en matière d'accidents et de retraites ont été traités de socialistes d'État. Les économistes classiques ont protesté au nom des principes. J'avoue que je suis peu touché par leurs arguments.

Je ne suis pas un partisan *a priori* de l'intervention de la loi ; mais il est des cas où l'intérêt social me semble la légitimer.

C'est le fait de la civilisation de faire passer dans le domaine du législateur des questions dont la solution n'avait longtemps dépendu que de l'initiative individuelle, et nous ne devons pas nous effrayer de ce phénomène qui se produit dans le monde entier. Car, si l'intervention du législateur n'a pas pour but d'enrayer cette initiative individuelle mais au contraire, de la développer ; si elle n'a pas pour effet de faire administrer toutes choses par l'État, qui en général administre très mal, mais au contraire d'amener l'individu à pourvoir d'une manière quelconque à un besoin constaté de la communauté, l'obligation de faire une chose, imposée par l'État peut être efficace et féconde ; loin de diminuer les individus et de ralentir leur initiative elle peut avoir pour effet, au contraire, d'élargir le champ de l'activité humaine, d'augmenter le sentiment que chaque citoyen peut avoir de ses forces et de ses ressources, de substituer aux procédés primitifs de l'assistance par la charité le régime autrement noble de l'assurance dans lequel l'homme ne perd ni son courage, ni sa dignité, ni l'idée de sa responsabilité et de son rôle social.

Voilà pourquoi je ne crains pas de me prononcer pour le principe de l'obligation en matière d'assurance contre les accidents, contre l'invalidité et contre la vieillesse, pourquoi même je ne crains pas de demander à l'État de subventionner dans la mesure de ses ressources les institutions fondées pour assurer le fonctionnement de l'assurance.

Il faut à l'heure où nous sommes que, pour achever l'exécution du programme de fraternité que leur a dicté la Révolution, les classes dirigeantes consentent certains sacrifices d'idées et d'argent. Rappelons-nous quels résultats a eus leur résistance à la réforme électorale en 1848, ou aux projets de lois militaires en 1868. Une obstination analogue nous conduirait à une révolution brutale, dans laquelle notre patrie perdrait sa grandeur et sa liberté si chèrement conquise. Nous aurions devant l'histoire une responsabilité que nous ne voudrons pas assumer.

M. Louis LEGER

Professeur de.langues et littératures d'origine slave, au Collège de France.

———

LA BOHÊME ET LES TCHÈQUES

(Analyse de la Conférence)

———

— *5 mars 1896* —

Le conférencier fut, en 1886, chargé par M. Duruy de *présenter à l'Association scientifique de France* la Bulgarie (origine, histoire, renaissance au XIX⁰ siècle); le fait peut paraître aujourd'hui paradoxal, de cette époque date, pour nous, la *découverte* d'un peuple dont le rôle actuel est si considérable. Les Tchèques ont fait, il est vrai, moins de bruit, mais il y a trente-deux ans, alors qu'il s'occupait d'eux pour la première fois, si M. Leger avait dit qu'il allait en Bohême pour apprendre une autre langue que l'allemand, il aurait provoqué chez ses auditeurs une stupéfaction analogue à celle qu'éprouverait un paysan auvergnat auquel on montrerait la photographie du squelette obtenue par les rayons X de Rœntgen. Au lendemain du traité de Vienne, bien peu de gens prenaient souci de ces petits peuples *découpés* en quelque sorte; M. Thiers raisonnait sur les questions touchant l'Europe centrale et l'Europe orientale avec aplomb, mais avec une ignorance dont rougirait maintenant un écolier de rhétorique. « L'Autriche, disait-il, renferme 15 millions d'Allemands qui doivent y dominer », et il en concluait que les pays tchèques, moraves, slovènes, englobés dans cet empire à la suite des traités de 1815, étaient peuplés par des Allemands, passant ainsi sous silence 8 millions de Slaves ! Souvent depuis nous avons continué à voir des Allemands où il n'y en avait pas, mais nous ne les avons pas vus, hélas! où ils étaient.

Quand on jette les yeux sur une carte ethnographique de l'Autriche, on constate que, si les statistiques officielles divisent la population seulement en Allemands et Hongrois, il n'en est pas moins vrai que les Tchèques occupent les deux tiers de la Bohême (3.644.000 Tchèques sur 5 millions d'habitants) les trois quarts de la Moravie (1.500.000 sur 2 millions), le quart de la Silésie (120.000 sur 500.000); au total environ 5 millions. On rencontre également des Tchèques dans les duchés d'Autriche, notamment à Vienne (300.000), en Bosnie, en Bulgarie, en Russie; 350.000 d'entre eux séjournent avec l'esprit de retour aux États-Unis, où ils s'arment dans l'expérience de la vie. Il faut enfin citer, en Hongrie, 2 millions de Slovaques de même race que les Tchèques, mais bien loin d'avoir comme eux un avenir considérable; leur position est difficile, ils n'ont pas de situation politique et luttent même pour le maintien de leur langue.

Les populations tchèques de Prague (182.000 habitants), ville principale de la Bohême, et celles des villes qui lui constituent une sorte de banlieue, Smichov, Karlin, Zizkov, Vinohrady, etc., forment un ensemble de 300.000 Tchèques contre 40.000 Allemands ou israélites allemands.

Le centre, l'est et le sud-ouest de la Bohême est incontestablement tchèque et on ne peut même s'y faire comprendre en allemand. Les Allemands sont groupés au nord et au nord-ouest.

La Bohême paraît avoir été primitivement habitée par un peuple celtique (les Boïens) auquel elle devrait son nom, puis par les Marcomans, peuple germanique, et, à dater du ve siècle, par le peuple slave des Tchèques, apparenté aux Polonais, Russes, Bulgares, Croates, Slovènes. Ce peuple fut converti au christianisme vers la fin du ixe siècle, par des apôtres qui lui donnèrent d'abord la liturgie spéciale gréco-slave. Si les Tchèques avaient conservé cette liturgie, ils se seraient trouvés entraînés vers les Russes et non vers les Allemands. Battue en brèche par le clergé germanique, la liturgie gréco-slave ne tarda pas à faire place au culte latin.

Prague était déjà une grande ville alors que Vienne n'était qu'une simple bourgade, elle garda sa prospérité pendant tout le moyen âge. Pour enrichir leur pays, les princes slaves fondèrent de nombreuses villes, appelant, pour en former la population, des colons de toutes espèces ; les Allemands des environs répondirent presque exclusivement à cet appel et, lorsqu'ils se trouvèrent en nombre, tentèrent de s'assurer la suprématie ; l'idiome principal tendit, dès lors, à être refoulé dans les classes inférieures. L'élément slave devait dominer néanmoins jusqu'à l'arrivée des Habsbourg. Une dynastie mixte apparut, celle des Luxembourg : le roi Jean de Luxembourg perdit la vie en combattant dans les rangs des Français à la bataille de Crécy (1346) ; de son règne date la fondation de l'archevêché de Prague. Son fils Charles IV, à la fois empereur d'Allemagne et roi de Bohême, fut élevé à Paris et resta pendant toute sa vie un gallomane convaincu ; il embellit Prague, alors la seconde ville du monde après la capitale de la France, fonda l'Université, construisit le fameux pont sur la Vltava (improprement appelée Moldau dans notre enseignement), le château de Karlstein. Il prescrivit aux électeurs l'étude de la langue slave. Malgré tout, les Tchèques se plaignaient d'être opprimés ; c'est alors qu'apparaît Jean Hus, précurseur de la Réforme, prêchant au triple point de vue de la religion, de l'émancipation de la nationalité slave, de la langue tchèque. Le roi prit le parti des réformateurs, et les Allemands quittèrent l'Université de Prague pour aller fonder celle de Leipsig.

Les guerres hussites forment un des épisodes grandioses du moyen âge, les Tchèques, pourrait-on croire, vont alors triompher : l'avènement de Georges Podiébras marque leur apogée, mais, en 1526, la Maison d'Autriche réussit à se faire élire au trône de Bohême, ses princes réagissent contre le mouvement d'indépendance des villes et des seigneurs bohèmes, une révolte éclate à Prague, et, à la suite de la *défenestration* des deux lieutenants impériaux précipités du château de Hradcany sur les tas d'ordures des fossés, éclate la guerre de Trente ans ; le roi de France, Henri IV, avait songé vers cette époque à faire à la Bohême une large place parmi les nations européennes.

La noblesse nationale périt dans de sanglantes exécutions, remplacée par une aristocratie exotique à laquelle les terres sont distribuées ; le peuple de la

Bohême est en quelque sorte décapité; dès lors cette nation semble disparaître et se réfugier dans sa langue et ses traditions; mais la Bohême reste encore le plus beau fleuron de la couronne des empereurs allemands: ils sont rois de Bohême et se font couronner à la fois à Buda-Pesth et à Prague. L'empereur actuel est le premier qui a rompu avec cette tradition : c'est un grand grief contre lui dans l'esprit des Tchèques.

Ferdinand II avait fait cruellement expier aux Tchèques leur révolte; le catholicisme fut dès lors imposé comme religion d'État, et les livres et manuscrits tchèques furent brûlés comme entachés d'hérésie. La population tomba, dit-on, de 2 millions d'habitants à 800.000, les souverains cessèrent de séjourner à Prague et transférèrent à Vienne le siège de l'État austro-hongrois ; peu à peu le souvenir de Jean Hus s'effaça devant celui de saint Jean Népomucène, qui, aurait été, suivant une légende, précipité dans la Vltava, du haut du pont de Prague, pour avoir refusé de révéler le secret de la confession.

Pendant le XVIIIe siècle, la langue allemande fait de grands progrès parmi les classes élevées ; mais, de la Révolution date le réveil de toutes les nationalités et les Tchèques commencent à cette époque à relever la tête; il naît chez eux toute une génération de publicistes, d'historiens, de poètes. La maison régnante d'Autriche, dans la personne de François Ier, croit cependant le moment venu de procéder à l'unification de ses États, et, en 1804, est créé de toutes pièces le titre d'empereur d'Autriche. L'esprit d'indépendance de la Bohême semble être avivé par cela même ; les savants de cabinet, les chercheurs qu'elle renferme révèlent aux Allemands étonnés le passé des peuples conquis, et, par l'étude de l'ethnographie, prouvent que, en présence de 40 à 45 millions d'Allemands, se dressent 80 millions de frères slaves. De là naquit l'idée *panslaviste*, qui fit trembler nos pères ; propagée par les poètes, la doctrine s'accrédita que, si les Slaves réussissaient à s'unir, ils pourraient lutter contre les Germains et ébranleraient le monde. Il convient de détruire l'opinion erronée que la Bohême est un pays de réaction : alors que les Hongrois la déclaraient déchue, elle soutint la royauté pour éviter de tomber dans les mains des Allemands et quand la monarchie fut rétablie, ceux-ci comme celle-là furent soumis au même servage.

A dater de 1866, après l'invasion prussienne, l'Autriche dut chercher un nouveau *modus vivendi*, les Hongrois obtinrent tout ce qu'ils voulurent, et, en 1867, le souverain se fit couronner à Buda-Pesth ; il n'échut en partage aux Tchèques que de légers changements relativement à leur situation politique, mais ce qui leur fut refusé, de ce côté, s'est trouvé reporté dans le domaine intellectuel : création d'une Université de langue tchèque, Académie nationale, théâtre, un des plus beaux de l'Europe. Les Tchèques se rapprochèrent le plus possible des peuples qui n'étaient pas les alliés de l'Allemagne : la Russie et la France. En 1870, la Société royale des sciences protesta solennellement au nom de la science contre le bombardement de Paris; un courant de sympathie extraordinaire s'établit en faveur des prisonniers français évadés d'Allemagne et réfugiés en Bohême.

Fait curieux, Prague, ville de 340.000 habitants, ne possède qu'un seul consulat, celui des États-Unis d'Amérique; de continuelles manifestations d'hostilité ou de sympathie seraient à craindre, en effet, de la part du peuple tchèque, vis-à-vis des représentants d'autres nations. Il y a, par contre, à Prague, où l'on recherche tout ce qui peut resserrer les liens avec notre pays, une section de l'*Alliance française*.

Le savant conférencier termine par quelques mots sur l'exposition ethno-graphique récente qui présentait en réalité le tableau le plus complet des efforts faits par la Bohême pour se ressaisir et pour lutter contre l'Allemagne.

Au point de vue du pittoresque, cette région, inconnue parmi nous, est d'un intérêt majeur ; on peut trouver à douze heures de Munich un milieu absolu-ment nouveau, des costumes pittoresques, des villes curieuses, des sites comparables à ceux qu'on va chercher trop souvent dans des pays hostiles ou indifférents à notre patrie.

ASSOCIATION FRANÇAISE

POUR

L'AVANCEMENT DES SCIENCES

VINGT-CINQUIÈME SESSION

CONGRÈS DE CARTHAGE

DOCUMENTS OFFICIELS — PROCÈS-VERBAUX

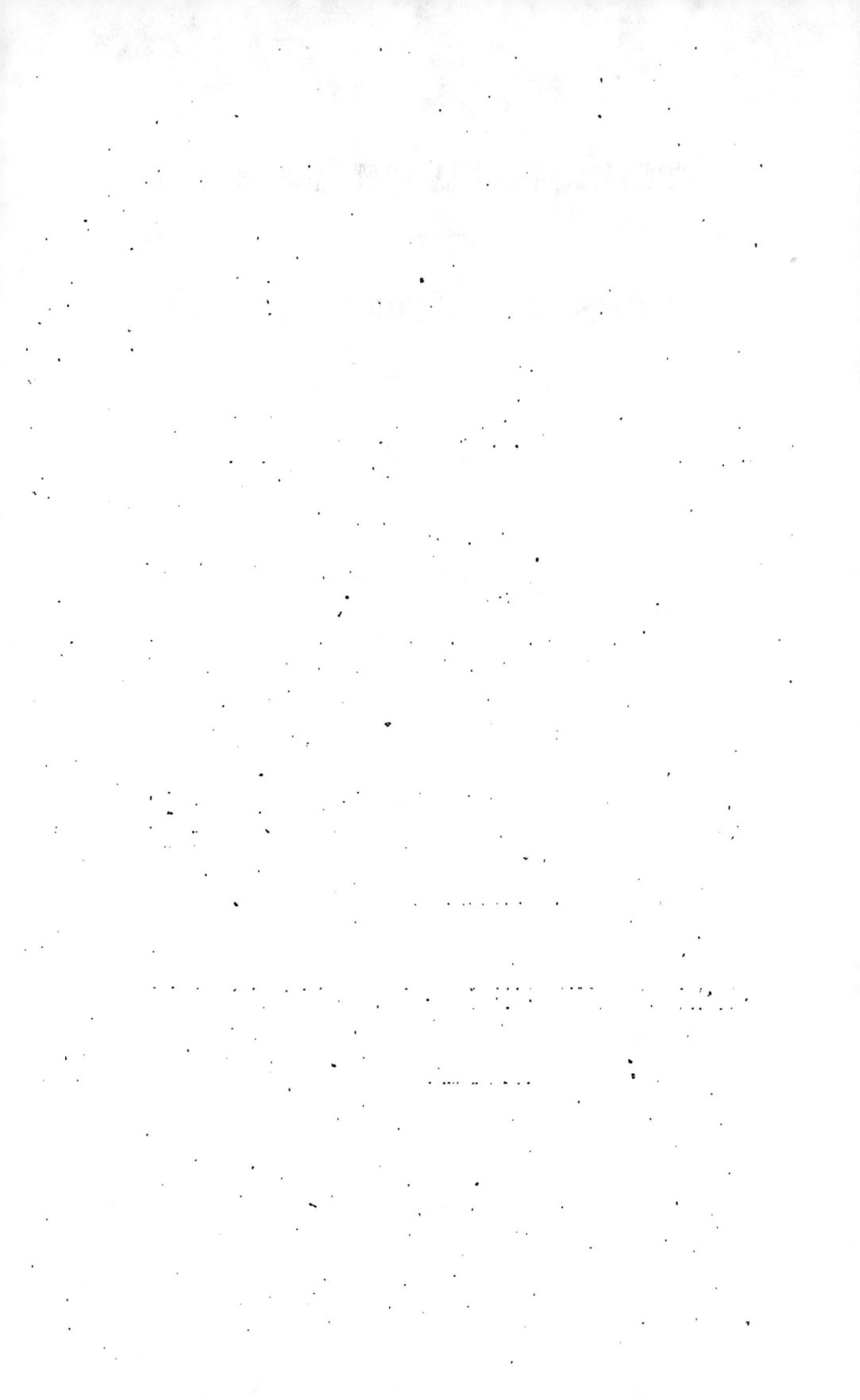

PROCÈS-VERBAUX DE LA VINGT-CINQUIÈME SESSION

CONGRÈS DE CARTHAGE (TUNIS)

ASSEMBLÉE GÉNÉRALE

Tenue à Tunis, le 4 Avril 1896

PRÉSIDENCE DE M. PAUL DISLÈRE.

Ancien Ingénieur de la Marine, Conseiller d'État, Membre du Conseil de l'Ordre de la Légion d'honneur.

PRÉSIDENT DE L'ASSOCIATION

— *Extrait du Procès-verbal* —

La séance est ouverte à cinq heures du soir.

Toutes les personnes présentes sont membres de l'Association.

Le procès-verbal de la dernière séance est lu et adopté.

Le Président fait connaître le résultat du dépouillement du scrutin pour la nomination de cinq délégués de l'Association.

MM. Sanson, Grandidier, Gréard, Noblemaire, Lœwy, ayant obtenu la majorité des suffrages, sont proclamés délégués de l'Association pour trois ans.

Le secrétaire donne le résultat des élections pour la nomination des présidents et délégués de Sections.

Le Président rappelle que l'année dernière la proposition d'une modification des statuts a été soumise à l'Assemblée générale et qu'un rapport sur ce sujet a été présenté par le trésorier. En conséquence, il met aux voix la proposition suivante :

L'article 10 des statuts, portant « que le capital s'accroît d'une retenue annuelle de 10 0/0 au moins sur les cotisations, droits d'entrée et produits de librairie », sera supprimé.

La proposition est adoptée à l'unanimité. Les modifications de statuts devant être soumises à l'approbation du gouvernement, ce vote sera transmis par le bureau à qui de droit.

Le secrétaire donne lecture des vœux suivants :

Les 1re et 2e Sections renouvellent le vœu formulé au Congrès d'Oran pour la création d'un observatoire astronomique à Tunis.
Adopté comme vœu de l'Association.

La 13e Section, après s'être rendu compte de l'insuffisance des moyens d'instruction agricole dans l'Afrique du Nord, émet le vœu qu'il soit créé une école d'agriculture dans cette partie de l'Afrique française.
Adopté comme vœu de l'Association.

La 16e Section renouvelle le vœu formulé par elle qu'une simplification soit introduite dans l'orthographe surtout en vue de faciliter la propagation de la langue française aux colonies et à l'étranger.
Adopté comme vœu de Section.

La Sous-Section d'archéologie, frappée de la richesse de la Tunisie en monuments historiques, attire l'attention des pouvoirs publics sur l'intérêt pressant qu'il y a de mettre à la disposition du service compétent les ressources nécessaires pour protéger d'une façon efficace les restes imposants des civilisations antiques en Tunisie,
Adopté comme vœu de l'Association.

La Sous-Section d'archéologie attire l'attention des pouvoirs publics sur l'intérêt qu'il y aurait à protéger les industries d'art tunisiennes par des subventions accordées aux divers ateliers et par des commandes de l'État.
Adopté comme vœu de Section.

L'ordre du jour appelle l'élection d'un vice-président et d'un vice-secrétaire. La liste de présentation pour ces deux fonctions a été reconnue régulière par le Conseil ; comme elle ne comporte qu'un nom, l'élection peut avoir lieu par mains levées.
Personne ne réclamant le scrutin, les candidatures de M. Grimaux pour la vice-présidence et de M. Laisant pour le vice-secrétariat sont successivement mises aux voix et adoptées à l'unanimité.

Le Président demande à l'Assemblée générale de renvoyer au Conseil le choix de la ville pour 1898. Des pourparlers ont été engagés avec l'Association britannique pour tenir, si possible, la même année et à la même époque, les sessions sur un point du littoral voisin l'un de l'autre. Le bureau de l'Association britannique a accepté cette proposition et demandera à l'Assemblée, en septembre, de se prononcer. Le Conseil de l'Association française pourrait alors décider.
L'Assemblée, consultée, délègue au Conseil le choix de la ville.

Le Président rappelle à l'Assemblée le legs fait par M. Jackson et demande que son nom soit inscrit sur la liste des bienfaiteurs.
Adopté à l'unanimité.

L'Assemblée vote, sur la proposition du Conseil, à l'occasion du Congrès de Carthage, des remerciements :

A M. le Résident général ;

A S. A. le Bey;

Aux ministres qui ont envoyé des délégués, à la municipalité de Tunis, au président et au secrétaire et à tous les membres du Comité local;

A l'Institut de Carthage qui, par son intervention, a provoqué la tenue de la présente session à Tunis.

Aux Compagnies de chemins de fer de France et d'Algérie; aux Compagnies transatlantique et de navigation mixte;

Au conférencier, M. Marcel Dubois;

Au censeur et à l'économe du lycée;

A toutes les personnes qui ont pris part à l'organisation des excursions.

Le Président remet, au nom du Conseil, la médaille de l'Association à M. le Résident général, au Président de la Municipalité de Tunis, à M. Machuel, président du Comité local, à M. le Dr Loir, secrétaire du Comité local, à M. Marey, vice-président, et à M. L. Teisserenc de Bort, secrétaire.

CONSEIL D'ADMINISTRATION

Année 1896-1897

BUREAU DE L'ASSOCIATION

MM. MAREY (E.-J.), Membre de l'Institut et de l'Académie
de Médecine, Professeur au Collège de France. . .   *Président.*

GRIMAUX (Édouard), Membre de l'Institut, Professeur à l'École Polytechnique et à l'Institut national agronomique . . . .   *Vice-Président.*

DISLÈRE (Paul), Conseiller d'État, ancien Ingénieur de la Marine, Vice-Président du Conseil d'administration de l'École coloniale. . . . . . : . . . . .   *Président sortant.*

BLANC (Édouard), Explorateur . . . . . : . . . .   *Secrétaire.*

LAISANT (Ch.-A.), Docteur ès sciences, Répétiteur à l'École Polytechnique. . . . .   *Vice-Secrétaire.*

GALANTE (Émile), Fabricant d'instruments de chirurgie . . . .   *Trésorier.*

GARIEL (C.-M.), Professeur à la Faculté de Médecine, Membre de l'Académie de Médecine, Ingénieur en chef, Professeur à l'École nationale des Ponts et Chaussées . . . .   *Secrétaire du Conseil.*

CARTAZ (le Docteur A.), ancien Interne des Hôpitaux de Paris . . . .   *Secrétaire adjoint du Conseil.*

ANCIENS PRÉSIDENTS FAISANT PARTIE DU CONSEIL D'ADMINISTRATION

MM. BARDOUX (A.), Membre de l'Institut, Sénateur, ancien Ministre de l'Instruction publique.

BERTHELOT (M.-P.-E.), Membre de l'Institut et de l'Académie de Médecine, ancien Ministre, Sénateur.

BISCHOFFSHEIM (R.-L.), Membre de l'Institut, Député des Alpes-Maritimes.

BOUCHARD (Charles), Membre de l'Institut et de l'Académie de Médecine, Professeur à la Faculté de Médecine de Paris.

BOUQUET de LA GRYE (A.), Membre de l'Institut, Président du Bureau des Longitudes.

CHAUVEAU (A.), Membre de l'Institut et de l'Académie de Médecine, Professeur au Muséum d'histoire naturelle.

COLLIGNON (Édouard), Inspecteur général des Ponts et Chaussées, en retraite.

CORNU (Alfred), Membre de l'Institut et du Bureau des Longitudes, Professeur à l'École Polytechnique, Ingénieur en chef des Mines.

DEHÉRAIN (P.-P.), Membre de l'Institut, Professeur au Muséum d'histoire naturelle et à l'École nationale d'Agriculture de Grignon.

FAYE (H.), Membre de l'Institut, ancien Président du Bureau des Longitudes.

FRIEDEL (Charles), Membre de l'Institut, Professeur à la Faculté des Sciences de Paris.

MM. JANSSEN (J.), Membre de l'Institut et du Bureau des Longitudes, Directeur de l'Observatoire d'astronomie physique de Meudon.

KRANTZ (J.-B.), Inspecteur général honoraire des Ponts et Chaussées; Sénateur.

LACAZE-DUTHIERS (Henri de), Membre de l'Institut et de l'Académie de Médecine; Professeur à la Faculté des Sciences de Paris.

LAUSSEDAT (le Colonel A.), Membre de l'Institut, Directeur du Conservatoire national des Arts et Métiers.

MASCART (E.), Membre de l'Institut, Professeur au Collège de France; Directeur du Bureau central météorologique de France.

MILNE-EDWARDS (Alphonse), Membre de l'Institut et de l'Académie de Médecine, Directeur du Muséum d'histoire naturelle.

PASSY (Frédéric), Membre de l'Institut, ancien Député.

ROCHARD (le Docteur J.); Membre de l'Académie de Médecine, Inspecteur général du service de santé de la Marine, en retraite.

TRÉLAT (Emile), Professeur honoraire au Conservatoire national des Arts et Métiers, Directeur de l'École spéciale d'Architecture, Architecte en chef honoraire du département de la Seine, Député de la Seine.

DÉLÉGUÉS DE L'ASSOCIATION

MM. BROUARDEL, Membre de l'Institut et de l'Académie de Médecine; Doyen de la Faculté de Médecine de Paris.

CARNOT (Adolphe), Membre de l'Institut, Inspecteur général, Professeur à l'École nationale supérieure des Mines.

COMBEROUSSE (Charles de), Professeur au Conservatoire national des Arts et Métiers et à l'École centrale des Arts et Manufactures.

DAVANNE, Vice-Président de la Société française de Photographie.

GAUDRY, Membre de l'Institut, Professeur au Muséum d'histoire naturelle.

GRANDIDIER, Membre de l'Institut.

GRÉARD, Membre de l'Académie française et de l'Académie des Sciences morales et politiques.

JAVAL (le Docteur), Membre de l'Académie de Médecine.

LAUTH (Ch.), Administrateur honoraire de la Manufacture nationale de porcelaines de Sèvres.

LEVASSEUR, Membre de l'Institut, Professeur au Collège de France.

LŒWY, Membre de l'Institut et du Bureau des Longitudes, Sous-Directeur de l'Observatoire national de Paris.

NADAILLAC (le Marquis de), Correspondant de l'Institut.

NOBLEMAIRE, Directeur de la Compagnie des Chemins de fer de Paris à Lyon et à la Méditerranée.

RICHET (Charles), Professeur à la Faculté de Médecine de Paris.

SANSON, Professeur à l'Institut national agronomique et à l'École nationale d'Agriculture de Grignon.

MEMBRE HONORAIRE

M. MASSON (Georges), Libraire de l'Académie de Médecine, *Trésorier honoraire.*

PRÉSIDENTS, SECRÉTAIRES ET DÉLÉGUÉS DES SECTIONS

1re et 2e SECTIONS (Mathématiques, Astronomie, Géodésie et Mécanique).

MM. **Collignon** (Édouard), Inspecteur général des Ponts et Chaussées, en retraite . . . . *Président (Carthage-1896).*

Mannheim (le Colonel), Professeur à l'École Polytechnique . . . .

Laisant (Ch.-A.), Docteur ès sciences, Répétiteur à l'École Polytechnique . . . . : . *Délégués des Sections.*

de Longchamps (G.), Professeur de mathématiques spéciales au Lycée Saint-Louis . . . . . .

de Longchamps (G.) . . . . *Président p. 1897 (St-Étienne).*

3e et 4e SECTIONS (Navigation, Génie Civil et Militaire).

Pasqueau, Ingénieur en chef des Ponts et Chaussées, à Paris . . . . *Président (Carthage-1896).*

Laussedat (le Colonel), Membre de l'Institut, Directeur du Conservatoire national des Arts et Métiers.

Regnard (Paul), Ingénieur civil . . . . *Délégués des Sections.*

Pasqueau . . . .

de Montgolfier, Ingénieur en chef des Ponts et Chaussées, à Saint-Étienne . . . . *Président p. 1897 (St-Étienne).*

5e SECTION (Physique).

Bergonié (J.), Professeur à la Faculté de Médecine de Bordeaux . . . . *Président (Carthage 1896).*

Combet, Professeur au Lycée de Tunis . . . . . *Secrétaire (do do).*

Gossart (Ém.), Maître de Conférences à la Faculté des Sciences de Bordeaux . . . .

Broca (André), Préparateur à la Faculté de Médecine de Paris . . . . *Délégués de la Section.*

Baille, Répétiteur à l'École Polytechnique . . . .

X*** (1) . . . . *Président p. 1897 (St-Étienne).*

6e SECTION (Chimie).

Sabatier (Paul), Professeur à la Faculté des Sciences de Toulouse . . . . *Président (Carthage-1896).*

Barral, Agrégé à la Faculté de Médecine de Lyon. *Secrétaire (do do).*

Lauth, Administrateur honoraire de la Manufacture nationale de Sèvres . . . .

Hanriot, Membre de l'Académie de Médecine, Agrégé à la Faculté de Médecine de Paris . . . *Délégués de la Section.*

Grimaux, Membre de l'Institut, Professeur à l'École Polytechnique . . . .

Barbier, Professeur à la Faculté des Sciences de Lyon . . . . *Président p. 1897 (St-Étienne).*

(1) A nommer par le Conseil, la section n'ayant pas procédé à l'élection.

7e SECTION (Météorologie et Physique du Globe).

MM. **Thévenet**, Directeur de l'École préparatoire à l'Enseignement supérieur des Sciences, à Alger. *Président (Carthage-1896).*
Doumet-Adanson . . . .
Angot (Alf.), Météorologiste titulaire au Bureau central météorologique de France . . . . . . } *Délégués de la Section.*
Teisserenc de Bort (Léon), Secrétaire général de la Société météorologique de France. . . . . .
X*** . . . . *Président p. 1897 (St-Étienne).*

8e SECTION (Géologie et Minéralogie).

Fallot, Professeur à la Faculté des Sciences de Bordeaux . . . . *Président (Carthage-1896).*
Bourgery (Henri), Membre de la Société géologique de France. . . . .
Hovelacque (Maurice), Docteur ès sciences naturelles. . . . . } *Délégués de la Section.*
Schlumberger (Charles), Ingénieur de la Marine, en retraite. . . . .
Grand'Eury, Correspondant de l'Institut, Professeur à l'École des Mines de Saint-Étienne. . . . *Président p. 1897 (St-Étienne).*

9e SECTION (Botanique).

Bonnet (le Docteur Edmond). . . . . *Président (Carthage-1896).*
Gerber, Professeur suppléant à l'École de Médecine de Marseille. . . . . *Secrétaire (d°   d°).*
Bonnet (le Docteur Edmond) . . . .
Bureau (le Docteur Edouard), Professeur au Muséum d'histoire naturelle. . . . . } *Délégués de la Section.*
Poisson, Assistant de botanique au Muséum d'histoire naturelle. . . . .
X*** . . . . *Président p. 1897 (St-Étienne).*

10e SECTION (Zoologie, Anatomie, Physiologie).

Chevreux (Édouard) . . . . *Président (Carthage-1896).*
Gadeau de Kerville . . . . *Secrétaire (d°   d°).*
Sirodot (S.), Correspondant de l'Institut, Professeur à la Faculté des Sciences de Rennes . . . . .
Perrier (Edmond), Membre de l'Institut, Professeur au Muséum d'histoire naturelle . . . . . } *Délégués de la Section.*
Künckel d'Herculais, Assistant de zoologie au Muséum d'histoire naturelle . . . .
X*** . . . . *Président p. 1897 (St-Étienne).*

11e SECTION (Anthropologie).

Bertholon (le Docteur), à Tunis . . . . *Président (Carthage-1896).*
Rivière (le Docteur), Médecin major au Kef. . . *Secrétaire (d°   d°).*

MM. de Mortillet (Adrien), Professeur à l'École d'Anthropologie . . . .
de Mortillet (Gabriel), Professeur à l'École d'Anthropologie . . . . } *Délégués de la Section.*
Manouvrier, Professeur à l'École d'Anthropologie.
Collignon (le Docteur René), Médecin major à l'École supérieure de Guerre . . . . *Président p. 1897 (St-Étienne).*

12e SECTION (Sciences Médicales).

Hanot (le Docteur Ch.-V.), Agrégé à la Faculté de Médecine, Médecin des Hôpitaux de Paris . . . *Président (Carthage-1896).*
Prioleau (le Docteur L.) . . . . *Secrétaire (d° d°).*
Nicaise, Membre de l'Académie de Médecine, Agrégé à la Faculté de Médecine de Paris. . .
Hanot (le Docteur Ch.-V.). . . . . } *Délégués de la Section.*
Duguet (le Docteur), Membre de l'Académie de Médecine, Médecin des Hôpitaux de Paris. . . . } . . . . .
X*** . . . . *Président p. 1897 (St-Étienne).*

13e SECTION (Agronomie).

Loir (le Docteur A.), Directeur de l'Institut Pasteur, à Tunis . . . . *Président (Carthage-1896).*
Xambeu, Professeur en retraite. . . . .
Paturel (G.), Directeur de la Station agronomique du Finistère. . . . . } *Délégués de la Section.*
Girard (Aimé), Membre de l'Institut, Professeur au Conservatoire national des Arts et Métiers. .
Cornevin, Professeur à l'École vétérinaire de Lyon. *Président p. 1897 (St-Étienne).*

14e SECTION (Géographie).

Gauthiot (Charles), Membre du Conseil supérieur des Colonies. . . . . *Président (Carthage-1896).*
Paturet (le Docteur) . . . . *Secrétaire (d° d°).*
Fournier (le Docteur Alban). . . . .
Anthoine (Ed.), Ingénieur-Chef du service de la Carte de France au Ministère de l'Intérieur. . } *Délégués de la Section.*
Gauthiot (Ch.), Membre du Conseil supérieur des Colonies. . . . .
Fournier (le Docteur Alban), à Rambervillers. . *Président p. 1897 (St-Étienne).*

15e SECTION (Économie politique et Statistique).

Letort (Charles). . . . . *Président (Carthage-1896).*
Saugrain (Gaston), Avocat à la Cour d'Appel de Paris . . . . *Secrétaire (d° d°).*
Bouvet (A.), Inspecteur régional de l'Enseignement industriel et commercial. . . . .
Alglave (Ém.), Professeur à la Faculté de Droit de Paris . . . . } *Délégués de la Section.*
Saugrain (Gaston). . . . .
Letort (Charles), Conservateur adjoint à la Bibliothèque nationale. . . . . *Président p. 1897 (St-Étienne).*

16e SECTION (Enseignement).

MM. **Ferry** (Émile) . . . . *Président (Carthage-1896).*

    Callot (Ernest). . . . . \
    Guézard (J.-M.), Principal clerc de Notaire . . . \
    Ferry (Émile), ancien Président de la Société nor- } *Délégués de la Section.* \
    mande de Géographie . . . . /

    Trabaud (Pierre), Fondateur de l'Institut phocéen \
    de Marseille. . . . . *Président p. 1897 (St-Étienne).*

17e SECTION (Hygiène et Médecine publique).

Chantemesse (le Docteur), Agrégé à la Faculté de \
    Médecine de Paris . . . . *Président (Carthage-1896).*

Besson (le Docteur) . . . . *Secrétaire (d° d°).*

Napias (le Docteur), Inspecteur général des ser- \
    vices administratifs au Ministère de l'Intérieur. \
Brémond (le Docteur Félix), Inspecteur du Travail \
    dans l'Industrie. . . . . } *Délégués de la Section.* \
Henrot (le Docteur H.), Professeur à l'École de \
    Médecine de Reims . . . . /

Bard (le Docteur), Professeur à la Faculté de \
    Médecine de Lyon . . . . *Président p. 1897 (St-Étienne).*

COMMISSIONS PERMANENTES

Commission des Conférences : MM. DE COMBEROUSSE, LAUTH, NAPIAS, MILNE EDWARDS, F. PASSY, CH. RICHET.

Commission des Finances : MM. ANTHOINE, BOUVET, CALLOT, GUÉZARD.

Commission d'Organisation du Congrès de St-Étienne : MM. BONNET, CORNU (MAX), FOURNIER, SANSON.

Commission de Publication : MM. BONNET, ANDRÉ BROCA, COLLIGNON, GAUTHIOT.

Commission des Subventions : MM. DE LONGCHAMPS (1re et 2e Sections), Colonel LAUSSEDAT (3e et 4e Sections), ANDRÉ BROCA (5e Section), HANRIOT (6e Section), ANGOT, (7e Section), SCHLUMBERGER (8e Section), BONNET (9e Section), EDM. PERRIER (10e Section), MANOUVRIER (11e Section), HANOT (12e Section), AIMÉ GIRARD (13e Section), GAUTHIOT (14e Section), SAUGRAIN (15e Section), GUÉZARD (16e Section), NAPIAS (17e Section), LEVASSEUR et DE NADAILLAC (*délégués de l'AFAS*).

COMITÉ LOCAL · DE CARTHAGE (Tunis)

.Sous le haut patronage de : Son Altesse le Bey de Tunis et de
M. R. Millet, Résident général de la République Française en Tunisie.

PRÉSIDENTS D'HONNEUR

Sa Grandeur Monseigneur Combes, archevêque de Carthage.
MM. Le général Leclerc, commandant la brigade d'occupation.
Si Aziz Bou Attour, premier ministre de son Altesse le Bey.
Si Mohamed Djellouli, ministre de la Plume.

PRÉSIDENT

M. Machuel, directeur de l'Enseignement public en Tunisie.

VICE-PRÉSIDENTS

MM. Dr Bertholon, président de l'Institut de Carthage.
Général Mohamed El Asfouri, président de la Municipalité de Tunis.
A. Cambiaggio, vice-président de la Municipalité de Tunis.
Ventre, président de la Chambre de Commerce du Nord.
Terras, président de la Chambre d'Agriculture.
Gaillard, président de la Chambre de Commerce du Sud.
Commandant Catroux, contrôleur civil de Tunis.

SECRÉTAIRE GÉNÉRAL

M. le Dr Loir, dir. du laboratoire de bactériologie de la Régence.

SECRÉTAIRES

MM. Feret, président du Comice agricole.
Baille, inspecteur primaire.
Dumont, colon.
Duvau, attaché au *Journal officiel*.

TRÉSORIER

M. Eymann, trésorier de la Municipalité de Tunis.

MEMBRES HONORAIRES

MM. Le Chargé d'affaires à la Résidence.
Le Cheik Ul Islam.
Fabry, président du Tribunal de Tunis.

MM. Spire, procureur de la République.

Roy, secrétaire général du Gouvernement tunisien.

Paul Bourde, directeur de l'Agriculture.

Ducroquet, directeur des Finances en Tunisie.

Pavillier, directeur des Travaux publics.

Le Révérend Père Delattre, correspondant de l'Institut.

Jacques, sous-directeur des Postes en Tunisie.

Dulocle, sous-directeur des Finances.

Buisson, directeur de l'École Normale

Le Bureau de l'Institut de Carthage.

Le Bureau de la Section des Lettres de l'Institut de Carthage.

Le Bureau de la Section des Sciences physiques et naturelles de l'Institut de Carthage.

Le Bureau de la Section des Sciences historiques et géographiques de l'Institut de Carthage.

Dr Le Mardeley, directeur du Service de Santé de la brigade d'occupation.

Général Valensi, premier interprète du Bey.

Croisy, proviseur du Lycée.

Commandant Rebillet, chef d'état-major.

Commandant Dolat, chef du Génie.

L'Intendant militaire.

Le Médecin-chef de l'hôpital militaire.

Monseigneur Gazaniol, évêque-curé de Tunis.

Janin, ingénieur de la Ville.

Aubert, ingénieur à la Compagnie de Bone-Guelma.

Koely, ingénieur à la Compagnie de Bône-Guelma.

Dubost, ingénieur à la Compagnie de Bône-Guelma.

Présidents des Sociétés savantes et artistiques.

Rédacteurs en chef des journaux de Tunis.

Delmas, directeur du Collège Sadiki.

Defages, sous-directeur des Travaux publics.

Monseigneur Polomeni, évêque de Ruspe.

Les Contrôleurs civils de la Régence.

Le Commissaire central.

Bertainchamp, directeur du laboratoire de chimie.

COMMISSION DE PROPOGANDE :

MM. le Lieutenant de vaisseau Servonnet, attaché naval à la Résidence, *Président.*

Vayssié, directeur de l'Agence Havas, *Vice-Président.*

COMMISSION DES EXCURSIONS :

MM. Proust, président de la Section de Carthage du Club Alpin Français, *Président.*

Dubourdieu, secrétaire de la Section de Carthage du Club Alpin Français, *Vice-Président.*

Ducloux, vétérinaire militaire au dépôt de la remonte, *Vice-Président.*

COMMISSION DES FINANCES

MM. de CARNIÈRES, *Président.*
RIBAN, trésorier de la Chambre d'Agriculture, *Vice-Président.*

COMMISSION DES FÊTES

MM. GANDOLPHE, vice-président de la Municipalité, *Président.*
HUARD Ferdinand, *Vice-Président.*
HENRY, *Vice-Président.*
DODANE, *Vice-Président.*
COMMUNAUX, *Vice-Président.*

COMMISSION DES LOGEMENTS

MM. le Colonel ABRIA, du 4e zouaves, *Président.*
HENRY, vétérinaire en premier, *Vice-Président.*
COMBET, professeur au Lycée, *Vice-Président.*

COMMISSION DU VOLUME DES NOTICES

MM. GAUCKLER, inspecteur du Service des Antiquités.
FALLOT, chef de Service de l'Agriculture.

COMITÉ D'INITIATIVE

MM. le Dr BERTHOLON, président de l'Institut de Carthage, *Président.*
FERET, président du Comice agricole, *Vice-Président.*

le Dr Loir, président de la Section des Sciences physiques et naturelles de l'Institut de Carthage, *Secrétaire.*

MEMBRES

MM. le Colonel ABRIA, du 4o zouaves,
DUVAL, professeur au Lycée,
Ferdinand HUARD,
— Vice-Présidents de l'Institut de Carthage.

le Lieutenant de vaisseau SERVONNET, attaché naval à la Résidence, Vice-Président d'honneur de l'Institut de Carthage.

HENRY, vétérinaire en premier,
BAILLE, inspecteur primaire,
— Vice-Présidents de la Section des Sciences physiques et naturelles de l'Institut de Carthage.

FALLOT, délégué de la Section des Sciences physiques et naturelles de l'Institut de Carthage.

COMBET, professeur au Lycée, secrétaire de la Section des Sciences physiques et naturelles de l'Institut de Carthage.

de CARNIÈRES,
VERSIGNI,
— Vice-Présidents de la Section des Lettres de l'Institut de Carthage.

le marquis d'ANSELME,
JOBARD, avocat,
— Vice-Présidents de la Section des Sciences historiques et géographiques de l'Institut de Carthage.

DÉLÉGUÉS DES MINISTÈRES

AU CONGRÈS DE CARTHAGE

MINISTÈRE DES AFFAIRES ÉTRANGÈRES

M. le Baron COTTU, Secrétaire d'ambassade de 1re classe à la Résidence générale de la République française, à Tunis.

MINISTÈRE DE L'AGRICULTURE

M. DYBOWSKI (Jean), Professeur de culture coloniale à l'Institut national agronomique, Directeur de l'agriculture en Tunisie.

MINISTÈRE DES COLONIES

MM. COQUEREL (Georges), Chef adjoint du Cabinet du Ministre.
TOUTÉE (le Capitaine d'artillerie breveté G.).

MINISTÈRE DU COMMERCE, DE L'INDUSTRIE, DES POSTES ET DES TÉLÉGRAPHES

MM. LEVASSEUR (Émile), Membre de l'Institut, Professeur au Conservatoire national des Arts et Métiers.
TURQUAN (Victor), Chef de la statistique générale de France (Délégué de l'Office du Travail).

MINISTÈRE DES FINANCES

MM. GÉRARD (René), Contrôleur central du Trésor public, Chef du Cabinet du Ministre.
NICOLAS, Sous-Chef du Cabinet du Ministre.
PAYELLE (Georges), Caissier-Payeur central du Trésor public.

MINISTÈRE DE LA GUERRE

M. le Commandant REBILLET, du 4e régiment de zouaves, détaché à la Résidence générale de la République française, à Tunis.

MINISTÈRE DE L'INSTRUCTION PUBLIQUE, DES BEAUX-ARTS ET DES CULTES

MM. LEVASSEUR (Émile), Membre de l'Institut, Professeur au Collège de France, Président de la Section des sciences économiques et sociales du Comité des Travaux historiques et scientifiques, *Président de la Délégation*.
HÉRON DE VILLEFOSSE, Membre de l'Institut, Président de la Commission archéologique de l'Afrique du Nord, Membre du Comité des Travaux historiques et scientifiques.
DOUMET-ADANSON, Délégué du Comité des Travaux historiques et scientifiques auprès des Membres de la Mission scientifique de Tunisie.
LOIR (le Dr Adrien), Correspondant du Ministère, Directeur de l'Institut antirabique et du laboratoire de bactériologie et de vinification de Tunis, Président de l'Institut de Carthage.
RIVIÈRE (Émile), Sous-Directeur du Laboratoire d'histoire naturelle du Collège de France.
VIVIEN (Paul), Sous-Chef du Cabinet particulier du Ministre.

MINISTÈRE DE LA MARINE

M. le Lieutenant de vaisseau Servonnet, Attaché naval à la Résidence générale de la République française, à Tunis.

MINISTÈRE DES TRAVAUX PUBLICS

M. Pavillier, Ingénieur en chef des Ponts et Chaussées, Directeur des travaux publics de la Régence de Tunis.

GOUVERNEMENT GÉNÉRAL DE L'ALGÉRIE

M. le Capitaine Lacroix, Attaché au service des Affaires indigènes et du Personnel militaire.

BOURSES DE SESSION

LISTE DES BOURSIERS AYANT ASSISTÉ AU CONGRÈS DE CARTHAGE

MM. Granat (Pierre), Étudiant à la Faculté des Lettres de Bordeaux.
Haug (Émile), Chef des travaux pratiques de géologie, à la Faculté des Sciences de Paris.

LISTES DES SOCIÉTÉS SAVANTES ET INSTITUTIONS DIVERSES

QUI SE SONT FAIT REPRÉSENTER AU CONGRÈS DE CARTHAGE

Comité de l'Afrique française, représenté par M. le Capitaine Lacroix, délégué.
Société des sciences naturelles d'Autun, représentée par M. le Dr Gillot, délégué.
Académie nationale des sciences, belles-lettres et arts de Bordeaux, représentée par M. Gayon (Ulysse), délégué.
Société de géographie commerciale de Bordeaux, représentée par M. Fallot (Emm.), délégué.
Société linnéenne de Bordeaux, représentée par M. Motelay (Léonce), son président.
Société française d'entomologie (Caen), représentée par M. Fauvel (Albert), délégué.
Société linnéenne de Normandie (Caen), représentée par M. Lignier (Octave), délégué.
Académie des sciences, arts et belles-lettres de Dijon, représentée par M. Mocquery, délégué.
Société bourguignonne de géographie et d'histoire (Dijon), représentée par M. Mocquery, délégué.

Société de Géographie de Lille, représentée par M. Lecocq (G.), délégué.

Chambre de commerce de Marseille, représentée par M. Deiss (Jules), délégué.

Société de Géographie de Marseille, représentée par MM. Couchot, délégué, et Léotard (Jacques), secrétaire général.

Société scientifique Flammarion de Marseille, représentée par M. Pinatel (V.), délégué.

Société d'émulation de Montbéliard, représentée par M. Fallot (Emm.), délégué.

Société de Géographie et d'archéologie de la province d'Oran, représentée par M. du Coudray La Blanchère, délégué.

Société académique indo-chinoise de France (Paris), représentée par MM. le R. P. Delattre, Sadoux (Eugène) et Drouet (Paul-L.-M.), délégués.

Société nationale d'acclimatation de France (Paris), représentée par MM. Blanc (Édouard), Olivier (Louis) et de Vilmorin (L.), délégués.

Société des anciens élèves des écoles nationales d'arts et métiers (Paris), représentée par M. Dumas, délégué.

Société d'anthropologie de Paris, représentée par M. Dumont (Arsène), délégué et M. le Dr Letourneau.

Société nationale des antiquaires de France (Paris), représentée par M. le Marquis d'Anselme de Puisaye.

Société centrale des architectes français (Paris), représentée par M. Degeorge (Hector), délégué.

Société entomologique de France (Paris), représentée par M. Gadeau de Kerville (H.), délégué.

Société des études coloniales et maritimes (Paris), représentée par M. Sicre de Fontbrune, délégué.

Société de Géographie de Paris, représentée par M. Blanc (Édouard), délégué.

Société de Géographie commerciale (Paris), représentée par M. et Mme Lourdelet (E.), délégués, M. Levasseur (Émile), son président, et M. Gauthiot (Ch.), son secrétaire général.

Société française des ingénieurs coloniaux (Paris), représentée par M. Ferrière, délégué.

Société zoologique de France (Paris), représentée par M. Blanc (Édouard), délégué.

Société historique et archéologique du Périgord (Périgueux), représentée par M. Delugin (Ant.), délégué.

Société des amis des sciences naturelles de Rouen, représentée par M. Nibelle, délégué.

Institut de Carthage (Tunis), représenté par M. Goin, vice-président.

Société pour la défense et le développement du commerce et de l'industrie (Tunis), représentée par M. Goguyer, délégué.

Société polymathique du Morbihan (Vannes), représentée par M. le Dr Mauricet, délégué,

JOURNAUX REPRÉSENTÉS AU CONGRÈS DE CARTHAGE

Journaux de Tunis (Les), représentés par les rédacteurs en chef.

Archives d'Électricité médicale (Les), représentées par M. le Dr Bergonié, rédacteur en chef.

Belgique médicale (La), représentée par M. le Dr Dumon (Émile).

Cosmos (Le), représenté par M. Hérichard (Émile).

Gazette de Lausanne (La), représentée par M. le Dr Cuénod.

Gazette des Sciences médicales de Bordeaux (La), représentée par M. le Dr Junior Vitrac.

Globe (Le), représenté par M. Letort (Charles), rédacteur en chef.

Journal des Débats (De), représenté par M. Hérichard (Émile).

Journal des Économistes (Le), représenté par M. Letort (Ch.).

Marseille médical (Le), représenté par M. le Dr Livon, directeur.

Médecine moderne (La), représentée par M. le Dr Faguet.

Nature (La), représentée par M. Tissandier (Albert).

Petit Colon (Le), représenté par M. Blayac.

Radical (Le), représenté par M. Alglave (Marcel).

Revue générale des Sciences (La), représentée par M. Olivier (Louis), directeur.

Revue des Sciences médicales (La), représentée par M. le Dr Cartaz (A.).

Sémaphore (Le), représenté par M. Léotard (Jacques).

Soleil (Le), représenté par M. Letaille.

Temps (Le), représenté par M. Alglave (Émile).

CONGRÈS DE CARTHAGE

_____

, PROGRAMME GÉNÉRAL DE LA SESSION

MERCREDI 1er AVRIL. — Le matin, séances de Sections; constitution des Bureaux de Sections; travaux à l'ordre du jour. Dans l'après-midi, excursion spéciale au Musée du Bardo. A quatre heures trois quarts, séance d'inauguration au Théâtre français.

JEUDI 2 AVRIL. — Le matin, séances de Sections. — Dans l'après-midi, excursion spéciale aux ruines de Carthage. A cinq heures et demie, conférence publique par M. Marcel Dubois, professeur à la Faculté des Lettres de Paris. A neuf heures, réception au palais de la Résidence, par M. le Résident Général.

VENDREDI 3 AVRIL. — Le matin, séances de Sections. Dans l'après-midi, excursion générale à Bizerte.

SAMEDI 4 AVRIL. — Le matin et l'après-midi, séances de Sections. Excursions spéciales de la Section d'Agronomie à Sidi-Tabet et de la Sous-Section d'Archéologie à Oudna. A cinq heures, réunion de l'Assemblée générale au Théâtre français. Clôture du Congrès.

DIMANCHE 5 AVRIL ET JOURS SUIVANTS. — Excursions finales.

SÉANCE GÉNÉRALE

SÉANCE D'OUVERTURE

— 1er Avril 1896 —

M. René MILLET

Résident général de la République Française en Tunisie.

M. René MILLET salue d'abord les membres du Congrès, disant combien Tunis était heureuse et fière de les posséder dans ses murs.

Nous en sommes d'autant plus fiers, ajoute-t-il, qu'un article de votre règlement, Messieurs, vous interdit de faire choix d'une ville étrangère pour y tenir vos assises. En venant ici, vous avez donc voulu témoigner, une fois de plus, que vous considériez notre cité comme une cité, chaque jour, de plus en plus française.

M. Millet a continué en rappelant que ce n'était pas seulement un accueil plein de bienveillance qui avait été réservé au Congrès.

Nous avons fait mieux, dit-il. Nous avons préparé pour vous un travail complet sur le pays que vous venez visiter. J'ai demandé à toutes les spécialités de contribuer à cette œuvre : j'ai prié chacun de dire ce qu'il savait le mieux, d'apporter sa pierre à l'édifice que nous voulions élever à votre intention ; et tous, depuis les colons jusqu'aux fonctionnaires se sont prêtés à ce labeur avec un dévouement que je tiens à signaler et dont je remercie d'autant plus les auteurs, que ce dévouement reste anonyme ; j'aurais voulu qu'il en fût autrement ; mais cela n'ayant pas été possible, j'ai trouvé dans mes collaborateurs une abnégation qui m'a touché et dont je suis heureux de les féliciter.

Messieurs, chose étrange, cette terre d'Afrique que vous foulez aux pieds a, pendant de longs siècles, été pour l'Europe le grand inconnu. Ces côtes où s'épanouirent des civilisations antérieures même à celles de l'Europe, sont restées, jusqu'au commencement de ce siècle, presque complètement ignorées et, en tout cas, absolument hostiles aux peuples situés sur l'autre rive du lac bleu qui les sépare. Et, cependant, au temps même de Rome, il y avait là toute une civilisation brillante. Rome, il est vrai, mit un jour sa main de fer sur

7

cette civilisation, comme elle la posa sur les rivages méditerranéens et les réunit tous dans une commune uniformité.

Eh bien ! en venant visiter ces contrées, en les parcourant, vous y trouverez plus d'un enseignement.

Vous y apprendrez d'abord que si notre civilisation actuelle est, sous certains aspects, supérieure à celle des anciens, sous d'autres, également, elle se trouve encore dans une sorte d'infériorité.

Au point de vue des sciences exactes, nous sommes supérieurs certainement aux anciens, mais quelquefois — chose étrange à dire — notre science même nous gêne et devient une entrave pour nous.

C'est le cas, par exemple, dans les questions économiques. Nous sommes plus qu'eux étreints par la loi de l'offre et de la demande, par le prix de la main-d'œuvre, et ces facilités mêmes que la science nous donne de connaître les cours des marchés lointains, d'y transporter nos produits nous oblige à des calculs sévères et à une réserve que ces ancêtres ne connaissaient pas.

Aussi, voyons-nous, à chaque pas, qu'ils construisaient avec plus de confortable, de luxe même que nous. Que resterait-il de nos fermes actuelles si, tout à coup la fortune adverse les renversait ? Dans un millier d'années, peu de chose, un peu de béton. Les anciens nous ont laissé d'autres vestiges de leur passage !

Une autre leçon que nous devons tirer de ce pays, c'est la nécessité de comprendre des civilisations autres et plus complexes que la nôtre.

Le Français est éminemment sociable par l'intelligence. Il faut donc apprendre à comprendre les civilisations et les peuples différents de nous mêmes.

Rien ne sera plus facile ici. Car le peuple de ce pays est des plus ouverts qui soient à nos idées, à nos sciences, à nos arts. Nous devons tous nous efforcer de comprendre son génie propre, de faire ce que fit Rome qui, avec une merveilleuse souplesse, sut adapter son tempérament et sa mythologie au tempérament et à la mythologie pourtant si différents de vingt peuples divers.

Ce faisant, Messieurs, vous aurez certainement travaillé beaucoup suivant votre devise : *Par la science, pour la Patrie.*

M. Paul DISLÈRE

Ancien Ingénieur de la Marine, Conseiller d'État,
Président de l'Association.

LA NAVIGATION ENTRE LA FRANCE ET LA TUNISIE

MONSIEUR LE RÉSIDENT GÉNÉRAL

Pour la première fois, depuis vingt-cinq ans, les membres de l'Association Française pour l'Avancement des Sciences regretteront que le programme de leurs congrès soit assujetti à certaines prescriptions, à certains rites, dont il ne nous est point permis de nous écarter.

Pourquoi ne pas rester sous le charme de votre discours ? pourquoi, après cette carrière si pleine d'enseignements, ne pas nous contenter d'un simple renseignement ?

Malheureusement pour nous, et surtout pour vous, Mesdames, il faut suivre le programme officiel de nos discours, et faire succéder aux paroles vibrantes que vous venez d'entendre, la lecture toujours terne d'une conférence sur un sujet scientifique.

Cette obéissance au règlement sera pour moi l'excuse que j'invoque auprès de vous.

MESDAMES, MESSIEURS, MES CHERS COLLÈGUES,

Le 14 avril 1881, l'Association française pour l'avancement des Sciences, ouvrait à Alger ses assises annuelles ; c'était la première fois que nos collègues se décidaient à franchir la mer, à venir demander à une partie de la terre française, moins parcourue, moins connue que nos vieilles provinces, une hospitalité nouvelle, des sujets d'études sortant un peu du cadre de nos recherches ordinaires. Le succès rend toutes les entreprises faciles ; aussi sept ans à peine s'étaient écoulés que, bravant les dangers d'une mer, indulgente pour nous, il faut l'avouer, les soucis d'une installation un peu compliquée, 400 congressistes se réunissaient à Oran. L'élan est donné, et au Congrès de Caen, en 1894, vous acclamez l'idée d'un retour sur la côte africaine, vous adoptez, à l'unanimité, le choix de Tunis pour votre réunion actuelle. Ce Congrès, vous lui donnez, non pas seulement le nom de la ville qui vous accorde l'hospitalité, mais vous tenez à lui joindre celui de l'antique Carthage ; vous unissez ainsi, dans un même sentiment, un passé de gloire dont beaucoup de vous reconstituent l'histoire, et ce présent non moins brillant qui réunit, sous l'étoile radieuse de la France, pour le développement de la prospérité de la Régence, les efforts de notre race colonisatrice à la sagesse de la population indigène.

Pouvions-nous espérer un champ d'études plus vaste et plus intéressant ? Nous allons visiter des palais orientaux, où les architectes arabes ont entassé les mille délicatesses de leur art, les joyaux étincelants de leurs gracieuses découpures ; à leurs portes, flottent côte à côte l'étendard du Prophète et notre glorieux drapeau national, emblèmes de deux civilisations si différentes et pourtant si bien faites pour marcher de concert ; nous sortirons de ces palais et nous rencontrerons des tramways perfectionnés, les produits de l'industrie la plus avancée ; nous mesurerons de l'œil les quais de ce port de douze hectares, que nos ingénieurs ont créé. — Demain nous serons au milieu des ruines de Carthage, de l'adversaire séculaire de la Rome antique, devant l'immense aqueduc dont nous aurons suivi le développement prodigieux, devant ces citernes, vestiges d'une science que ne nous saurions trop admirer ; ce seront les pensées d'une antiquité de vingt et un siècles que nous évoquerons, et en même temps les souvenirs de saint Louis, l'un de ces souverains qui, entraîné sans doute par des mobiles tout spéciaux, lutta le plus énergiquement pour la grandeur de la France. — Puis ce sera Utique et la grande figure de Caton, du philosophe, adversaire des tyrans, impitoyable envers les dilapidateurs du trésor public, qui se tua pour protester contre les destructeurs de la liberté. — Enfin nous visiterons Bizerte, et ses bassins, définitivement défendus, nous diront à leur tour que la Patrie n'est pas absente d'ici.

C'est là un cadre brillant, merveilleusement approprié à nos travaux, car nous y trouvons réunis des éléments de recherches pour la plupart de nos sections, et cette juxtaposition, ou plutôt cette association intime, des sujets d'études les plus variés nous inspire une véritable admiration pour ce pays privilégié auquel la nature a prodigué des sources de vitalité si largement mises à profit aujourd'hui.

A côté de cette satisfaction profonde que nous éprouvons au point de vue de l'ampleur que peuvent prendre nos discussions, des plaisirs que nous donneront, après les travaux si productifs de notre session, les excursions diverses qui ont été organisées, je dois mentionner un plaisir plus grand encore, celui de l'accueil qui nous est fait. Sans doute dans cette grande ville-que les Orientaux ont appelée la Glorieuse, la Reine des cités mauresques, celle dont on a pu dire qu'encadrée entre la mer, des collines toutes vertes et de hautes montagnes, elle offrait les blancheurs éclatantes des cités d'Orient, la joie des yeux est complète, mais la joie du cœur n'est-elle pas aussi grande en présence de cet empressement cordial, douce coutume des pays du soleil? Pour les douars arabes, l'étranger c'est l'hôte de Dieu; ici sur la côte où nous, Français, ne sommes pas des étrangers, nous sommes les hôtes de la mère patrie à qui l'enfant adoptif tend les bras, et réserve son plus chaleureux accueil. Si vous vous écartez dans la campagne, à la recherche des minéraux, des richesses botaniques que nous offre le sol, vous ne rencontrerez plus sans doute ces soins particulièrement affectueux que les habitants de la Régence prodiguaient jadis aux savants, avec la vénération superstitieuse qu'ils conservent aux égarés de l'esprit, — l'instruction a réalisé ici des progrès tels qu'on comprend, même au fond des campagnes, les recherches que nous entreprenons, — mais l'accueil n'en sera pas moins cordial, et le concours de tous vous est dès maintenant assuré.

Ce n'est point aujourd'hui que nous aurons à rappeler tout ce que l'Association doit à son Comité local, à M. le Résident général de France, au Gouvernement tunisien, mais nous manquerions à un devoir si, au début de nos travaux, nous ne leur adressions à tous un profond remerciement.

Nous ne pourrions également passer sous silence les progrès qui, par un heureux concours des efforts combinés de la Régence et de la France, ont été réalisés depuis quinze ans.

Au point de vue matériel, la constitution de la propriété foncière dans des conditions qui font l'envie de bien des États européens· — l'établissement d'un réseau de voies ferrées qui reliant aux ports ou à la frontière algérienne, les riches territoires agricoles, permettent la mise en valeur de ces vastes espaces, l'ancien grenier de Rome — neuf cents kilomètres de route à l'état d'entretien, — les ports agrandis ouvrant aux flottes commerciales (1) des abris assurés, au vin, à l'huile, au blé, des débouchés à portée des lieux de production, car, par une sage entente des besoins du pays, ce ne sont pas les grands ports seuls qui progressent, mais à côté d'eux les déshérités de jadis, Tabarka, Nebeul, Mahedia, Gabès, — trois phares nouveaux allumés cette année et complétant·l'éclairage des côtes indispensable à la sécurité de ces flottes.

Au point de vue intellectuel, et c'est là surtout que doit se porter notre attention, l'introduction du système métrique, la création d'un laboratoire de bactériologie et d'un institut Pasteur, à la tête duquel nous trouvons notre si dévoué secrétaire du Comité local, M. le docteur Loir; l'établissement du lycée Carnot,

---

(1). En 1886, les ports tunisiens recevaient 6.700 navires jaugeant 135.000 tonnes; en 1894, ces chiffres se sont élevés à 9.100 navires et 224.000 tonnes, soit une augmentation de 35 0/0 dans le nombre des navires, de 57 0/0 dans le tonnage total, de 17 0/0 dans le tonnage moyen.

le développement du collège Alaoui, du collège Sadiki, de l'école secondaire de
jeunes filles, et enfin, car c'est là le résultat le plus apparent, celui qui réjouit
à si juste titre cette Société sœur l'Alliance française, la présence dans les écoles
de quatorze mille élèves suivant les cours de l'enseignement français, dont trois
mille cinq cents jeunes musulmans. Tout cela, grâce aux efforts constants,
opiniâtres pendant quinze années de mon collègue du Comité local, M. le Directeur Machuel.

Voilà les résultats de cette œuvre profondément nationale, de cette œuvre qui,
associant intimement la population tunisienne à nos efforts, respectant l'administration des biens religieux, la justice, l'enseignement indigène, a constitué,
ainsi que le disait M. le ministre des Affaires étrangères dans son dernier
rapport, *un instrument de conciliation et de pacification.* Cette organisation, due
au merveilleux esprit politique de M. Cambon, maintenue avec persévérance
par MM. Massicault et Rouvier, est aujourd'hui confiée à l'éminent administrateur qui vient de nous souhaiter la bienvenue. Entre les mains de M. René
Millet, la France a confiance, elle sait que l'œuvre ne périclitera pas.

*
* *

Il y a dix-huit mois, messieurs, vous me faisiez l'honneur, en m'appelant à
la vice-présidence de notre association, de me confier le soin d'exposer, dans
cette conférence d'ouverture de vos travaux annuels, les progrès réalisés dans
une des branches si diverses de vos études. Je ne vous cacherai point que je
me croyais alors un peu libre du choix du sujet, et qu'amené, par les hasards
de ma carrière, à abandonner les plans de navires ou de machines pour des travaux tout différents, je pourrais, sur cette terre dont je viens de vous rappeler toute
l'importance au point de vue de son développement agricole et industriel,
vous entretenir des méthodes de colonisation adoptées soit par nous, soit par
nos rivaux. J'aurais voulu porter sur cette science de la colonisation une
analyse analogue à celle dont l'un de mes plus illustres prédécesseurs, Wurtz,
a tracé un modèle inoubliable; j'aurais désiré vous montrer que, sur ce
terrain de l'expansion colonisatrice, comme sur tous les autres, la France n'est
inférieure à aucun pays; mais nos usages, sinon notre règlement, sont formels:
c'est à un ancien ingénieur de la marine que vous avez voulu confier la prési-
dence, c'est de la marine que vous avez désiré entendre parler. J'obéis, avec
plaisir d'ailleurs, car en reprenant une série d'études que je croyais avoir
abandonnées pour toujours, j'ai pu évoquer des souvenirs auxquels je suis resté
profondément attaché, revivre quelque temps de cette existence des ports, des
chantiers de construction que je ne saurais jamais oublier.

Parler de la marine est un sujet bien vaste : vous entretiendrai-je, avec un de nos
plus charmants conférenciers de 1888, M. Daymard, des progrès de la navigation
à vapeur ? Passerai-je en revue les transformations des navires de guerre, les
péripéties de cette lutte entre le canon et la cuirasse, entre la torpille et les
compartimentages de toute espèce, lutte qui, sauf dans les régions lointaines
de l'Extrême Orient, n'a guère été jusqu'aujourd'hui qu'une lutte de millions
entre les budgets? Dans les deux cas, le champ serait trop étendu pour pouvoir y tracer quelques sillons un peu nets pendant le temps restreint qui est
réservé à ce discours d'ouverture. Je préfère, abandonnant de plus hautes
visées, vous parler de la flotte pacifique qui assure les communications d'une
rive à l'autre de la Méditerranée, des superbes paquebots que la Compagnie

Transatlantique a mis à notre disposition, grâce auxquels cet exode de cinq cents congressistes est devenu possible, je dirai même facile.

***

En m'obligeant à parler Marine, nos usages me placent sur un terrain que m'imposerait, je dois le reconnaître, le choix du lieu où je parle. N'est-ce pas à Carthage que la navigation prit dès les premiers temps un prodigieux essor, où l'on a inventé, d'après Diodore de Sicile, les navires à quatre et à cinq rangs de rames, où l'on employa, dit-on, pendant les guerres puniques, des bateaux armés de trois paires de roues mues par des bœufs? N'est-il point en situation pour nous qui établissons un lien nouveau, celui des relations scientifiques, entre la France européenne et la Tunisie, de passer en revue les relations maritimes qui, à travers les âges, depuis plus de trois mille ans, n'ont cessé, avec des intervalles parfois un peu longs, sans doute, d'unir Carthage à la colonie phocéenne, la Provence aux pays barbaresques, la France enfin aux ports de Tunis, Sousse, Sfax, Bizerte par lesquels pénètrent depuis quinze ans dans ce pays, avec la prospérité due aux débouchés commerciaux, les principes d'une véritable communauté d'intérêts, d'une solidarité politique et d'une unité économique?

Il est incontestable que les communications dans le bassin occidental de la Méditerranée étaient, jusqu'à l'emploi de la vapeur, de beaucoup plus difficiles que dans le bassin oriental; les sautes de vent plus fréquentes, les tempêtes de mistral ont, pendant bien des années, créé des obstacles au développement d'un commerce maritime que les négociants de l'Italie et de la Grèce entretenaient à moins de frais, en courant moins de dangers, avec l'Asie Mineure, la Syrie et l'Égypte. Il fallait, surtout dans la période antérieure à la navigation à la voile, alors que les rames de nombreux esclaves poussaient péniblement vers le port une galère à peine chargée de quelques tonneaux de marchandises, éviter la haute mer et la conséquence en était qu'entre Carthage et nos ports de la Méditerranée, Marseille, Agde, Narbonne, les nefs phéniciennes étaient obligées de passer le long de la côte italienne; là, elles étaient souvent arrêtées par quelques galères de Rhegium, d'Ostie ou de Port liburnique, désireuses de s'approvisionner à peu de frais des richesses de la Libye. C'était, en renversant la situation, la contre-partie du rôle que devaient, quinze siècles plus tard, jouer, vis-à-vis des marchands de Gênes et de Venise, les corsaires de Tunis et d'Alger.

Mais avant que les colonies helléniques de la côte italienne fussent devenues assez puissantes pour intercepter presque complètement les relations entre la Libye et la Gaule, les flottes phéniciennes, après avoir créé leur colonie massaliote, ont, pendant de longues années, commercé avec nos côtes, et remontant le Rhône, apporté sur les rives de ce fleuve la cire, l'huile; en échange, elles emportaient des métaux, l'étain surtout, que la crainte de traverser les colonnes d'Hercule obligeait à venir chercher dans la Gaule, directement en rapport avec les pays producteurs, l'ambre que Pythéas de Marseille avait découvert le long des rivages de la mer Baltique. Sur les bateaux de cette époque les renseignements sont bien vagues: il est probable que les Carthaginois avaient renoncé aux esquifs tyrrhéniens à formes droites, non couverts, à deux rangs de rameurs, pour adopter les galères pontées. C'est sans doute une de ces quinquérèmes, barque de quarante à cinquante tonneaux de déplacement, pointue aux extrémités comme les esquifs tyrrhéniens, qui s'échoua sur les côtes du Latium et fournit aux Romains un modèle pour leur flotte de guerre.

Puis vint, vers la fin du VIIe siècle avant l'ère chrétienne, la première rupture des relations : pendant que les Massaliotes colonisant toute notre côte méditerranéenne, monopolisaient le commerce de ces nouveaux ports, les colonies helléniques coupaient la route aux navires phéniciens ; nos navigateurs commencèrent à diriger leurs bateaux vers les mers plus clémentes du Levant, demandant à l'Égypte et avec une variété plus grande, les produits que leur avait fournis jusqu'alors la Libye. Les Phéniciens à leur tour, s'écartant de ces côtes inhospitalières cherchaient le chemin de l'Occident : franchissant le détroit de Gibraltar, débouquant dans l'Atlantique, ils allaient recueillir, sur les lieux de production, les métaux pour lesquels la Gaule cessait d'être un marché.

Rome est maîtresse du monde méditerranéen. Carthage a succombé, et la province d'Afrique, comme les autres, va être appelée à apporter sa part de tribut à cette capitale qui se contentait de fournir à sa plèbe les jeux, abandonnant aux vaincus le soin de l'approvisionner de pain. Mais, par mesure de précaution, elle ne leur permettait pas de livrer eux-mêmes ce tribut, et le commerce maritime, exercé par des citoyens romains, réduit à cet approvisionnement de la grande affamée, ne laissait guère aux relations gallo-libyennes la possibilité de se rétablir. Le *canon frumentaire* (c'était ainsi qu'on appelait le tribut des grains) était apporté à Ostie soit qu'il vînt — rarement — de la Gaule, soit qu'il fût fourni par la province d'Afrique, par le collège des naviculaires et nous rencontrons là, à côté du principe de l'organisation des corporations à monopole, les rudiments du fonctionnement des subventions aux Compagnies de navigation. Les naviculaires (1) jouissaient d'avantages considérables : l'État leur fournissait les matériaux de construction de leurs galères, leur concédait des terres, les exemptait des charges fiscales et des fonctions publiques, leur accordait même des honneurs spéciaux(2). Leur rémunération consistait en un prélèvement en nature d'un vingt-cinquième sur les produits qu'ils transportaient et en outre d'une somme fixe, un sou d'or, par exemple, par mille boisseaux pour les provenances d'Égypte. En supposant que ce prix fût réduit de moitié pour les provenances de Carthage, c'était encore une somme considérable pour un voyage d'une quinzaine de jours, gagné par un bateau de trois cents tonneaux de jauge environ. Mais ces avantages ont leur contre-partie : les naviculaires sont responsables de ce qui leur est confié ; ils ne peuvent s'écarter de la route directe, séjourner trop longtemps dans les relâches et si les matelots sont exposés parfois à pâtir de leur mollesse, la loi permettant de mettre à la torture en cas de naufrage la moitié des équipages, les armateurs sont exposés aux peines les plus graves : la mort elle-même est inscrite dans le code théodosien. Il était plus dangereux alors qu'aujourd'hui d'être administrateur d'une Compagnie de navigation. Cet honneur était pourtant très recherché, car pour empêcher la concurrence des gens au pouvoir, le tribun Quintus Claudius fit voter une loi interdisant aux sénateurs de posséder des bateaux pouvant porter plus de trois cents amphores.

Les grands navires à rames ne paraissent guère avoir été employés pour les

---

(1) La plupart de ces renseignements sur les naviculaires sont empruntés à une lecture faite par notre collègue M. Levasseur à l'Académie des inscriptions et Belles-Lettres.

(2) Après cinq ans d'exercice ils devenaient chevaliers.

relations entre la province d'Afrique et Rome; il semble même que les énormes pentères des Phéniciens aient été momentanément mises de côté; ce n'est que plus tard et spécialement pour les relations avec l'Égypte, qu'on paraît être rentré dans la voie des galères colossales, comme celle dont les dialogues de Lucien relatent la relâche au Pirée et qui, d'après les quelques données, sujettes il est vrai à caution, de l'écrivain grec, pouvait avoir un déplacement de quatre mille tonneaux, c'est-à-dire bien supérieur à celui des grands paquebots actuels de nos lignes méditerranéennes.

Au contraire, pour les navires affectés aux relations entre Rome et la province d'Afrique, il n'est guère probable que le déplacement ait dépassé 7 à 800 tonneaux; on voulait sans doute rendre plus facile et plus rapide la navigation autour de la Sicile. Aussi, ces galères ne restaient-elles pas en mer plus de trois à quatre jours entre Utique et Ostie; si, longeant la côte, elles gagnaient l'embouchure du Rhône, il fallait encore compter cinq à six jours; la traversée de la province d'Afrique en Gaule était donc de huit à dix jours. C'étaient des navires larges, un peu arrondis aux extrémités, notamment sur l'avant, très élevés sur l'eau.

Les relations commerciales ainsi assurées entre Ostie, comme port d'attache, Utique et Marseille — ou Narbonne — d'autre part, devaient parfois sans doute continuer directement d'une extrémité à l'autre; il est peu probable, cependant, que ce trafic ait eu quelque importance, car notre pays suffisait à sa subsistance en céréales et les maîtres de l'empire devaient chercher à centraliser les produits d'Afrique dans leurs magasins d'Ostie avant de les revendre aux consommateurs gaulois. Des mesures étaient prises d'ailleurs pour assurer la sécurité de ce mouvement commercial : une flotte de guerre stationnée à Frejus surveillait tout le golfe du Lion.

Quelques siècles s'écoulent : la puissance romaine s'est écroulée; la Gaule devient le rudiment de la patrie française : Charlemagne contient le long des marches de son empire l'invasion arabe comme l'invasion barbare. Le commerce va-t-il reprendre entre la Provence et l'Afrique septentrionale ? Deux nouveaux obstacles s'y opposent : d'une part, la facilité pour un navire de gagner vers l'Orient des marchés, plus éloignés, sans doute, mais mieux approvisionnés que ceux de la côte d'Afrique, en relâchant le long de côtes où le commerce pouvait s'exercer dans chaque escale; de l'autre, le développement rapide que prit, même dès le viiie siècle, la piraterie sur ce qui allait devenir la côte barbaresque. Au début de la période féodale, le commerce de nos ports se resserre tellement que les relations de Marseille ou de Narbonne ne dépassent guère Barcelone, en Espagne, Amalfi, en Italie.

Les croisades suscitent un mouvement général dans tout le bassin méditerranéen, et l'on voit Marseille expédier sur Bougie, Tunis et Ceuta des fers, des bois, des vins et même des huiles. La flotte commerciale est alors transformée : ce sont les busses provençales qui en constituent la plus grande part, les tartanes ne s'écartant guère des côtes. Les busses sont de grosses nefs aux flancs arrondis, à plusieurs étages de ponts, avec châteaux forts à l'arrière, portant sur deux mâts une voilure très élevée en toile de coton (1) : elles marchent péniblement, mais sûrement, et leur jauge, qui dépasse parfois 500 tonneaux, leur permet, quand elles arrivent au port, de réaliser d'importants bénéfices. Les relations se

---

(1) Telle est du moins l'affirmation de la plupart des auteurs qui se sont occupés d'archéologie maritime ; mais nous avons les plus grands doutes sur cette assertion. Pourquoi serait-on allé chercher dans les Indes du coton, quand on avait en France le lin, que depuis un temps immémorial on était habitué à filer et à tisser?

trouvaient d'ailleurs facilitées par le traité conclu en 1270 entre Philippe III et l'émir de Tunis, par la convention commerciale faite en 1327 entre la France et les royaumes de Sicile, de Castille, d'Aragon et de Majorque, par la licence spéciale enfin que le pape Jean XXII avait accordée aux envoyés du roi de France de commercer avec les infidèles. Le mouvement qui se produisit alors n'eut cependant pas le développement auquel on pouvait s'attendre : l'une des raisons en fut surtout le fait que la Provence n'appartenait pas encore à la France, c'est à Aigues-Mortes que les rois voulurent monopoliser le trafic ; or, déjà à cette époque, les difficultés d'accès de ce port étaient telles qu'on s'explique le petit nombre de navires qui tentaient de les braver. Il faut attendre Louis XI, l'annexion de la Provence et du Roussillon, la bannière de France flottant sur tous les grands ports du golfe du Lion, pour que notre commerce puisse profiter des avantages que Charles VII s'était efforcé de lui assurer sur la côte barbaresque.

A cette période de prospérité correspond une série de progrès considérables dans l'architecture navale. Le galion s'est substitué à la nef : moins élevé sur l'eau, moins large, plus allongé, tenant le milieu entre le vaisseau rond et la galère rapide (1), il porte sur trois mâts élancés une forte voilure ; un quatrième mât vertical, le contre-artimon, vient même s'ajouter sur la poupe. Les rames sont conservées et le seront jusqu'à la fin du xviiie siècle comme une ressource contre les accalmies et le galion reçoit une saillie latérale comme point d'appui pour les avirons.

L'unification de tous les pays barbaresques sous l'autorité de Khaïreddin Barberousse leur donne une organisation politique et commerciale qui permet d'assurer une stabilité réelle à nos relations ; les Marseillais, ouvrant la route par un traité particulier conclu en 1520, obtiennent le privilège de la pêche de corail à Tabarka. Charles IX à son tour peut fonder près de la Calle le bastion de France. Notre pavillon flotte sur la terre d'Afrique. Nos navires sans doute n'échappent point aux épreuves de la piraterie, mais nous obtenons bien plus souvent que les autres pays des restitutions de marchandises.

La guerre avec la maison d'Autriche et nos discordes religieuses vinrent mettre fin à cette heureuse situation. Les Barbaresques pillent et rançonnent nos flottes à peu près impunément ; Anglais et Hollandais s'efforcent de nous supplanter. Malgré les négociations poursuivies avec tant de persévérance par Henri IV, malgré la création d'une escadre dans la Méditerranée, malgré les tentatives, dignes d'un meilleur sort, des armateurs marseillais, les préoccupations du gouvernement sont ailleurs : en moins de vingt ans, les pirates enlèvent aux chrétiens 30.000 esclaves et 60 millions de livres en argent ou marchandises ; la plus large part de cette perte incombe à la France. L'affolement est général. Aussi, et quelque étrange que puisse paraître un pareil remède, s'explique-t-on la détermination prise par Louis XIII d'interdire, par l'arrêt du 23 janvier 1623, tout échange avec la côte d'Afrique, sauf le royaume de Tunis ; le 8 octobre 1631, la Tunisie elle-même était fermée à notre commerce.

Colbert rétablit ces relations et, à côté d'expéditions militaires qui se renouvellent périodiquement pendant la seconde moitié du xviie siècle, nous voyons prospérer les Compagnies d'Afrique et du Cap Nègre. Le commerce du blé prend une importance telle que l'approvisionnement de la France est assuré en grande

---

(1) Le rapport entre la longueur et la largeur qui était en général de 3 sur les vaisseaux ronds et atteignait 7 à 8 sur les *galères subtiles*, variait entre 4 et 5 sur les galions.

partie par les ressources nouvelles que l'on va puiser dans l'ancien grenier de Rome. Dans le seul mois de septembre 1691, on expédie de Tunisie en Provence plus de 32.000 hectolitres de blé ; les prix de cette époque correspondaient à environ 7 francs l'hectolitre.

C'étaient des opérations de grande envergure : le ravitaillement de l'armée de Catinat en Italie, par exemple, fut assuré par des convois réguliers qu'escortaient des navires de guerre ; normalement une croisière circulait sur la route suivie pour protéger autant que possible les chargements. La marine marchande s'est d'ailleurs transformée et peut sans difficulté suivre la marche des vaisseaux aux poupes dorées dont le roi Soleil a enrichi ses flottes ; ce sont déjà de grands trois-mâts, très hauts sur l'eau, avec une rentrée considérable. La voilure est partagée entre basses voiles et huniers ; les perroquets n'existent pas encore. Le mât d'artimon porte parfois une voilure de tartane.

Malgré les efforts de Colbert, la marine française ne prend qu'un faible développement ; un statisticien anglais de cette époque calcule en effet que sur 2 millions de tonnes de navires appartenant aux puissances européennes, le pavillon français ne couvre que 100.000 tonnes (1).

Pendant le xviiie siècle, les difficultés commerciales résident bien plus dans la nécessité de lutter contre l'influence anglaise que dans les dangers de la piraterie ; celle-ci tendait à disparaître : en 1725 le port d'Alger, dont jadis plus de 300 reïs sortaient chaque année à la recherche d'une proie, n'en expédiait plus que vingt-quatre ; le nombre des esclaves dans les bagnes était en cinquante ans réduit au dixième. Les Régences déclaraient encore la guerre à Venise, au Danemark, à la Hollande, mais il n'en était plus de même pour la France. Le trafic devenait normal, et si l'on ouvre un inventaire de la Compagnie d'Afrique il y a cent cinquante ans, on est surpris de constater dans les magasins des bastions, des approvisionnements prêts à être expédiés à Marseille, dont la liste et les proportions correspondent presque complètement à celles que nous relevons aujourd'hui dans le tableau du commerce. Les opérations sont plus régulières, plus fructueuses ; une part de ce progrès doit être attribuée d'ailleurs à la connaissance du régime des vents, à la recherche des meilleures routes de navigation, et à l'emploi de navires plus maniables, exigeant des équipages moins nombreux que les anciens trois-mâts. La voilure se répartit sur deux mâts très élevés ; les voiles auriques se substituent en partie aux voiles carrées : le brick et le brick-goélette prennent dans la constitution de la flotte marchande franco-barbaresque la place prédominante qu'ils conservèrent jusqu'à la création de la marine à vapeur ; ce sont eux qui en deux ans (1773 et 1774) importent 600.000 quintaux de blé et sauvent Marseille de la famine. Ce sont eux qui chargent également une marchandise moins encombrante mais beaucoup plus précieuse, le corail, dont la Compagnie française d'Afrique monopolisa la pêche de 1741 à 1799.

**

Notre conquête de l'Algérie devait amener, dans ces relations quelque peu irrégulières, un changement radical ; à la transformation politique correspondait une transformation maritime, l'emploi des navires à vapeur.

---

(1) Hollande, 900 000 tonnes ; Angleterre, 500.000 tonnes ; Hambourg, Dantzig, etc., 250.000 tonnes ; Espagne, Portugal, Italie, 250.000 tonnes ; France, 100.000 tonnes. D'après Sir HARRY PETTY, *Politikal Arithmetik*. A cette époque, la valeur des navires était évaluée à 200 francs par tonneau de jauge.

Dès les premiers mois de 1833, la marine nationale organisa un service régulier hebdomadaire entre Toulon et Alger ; à l'arrivée dans ce port, dépêches et passagers à destination des provinces de l'est et de l'ouest, étaient immédiatement embarqués sur deux navires desservant, l'un Bougie, Djidjelly, Stora et Bône, l'autre Cherchell, Mostaganem, Arzew et Oran. On ne songeait pas encore à la Tunisie. Sans doute, le transport des dépêches et des passagers militaires était la raison d'être principale de ce service, mais une petite réserve était faite en faveur des passagers civils, six à huit couchettes et une dizaine de places dans l'entrepont. Les passagers devaient payer leur nourriture, il y avait à bord un pourvoyeur, mais les uns et les autres étaient soumis à une discipline militaire ; il était, par exemple, interdit d'embarquer des liqueurs spiritueuses. L'installation était moins luxueuse que sur nos paquebots ; les prix n'ont pas pourtant beaucoup varié depuis lors : pour 100 francs on avait droit à une couchette et au transport de 100 kilogrammes de bagages. Les bateaux qui assuraient ce service, c'étaient les vieux 160 chevaux, le *Sphynx*, le *Pélican* ; quelques bateaux à roues de 80 chevaux naviguaient sur la côte d'Algérie. Les avisos de 160 chevaux avaient 45 à 50 mètres de longueur, un déplacement inférieur à 800 tonneaux ; ils réalisaient une vitesse de 8 nœuds et demi en brûlant par jour 18 à 20 tonneaux de charbon. La dépense de toute nature, solde, vivres, consommation de charbon, entretien du navire s'élevait à 10.000 francs par semaine pour un voyage de Toulon à Alger, et retour (1). Malgré les améliorations de toute nature réalisées, un voyage du *Duc-de-Bragance* ou du *Général-Chanzy*, ne coûte guère aujourd'hui plus de 17.000 francs.

Les raisons pour lesquelles on avait, en 1832, renoncé à confier ce service à l'industrie privée et que nous avons retrouvées dans un rapport d'un éminent ingénieur de la marine, M. Bonard, directeur des constructions navales à Toulon (2), disparaissaient peu à peu, et le 1er janvier 1842, une Compagnie subventionnée, la Compagnie Bazin, transportait de Toulon à Marseille la tête de ligne des paquebots algériens. C'est elle qui cinq ans plus tard ouvrit, le 1er février 1847, le premier service sur Tunis (3).

A la Compagnie Bazin succédèrent les Messageries maritimes en 1854, la Compagnie Valery en 1871, la Compagnie Transatlantique en 1880 ; enfin en 1895 toutes les Compagnies étaient appelées à assurer le service moyennant le paiement du transport des dépêches et, en ce qui concerne l'Algérie, l'allocation de primes calculées d'après la vitesse.

La vitesse, qui dans les premiers cahiers des charges, n'était fixée qu'à huit nœuds, était portée à douze en 1880 et les nouvelles conditions exigent une vitesse minimum de quatorze nœuds sur Alger pour que des primes puissent être accordées.

(1) Dans le rapport de la Commission du budget de 1834, la dépense totale du service est estimée à 832.936 francs. Il est vrai qu'à cette époque on dépensait moins qu'aujourd'hui et que le budget total de la marine (sans compter les colonies) n'atteignait pas 59 millions.

(2) Économie pour l'État qui utilise en temps de paix des navires dont la dépense est déjà faite, alors qu'il serait nécessaire de constituer un nouveau capital par les soumissionnaires. — Possibilité de ne pas s'engager pour longtemps. — Création d'une école de mécaniciens. — L'adjudication projetée serait une entrave au développement de la marine commerciale, en empêchant que toute autre Compagnie pût entrer dans cette voie à côté de celle qui serait en si grande partie défrayée par l'État.

(3) Il y avait alors deux voyages par mois, de Marseille à Stora et Tunis. Un troisième voyage fut ajouté en 1854 par le traité avec les Messageries maritimes ; enfin, en 1880, la Compagnie transatlantique créa les voyages hebdomadaires.

A côté de cette transformation dans la rapidité du trajet (1) on ne saurait s'empêcher de signaler les modifications survenues dans les installations des navires eux-mêmes.

Sans insister sur le luxe et, ce qui vaut mieux encore, sur le confort de ces navires où tout est prévu pour assurer le bien-être des passagers, amoindrir pour eux les pénibles assauts du mal de mer, où l'électricité distribue la lumière à volonté, où des glacières modèles permettent d'associer les ressources alimentaires des deux terminus du voyage — il convient de rappeler la facilité avec laquelle les évolutions s'exécutent, grâce à l'emploi des gouvernails mus par la vapeur. Les appareils servo-moteurs, une invention essentiellement française due à M. Stapfer de Duclos, ont permis depuis 1872, époque à laquelle pour la première fois, ils commencèrent à fonctionner sur l'*Iraouaddy*, de conduire en quelque sorte à la main le piston de la machine qui actionne la barre du gouvernail, de substituer ainsi, avec la même obéissance à la volonté du timonier, la puissance d'un appareil à vapeur à l'effort si limité des bras des gabiers agissant sur les roues.

Les opérations de déchargement et de chargement des marchandises dans les ports sont simplifiées et rendues plus rapides; à la longue théorie de manœuvres halant sur les garants d'une poulie, on a substitué les engins mécaniques, les grues à vapeur qui, en moins de deux minutes, prennent au fond des cales des masses atteignant 3.000 kilos et les déposent sur les quais.

Enfin il est important de rappeler que la sécurité des passagers est assurée beaucoup mieux que jadis; que cette amélioration doive être attribuée au meilleur éclairage des côtes et des navires, à la construction même de ceux-ci, à l'instruction plus complète des officiers, aux facilités d'évolution, il est un fait certain, c'est que dans l'espace des dix dernières années on compte, sur près de cinquante mille traversées de paquebots entre la France et les côtes barbaresques, seulement deux navires perdus.

Les cloisons étanches, devenues de plus en plus nécessaires à mesure que l'augmentation de vitesse rend les abordages plus dangereux, en fractionnant la capacité intérieure des navires, permettent de limiter l'étendue du désastre et, dans la plupart des cas, de conserver au navire la flottabilité nécessaire pour l'empêcher de sombrer.

*
* *

Pour réaliser ces progrès, les sciences si variées auxquelles fait appel l'ingénieur maritime ont toutes apporté leur part aux modifications de nos paquebots;

(1) Le tableau suivant résume les éléments essentiels des navires des Compagnies successives. Nous n'avons pu recueillir aucune indication sur ceux employés par la Compagnie Bazin.

Années.	Compagnies.	Navires.	Longueur.	Déplacement.	Force développée par la machine aux essais.	Vitesse aux essais.	Nombre de passagers non compris ceux de pont.	Port en tonneaux de marchandises.
1830	État.	*Sphynx.*	46.25	777	243	8.5	»	»
1854	Messageries maritimes.	*Périclès.*	48.60	350	480	9	30	112
1864	Idem.	*Aréthuse.*	76.20	1860	560	11	»	451
1871	Compagnie Valery.	*Ajaccio.*	80.90	1653	1126	13.60	121	316
1882	Compagnie Transatlantique.	*Ville-de-Naples.*	95.14	2845	2166	14.95	171	577
1891	Idem.	*Général-Chanzy*	104.45	2920	3950	18.25	188	390

leurs transformations sont aussi intimement liées aux découvertes métallurgiques qu'aux recherches ingénieuses de l'architecture navale. Les deux conditions essentielles, en effet, que l'on peut exiger de ces navires — nous laissons de côté les qualités nautiques proprement dites qui, elles aussi, dépendent des formes des navires et de la distribution des poids, et que les récentes études sur la stabilité et les mouvements à la mer ont permis d'améliorer considérablement; mais nous sommes obligé de nous restreindre — les conditions essentielles à exiger d'un paquebot, vitesse et port, dépendent en effet et des formes mêmes de la carène, et de l'allégement de la coque, et de la possibilité de produire avec une machine d'un poids donné une puissance considérable.

Un paquebot, tel que celui qui nous a amenés à Tunis, a un déplacement de 2.900 tonneaux; c'est le poids qu'indiquerait l'énorme balance qui le retirerait de l'eau : c'est ce déplacement qui correspond à la dépense totale à laquelle est entraîné un armateur qui commande un de ces navires. Il connaît la somme maximum qu'il veut dépenser, le nombre de tonneaux dont il veut enrichir sa flotte, mais comment en fera-t-il la répartition? Consacrera-t-il plus à la machine, par suite, à la vitesse? Fera-t-il quelques sacrifices sur l'approvisionnement du charbon ou sur la quantité de marchandises transportables? Mais tout d'abord il doit tenir compte du poids mort, de la coque elle-même qui entraîne dans cette répartition — dans le devis des poids, pour employer le terme consacré — la part la plus importante.

Dans le paquebot que nous avons pris pour exemple, la *Ville-de-Tunis*, les 2.900 tonneaux se répartissent ainsi :

Coque complètement aménagée	1.580
Appareil moteur	470
Charbon	260
Reste disponible pour le fret et les passagers	590

Les passagers ne représentent d'ailleurs qu'une part bien minime dans le poids; pour les 180 voyageurs que la *Ville-de-Tunis* permet d'amener à chaque voyage, on ne peut guère compter que 40 tonneaux, y compris les bagages et les approvisionnements plus que suffisants que nous avons emportés avec nous.

Le but de l'ingénieur doit donc être de réduire autant que possible le poids mort de la coque, d'alléger la machine, de lui faire dépenser moins de charbon, de manière soit à reporter ce disponible sur le fret, soit à diminuer le déplacement et par suite le prix total du navire.

En ce qui concerne la coque proprement dite, il est très difficile de comparer les navires actuels à ceux qui, il y a soixante ans, traversaient la Méditerranée. Les renseignements que l'on peut se procurer se rapportent en effet à la coque complète, au navire emménagé, mâté, gréé : or les emménagements, les multiples cloisons, conséquence forcée des besoins de confortable qui se sont développés, pèsent et pèsent beaucoup. D'autre part à mesure que les navires s'allongeaient il fallait renforcer les liaisons longitudinales, les empêcher de céder aux efforts de rupture : de là une augmentation sensible du poids. Enfin les dimensions plus ou moins grandes des matériaux employés, — leur échantillon, selon le langage maritime, — varient pour des carènes identiques suivant le service auquel le paquebot doit être employé; elles varient même suivant que les navires sont construits pour une Compagnie qui s'assure elle-même ou pour celles qui, s'adressant aux Compagnies d'assurances, sont obligées, en vue d'obtenir un taux réduit, de se soumettre aux règles très sévères du *Véritas* ou du *Lloyd*. Nous devons donc renoncer à toute comparaison sur ce point, indiquer seulement que sur un navire récemment construit pour la maison Cyprien Fabre, le *Massilia*, de 6.431 T. de déplacement, on a pu réduire le poids de coque à 2.551 T., soit à moins de 40 0/0, et borner nos observations aux conséquences résultant du changement des matériaux de construction.

Lors de la mise en service du premier bateau de 160 chevaux en 1832, le poids de la coque atteignait, nous venons de l'indiquer, 52 0/0 de déplacement; il s'agissait alors de lourds navires en bois, comparables aux paquebots actuels comme les pataches de la même époque le sont aux légères, et je voudrais dire élégantes, voitures automobiles de nos jours. Puis le fer s'est substitué au bois: l'économie a été d'environ 8 0/0 pour des navires de mêmes dimensions et de mêmes formes. Enfin depuis une période qui remonte à vingt ans à peine, l'acier à son tour a détrôné le fer. Sans doute on connaissait depuis longtemps la supériorité de ce métal, sa résistance considérable à la rupture, mais on renonçait à son emploi devant les difficultés que les ouvriers rencontraient pour le travailler : les recherches de M. Barba triomphèrent de ces obstacles : l'acier s'assouplit sous le marteau des forgerons de Lorient. A mesure que l'on connaissait les moyens de s'en servir, on s'efforçait de le produire en grandes masses, et son prix, qui avait, lui aussi, constitué une objection à son emploi s'abaissa peu à peu, de manière à tomber au-dessous de celui du fer. Cette fois encore c'était un gain de 12 0/0 sur le poids d'une coque en fer ; il y avait plus : par sa rigidité, l'acier permettait, pour un même déplacement, d'allonger le navire, au grand avantage du tracé de la carène.

Est-on arrivé au terme de cet allégement ? Les recherches effectuées au cours des dernières années sur l'emploi de métaux nouveaux nous permettent de répondre négativement. On ne saurait, évidemment, compter avant longtemps se servir pour nos immenses paquebots de ces feuilles légères de bronze indispensables sur les bateaux sous-marins, où les acides s'échappant d'un accumulateur rompu, pourraient ronger toute coque en acier, inutilisables, en raison de leur prix actuel, sur un navire d'une certaine importance. Mais il n'en est peut-être pas ainsi en ce qui concerne l'acier lui-même ou du moins ses alliages avec certains métaux tels que le chrome ou le nickel. Déjà en Amérique l'introduction du nickel dans les carbures de fer, dans des proportions atteignant parfois 25 0/0, a permis d'obtenir une résistance à la rupture dépassant 60 kilogrammes, avec une limite d'élasticité de plus de 35 kilogrammes. Si ces alliages n'ont pas encore pris rang de cité dans la fabrication courante, leur prix seul constitue un obstacle, mais la science de nos métallurgistes a prouvé depuis longtemps que c'était là une difficulté simplement momentanée. N'en est-il pas d'ailleurs d'exemple plus frappant à citer que la transformation de la fabrication de l'aluminium ? Le prix de ce précieux métal est aujourd'hui le trentième de ce qu'il était il y a dix ans. Aussi, n'est-il pas prématuré dè prévoir l'époque à laquelle il entrera soit directement, soit plutôt sous la forme de bronze d'aluminium, peut-être même d'alliage avec le nickel, dans la construction des grands navires.

L'allégement relatif que nous venons de constater dans les coques est plus sensible pour les machines, à force égale bien entendu : le gain réalisé dans la période de soixante ans que nous considérons, s'élève à 80 0/0 (1).

Le nombre de chevaux développé par un appareil dépend du nombre des cylindres, de leur diamètre, de leur longueur, toutes quantités dont l'accroissement se traduit par une augmentation de poids, mais aussi de la pression de la vapeur et du nombre de tours de l'arbre moteur, qui peuvent être accrus sans conséquence sensible pour le poids de l'appareil. Sans doute la substitution à la fonte, au fer, de métaux plus légers ou plus résistants tels que le bronze, l'acier, a permis de réduire un peu le poids d'une machine d'une dimension déterminée, mais ce n'est là qu'un progrès secondaire tandis que les modifications dans les deux autres éléments de la puissance produisent immédiatement des effets considérables. Comparez les machines à balanciers qui, il y a un demi-siècle, se mouvaient paisiblement et péniblement à vingt-cinq tours par minute, ou même les premières machines à hélice tournant à quarante tours, et — sans parler des appareils vertigineux des torpilleurs — ceux du *Général-Chanzy*, qui donnent actuellement quatre-vingt treize tours par minute, sans que, grâce à un sage équilibre des masses en mouvement, il se produise le moindre choc dans cet immense mécanisme dont certaines pièces marchent à des vitesses de 4^m,50 par seconde, et vous vous rendrez compte du chemin parcouru.

Quant aux pressions sur les pistons et dans les appareils produisant la vapeur, la progression est plus rapide encore : sur nos vieilles chaudières à tombeau, le mécanicien s'empressait de soulager les soupapes dès que le manomètre indiquait 1/4 de kilogramme (2); aujourd'hui c'est à 12 kilogrammes et même à 17 kilogrammes que les chaudières fonctionnent régulièrement. Il a fallu pour cela transformer les appareils et dans leurs formes et dans les matériaux qui les constituent, renoncer à l'eau de mer pour se servir uniquement de l'eau distillée fournie par les condenseurs; il a fallu placer l'eau à l'intérieur de tubes aussi étroits que possible, de manière à multiplier les surfaces de contact entre l'eau et la flamme du foyer, ou encore transporter sur nos bateaux les chaudières des locomotives.

Les paquebots sont aujourd'hui pourvus de machines ne pesant pas plus de 160 kilogrammes par cheval développé ; il y a encore loin de ce chiffre à ceux que l'on obtient pour les navires de guerre quand on tient compte de la force exceptionnellement développée dans les essais. Pour le paquebot la vitesse est toujours la même, c'est celle qui a été déterminée en vue du service à accomplir; pour le navire de guerre au contraire, appelé à passer par des conditions de navigation essentiellement variables, à se contenter normalement d'une vitesse de douze nœuds et à atteindre le jour du combat vingt nœuds, la force nécessaire pour réaliser cette dernière vitesse est trois fois plus grande. Or si on rapporte le poids total de la machine à cette puissance maximum, on tombe à des chiffres de 100 kilogrammes, de 80 kilogrammes même par cheval développé, admissibles pour des conditions exceptionnelles et de très courte durée,

(1) Poids des machines par cheval développé :

1830. *Sphynx*	831^{ks}	1892. *Eugène-Pereire*	182^{ks}
1847. *Pélican*	266^{ks}	1894. *Polynésien*	165^{ks}
1862. *Navarre*	235^{ks}	1895. *Italie*	156^{ks}

Nous ne parlons pas des paquebots qui n'ont à effectuer que de courtes traversées : là les résultats constatés sont réellement surprenants. Sur la *Tamise* du service de Dieppe à Newhaven, portant des chaudières Belleville, le poids est tombé à 72 kilogrammes par cheval.

(2) Pression aux chaudières sur le *Sphynx* en 1832, 0^{ks},23, sur le *Pélican* en 1869, 0^{ks},76.

mais que les Compagnies de navigation ne sauraient accepter pour un service régulier. Il est permis pourtant de prévoir que de ce côté la marche en avant n'est pas encore arrêtée.

Le troisième progrès que nous avons signalé est celui de la consommation du charbon: outre l'économie au sens courant du mot, qu'il permet de réaliser dans la dépense de l'armement, il autorise soit un allégement du navire, au profit du fret transportable, si on conserve la même distance franchissable, soit, si on maintient le même approvisionnement, une augmentation du rayon d'action, la possibilité de ne pas faire de charbon là où il coûte cher, là où les moyens d'embarquement sont insuffisants. Pour réaliser cet avantage, il a fallu modifier, et les producteurs, et les consommateurs de vapeur. L'amélioration des dispositifs, des conduits de flammes a permis d'utiliser dans la plus large mesure la chaleur de la combustion ; mais cela ne suffisait point : il fallait encore pour une chaudière de dimension déterminée, augmenter la consommation du charbon brûlé dans un temps donné, introduire dans la marine marchande un progrès analogue à celui réalisé, tout d'abord sur les navires de guerre, par le tirage forcé. Celui-ci a permis de faire produire pendant un temps limité à une machine son effort maximum, d'atteindre un adversaire fuyant le combat ou d'échapper par la vitesse à une lutte disproportionnée ; pour les paquebots, quoiqu'on se propose d'en faire de futurs auxiliaires de la marine de guerre, ce rôle est absolument hors des prévisions normales et ce qu'il faut c'est en tout temps, malgré les climats les plus accablants, les températures les plus élevées, malgré les qualités parfois inférieures de charbon dont on peut s'approvisionner, assurer la combustion d'une quantité de houille suffisante pour maintenir la vitesse du navire.

De là est né l'emploi du tirage forcé, non pas comme dans les chambres de chauffe des croiseurs et des torpilleurs, en espace clos, mais en insufflant de l'air dans les cendriers, en établissant dans les cheminées une aspiration par ventilation, ou comme on vient de le tenter récemment, en surélevant les cheminées. Jusqu'à présent, en raison des difficultés que l'on rencontrait pour assurer aux grandes vitesses la tenue sur le pont de ces masses de fer, on se contentait de les élever à une hauteur suffisante pour éviter aux passagers le désagrément de la fumée. On vient sur la *Scotia* de porter à trente-sept mètres la hauteur de la cheminée au-dessus des grilles ; ce chiffre serait même porté à quarante mètres sur la *Lucania* et la *Campania*.

On est ainsi parvenu à brûler par mètre carré de surface de grille, non plus 50 kilogrammes de charbon par heure comme en 1832, ou 90 kilogrammes en 1862, mais bien 110 kilogrammes (1). Le charbon d'ailleurs n'est plus aujourd'hui le seul combustible auquel on puisse recourir : pour les paquebots surtout qui desservent une ligne régulière et trouvent des approvisionnements aux points terminus, on ne se heurte pas à la difficulté de remplacer le combustible consommé ; on voit disparaître dès lors la plus grande objection à l'emploi du pétrole et surtout des huiles lourdes du Caucase, dont on peut dès maintenant prévoir l'emploi si économique sur nos navires.

Quant à l'électricité dont mon éminent prédécesseur de 1894 vous a dépeint le rôle envahissant dans toutes les branches de l'industrie, il est permis de dire que

(1) C'est là un chiffre normal de marche ; sur le *Maréchal-Bugeaud* on a dépassé aux essais, 133 kilogrammes.

tout au moins en ce qui concerne la catégorie de navires dont nous nous occupons spécialement, elle ne paraît pas encore sur le point de conquérir une place prépondérante. Il serait sans doute présomptueux de prévoir ce que nous réserve l'avenir, mais on ne saurait songer actuellement à introduire de nouvelles complications dans le matériel si délicat déjà dont la conduite incombe aux mécaniciens de nos paquebots.

A côté de ces progrès dans le producteur de vapeur, la chaudière, passons rapidement en revue ceux réalisés dans le consommateur, la machine. Nous avons signalé l'augmentation de pression, de température de la vapeur, par conséquent; il en serait résulté une condensation de vapeur d'autant plus grande, si on avait eu d'un des côtés du piston, cette pression de 8 kilogrammes correspondant à une température de 176 degrés et de l'autre le vide du condenseur, c'est-à-dire une température de 40 degrés; on se rend compte facilement de la déperdition de chaleur, de force motrice qui se serait produite par cette cloison mobile, des fuites de vapeur qui se seraient établies autour du piston; la substitution continue de l'une à l'autre de ces températures dans chacune des deux extrémités du cylindre aurait entraîné des pertes de même ordre. Aussi a-t-on reconnu nécessaire de fractionner cette chute de température et de ne plus avoir entre les deux côtés du piston que des différences de même ordre que celles existant avec les basses pressions d'autrefois. La vapeur admise dans un premier cylindre, s'évacue dans un second, qui à son tour, communique avec le condenseur; c'est le système bien connu des machines compound inventées par Benjamin Normand en 1856; mais là ne s'est pas arrêté le progrès; la pression augmentant toujours, une première détente a été reconnue insuffisante, la chute a été fractionnée de nouveau en trois, puis en quatre cascades; Benjamin Normand nous dota en 1872 de la machine à triple expansion, et MM. Denny en 1887, de la machine à quadruple expansion.

Enfin les appareils de distribution de la vapeur qui, sur les moteurs terrestres, ont subi des transformations considérables par l'emploi des soupapes, sont encore, au contraire, sur les bateaux presque au même point qu'il y a dix ans : ce sont toujours des tiroirs, plus ou moins bien équilibrés, maniés par les vieilles coulisses Stephenson ou par des renvois de mouvements tels que les appareils Joy et Marshall.

C'est grâce à ces différents progrès que la consommation du charbon par cheval développé et par heure, qui est tombée de 2kg,51 en 1832 (c'est la date que nous prenons toujours comme point de départ) à 1kg,30 en 1862, s'est abaissée à 1 kilogramme avec les machines compound, à 0kg,70 actuellement avec les machines à triple expansion, et même à 0kg,66 (1). Ce sont là les chiffres d'essai. En service courant, il faudrait les augmenter d'un tiers environ et admettre une consommation de 900 à 1000 grammes. Pardonnez-moi, ces chiffres bien arides, mais il m'a paru indispensable de les faire passer devant vous, car ils indiquent l'un des plus grands progrès scientifiques et industriels réalisés dans la seconde moitié du siècle. Si nous étions encore aux consommations de 1832, les paquebots de Marseille à Alger devraient, sans embarquer une tonne de marchandise, prendre une centaine de tonneaux de charbon en supplément.

_____

(1) Chiffre constaté sur l'*Espagne* de la Société générale des Transports maritimes.

* *
*

Si les modifications que nous venons de passer en revue ont été obtenues. pour la plus grande partie par des innovations d'ordre industriel, il n'en est pas de même du dernier point que nous avons à traiter, les changements dans la forme des carènes. Ici nous entrons dans le domaine de la théorie pure, s'aidant de la méthode expérimentale pour en contrôler les déductions, pour puiser dans les résultats expérimentaux les coefficients des variables de ces nombreuses équations.

Avant d'améliorer les formes des carènes, ces formes essentiellement indéterminées au point de vue géométrique, tellement indéterminées qu'il est bien difficile (sauf en ce qui concerne le déplacement et la stabilité) de répondre victorieusement aux inventeurs vous présentant le bateau, idéal selon eux, sculpté avec un couteau dans un bloc de bois ; avant de songer à améliorer ces formes, il était indispensable de rechercher quelle pouvait être la résistance au mouvement d'une carène, la force motrice à développer sur l'arbre de la machine, pour qu'en tenant compte des déperditions de force jusqu'au moteur, de l'utilisation de ce moteur lui-même, on pût vaincre la résistance correspondant à la vitesse que l'on voulait atteindre.

Il y a moins de quarante ans, on enseignait uniquement que la résistance d'une carène était proportionnelle d'une part à la surface transversale plongée — au maître couple pour employer le terme maritime — de l'autre, au carré de la vitesse, et qu'en multipliant le produit de ces deux chiffres par un certain coefficient, on obtenait la force à développer. Mais qu'était ce fameux coefficient, constant pour un même navire, pour un même type de carène ? C'était sur ce chiffre que s'exerçait la sagacité des auteurs de projets ; d'après des navires ayant des dimensions peu différentes de celui que l'on voulait construire, ayant réalisé la vitesse projetée, l'ingénieur adoptait une certaine valeur, en la modifiant suivant ses idées personnelles, et une fois le navire en route et la machine fonctionnant, il reconnaissait — pas toujours — qu'il avait adopté le bon coefficient. On se trompait surtout quand il fallait faire un pas en avant soit dans l'échelle des dimensions du navire, soit dans celle des vitesses.

Ce n'est que vers 1857 que l'on a commencé à étudier théoriquement et expérimentalement les règles de la résistance et de l'utilisation, à séparer les nombreux éléments dont elles se composent, et il ne serait pas juste d'oublier les noms de MM. Froude, Rankine, Thornycroft, à l'étranger ; de MM. les ingénieurs de la marine Mangin, Jay, Risbec, Dudebout, Pollard et de M. l'amiral Bourgois, qui sut être à la fois un marin brillant, un savant remarquable, et l'administrateur éminent auquel son ancien collègue du Conseil d'État est heureux de rendre un profond hommage.

On s'est peu à peu attaché à séparer dans cette résistance globale envisagée au début, les résistances élémentaires qui la constituent et qui, dépendant de facteurs essentiellement distincts, soumises à des lois très diverses, ne peuvent être représentées par une même et unique formule. C'est ainsi que l'on a considéré isolément la résistance directe de la carène, correspondant à l'effort nécessaire pour séparer horizontalement les filets liquides et pour leur permettre de se réunir ensuite, venant remplir le vide créé à l'arrière du solide en mouvement, puis la résistance au frottement de l'eau le long des parois de cette carène, très polie quand il s'agit d'un modèle garni en fer-blanc, tel qu'on les emploie dans les expériences, très rugueuse au contraire dans la plupart des navires en fer ou en acier ; à cette résistance de la carène s'ajoute celle de ses accessoires, le gouvernail, les supports d'hélice, etc. : enfin un dernier élément de la résistance résulte de ce que dans le langage courant on appelle les remous et dans le langage scientifique les vagues satellites, créées à la surface de l'eau soit à l'avant, soit à l'arrière, par le mouvement du navire. Ajoutons, pour ne rien négliger dans cette énumération, que la réaction de l'hélice sur la carène produit à son tour une résistance supplémentaire.

Chacune de ces résistances partielles a été calculée, plus exactement appréciée, et on est arrivé à reconnaître, ce qui avait été prévu d'ailleurs depuis le commencement de ces recherches, que l'influence de la vitesse est plus grande que ne l'indiquait la loi primitive, que la résistance, en d'autres termes, croît plus vite que le carré de la vitesse, surtout pour la dernière partie due à la production des remous, d'où résulte la difficulté de dépasser certaines vitesses sans réduire le navire à être un simple porte-machines. L'importance considérable de la résistance au frottement, d'autre part, a été mise en évidence, ce qui a démontré la nécessité de rechercher, dans l'emploi de peintures formant de véritables vernis, les moyens de donner aux carènes en fer un poli analogue à celui que donnaient aux navires en bois leurs doublages en cuivre ou en laiton.

Il ne me serait pas possible de passer en revue, même très rapidement, les recherches mathématiques si délicates, les observations expérimentales si ingénieuses par lesquelles on est arrivé à constituer d'une manière un peu précise les lois de la résistance des carènes, et pourtant il est deux points que je ne saurais passer sous silence.

Et tout d'abord l'idée maîtresse grâce à laquelle il a été possible de soumettre à une analyse basée sur les formes connues de la géométrie, l'étude des surfaces innomées qui constituent les carènes elles-mêmes. C'est un ingénieur anglais, M. Kirk, qui paraît avoir eu le premier l'idée de substituer à ces formes indéterminées, celles d'une carène fictive offrant à la marche une résistance comparable, mais c'est surtout d'un de nos ingénieurs français les plus éminents, le directeur des travaux des Messageries maritimes, M. Risbec, que cette idée a reçu son développement et c'est la très récente étude de cet ingénieur sur les formules relatives au travail résistant qui a indiqué toutes les conséquences à tirer de cette transformation. Il suppose une carène polyédrique à contours rectilignes, constituée, pour la région milieu, d'un prisme droit et pour chaque région extrême, d'un prisme triangulaire en forme de coin ayant même longueur, même volume, même affinement que la carène type ; sur les surfaces géométriques ainsi déterminées, l'étude des pressions des liquides rentre dans la catégorie des questions du ressort des mathématiciens, et il est ensuite possible d'apprécier les modifications à apporter aux formules pour revenir aux formes réelles.

Ces résultats purement théoriques puisent dans la méthode expérimentale soit des données primordiales, soit la vérification des formules établies, et ces expériences sur les navires eux-mêmes, ou sur des modèles, constituent à leur tour un des faits relativement récents que l'on ne saurait omettre dans une revue, même rapide, des progrès de l'architecture navale.

Les expériences sur les carènes — au moyen de la mesure de la tension constatée sur une remorque à différentes vitesses, ou en déterminant les vitesses décroissantes d'un navire lancé sur une base et dont la machine a été subitement stoppée, — sont toujours difficiles, coûteuses, et depuis vingt ans c'est principalement sur de petits modèles, semblables aux carènes dont on étudie la résistance, qu'ont porté surtout les expériences. Installés pour la première fois en Angleterre près Torquay par W. Froude, ces appareils d'essais ont été successivement montés dans plusieurs établissements anglais, à la Spezzia, à Pola, à Amsterdam, à Brest, où les perfectionnements les plus ingénieux ont été apportés par M. Risbec. Les résultats qu'ils donnent en ce qui concerne la résistance du modèle servent ensuite à déterminer la résistance des navires eux-mêmes par l'application de la théorie de la similitude en mécanique, similitude cinématique et dynamique, théorie qui a, sans doute, été étudiée par Newton, mais qui a été trouvée également en France en 1832 par Reech et est devenue l'une des bases du cours, si remarquable pour l'époque, qu'il professa à l'École du génie maritime.

Jusqu'à présent nous avons passé en revue séparément les producteurs de force, chaudières, puis machines, et l'objet à mouvoir, la carène. Il nous reste, pour terminer cet exposé, à dire quelques mots de l'intermédiaire entre le producteur de force et le mobile, c'est-à-dire du propulseur. La nature, la forme même de ce propulseur n'ont guère été modifiées ; si nous passons sous silence, et pour cause, les inventions plus ou moins extraordinaires dont la plupart ne pourraient guère trouver le droit de paraître devant une association scientifique, nous nous trouvons toujours en présence des deux vieux procédés, les palettes des galères de l'expédition de Sicile ou la vis, les roues à aubes ou les hélices. Sans doute les éléments des uns et des autres sont calculés de manière à assurer la meilleure utilisation de la force qui leur est transmise ; mais déjà, il y a près de cinquante ans, MM. Moll et Bourgois, sur *le Pélican* avaient fait une étude expérimentale de fonctionnement de l'hélice, et quelques années plus tard MM. Guède et Jay, sur l'*Élorn*, déterminaient à l'aide des dynamomètres Taurines les règles de l'utilisation du propulseur, variable avec son nombre d'ailes, son pas et la fraction de pas employés. Enfin aujourd'hui les belles études de MM. Froude et Thornycroft en Angleterre ont permis d'établir une théorie presque complète de l'hélice, et de calculer à peu près sûrement pour un navire et une vitesse déterminés les meilleures formes et dimensions à adopter pour le propulseur.

**

Nous sommes arrivés à la fin de cet exposé, que je me suis efforcé de rendre aussi succinct que possible, des transformations du matériel naval, en m'attachant tout spécialement aux paquebots que nous connaissons ; il nous reste cependant encore un point à aborder et ici vous me permettrez, revenant à mes études ordinaires, d'insister un peu sur les conséquenses économiques de cette transformation, sur la part qu'y prend l'État par ses subventions, sur les services que notre flotte pacifique de la Méditerranée rend à la fois à la France et à la Tunisie.

Un paquebot tel que la *Ville-de-Tunis* coûte, complètement armé, 1.700.000 francs : c'est un intérêt de 85.000 francs, et quoique le dépérissement du navire soit plus lent qu'on ne le supposait jadis, quoique les chaudières, les arbres de couche (dont la vie normale est mesurée pour les unes par le nombre d'heures de chauffe, pour les autres par le nombre de tours) aient une durée plus longue qu'autrefois, il ne faut pas moins prévoir un amortissement de 7 0/0, au minimum, motivé par l'usure, par le renouvellement des chaudières, et surtout par ce fait que des navires sont démodés avant la décrépitude et doivent être mis de côté sans être pourtant hors de service : c'est de ce chef une seconde dépense de 119.000 francs. Ajoutons à ces dépenses premières les frais constants d'équipage, d'entretien, et supposons qu'obligé de prendre des repos assez fréquents, ce paquebot puisse faire quarante voyages doubles par an entre Marseille et Tunis, nous constatons que la dépense totale est d'environ 13.000 francs par voyage, ceci sans compter, bien entendu, les frais nécessités par l'entretien des voyageurs.

Si ce paquebot avait été construit dans l'une de ces immenses usines anglaises qui approvisionnent la plupart des marines et répartissent leurs frais généraux sur un tel nombre de navires que chacun en supporte une faible somme; si pour le recrutement, les conditions de service de son équipage, la Compagnie n'était pas liée par les règles de la loi française, la dépense par voyage que nous venons de calculer pourrait sans aucun doute, comme sur un paquebot anglais, être réduite d'au moins 2.000 francs. C'est cette différence de 80.000 francs par an que l'État français, intéressé au développement de la flotte marchande par les services qu'elle rend au commerce et à l'industrie nationale, supporte en partie sous la forme de primes à la construction et de primes à la navigation. Pour ne parler que de ces dernières, il a paru indispensable d'étendre à la navigation au cabotage international les avantages qui, jusqu'en 1893, avaient été réservés à la seule navigation au long cours.

La navigation entre la France et la Tunisie n'étant pas, tant que les traités actuels seront en vigueur, réservée exclusivement à notre pavillon (1), la marine nationale devait évidemment profiter des subventions pour les parcours qu'elle effectue entre ces deux points de la grande patrie. Mais il en est de même pour les autres pays du bassin méditerranéen; le vapeur marseillais qui va chercher des laines en Tripolitaine a droit aux mêmes faveurs, aux mêmes primes. Il fallait naturellement donner plus à la Tunisie, indissolublement liée à notre vie politique et économique : c'est ce qu'a fait la loi du 19 juillet 1890 qui a ouvert notre marché aux produits de la Régence. Les résultats de cette politique économique se sont accusés rapidement : l'exportation tunisienne en France et en Algérie, qui n'atteignait pas cinq millions de francs (24 0/0 de l'exportation totale) en 1886, a atteint en 1894 près de vingt-six millions (75 0/0 du total); et, quoique nos importations n'aient pas suivi la même marche ascendante, ce qui est naturel, étant donné le régime douanier, elles ont suivi le développement du mouvement commercial; dans la même période de temps elles ont passé de quinze millions à vingt-cinq millions, soit une augmentation de 64 0/0, alors que les importations anglaises et maltaises n'ont progressé que de 13 0/0, et les importations italiennes de 10 0/0. La part de nos producteurs métropolitains et algériens dans la consommation étrangère de la Régence est aujourd'hui de 59 0/0, au lieu de 53 0/0 en 1886.

Les indigènes ont largement profité de cette situation en même temps que des capitaux que nos compatriotes ont apportés dans le pays. Sur 16.000 hectares de terres sialines dont la concession a été demandée en 1894, 10.000 ont été concédés à des indigènes. Ils ont ensemencé 560.000 hectares de blé,

(1) Il y a lieu de rappeler qu'il n'y a pas de prime pour la navigation entre la France et l'Algérie, navigation réservée au pavillon français.

643.000 hectares d'orge ; la récolte du vin a dépassé 170.000 hectolitres, celle de l'huile 250.000 hectolitres, et cependant ce n'était pas une année de prospérité. Aux méthodes surannées de paiement de l'impôt en nature, aux droits presque prohibitifs à l'exportation, a succédé un régime rationnel, accommodé aux besoins, aux usages de la population, un régime grâce auquel le petit budget de la Régence s'est réglé au dernier compte par un excédent de recettes régulier, normal, de plus de 1.200.000 francs.

C'est ainsi, messieurs, que l'on a réalisé ce vœu que Gambetta exprimait dans son discours du 1er décembre 1881 :

« Je ne sais pourquoi l'on ne pourrait pas en même temps soulager ces malheureuses populations comme on a soulagé les malheureux fellahs du Nil, en apportant dans la Régence à la fois la justice pour les contribuables et la prospérité pour le pays. »

Si, hélas ! les événements ont permis que les droits de la France sur les bords du Nil aient été amoindris, que l'on ait laissé porter la main sur ce patrimoine ancien et sacré, héritage d'un siècle d'efforts politiques et commerciaux, heureusement nous avons eu ici la contre-partie de cette politique, et nous pouvons applaudir aux résultats d'une tentative bien combattue tout d'abord, couronnée, malgré ses détracteurs, d'un succès complet.

L'expansion coloniale est un besoin de l'heure présente, c'est une nécessité inéluctable de l'heure future ; les nations européennes, comprimées dans leurs frontières économiques, aspirent toutes à des débouchés pour leurs industries. Que sera-ce le jour où chaque peuple se réservant, de plus en plus strictement, la fourniture de ce qu'il peut consommer, ne pourra plus songer à déverser sur ses voisins l'excédent de sa production ? A ce protectionnisme absolu, que nous ne discutons point, dont nous ne voulons ici apprécier ni les avantages ni les inconvénients, mais qui nous semble s'imposer comme un de ces phénomènes naturels qui se présentent à leur heure sur le cycle des ans, il y a pour nous un remède, il n'y en a qu'un, c'est l'expansion coloniale, c'est la création de marchés réservés, et, s'élançant de chacun de ces marchés, de routes de pénétration non moins réservées à notre commerce, à notre industrie.

Et voilà pourquoi nous sommes heureux de venir aujourd'hui sur la terre tunisienne, applaudir aux résultats des efforts combinés de notre armée, de notre diplomatie, puis à cette marche en avant de nos agriculteurs, de nos industriels et de nos commerçants qui ont fait du Protectorat cette merveilleuse agglomération de forces vives, d'où partiront avec le temps les voies de pénétration vers le Soudan, vers cette autre France tropicale que nous ont donnée les Faidherbe, les Desbordes, les Archinard et les Bonnier.

Dans ce grand développement, un rôle considérable est réservé à la science : elle n'a pas les illusions, les enlèvements de ceux qui croient aux progrès instantanés, elle se refuse à admettre l'influence des baguettes magiques des enchanteurs, mais elle croit, parce qu'elle a pu en constater les résultats, aux effets des travaux persistants, continus, de notre génie national, effets plus apparents, plus vivants encore ici que dans aucune des étapes que nous avons parcourues ; elle ne voudrait point, cette science, dont vous êtes, mes chers collègues, les fervents adorateurs, se désintéresser de ces efforts, et elle leur a apporté — elle leur apportera certainement encore — le concours de ses recherches, l'application à des résultats pratiques des études que vous poursuivez dans les branches si diverses de l'activité humaine.

L'Association française pour l'avancement des Sciences, en s'unissant à ce grand mouvement colonisateur, grâce auquel nos vieux pays européens s'efforcent de sortir des étroites limites qui les étouffent, l'Association française apporte, dans la limite de ses moyens d'action, sa part au développement de la grandeur nationale sur la côte africaine ; elle espère ainsi justifier une fois de plus la devise qui la guide : *par la Science — pour la Patrie*.

M. Léon TEISSERENC DE BORT

Secrétaire de l'Association.

L'ASSOCIATION FRANÇAISE EN 1895-1896

MESDAMES, MESSIEURS,

Après l'éloquent discours de bienvenue de M. le Résident général et le discours de notre Président où il a captivé toute votre attention par le saisissant tableau des progrès de l'art de la navigation depuis l'antique Carthage jusqu'à nos jours, la tâche de votre secrétaire serait assez ingrate, n'ayant guère qu'à vous présenter un résumé de la marche de notre Association, si je ne pouvais, à cette occasion, vous dire quelques mots de notre Congrès de Bordeaux, qui a laissé les meilleurs souvenirs chez tous ceux qui y ont pris part.

Ce Congrès a tiré une signification particulière de ce fait que l'Association française pour l'avancement des sciences est revenue après vingt-cinq années dans la ville de Bordeaux où s'était tenu son premier Congrès, dont l'éclatant succès, singulièrement facilité par le concours de l'élément intellectuel bordelais, a permis de bien augurer de notre Société dès sa naissance, qui eut lieu, comme vous le savez, en 1872, au lendemain de nos désastres.

- Depuis cette époque, que de chemin parcouru ! Notre Association, qui, la première année, comptait seulement huit cents membres, voit se presser dans ses rangs quatre mille adhérents ; ses Congrès, régulièrement suivis et dont les travaux s'étendent à toutes les branches des sciences, ont porté la bonne parole scientifique dans vingt-trois départements, réveillant l'activité des travailleurs que l'isolement décourage parfois.

Notre Association, depuis son premier Congrès, a accordé 283.000 francs de subventions pour aider les chercheurs, permettre la publication de travaux d'un haut intérêt, munir de bons instruments les savants dont les ressources sont trop modestes.

Je ne sais pas d'œuvre plus éminemment utile à la science que ces encouragements distribués, comme ils le sont, avec discernement ; aussi devons-nous voir avec une satisfaction profonde les ressources de notre Société s'accroître par les dons et legs qui ont porté son capital de 136.000 francs en 1872 à 1.176.000 francs en 1895.

En venant à Bordeaux, nous savions nous retrouver nombreux dans cette belle région de la France, dont le climat tiède et tempéré, le soleil chaud sans excès, donne un caractère spécial aux productions agricoles de cette contrée et paraît si bien en harmonie avec le caractère à la fois cordial et pondéré du Bordelais, qui joint à des aptitudes commerciales indiscutables un goût fin pour les arts et les lettres et connaît l'enthousiasme sans en subir les excès funestes pour la claire vision des choses de la vie.

Pardonnez-moi cette digression ; mais il me semble que c'est un des côtés instructifs de nos Congrès de nous permettre de percevoir, dans des conditions d'observations identiques, la silhouette des choses et des hommes des diverses régions, ce qui nous fait mieux aimer notre France si variée d'aspect, malgré son unité profonde dans le sentiment national.

L'accueil si cordial que nous avons trouvé partout, l'intérêt des excursions faites dans la région bordelaise, ont pleinement répondu à notre attente, et nous avons emporté un regret sincère, celui d'avoir trop peu de temps à consacrer à l'étude de cette belle région.

Nous savions aussi, en venant à Bordeaux, y trouver une Exposition universelle dont nous avions discrètement entendu parler, car on n'a fait aucun bruit autour d'elle.

Je puis bien vous avouer maintenant que beaucoup d'entre nous, je pourrais dire le plus grand nombre, pensant à une exposition faite hors de Paris sans le concours direct du gouvernement, s'attendaient à trouver seulement un groupe de quelques coquets bâtiments avec des produits alimentaires disposés dans d'affriolantes vitrines et de nombreuses boutiques où l'attirance des bibelots serait rehaussée par le charme des vendeuses.

Mais quelle n'a pas été notre surprise agréable et réconfortante, je puis le dire, en trouvant à Bordeaux une Exposition grande, non seulement par l'étendue, mais surtout par la beauté, la variété des produits qui y figuraient, par l'importance du groupe des machines, presque toutes des types les plus récents, par le développement de la section électrique, où une force motrice de plus de 500 chevaux était transformée en énergie électrique, par le sérieux, en un mot, de cette Exposition où tout le monde trouvait quelque chose à apprendre.

En dehors de la partie technique et de la section du génie civil où on pouvait admirer jusqu'à des monolithes pour les constructions qui n'auraient pas fait mauvaise figure à Karnak, l'Exposition rétrospective de la région et les auditions musicales réservaient à tous des jouissances artistiques réelles.

Cette Exposition rétrospective, nous l'avons entrevue seulement, car il eût fallu des journées entières pour la visiter avec fruit, tant étaient nombreux les objets précieux qu'elle renfermait et qui nous disaient tout le goût apporté dans leur œuvre par les artistes des deux derniers siècles. Nous y avons admiré des portraits historiques, des ouvrages ornés de précieuses gravures, de ces plans en perspective cavalière qui parlent d'eux-mêmes et vous font franchir d'un bond l'espace et le temps pour évoquer la vision d'une bataille ou l'image d'une cité ancienne, des meubles précieux, des costumes de soies brochées de métal, de conservation parfaite, enfin toute une résurrection de l'art, de l'ameublement des bibliothèques, de l'ancienne ville et du port de Bordeaux, au siècle dernier.

On sent que, dans cette contrée dont le développement le plus rapide a été un corollaire de la grande époque des colonies françaises (époque qui semble vouloir renaître aujourd'hui), les familles ont gardé le culte des souvenirs et que les anéantissements d'objets précieux qui se produisent aux mauvais jours de notre histoire ont presque complètement épargné le Bordelais.

Le soir, il y avait, dans le jardin, à la lueur d'un éclairage électrique parfait, d'excellentes auditions musicales, où se rendaient toute la société de Bordeaux et la foule des visiteurs proprement dits de l'Exposition. Cette partie artistique a fait le plus grand honneur à ses organisateurs qui ont été trop modestes, bien que ces fêtes presque quotidiennes aient puissamment contribué à l'agrément de l'Exposition.

Cette Exposition, qui a réuni dix mille exposants (1) et compté deux millions d'entrées, est l'œuvre d'une Société privée, la Société philomathique de Bordeaux, présidée par M. Hausser, assisté de M. Avril, le secrétaire général ; son organisation générale a été dirigée par M. Huyard.

C'est un grand exemple qu'ont donné la Société philomathique et la population bordelaise de la puissance de l'initiative privée lorsqu'elle compte à son service des hommes dévoués, prévoyants et honnêtes, exemple qui doit être cité et porté bien haut à notre époque où l'initiative individuelle semble s'effacer devant l'envahissement et l'ingérence de l'État dans toutes les questions.

Aussi, lors de la visite officielle que l'Association française a faite à l'Exposition le lundi 5 août et qui nous a valu une charmante allocution de M. Hausser sur l'extension de l'esprit français et une réponse pleine de fine bonhomie et de cœur de M. Trélat au nom de l'Association, les membres présents ont exprimé aux organisateurs de cette œuvre toute leur admiration pour le résultat obtenu.

Il est à remarquer que la Société philomathique a su résister à la tentation si générale de faire parler de l'Exposition et *d'acheter des louanges*, estimant que son œuvre, forte et bien conçue en elle-même, saurait faire sa place sans employer cette puissance qu'on nomme la réclame sur laquelle on s'appuie dans les luttes pacifiques modernes un peu comme au moyen âge on s'aidait des mercenaires pour vaincre ses rivaux.

Le succès a répondu à la confiance des organisateurs, et l'Exposition, après avoir remboursé les subventions de la ville, de la chambre de commerce et du département, a clos avec un bénéfice de plus de 600.000 francs qui est exclusivement consacré par la Société philomathique à l'instruction populaire. Grâce à cette somme importante, les cours d'adultes, suivis par deux mille cinq cents élèves, seront transformés, et la population ouvrière va tirer ainsi les plus grands avantages de l'Exposition de Bordeaux.

Pour perpétuer le souvenir du premier Congrès de l'Association française, la municipalité de Bordeaux a fait placer dans la salle Saint-Cernin, à la Société philomathique, une plaque de marbre rappelant la séance solennelle du premier Congrès présidée par M. de Quatrefages.

Le conseil a pensé, en venant à Bordeaux après vingt-quatre ans, qu'il convenait de rappeler à tous cette première et imposante réunion, et dans l'après-midi du 6 août, M. le Président s'est rendu à l'hôtel de la Société philomathique, où M. le Dr Azam, qui prit une part si prépondérante à l'organisation du Congrès de 1872 comme secrétaire du Comité local, a évoqué, dans une allocution pleine de sentiments, les souvenirs de notre première réunion.

M. le Président, en répondant à M. Azam, a fait ressortir le concours si spontané qui fut donné à l'Association naissante par la Société philomathique et par l'élément bordelais en général.

(1) L'Association française avait pris part à l'Exposition dans la section de l'enseignement supérieur ; elle y a obtenu un grand prix.

La première journée consacrée aux grandes excursions nous a permis de visiter les célèbres vignobles de la région. Les deux centres viticoles étant assez éloignés l'un de l'autre, les membres de l'Association ont dû se séparer en deux groupes : l'un a visité la région de Libourne et de Saint-Émilion, l'autre s'est dirigé sur le Médoc.

A six heures du matin, le *Gironde-et-Garonne* n° 2 partait avec cent soixante-quinze excursionnistes.

Le temps, d'abord incertain, s'éclaircit, et le soleil vient éclairer les coteaux qui portent les riches villages et les châteaux dont le nom est connu dans le monde entier par leurs clos renommés : Margaux, Pauillac, Saint-Estèphe, Château-Laffitte, Château-la-Tour, Château-Léoville, Pontet-Canet.

Après le déjeuner, on débarque à la pointe de Grave ; MM. Périer de Larsan, député de Lesparre ; Nórmez, adjoint au maire ; Constant, maire de Soulac, et le Dr Faucher souhaitent la bienvenue à l'Association.

M. Pasqueau, ingénieur en chef, à Paris, avait bien voulu faire le voyage du Médoc exprès pour nous expliquer les moyens qu'il a employés, alors qu'il était chargé de ce service, pour maintenir l'embouchure de la Gironde à peu près fixe, en empêchant par des blocages de pierres la formation des deltas si préjudiciables à la navigabilité d'un fleuve. En rapprochant cette démonstration sur place de la communication intéressante faite à la Section du Génie civil par M. Crahay de Franchimont, ingénieur en chef du port de Bordeaux, sur les moyens de déterminer la marche d'un bateau par rapport à l'onde de marée, de façon qu'il soit assuré de trouver partout le tirant d'eau nécessaire, je ne pouvais m'empêcher de songer aux avantages que présente pour certaines villes maritimes la solution adoptée pour Amsterdam et qui consiste à faire un canal direct joignant le port à la côte libre. Évidemment c'est une solution coûteuse, mais elle est complète et assurerait la prépondérance définitive du port de Bordeaux, pendant que les solutions provisoires : dragage du chenal, balisage du même chenal, n'empêchent pas chaque année de consacrer davantage l'utilité de Pauillac.

Les habitants de Tunis, qui bénéficient depuis peu des avantages d'un accès direct en eau profonde sur la mer, peuvent apprécier tous les inconvénients des transbordements ou des départs à demi-chargement ; mais revenons à notre excursion.

L'œuvre de Brémontier, qui est là devant nos yeux, cet océan de sable fixé par la végétation et la progression des dunes qui menaçait une grande partie du Bordelais arrêtée, montre la puissance de l'homme dans ses luttes contre la nature, quand cette lutte est dirigée de façon que chaque résultat, si petit qu'il soit, ait un caractère définitif.

Une visite à la vieille église de Soulac, encore à moitié enfouie sous le sable, manifeste la vitesse d'amoncellement des dunes avant l'existence du rempart des pins.

Le chemin de fer du Médoc nous conduit en une heure à Saint-Estèphe, où le maire, M. Gazillon, nous attend à la tête d'une petite caravane de voitures. On parcourt ainsi d'une façon fort agréable les splendides vignobles de Saint-Estèphe et de Château-Laffitte.

Chemin faisant, on nous montre l'arsenal avec lequel les viticulteurs bordelais, faisant pleuvoir en temps voulu les solutions cupriques, la bouillie bordelaise, le soufre, ont pu venir à bout du phylloxera sans avoir à changer la nature de leurs cépages, ce qui eût été dangereux pour la qualité des vins.

Un lunch est servi au Château-Laffitte, où M. Mortier, gérant, reçoit l'Association au nom de la famille de Rothschild. Comme on peut bien le penser, nous y savourons de grands vins en écoutant le toast que porte notre aimable hôte et la réponse de notre président.

Puis nous visitons Mouton-Rothschild. M. Cruse nous accueille avec une cordialité charmante à son château de Pontet-Canet. A Pauillac, on visite le lazaret et les beaux appontements ; le maire, M. Périér, voyant que le temps va faire défaut pour nous recevoir, fait embarquer sur notre bateau les caisses de vins fins offertes par les propriétaires, et nous accompagne jusqu'à Bordeaux.

Pendant cette même journée, un second groupe de congressistes, fort seulement d'une cinquantaine d'adhérents, visite les grands crus de Pomerol et de Saint-Émilion.

Préparés par une excellente leçon de choses que M. J. Poitou veut bien leur donner dans sa villa des Charmilles où sont groupés les cépages fins de la Gironde et après avoir dégusté quelques vieilles bouteilles dans les chais de leur aimable hôte, les excursionnistes se mettent en route dans la direction de Pomerol ; ils traversent d'abord une région de sables qui séparent les crus de Pomerol de ceux de Saint-Émilion et fournissent des vins légers et délicats ayant beaucoup de rapport avec les Médoc.

Puis on arrive aux terrains argileux et cailouteux qui portent les vins corsés et riches de Pomerol, Corton, Petrus ; enfin, après avoir traversé la Barbane, petit ruisseau coulant au pied de la croupe de Pomerol, on pénètre sur les terrains calcaires et silico-calcaires qui forment la base du Saint-Émilionnais, territoire couvert par un des plus beaux vignobles du monde.

Après une visite à la cuverie du château du Roc-de-Boissac, à côté de laquelle on creuse dans le roc de grandes caves, on déjeune à Saint-Émilion et les excursionnistes profitent des instants bien courts qui leur restent pour visiter les principales curiosités. Église souterraine creusée entièrement dans le roc, tombeau de saint Émilion, vieilles portes féodales, etc., puis on rentre à Libourne pour gagner de là Bordeaux en chemin de fer.

En dehors de ces excursions, plusieurs visites ont été faites dans l'intervalle des réunions des Sections à des établissements industriels, tels que la raffinerie de pétrole Fenaille et Desbreaux, qui occupe plus de cinq cents ouvriers et produit 20 0/0 de la consommation totale de la France, tels que les huileries Morel et Prom, dont la création remonte à 1828.

Cet important établissement a une succursale à Marseille et possède quarante-huit factoreries en Sénégambie, dispose pour ses transports de graines oléagineuses d'une véritable flotte comprenant cinq navires de 500 à 1.100 tonneaux et dix goélettes, douze côtres et cinquante chaloupes montées par des marins sénégambiens.

Les personnes qui s'intéressent plus particulièrement à la question des moyens de transport ont étudié à Bordeaux l'organisation et le matériel de la Compagnie du tramway électrique de Bordeaux-Bouscat au Vigean. Cette ligne, à conducteur électrique aérien, se développe sur une longueur de 4.800 mètres ; elle est à voie unique et elle est desservie par des voitures faisant environ 12 kilomètres à l'heure.

Enfin, comme c'était tout indiqué à Bordeaux, l'Association a visité des établissements modèles qui servent à conserver les vins, objet d'un commerce si important.

L'établissement J. Calvet et Cie se compose de caves au-dessus desquelles sont élevés des celliers ou chais ; il occupe une surface de 19.720 mètres carrés et renferme en moyenne 40.000 barriques et près de deux millions de bouteilles ; les caves sont réservées aux vins les plus fins et les chais abritent les vins courants : un monte-charge électrique permet de transporter facilement les barriques d'un étage à l'autre ; un atelier de tonnellerie qui occupe quarante ouvriers est annexé à cet établissement.

. Après l'assemblée générale du 9 août, le Congrès étant clos, on s'est donné rendez-vous en Afrique dans cette belle cité de Tunis, qui nous accueille aujourd'hui avec tant d'enthousiasme. Mais le programme de la réunion de Bordeaux n'était pas encore épuisé et devait se terminer par une des plus jolies excursions finales qu'on pût rêver. Le samedi matin 10 août, un train spécial emmenait les congressistes vers Arcachon d'abord, puis vers Dax, Biarritz, Saint-Sébastien et Bilbao. Malgré l'intérêt de cette excursion, vous me permettrez de la résumer en peu de mots, car c'est un véritable voyage qu'il me faudrait entreprendre avec vous, et nous risquerions fort de nous attarder dans les pays basques. Notre première halte a lieu à Arcachon, où nous sommes reçus par le maire, les membres du conseil municipal, M. Lalesque. La forêt de pins qui entoure le bassin a été, comme on le sait, transformée partiellement en un parc anglais, où s'élèvent de nombreuses villas habitées par les valétudinaires qui viennent y respirer un air tiède et pur. Nous y visitons le sanatorium de Moulleau, installé par notre collègue M. le Dr Armengaud.

Devant nous s'étend le bassin d'Arcachon, qui est devenu le centre d'une grande production d'huîtres ; nous pourrons par les chiffres qui nous sont fournis constater le résultat direct des persévérantes recherches de Coste. En 1885, on y comptait seulement 297 parcs d'huîtres rapportant 340.000 francs. En 1872, il y avait 1132 parcs, rapportant 537.000 francs et exportant 11 millions de mollusques ; en 1879, on a exporté 160 millions d'huîtres ; enfin, en 1893, la vente a atteint 423 millions d'huîtres recueillies sur 5.887 parcs faisant un chiffre d'affaires de 6.400.000 francs.

L'argent dépensé par l'État pour les expériences de Coste, 17 millions, environ, a donc été placé à un fructueux intérêt, car, dans la seule baie d'Arcachon, le produit de la vente des huîtres atteint presque annuellement le chiffre total dépensé et, sur nos plages françaises, ce commerce fournit chaque année 19 millions de salaires aux populations maritimes. Il en est ainsi de la plupart des sacrifices faits pour appliquer les découvertes de la science; la récolte est souvent longue à venir ; elle n'en est que plus abondante.

A Dax, les congressistes reçus par M. Denis Martin, maire de la ville et président de la Société de Borda, visitent les thermes, le casino, les boues salées sous la direction de M. Delmas, et le lendemain, nous repartons pour Bayonne, où nous voyons les anciens monuments. Le soir, coucher à Biarritz, où M. Hérard, directeur des bains de Briscous, et les médecins de la station nous offrent un punch dans les beaux salons du Casino.

Mais le temps se gâte, et nous entrons le lendemain en Espagne au milieu d'une avalanche d'eau. Le ciel s'éclaircit à Irun, où M. Ramillon, notre agent consulaire, nous reçoit ; puis l'alcade de Fontarabie guide la caravane à travers cette petite ville peuplée de souvenirs qui semble être un décor d'opéra rêvé et qui s'enchâsse dans un cirque de belles montagnes aux tonalités riches.

A notre visite à Saint-Sébastien, le bureau de l'Association française est reçu par M. de Reverseaux, ambassadeur de France, et par M. Lizazuain, alcade de la ville.

Bilbao, où nous arrivons le lendemain, réservait à ceux qu'intéressent les arts techniques des motifs d'étude variés. Le port, remarquablement organisé, a été défendu contre la mer, d'après les plans de M. Churruca, par M. Allard, un de nos compatriotes.

Nous recevons une charmante hospitalité de la part des autorités espagnoles, et nous ne saurions trop remercier l'alcade de Bilbao pour sa noble et cordiale réception à la Caza Consistoriale (dont les salons sont de style mauresque), et MM. les ingénieurs et directeurs, MM. Etchas et Gill, M. de Villalonga, etc., des mines et usines que nous parcourons, de leur accueil plein de bonne grâce.

Il est bon de signaler d'une façon particulière les mesures prises par les Compagnies minières franco-belge et de l'Orconera pour le bien-être de leurs ouvriers, par la construction de maisons ouvrières disséminées de toutes parts dans la campagne, par la création d'un hôpital général, où tous les ouvriers malades sont admis gratuitement, par l'assistance médicale accordée gratuitement aux ouvriers et à leurs familles. Ces mesures ont été couronnées d'un plein succès, et il n'y a presque pas de misère dans cette population, où la natalité est cependant très grande.

A Hendaye, au retour, la caravane se dissout, chacun repartant enchanté de ce voyage à la fois si pittoresque et si instructif.

Revenons, si vous le voulez bien, des Pyrénées au siège de notre Association, pour jeter un coup d'œil sur l'œuvre de propagande scientifique poursuivie pendant l'année 1894-1895 par nos conférenciers.

Tout d'abord, il faut mentionner celle qui a été faite au Congrès de Bordeaux par M. Labat, député de la Gironde, sur une question économique tout à fait à l'ordre du jour : la circulation de la richesse et l'impôt. L'orateur a su rendre faciles à saisir plusieurs des grandes lois économiques et montrer l'utilité de la circulation des richesses pour le bien-être général.

A Paris, dans la première partie de l'année, une série de conférences a été faite ; la plupart figurent dans notre volume annuel où on pourra les lire avec profit.

M. Dybowski a traité de la colonisation française en Afrique ;

Mme Lilly Grove, de la danse chez tous les peuples ;

M. Augé de Lassus nous a retracé l'historique de la Bastille, de ses prisonniers célèbres ;

M. Jules Garnier nous a montré les applications nouvelles qu'on fait de l'aluminium et du nickel, et la fabrication de ces métaux ;

M. F. Heim nous a promenés dans le monde des insectes et des plantes, en nous montrant le rôle que les fourmis, en particulier, jouent dans la vie de certaines plantes ;

M. Ch. Fabre a exposé le parti admirable que l'on peut tirer de la photographie pour l'illustration des livres, dans les sciences et dans les arts ;

M. de Marthold nous a initiés au jargon de François Villon, du poète si apprécié de Louis XI, celui à qui nous devons ce vers passé en proverbe :

Mais où sont les neiges d'antan.

Enfin, M. Fernand Delmas nous a conduits dans les habitations à travers les siècles, en discutant avec beaucoup de philosophie l'effet des mœurs sur l'habitation de l'homme.

L'intermédiaire de l'AFAS, qui était en projet l'an dernier, a commencé à paraître et a été bien accueilli par tous les chercheurs ; les questions posées sont variées et les réponses faites sont en général très instructives et de nature à inciter à de nouvelles recherches. Cette publication paraît donc devoir bien atteindre son but qui est d'augmenter l'activité scientifique parmi nos adhérents.

Depuis le Congrès de Bordeaux, notre Association a fait, comme chaque année, des pertes sensibles, mais cette année en particulier nous avons à déplorer la mort d'un maître incontesté qui restera un des grands génies universellement connus et honorés, un des bienfaiteurs de l'humanité, de ceux qui ouvrent une voie nouvelle et y tracent dès le début un sillon si profond qu'on est confondu devant la puissance de leur création : Pasteur, le grand Pasteur nous a été enlevé.

Mais son œuvre est si forte, sa méthode si sûre, ses élèves si bien imprégnés de l'esprit de critique scientifique du maître, que cette œuvre reste entière debout et grandit tous les jours par les fruits qu'elle porte et les puissants rejetons qui y prennent naissance de toutes parts.

Je ne puis vous retracer même en quelques mots la carrière de Pasteur ; elle est connue de tous mais laissez-moi rappeler seulement un mot de ce grand savant, qui fut un penseur et un homme de bien : « En fait de bien à répandre le devoir ne cesse que là où le pouvoir manque ».

Dans une sphère d'action différente, une des grandes figures des lettres modernes, M. Barthélemy Saint-Hilaire, l'helléniste célèbre, l'ami d'Aristote, on peut le dire, le collaborateur assidu et dévoué de M. Thiers pour le relèvement national, le diplomate clairvoyant qui a assuré l'action bienfaisante de la France en Tunisie, a été enlevé après une vie de travail et d'honneur. Nous avons aussi à regretter la perte de M. Jules Reiset, le chimiste bien connu, auquel la chimie agricole a été redevable d'importants et consciencieux travaux. M. Reiset a servi toute sa vie la science avec un désintéressement et une modestie caractéristiques appliquant à ses recherches un jugement droit et sain, soumis au contrôle permanent de l'expérience. Aussi l'Académie des Sciences l'appela-t-elle dans son sein en 1884 à l'unanimité des suffrages. Nous avons encore à déplorer la perte de M. Abel Hovelacque, membre de la Société d'anthropologie, de Mlle Folliet.

Pendant que nous avons le regret de voir s'éclaircir le rang des anciens, de nos maîtres et professeurs, les générations nouvelles des serviteurs de la science gagnent par leur travail brillant et assidu les premiers rangs de la grande famille scientifique.

Cette année, M. de Foville, l'économiste distingué, a été nommé membre de l'Académie des Sciences morales et politiques ; M. le Dr Lannelongue, le célèbre chirurgien, a été reçu à l'Académie des Sciences. Le Dr Pozzi, le Dr Blache, l'ami des enfants, sont entrés à l'Académie de Médecine, dont MM. Gross, A. Poncet, Fiessinger ont été élus correspondants. M. Matrot a été nommé inspecteur général des Mines.

Un grand nombre de nos collègues ont reçu pour leurs travaux des prix de l'Académie des Sciences ou de l'Académie de Médecine.

Le prix Guay a été attribué à M. Angot pour ses persévérantes recherches sur la répartition des pluies sur le globe ; M. Ch. Brongniart a reçu le grand prix des sciences physiques. M. Jules Bœckel, le prix Barbier ; M. C. Chabrié, le prix Philipeaux ; M. Charrin, le prix Pourrat ; M. Lecornu, la moitié du prix Fourneyron ; M. Pomel, le petit prix d'Ormoy (20.000 fr.) ; M. Raoult, le prix biennal de l'Académie (20.000 fr.) ; M. Renault, le prix Trémont ; M. Tanret, le prix Jecker (6.000 fr.) ; M. Renard, 2.000 francs sur le prix Jecker ; M. Teissier, 2.500 francs sur le prix Montyon (médecine et chirurgie) ; MM. Gouguenheim, Polaillon, Chervin, des mentions honorables.

L'Académie de Médecine a décerné à M. Chabrié le prix Buignet ; à M. Chervin, 2.000 francs sur le prix A. Buisson ; à M. Fontan, la moitié du prix E. Godard ; à M. Gouguenheim, un prix sur le prix Laborie ; à M. Léon Petit, 1.000 francs sur le prix Monbinne ; à M. Terson, un prix sur le prix Meynot ; à M. Thibierge, la moitié du prix Desportes ; à M. Sabouraud, 1.800 francs sur le prix Perron ; à M. Laskowski, 400 francs sur le prix Perron ; à M. Nepveu, 300 francs sur le prix Portal ; à M. Loir, secrétaire du Comité local du Congrès de Tunis, un encouragement de 500 francs ; à M. Hublé, un encouragement de 300 francs ; à M. Gaillard, un encouragement de 250 francs (prix Barbier), ainsi que la somme de 500 francs sur le prix A. Buisson.

Dans l'ordre national de la Légion d'honneur, la croix de grand officier a été décernée à M. Joseph Bertrand, secrétaire perpétuel de l'Académie des Sciences, et à M. Charles Garnier, l'architecte éminent ; MM. Bouchard, président du Congrès de Besançon, Duclaux, Levasseur, Lœwy, Marey, vice-président de l'*Afas*, Potain ont été nommés commandeurs.

La croix d'officier de la Légion d'honneur a été décernée à MM. d'Arsonval, Fouqué, Grimaux, ancien secrétaire de l'*Afas*, Houzeau, Léauté, le Dr Lépine, F. Le Roux, Frédéric Passy, ancien président de l'*Afas*, Edmond Perrier, ancien secrétaire de l'*Afas*, Quévillon, lieutenant-colonel ; Raoult, Stéphan.

Parmi les chevaliers mentionnons les noms de nos collègues :

MM. Alglave, Beauregard, Brissaud, R. Blondlot, René Collignon, Joret, Leblond, Mondot, président du Comité local du Congrès d'Oran ; de Montricher, Pédezert, Sire, président du Comité local du Congrès de Besançon ; Villey-Desmeserets ; Livon, secrétaire du Comité du Congrès de Marseille.

Tel est le bilan des distinctions obtenues par nos collègues, distinctions dont l'éclat rejaillit sur notre Association tout entière.

Je me hâte de terminer ce rapport, comprenant bien votre désir de pouvoir au plus tôt visiter le pays où vous venez de débarquer. Aujourd'hui, votre curiosité est tenue en éveil ; demain, vous vous sentirez captivés en étudiant l'œuvre poursuivie par la France pour développer la richesse du pays et le bien-être des intéressantes populations tunisiennes.

M. Émile GALANTE

Trésorier de l'Association.

LES FINANCES DE L'ASSOCIATION

MESDAMES, MESSIEURS,

Les recettes de l'exercice 1895 s'élèvent à 99.661 fr. 78 c., dont voici le détail :

RECETTES

Cotisations . . . . Fr.	53.780 »
Conférences.	35 »
Ventes de volumes.	2.953 75
Recettes diverses.	157 »
Tirages à part.	1.748 10
Ventes de médailles	114 »
Intérêts.	39.773 93
Cotisations dues au 31 décembre 1895	1.100 »
TOTAL DES RECETTES. . . . . Fr.	99.661 78

Sur ce chiffre, il y a lieu de réserver :

1° Les intérêts du legs Girard. . . . . Fr.	6.030 40	
2° La réserve statutaire	5.378 »	
TOTAL. . . . . Fr.	11.408 40	11.408 40
TOTAL. . . . . Fr.		88.253 38

DÉPENSES

Frais d'administration. . . . . Fr.	26.528 88
Publication des comptes rendus.	30.540 35
Conférences.	2.434 15
Impressions diverses	4.357 »
Frais de session	5.013 25
Pensions	2.301 60
Tirages à part.	3.222 97
TOTAL. . . . . Fr.	74.368 20

Report. . . Fr. 74.368 20

Subventions votées par le Conseil dans sa séance du 29 février, sur l'exercice 1895 :

MM. Jannettaz (Paul), ingénieur E. C. P., à Paris, pour l'étude de la résistance des matériaux. . Fr. 250 »

de Thélin, ingénieur en chef des Ponts et Chaussées, à Tarbes, pour l'installation d'appareils enregistreurs à la station météorologique de Tarbes. . . . . 200 »

Mathias, professeur à la Faculté des Sciences de Toulouse, pour l'étude du magnétisme terrestre dans le bassin de la Gironde . . . . 200 »

Cossmann, ingénieur, à Paris, pour aider à la publication de ses essais de paléoconchyliologie comparée . . . . 600 »

Société de Borda, pour des fouilles à Isturitz. . . . 200 »

MM. Magnin, professeur à la Faculté des Sciences de Besançon, pour publier ses recherches sur les lacs du Jura . . . . 200 »

Parmentier, docteur ès sciences, à Baume-les-Dames, pour l'étude du genre *Rosa* . . . . 150 »

Société linnéenne de Bordeaux, pour aider à la publication de l'Index bryologien . . . . . . 300 »

M. Landel, licencié ès sciences naturelles, à Paris, pour ses études sur l'influence de la lumière sur les végétaux . . . . 150 »

Académie des Belles-Lettres de La Rochelle, pour la publication de la Flore de France. . . . . 250 »

MM. Bonnet (Edmond), à Paris, pour la publication du Catalogue raisonné des plantes de la Tunisie. . . . . 250 »

Bonnier, professeur à la Sorbonne, à Paris, pour aider à la publication de travaux de biologie végétale . . . . 250 »

Villot (A.), à Grenoble, pour continuer ses études d'helminthologie . . . . 200 »

Dubois, professeur à la Faculté des Sciences de Lyon, pour aider aux travaux du laboratoire de Tamaris. . . . . 400 »

Künckel d'Herculais, assistant au Muséum, à Paris, pour la publication d'un travail sur les sauterelles . . . . 300 »

Société scientifique d'Arcachon, pour l'achat d'un autoclave. . . . . 380 »

MM. Coutagne, directeur de la Station séricicole de Rousset, pour ses recherches de sériciculture. 300 »

Dumont (Arsène), à Caen, pour des études démographiques sur les musulmans d'Algérie. . . 600 »

A reporter. . . . Fr. 5.480 » 74.368 20

Report . . . Fr.	5.180 »	74.368 20
MM. Savoire, interne des hôpitaux de Paris, pour des études d'urologie dans le cancer.	300 »	
Cautru, docteur, à Paris, pour continuer ses recherches sur la chimie de l'estomac. . . .	200 »	
Broca, Brissaud et Weiss, pour leur atlas micrographique des centres nerveux.	300 »	
Bernard (Adrien), directeur de la Station agronomique de Cluny, pour des cartes calcimétriques.	300 »	
Planches et gravures insérées dans le volume. . . .	5.650 10	
Médailles aux capitaines au long cours et bourses de session.	778 »	
	12.708 10	12.708 10
Total des Dépenses. . . . . Fr.		87.076 30
Laissant un reliquat de. . . . . Fr.		1.177 08
Total égal aux Recettes. . . . . Fr.		88.253 38

CAPITAL

Le capital, au 31 décembre 1894, était de. . . . . Fr.		1.176.852 81
Il s'est augmenté :		
Des rachats de cotisations et des parts de fondateurs. . . . . Fr.	7.870 »	
De la réserve statutaire.	5.378 »	
Fr.	13.248 »	13.248 »
Capital au 31 décembre 1895. . . . . Fr.		1.190.100 81

L'exercice dont je viens d'avoir l'honneur de vous faire l'exposé ne présente rien de particulier.

Le chiffre des cotisations en 1895 est sensiblement plus élevé que celui de 1894. Nous espérons que l'*Intermédiaire* (que vous recevez depuis le commencement de cette année) contribuera non seulement à relever, mais encore à donner de la fixité à cet élément important de nos recettes. — C'est en effet le chiffre des cotisations qui règle en grande partie celui des subventions.

Mais l'*Intermédiaire* nous occasionne de nouvelles charges. Le chiffre prévu au budget de l'exercice en cours pour cette publication est de 4.500 francs. Pour permettre à ce nouveau moyen de propagande de donner les résultats qu'on est en droit d'en attendre, le Conseil a décidé d'amortir annuellement cette dépense en prélevant 10 0/0 du montant des cotisations au-dessus de 55.000 francs.

Nous avons la plus grande confiance dans les résultats que peut donner cette publication appelée à rendre plus intimes, plus forts, plus durables, les liens qui unissent dans un but commun tous les membres de notre Société.

M. Gariel, qui en a eu l'idée et qui en poursuit la réalisation avec le plus grand dévouement, sollicite, au nom de l'Association, votre précieux concours.

PROCÈS-VERBAUX DES SÉANCES DE SECTIONS

1er Groupe.

SCIENCES MATHÉMATIQUES

1re et 2e Sections.

MATHÉMATIQUES, ASTRONOMIE, GÉODÉSIE ET MÉCANIQUE

PRÉSIDENT D'HONNEUR . . . . . . M. Rev. T. S. SIMMONS, Memb. de la Soc. math. de Londres, à Grainthorpe (Grimsby.)

PRÉSIDENT. . . . . M. COLLIGNON, Insp. gén. des P. et Ch., à Paris.

SECRÉTAIRE . . . . M. BAUD.

— **Séance du 2 avril 1896** —

M. SIMMONS, à Grainthorpe (Grimsby).   [J 2 a]

Sur les probabilités des événements composés. — M. SIMMONS rappelle, d'après de Moivre, ce qu'on entend par événements dépendants ou indépendants les uns des autres. Le troisième principe de Laplace, qui donne la règle pour trouver la probabilité d'un événement complexe, a été jusqu'ici admis par les mathématiciens. Cette confiance n'est pas toujours justifiée; l'auteur le montre par quelques exemples. En particulier, si on considère dans un cercle trois cordes, quelle est la probabilité pour que ces droites soient concourantes? La règle de Laplace donne $\frac{1}{27}$, et pourtant il est facile de voir qu'elle a pour valeur $\frac{1}{15}$; l'auteur le démontre par trois méthodes différentes qui conduisent au même résultat; l'une de ces méthodes, fondée sur le calcul intégral, exige une « démonstration assez longue et d'ailleurs inutile ».

L'auteur du mémoire termine par un autre exemple, dont il a donné la solution dans l'*Educational Times* (mars 1886, question 8493; vol. XLV, p. 111.)

M. COLLIGNON, Insp. gén. des P. et Ch., à Paris.   [R 2 b]

Exemples de l'application des principes de la géométrie des masses. — Indication des constructions géométriques à faire pour obtenir directement le centre de gravité d'un polygone plan quelconque, d'un prisme triangulaire tronqué, du centre de pression d'une aire triangulaire plane située dans une paroi baignée par un liquide pesant; extension aux aires polygonales quelconques. Ces constructions se résument dans le tracé de droites et le partage de segments donnés en deux, trois ou quatre parties égales au plus.

[I 9 b]

Remarques sur la suite des nombres naturels. — Répartition des entiers successifs en groupes tels, que le numéro r d'un groupe quelconque contienne r nombres consécutifs. Propriétés d'un groupe ainsi formé. Somme des nombres qui le composent. Partage en deux sous-groupes. Sommes des nombres de chacun des deux sous-groupes. Comment on peut égaliser les deux sommes. Somme des carrés des nombres d'un groupe. Sommes des carrés des nombres des deux sous-groupes dont il est formé. Ces deux sommes de carrés sont égales si r est impair. Problèmes divers. Répartition des nombres premiers entre les groupes successifs. Formule empirique qui résume les résultats obtenus. Divers essais de généralisation du problème.

M. le Colonel LAUSSEDAT, Directeur du Conservatoire des Arts et Mét., à Paris.   [U]

Projet d'Observatoire à Tunis. — M. LAUSSEDAT demande à la Section de renouveler le vœu de la création d'un Observatoire astronomique à Tunis.

Le vœu a été voté par la Section et soumis à l'acceptation de l'Assemblée générale. (Voy. page 80.)

M. DE REY-PAILHADE, Ing. civil des Mines, à Toulouse.   [U]

Projet d'éphémérides astronomiques dans le système décimal. — M. DE REY-PAILHADE propose l'adoption d'une unité de temps égale au centième du jour moyen et une unité d'arc égale au centième de la circonférence. Il présente une brochure contenant des tables pour la conversion des unités consacrées en unités nouvelles et réciproquement. Il exprime le vœu que cette manière décimale d'évaluation des angles et des temps soit introduite dans l'enseignement, concurremment avec la division du cercle en 400 parties égales, et qu'elle serve de base à l'établissement des tables astronomiques.

— **Séance du 3 avril 1896** —

M. Ed. JALLU.

Un fil spécial conducteur.

M. Jules OPPERT, Memb. de l'Inst., à Paris.   [K 9 b]

Série pour déterminer le côté d'un polygone régulier de n *côtés.* — Le rayon étant 1, *n* un nombre voulu mais non entier, *m* étant un nombre impair, la corde de la $n^{ième}$ partie de la périphérie est donnée par la série suivante :

$$\text{Corde} = 2\left(\frac{6}{2n} + \frac{6(n^2-6^2)}{1.2.3(2n)^3} + \frac{6(n^2-6^2)(3^2n^2-6^2)}{1.2.3.4.5(2n)^5}\right.$$

$$+ \frac{6(n^2-6^2)(3^2n^2-6^2)(5^2n^2-6^2)}{1.2.3.4.5.6.7(2n)^7}\cdots$$

$$\left.+ \frac{6(n^2-6^2)(3^2n^2-6^2)\ldots(m-2)^2n^2-6^2)}{1.2.3.4\ldots(m-1).m.(2n)^m}\right).$$

Applications :

$$n = 2 : 2\left(\frac{3}{2} - \frac{1}{2} - 0\right) \qquad\qquad = 2,$$

$$= 3 : 2\left(1 - \frac{1}{8} - \frac{1}{128} - \frac{1}{1024} -\right) = 1.7320,$$

$$= 4 : 2\left(\frac{3}{4} - \frac{5}{128} - \frac{27}{8192}\cdots\right) \qquad = 1.41422 = \sqrt{2},$$

$$= 5 : 2\left(\frac{3}{5} - \frac{11}{1000} - \frac{2079}{2,000,000}\cdots\right) = 1.175570 = \sqrt{\frac{5}{2}} - \sqrt{\frac{6}{4}},$$

$$= 6 : 2\left(\frac{1}{2} + 0\right) \qquad\qquad = 1,$$

$$= 7 : 2\left(\frac{3}{7} + \frac{13}{2744} + \frac{1053}{2,151,296} + \frac{417,339}{5903,156,224}\right.$$

$$\left.+ \frac{109,667,415}{9,256,148,959,232} + \frac{7,842,717,149}{3,682,410,392,018,944} + \cdots\right) = 0.8677673.$$

Cette série est le développement de $2\sin\frac{\pi}{n}$, chaque terme de la série π étant :

$$\frac{6(-1)^2.1^2.3^2\ldots(2n-3)^2}{1.2.3\ldots(2n-2)(2n-1).2^{2n-1}},$$

ou :

$$\pi = 3 + \frac{1}{8} + \frac{9}{640} + \frac{15}{7168} + \frac{35}{98294}\cdots$$

[U 10 a]

Remarques sur la géodésie des Chaldéens. — Dans les millions de textes cunéiformes qui s'occupent de géodésie et qui présentent souvent des calculs avec des nombres à sept chiffres, on énonce l'aire par la base seule, en sous-entendant toujours une hauteur constante; l'unité du carré est *la canne* carrée de $88^{mq},4$ environ. La canne linéaire est subdivisée en 7 aunes à 24 pouces, en sorte que l'aune aréale est un rectangle d'une base d'une aune et de la hauteur constante d'une canne, laquelle hauteur est maintenue pour le *pouce*, rectangle à la base d'un pouce et d'une canne de hauteur.

Les côtés sont toujours donnés en aunes pour les champs, et l'aire est indiquée soit par la base en cannes, aunes et pouces, ou par des mesures de capacité, énonçant la quantité voulue pour ensemencer une superficie. Le rapport est constant de 30 aunes carrées par log, probablement un cinquième de litre.

Les côtés étant donnés, ainsi que la superficie, on peut déterminer la forme du tétragone, seulement il ne faut pas oublier que les Chaldéens mesuraient en prenant la moyenne des côtés opposés, ce qui donne toujours un résultat trop grand.

Nommons l'aire donnée T, les côtés a, b, c, d, les triangles formés par la diagonale et a et b, d'une part, et c et d, de l'autre, P et Q, puis :

$$G = 4T^2 - \frac{(a+b+c-d)(a+b-c+d)(a-b+c+d)(b-a+c+d)}{4} + 2abcd,$$

nous aurons :

$$P = \frac{1}{2}\,T\,\frac{G+2a^2b^2}{G+a^2b^2+c^2d^2} \pm \sqrt{\left(\frac{a^2b^2c^2d^2 - \frac{1}{4}G^2}{G+a^2b^2+c^2d^2}\right)\left(\frac{1}{4} - \frac{T^2}{G+a^2b^2+c^2d^2}\right)},$$

$$Q = \frac{1}{2}\,T\,\frac{G+2c^2d^2}{G+a^2b^2+c^2d^2} \mp \sqrt{\left(\frac{a^2b^2c^2d^2 - \frac{1}{4}G^2}{G+a^2b^2+c^2d^2}\right)\left(\frac{1}{4} - \frac{T^2}{G+a^2b^2+c^2d^2}\right)}.$$

G, qui croît et diminue avec T, peut devenir négatif, mais ne peut jamais dépasser les limites de $G = +2abcd$ pour le *maximum* et de $-2abcd$ pour le minimum.

Donc, le *maximum* donnerait :

$$G = 2abcd$$

$$= 2abcd - \frac{(a+b+c-d)(a+b-c+d)(a-b+c+d)(b-a+c+d)}{4} + 4T^2.$$

Donc :

$$T\ maximum = \frac{(a+b+c-d)(a+b-c+d)(a-b+c+d)(b-a+c+d)}{16}$$

et si :
$$s = \frac{1}{2}(a+b+c+d),$$

$$T\ maximum = \sqrt{(s-a)(s-b)(s-c)(s-d)}\,.$$

Ce qui donne pour le *minimum*, si $G = -2abcd$,

$$T = \sqrt{(s-a)(s-b)(s-c)(s-d)} - abcd\,.$$

Ce dernier *minimum* ne devient $= 0$ que lorsque $a+b=c+d$. De là, on

,peut aisément démontrer que l'aire maximum est celle du quadrilatère inscrit dans un cercle.

Si $G = maximum = + 2abcd$, on a :

$$P = \frac{1}{2} T \frac{2abcd + 2a^2b^2}{2abcd + a^2b^2 + c^2d^2} = T \frac{ab}{ab + cd} = \frac{1}{2} ab \sin \varphi,$$

$$Q = \frac{1}{2} T \frac{2abcd + 2c^2d^2}{2abcd + a^2b^2 + c^2d^2} = T \frac{cd}{ab + cd} = \frac{1}{2} cd \sin \xi.$$

Donc $\sin \varphi = \dfrac{2T}{ab + cd} = \sin \xi$, donc $\sin \varphi = \sin \xi$, donc φ est le supplément de ξ, donc le quadrilatère est construit dans un cercle, dont le rayon est :

$$\sqrt{\frac{abcd(a^2 + b^2 + c^2 + d^2) + a^2b^2c^2 + a^2b^2d^2 + a^2c^2d^2 + b^2c^2d^2}{(a + b + c - d)(a + b - c + d)(a - b + c + d)(b - a + c + d)}}.$$

Si $d = 0$, on aura un triangle. L'arc égale A, le rayon est en effet : $\dfrac{abc}{4A}$.

M. **TARRY**, Rec. part. des Contrib. diverses, à Boufarik (Alger).   [Q 4 b α]

Carré magique aux deux premiers degrés. — M. TARRY définit une égalité aux n premiers degrés et en déduit une répartition des 2^{n+1} premiers nombres en deux suites de 2^n nombres présentant l'égalité aux n premiers degrés. Il pense que cette propriété est appelée à jouer un grand rôle dans la construction des carrés magiques à plusieurs degrés.

M. Gabriel **ARNOUX**, ancien Off. de marine, à Les Mées (Basses-Alpes).   [A.1 b]

Essais de psychologie et de métaphysique positives. — Le produit d'une somme de 2^n carrés par une somme de 2^n carrés est une somme de 2^n carrés si n est inférieur ou égal à 3. Ce produit n'est plus une somme de 2^n carrés, si n est supérieur à 3.

M. E. **LEMOINE**, à Paris (*).   [J 2 f]

Quelques questions de calcul des probabilités résolues au moyen de considérations géométriques. — M. LEMOINE traite entre autres cette question :

On prend au hasard trois points C, C', C″ sur une droite AB de longueur l :

1º Quèle est la probabilité P pour que l'on puisse former un triangle avec AC, AC', AC″?

2º Quèle est la probabilité P′ pour que; s'il y a un triangle, ce triangle soit acutangle, et diverses questions analogues?

Je reviens aussi, en en donnant une solution complètement diférente, sur ce problème déjà traité par moi dans les Congrès précédents :

On divise au hasard une ligne $2p$ en trois fragments x, y, z.

$$x + y + z = 2p$$

Quèle est la probabilité P :

1° Pour que x, y, z puissent former un triangle;

2° Quèle est la probabilité P', s'il y a triangle, que ce triangle soit acutangle?

[K 21 a δ]

Questions relatives à la géométrie du triangle et à la géométrografie. — Je donne divers téorèmes et diverses constructions; puis, je montre l'aplication, à la résolution de numbreus problèmes, de la construction des deus autres tangentes comunes à deus paraboles qui sont tangentes à une même droite.

[I 18 c]

Continuation de l'étude sur la décomposition d'un nombre entier N en ses puissances maxima. — Je répète que si l'on a :

1°
$$N = a_1^n + a_2^n + a_3^n \ldots + a_p^n,$$

où a_1 est la racine $n^{ième}$ à une unité près par défaut de N

a_2 —   —   —   du reste

a_3 —   —   —   du nouveau reste, etc.,

N est dit décomposé en ses puissances $n^{ièmes}$ maxima.

Si l'on a :

2°
$$N = a_1^n - a_2^n + a_3^n - \ldots \pm a_p^n,$$

où a_1 est la racine $n^{ième}$ à une unité près par excès de N

a_2 —   —   —   du reste

a_3 —   —   —   —

N est dit décomposé en ses puissances $n^{ièmes}$ alternées maxima et je donne quelques propriétés de ces décompositions.

M. E. MAILLET, Ing. des P. et Ch., à Toulouse.   [I 17 b, H 12 e]

Sur la formation des nombres entiers par sommation de termes d'une série récurrente. — Tout nombre entier est la somme de quatre carrés, d'un nombre limité de cubes d'entiers positifs, d'un nombre limité de bicarrés. Or la suite des carrés, celle des cubes, celle des bicarrés forment des suites récurrentes d'équations génératrices $(x - 1)^3 = 0$, $(x - 1)^4 = 0$, $(x - 1)^5 = 0$; on peut donc se demander plus généralement si des propriétés semblables existent pour les suites récurrentes formées de nombres entiers, au moins en ce qui concerne les nombres supérieurs à une certaine limite, ou encore pour les suites qu'on en déduit en remplaçant chaque terme par sa valeur absolue.

L'auteur énonce un théorème qui donne une condition pour que tout nombre entier positif, au moins à partir d'une certaine limite, soit, même à un nombre limité d'unités près, la somme d'un nombre fini de valeurs absolues de termes de la suite :

$$x_{n+p} = a_1 x_{n+p-1} + \ldots + a_p x_n.$$

M. BARBARIN, Prof. au Lycée de Bordeaux.   [K 2 d]

Systèmes isogonaux du triangle. — Propriétés d'un système formé par trois couples de droites isogonales. — Systèmes isogonaux conjugués et inverses. Les six « sommets » du système ne sont généralement pas situés sur une même conique; mais ces six points et les trois sommets du triangle de référence ABC sont généralement situés sur une même cubique; cette courbe passe, dans un cas particulier, par vingt points remarquables de la figure; l'auteur l'appelle alors la cubique des vingt points.

Déplacements rectilignes des points isogonaux : si deux des sommets du système isogonal décrivent des droites D, D', le troisième décrit une droite D″. Ceci conduit à un théorème général sur les trajectoires isogonales des sommets du système.

Toute droite du plan et toute conique circonscrite au triangle de référence peuvent être décrites d'une infinité de manières par des centres isogonaux soumis à certaines conditions. L'auteur applique cette remarque à l'hyperbole de Kiepert et en déduit le théorème suivant :

Quand les trois droites D, D', D″ pivotent autour de trois points fixes appartenant aux côtés de référence, toute conique circonscrite à ABC peut être, de deux façons différentes, susceptible d'une génération particulière, liée à des position concourantes de D, D', D″.

Le mémoire se termine par l'étude des systèmes rectilignes associés.

M. D. GRAVÉ, à Saint-Pétersbourg.   [U 10 b]

De la meilleure représentation d'une contrée donnée. — L'auteur fait l'analyse des diverses solutions données au problème des cartes géographiques, par Tchebycheff, Ayry, etc., et résume les recherches personnelles qui l'ont conduit à une solution particulière, applicable notamment à la sphère terrestre.

M. Louis GARDÉS, Notaire, à Montauban.   [U]

Vérification et recherche des dates par les formules du calendrier. — M. GARDÉS présente un travail permettant, par l'application de formules empiriques, de trouver tous les éléments du calendrier d'une année julienne ou grégorienne quelconque et par suite de vérifier, rechercher ou compléter les dates des anciens documents données au moyen d'éléments dont il n'est plus fait usage aujourd'hui, tels que l'âge de la lune ecclésiastique, les cycles solaires, lunaires, d'indiction ou autres, les épactes, les féries, les clefs, les lettres dominicales, l'énonciation des fêtes mobiles, les concurrents, les réguliers de toutes sortes, les termes, les ères diverses, etc.

M. SALLET, Ing. des P. et Ch., à Paris.   [R 7 b]

Problème de mécanique : Voyage de la Terre à la Lune et autour de la Lune (Jules Verne). — Après avoir posé les conditions du problème, l'auteur introduit dans les équations différentielles les composantes de la force centrifuge composée.; puis il discute les conditions nécessaires et suffisantes pour que le mouvement s'opère dans un plan. Il évalue les vitesses relatives du projectile par rapport à la terre. Enfin il examine un cas particulier.

A. RATEAU, Prof. à l'Éc. des Mines de Saint-Étienne.   [X 6]

Sur le planimètre d'Amsler. — L'auteur généralise les démonstrations connues de la propriété de l'instrument, en montrant qu'elle subsiste encore quelle que soit la directrice fixe que l'on fasse suivre à l'une des extrémités de la tige mobile.

M. Auguste FABRE, à Paris.   [Q 1 a]

Théorie des parallèles. — L'auteur étudie le lieu des points qui sont dans un plan également distants d'une droite, et essaie de démontrer que ce lieu est lui-même une ligne droite : ce qui entraîne toute la théorie des parallèles d'Euclide.

M. de SARRAUTON, à Oran.   [K 10 a]

L'heure décimale et la division de la circonférence. — Sous ce titre, l'auteur a présenté au Congrès un mémoire inédit et écrit spécialement pour le Congrès, dans lequel il propose la division de l'heure en 100 minutes, de la minute en 100 secondes, et corrélativement la division du cercle en 240 degrés centésimaux.

M. DE SARRAUTON démontre que, pour donner des unités décimales aux quantités horaires et angulaires et terminer ainsi le système décimal des mesures françaises, on n'a pas le choix entre plusieurs systèmes, mais que celui qu'il expose est le seul admissible. L'ouvrage, inédit au moment du Congrès, a paru depuis chez Gauthier-Villars, à Paris, et vient d'être présenté à l'Académie des Sciences, dans sa séance du 8 juin, par M. Adolphe Carnot, inspecteur général des Mines, membre de l'Institut.

VŒU PRÉSENTÉ PAR LES 1re ET 2e SECTIONS

(Voy. Assemblée générale, page 80.)

3ᵉ et 4ᵉ Sections.

GÉNIE CIVIL ET MILITAIRE, NAVIGATION

PRÉSIDENT (¹). . . . . M. PASQUEAU, Ing. en chef des P. et Ch., à Paris.
VICE-PRÉSIDENT . . . . M. DE NONNE. Ing. des Arts et Manuf., Prés. de la Soc. des
Archit., à Tunis.
SECRÉTAIRE . . . . M. V. RICHARD, S.-dir. du Compt. d'Esc., à Tunis.

— Séance du 2 avril 1896 —

M. de **FAGES**, Ing. des P. et Ch., à Tunis.   [627.2 (611)]

Les grands ports de commerce de la Régence de Tunis. — Sous l'administration
des Beys, les ports de la Régence avaient été laissés dans un abandon à peu près
complet. Aucun ouvrage ne rappelait, même de loin, les ports de l'époque romaine,
dont on retrouve encore des vestiges à Carthage, à Sousse (Hadrumète) et à Mehdia.
Le Protectorat français s'est empressé de se préoccuper de cette situation et,
dès l'année 1883, la Direction générale des Travaux publics de la Régence a
entrepris l'amélioration des grands ports de Bizerte, de Tunis, de Sousse et de
Sfax par voie d'entreprise directe ou de concession. Les travaux d'achèvement
des ports de Tunis, Sousse et Sfax ont été concédés à une même Compagnie,
suivant le régime d'une garantie d'intérêt forfaitaire, sur un capital de construction non déterminé, laissant tous les aléas à la charge du concessionnaire. et
d'une régie intéressée par moitié, entre l'Etat et la Compagnie, en ce qui concerne l'exploitation. Les travaux à établir comprennent : à Tunis, la construction
de 600 mètres de quai, l'aménagement des terre-pleins et l'outillage du port ;
à Sousse, une jetée-abri de 510 mètres, deux épis avec leurs musoirs et leurs
feux, un chenal d'accès, un bassin de 13 hectares, 604 mètres de quai les terre-
pleins et l'outillage ; à Sfax, un chenal d'accès, un bassin de 10 hectares, 415 mètres de quai, les terre-pleins et l'outillage. La dépense est évaluée à 8.500.000
francs non compris 3.000.000 de francs pour travaux complémentaires. Le port
de Tunis est déjà relié à la mer par un canal maritime de 8 kilomètres de
longueur et de 6ᵐ,50 de profondeur. Ce canal ouvert sous le Protectorat, a coûté
13.500.000 francs. Il a été projeté par M. Grand et exécuté sous la direction de
M. Michaud. Les quais de Tunis sont commencés ; ils sont établis sur des piliers,
espacés de 8 mètres d'axe en axe, fondés dans des caisses métalliques qu'on

---

(1) M. GROSSETESTE, président, avait envoyé sa démission pour raisons de santé.

échoue à la cote — 5 mètres sur un sol artificiel en sable et moellons, préalablement établi dans une fouille descendant à la cote — 8^m,80. Ces piliers portent un plancher métallique pourvu d'un pavage en bois et un terre-plein soutenu par un massif d'enrochement et une murette. Le port de Bizerte, terminé en 1895, comprend une jetée nord de 1.000 mètres et une jetée est de 950 mètres, atteignant les fonds de 13 mètres et couvrant un avant-port de 75 hectares, avec une passe d'entrée de 400 mètres. Cet avant-port communique par un canal de 9 mètres de tirant d'eau avec le lac, qui offre un mouillage excellent de 8 à 12 mètres de profondeur. Les travaux, effectués par voie d'entreprise, ont coûté 5.300.000 francs, non compris les concessions en nature faites à la Compagnie concessionnaire. En résumé, le Protectorat aura doté la Régence, en dix années, de quatre grands ports accessibles aux navires calant 8^m,50 à Bizerte et 6^m,50 à Tunis, Sousse et Sfax. La dépense s'élèvera à 35.000.000 de francs, entièrement à la charge de la Régence. Le tonnage des ports de la Tunisie s'est élevé depuis le Protectorat de 200.000 à 508.000 tonnes et il y a tout lieu d'espérer que cette progression s'accentuera rapidement, quand les travaux projetés auront été exécutés.

M. JANNIN, Ing. des P. et Ch., dir. des Trav. de la Ville de Tunis.   [628.2 (611)]

Les égouts de Tunis.

M. NIVET, à Marans (Charente-Inf^{re}).   [620.1]

Contribution à l'étude des coefficients de résistance et des coefficients de sécurité des matériaux de construction. — M. NIVET fait connaître le résultat d'expériences sur la rupture à la flexion, à l'extension et à la compression exécutées par lui au moyen d'un appareil qu'il a présenté au Congrès de Bordeaux en 1895.

Ces expériences ont porté sur des moulages de chaux, de ciments, de glace à — 7°, et sur diverses pierres calcaires : les solides rompus avaient la forme de prismes de 0^m,02 × 0^m,02 × 0^m,11.

L'auteur a déduit de ses expériences la position de la fibre moyenne au moyen des formules (prismes chargés d'un poids f en leur milieu).

$$E = \frac{3fl}{2bh'^2} \qquad (1) \qquad \text{et} \qquad T = \frac{3fl}{2bh''^2} \qquad (2)$$

dans lesquelles :

E, représente le coefficient de rupture à la compression (donné par l'appareil).

T, le coefficient de rupture à la traction (donné par l'appareil).

f, la force qui sollicite la pièce prismatique en son milieu (donné par l'appareil).

l, l'écartement des points d'appui.

b, la base du prisme.

$\frac{h'}{2}$ la distance de la fibre moyenne à la fibre de compression maxima.

$\frac{h''}{2}$ la distance de la fibre moyenne à la fibre d'extension maxima.

Le résultat des expériences montre que la somme $\frac{h'+h''}{2}$ diffère très peu de la hauteur h du prisme : l'hypothèse faite sur la nature des déformations diffère donc peu de la réalité.

L'auteur se demande s'il n'y aurait pas intérêt à admettre dans le calcul des dimensions des pièces de construction des coefficients de sécurité différents pour les parties qui travaillent à la compression et pour celles qui travaillent à l'extension.

Il renouvelle les vœux exprimés à Bordeaux ;

1º Que les coefficients de rupture à la compression et à la traction fassent l'objet d'une étude nouvelle.

2º Que les coefficients de sécurité actuellement admis soient revisés.

— Séance du 4 avril 1896 —

M. Xavier FERRAND, Archit. munic. à Cannes.   [620.1]

Moyen graphique pour déterminer sans calculs, la poussée des terres.

M. JANNETTAZ, à Paris.   [620.1]

Recherches sur la dureté des matériaux au moyen de l'usomètre.

M. PHILIPPI.   [533.6]

Sur la navigation aérienne.

M. MOCQUERIS, Ing. des A. et Man.   [665.3]

Méthode de traitement des grignons d'olives au moyen du sulfure de carbone.

M. Émile BELLOC, à Paris.   [551.46]

Appareil de sondage à fil d'acier (sondeur É. Belloc). — *Modifications et perfectionnements.* — Les modifications et les nouveaux perfectionnements apportés par l'auteur à son appareil de sondage à fil d'acier, portent principalement sur le frein automatique, rendu plus sensible, afin de régulariser le déroulement du fil et d'assurer l'arrêt immédiat de la machine, au moment précis où le poids de sonde touche le fond. Un nouvel organe permet également de maintenir le fil d'acier dans les gorges des poulies, lorsque le poids de sonde arrive à la fin de sa course.

A l'aide d'un dispositif particulier, les aiguilles du compteur peuvent obéir à
l'action d'une molette, indépendante du mécanisme général, ce qui permet de
ramener les deux aiguilles au zéro, sans être obligé d'employer la manivelle de
l'appareil lui-même.

Bien que certains organes aient été renforcés, le poids du sondeur ne dépasse
pas 20 kilogrammes, ce qui le rend très facile à transporter.

M. VASSEL, à Maxula-Radès (Tunisie).   [627.2 (611)]

Les ports de Bou-Grara. — L'auteur montre qu'il serait aisé, avantageux et
patriotique de fournir immédiatement aux paquebots, dans le fond de la petite
Syrte, une escale préférable à celles de Gabès et de Houmt-Souk et d'ouvrir aux
navires d'un tirant d'eau de quatre mètres un excellent port dans le lac de
Bou-Grara, port qui ultérieurement serait rendu accessible aux navires calant
six mètres.

M. POISSON, Assistant au Mus., à Paris.   [715]

Étude sur les plantations urbaines et celles de Paris en particulier. — Le service
des plantations est confié d'ordinaire à des Ingénieurs, qui en ont la haute
direction. Cette Étude semble donc être à sa place dans la Section du Génie
civil, et les raisons qui l'ont motivée sont les suivantes :

Les plantations d'arbres dans les grandes villes, comme Paris, Lyon, etc.,
rencontrent plusieurs difficultés pour être maintenues en bon état. Les conditions souvent mauvaises du sol, celles de l'atmosphère fréquemment viciée par
des émanations diverses, la fumée abondante des usines et des fabriques, la
poussière soulevée par une circulation active, sont autant d'obstacles contre
lesquels on doit lutter, pour entretenir une végétation quelconque dans un
pareil milieu.

Il importe donc de s'enquérir des moyens les plus efficaces pour parer aux
inconvénients sus-énoncés, puis d'examiner les méthodes mises en pratique
jusqu'alors dans les plantations, et qui paraissent devoir être maintenues ou
abandonnées. En somme, l'Étude dont il s'agit peut se résumer dans les propositions suivantes :

1º Choisir des essences d'arbres ayant une résistance suffisante et discuter
la valeur de celles déjà employées; puis en signaler quelques autres qui seraient
à essayer.

2º Indiquer une distance convenable à maintenir entre chaque arbre pour
faciliter leur développement, aussi bien dans le sol que dans la partie aérienne.

3º Proposer une direction à donner aux arbres, par une taille appropriée aux
différentes espèces, et un mode d'arrosage qui leur conviendrait.

4º Modifier le système actuel des plantations, en vue d'une économie importante à réaliser, eu égard à la dépense qu'entraîne le service de ces plantations.

M. Paul BONNARD, à Tunis.   [387 (44) (65)]

Les services maritimes postaux de navigation entre la France et l'Algérie.
— M. Paul BONNARD expose que :

1° Des communications rapides par services maritimes réguliers ont lieu entre la Grande-Bretagne d'une part, l'Irlande et le continent d'autre part. à 20 et 23 nœuds à l'heure.

2° La France ne semble pas pouvoir s'en tenir aux vitesses actuelles de ses services maritimes postaux Marseille-Alger et Marseille-la Tunisie.

3° L'établissement prochain semble possible d'un service rapide hebdomadaire Marseille-Alger à 20 nœuds, et d'un service semblable Marseille-Tunis, ou mieux (ce qui économiserait 48 milles de mer et 10 kilomètres de canal) Marseille-Bizerte.

2ᵉ Groupe.

SCIENCES PHYSIQUES ET CHIMIQUES

5ᵉ Section.

PHYSIQUE

PRÉSIDENT. . . . . MM. BERGONIÉ, Prof. à la Fac. de Méd. de Bordeaux.
VICE-PRÉSIDENT . . . . LACOUR, Ing. civil des Mines, à Paris.
SECRÉTAIRE . . . . COMBET, Prof. au Lycée Carnot, à Tunis.

— Séance du 2 avril 1896 —

QUESTION PROPOSÉE A LA DISCUSSION DE LA SECTION

M. BROCA, Rapporteur. [535 24]

Étude critique des diverses méthodes optiques ou photographiques de photométrie, au point de vue scientifique et industriel (1).

M. J. VIOLLE, Maît. de Conf. à l'Éc. norm., Prof. au Cons. des A. et Mét. [535 24]
Sur l'arc électrique.

M. DE LA BAUME-PLUVINEL. [535 24]
Sur la photographie quantitative.

(1) Tous les Mémoires et Notes présentés sur ce sujet à la section, feront l'objet d'un tirage à part spécial qui sera distribué aux membres de la section.

M. And. BROCA. [535 241]

Sur l'emploi de la lampe à la naphtaline comme étalon secondaire.

Sur quelques conditions à réaliser en photométrie.

M. COMBET, Prof. au Lycée Carnot, à Tunis. [537 322]

Extension des formules relatives aux effets Thomson et Peltier. — L'auteur établit, à l'aide de considérations sur les cycles parcourus par un système subissant des transformations réversibles — les grandeurs étant exprimées dans le système pratique et les quantités de chaleur en thermies-joules — les formules suivantes :

$$\frac{l}{\theta} = \frac{dy}{d\theta} \qquad \frac{q_1 - q_2}{\theta} = \frac{d^2 y}{d\theta^2} \quad d\theta \, dx.$$

l, q_1 q_2 désignent des quantités de chaleurs, θ la température absolue, y une tension (pression, force électromotrice, etc.), x une capacité de puissance motrice, suivant l'expression de M. Le Chatelier. En substituant à x et à y, dans ces formules, les tensions et les capacités correspondantes, on est conduit aux formules connues sur les chaleurs mises en jeu dans les effets Thomson et Peltier, et à plusieurs autres relations analogues se rapportant aux phénomènes thermiques les plus divers.

M. BERGONIÉ, Prof. à la Fac. de Méd. de Bordeaux. [537 733]

Mesures des résistances électriques en clinique. — Ce moyen de diagnostic et peut-être de pronostic n'a pas donné tous les résultats qu'on peut attendre de lui. Cela tient à ce qu'il n'existe pas de méthode vraiment clinique de mesure des résistances.

Celle que nous proposons consiste à utiliser l'instrumentation habituelle du médecin-électricien en y joignant un seul appareil nouveau, le téléphone différentiel. Le circuit servant à la mesure se compose :

1° De la bobine à chariot ordinaire servant à la faradisation ;

2° Du rhéostat à résistance variable convenablement étalonné ;

3° De la résistance à mesurer ;

4° Du téléphone différentiel.

Le courant de la bobine médicale traverse parallèlement la résistance à mesurer et le rhéostat pour aboutir dans les deux circuits du téléphone, de façon que leurs actions sur la plaque sonore se neutralise. Si les deux résistances, celle à mesurer et celle qui lui fait équilibre, sont parfaitement égales, le téléphone restera muet ; mais si, au contraire, il y a différence, le téléphone parlera et d'autant plus haut que cette différence sera plus grande.

La précision des mesures faites par cette méthode ne serait pas suffisante peut-être pour un physicien ; mais elle est très suffisante pour des mesures cliniques. L'erreur n'a jamais dépassé un vingtième dans les mesures faites dans mon laboratoire par divers expérimentateurs.

M. Raoul ELLIE, à Cavignac (Gironde).   [535 767]

Photographie stéréoscopique composée. — Au Congrès de Marseille, M. Guebhard a montré quelques photographies à sujet multiplié à différentes échelles, obtenues à l'aide de fonds noirs.

On peut compléter cet effet par la stéréoscopie. Il suffit de photographier d'abord un ensemble d'objets, en ménageant un fond noir et tirant les deux clichés à la distance normale des yeux. Puis, si l'on veut représenter sur le fond noir un objet beaucoup plus grand paraissant réduit, il faut le photographier sur le fond noir à une distance suffisamment grande, mais en écartant proportionnellement les deux vues. Cette manière de procéder exige des repérages délicats. Il est préférable de tirer sur verre le premier ensemble d'objets, et sur pellicule l'objet réduit se projetant sur un fond noir occupant tout le cliché. Il suffit d'appliquer la pellicule sur le cliché et de regarder avec les verres du stéréoscope pour arriver à mettre rigoureusement en place l'objet réduit. On a représenté, par exemple, un groupe d'objets d'étagères : des fleurs, une pile de livres, et sur cette pile de livres un personnage vivant réduit aux proportions d'une statuette se projetant sur le fond noir.

On sait qu'il est possible de faire apparaître sur un fond quelconque d'objets de dimensions paraissant normales, un autre objet paraissant monstrueux, en le rapprochant de l'appareil.

On pourrait compléter cette illusion par la stéréoscopie. Il suffirait de tirer successivement deux vues du fond et de l'objet rapproché, en ayant soin, pour la seconde vue, de déplacer l'objet parallèlement à lui-même et à la ligne réunissant les deux points de vue. Des considérations de triangles semblables montrent que ce déplacement est donné par la formule $\dfrac{n-1}{n} d$, n étant le rapport d'agrandissement de l'objet, d la distance des deux vues. L'objet devra être maintenu dans l'espace à l'aide de fils pratiquement invisibles.

MM. BERGONIÉ et SIGALAS.   [536 6]

Nouvelles mesures calorimétriques sur l'homme. — L'appareil dont nous nous sommes servi est l'anémo-calorimètre du professeur d'Arsonval très légèrement modifié. L'enveloppe de ce calorimètre est formée par un tissu de soie blanche de très faible masse, 300 grammes, dans le but d'obtenir des indications aussi rapides que possible ; cette enveloppe de soie est maintenue à une forme cylindro-sphérique par quelques cercles en osier, de rayon convenablement choisi.

Nos premiers résultats, obtenus en plaçant successivement à l'intérieur du calorimètre des sources constantes de chaleur, d'intensités très différentes, nous ont montré que dans ces limites, très éloignées il est vrai, il n'existe pas de relation simple entre les quantités de chaleur fournies dans un temps donné par une source constante et la vitesse du courant d'air indiquée par l'anémomètre. Il nous a donc été nécessaire de procéder d'une façon expérimentale à un étalonnage de notre calorimètre. Nous avons pris pour cela, comme source de chaleur, un rhéostat constitué par du fil de maillechort enroulé et présentant une hauteur de 60 centimètres et un diamètre de 40 centimètres. La résistance totale est de 40 ohms. Cette forme du rhéostat fonctionnant comme source de chaleur nous a paru la plus convenable, parce qu'elle peut être considérée comme ayant sensiblement la même surface d'émission qu'un sujet adulte. Nous avons choisi des intensités de courants telles que la température du fil oscillât dans nos mesures servant à la graduation autour du 37e degré afin de nous rapprocher le plus possible, sur ce point aussi, des conditions présentées par les sujets à expérimenter.

Cette source avec laquelle il était possible d'obtenir à notre gré telle ou telle quantité de chaleur était placée à l'intérieur du calorimètre, sur un siège en bois sensiblement à la hauteur à laquelle se trouve dans l'appareil la cage thoracique du sujet assis.

Nous avons ainsi établi une courbe qui relie les quantités de chaleur produites à l'heure par la source au nombre de divisions parcourues en cinq minutes par l'aiguille de l'anémomètre.

Les expériences ont porté sur deux sujets et ont été faites à des températures très différentes. L'examen des tableaux d'expériences obtenus ainsi a conduit aux conclusions suivantes :

1o On ne peut pas donner un chiffre unique représentant pour l'homme les quantités de chaleur produites par kilogramme et par heure. Chaque sujet a son coefficient calorimétrique propre.

2o Même pour des variations légères dans la température extérieure il y a des variations notables dans les quantités de chaleur produites.

3o D'une manière générale les quantités de chaleur dégagées vont en augmentant à mesure que la température extérieure diminue.

— Séance du 3 avril 1896 —

M. ZENGER, Prof. à l'Éc. polyt. de Prague.

Les expériences de 1885 sur la photographie à la radiation invisible de l'électricité et sur son mode de mouvement.

MM. BLONDEL et BROCA.   [535 242]

Nouveau photomètre universel.

M. FÉRY, Chef des Trav. prat. à l'Éc. de Phys. et Chim.   [535 1]

Les écrans de Fresnel considérés comme système convergent.

M. le Dr FOVEAU DE COURMELLES.   [537 87]

Rhéostats pour l'utilisation médicale des courants de ville; dispositif nouveau et mesures. — Les courants continus d'éclairage passent à travers des résistances, en partie métalliques, en partie formées de lampes à incandescence d'intensité variable selon l'intensité à donner au courant émergent médical. A sa sortie, ce courant traverse le galvanomètre et arrive à deux bornes d'où partent les fils qui le mènent au patient. C'est sur l'un seulement des fils qui amènent le courant d'éclairage que, par des différences de potentiel variables avec les résistances métalliques interposées et de nombre voulu, prend naissance le courant utilisé médicalement et relié en dehors du galvanomètre à un renverseur de pôles, à un collecteur graduant l'intensité, à un mouvement d'horlogerie pour la galvano-faradisation, à un appareil à chariot d'induction, à diverses lampes médicales ou à des tubes de Gessler ou de Crookes.

Les mesures se font par le galvanomètre apériodique pour les courants continus, et, par ce même galvanomètre, en donnant un courant indicateur constant et en mesurant la distance des bobines pour la comparabilité des courants induits.

L'ensemble est contenu en un cadre en bois de 75 centimètres sur 50 centimètres, très mobile, très déplaçable, se fixant aux murs. Il peut être de 50 sur 50 centimètres, si l'on se borne aux courants continus et à la lumière médicale. Aussi ces rhéostats peuvent-ils être commodément employés en médecine et en physiologie.

M. PRADINES, à Moissac.   [536 620]

Relations entre la chaleur spécifique et la densité des corps.

M. A. BLONDEL.   [538 10]

Sur les unités magnétiques.

M Aug. CHARPENTIER, Prof. à la Fac. de Méd. de Nancy.   [535 24]

Influence de quelques conditions physiologiques en photométrie.

MM. MACÉ DE LÉPINAY et W. NICATI.   [535 24]

Quelques remarques relatives à la photométrie hétérochrone.

Sur les étalons de lumière.

M. A. BLONDEL.   [535 240]

Sur les principes de la photométrie géométrique.

[535 240]

Rendement lumineux de l'arc électrique.

— Séance du 4 avril 1896 —

M. ALLYRE CHASSEVANT.   [535 241]

Sur un procédé permettant d'obtenir un courant régulier d'acétylène aux dépens du carbure de calcium. — L'auteur préconise un procédé de préparation du gaz acétylène plus pratique que ceux déjà employés. L'attaque du carbure par l'eau dans les appareils en usage dans les laboratoires donne des dégagements tumultueux suivis de chûtes brusques de pression. Lorsqu'on arrête le courant gazeux l'attaque du carbure mouillé se continue malgré le refoulement du liquide. Il est impossible, dans ces conditions, d'obtenir une flamme fixe.

L'auteur remarqua que l'attaque du carbure de calcium par l'alcool dilué se faisait régulièrement et avec d'autant plus d'intensité que le titre alcoolique était moins élevé, sans, cependant, devenir tumultueux. L'emploi de l'alcool comme excipient permet donc d'obtenir un courant continu d'acétylène. D'ailleurs, l'alcool ne s'use pas dans cette réaction et la même quantité sert indéfiniment. Il suffit d'ajouter de l'eau pour le diluer au fur et à mesure que la réaction sur le carbure la consomme.

M. le Dr H. BORDIER, à Lyon.   [537 87]

Variation de la sensibilité farado-cutanée avec la densité électrique. — *Influence de la résistance du fil secondaire des bobines d'induction sur les effets sensitifs du courant faradique.* — La variation de la sensibilité farado-cutanée avec la densité électrique a été étudiée successivement avec chacune des bobines secondaires composant l'appareil d'induction de l'auteur. Ces bobines, dites à fil fin, moyen et gros, avaient des résistances de 1.000, 15 et 1 ohms. C'est la sensation *minima* qui, dans chaque cas, a été utilisée pour faire cette étude. Les électrodes ont été choisies en papier buvard et formées de trente-deux couches superposées recouvertes d'une lame de charbon. Douze électrodes, dont la surface a varié de 2 centimètres carrés à 250 centimètres carrés, ont servi à faire ces expériences. En prenant comme moyen d'évaluation de l'intensité du courant faradique la modification apportée dans la longueur d'une colonne liquide, on a obtenu pour chaque bobine induite une courbe qui représente la variation de la sensibilité électrique avec la densité.

La courbe correspondant à la bobine à fil moyen ($R = 15^{\omega}$) s'écarte peu d'une parallèle à l'axe des surfaces ; tandis que les courbes des deux autres bobines, 1^{ω} et 1.000^{ω} sont des arcs de paraboles beaucoup plus ouvertes. L'examen de ces courbes montre que pour les petites surfaces d'électrodes, les effets sensitifs produits par les bobines 1^{ω} et 15^{ω} sont assez voisins les uns des autres et que, pour les grandes surfaces, ce sont au contraire les effets dus aux bobines 15^{ω} et 1.000^{ω} qui tendent à acquérir la même valeur.

Enfin, l'ensemble des trois courbes que ces recherches ont permis de construire font connaître immédiatement l'influence de la résistance du fil constituant les bobines induites sur la sensibilité cutanée. Il suffit de considérer l'ordonnée correspondant à une surface donnée d'électrode pour voir à quel point cette ordonnée rencontre les courbes des trois bobines. Pour des électrodes de petites surfaces, l'emploi de la bobine très résistante est accompagné de phénomènes extrêmement douloureux, la bobine de 15^{ω} produit des effets bien moins vifs, enfin avec la bobine de faible résistance la sensation est à peine accusée. L'avantage de cette dernière bobine apparaît encore mieux si l'on emploie des électrodes de grande surface.

On conçoit l'importance pratique de ces recherches, si l'on songe que la plupart des appareils médicaux portatifs (les plus nombreux) sont constitués par des bobines à fil très résistant. On voit qu'il est impossible avec de tels appareils de ne pas agir fortement sur la sensibilité cutanée, alors qu'on ne veut que provoquer des contractions musculaires.

M. FÉRY. [535 241]

Photométrie de l'acétylène.

M. VIOLLE. [535 241]

Etude photométrique de l'acétylène.

M. GUILLAUME. [535 240]

Sur l'unité d'éclat.

6ᵉ Section.

CHIMIE

PRÉSIDENT. . . . . M. SABATIER, Prof. à la Fac. des Sc. de Toulouse.
VICE-PRÉSIDENT . . . . M. LESCŒUR, Prof. à la Fac. de Méd. de Lille.
SECRÉTAIRE . . . . M. BARRAL, Ag. à la Fac. de Méd. de Lyon.

— **Séance du 1ᵉʳ avril 1896** —

M. Henri LESCŒUR, à Lille.   [614 321]

Le mouillage du lait. — Sa recherche par l'examen du petit-lait. — Dans de précédentes communications, l'auteur a signalé l'intérêt que présente, au point de vue de la recherche des falsifications, l'examen du sérum ou petit-lait.

Jusqu'ici, pour produire la coagulation du lait, on employait la présure sèche ou ferment leb qui présente l'avantage, étant employé à l'état de traces, de ne modifier la composition du milieu que d'une façon absolument négligeable, mais qui a l'inconvénient de demander un certain temps.

L'auteur a modifié son premier procédé de façon à produire immédiatement la précipitation du lait, ce qui permet de procéder de suite à la filtration du produit pour l'obtention du petit-lait. Il emploie dans ce but diverses solutions amenées à la densité de 1,030 (densité normale du petit-lait). Les acides citrique, tartrique, oxalique, etc., sont particulièrement avantageux.

[541 4]

Recherches sur la dissociation des hydrates salins et des composés analogues. — *Alcoolates.* — Ces recherches sont la suite de travaux publiés depuis plusieurs années par l'auteur.

[546 57]

M. l'abbé J.-B. SENDERENS, Doct. ès sciences, Prof. de chimie à l'Inst. cathol. de Toulouse.

Action de l'hydrogène sur les solutions de nitrate d'argent. — M. l'abbé SENDERENS rappelle que cette action a donné lieu à des résultats contradictoires dont il a entrepris de chercher la cause. Il s'est donc attaché tout d'abord à obtenir de l'hydrogène parfaitement pur, et il a reconnu que ce gaz ainsi purifié réduit assez rapidement les solutions chaudes de nitrate d'argent et, contrairement aux affirmations de Pellet, leur communique une acidité correspondant à une proportion notable de KOH. Il se produit en même temps un précipité d'argent métallique dont le poids va en augmentant avec la durée des expériences. Il n'y a pas transformation de l'azotate d'argent en azotite, comme l'avait indiqué Pellet, mais on constate des traces d'ammoniaque.

A froid, la précipitation de l'azotate d'argent par l'hydrogène s'observe encore, du moins pour les solutions assez concentrées (1/5e de AzO³Ag, soit 34 grammes par litre), mais elle est excessivement longue, et l'on conçoit que Houzeau, dans ses expériences qui ne duraient que quelques instants, ne l'ait pas constatée. De même Pellet qui a nié cette précipitation, arrêtait trop tôt ses expériences, et le plus souvent il opérait avec des solutions trop acides.

M. Senderens conclut donc avec Békétoff et Schobig que l'hydrogène réduit, même à froid, les solutions moyennement concentrées de nitrate d'argent, mais il estime que les procédés de purification de l'hydrogène adoptés par ces deux chimistes laissent à désirer, et que l'on doit renoncer à ces procédés lorsqu'on veut de l'hydrogène chimiquement pur, ou bien les modifier ainsi qu'il l'a fait. Au surplus, Pellet et Houzeau qui ont nié l'action de l'hydrogène sur les solutions de nitrate d'argent, préparaient ce gaz par les méthodes ordinaires, et leurs conclusions se basaient non sur les impuretés de l'hydrogène, mais sur des considérations d'une tout autre nature que M. Senderens s'est attaché à réfuter.

[546 72]

Action du fer sur les solutions neutres et acides d'azotate d'argent. Un nouveau cas de passivité du fer. — 1° *Solutions neutres d'azotate d'argent.* — Le fer n'agit pas sur ces solutions lorsque la proportion du sel n'est pas inférieure à 1/30° de molécule, soit 5gr,7 de AzO³Ag par litre. Si la teneur en nitrate d'argent s'abaisse à 1/50° de molécule et au-dessous, ces solutions sont toujours précipitées par le fer *non écroui* ou *recuit*. Mais il n'en est pas de même du fer *écroui* dont l'action est très irrégulière, et dans tous les cas, beaucoup moindre que celle du fer recuit. De plus le fer est rendu *passif* par son immersion dans une solution neutre d'azotate d'argent assez concentrée pour ne pas l'attaquer, c'est-à-dire qu'il n'agit plus sur les solutions même très diluées ;

2° *Solutions acides d'azotate d'argent.* — Si l'on prend une solution d'azotate d'argent non attaquée par le fer, par exemple à 1/5° de AzO³Ag par litre, il faut y ajouter une forte proportion d'acide azotique pour qu'elle soit réduite par le fer. L'argent se précipite tout d'abord, mais il se redissout ensuite, et le fer devient inactif. On lui rend son activité en le touchant avec un fil de cuivre. De même le contact d'un fil de cuivre détermine la précipitation de l'argent dans les solutions faiblement acides, mais cette précipitation s'arrête promptement, et le dépôt, qui était noir, devient subitement blanc. Ici encore, avec le fer *écroui*, les réactions sont très capricieuses, tandis qu'avec le fer *non écroui* ou *recuit*, elles offrent une très grande régularité. Enfin le fer devient passif vis-à-vis des solutions très acides lorsqu'il est plongé dans des solutions assez faiblement acides pour ne pas l'attaquer. Le contact d'un fil de cuivre, ou même la simple exposition à l'air détruisent cette passivité ;

3° *Fer et acide azotique.* — M. Senderens fait remarquer que dans l'action du fer sur l'acide azotique il y a également une grande différence entre le fer écroui et celui qui ne l'est pas. Le fer *non écroui* ou *recuit* n'a pas d'action même sur l'acide azotique à 36 degrés Baumé qui le rend passif tout aussi bien que l'acide fumant, tandis qu'au contraire le fer écroui attaque le plus souvent l'acide à 40 degrés Baumé. En sorte que vis-à-vis de l'acide azotique l'écrouissage favorise l'action du fer alors qu'il la diminue vis-à-vis des solutions d'azotate d'argent.

Il résulte de ces expériences que l'*écrouissage* et le *recuit* déterminent dans le fer deux états allotropiques dont il faut tenir compte dans l'interprétation des réactions chimiques. C'est ainsi qu'en ce qui concerne la passivité du fer, M. Senderens estime que l'allotropie joue un rôle important, et que l'immersion du fer dans une solution qui ne l'attaque pas, peut déterminer un équilibre moléculaire capable de résister à des dilutions différentes qui par elles-mêmes peurraient attaquer ce métal.

M. le Dr BARRAL Agrég. à la Fac. de Méd. de Lyon. [547 7]

L'aseptol, réactif de l'albumine et de la bile dans l'urine. — L'aseptol est de l'acide orthophénylsulfureux (acide sulfonique-benzénol 1.2), C^6H^4,OH_1,SO^3H_2, avec un peu de phénol et d'acide sulfurique libres ; ces derniers n'ont aucune influence sur les réactions. L'aseptol est un liquide très visqueux, obtenu en abandonnant pendant vingt-quatre heures à la température du laboratoire, poids égaux de phénol synthétique et d'acide sulfurique à 66 degrés.

Ce réactif permet de déceler *cinq milligrammes* d'albumine par litre d'urine : sa sensibilité est aussi grande que celle des réactifs les plus sensibles, dont il ne présente pas les nombreuses causes d'erreur. Avec la mucine seule, il produit un trouble opalescent qui disparaît presque entièrement par la chaleur.

Il dissout les précipités de phosphates, ainsi que les précipités d'urates formés par refroidissement de l'urine.

Avec les *urines biliaires*, il se produit un disque irisé dans lequel les couches *verte* et *violette* sont caractéristiques. Cette réaction a permis de déceler nettement la bile dans des urines avec lesquelles l'acide azotique ne donnait rien.

[546 22]

Une réaction colorée de l'anhydride sulfurique. — Le parabichlorure de benzène hexachloré, C^6Cl^6,Cl^3_4 (1), mis en contact avec de l'acide sulfurique contenant de l'anhydride, donne une magnifique coloration violette rouge, disparaissant dès que le liquide ne contient plus d'anhydride.

Cette réaction n'est pas due à une impureté de l'acide, car elle se produit très bien avec de l'anhydride synthétique obtenu en faisant passer SO^2+O sur de l'éponge de platine.

M. J. DE REY PAILHADE, Ing., à Toulouse.

Sur l'existence simultanée dans les plantes de deux ferments d'oxydation. — M. DE REY PAILHADE signale l'existence simultanée dans le règne végétal de deux

(1) Congrès de l'AFAS, Caen, 1894.

ferments d'oxydation.: la laccase de M. Bertrand, qui oxyde la teinture alcoolique de gayac, et le ferment de MM. Rohman et Spitzer, qui produit de l'indophénol, en présence du naphtol et de la paraphénylène diamine en solution sodique.

Les cellules animales ne renferment pas de laccase. On trouve à la fois dans les cellules végétales ou animales des matières protoplasmiques réductrices et des substances protoplasmiques oxydantes: le philothion, corps hydrogénant, et un ou plusieurs ferments d'oxydation, corps fixant l'oxygène.

M. le Dr E. GÉRARD, Agr. à la Fac. de Méd. de Toulouse. [547 7]

Fermentation de l'acide urique par les microorganismes. — L'acide urique, sous l'influence de certains microorganismes, se décompose en donnant de l'urée et du carbonate d'ammoniaque.

Il est très probable que la production de ce dernier sel est le résultat d'une action secondaire des coccus ou des bactéries sur l'urée d'abord produite.

— Séance du 2 avril 1896 —

M. le Dr BARRAL. [547 3]

Action du chlorure d'aluminium sur l'hexachlorophénol α. — 1° A 160-165°, avec Al^2Cl^6 (1 mol.) et un grand excès de C^6Cl^6O (8 mol.), on obtient un produit organo-métallique jaune, cristallisé, que l'eau décompose en pentachlorophénol, quinone tétrachlorée, alumine, HCl et Cl^2 :

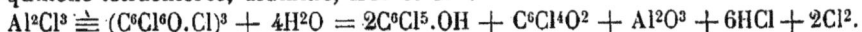

$$Al^2Cl^3 \equiv (C^6Cl^6O.Cl)^3 + 4H^2O = 2C^6Cl^5.OH + C^6Cl^4O^2 + Al^2O^3 + 6HCl + 2Cl^2.$$

2° A 170-175°, on obtient de l'oxychlorure de carbone et du benzène hexachloré :

$$9C^6Cl^6O + Al^2Cl^6 = 6COCl^2 + Al^2O^3 + 8C^6Cl^6.$$

3° Dans le sulfure de carbone froid, 1 mol. de Al^2Cl^6 et 2 mol. de C^6Cl^6O se combinent en donnant un produit organo-métallique cristallisé, qu'une élévation de température décompose (à 40°) en chlore et pentachlorophénate de chlorure d'aluminium. L'eau décompose ce dernier corps et donne du pentachlorophénol :

$$C^6Cl^5.O.Al^2Cl^5 + H^2O = C^6Cl^5.OH + Al^2Cl^5.OH.$$

4° L'expérience précédente est recommencée; mais, après avoir ajouté Al^2Cl^6, on chauffe pendant huit heures au réfrigérant ascendant. Il se produit de l'oxychlorure de carbone, qui, réagissant à l'état naissant sur le pentachlorophénate de chlorure d'aluminium, donne naissance à un nouveau corps, le *carbonate de phényle perchloré*, $CO^3(C^6Cl^5)^2$:

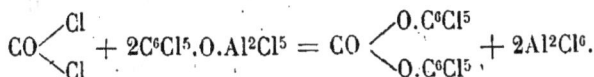

$$CO\begin{matrix}Cl\\Cl\end{matrix} + 2C^6Cl^5.O.Al^2Cl^5 = CO\begin{matrix}O.C^6Cl^5\\O.C^6Cl^5\end{matrix} + 2Al^2Cl^6.$$

Le carbonate de phényle perchloré cristallise en petites aiguilles blanches, nacrées, fusibles à 265-268°, sublimables sans décomposition. Insoluble dans l'eau, très peu dans l'alcool et la ligroïne, il se dissout un peu mieux dans le benzène. Très stable, il est très lentement décomposé par la solution bouillante et concentrée de potasse caustique dans l'alcool absolu :

$$CO^3(C^6Cl^5)^2 + 4KOH = CO^3K^2 + 2C^6Cl^5.OK + 2H^2O.$$

M. Paul SABATIER, Prof. de Chimie à la Fac. des Sc. de Toulouse.   [546 57]

Action de l'oxyde cuivreux sur les solutions d'azotate d'argent. — Quand on maintient de l'oxyde cuivreux rouge dans une solution d'azotate d'argent, on observe un déplacement très net ; il y a production d'azotate cuivrique dans la liqueur, et il se dépose, à la place de l'oxyde cuivreux, des cristaux d'argent en même temps qu'une masse grisâtre. En renouvelant plusieurs fois la solution d'azotate d'argent, on arrive à ne plus enlever de cuivre. La matière solide est alors séparée, lavée rapidement avec un peu d'eau, et séchée à froid. Elle contient des produits nitrés. Si on la traite par l'acide sulfurique concentré pur, en ayant soin de refroidir, on a formation d'une matière colorante bleue pourpre, qui colore tout l'acide sulfurique. Cette dissolution pourpre subsiste à 100 degrés, mais de très petites quantités d'eau la décolorent et en dégagent de l'oxyde azotique. Les recherches en cours sur ce sujet nous amènent à penser que la matière grise est un nitrite cuivreux (ou cuivroso-cuivrique), qui fournit avec l'acide sulfurique un composé mixte coloré, immédiatement destructible par l'eau.

MM. BUISSON, ESCANDE et CLAUTEAU.   [664 1]

Détermination de la densité des masses cuites.

M. le Dr BARRAL.   [547 3]

Formation et préparation des éthers phénoliques par les chlorures d'acides, en présence du chlorure d'aluminium. — En présence du chlorure d'aluminium, les chlorures d'acides réagissent très énergiquement sur les phénols et leurs dérivés de substitution ; aussi ces derniers doivent être dilués dans du sulfure de carbone, du chloroforme ou du tétrachlorure de carbone, pour modérer la réaction et pour éviter des polymérisations.

Dans la plupart des cas, ce mode de formation permet de préparer facilement et rapidement une grande quantité d'éther, car il évite surtout l'emploi des tubes scellés. La seule difficulté réside dans l'insolubilité ou la très faible solubilité de quelques phénols, ou plutôt de leurs dérivés de substitution, dans les dissolvants ; dans ce cas, pour que la réaction soit complète, il est indispensable de maintenir pendant plusieurs heures le mélange à l'ébullition, au réfrigérant ascendant.

MM. A. BERG et **C. GERBER**, Prof. à l'Éc. de Méd. de Marseille.   [543 8]

Méthode de recherche de quelques acides organiques dans les plantes. — En présence des difficultés que l'on rencontre pour déceler les acides organiques dans les plantes et des causes d'erreurs auxquelles exposent les diverses méthodes, les auteurs ont cherché un moyen de caractériser plus sùrement les acides citrique et malique.

Ils se sont basés pour cela sur l'action de l'acide sulfurique sur l'acide citrique et sur la solubilité du malate d'ammoniaque dans l'alcool, et ont indiqué une méthode d'analyse permettant de rechercher les acides oxalique, tartrique, citrique et malique dans les végétaux.

7e Section.

MÉTÉOROLOGIE ET PHYSIQUE DU GLOBE

PRÉSIDENT-D'HONNEUR . . . . . . M. JACQUES, Sous-Dir. des Postes, à Tunis.
PRÉSIDENT. . . . . M. THÉVENET, Dir. du Serv. météor., à Alger.
SECRÉTAIRE . . . . M. GINESTOUS, Prof. au Coll. Allaouï.

— **Séance du 2 avril 1896** —

M. THÉVENET, Direct. du Serv. météor. algérien.   [551 56 (65)]

Sur la climatologie de l'Algérie.

M. THÉVENET fait l'exposé d'un travail comprenant l'étude de la température, l'hygrométrie, l'évaporation, la pluie, la grêle, la neige, celle des vents et de la pression barométrique en Algérie. — De nombreux tableaux et des cartes sont communiqués aux membres présents.

L'auteur propose de déduire la température moyenne de l'observation du maxima et du minima dont la demi-somme serait corrigée à l'aide de certains coefficients dépendant du lieu et de la saison. Il pense ainsi éliminer les erreurs résultant des variations possibles dans l'heure de l'observation.

Il soumet à la Commission des graphiques obtenus relativement à l'évaporation et à la pluie.

Les variations de la fréquence d'un même vent pendant le cours de l'année paraissent mériter l'attention en raison des imperfections que peut présenter l'installation des instruments employés.

[551 51]

Sur l'installation d'un appareil enregistrant la direction du vent.

[551 57]

Sur l'installation de deux évaporomètres enregistreurs, l'un à l'ombre, l'autre au soleil.

[551 54]

De l'influence du vent, de la chaleur et de la vapeur d'eau sur la pression barométrique.

[534 81]

Description d'un appareil destiné à inscrire d'une façon précise les oscillations horizontales du sol dans une perturbation séismique.

— Séance du 3 avril 1896 —

M. Victor **RAULIN**, à Montfaucon-d'Argonne (Meuse).   [551 57 (65)]

Observations pluviométriques sur la côte septentrionale d'Afrique. — Les observations faites de 1871 à 1880 dans le Maroc et toute l'Algérie ont été publiées dans les *Mémoires de la Société philomathique de Verdun (Meuse)*, tome XIII. 1894.

La note présentée par M. Raulin résume les observations faites jusqu'à présent dans la Tunisie, la Tripolitaine, la Cyrénaïque et la Basse-Égypte.

Les *quantités annuelles*, très fortes sur les sommets de la Khroumirie (1764,1), diminuent beaucoup sur la côte jusqu'à Alexandrie (201,4), et deviennent très faibles sur les chotts méridionaux de la Tunisie (124,2) et le Canal de Suez (29,4).

Le *régime saisonnal* prédominant est IV, à pluies les plus faibles en été et les plus abondantes, soit en hiver, soit en automne. — Le régime III de l'intérieur de l'Algérie se montre seulement à Kairouan. Le régime dérivé IV existe à Gafsa et à Suez.

M. **DENEUX**, à Tarbes.   [551 33 (60)]

Causes d'ensablement de l'Afrique du Nord et des moyens à employer pour en combattre les effets. — Pour l'auteur, la cause première est l'apport des sables marins sur la côte ouest par le courant de retour du Gulf-Stream, charriant les sables de déversement du courant sous-marin du détroit de Gibraltar.

Un examen attentif de la configuration de la côte ouest de l'Afrique en démontre la réalité par son développement continu vers l'ouest, n'ayant son pareil que celui de la côte ouest de l'Australie par les mêmes causes et produisant les mêmes effets.

Pour combattre cet effet envahisseur, il proposa le moyen des ressacs artificiels aux points d'atterrissement des sables et il fit pressentir un changement dans la climatologie de l'Afrique, une diminution de force dans les centres de dépression de la Méditerranée, partant une diminution dans les refroidissements printaniers dans le sud de l'Europe.

De même, il faisait remarquer que dans l'idée des ressacs artificiels existait l'idée de la captation des eaux marines pour l'industrie, pour l'électricité, etc., etc., attendu qu'en passant par-dessus les ressacs à marée haute, les eaux seraient retenues en partie à marée basse.

Mais si la quantité est faible, les ressacs l'étant comme élévation, on peut les faire grandir jusqu'à la demi-hauteur des hautes marées et alors la hauteur rectangulaire sera $\frac{a}{2} = x \times 2$ ayant deux marées chaque jour.

Il ressort donc de cette communication :

Une diminution dans l'apport des sables dans le nord de l'Afrique et une captation possible des eaux marines pour l'industrie comme force motrice.

M. Jules MAISTRE, à Villeneuvette, par Clermont-l'Hérault. [551 58 (61) (65)]

Des reboisements et irrigations en Algérie et en Tunisie. — Les Français ont créé des colonies importantes dans le nord de l'Afrique et ils doivent chercher à les rendre prospères. Sous la domination romaine, cette vaste région était un centre agricole très fertile. Cette fertilité tenait à ce que le climat, à cette époque, était plus humide que celui dont nous jouissons de nos jours.

Actuellement, pour combattre la sécheresse, il convient de reboiser une partie des montagnes; mais il faut indemniser les Arabes ou les colons là où on opère le reboisement. Il faut aussi irriguer; mais, comme les eaux sont rares, il est indispensable de créer des bassins réservoirs; seulement ces bassins ne doivent pas être établis en travers des cours d'eau, parce qu'ils pourraient être emportés par les inondations. De plus, pour avoir des digues solides, elles doivent être établies dans le genre de celle qui a été construite par Riquet au bassin de Saint-Ferréol, qui sert à alimenter une partie du canal du Midi.

Il ne faut pas oublier que c'est par le nord de l'Afrique que nous arriverons à civiliser le vaste continent africain; c'est donc à nous à travailler, avec ensemble, à cette œuvre grandiose, œuvre pour laquelle les étrangers sont tous intéressés.

M. JACQUES, Sous-Dir. de l'Office postal, à Tunis. [551 51] [551 57]

Appareil enregistreur de la direction du vent et de la pluie. — M. JACQUES donne lecture de la description de son appareil enregistrant la direction du vent ainsi que de la pluie. La Commission a décidé de se transporter à l'hôtel où fonctionnent non seulement l'appareil décrit, mais encore tout un ensemble d'appareils météorologiques, installés sur la terrasse de l'Hôtel des Postes, dans un pavillon approprié. M. Jacques remet une description imprimée suivie de photographies donnant les détails des diverses parties de son appareil, ainsi que de l'installation complète de son observatoire.

— **Séance du 4 avril 1896** —

M. GINESTOUS, Prof. au Coll. Allaoui, à Tunis. [551 54]

Baromètre enregistreur. — M. GINESTOUS donne la description d'un baromètre balance permettant de transmettre à distance, à l'aide de courants électrique vibratoires, les variations dans la pression barométrique d'une localité. Ces variations donnent lieu à une courbe continue, dont l'ordonnée est exactement proportionnelle à la pression qui est amplifiée dans le rapport de 1 à 2. L'appareil a paru mériter l'attention et l'auteur serait très heureux si sa réalisation était poursuivie.

[551 57]

Évaporomètre multiplicateur. — M. GINESTOUS donne la description d'un évaporomètre multiplicateur, à lecture directe et pouvant devenir totaliseur. Cet appareil est réalisé et fonctionne à l'observatoire météorologique de Tunis.

3ᵉ Groupe.

SCIENCES NATURELLES

8ᵉ Section.

GÉOLOGIE ET MINÉRALOGIE

PRÉSIDENT. . . . .   M. FALLOT, Prof. à la Fac. des Sc. de Bordeaux.
VICE-PRÉSIDENT . . . .   M. FICHEUR, Prof. à l'Éc. des Sc. d'Alger.
SECRÉTAIRE . . . .   M. BLAYAC, Prép. à l'Éc. des Sc. d'Alger.

— Séance du 2 avril 1896 —

M. E. FICHEUR, Prof. à l'Éc. des Sc. d'Alger.   [556 (65)]

Sur les formations oligocènes de l'Aurès et en particulier dans la région d'El-Kantara (Algérie). — Les dépôts caillouteux et limoneux, de coloration rouge généralement très accentuée, qui se montrent dans la dépression de l'oasis d'El-Kantara, appartiennent à une formation puissante qui paraît s'être étendue dans quelques-unes des grandes vallées de l'Aurès (Oued-Bouzina, Oued-Abdi, etc.).

Cette formation continentale présente un facies alluvionnaire et lagunaire, avec discordance sur les bancs calcaires du Crétacé supérieur (calcaire à inocérames) et du Suessonien inférieur.

Au flanc du Djebel-Kteuf, ce terrain rouge repose en concordance apparente sur une assise argilo-gypseuse avec couches irisées, dans laquelle des bancs de gypse interstratifié, assez puissants, se retrouvent à plusieurs niveaux; cette série est recouverte en discordance manifeste par les poudingues et calcaires à *Pecten numidus* du *Cartennien*.

La similitude de facies est remarquable avec les dépôts analogues du bassin de Constantine, et l'on peut en conclure un parallélisme entre la série oligocène

11

de l'Aurès et celle de Constantine, les couches rouges représentant l'étage *Aquitanien.*

Une série de couches argilo-gypseuses, bariolées, occupe au nord de l'Aurès la dépression qui s'étend à l'est de Lambèse et paraît devoir se rapporter au même horizon géologique.

M. Émile **BELLOC**, à Paris.   [551 31]

Observations sur l'érosion glaciaire. — M. Emile BELLOC présente quelques observations à propos de la formation de certaines roches moutonnées et de l'action érosive des glaciers.

Il fait part au Congrès de ses recherches faites dans l'intérieur du glacier des Gourgs-Blancs et du résultat de ses études concernant le retrait, ou plutôt l'amincissement du front terminal des glaciers.

En explorant avec soin les crevasses et les cavernes ouvertes dans la masse glacée, il a pu se rendre exactement compte de l'orientation de ces crevasses et en même temps déterminer les divers plans de stratification des couches neigeuses, successivement emprisonnées par le glacier.

M. COSSMANN, à Paris.   [564 3]

Observations sur quelques coquilles crétaciques recueillies en France. — L'auteur a pour but de faire connaître un certain nombre de formes nouvelles ou peu connues des terrains crétaciques de la France, dont la faune a été un peu négligée depuis la publication de la *Paléontologie française* qui date de plus d'un demi-siècle.

Les trente-cinq espèces que contient cette note, accompagnée de figures phototypées, sont soit inédites, soit décrites dans des mémoires relatifs à la faune de bassins étrangers et, par conséquent, nouvelles pour notre pays.

En outre, deux genres nouveaux sont proposés et il n'est pas inutile des les mentionner dans cet extrait sommaire, pour prendre date :

Le genre *Pholidotoma* (type : *Fusus subheptagonus*, d'Orb.), placé dans la famille *Pleurotomidæ* et caractérisé par le sinus écailleux qui est contigu à la suture; et le genre *Nummo calcar* (type : *Solarium polygonium*, d'Arch.), classé dans la famille *Solariidæ*, qui comprend des coquilles discoïdales, à carène périphérique épineuse, à ombilic non caréné, à ouverture flexueuse et échancrée sur le bord basal.

M. le Dr GUÉBHARD, Ag. de la Fac. de Méd. de Paris.

Carte géologique et préhistorique de la commune de Mons (Var).

M. BLAYAC, à l'Éc. des Sc., Alger. [551 781 (65)]

L'Éocène inférieur dans la région de l'Oued-Zenati et d'Aïn-Regada (Algérie). — *Généralités sur cet étage en Algérie.* — Au Congrès de Bordeaux, M. BLAYAC avait donné un résumé de ses recherches dans la partie nord de l'Algérie occupée par l'Éocène inférieur. Quelques lambeaux importants de cet étage, situés entre Ouled-Rhamoun, Aïn-Regada et Oued-Zenati, restaient à connaître. Il était d'un grand intérêt de savoir si le faciès du Suessonien de Soukahras et Tébessa ne changeait pas dans cette région et si les *bancs à phosphate de chaux*, qui se trouvent là interstratifiés dans la partie moyenne de cet étage, étaient aussi présents. Il résulte des travaux de M. Blayac que l'Éocène inférieur dans l'énorme lambeau d'Aïn-Regada présente un faciès presque identique à celui de Tébessa. La seule différence réside dans la partie supérieure de cet étage ; en effet, les *calcaires à Nummulites,* qui atteignent ailleurs jusqu'à 150 et 200 mètres d'épaisseur, sont remplacés par des calcaires relativement tendres, peu épais, semblables à ceux de la partie moyenne, et ils renferment comme eux des rognons de silex et quelques traces de phosphate de chaux. En outre, on n'y trouve pas de Nummulites. Ce changement de faciès, déjà vu ailleurs par MM. Ficheur, Repelin et Blayac, est une nouvelle preuve en faveur de l'idée émise par eux, qu'il n'y a que deux subdivisions possibles dans cet Éocène inférieur d'Algérie (1). à savoir :

EOCÈNE INFÉRIEUR (partie inférieure), deux zones concordantes :

1° Marnes noires à *Ostrea multicostata ;*

2° Calcaires tendres en plaques, alternant avec lits de silex et bancs de phosphates de chaux (ces derniers surtout à la partie inférieure et moyenne). — N. — La partie supérieure de cette zone passe en plusieurs points à des calcaires durs, cristallins, à *Nummulites irregularis, gizehensis,* etc.

EOCÈNE INFÉRIEUR (partie supérieure), une zone :

3° Marnes et grès à *Ostrea bogharensis,* discordants avec les zones 1 et 2, qui, elles, s'accompagnent toujours sans discordance (grès de Boghari et de Sidi-Aïssa).

M. Blayac a constaté dans l'Éocène inférieur d'Aïn-Regada la présence de bancs à phosphate de chaux très irréguliers dans leur épaisseur et dont la teneur en acide phosphorique est généralement très faible, sauf en quelques points où elle atteint environ 18 à 19 0/0. Il profite de cette circonstance pour signaler aux géologues le résultat pratique des recherches entreprises sous la direction du service de la carte géologique d'Algérie et relatives aux gisements de phosphate de chaux ; il est aujourd'hui prouvé, grâce aux études de M. Blayac et aussi de M. Ficheur pour la région de Boghari et de Sétif, que, dans la longue bande suessonienne du nord de l'Algérie, il n'y a lieu d'avoir quelque espoir d'exploitation de phosphate qu'au *M'Zeita et Bordj Redir,* près Bordj bou Arreridj ; à *Aïn-Fakroun* (teneur variant entre 50 et 60), et peut-être à Boghari et M'Sila (El Hammam). Reste à étudier complètement la bande sud, celle de Tébessa.

(1) Voir FICHEUR et BLAYAC, IXᵉ livr. 1895, *Annales des Mines.*

M. Ed.-David LEVAT, Ing. civ. des Mines, à Paris.   ·[553 41 (57)]

Note sur la constitution géologique des gisements aurifères de la Sibérie orientale.
— L'auteur présente, sous ce titre, un résumé des études géologiques auxquelles
il s'est livré pendant son voyage à travers toute la Sibérie, de Moscou à Vladivostok, pendant l'année 1895.

Après avoir établi les caractères généraux des gisements aurifères de l'Oural, .
M. LEVAT les compare à ceux de la Sibérie orientale et fait ressortir la communauté d'origine des uns et des autres. Il établit le rôle capital joué par les
·*phénomènes de concentration postérieure à la formation* dans les roches granitiques
et leurs dérivés immédiats, aplite et bérézite, ainsi que les rapports étroits qui
existent entre ces dernières et la venue de l'or. En résumé, le métal précieux
est venu contemporainement avec ces roches, soit en combinaison avec la pyrite,
soit même avec la silice. Il s'est déposé, par *ségrégation*, dans les fentes de
retrait de la masse ignée et dans les fissures produites dans le terrain encaissant
par l'éruption elle-même.

— Séance du 3 avril 1896 —

M. FICHEUR.·   [55 6 5]

Sur la constitution géologique du Djebel-Gouraya de Bougie (Algérie). — Les calc-
caires du Lias moyen qui forment la crête du Djebel-Gouraya passent, à la
partie supérieure, à des calcaires marneux à chaux hydraulique renfermant
des brachiopodes de cet étage, jusqu'ici attribués au Crétacé moyen.

Ces couches sont affectées d'un pli anticlinal, déversé au sud sur toute la longueur du chaînon, sur les marnes et calcaires du *Cénomanien*, qui surmontent
à leur tour les marnes du *Sénonien*, formant les pentes inférieures. Des dislocations et plis secondaires, également déversés au sud, constituent la petite
crête du cap Bouak.

La structure de ce promontoire permet d'expliquer la formation des plis dans
une partie de la chaîne des Babors, où des déversements analogues du Lias
calcaire sur le Crétacé moyen et supérieur s'observent en plusieurs points.

M. E. HAUG, Doct. ès sc., Chef des trav. prat. de géologie, à la Fac. des sc. de Paris.   [551 43]

Sur les bases géologiques d'une classification des régions montagneuses. — M. HAUG,
après avoir montré sur quels principes géologiques devait être basée une classification scientifique des régions montagneuses, établit un certain nombre de
types de chaînes de montagnes qui pourront être désignés par des noms géographiques, tels que : type jurassien, armoricain, ardennais, vosgien, appalachien,
alpin, etc.

M. FICHEUR, à Alger.   [55 6 5]

Présentation des feuilles de Ménerville et Palestro de la carte géologique détaillée de l'Algérie. — M. Ficheur présente, au nom de MM. Pomel et Pouyanne, directeurs du service de la carte géologique de l'Algérie, et en son nom les premières feuilles de la carte détaillée (Ménerville et Palestro), dont l'impression vient d'être terminée.

Ces cartes géologiques ont été établies par M. Ficheur sur les feuilles de l'état-major au $\frac{1}{50.000}$. C'est le début de cette publication, qui sera suivie de l'impression de nouvelles feuilles. L'auteur expose à grands traits la constitution générale de cette région, qui présente un grand intérêt et se trouve en quelque sorte le résumé de la géologie de la Kabylie du Djurjura. Il insiste en quelques mots sur la disposition des zones tertiaires (éocènes, oligocènes et miocènes) et sur la faille de Ménerville, postérieure au Sahélien (Miocène supérieur) qui met en contact les couches miocènes avec le massif ancien et éruptif du Djebel-Bou-Arous, au nord du col de Ménerville.

M. Paul PALLARY, à Eckmühl-Oran.   [564 (6 5)]

Étude sommaire sur la faune malacologique fossile du nord de l'Afrique. — M. Pallary a étudié, autant que cela lui a été possible, les fossiles recueillis dans les divers gisements connus du nord de l'Afrique. L'examen d'un grand nombre d'échantillons provenant d'âges et de localités différents lui a permis de tirer les conclusions suivantes :

1° Plus l'étage est ancien, plus le nombre des espèces éteintes s'accroît, conclusion qui est d'accord avec ce qui a été observé partout ailleurs ;

2° La faune des Hélicidées diffère très peu des types actuels, ce qui permet de conclure que les conditions d'existence étaient très semblables à celles de nos jours ;

3° La faune aquatique diffère, au contraire, beaucoup des formes actuelles, ce qui indique une modification profonde du régime des eaux ;

4° Les types éteints ont de grandes affinités avec les formes sahariennes.

[550 (65)]

Notes géologiques sur le Dahra. — M. Pallary a relevé une série assez complète du tertiaire dans le Dahra oranais depuis le Cartennien jusqu'au Plaisancien. Il ne croit pas possible de conserver sous le nom de Sahélien l'ensemble des terrains indiqués par M. Pomel. Le Sahélien doit être réduit à un sens plus strict ; la portion inférieure de l'étage est le Tortonien classique assez développé dans le Dahra et aux environs de Mascara. Les marnes sahéliennes lui seraient supérieures.

Les marnes subapennines à *O. Cochlear* et *Arca diluvii* forment les falaises littorales au lieu que les calcaires coquilliers en bancs qui surmontent le Sahélien atteignent le cœur du Dahra.

Les gypses du Dahra ne sont nullement éruptifs ; par décomposition ils fournissent du soufre en certain nombre de points. Au contact des gypses et du

Tortonien sont des nappes bitumineuses qui donnent lieu à d'importantes recherches.

Discussion. — M. Ficheur tient à indiquer la confusion qui a été introduite par certains géologues sur la signification des divisions établies par M. Pomel dans la série miocène de l'Algérie. L'étage *sahélien* ne représente pas, ainsi qu'on s'est plu à l'exposer à plusieurs reprises, un ensemble d'assises miocènes et pliocènes ; il correspond, d'une manière précise, à l'étage supérieur du Miocène, partout discordant sous le Pliocène inférieur et discordant avec le Miocène moyen (Helvétien). Cette classification se justifie de jour en jour davantage par les études détaillées, et c'est à tort que, par suite d'observations rapides et incomplètes, on a cru devoir, ainsi que le fait encore M. Pallary, opposer des objections à l'emploi de ce terme Sahélien, qui n'équivaut pas non plus au Tortonien classique.

M. FALLOT, Prof. à la Fac. des Sc. de Bordeaux.   [554 471]

Sur le relief de l'Entre Deux Mers. — M. E. Fallot complète les renseignements qu'il a donnés au Congrès de Bordeaux sur la *constitution géologique de la Gironde* et montre l'intérêt que présente la disposition de l'étage aquitanien au point de vue du *relief de l'Entre Deux Mers.* Cette région, formée par les assises tongriennes, a l'aspect d'un plateau ondulé surmonté de nombreuses buttes, dont l'altitude varie entre 100 et 147 mètres. C'est généralement l'Aquitanien inférieur d'eau douce qui prend part à leur constitution, mais parfois il est recouvert de lambeaux marins appartenant à l'Aquitanien moyen (argiles à *Ostrea aginensis,* puis mollasses à scutelles et amphiopes). Ces témoins, qui ont résisté aux érosions générales, donnent une idée de l'extension de la mer à cette époque et montrent qu'elle s'est étendue plus loin au nord qu'on ne le croyait. M. Fallot insiste sur les rapprochements qui existent entre les mollasses susnommées et la partie inférieure des couches marines de Sainte-Croix-du-Mont et sur l'intérêt que présentent les énormes bancs d'*Ostrea undata* qui terminent l'Aquitanien moyen dans cette localité.

[551 782 (44 71)]

Sur la constitution du Langhien inférieur dans les environs de Bordeaux. — M. E. Fallot attire l'attention sur les faluns qui, dans la Gironde, représentent la *partie inférieure de l'étage langhien,* et en particulier sur l'*horizon du Peloua* (vallée de Saucats).

Il montre qu'en analysant la faune de ce niveau, on est frappé du caractère mixte qu'elle présente. Tandis que les cérithes sont aquitaniens, le reste des gastéropodes, comme les acéphales, indique plutôt des niveaux élevés du Miocène. L'auteur estime que les plus grandes analogies existent entre cet horizon et celui de Loibersdorf (Autriche). Après avoir comparé le falun de Peloua aux faluns inférieurs de Léognan, c'est-à-dire à ceux qui sont situés au-dessous du falun-type de cette localité (Le Coquilla), il conclut de ses observations et de celles qu'il a pu faire en Autriche et en Italie, qu'en matière de faunes néogènes, plus encore qu'en toute autre, il faut se garder d'établir des classifications et des parallélismes avec la paléontologie seulement. Ici, comme ailleurs, peut-être plus qu'ailleurs, c'est à la stratigraphie à dire son dernier mot, les faunes pouvant présenter des anomalies extrêmement curieuses et varier beaucoup non seulement d'un bassin à l'autre, mais même d'un point à un autre dans l'intérieur du même bassin. Enfin, M. Fallot termine en montrant les rapports étroits qui existent entre l'Aquitanien supérieur et le Langhien inférieur, dans le sud-ouest et dans toute la région méditerranéenne et insiste sur l'opportunité de rattacher l'Aquitanien au terrain néogène.

M. **Ed.-F. HONNORAT-BASTIDE**, à Digne.   [56 4 5 (44 95)]

Sur une forme nouvelle ou peu connue de Céphalopodes du Crétacé inférieur des Basses-Alpes.

M. **L. CAYEUX**, Prép. de Géol. à l'Éc. des Mines et à l'Éc. des P. et Ch., à Paris. [55 1 8]

De l'existence de silex formés en deux temps. — *Conséquences au point de vue de l'âge de la formation des silex de la craie.* — L'auteur démontre à l'aide d'échantillons qu'il a recueillis dans la craie à *Inoceramus labiatus* du sud-ouest du bassin de Paris, que des silex sont susceptibles de se former en deux temps bien distincts. Le second temps est séparé du premier par un intervalle assez considérable pour permettre à la craie de subir des modifications importantes, telles que pseudomorphose de spicules d'éponges siliceuses par le carbonate de chaux et développement de la structure zonée de la craie. Les particularités très curieuses que présentent les rognons siliceux en question servent à montrer que les silex de la craie peuvent prendre naissance à différentes périodes de l'histoire de ce terrain, autrement dit qu'il y a des silex d'âge différent.

M. **L. GENTIL**, Prép. au Coll. de France.

Sur les minéraux d'un cratère ancien des environs d'Aïn-Témouchent (Algérie).

M. **KILIAN**, Prof. à la Fac. des Sc. de Grenoble.   [55 0 4]

Sur l'utilité de monographies paléontologiques pour la connaissance des terrains secondaires du Sud-Est de la France. — Malgré les travaux de Dumortier, Fontannes, Matheron, etc., un assez grand nombre de faunes mésozoïques de la région delphino-provençale ne sont qu'incomplètement connues. M. KILIAN indique, dans une note assez complète, les principales lacunes qu'il importerait de combler en publiant des monographies paléontologiques, accompagnées de planches. Il énumère les collections où sont conservés les matériaux qu'il s'agirait d'étudier, et termine en rappelant que le Laboratoire de géologie de la Faculté des Sciences de Grenoble vient d'être spécialement outillé en vue de travaux de ce genre et possède d'excellents appareils photographiques (Obj. Zeiss.) pour la reproduction et l'agrandissement des fossiles, des machines à polir et à scier, etc. — Les travailleurs y seraient reçus et dirigés.

———

M. Émile RIVIÈRE, à Brunoy (Seine-et-Oise). [551 44]

La grotte des Spélugues. — Cette grotte, située dans la Principauté de Monaco, a été découverte en 1890 par les travaux d'élargissement de la voie ferrée. Son contenu a été recueilli par le conducteur de l'entreprise et déposé au Musée de Monaco, d'où il a été envoyé à M. Emile Rivière par le prince Albert Ier.

De l'étude qu'il vient d'en faire, il résulte que la grotte des Spélugues doit être classée dans les gisements néolithiques et appartient à l'époque robenhausienne.

9e Section.

BOTANIQUE

PRÉSIDENT . . . . M. le Dr E. BONNET, à Paris.
VICE-PRÉSIDENT . . . . M. TRABUT, Prof. à l'Éc. des Sc. d'Alger.
SECRÉTAIRE . . . . M. GERBER, Prof. sup. à l'Éc. de Méd. de Marseille.

— **Séance du 1er avril 1896** —

M. le Dr Ed. BONNET, à Paris.   [58 09 (611)]

DISCOURS D'OUVERTURE:

Coup d'œil sur les explorations botaniques effectuées en Tunisie depuis le xviie siècle jusqu'à nos jours.

MESSIEURS,

Au début de cette première séance, je dois tout d'abord vous remercier de m'avoir appelé à l'honneur de diriger vos travaux ; la tâche que vous m'avez confiée et pour laquelle vous auriez pu choisir un plus digne, me sera facile car je sais que je puis compter sur votre bienveillance.

Permettez-moi, Messieurs, de retenir pendant quelques moments votre attention et de vous rappeler, dans une revue rapide, les noms des botanistes qui nous ont précédés sur cette partie de l'Afrique française que plusieurs d'entre vous visitent pour la première fois ; ce coup d'œil rétrospectif ne sera pas, je l'espère, sans intérêt, car il vous montrera la part importante que la France peut revendiquer dans la conquête scientifique de la Tunisie.

C'est seulement à partir du xviie siècle que l'on trouve l'indication de quelques voyages d'exploration entrepris par les Européens dans les pays barbaresques pour en étudier les productions naturelles ; le premier en date est celui de Guillaume Boel, médecin anglais, qui, vers 1608, visita la partie septentrionale de la Tunisie ; Boel avait communiqué tout ou partie de ses récoltes botaniques à Parkinson qui les a utilisées pour la rédaction de son *Theatrum botanicum*.

Une vingtaine d'années plus tard, Ogier van Cluyt, de Leyde, après avoir étudié la médecine à Montpellier où il avait suivi les cours de Richer de Belleval, voulut recommencer le voyage effectué par Boel; mais, moins heureux que ce dernier, il fut fait prisonnier par les Arabes, dépouillé de tout ce qu'il possédait, même de ses collections, et c'est à grand'peine qu'il put regagner sa patrie.

Thomas d'Arcos, né à la Ciotat (1568), avait été secrétaire du cardinal de Joyeuse, capturé par les corsaires barbaresques pendant un voyage sur mer et vendu comme esclave à Tunis (1628), il se fit musulman pour recouvrer sa liberté (1632) et se fixa définitivement dans la Régence; pendant plusieurs années il fut en correspondance suivie avec Fabri de Peiresc auquel il envoyait des mémoires manuscrits sur les curiosités et les productions naturelles du pays, ainsi que des échantillons; c'est dans les lettres de Thomas d'Arcos qu'on trouve la première mention d'un grand pachyderme fossile découvert aux environs d'Utique.

En 1724, un médecin de Marseille, Jean-André Peyssonnel, fut envoyé par le gouvernement de Louis XV en Barbarie pour en étudier l'histoire naturelle; pendant deux années, Peysonnel visita une partie du littoral algérien et presque toutes les côtes de Tunisie jusqu'à Gabès; les observations qu'il avait recueillies et adressées à Chirac, premier médecin du roi, ont été malheureusement perdues et les lettres publiées en 1838 par Dureau de la Malle ne mentionnent qu'un très petit nombre de plantes assez communes; c'est pendant son séjour en Tunisie que Peysonnel recueillit les éléments du mémoire qu'il présenta à l'Académie des Sciences et dans lequel il démontrait que le corail, jusqu'alors placé parmi les végétaux, appartenait au règne animal.

Thomas Shaw, né à Kendal (Westmoreland), après avoir été pendant plusieurs années chapelain de la factorerie anglaise d'Alger, entreprit un long voyage dans l'Afrique septentrionale et s'avança jusqu'en Arabie; c'est en 1727 qu'il visita la Tunisie; bien qu'il se soit surtout occupé d'histoire, de géographie et d'archéologie, Shaw a cependant joint à l'ouvrage qu'il a publié en 1738 un *Specimen phytographiæ africanæ* dans lequel il énumère, par ordre alphabétique et sans aucune indication de localité, 632 espèces observées au cours de ses voyages; parmi les plantes mentionnées dans ce catalogue, 256 environ appartiennent à la Tunisie.

Hebenstreit (Jean-Ernest), né à Neustadt-sur-l'Orb en 1703, professeur de médecine de l'Université de Leipzig, fut chargé par Auguste Ier, roi de Pologne, d'explorer la région barbaresque pour en recueillir les productions naturelles; de février 1732 à mai 1733 il a parcouru les Régences de Tunis et d'Alger et y a fait d'importantes récoltes de plantes qui n'ont jamais été publiées; le discours académique prononcé par Hebenstreit en présence de la Faculté de Médecine de Leipzig, le 22 août 1731, ne contient, malgré son titre, aucun renseignement sur la flore de l'Afrique septentrionale.

A propos du voyage d'Hebenstreit, je dois consacrer quelques lignes au Comptoir français du Cap Nègre composé en majeure partie de commerçants provençaux; si ces Français, établis sur ce point de l'Afrique, ne contribuèrent pas eux-mêmes aux progrès de la botanique (1), du moins ils fournirent toujours aide et assistance aux savants qui vinrent leur demander l'hospitalité; dans

---

(1) J'ai cependant tout lieu de croire que les Provençaux du Cap Nègre, comme leurs compatriotes du Bastion de France, envoyèrent quelquefois des plantes au Jardin botanique de Montpellier.

une lettre de Soret directeur de ce Comptoir, au comte de Maurepas, je relève, à
la date du 26 juillet 1732, le passage suivant : « Hier, il arriva icy 6 Polonois,
dont le chef se nomme M. Jean-Ernest Hebenstreit, député de l'Académie de
Leipsic, lequel est porteur d'un passeport et de quelques lettres de recomman-
dation que Vostre Grandeur luy a accordé et à ses compagnons. Je leur ay fait
le meilleur accueil qui m'a été possible et leur donneray tous les secours qui
dépendront de moy, soit pour les ayder dans les découvertes qu'ils cherchent
à faire pour travailler à l'histoire naturelle, ou pour leur faciliter les moyens
de voyager avec les précautions indispensablement nécessaires en ce pays-cy
pour le faire avec seureté. Ils vont voir le Bey à Bège (Béja); ensuite ils
reviendront icy, où je leur fourniray nostre bateau de service pour les transporter à Bizerte ; de là ils se rendront facilement et seurement par terre à
Tunis qui n'en est qu'à onze lieues. » (Cf. Maire, *Notice sur le Comptoir du Cap
Nègre* in *Bull. du Comité des Trav. hist.*, sect. sc. économ. 1888, p. 229.)

Après Hebenstreit, les explorations botaniques cessent pendant cinquante ans
et le catalogue de Shaw, malgré son insuffisance et ses imperfections, résume
toutes les connaissances acquises sur la végétation des pays barbaresques ;
toutefois, ce n'était là qu'un temps d'arrêt auquel devait succéder, vers la fin
du xviiiᵉ siècle, une brillante période de découvertes dues aux recherches de
trois savants qu'un même amour de la science avait amenés, presque en même
temps, dans le Nord-Afrique ; en 1783 Martin Våhl, élève de Linné, visite, aux
frais du roi de Danemark, la Tunisie septentrionale et décrit dans les *Symbolæ
botanicæ* (1790-1796) les plantes nouvelles provenant de ses récoltes ; pendant
deux ans et demi, de 1783 à 1786, Réné Louiche-Desfontaines explore, sous les
auspices de l'Académie des Sciences de Paris, les Régences d'Alger et de Tunis ;
douze ans plus tard (1798), il commence la publication de son immortel *Flora
atlantica* dont l'impression est terminée en 1800 ; Jean-Louis-Marie, abbé Poiret,
avec l'appui du maréchal de Castries, ministre de la Marine, et l'aide de la
Compagnie royale d'Afrique, va étudier en 1785 l'ancienne province de Numidie
et consigne le résultat de ses observations dans deux volumes publiés à Paris
en 1789 sous le titre de : *Voyage en Numidie... avec un essai sur l'histoire naturelle
du pays* ; en Tunisie, les explorations de Poiret furent limitées aux environs de
Tabarque.

A la suite des trois précédents voyages et notamment de la publication du
Flora atlantica, l'attention des botanistes se détourne pendant assez longtemps
de la Régence de Tunis et c'est seulement en 1841 que Durieu, membre de la
Commission d'exploration de l'Algérie, profite d'un séjour à La Calle pour
effectuer une rapide reconnaissance de l'îlot de la Galite ; puis, l'année suivante, Teilleux recueille aux environs de Tunis une petite collection de plantes
dont il fait don au Muséum de Paris ; en 1846, le Dʳ Lorent herborise à Tunis,
Zaghouan, Herkla, Gabès et Djerba ; en 1847, Prax visite les oasis du Djérid
et Pellissier, vice-consul de France à Sousse, pendant l'un de ses voyages
archéologiques constate la présence d'un gommier à Thala ; au printemps de
1849, d'Escayrac de Lauture étudie la géographie et l'ethnographie de l'Arad et
du Djérid, sans cependant négliger la récolte des plantes ; puis, en 1850, le
Dʳ Guyon se rend dans le nord de la Régence pour en étudier les sources
thermales et, pendant ce premier voyage qu'il complète en 1856, il recueille
quelques espèces intéressantes.

L'année 1854 est des plus fructueuses pour la flore tunisienne ; pendant un
voyage qui dure plusieurs mois, Kralik réunit les matériaux du magnifique

exsiccata qu'il a publié sous le titre de *Plantæ tunetanæ* et auquel le *Sertulum tunetanum*, rédigé en collaboration avec Cosson, sert de complément ; à la même époque, Espina, vice-consul de France à Sfax, fait, à l'instigation de Kralik, plusieurs herborisations dans le qaïdat de Sfax et aux îles Kerkenna.

Duveyrier, en 1860, revoit le Djérid déjà parcouru avant lui par Prax et par d'Escayrac. De février à mai 1874, M. Doumet-Adanson se rend par terre de Tunis à Sfax et de là dans le Bled Thala, à la recherche du gommier signalé antérieurement par Pélissier ; il revient par Gafsa, Qairouan, Zaghouan et le djebel Reças.

L'année suivante (1875), le marquis Antinori, avec les délégués de la Société italienne de géographie, effectue une reconnaissance du Sahara tunisien pendant laquelle il recueille plus spécialement les cryptogames cellulaires de la région.

En 1877, M. Pomel, au cours d'une exploration géologique du Bassin des Chott, signale une espèce nouvelle de Férule, spéciale à la Régence.

De Tchihatchef fait quelques herborisations en mai et juin 1878 aux environs de Tunis, à Utique, au djebel Zaghouan, et il en consigne les résultats dans son livre intitulé : *Espagne, Algérie et Tunisie* (Paris, 1880).

Le Dr André, attaché en qualité de médecin-naturaliste à la dernière expédition des Chott, dirigée par le colonel Roudaire, de novembre 1878 à mai 1879, a réuni une petite collection de 241 espèces, dont quelques-unes intéressantes et une seule nouvelle pour la science.

John Ball revoit, en février 1880, les environs de Tunis souvent visités avant lui. De juillet à septembre de la même année, Roux, mort si malheureusement deux ans plus tard, explore dans une petite barque la côte d'Alger à Tunis et les îlots du voisinage, principalement au point de vue de la récolte des algues ; en 1881, il pénètre en Tunisie à la suite des colonnes d'occupation et visite plusieurs localités encore inexplorées.

Le protectorat français est à peine établi sur la Régence que plusieurs officiers du corps de santé militaire s'empressent de contribuer par leurs recherches à la connaissance de la flore tunisienne, ce sont : en 1881, le Dr Claudot pour la région comprise entre Feriana et Tebessa ; en 1881-1882, le Dr Reboud (Joseph-Arsène) pour les environs d'Haïdra, Sbiba, Qairouan, Gafsa, Coudiat el Halfa ; en 1883, le Dr Granier à El Aïeïcha et M. Wira, vétérinaire de première classe, à Tebourba ; il faut en outre y ajouter, avec une mention toute spéciale, le nom du Dr Robert qui, de 1883 à 1886, a fait d'importantes récoltes et découvert plusieurs espèces nouvelles autour des postes de Gafsa, Feriana, Aïn-Draham et Sfax, où il a successivement résidé.

M. Durègne, ingénieur des télégraphes, chargé, en 1882, de la pose d'un câble sous-marin dans le golfe de la petite Syrte, a visité plusieurs localités de la côte, notamment Gabès, Zarziz et l'île de Djerba ; il a le premier reconnu la présence de l'*Ipomœa sagittata* Desf. dans l'oasis de Djara.

C'est en 1883 que, sur les instances et sous la direction de M. Cosson, le Ministère de l'Instruction publique organisa la Mission d'exploration scientifique de la Tunisie, dont les membres, réunis par groupes ou isolés, ont sillonné la Régence dans presque toute son étendue pendant les années 1883-1884, 1886-1888, 1890 et 1893 (1).

Je ne veux pas exposer ici l'histoire et les résultats de la Mission d'exploration scientifique, ce sujet ayant été traité ailleurs avec tous les développements qu'il

_____

(1) Ces deux dernières dates se rapportent à la Mission cryptogamique de M. Patouillard.

convenait, mais il est de mon devoir de rendre un hommage public à la mémoire des savants qui ont participé à cette mission et qui déjà ne sont plus : Ernest Cosson, Aristide Letourneux et Victor Reboud.

Depuis la constitution de la Mission scientifique et en dehors d'elle, eurent lieu quelques explorations de moindre importance, mais que je dois cependant mentionner pour être aussi complet que possible ; en 1884, M. Hermann Ross a herborisé aux environs de Tunis où il a découvert le *Marrubium Aschersonii* Magn. ; en 1885, le Dr Rouire a étudié le bassin du lac Kelbia et MM. Sargnon et Perroud ont fait quelques promenades botaniques à Sidi-bou-Saïd, à Mornak et au djebel Reçàs ; en 1890 et 1891, M. Bertè, ingénieur italien établi à Tunis, a noté les plantes en fleurs autour de cette ville pendant les mois de décembre, janvier et février ; au printemps de 1891, M. Friedel, directeur du Musée provincial de Berlin, a fait quelques récoltes dans ces mêmes localités ; enfin, en 1894, M. Max Fleischer s'est avancé jusqu'à Zaghouan et a réuni une petite collection qu'il a donnée à l'Université de Rome.

Tel est, Messieurs, le résumé des recherches botaniques effectuées en Tunisie dans une période de près de trois siècles ; pour ne pas abuser de votre bienveillante attention en insistant sur des faits exposés déjà, pour la plupart, dans la préface du *Compendium floræ atlanticæ*, j'ai dù me borner à une énumération un peu aride, mais les déductions n'en sont pas moins faciles à tirer : parmi les trente-huit naturalistes dont j'ai cité les noms, vingt-sept sont français ; en éliminant les promenades botaniques sans intérêt et en ne tenant compte que des voyages dont la science a retiré quelque profit, il en reste vingt-deux parmi lesquels dix-huit sont dus à des Français ; enfin, les explorations qui ont le plus contribué à faire connaître la végétation de la Régence, celles de Desfontaines (1783-1786), celle de Kralik (1854), celles de la Mission scientifique (1883-1888) et celles de M. Patouillard (1890 et 1895) pour la cryptogamie, ont toutes été effectuées par des Français. Nous pouvons donc, Messieurs, affirmer avec une légitime fierté que la conquête scientifique de la Tunisie est une œuvre bien française et dont tout l'honneur revient à notre pays.

M. FRANCHET, Attaché à l'Herbier du Muséum, à Paris.   [584 8]

Observations sur les Tricholæna, les Rhynchelytrum et le Monachyron. — Ce petit groupe de plantes, formé de trois genres si étroitement alliés que beaucoup d'auteurs les ont réunis sous la dénomination commune de *Tricholæna*, appartient à la flore d'Afrique pour la plus grande partie de ses espèces et, pour un petit nombre, à des régions qui peuvent être considérées comme des dépendances naturelles du domaine végétal africain. Steudel en a bien signalé deux espèces, *T. fusciflora* Steud., et *T. Duchassaingii* Steud., dans l'Amérique du Sud ; mais, d'après les types originaux, il n'est pas douteux que le premier ne soit un *Anthœnantia* et le second un *Trichachne*. Le genre *Tricholæna* appartient donc, jusqu'ici, exclusivement à l'ancien monde.

Le *T. Teneriffæ* est, d'ailleurs, la seule espèce du genre qui croisse en dehors du territoire africain proprement dit ; mais on ne l'a observé que dans la région méditerranéenne, en Sicile et en Calabre, dans la Palestine et dans les déserts de Suez et d'Aden, d'où il s'étend jusque dans l'Yémen et l'Arabie Pétrée.

La distribution des *Rhynchelytrum* Hochst., auxquels il faut réunir le *Mona-*

chyron Parl., est à peu près la même que celle du *T. Teneriffæ*, avec beaucoup moins d'écart dans le sens de la latitude. L'Abyssinie paraît être leur centre, mais ils possèdent un représentant au Cap Vert *(Monachyron)* et plusieurs dans l'Yémen; Wight en a rencontré une espèce plus orientale encore, à Courtalum, dans la péninsule indienne.

Beaucoup d'auteurs ont considéré les *Tricholœna* seulement comme une section des *Panicum;* mais il semble que ce genre peut être conservé, ainsi que l'a pensé Hackel. Ses caractères distinctifs valent autant et plus que ceux de beaucoup de genres de graminées universellement admis; ils peuvent se résumer ainsi : axe formant entre la glume inférieure et la glume supérieure un bourrelet épais, très distinct; glume supérieure et glumelle inférieure bidentées ou bilobées au sommet, avec une arête dorsale se prolongeant au delà de l'échancrure, souvent très longuement. On n'observe rien de pareil chez les *Panicum*.

Enfin, les *Rhynchelytrum* doivent être maintenus, au moins comme section distincte, dans le genre *Tricholœna*, non seulement à cause d'un développement inusité de l'axe entre la glume inférieure et la glume supérieure, très écartées l'une de l'autre, mais encore et surtout parce que cette glume supérieure, ainsi que la glumelle inférieure, offrent l'une et l'autre la singulière particularité de présenter à leur base deux fossettes rectangulaires. Le tissu de ces fossettes est constitué par un parenchyme sensiblement différent de celui du reste de la glume et de la glumelle, beaucoup plus mince, membraneux et incolore.

Le *Monachyron* est un *Rhynchelytrum* dont la fleur supérieure est constamment mâle; dans les autres *Rhynchelytrum*, l'androcée est avorté et la fleur supérieure est réduite aux deux glumelles.

MM. A. BERG et **C. GERBER**, Prof. sup. à l'Éc. de Méd. de Marseille. [581 14]

Sur les acides contenus dans le suc cellulaire des Mesembryanthémées. — Appliquant une méthode personnelle de recherche de quelques acides dans les végétaux à l'étude des Mésembryanthémées, MM. BERG et GERBER ont trouvé que, contrairement à ce que des travaux récents avaient établi, l'acide oxalique n'est pas le seul acide organique contenu dans le suc cellulaire de ces plantes.

En effet, sur quatre espèces étudiées, cet acide n'existait qu'en faible quantité dans trois espèces et manquait dans la quatrième, tandis que les acides citrique et malique étaient très abondants dans toutes les espèces.

M. MALINVAUD, Sec. gén. de la Soc. bot. de France.

Potamogeton de l'herbier Lamy.

M. DEBRAY, Prof. à l'Éc. des Sc. d'Alger. [581_23]

Sur une maladie de la fève causée par le Tylenchus devastatrix. — Des fèves cultivées aux environs d'Alger ont été trouvées infestées par ce nématode. Les plantes atteintes présentent des saillies de la surface sur les plats de la tige, s'étendant sur quelques millimètres au moins et pouvant gagner plusieurs entre-nœuds. Ces saillies, vertes au début, deviennent ensuite rosées et enfin noircissent; leurs tissus se dessèchent et font place à des excoriations. Les tissus malades renferment en grand nombre des nématodes et des œufs. Les feuilles et les fruits peuvent être aussi envahis. Le plus souvent les fleurs tombent et la récolte est à peu près nulle; la plante tout entière, si elle est attaquée à la base, peut se dessécher et noircir dans toutes ses parties.

Cette maladie est d'autant plus à craindre en Algérie et en Tunisie que la culture de la fève y est très répandue.

M. Ernest ROZE, à Chatou.   [581 9 (611)]

Sur deux plantes tunisiennes du XVIᵉ siècle.

M. G. DUTAILLY, à Paris.

Recherches sur le développement des Asparaginées. — L'auteur classe les rhizomes des Asparaginées en monopodiques et en sympodiques. Parmi les Asparaginées à allongement indéfini, il range les Paridées et, contrairement à l'opinion reçue, le *Convallaria majalis*. Il montre que, si le rhizome adulte du Muguet donne une inflorescence au plus tous les deux ans, chez les Paridées, au contraire, on peut, à côté d'inflorescences avortées, constater tantôt une, tantôt deux, tantôt trois inflorescences bien développées dans la même année.

Passant aux rhizomes sympodiques, M. DUTAILLY explique comment le Mayanthème à l'état spontané ne fleurit généralement que tous les deux ans, tandis que, cultivé, il donne au contraire une inflorescence chaque année, cas qui se présente parfois même à l'état sauvage. L'auteur, étudiant ensuite ce qui se passe chez le *Polygonatum multiflorum*, où chaque année trois bourgeons se constituent à l'aisselle des trois écailles supérieures pour devenir le point de départ de l'extension longitudinale et latérale du rhizome, oppose ce mode de bourgeonnement à celui des *Smilacina* ou *Tovaria*, des *Clintonia*, du *Ruscus hypophyllum*, chez lesquels le rhizome ne se ramifie que par deux bourgeons latéraux nés à l'aisselle des deux dernières écailles d'un jet annuel. Enfin, M. Dutailly montre que le degré le plus compliqué est atteint par les *Asparagus*, dont le rhizome, chaque année, produit non seulement d'arrière en avant plusieurs axes aériens sympodiques, mais donne encore naissance sur ses flancs à d'autres sympodes identiques et dont le nombre des axes annuels varie avec les espèces.

M. Ed. BLANC, à Paris.   [551 58]

De la culture des oasis de l'Asie centrale comparée à celle des oasis barbaresques.

M. HARIOT.   [581 9 (44 33)]

Notes sur la flore du département de l'Aube. — La flore du département de l'Aube a fait depuis quelques années de nombreuses acquisitions, principalement dans la vallée de la Vanne, qui n'avait pu jusqu'ici être explorée avec fruit. D'un autre côté, l'examen minutieux de l'herbier Des Étangs a permis d'ajouter quelques nouveautés qui y étaient restées enfouies. Il a été également indispensable d'opérer bon nombre de suppressions, d'où il semble résulter que la flore s'est définitivement enrichie d'environ cinquante espèces, variétés ou formes.

Nous avons laissé en dehors quelques grands genres : *Rosa, Mentha, Festuca,* sur lesquels nous nous proposons de revenir.

M. le Dr E. BONNET.   [581 9 (611)]

Remarques sur quelques plantes indiquées en Tunisie par Desfontaines et qui n'y ont pas été récemment retrouvées.

M. F. DOUMERGUE, Prof. au Lycée d'Oran.   [581 9 (65)]

Les Hauts-Plateaux oranais de l'ouest au point de vue botanique. — M. Doumergue rend compte des six voyages botaniques qu'il a entrepris sur les Hauts-Plateaux oranais de 1893 à 1895. Il présente le catalogue des espèces qu'il a récoltées *lui-même* et donne, ensuite, une série de notes sur quelques plantes intéressantes dont voici les *principales* :

Batrachium Baudotii God., var. fluitans G. G., form. *petiolatus.* — Ranunculus chærophyllos, *auct. alg. non* L. et form. *luxurians.* — Papaver dubium L., var. *glaucum* Nob. — Fumaria parviflora Lam., var. *lutea* Nob. (an sp. nov.?). — Iberis Garrexiana All., *nouveau pour la flore barbaresque,* var. *macropetala* Nob. et var. *micropetala* Nob. — Cistus *confusus* Nob. (C. Clusii auct. alg. non Dun.). — Linum mauritanicum Pomel. — Haplophyllum linifolium Juss., var. *pustulatum* Nob. — Umbilicus patens Pom., var. *subsessiliflorus* Nob. — Hippomarathrum crispatum Pom., var. *microcarpum* Nob. — Anacyclus Pyrethrum Cass., var. *genuinum* (A. Pyrethrum Cass.); var. *subdepressus* Nob.; var. *depressus* (A. depressus Ball.). — Catananche cærulea L., var. *obtusifolia* Nob. (an sp. nov.?). — Linaria reflexa Desf. var. *puberula* Nob. — Tulipa sylvestris Desf.! (an L?); T. celsiana Red. in DC? et form. *multiflora.*

M. Octave LIGNIER, Prof. à la Fac. des Sc. de Caen.   [583 123]

Anatomie comparée de la fleur des Crucifères et des Fumariées. — M. Lignier a étudié l'anatomie des fleurs de Crucifères par rapport à celle des Fumariées et cette étude l'a amené aux conclusions suivantes. Ces deux fleurs sont régulièrement *dimères* et formées de verticilles alternes dont les pièces : 1° s'insèrent d'autant plus largement qu'elles sont plus terminales; 2° tendent à se trilober surtout au sommet de la fleur.

Le gynécée est formé par deux carpelles trilobés dont le lobe médian est seul fertile. L'androcée comprend deux feuilles tristaminées à étamines inégalement fertiles chez les Fumariées et certaines Crucifères. La corolle des Crucifères et leurs petits sépales représentent un autre verticille de deux feuilles trilobées qui correspondent aux deux pétales intérieurs des Fumariées — également trilobés chez *Hypecoum*. — Les sépales gibbeux des Crucifères représentent un nouveau verticille correspondant aux pétales gibbeux des *Dicentra* et des *Fumaria*. Les sépales des Fumariées et leurs bractées des pédoncules forment deux autres verticilles qui sont atrophiés chez les Crucifères, de même d'ailleurs que la bractée mère.

M. Émile BELLOC. [589 3 (61)]

Flore algologique de l'Algérie, de la Tunisie et du Maroc, avec un aperçu de la flore des lacs de Syrie. — Le groupement générique des Diatomées continentales récoltées jusqu'à ce jour en Algérie, en Tunisie et au Maroc comprend 130 espèces et 13 variétés.

Les genres *Nitzschia, Navicula, Surirella, Achnantes, Synedra, Gomphonema, Amphora, Cymbella, Pleurosigma, Mastogloia* sont ceux qui ont fourni le plus grand nombre d'espèces différentes.

Le genre *Navicula*, représenté par 15 espèces et 2 variétés, fournit beaucoup moins d'individus, comme quantité, que les *Achnantes*, les *Campylodiscus*, les *Cymbella*, les *Mastogloia*, etc., plus restreints comme diversité de forme, mais infiniment plus nombreux et plus répandus.

Le chiffre total de 143 espèces ou variétés, composant la florule diatomique d'Algérie, de Tunisie et du Maroc, est donné à titre provisoire, quoiqu'il soit peu probable que les recherches ultérieures modifient beaucoup les caractères essentiels de cette flore.

Les autres algues continentales, étudiées par l'auteur, forment un total de 241 espèces ou variétés, ce qui donne une totalité générale de 384 espèces ou variétés.

Quant aux matériaux provenant, en majeure partie, des lacs de Syrie, ce sont principalement les Diatomées qui dominent; mais il serait trop long de les énumérer pour le moment. Du reste, l'auteur se propose d'en donner la liste détaillée très prochainement.

MM. le Dʳ GILLOT et P. PARMENTIER. [580 1]

L'anatomie végétale et la systématique. — L'anatomie végétale, très à l'ordre du jour, peut singulièrement éclairer la question des espèces douteuses, hybrides, etc., dont la valeur et la place sont controversées en systématique. Il faut pour cela la collaboration d'un botaniste herborisant, observant sur le vif les caractères morphologiques et biologiques des plantes, et d'un histologiste étudiant et comparant dans le laboratoire la structure anatomique de ces plantes. C'est cette collaboration qui nous a récemment fourni d'intéressants résultats, déjà publiées ou en cours d'étude, sur les genres *Epilobium, Scleranthus, Thalictrum, Rosa, Viola, Linaria, Cirsium*, etc., et qui, en dernier lieu, vient de nous permettre de préciser l'origine hybride du *Rumex palustris* Sm., généralement admis dans les flores comme une espèce légitime et qui, d'après nos observations biologiques et anatomiques est certainement un hybride de *R. maritimus* L. × *R. conglomeratus* Murray. Il est à souhaiter que les Congrès de l'AFAS facilitent les rapports entre les botanistes herborisants et les anatomistes et favorisent ces études communes et fécondes.

M. GERBER, Prof. sup. à l'Éc. de Méd. de Marseille.   [581 12]

Quelques phénomènes de la maturation des fruits. — M. GERBER a étudié les échanges gazeux qui se produisent entre les fruits charnus acides et l'atmosphère pendant leur maturation.

Ces fruits peuvent être divisés en trois groupes.

a. Fruits à acides organiques non volatils (acides citrique, malique, tartrique, etc.).

TYPE ALKÉKENGE

b. Fruits à acides volatils (combinés en partie ou en totalité avec des alcools à l'état d'éthers).

TYPE BANANE

c. Fruits à acides volatils et non volatils.

TYPE ANANAS

a. Dans l'Alkékenge le rapport entre l'acide carbonique dégagé et l'oxygène absorbé $\frac{CO_2}{O_2}$ tombe de 1,27 quand l'acidité est au maximum, à 0,89 quand l'Alkékenge n'est presque plus acide. On a donc une courbe décroissante.

b. Dans la Banane $\frac{CO_2}{O_2}$ est inférieur à 1 tant que les acides volatils n'apparaissent pas (0,66 à 0,86); il devient supérieur à 1 lors de l'apparition de ces acides, et dans la Banane complètement mûre il atteint 1,48. Ici la courbe est ascendante.

c. Enfin dans l'Ananas, le rapport $\frac{CO_2}{O_2}$ supérieur à 1, diminue avec les acides fixes, pour augmenter à l'apparition des acides volatils; les termes extrêmes sont 1,12 ; 0,98 ; 1,34. Pour obtenir la courbe, il suffit d'ajouter à la courbe descendante des Alkékenges la courbe ascendante des Bananes.

M. DOUMET-ADANSON, au Château de Baleine, par Villeneuve-s.-Allier. [580 3 (611)]

Présentation du premier exemplaire paru du catalogue raisonné des plantes vasculaires de la Tunisie. — M. DOUMET-ADANSON présente le premier exemplaire paru du *Catalogue raisonné des plantes vasculaires de la Tunisie,* par MM. E. Bonnet et G. Barratte avec préface par M. Doumet-Adanson, ouvrage faisant partie de la série des publications de la mission scientifique d'exploration ainsi que l'atlas qui en fait le complément. Entre autres considérations générales, il fait ressortir que la Tunisie n'est pas un centre de flore spéciale, que sa flore est en quelque sorte composite et que ce pays peut être regardé comme un point d'attache entre les flores du bassin occidental de la Méditerranée, des régions de la Méditerranée orientalo-septentrionale et orientale et des flores saharienne, égyptienne et caspienne pour quelques espèces. L'exploration botanique de la Tunisie à toujours donné lieu à des surprises; c'est ainsi que, à quelques lieues au sud de Tunis, on rencontre déjà des plantes désertiques qui remontent de deux degrés en latitude plus au nord qu'en Algérie; que dans la région du Thala se trouve en abondance l'*Acacia tortilis* Heyne, que l'on ne retrouve qu'à près de quatre degrés plus au sud dans le reste de l'Afrique; que près de Gabès vit le *Prosopis Stephaniana* de la Caspienne et de l'Égypte et à Sfax, le *Tetradyclis Eversmanni* des bords de la Caspienne. Au nord, près de la Kroumirie, c'est le *Pyrus Syriaca* qui n'existe que là en Afrique, de même que le *Leontice leontopetalum* au Battant, près de Tebourba; au cap Bon et dans l'îlot de Djamour se rencontrent l'*Iberis semperflorens*, le *Poterium spinosum*, l'*Erodium maritimum*, qui ne se retrouvent sur aucun autre point de l'Afrique du nord. M. Doumet-Adanson croit inutile d'entrer dans d'autres détails que l'on trouvera du reste dans l'ouvrage qu'il vient de présenter à la Section.

Discussion. M. CHABERT dit que, tandis que l'Algérie a dû attendre plus d'un demi-siècle la publication d'une flore qui fît connaître ses productions végétales, la Tunisie, moins de quinze ans après l'occupation, est bien connue dans toutes ses parties; nous devons donc applaudir aux efforts de MM. Bonnet et Barratte dont les recherches et les travaux, ainsi que ceux de M. Doumet-Adanson, ont permis d'obtenir un résultat aussi rapide. Le travail que notre honorable président nous a distribué hier sur la *Géographie botanique de la Tunisie* en donne le tableau aussi exact que complet, et c'est seulement sur une question de détail qu'une observation paraît devoir être faite à ce travail. Au nombre des treize espèces que M. Bonnet cite comme communes à la flore orientale et à la Tunisie, mais manquant aux autres parties de la flore barbaresque, il en est une, le *Coronilla emeroides* Boiss, qui s'étend hors du domaine de la flore orientale; un botaniste bien connu, M. Richter, l'a recueillie récemment sur le mont Spaccató près de Trieste; cette découverte n'a pas encore été publiée et par suite M. Bonnet ne pouvait la connaître.

Une autre plante, le *Dianthus* identifié par M. Barratte avec le *D. campestris* M. B., a paru à M. Chabert en être différent, d'après la comparaison qu'il en a faite avec la plante de la Russie méridionale; ce Dianthus serait une espèce nouvelle ou tout au moins une variété méritant d'être distinguée.

Dans le travail en question, M. Bonnet a émis des doutes sur la spontanéité de l'*Amygdalus communis* et du *Medicago sativa* en Tunisie; le premier n'a pas paru à M. Chabert être spontané en Algérie, mais il croit que le second y est autochtone dans la région montagneuse.

Enfin la rareté des hybrides, signalée en Tunisie par M. Bonnet, a été de même constatée en Algérie par M. Chabert qui pendant douze années de séjour n'en a observé que deux : un dans le genre *Centaurea* et l'autre dans le genre *Rubus*.

Le botaniste qui a recueilli la *Cor. emeroides* est M. K. Ritcher, et M. Chabert a reçu la plante par l'intermédiaire de M. J. Dörfler.

La localité où ont été recueillis les échantillons de *D. campestris* est écrite d'une manière illisible. Elle appartient bien à la Russie méridionale, mais l'auteur ne peut affirmer qu'elle soit dans la province d'Astrakan.

M. TRABUT dit qu'il croit l'Amandier spontané en Algérie ; cet arbre est fréquent dans les montagnes du sud, depuis la frontière du Maroc où il atteint une grande taille (Aïn-Djellali près Gharrouban) jusqu'à la frontière tunisienne (Oum-Bouaghi) ; ce n'est pas le seul arbre fruitier qui soit spontané en Algérie, ainsi l'Olivier est souvent aussi spontané ; mais, dans bien des cas il est semé par les oiseaux et les fruits proviennent alors parfois de races cultivées. Quant à la Luzerne, elle est certainement spontanée dans la région montagneuse de l'Algérie où elle abonde ; on peut même distinguer plusieurs formes parmi cette Luzerne sauvage ; M. Trabut a noté, dans l'Aurès, une race à gros fruits velus.

M. BONNET fait observer que pour les arbres fruitiers cultivés dans l'Afrique septentrionale depuis la plus haute antiquité, tels que l'Olivier, il est difficile d'affirmer que parmi les individus aujourd'hui sauvages, les uns sont autochtones et les autres proviennent de naturalisation ; le criterium nécessaire pour établir cette distinction lui paraît manquer ; en ce qui concerne la Luzerne, M. Bonnet serait assez disposé à la considérer comme spontanée sur certains points de la Tunisie, toutefois n'ayant aucune preuve de cette spontanéité, il n'a pas voulu l'affirmer ; au reste, M. Bonnet reconnaît que de nouvelles recherches pourront l'amener à modifier quelques-unes de ses conclusions, ainsi qu'il arrive dans la plupart des travaux de géographie botanique, et il profite de cette occasion pour signaler la mention du *Biarum Bovei* comme très douteuse en Tunisie et devant, en tout cas, être confirmée par une nouvelle constatation.

— Séance du 3 avril 1896 —

M. GAUCHERY, à Paris.

Note sur un Melcanthus hybridus.

M. BOURQUELOT, Pharm. des Hôp., à Paris.

Sur la présence dans le Monotropa Hypopithys d'un glucoside de l'éther méthylsalicylique et sur le ferment soluble de ce glucoside. — M. BOURQUELOT a retiré, il y a deux ans, de l'éther méthylsalicylique du *Monotropa Hypopithys* et fait remarquer que cet éther vraisemblablement ne préexistait pas, mais se formait aux cours des manipulations. Dans sa communication, il expose que sa supposition était bien fondée. Il a pu, en effet, retirer de la plante en question un glucoside qui, sous l'influence de l'acide sulfurique étendu bouillant, ou d'un ferment soluble qui se trouve dans la racine de différentes espèces végétales *(Polygala, Spiræa)*, se dédouble en donnant de l'éther méthylsalicylique. Ce ferment diffère de tous les ferments solubles actuellement connus, car aucun de ceux-ci (émulsine, diastase, myrosine) n'agit sur le glucoside du *Monotropa*.

M. JUMELLE, Mait. de Conf. à la Fac. des Sc. de Marseille.   [583]

Le Sakharé. — Le Sakharé est un Figuier qui est assez commun en Guinée française, dans la brousse.

M. H. JUMELLE décrit les principaux caractères du latex de cet arbre, qui fournit un produit intermédiaire entre les caoutchoucs et les guttas.

M. le Dr BONNET.   [580 9 (611)]

Lettres écrites par Desfontaines pendant son exploration de la régence de Tunis (1783-84).

M. BATTANDIER, Prof. à l'Éc. de Méd. d'Alger.   [580 1[

Contribution à l'étude des caractères taxonomiques tirés de la chimie végétale.

M. GERBER, Prof. sup. à l'Éc. de Méd. de Marseille.   [581 12]

Variation du quotient respiratoire des fruits charnus acides, suivant les diverses parties du péricarpe. — L'auteur montre que, lors de la respiration des fruits acides pendant la maturation, l'excès de l'acide carbonique dégagé sur l'oxygène absorbé est dû à la portion des fruits qui contient les sucres et les acides.

M. DOUMET-ADANSON.

Observation sur le Cyclamen Persicum. — M. DOUMET-ADANSON dit qu'il s'est rendu la veille à *Hammam-el-lif* pour dissiper un doute qui restait dans son esprit sur le mélange possible dans cette localité du *Cyclamen Persicum* signalé par lui en 1874 et du *Cyclamen Africanum*. Il a pu s'assurer que seul le *C. Persicum (C. Punicum* Doum.) existe à Hammam-el-Lif où il remplace le *C. Africanum* d'Algérie. Quant à la spontanéité du *C. Persicum* dans la localité susdite, elle est pour lui devenue absolument certaine depuis qu'il a récolté cette espèce jusqu'à l'extrême sommet du Bou-Korneïn où certainement il n'a pas été planté. Sur une observation faite au sujet du nom de *C. Punicum* donné à cette espèce au lieu de *Persicum*, qui lui aurait été donné par erreur, M. Doumet-Adanson dit que rien n'est si facile que de transformer en *Persicum* le mot *Punicum* mal écrit.

Discussion. — M. Bonnet rappelle que le *C. africanum* B. et R. existe également en Tunisie, dans le pays des Khroumirs, où il n'est pas rare, et il ajoute que, tant au point de vue historique que philologique, la transformation de *punicum* en *persicum* est inadmissible, ainsi qu'il l'a déjà fait observer ailleurs.

M. Doumet-Adanson réplique qu'il suffit d'écrire, l'un au-dessous de l'autre, les deux adjectifs *Punicum* et *Persicum* pour se convaincre combien il est facile de les confondre.

M. Bonnet répond : Pour que cette expérience ait quelque valeur, il faudrait d'abord prouver que lorsque le nom de *C. persicum* apparaît pour la première fois, il est appliqué à un Cyclamen d'Afrique ; or, les recherches historiques démontrent, au contraire, que, dès son entrée dans le langage scientifique, le nom de *C. persicum* désigne une plante d'Orient ; enfin, le nom spécifique le plus ancien, après celui de *persicum*, est *C. latifolium* Sbth. et Sm.

M. DOUMERGUE.   [581 9 (65)]

Note sur quelques plantes intéressantes de la province d'Oran. — M. Doumergue cite quelques localités intéressantes de plantes rares, principalement de la région montagneuse comprise entre Tlemcen et Sebdou. Il décrit une espèce nouvelle, *Papaver malvæflorum*, et signale quelques formes ou variétés remarquables.

M. le Dʳ GERBER.

Rapport sur l'herborisation faite par la Section de Botanique, le 4 avril 1896, à Hammam-el-Lif et au Djebel-bou-Korneïn. — Lorsque, venant de France, on pénètre dans le golfe de Tunis, dans le magnifique panorama qui se déroule sous nos yeux, se détache de suite, à gauche, une belle et imposante montagne grise, prenant ses racines dans la mer et dressant vers les cieux deux mamelons pointus : c'est le Bou-Korneïn derrière lequel on aperçoit le superbe massif du Zaghouan. Sous le charme de ce spectacle, les botanistes auxquels la mer, démontée depuis Marseille, veut bien permettre enfin de prendre l'air sur le pont, se saluent par cette phrase : organisons une herborisation au Bou-Korneïn.

Aussi, dans la séance du 3 avril, la proposition de notre Président, M. le Dʳ Bonnet, de faire une excursion à Hammam-el-Lif et au Djebel-bou-Korneïn fut-elle adoptée à l'unanimité.

Il faut bien reconnaître que la bonne fortune d'avoir pour nous diriger dans cette excursion l'un des auteurs du *Catalogue de la Flore tunisienne* et, par suite, la certitude de tirer un grand profit de cette excursion, déterminèrent beaucoup d'entre nous à renoncer à assister à la séance de clôture du Congrès.

Le train, pris à la gare de Bône-Guelma à huit heures du matin, nous conduit à Hammam-el-Lif à quinze kilomètres de Tunis.

A gauche de la station, près du chemin du Casino, nous récoltons, dans un terrain marécageux : *Zygophyllum album* L., un peu plus loin nous, marchons sur un tapis de plantes des terrains salés, où dominent : *Salicornia herbacea* L., *Statice caspia* Willd., *Plantago maritima* L. ; *Limoniastrum monopetalum* Boiss., *Triglochin maritimum* L., *Atropis distans* Grisel.

Sur la plage du casino nous cueillons *Linaria triphylla* Mill, à couleur bien moins vive que la plante cueillie à Carthage quelques jours avant ; *Erodium malachoides* Willd.. *Emex spinosa* Campd., *Polygonum maritimum* L.; *Valerianella discoidea* Lois., *Rumex bucephalophorus* L., *Rumex tingitanus* L., *Marubium Alysson* L. De là nous allons visiter le jardin du Casino où sont cultivés de beaux acacias, principalement *A. cyanophylla* Lindl., et *A. floribunda* Willd., ainsi que *Tamarix gallica* L., *Dolichos lignosus* L., *Aloe umbellata* D. C., *Aloe vulgaris* Lam., etc.; puis nous nous réunissons dans une des salles de l'établissement, et tandis qu'on termine les apprêts du déjeuner, nous dressons l'inventaire des plantes récoltées dans la matinée. M. Bonnet fait remarquer que les constructions élevées entre la voie ferrée et le rivage semblent avoir détruit quelques espèces intéressantes qui existaient autrefois dans cette localité. M. Dumée présente à la Section *l'Atlas de poche des Champignons de France* qu'il a publié il y a quelques mois, et il donne quelques détails sur cet ouvrage. Après déjeuner nous commençons l'ascension du Bou-Korneïn. Cette montagne, élevée de 589 mètres, est constituée au sommet par des calcaires gris compacts jurassiques et sur ses flancs, près de sa base, par d'autres calcaires à inclusion de silex noir et par quelques bancs de marnes néocommiennes. Soyons prudents sur la constitution géologique de cette région, car l'ardeur avec laquelle les deux savants géologues (1) qui nous accompagnent relèvent les couches et regardent les bélemnites, semble indiquer que le dernier mot n'est pas dit sur l'âge de la montagne. Contentons-nous de constater que la flore du Bou-Korneïn est une flore des terrains calcaires et que sa végétation offre beaucoup de points de contact avec le maigre tapis de verdure des collines des environs de Marseille.

Dès la base de la montagne, nous marchons dans une broussaille constituée par : *Calycotome spinosa* Link, *Callitris quadrivalvis* Rich., *Romarinus officinalis* L., *Erica multiflora* L.; on aperçoit çà et là les inflorescences en boules du *Scilla hemisphærica* Boiss., les fleurs de *Lavandula multifida* L., *Phagnalon saxatile* Cass.; *Fumana viscida* Spach, *Fumana arabica* Spach, *Cyclamen persicum* Mill, *Cistus Clusii* Dun., *Tulipa celsiana* D. C.

A 150 mètres d'altitude, le flanc est plus abrupt ; plus de cultures, aussi *Chamærops humilis* L., abonde, laissant heureusement s'épanouir entre ses touffes de jolies fleurs : *Ophrys lutea* Cav., *Teucrium Pseudochamæpitys* L., *Cistus salvifolius* L.; *Fedia* (?) *Cornucopiæ* Gærtn; *Solenanthus lanatus*, A. D. C.

Quoique ne pouvant pas rivaliser de couleur avec les précédentes, *Barkhausia amplexifolia* Bast. et Trab., *Scorzonera undulata* Vahl, *Theligonum Cynocrambe* L., sollicitent notre attention.

---

(1) MM. FICHEUR, professeur à l'École supérieure des Sciences d'Alger, et HAUG, chef des travaux pratiques de géologie à la Sorbonne.

A 200 mètres, nous trouvons plusieurs arbrisseaux : *Rhamnus Alaternus* L., *Mespilus oxyacantha* Crantz, var. *pubescens* Coss. ; ce sont des géants vis-à-vis de la petite *Selaginella denticula* Link, qui couvre le sol à leurs pieds ; nous cueillons aussi *Ranunculus flabellatus* Desf., *Globularia Alypum* L., et nous apercevons *Scilla maritima* L., non fleuri.

A 350 mètres, de hauts rochers à pic abritent à leur base : *Ceterach officinarum* Willd., *Ruscus Hypoglossum* L., *Ranunculus spicatus*, Desf., *Umbillicus horizontalis* D. C. ; tandis qu'ils recèlent dans des anfractuosités inaccessibles à des Européens, mais heureusement assez facilement atteintes par un jeune Arabe, une grande crucifère : *Brassica oleracea* L., var. *atlantica* Coss. Le col qui sépare les deux cornes de la montagne offre sur un fond vert de nombreuses et belles inflorescences de *Rhaponticum acaule* D. C.

Nous montons sur la pointe la plus élevée, appelée *Signol*, où se trouvent réunies, sur cette surface très restreinte, les plantes suivantes : *Ceterach officinarum* Willd., *Callitris quadrivalvis* Rich., très rabougri ; *Tulipa fragans* Mby, *Stipa tenacissima* L., *Dactylis glomerata*, var. *hispanica* Roth., *Brachypodium ramosum* Roem, *Cynosurus elegans* Desf., *Festuca cœrulescens* Desf., *Scilla numidica* Poir., *Chamærops humilis* L., *Rhamnus oleoides* L., *Rhamnus alaternus* L., *Euphorbia Bivonæ* Steud., *Phillyrea latifolia* L., *Rumex bucephalophorus* L., *Pistacia Lentiscus* L., *Anagallis arvensis* L., *Cyclamen persicum* Mill., *Solenanthus lanatus* A. D. C., *Cistus salvifolius* L., *Fumana lævipes* Spach, *Linaria simplex* D. C., *Theligonum Cynocrambe* L., *Sedum altissimum* Poir., *Sedum dasyphyllum* L., *Cytinus Hypocistis* L., var. *Kermesinus* Guss., *Ranunculus spicatus* Desf., *Delphinium pentagynum* Lam., *Lotus Allionii* Desv., *Cerastium glomeratum* Thuill., *Galium saccharatum* All., *Senecio humilis* Desf., *Hyoseris radiata* L., *Fedia Cornucopiæ* Gærtn (?), *Lavatera Olbia*, var *hispida* G. G. *Kundmannia sicula* D. C. (?), *Erica multiflora* L., *Crategus Azarolus* L., *Polycarpon alsinefolium* D. C.

Sur le deuxième pic nous cueillons à la hâte, car il se fait tard : *Teucrium flavum* L., *Brassica Gravinæ* Ten., *Seriola œtnensis* L., (non fleuri), *Lygeum spartum* L., *Bellis sylvestris* Cyr., *Calendula suffruticosa* Vahl.

Enfin, à la descente nous trouvons quelques plantes qui n'ont pas été rencontrées en montant : *Osyris alba* L., *Ebenus pinnata* Desf., *Asparagus albus* L., *Periploca angustifolia* Labill., *Vaillantia hispida* L., *Capparis ovata* Desf., *Hyoscyamus niger* L., et *albus* L., *Salvia Verbenaca* L., *Micromeria nervosa* Benth. Sur quelques *Callitris quadrivalvis* Vent., les deux savants mycologues, MM. Bourquelot et Dumée nous font observer un *Euphomyces*, et nous arrivons à la gare à l'heure exacte pour prendre le train de Tunis.

Dans ce rapport, nous n'avons énoncé que les principales espèces reconnues dans le cours d'une rapide excursion ; beaucoup de plantes n'étaient pas en état, car la végétation avait été retardée par un hiver d'une sécheresse exceptionnelle, à laquelle avait succédé, vers la fin de mars, un abaissement sensible de la température.

[580 7]

Rapport sur la visite faite par la Section de Botanique au jardin du Général Mohammed Baccouch. — Cette visite a dû être écourtée en raison d'une autre que nous avions à faire avant le déjeuner ; aussi montons-nous en voiture précipitamment et, accompagnés de M. Castet, qui s'offre avec tant d'amabilité à nous faire apprécier les beautés du jardin du Général Baccouch, nous prenons la route de l'Ariana. Cette route traverse des plantations d'Oliviers qui nous étonnent par les dimensions vraiment excessives des arbres.

Les Oliviers de la gauche de la route surtout sont imposants, et nous ne sommes pas étonnés de leur entendre attribuer plus de trois siècles d'existence.

A cinq kilomètres de Tunis, nous rencontrons, sur la gauche, la magnifique villa du Général Baccouch, où nous sommes reçus par le fils du Général avec la cordialité si caractéristique de tous les Tunisiens. Le créateur du magnifique jardin où nous pénétrons était un fin lettré et un admirateur enthousiaste de la nature.

Diplomate distingué, il occupa de hautes fonctions sous les règnes d'Ahmed-Bey, de Mohammed-Bey et de Sadok-Bey. Ministre des Affaires étrangères, il eut à négocier l'emprunt tunisien de 1863 à 1865. Européen par le caractère et les idées, il fit de nombreux voyages sur notre continent, pendant lesquels il ne recula devant aucun sacrifice pour se procurer un grand nombre de plantes rares qu'il réunit dans son jardin. Celui-ci, commencé vers 1860, devint bientôt une collection vraiment très remarquable de plantes intéressantes.

Cette collection, devenue l'année dernière, lors du décès du Général, la propriété de ses enfants, continue à prospérer, grâce à l'intelligence des héritiers profondément imprégnés de l'esprit français. Tous bacheliers, deux d'entre eux sont l'un licencié en droit de Paris, l'autre ancien élève de l'École de Grignon.

De magnifiques allées de Bambous et de *Phœnix canariensis* Hort., découpent ce jardin en parties, dont les unes sont de véritables petites forêts d'arbres fruitiers, tandis que les autres constituent comme des échappées gazonnées, présentant çà et là de nombreuses et belles plantes exotiques.

Dans ces parties découvertes serpentent de gentilles allées, embaumées par les roses de Damas et de Bengale qui parent les buissons formant bordures. D'autres sentiers, bordés d'*Iris*, de Violettes, de *Pelargonium roseum* Ait. et *inquinans* Ait.; d'*Ophiopogon japonicus* Ker. Gavol, de *Cineraria maritima* Linn. et de *Bucus sempervirens* Linn., nous conduisent à des carrefours ombragés. Ce sont presque des tonnelles où grimpent : *Bougainvillea spectabilis* Willd, *Dolichos lignosus* Linn., *Tecoma stans* Juss et *Capensis* Lindl, *Müehlenbeckia complexa* Meissn et *platicarpa* D. C., *Philodendron pertusum* Kunth et Bouché, *Lonicera caprifolium* Linn., le Lierre d'Algérie, les Pervenches, les Passiflores et, à un moindre degré, le Jasmin des Açores, blanc double, et celui d'Espagne.

Parmi les bois d'arbres fruitiers, mentionnons tout particulièrement celui d'Orangers, dont certains pieds, appartenant à des variétés tardives, donnent des fruits délicieux jusqu'en mai.

Il existe un autre bois d'Orangers bien étonnant. Tous les individus ont des fruits à double rangée de quartiers; quelques pieds même en ont à trois rangées. Ces oranges, très savoureuses, sont mûres de bonne heure et se reconnaissent facilement par de petits plis concentriques qui aboutissent à l'ombilic; la répétition des carpelles qu'elles présentent constitue un cas tératologique que l'on a multiplié par greffe.

Les Aurantiacées sont abondamment représentées, non seulement par les individus, mais encore par les variétés et les espèces, comme le prouve la liste suivante :

Bigaradier, orange de Malte, orange sanguine, orange ordinaire, orange double, orange douce ou meski, mandarinier, chinois, citronnier ordinaire, citronnier à fruits doux de Tunis, citronnier d'Égypte, cédratier (variété à fruit à manger cru), cédratier (variété à fruit pour confire).

Les dattiers donnent aussi un grand intérêt à ce magnifique jardin. Il en existe soixante variétés dont vingt-cinq se reconnaissent au port seul de l'arbre.

Au sujet du *Phœnix dactylifera* Linn.; disons combien nous avons été étonnés du petit nombre de pieds que Tunis possède. C'est un contraste saisissant avec Alger. Point n'est besoin même de sortir de France pour trouver des villes (Hyères, Canne, Nice, etc.) beaucoup mieux partagées à ce sujet que la capitale de la Régence.

Cette pénurie de dattiers, même comme arbres d'ornement, a d'autant plus lieu de nous surprendre, qu'il existe aux environs de Tunis, et en particulier dans le jardin que nous visitons, quelques pieds dont les fruits mûrissent suffisamment pour devenir comestibles.

Au nord de Tunis, entre la Marsa et la Goulette, les Phœnix sont plus nombreux.

Voici, en dehors des plantes citées plus haut, la liste de celles que nous rencontrons :

ARBRES FRUITIERS

Variétés d'Abricotiers, de Pêchers, d'Amandiers, de Pruniers, de Cerisiers à fruits doux et à fruits acides, de Poiriers, de Pommiers ;

Néflier de France et du Japon ; Sorbier des oiseaux, Cognassier du Portugal, Cognassier de Chine à très gros fruits, Bananier, Pistachier (signalons une greffe de *Pistacia vera* Linn., sur *P. atlantica* Desf.), *Diospyros Kaki* Linn., Goyavier, *Anona, Eugenia australis* Wendl., *Ugni*, Hook et Arn, *Michelet*, Lam. Noyer d'Europe, Noyer noir d'Amérique ; Grenadier, Jujubier, Azerolier, Vigne, Olivier.

ARBRES FORESTIERS ET D'ORNEMENT

Pin d'Alep, Cyprès vert, Cyprès horizontal, Myrte, Caroubier, Arbre de Judée, Marronnier d'Inde, Platane, Mûrier, Chêne rouvre, Laurier sauce, Tilleul, Laurier rose, Saule pleureur, Pêcher à fleur double, Fusain vert, Œillets, Fuschia, Giroflée blanche, Héliotrope, Pavot somnifère, Ananas, Canne à sucre, *Thuya orientalis* Linn., *Thuya gigantea* Nutt., *Araucaria excelsa* R. Br., *Casuarina cuninghamiana* Miq., *Eucalyptus globulus* Labill., *rostrata* Schlecht, *leucoxylon* F. Muell., *cornuta* Labill., *diversicolor* F. Muell., *Melaleuca cricifolia* Sm., *Callistemon rigidus* R. Br., *Jacaranda mimosæfolia* D. Don, *Gleditschia ferox* Desf., *Sophora secundiflora* Lag., *Acacia cyanophylla* Lindl., *Acacia Farnesiana* Willd., *Sterculia platanifolia* Linn., *Ligustrum japonicum*, *Magnolia grandiflora* Linn., *Photinia serrulata* Lindl., *Pistacia atlantica* Desf., *Schinus molle* Linn., *Schinus terebinthifolius* Raddi, *Ficus macrophylla* Desf., *Pittosporum Tobira* Ait., *Poinsettia pulcherrima* R. Grah., *Hibiscus mutabilis* Linn., *Hibiscus syriacus* Linn., *Epirea* Linn., sp. (?), *Abutilon* sp. (?), *Datura fastuosa Cestrum elegans* Brongn., *Populus virginiana* Dum., *Eleagnus* sp. (?), *Bambusa vulgaris* Schrad., *nigra* Lodd, *scriptoria* Dennst-Schluess., *Paulownia imperialis* Sib., *Alocasia odora* C. Koch, *Yucca treculeana* Car., *Senecio platanifolia* Beuth., *Cycas revoluta* Thunb., *Anthemis fruticosa* Linn., etc., etc.

En prenant congé des hôtes aimables de la jolie villa, notre président, M. le Dᵣ Bonnet, leur adresse de chaudes félicitations pour les soins qu'ils prodiguent à la belle collection que leur père a formée, et les remercie du cordial accueil qu'ils nous ont fait.

Rapport sur la visite faite par la Section de Botanique au Jardin d'Essai de Tunis. — La Tunisie, si l'on en excepte les centres forestiers importants mais limités et les cultures d'olivier, est un pays très peu boisé. L'absence d'arbres fruitiers, de haies et de clôtures d'arbres dans la plupart des propriétés exploitées frappe en effet le visiteur ; ses regards s'étendent à perte de vue sur un sol uni dont les cultures ne sont protégées ni contre le vent ni contre un soleil trop brûlant. Les premiers colons ont eu fort à souffrir de cette pénurie d'arbres, qu'entretenait la loi de protection contre le phylloxera. En vertu de cette loi, l'introduction de plantes, rhizomes, boutures, greffes était interdite dans la Régence ; aussi, dans leurs différentes assemblées, les colons demandèrent la création d'une pépinière et d'un champ d'expériences.

M. Bourde, alors directeur de l'Agriculture en Tunisie, dont les soins éclairés ont beaucoup contribué à créer la prospérité agricole actuelle de la Tunisie, fort de ces vœux, fit rendre, par le gouvernement tunisien, un décret chargeant la Direction de l'Agriculture de la création d'un *Jardin d'Essai et d'Expériences* à Tunis. Le gouvernement alloue tous les ans un crédit de quarante mille francs pour l'entretien de ce jardin que la Section de Botanique visita. Situé au nord et à trois kilomètres de Tunis, au croisement de la route de l'Ariana et de l'avenue de Paris, ce jardin occupe une surface de trente hectares.

De nombreux massifs forestiers, en lui donnant l'aspect et les attraits d'un parc, attirent un public qui, en se promenant, voit, regarde, observe, s'enquiert, l'agréable étant ici joint à l'utile, qu'il fait ressortir davantage.

Pour répondre aux vœux émis par les colons, le jardin a été divisé en deux parties : l'une, comprenant le verger et la pépinière, est destinée à la culture des arbres fruitiers et de boisement ; l'autre est un champ d'expériences pour les diverses plantes fourragères.

VERGER ET PÉPINIÈRES

L'utilité d'un verger se faisait absolument sentir. En effet, les arbres fruitiers plantés par les Romains dans toutes les terres où ils ne pouvaient pas cultiver avec succès les céréales ont été détruits, dans presque toute la Tunisie, par les Arabes, essentiellement pasteurs. Les quelques arbres qui ont échappé, mal cultivés depuis de nombreuses générations, donnent actuellement des fruits petits, d'une qualité médiocre. Le Grenadier, le Noyer et une variété d'Abricotier seuls donnent des fruits vraiment comestibles ; aussi, pendant l'hiver 1893-1894, un décret autorisa l'introduction de greffons des meilleures qualités de France au Jardin d'Essai.

Ces greffons ont servi à constituer une collection de trois cents variétés d'arbres fruitiers, cultivés dans un verger de quatre hectares.

Les arbres qui réussissent le mieux sont : les Amandiers greffés sur Amandiers à fruits amers, les Abricotiers greffés sur franc ou sur Amandiers, les Pommiers greffés sur franc, les Poiriers greffés sur Cognassiers, les Pêchers greffés sur Amandiers ou sur Abricotiers, les Pruniers greffés sur franc ou sur Amandiers, les Néfliers du Japon greffés sur Cognassiers, les Cerisiers greffés sur franc, les Grenadiers francs de pied, les Figuiers francs de pied (boutures).

Ce qui a été fait pour les arbres fruitiers a également été fait pour la vigne ; mais, la loi de protection contre le phylloxera défendant l'introduction de toute vigne étrangère, il a fallu se borner, pour les variétés européennes, à réunir celles qui existaient déjà en Tunisie, en assez grand nombre heureusement. On a joint à celles-ci un grand nombre de variétés indigènes ; nous les présentons dans le tableau ci-dessous :

Noms.	Signification.
Meski	Muscat.
Beldi	Aigre.
Aneb Tounsi	Raisin tunisien.
Aneb Hammami	Raisin de Hammamet.
Aneb Begra	Raisin de vache.
Bezoult el Kelba	Mamelle de chienne.
Bezoult el Khadem	Mamelle de négresse.
Aïn el Kelb	Œil de chien.
Ain Begra	Œil de vache.
Bou Rhazala	»
Bidh el Hammam	Œuf de pigeon.
Rhazi	»
Rsaïssi	Bleu.
Souaba el Adjiah	Doigt de demoiselle.
Mgargueb	»
Kelb es Serdouk	Cœur de coq.
Khaleth Oudiam	»
Khors	Pendant d'oreille.
Zohk Tir	»
Abiodel	»
Khaletti	»
Assouad	Noir.
Djerbi	De Djerba.

Cette collection se trouve complétée par les cépages italiens suivants : Pignatello, Zbbibo, Zolia, Greco, Kaleo, Nave, Cataratto. Toutes ces variétés d'arbres fruitiers et de vignes sont expérimentées au Jardin d'Essai ; celles qui peuvent s'adapter au climat tunisien sont répandues dans le pays et substituées peu à peu aux espèces indigènes retournées presque à l'état sauvage et dont les fruits, par suite, sont de médiocre qualité.

Nous admirons également une belle collection des diverses variétés d'Oliviers éparpillés sur divers points de la Régence et dont voici les noms :

Nom arabe	Signification	Nom porté en France
Chitoui	De l'hiver	Sailleron.
Meski	Muscat	Amellaou rose.
Herchi	»	»
Djhali	»	»
Seiali	»	Picholine.

Nom arabe	Signification	Nom porté en France
Limi.	»	La Rose.
Besbassi	»	Grosse Espagne du royaume de Naples.
Gafsi M'Kab.	»	»
Tefahi	»	»
Zerazi	»	»
Chemlali	»	Blanquetier.
Barouni	»	La Grosse de Marseille.
Semni	»	Caillet.
Chabi	»	»
Octoubri . . . . . :	D'octobre	»
Foundji Gafsa.	»	Aglandaou de Marseille.
Neb Djemel.	Gencive de chameau . . .	»
El Gouim.	»	»
Souaba el' Adjia	Doigt de demoiselle. . . .	Lucques.
Marsalina.	»	Corniale.
Redjou	»	»
Haluina	»	»
Hoor.	»	Cailletier.

Les olives les meilleures et les plus jolies sont certainement les Souaba et Ajia, dont il n'existe encore que très peu d'arbres. On cherche beaucoup à en répandre la culture.

Grâce au choix judicieux des meilleures espèces et variétés d'arbres fruitiers et d'oliviers, grâce aux facilités de toutes sortes que les colons ont de se procurer au Jardin d'Essai ces variétés, les fruits et olives tunisiens ne tarderont pas à reconquérir la juste renommée qu'ils avaient du temps des Romains. Déjà, du 1er janvier 1894 au 1er mars 1896, nous dit l'aimable directeur, le jardin a livré quinze mille arbres fruitiers greffés ; la pépinière d'Oliviers sera bientôt en état de livrer aux planteurs dix mille pieds par an ; quant au Caroubier, de vastes surfaces sont consacrées à sa culture, afin de pouvoir livrer vingt-cinq mille pieds dans le courant de l'année.

Le Caroubier est fourni aux colons, soit très jeune, en pots (semis d'un an), soit greffé haut de un à deux mètres, après plusieurs années de pépinière. Il est à désirer que, par suite des facilités que les colons ont de se procurer cette plante, la culture du Caroubier, limitée actuellement aux environs de Nebeul et de Ksar Hellal, se répande dans toute la Régence. Cet arbre, en effet, s'accommode très facilement du climat de la Tunisie et fournit un rendement à l'hectare sensiblement égal à celui de l'Olivier.

Il a sur ce dernier l'avantage d'un écoulement facile de ses fruits. En effet, non seulement ceux-ci sont utilisés pour la nourriture du bétail, mais encore ils servent à faire de l'alcool. L'Angleterre, à elle seule, consomme dans ce but toute la production actuelle du bassin méditerranéen.

Puisque, avec le Caroubier, nous sommes aux fruits utilisés pour la nourriture du bétail, parlons, en terminant ce chapitre, de ceux d'une plante grasse, d'une Cactée : la Raquette.

Herbacée en France, où, en dehors de la région méditerranéenne, elle ne vient guère qu'en serres, l'*Opuntia tuna* Mill., en Tunisie, dès la troisième année, arrondit ses articles aplatis de la base ; en même temps, ceux-ci deviennent ligneux, et bientôt on a un véritable tronc d'arbre, de diamètre respectable, portant à l'extrémité de ses nombreuses branches, également cylindriques, des articles aplatis en guise de feuilles.

Ces arbres, rapprochés les uns des autres, forment un buisson d'autant plus impénétrable, que les articles sont recouverts de mamelons portant de petits piquants. De plus, du mois d'avril au mois de juillet, le fruit, pyriforme, de la grosseur d'un petit œuf de poule, vert, sauf la face exposée au soleil qui est rouge, contient une pulpe alimentaire abondante. Sucrée et acidule, cette pulpe sert à la nourriture des Arabes, tandis que les Raquettes moins nutritives sont utilisées pour la nourriture des animaux.

Les *Opuntia* portent d'autant plus de fruits que l'année est plus sèche. Un buisson de ces cactées est donc pour une famille arabe une garantie contre la famine ; aussi a-t-on cherché à répandre beaucoup la culture de ces plantes utiles. Il suffit de toucher les *Opuntia* pour comprendre les difficultés de leur introduction dans l'alimentation du bétail ; on s'efforce, au Jardin d'Essai, d'améliorer par sélection une variété inerme pour les animaux ; tandis que dans le type épineux on essaie de produire des variétés à fruits gros et nombreux.

En dehors de cette collection éminemment pratique d'arbres fruitiers, nous devons en signaler une, exotique à ses débuts ; elle comprend déjà des Avocatiers, Goyaviers, *Anona*, *Eugenia*, *Howenia*, etc.

ARBRES DE BOISEMENT

Les arbres de boisement les plus abondamment représentés au Jardin d'Essai sont : les *Eucalyptus* et les *Acacia*.

Parmi les Eucalyptus, il en est un dont les feuilles dégagent une odeur franche et agréable de citron, qui nous a tous frappés : c'est *E. Citriodora*, Hook., il est regrettable qu'il ne croisse pas bien en Tunisie ; il n'en est heureusement pas ainsi des *Eucalyptus rostrata* Schlecth, *cornuta* Labill., *leucoxilon* F. Muell. et *diversicolor* F. Muell., abondamment représentés au Jardin. L'*Eucalyptus globulus* Labill., qui, ayant besoin d'une grande quantité d'eau pour se développer, est si utile pour dessécher les régions marécageuses et paludéennes de l'Algérie, est peu cultivé en Tunisie, où l'on rencontre bien moins de régions fiévreuses.

Les Acacias sont cultivés : les uns pour clôture, les autres comme brise-vent et pour tamiser les rayons du soleil.

Les premiers sont pourvus d'épines, et l'on cherche à répandre *A. horrida* Willd. et surtout *A. eburnea* Willd., où les épines atteignent leur maximum de taille et de nombre. En venant à Tunis par Bône, le long de la ligne Bône-Guelma, cette dernière plante attire l'attention du voyageur sur une bonne partie du parcours. Citons encore, pour leurs épines : *A. arabica* Willd., *farnesiana* Willd., *cavenia* Hook et Arn., peu cultivés au Jardin et bien moins employés.

Les seconds sont dépourvus d'épines. Tels sont : *A. Cyanophylla* Lind., *Cyclops* A. Cunn., *Lophantha* Willd., *Longifolia* Willd., *Pychnantha* Benth., *Mélanoxylon* R. Br. C'est surtout *A. Cyclops* que le Jardin d'Essai cherche à répandre comme brise-vent. Les vents sont, en effet, assez fréquents et assez forts pour nuire aux cultures ; on protège celles-ci par deux rangées d'arbres parallèles : la première, formée d'*A. Cyclops* ; la seconde, de *Casuarina cunninghamiana* Miq. et *Equisetifolia* Linn., abondamment représentés au Jardin.

Ces *Casuarina* sont des arbres qui mériteraient d'être plus répandus qu'ils ne le sont en Tunisie, où ils ont une croissance très rapide, car, à âge égal, leur bois a la valeur de celui du sapin.

Citons encore le Pin d'Alep, le Cyprès étalé, les *Schinus molle* Linn. et *Terebinthifolius* Raddi, qui bordent un certain nombre de rues de la ville ; *Parkinsonia aculeata*, Linn. employé pour clôtures dans la République Argentine et dont les pieds de trois ans nous étonnent par leur hauteur de plus de quatre mètres ; *Melia Azedarac*, le Micocoulier de Provence, le Frêne de Kroumyrie, le Mûrier blanc, le Robinier faux Acacia, *Sophora japonica* Linn., le Févier d'Amérique, *Sapindus émarginatus* Vahl., *Populus alba* Linn., *Tamarix africana* Poir., etc.

Le Jardin d'Essai vend aux colons tous ces arbres de boisement, âgés de six mois à un an, en pots, à raison de 5 centimes ; les soldes sont repiqués en pépinière pour être vendus plus tard au prix de 50 centimes à 1 franc pièce. Il en est de même des Caroubiers ; quant aux arbres fruitiers greffés, ils sont vendus 25 centimes.

Ces prix minimes ne permettent pas de couvrir les frais ; la perte doit être considérée comme un sacrifice du gouvernement tunisien en vue d'encourager les plantations.

TERRAIN D'EXPÉRIENCES

a. FOURRAGES. — La terre de la Régence donne une herbe grossière toujours de médiocre abondance et, de plus, très variable en quantité, suivant les conditions climatériques.

Or, la question des fourrages est liée d'une façon absolue à celle si importante des blés par le fumier que fournissent les animaux de ferme : aussi on expérimente sur une grande surface, au Jardin d'Essai, les diverses plantes fourragères dont la culture pourrait être substituée à l'exploitation si incertaine des fourrages spontanés.

Le problème consiste à rechercher une plante à fort rendement parfaitement adaptée au climat et susceptible d'alterner avec la culture des céréales. Si les essais faits avec la Luzerne, le Sainfoin, les Trèfles, ont donné de mauvais résultats, il n'en a pas été de même de ceux faits avec le Sulla. Le Sulla, ou Sainfoin d'Espagne *(Hedysarum coronarium* Linn.) se rencontre un peu partout en Tunisie, où il semble devenu indigène, surtout dans les terrains argilo-calcaires. Il suffit pour qu'elle produise des rendements excellents, même dans les terres les plus pauvres, qu'on lui donne de l'acide phosphorique. Les gisements de phosphates, si nombreux et si considérables en Tunisie, rendent cette condition très facile à remplir.

Si les fourrages secs sont indispensables à toute exploitation agricole, les fourrages verts sont utiles à l'élevage du bétail dans un pays où l'herbe disparaît dès le mois de juin.

Les expériences faites avec le Maïs et le Sorgho montrent que ces plantes peuvent fournir le fourrage vert pendant les mois de juin et de juillet, tandis que les variétés inermes d'*Opuntia tuna* sont utilisées à l'arrière-saison.

Citons encore d'autres tentatives faites sur les Vesces, les Gesses, le Fenugrec.

Enfin, les cultures des racines fourragères sont particulièrement instructives. La Betterave, sans arrosage, puisqu'on la sème au moment de l'arrivée des pluies, en novembre, peut donner soixante mille kilogrammes à l'hectare ; la

Carotte, semée également en hiver, ce que l'on ne pourrait pas faire en France, fournit, sans arrosage, vingt mille kilogrammes de racines et huit mille kilogrammes de feuilles; la culture du Navet est également très avantageuse.

En terminant ce chapitre, mentionnons les essais faits avec les fourrages arborescents : *Polygonum sachalinense* Fr. Schmidt., *Chenoodium nitrariaceum* F. Muell., divers *Atriplex*, *Cytisus proliferus* Linn., *Cookia*.

b. CÉRÉALES. — Le temps n'est plus où la Tunisie exportait une quantité de blé telle qu'on surnommait cette contrée le grenier de Rome. Cependant, la terre est à peu près la même, les conditions climatériques ont peu changé; il est donc difficile de ne pas chercher la cause du faible rendement actuel des céréales dans le mauvais choix des blés cultivés ainsi que dans les méthodes peu rationnelles de culture employées.

Pour choisir, il faut comparer, et la comparaison est d'autant plus facile que les types sont plus rapprochés; aussi, nous a-t-il été donné d'admirer, cultivés sur une vaste surface, côté à côte, une vingtaine de blés durs indigènes et plus de cinquante blés tendres européens. Les blés tendres font triste mine. Il n'y a guère que la Lichelle blanche hâtive d'Algérie et quelques Touzelles qui semblent prospérer. Les blés durs indigènes, au contraire, viennent bien. Voici ceux qui donnent le meilleur rendement :

NOM ARABE.	SIGNIFICATION.
Hammira.	Rouge.
Soum Beja.	»
El Chetta.	»
El Saffa	»
Ouidja.	»
Belioum.	Bidon.
Djenah khouthifa.	Aile d'hirondelle.
Adjemi.	»
Sba er Roumia.	Doigt de chrétienne.
Djemioun.	»
Azizi M'saken.	»
Souri.	Européen.
Nebel	»
Mahmoudi Bourch	»

La variété Adjemi fournit le rendement maximum; elle a donné vingt-sept quintaux à l'hectare en 1894.

c. PLANTES INDUSTRIELLES. — Les plantes industrielles ne sont pas négligées. On cultive au Jardin : la Ramie, le Coton pour leurs fibres textiles, *Rhus vernicifera* D. C. pour sa résine, le Conaigre (*Rumex hymenosepalus* Torr.) pour son tannin. Ce principe est surtout abondant dans la partie souterraine renflée de la plante qui, malheureusement, vient difficilement dans les terrains calcaires.

Sur ce même *Rumex* il nous est facile, grâce aux deux savants mycologues, MM. Bourquelot et Dumée, d'observer les téleutospores de *Puccinia rumici;* déjà nos deux collègues nous avaient fait récolter *Coprinus atramentarius*, vulgairement appelé Goutte d'encre.

OBSERVATIONS MÉTÉOROLOGIQUES

Ancien élève de l'École de Versailles, le savant directeur du Jardin sait combien il est nécessaire de tenir compte des agents atmosphériques et de leur variation dans les essais de culture ; aussi, a-t-il réservé un vaste emplacement pour les observations météorologiques faites avec les appareils les plus précis.

Les résultats de ces observations sont enregistrés minutieusement et, au lieu d'être enfouis dans des casiers administratifs, ils sont fixés sous forme de courbe sur de longues bandes de papier, installées très ingénieusement, de façon à attirer l'attention de tout visiteur. Celui-ci, sans le moindre effort, peut se rendre ainsi facilement compte des variations climatériques correspondant à une assez longue période de temps.

Tel est le Jardin d'Essai de Tunis qui, jeune encore, a déjà rendu de grands services aux colons français, grâce au merveilleux sens pratique de son directeur, M. Castet. C'est lui qui en a conçu le plan et qui continue à lui imprimer ce cachet d'utilité immédiate, principale raison d'être de tout Jardin d'Essai ; c'est enfin, nous nous faisons un devoir de le reconnaître ici, grâce aux notes très détaillées de M. Castet qu'il nous a été possible de rédiger le rapport dont la 9e Section nous avait chargé.

10ᵉ Section.

ZOOLOGIE, ANATOMIE, PHYSIOLOGIE

PRÉSIDENT (1) . . . .   M. CHEVREUX, à Paris.
SECRÉTAIRE . . . .   M. GADEAU de KERVILLE, à Rouen.

— Séance du 2 avril 1896 —

M. VASSEL, à Maxula-Radès (Tunisie).   [594 1 (611)]

Sur la Pintadine du golfe de Gabès. — L'auteur estime que la petite pintadine, découverte en 1890 dans le golfe de Gabès, y est venue de la mer Rouge par le canal de Suez.

Il est douteux, d'après lui, que la véritable huître perlière, qui vit également dans cette mer, immigre spontanément en Méditerranée; mais il serait possible de l'y introduire moyennant certaines précautions.

M. Édouard CHEVREUX, à Bône (Algérie).   [591 9 (611)]

Dragages et recherches zoologiques effectués à bord du yacht Melita sur les côtes de Tunisie. — M. CHEVREUX expose les résultats de ses dragages sur les côtes de Tunisie, au cours d'une mission dont il a été chargé en 1892 par le Ministère de l'Instruction publique. Parti de Nantes à bord de son yacht, le 25 mai 1892, il consacra la première partie de son voyage à des recherches aux Iles Baléares et sur la côte d'Algérie. Le 24 août, le yacht atteignait la frontière de Tunisie, et traînait des fauberts sur les fonds coralligères de 70 mètres situés au large du cap Roux. Le 9 octobre, un dragage très fructueux, effectué par 170 mètres, entre le cap Serrat et l'île de la Galite, clôturait les recherches sur la côte tunisienne. Pendant ces six semaines, le yacht avait touché à Bizerte, la Goulette, Sousse, Sfax, la Skhira, Gabès, Djerba, et avait effectué 62 opérations (dragages, pêches au filet fin, à la surface et en profondeur, immersions de nasses, etc.).

(1) Nommé par la Section, en l'absence de M. E. PERRIER, empêché de venir au Congrès.

. Les lacs de Bizerte et le golfe de Gabès présentent un grand intérêt au point
de vue zoologique. Grâce à l'obligeance de M. Odent, représentant de la Compagnie du port de Bizerte, qui a bien voulu mettre un vapeur à la disposition
de M. Chevreux, la yole du yacht, remorquée au travers du lac de Bizerte
jusqu'à l'embouchure de l'Oued-Tindja, canal sinueux, d'environ 6 kilomètres
de longueur, qui relie entre eux les lacs salé et d'eau douce, a pu pénétrer dans
le lac Iskel, et gagner le Djebel-Iskel, sur l'autre rive, tout en faisant d'intéressantes pêches de petits crustacés. Le golfe de Gabès a été soigneusement
exploré pendant près d'un mois, tant au moyen du chalut qu'à basse mer,
à l'époque des grandes marées de septembre, qui atteignent deux mètres à
Djerba et dans la baie des Surkennis.

Une grande partie des collections rapportées de Tunisie par la *Melita* a déjà
été étudiée par des spécialistes. Les Spongiaires du golfe de Gabès ont fourni
à M. Topsent une quarantaine d'espèces, dont sept sont nouvelles. Les
Mollusques, au nombre de 148 espèces, ont été étudiés par M. Dantzenberg.
La Méléagrine de la mer Rouge, dont il est question dans l'intéressante communication de M. Vassel, et qui n'existait probablement pas dans le golfe de
Gabès en 1882, époque des recherches de M. de Neuville, y était très commune
en 1892, et il eût été facile de charger une des embarcations du yacht avec les
valves de cette coquille, amoncelées sur les plages des Surkennis. Enfin,
M. Chevreux a trouvé, en étudiant les nombreux Amphipodes recueillis, deux
espèces nouvelles pour la science, et huit espèces nouvelles pour la faune
méditerranéenne.

M. Henri GADEAU de KERVILLE, à Rouen.   [591 16] [595 76]

. *De l'accouplement normal et de l'accouplement anomal chez les Coléoptères.* —
M. Henri GADEAU DE KERVILLE donne quelques détails sur l'accouplement chez
les Coléoptères, principalement sur la position respective du mâle et de la
femelle pendant la copulation, position qui présente, chez certains genres,
d'intéressantes particularités. De plus, il signale des accouplements entre
Coléoptères mâles de même espèce et entre mâles d'espèces et même de genres
différents, et prouve que ces cas de perversion sexuelle sont de véritables actes
de pédérastie.

L'auteur fait passer sous les yeux des membres de la Section des Coléoptères
accouplés, les uns normalement, les autres anomalement, insectes qui sont
conservés par la voie sèche.

M. R. du BUYSSON, à Clermont-Ferrand.   [595 79 (611)]

*Synopsis des Hyménoptères de la famille des Chrysidides appartenant à la faune
barbaresque.* — Après quelques lignes explicatives, l'auteur donne la liste
méthodique de toutes les espèces de Chrysidides qui ont été capturées sur les
territoires du Maroc, de l'Algérie et de la Tunisie. Treize genres et cent trente-
huit espèces forment le contingent actuel de cette famille d'Hyménoptères, pour
la faune barbaresque. Le nom de chaque espèce est suivi de celui des localités
où l'insecte a été trouvé.

M. Ernest OLIVIER, à Moulins (Allier).   [598 1 (611)]

Les Reptiles de Tunisie. — Dans l'état actuel de nos connaissances sur la faune herpétologique du nord de l'Afrique, on ne compte en Tunisie que deux espèces spéciales, tandis qu'un bien plus grand nombre, signalées en Algérie, n'ont pas encore été rencontrées dans la Régence. De nouvelles explorations viendront certainement combler une partie de ces lacunes. Mais si elle est plus pauvre en types spécifiques, la faune de la Tunisie est bien plus riche en individus et notamment, en ce qui concerne les Ophidiens, plusieurs espèces rares en Algérie, telles que *Zamenis diadema, Cœlopeltis producta, Naja Haje,* etc., s'y trouvent assez communément. D'un autre côté, les différentes zones topographiques étant moins nettement caractérisées qu'en Algérie, les espèces ont une aire de dispersion plus considérable et leur habitat est confiné dans des limites bien moins précises et bien plus étendues.

M. DOUMERGUE, à Oran.   [598 12 (65)]

Contributions à la faune herpétologique de la province d'Oran. — M. DOUMERGUE cite quelques espèces non encore signalées ou rares dans la province d'Oran. Les principales sont : *Agama inermis* Reuss, *Ophiops occidentalis* Blg., *Coronella Amaliæ* Boettg., *Lytorhynchus diadema* D. et B., *Cerastes vipera* L.

M. PALLARY, à Eckmühl-Oran.   [594 3 (65)]

Description de quelques nouvelles espèces d'hélices du département d'Oran. — Au congrès de Caen, M. PALLARY, a donné la description sommaire de *H. Kebiriana, Mortilleti* et *Doumerguei.* La note présentée aujourd'hui donne la description détaillée et les figures de ces espèces ainsi que celles de *H. Arabophila,* belle espèce d'Aïn-Fekan, à faciès saharien.

Quant à *H. Berberica,* M. Pallary pense qu'il faut la considérer comme une simple variété de *H. Eustricta,* B.

— Séance du 3 avril 1896 —

M. VASSEL, à Maxula-Radès (Tunisie).   [594 1 (611)]

Note complémentaire sur la Pintadine du golfe de Gabès. — Remarques à propos d'un mémoire de M. Dautzenberg, où il est parlé des méléagrines recueillies par M. Chevreux dans le golfe de Gabès.

M. O. VAN DER STRICHT, à Gand (Belgique).   [591 166]

La maturation et la fécondation de l'œuf de Thysanozoon Brocchi. — L'auteur expose très brièvement les principales phases de la formation du premier et du second globule polaire, les différents stades de formation du pronucleus mâle et du pronucleus femelle, la réunion du germe mâle et du germe femelle au moment de l'apparition de l'amphiaster de fractionnement. Il donne ensuite quelques détails concernant la division du noyau de la première sphère de segmentation.

M. le Dr Paul **MARCHAL**, à Fontenay-aux-Roses (Seine).   [632 (611 65)]

Les Insectes nuisibles de Tunisie et d'Algérie observés à la Station entomologique de Paris. — Les Insectes dont il est question dans la communication de l'auteur sont les suivants : *Hypera crinita, Epilachna chrysomelina, Anomala vitis, Oxycarenus hyalinipennis, Guerinia serratulæ, Parlatoria zizyphi, Gortyna flavago, Sesamia cretica, Asphondylia Trabuti.*

L'*Epilachna* a exercé de grands dégâts dans les plantations de melons de Tunis ; l'*Oxycarenus* s'est montré nuisible au coton ; la *Guerinia serratulæ*, cochenille non signalée jusqu'ici comme nuisible aux Oliviers, a pris un très grand développement dans les plantations d'Oliviers de la vallée de la Seybouse ; la *Sesamia cretica* a dévasté les cultures de Sorgho et de Maïs ; l'*Asphondylia Trabuti* est une espèce de Cécidomyie nouvelle qui vit dans la baie de la Pomme de Terre, mais il n'y a pas lieu de la considérer comme dangereuse.

Les moyens de combattre ces ennemis d nos cultures sont indiqués par l'auteur.

Discussion. — M. VASSEL fait observer que la propagation croissante de la cochenille blanche en Tunisie lui a paru coïncider avec l'extension de la culture de l'Acacia d'Australie *(A. cyanophylla, A. leiophylla* et espèces voisines).

Cet arbre, en effet, est très sujet à la maladie de la cochenille, et il répand autour de lui le parasite.

Travaux imprimés

PRÉSENTÉS A LA 10ᵉ SECTION

Ernest OLIVIÈR. — *Herpétologie algérienne ou Catalogue raisonné des Reptiles et des Batraciens observés jusqu'à ce jour en Algérie.*

Ed. CHEVREUX. — Gammarus Simoni, nov. sp., *Amphipode des eaux douces d'Algérie et de Tunisie.* — *Sur un amphipode,* Pseudotiron Bouvieri, *nov. gén. et sp., de la famille des Syrrhoidæ, nouvelle pour la faune méditerranéenne.*

Ph. DAUTZENBERG. — *Mollusques recueillis sur les côtes de la Tunisie et de l'Algérie.*

Ch. SIBILLOT. — *La Poste aérienne à travers les âges, résumé depuis Noé jusqu'à 1895.*

— *Le Pigeon messager et ses applications.* 2 vol. in-16 de la *Bibliothèque scientifique des écoles et des familles.*

E. TOPSENT. — *Campagne de la Mélita, 1892.*

— *Eponges du golfe de Gabès.*

11ᵉ Section.

ANTHROPOLOGIE

Président. . . . . M. le Dʳ BERTHOLON, à Tunis.
Secrétaire . . . . M. le Dʳ RIVIÈRE, Méd. maj., au Kef.

— **Séance du 2 avril 1896** —

M. Arsène DUMONT, à la Cambe (Calvados).   [312 (65)]

Démographie algérienne. — M. DUMONT étudie, au point de vue démographique, les indigènes musulmans d'Algérie.

Les résultats principaux sont : natalité médiocre, 26,3 pour 1.000 habitants ; mortalité, 24,0 ; nuptialité, à peu près celle de la France.

Le chiffre des divorces est très considérable, 38 pour cent mariages.

Les résultats paraissent mal cadrer avec l'état social de ce peuple primitif. Aussi peut-on croire que les déclarations consignées sur les registres de l'état civil sont très incomplètes. Pour contrôler l'exactitude de ces résultats généraux, il a examiné en détail les relevés de l'état civil de la commune mixte de Palestro en Kabylie. L'auteur y a constaté une natalité bien supérieure à celle de la France. Par contre, dans certaines tribus, on n'a pas enregistré de mariages depuis quatre ans.

Les naissances dépassant notablement les décès, on peut être assuré que les Musulmans de l'Algérie ne disparaîtront pas au contact de notre civilisation comme les Indiens de l'Amérique du Nord ou les Polynésiens. Notre politique doit compter sur leur accroissement plus ou moins rapide et non sur leur extinction.

Discussion. — Le Dʳ LETOURNEAU, de Paris, demande si l'on peut établir quelle est la natalité spéciale des polygames et si la mortalité infantile est différente dans les familles polygames ou monogames.

Sur la réponse négative de M. Dumont, M. Letourneau émet le vœu que les documents officiels puissent fournir à l'occasion les indications indispensables à la solution si désirable de ces questions. Tous les membres de la Section s'associent à ce vœu.

M. RIVIÈRE, médecin major au Kef, fait observer qu'il y a lieu de tenir un certain compte des pratiques abortives qui sont loin d'être inconnues des indigènes. Il cite le cas d'un père de famille (trois femmes et six enfants) venant lui demander, en présence d'autres personnes, le moyen de débarrasser l'une de ses femmes.

M. le Dr BERTHOLON fait observer que, d'après ses travaux sur la démographie des indigènes tunisiens, la natalité serait supérieure au chiffre des statistiques algériennes. Sur 1.000 indigènes, on en compte de 394 à 400 au-dessous de quinze ans, proportion que n'atteint aucune population européenne.

M. DUMONT répond que la forte proportion d'enfants peut provenir tout simplement d'une forte mortalité chez les adultes et surtout chez les vieillards. Il cite une région bretonne où presque personne n'atteint soixante ans.

———

M. le Dr RIVIÈRE, Méd. maj., au Kef (Tunisie).   [571 24 (611)]

L'industrie préhistorique du silex en Tunisie. — 1º Au cours d'une colonne qui a opéré en 1894 dans le sud tunisien, sous le commandement du colonel Cauchemez, M. Rivière a pu recueillir et il exhibe les pièces qui lui ont permis de reconnaître quatre stations qu'il croit appartenir à la dernière époque de la période paléolithique. Elles sont en effet caractérisées ainsi qu'il suit : absence de types chelléens, de silex polis ou perforés; taille exclusivement moustérienne. Quelques spécimens, bien retouchés et nettement pédonculés, ont de grands rapports avec les formes décrites par le Dr Couillaut à Gafsa et rapportées à l'époque solutréenne. Les arêtes ne sont ni vives, ni mousses; la patine est modérée. Il s'agit vraisemblablement d'une époque de transition. Les types aberrants sont nombreux. Les nucleus sont très variés et méritent étude spéciale.

2º Dans une deuxième série de recherches, M. Rivière a pu vérifier les prévisions du Dr Collignon au sujet de l'existence dans les environs de Gabès de silex analogues à ceux de Gafsa. En effet, dans les poudingues de Boul-Baba, immédiatement au-dessus de l'argile pliocène, il a trouvé, extrait, souvent à coups de marteau, des types chelléens purs, mélangés à des racloirs moustériens grossiers. Caractères généraux : patine grise ou blanche très épaisse, absence de nucleus, arêtes tantôt vives, tantôt mousses.

3º Vers la source de l'Oued Gabès, se trouvent deux ateliers néolithiques. M. le marquis de Nadaillac, au nom de son fils et de M. Faurax, capitaines, a signalé ces stations en 1887 (voir *Bulletin de la Société d'Anthropologie*, 3e série, t. 7, p. 316).

M. Rivière fait remarquer la richesse, la variété des formes, l'existence d'objets d'ornementation (silex perforés, perles en calcédoine, anneaux en poterie, fragments d'ocre rouge, etc.), la finesse merveilleuse des retouches, l'absence de toute patine et, enfin, la situation du gisement à la surface du quaternaire ancien. Il est très probable que les flèches néolithiques découvertes en 1875 par Bellucci, membre de la mission italienne, provenaient des ateliers de Ras-El-Oued.

L'auteur remercie son collègue, M. le médecin major Sicard, et MM. les lieutenants Lamboley et Aubert, du 4e bataillon d'Afrique, dont les intéressantes collections lui ont fourni d'excellents points de comparaison. Quant aux plans des stations qu'il exhibe, la plupart ont été découpés dans la très belle carte des opérations de la colonne du sud, dessinée et gravée par M. le capitaine Thiébaut de l'état-major de la division d'occupation.

Discussion. — M. le professeur Montelius, de Stockholm, demande si les pointes de flèche néolithiques n'étaient pas accompagnées de haches de la pierre polie.

M. Rivière répond que les plus belles pointes de flèche sont intactes et qu'il est à supposer, par analogie, qu'elles étaient destinées à faire partie du mobilier funéraire.

Quant aux haches, il n'en a été trouvé que trois, assez petites et dont l'une n'est polie que vers la portion tranchante. Elles ont été envoyées par M. de Nadaillac au musée du Trocadéro.

M. le Dr Letourneau croit aussi au caractère votif de plusieurs de ces pointes de flèche.

M. le Dr Bertholon dit avoir trouvé dans les berges de l'Oued Gabès une perle en silex, analogue à celle qui est exhibée. Dans son travail sur l'Anthropologie de la Tunisie (1896), il n'a pu mentionner que trois haches polies, trouvées dans ce pays.

M. Dumont : Les pièces que vient de nous faire voir M. le Dr Rivière sont toutes du plus grand intérêt. Les plus récentes, celles du type robenhausien, ont pour elles la perfection de leur forme et la finesse des retouches; d'autres sont en quartz blanc, matière très rebelle, très cassante, et n'en présentent pas moins un travail d'un fini remarquable, dénotant la plus grande sûreté de main chez l'ouvrier. Voici; à côté, des grattoirs moustériens fort reconnaissables, qui ont été visiblement roulés par les eaux et émoussés par le frottement, de sorte que toutes leurs arêtes sont usées et arrondies. Enfin, parmi les pièces chelléennes, on en remarque une, la plus curieuse de toute la collection, qui est solidement engagée dans une espèce de poudingue formé de calcaire et de quartz, de sorte que la taille de la pierre remonte nécessairement à une date antérieure à la formation de la roche dont elle est devenue partie intégrante. C'est aux géologues qu'il appartiendrait d'évaluer le temps nécessaire à l'accomplissement de ce phénomène, mais il est certain qu'il a dû être très considérable.

On peut observer à ce sujet que toutes les découvertes tendent à allonger l'âge de la pierre. Les unes, en effet, prolongent la période néolithique en Gaule et en Grande-Bretagne jusqu'à l'aurore des temps historiques; d'autres, comme celle de M. Rivière, reculent la période paléolithique jusqu'au début du quaternaire, dans un passé dont l'éloignement déconcerte toute chronologie et confond toutes les imaginations des mythologues.

_____

M. le Dr BERTHOLON, à Tunis.

Les origines des tatouages tunisiens. — Les tatouages des indigènes musulmans de Tunisie peuvent être divisés en trois catégories :

1° Tatouages de tribu. C'est d'ordinaire un signe distinctif des plus simples, formant un point, un cercle, une croix. On les place au front, sous l'œil, au menton ou, comme dans le sud tunisien, à l'extrémité du nez, etc. ;

2º Tatouages médicaux. On les fait sur un point douloureux. Ils consistent le plus souvent en une série de cercles, de points ou de croix ;

3º Tatouages ornementaux, placés aux bras, aux avant-bras, aux mollets, même sur la poitrine. Ces tatouages sont l'objet de la présente communication.

Tous ces tatouages se font par une série de fines incisions, qui donnent le dessin à exécuter. On frotte celles-ci avec du noir de fumée, pris d'ordinaire au-dessous de la marmite. Une dermite, parfois intense, est la conséquence de cette opération.

M. le Dr Bazin a étudié les tatouages des Tunisiens dans un Mémoire paru dans l'*Anthropologie* (1890, p. 566 et *seq.*).. Cet auteur attache une importance peut-être exagérée à un signe qu'il regarde comme une fleur de lys. Il voit là une influence de la croisade de saint Louis. Cette réminiscence peut paraître discutable.

M. le Dr Vercoutre, d'après des observations personnelles et les travaux de M. Bazin d'une part, de M. Bertholon d'autre part, a cru, dans une communication à l'Académie des Sciences, assigner une origine punique aux tatouages africains. Ils figureraient une image plus ou moins altérée de Tanit.

M. Bertholon, mettant en doute et l'influence phénicienne et celle des croisades sur les tatouages modernes a essayé de se placer dans les meilleures conditions pour élucider la question. Il a prié un de ses confrères de Tunis, médecin du bagne de la Goulette, le Dr Dinguizli de faire relever les tatouages principaux des prisonniers. Un détenu, ex-notaire, très habile dessinateur, a exécuté ces relevés. M. Bertholon met cette collection unique de tatouages sous les yeux de la Section.

Tous procèdent d'un même style avec dessins géométriques, ornements demi-circulaires concentriques, damiers, dents de loup, motif du peigne, etc.

Pour savoir auquel des éléments ethniques composant la famille berbère on pouvait attribuer l'introduction de ces pratiques, l'auteur a relevé les tatouages dont étaient porteurs des prisonniers Lebou, Tamahou et Européens figurés sur le tombeau de Seti Ier. Les motifs de ces antiques tatouages présentés à la section sont les mêmes que ceux relevés au bagne de la Goulette.

Sachant que les prisonniers des Égyptiens appartenaient à la civilisation égéenne, il était indiqué de rechercher si on ne trouvait rien d'analogue dans les dessins d'ornementation retrouvés dans les fouilles des ruines de ce temps. L'auteur a pu ainsi présenter une série de dessins relevés sur des vases, des amphores, des ossuaires, etc., provenant de Naucratis, de Thyrinte, de Mycènes, d'Orchomène, etc. Or, les tatouages des Tunisiens modernes paraissent en être la copie identique.

Conclusions. La pratique des tatouages et leurs motifs auraient été importés en Berbérie par les tribus européennes, qui, sous les noms de Masa, Tsakariou, Lebou, etc., ont colonisé la portion orientale de ce pays, quinze siècles environ avant le commencement de notre ère.

M. le Dr LETOURNEAU, Prof. à l'Éc. d'Anthrop., à Paris. [571 71 (44 13)]

Une antique inscription funéraire de Locmariaquer. — Dans le. vieux cimetière
de Locmariaquer (Morbihan), adossées au mur de l'église, il y avait, en 1894,
deux pierres tumulaires au moins par la forme. L'une portait une inscription
gravée, en caractères d'une écriture orientale (palmyrénienne ?) ; sur l'autre
était gravée une figure qui, actuellement, rappelle fort l'emblème bien connu
de Tanit ; mais, il y a une quarantaine d'années, lors de l'exhumation de ces
pierres, la figure gravée, encore intacte, représentait nettement une croix de
Malte sur un fût, avec un signe cruciforme au centre. Les trois branches supérieures de la croix de Malte sont aujourd'hui effacées. Quoi qu'il en soit, ces
deux. pierres funéraires se rattachent vraisemblablement à l'orient méditerranéen.

Ce fait est par lui-même intéressant ; il le devient davantage, si l'on considère que les dolmens de Locmariaquer sont couverts de dessins gravés, parmi
lesquels dominent cinq à six figures symboliques, que l'on retrouve sur d'autres.
monuments mégalithiques d'Europe, sur les inscriptions rupestres des Canaries,
d'Andalousie, de l'Afrique du Nord et qui figurent dans les alphabets libyens
et même phéniciens, enfin parmi les plus anciens hiéroglyphes d'Égypte. Il
y a quelques années, dans une communication faite à la Société d'Anthropologie sur les *Caractères alphabétiformes des mégalithes*, l'auteur a signalé ces
ressemblances si suggestives. — La pierre tumulaire de Locmariaquer, dont il
vient de parler, n'est pas mégalithique ; son inscription est beaucoup plus récente
que les inscriptions dolméniques ; mais elle continue une tradition et contribue
à établir que les constructeurs de nos dolmens venaient du Midi, sans doute de
l'Afrique du Nord.

Discussion. — M. BERTHOLON confirme la ressemblance signalée par M. le
Dr Letourneau entre certains signes libyques et les dessins figurés sur divers
dolmens d'Europe. Certaines figures reproduisent identiquement la forme courante des fibules employées par les femmes de la campagne en Tunisie pour
retenir leurs vêtements. L'auteur montre une de ces fibules et des dessins de
fibules kabyles. Certains bijoux arabes représentent également cette forme, en
se rapprochant de la figuration de la Tanit africaine. Des dessins de ces bijoux
et de stèles de Tanit permettent de justifier ces rapprochements.

Existe-t-il maintenant un *hiatus* bien considérable entre ces dessins et ceux
de l'Afrique ? M. Bertholon montre la reproduction de nombreux objets trian-
gulaires trouvés à l'époque du bronze, de pendeloques de la même époque, voire
même de poignées d'épées à antennes reproduisant la figuration africaine de
Tanit. Ces objets trouvés en Gaule, en Suisse, sur le Danube, en Italie, dans les
îles méditerranéennes, forment une chaîne continue.

Cette divinité serait-elle phénicienne ? Cela est peu probable, parce que pas
plus la figuration que le nom ne se rencontrent en Phénicie. On est donc forcé
de voir en cela une conception africaine, adoptée par les Carthaginois et intro-

duite dans leur panthéon : en tout cas, Tanit n'est pas une divinité phénicienne d'origine.

L'auteur aurait une tendance à voir, d'après la répartition des emblèmes de Tanit, un culte qui, né en Europe, serait parvenu dans la Berbérie orientale et y aurait survécu tardivement par suite de son adaptation au panthéon phénicien.

M. MAURICET analysant le mobilier funéraire des monuments mégalithiques proteste contre la tendance à y voir partout une influence phénicienne ou égyptienne.

M. LETOURNEAU estime que les dessins gravés sur les dolmens, analogues aux caractères libyques, sont de beaucoup antérieurs à l'expansion phénicienne et ne sauraient lui être attribués.

M. MAURICET propose d'émettre le vœu que la pierre tumulaire de Locmariaquer, signalée par M. Letourneau, soit transportée à Vannes, au siège de la Société polymathique du Morbihan.

M. Paul PALLARY, à Eckmühl-Oran.   [571 (65)]

Troisième catalogue des stations préhistoriques du département d'Oran. — En 1891, M. PALLARY avait signalé, dans le département d'Oran, 177 stations d'âges divers. Ce chiffre était porté à 446 en 1893. Dans le catalogue de 1896, 65 stations nouvelles sont indiquées, ce qui porte à 511 les points où des restes du préhistorique ont été constatés.

Ce nombre se répartit en : 16 stations chelléennes, 11 moustériennes, 61 néolithiques, 32 découvertes de hâches polies isolées, 72 stations non classées, 52 groupes de tumulus, 30 groupes d'autres tombeaux, 206 ruines berbères et 31 rochers gravés.

M. MONTELIUS, à Stockholm.   [939 7] [939 8]

Relations entre l'Afrique du Nord et l'Europe dans l'antiquité. — M. MONTELIUS tracé la répartition géographique des dolmens. Leur point initial apparent serait dans l'Orient. Il y en a en Syrie et dans la vallée supérieure du Nil ; en Égypte, les chambres sépulcrales des pyramides procéderaient du type dolmen. De là on les suit sur la rive méridionale de la Méditerranée, en Tunisie, Algérie, au Maroc, puis en Espagne, en France, aux îles Britanniques, en Hollande, en Allemagne du Nord, en Danemark et jusque dans la partie méridionale de la Suède. Dans le centre de l'Europe, le dolmen ne se rencontre pas. Il en existe en Corse, dans quelques points restreints du sud-est de l'Italie, en Crimée et au Caucase.

Il découle de cette distribution que les dolmens de la Scandinavie sont plus récents que les plus anciens de l'Afrique septentrionale, M. Montelius les classe chronologiquement « dans le troisième millier d'années » avant Jésus-Christ.

Il traite ensuite des formes plus modernes, des chambres sépulcrales à voûte en encorbellement et galerie couverte, ainsi que d'un type analogue, observé en Danemark et en Suède.

Les Ariens vivaient à cette époque, mais ils n'auraient pas apporté les dolmens ; au reste, leur aire de distribution ne coïncide pas avec celle des dolmens.

M. Letourneau croit également que les dolmens sont antérieurs aux Ariens. — Au sujet de leur géographie, il a les mêmes idées que M. Montelius sur la répartition des mégalithes ; il signale en outre les menhirs de l'Abyssinie qui, auraient été remarqués par l'ingénieur Chefneux.

Entre Madagascar et Bab-El-Mandeb les explorateurs auraient signalé des cavernes artificielles. Quant à l'idée qui a présidé à l'édification des dolmens, elle ne semble pas autre que l'intention de reproduire la primitive caverne. Le tumulus serait le prototype de la pyramide, l'obélisque, un menhir perfectionné.

Discussion. — M. Mauricet insiste sur le dallage des dolmens ; son but était de résister aux pressions latérales, à la poussés des terres ; selon l'opinion généralement admise, tout dolmen a été ou devait être recouvert d'un tumulus.

L'une des pierres est toujours mobile, c'est-à-dire ne supporte pas la table, elle constitue la porte facile à trouver par l'orientation générale des dolmens de la région.

Il analyse le mobilier funéraire et sa valeur au point de vue de l'âge du monument.

Il signale particulièrement le dolmen du *Mani-er-Hroek*, dont la pierre placée à l'entrée est recouverte de signes si remarquables ; à l'intérieur se trouvait un anneau en jade, sur lequel reposait la pointe d'un celtœ également en jade.

M. Montelius réplique que le dallage n'est pas une disposition typique. Pour lui, le dolmen serait une imitation de la cabane et spécialement de la cabane ronde. D'autre part, le dolmen n'était ni couvert de terre ni destiné à l'être.

M. Bertholon demande comment il se fait que les dolmens de l'Afrique du nord aient un mobilier de bronze et soient cependant plus anciens que ceux d'Europe, dont le mobilier est de la période de la pierre polie ?

M. Montelius répond que peu de dolmens africains ont été fouillés soigneusement et que ceux qui contenaient du bronze pouvaient ou dater de l'époque de la transition à l'âge du bronze ou avoir servi à des inhumations secondaires. Il ajoute qu'on y a même trouvé des médailles romaines.

M. Arsène DUMONT.　　　　　　　　　　[312 (44)]

La dépopulation en France depuis dix ans. — Les onze cartogrammes présentés expriment l'excès des décès sur les naissances par département pendant onze années. Dix d'entre eux comprennent les dix dernières années pour lesquelles nous ayons à cette heure des renseignements ; le onzième concernant l'année 1876 est destiné à servir de terme de comparaison. Les départements teintés en noir sont ceux qui ont présenté des excédents de mortalité. La teinte est uniforme,

mais un chiffre placé dans chacun d'eux gradue l'intensité du mal. Il est augmenté d'une unité par chaque déficit de 50 naissances sur 1.000 décès.

Le but de l'auteur a été de rendre facile, aux esprits les plus distraits, d'em-
brasser d'un coup d'œil et sans dépense d'attention, l'étendue et les progrès
rapides de l'oliganthropie française. C'est le plus grand péril que la France ait
jamais couru et cependant les pouvoirs publics y restent indifférents. Il ne faut
pas se lasser de redire qu'en 1876, encore, 17 départements seulement présen-
taient un excès de décès sur les naissances, tandis que ce nombre varie maintenant de 45 à 53 et qu'il a même été de 60 départements en 1890. Peut-être
se décidera-t-on enfin à faire rechercher les causes de ce phénomène. Depuis
longtemps M. Dumont a déterminé la méthode à suivre.

A l'intérêt scientifique et patriotique qui prime tout s'ajoute, d'ailleurs, ici, un
intérêt de circonstance. Sa communication précédente établissait que les races
indigènes se maintiendraient en face de notre civilisation. Aujourd'hui, nous
devons nous demander si la race française est en état de fournir les quelques
millions d'émigrants qu'exigeraient le peuplement et l'exploitation de l'île mau-
ritanienne. L'examen de notre état démographique nous met dans l'humiliante
nécessité de répondre non. L'Angleterre ou l'Allemagne le pourraient, nous
point. Si, féconde comme elles, la France eût pu exporter chaque année, cent
mille colons, soit cinq millions en un demi-siècle, dans l'Afrique du Nord,
l'équilibre de la Méditerranée serait changé et notre situation en temps de
guerre y serait l'offensive au lieu d'une défensive périlleuse. D'autre part, un
grand fait anthropologique serait accompli.

L'exemple de Carthage et de Rome qui ont laissé si peu de leur sang dans ce
pays, nous le prouve suffisamment : rien que de superficiel et de fragile n'est
accompli tant qu'à la conquête militaire, administrative, économique ou même
esthétique et intellectuelle ne s'ajoute pas la seule conquête qui soit définitive
et indestructible, la conquête démographique. Mais, pour celle-ci, il faut de
larges excédents de natalité et les cartogrammes ci-dessus nous montrent par
malheur des excédents de décès.

Il faut faire la démographie de la France commune par commune afin de
connaître le mal en détail, d'en découvrir la cause et finalement d'en déterminer
le remède.

— **Séance du 4 avril 1896** —

M. Édouard **FERRAY**, à Évreux. [571 92 (44 24)]

Ossuaire de Saint-Vigor. — Dans des études antérieures, M. FERRAY s'est spécialement occupé du préhistorique dans la vallée de l'Eure. Sur une assez
grande étendue, depuis Neuilly-sur-Eure jusqu'à Saint-Étienne-du-Vauvray, les
monuments attestant le passage des races primitives sont assez nombreux et
indiquent, à n'en pas douter, une population fort dense.

Le tombeau de Neuilly a fourni le fameux poignard en silex noir, si fini, si
intéressant par sa taille, que le musée de Saint-Germain a cru devoir prendre
pour offrir à ses visiteurs un moulage de cette pièce unique.

La sépulture de Saint-Étienne ne pouvait qu'attirer l'attention des savants, tant par la nature de son mobilier funéraire que par la disposition des corps inhumés groupés sur trois étages, en danse des morts.

L'atelier de Garennes a fourni à tous les préhistoriens locaux un nombre considérable de pièces importantes.

Enfin, c'est dans la même vallée que se trouve le fameux tombeau de Cocherel, découvert à la fin du XVIIe siècle, important surtout à cause du procès-verbal que nous en a laissé Le Brasseur, et qui peut encore aujourd'hui servir de modèle aux auteurs de découvertes semblables, malgré son origine antérieure à la science préhistorique.

L'ossuaire de Saint-Vigor est situé également sur les bords de l'Eure, à flanc de côteau. C'est un tumulus qui, prenant naissance dans la vallée, et suivant le flanc abrupt de la colline, atteint le milieu de celle-ci.

Il y a quelques années, au cours de travaux exécutés pour la construction d'une route, une vingtaine de squelettes ont été mis au jour, sans profit pour la science, puisque tout a été dispersé.

C'est après avoir eu connaissance de ces faits que M. Ferray a entrepris des fouilles en cet endroit. Il a exhumé cinq squelettes, trois d'adultes, deux d'enfants. Tous avaient la même orientation, les pieds tournés vers la vallée.

Deux de ces squelettes ont permis de prendre des mensurations crâniennes, ainsi que de faire toutes autres observations utiles.

Pour le premier, d'après les dimensions des os longs recueillis, la taille devait être de 1^m,64 et de 1^m,70 pour le second.

L'indice céphalique pour le premier est de 73.62 et de 73.91 pour le second. Dolicocéphalie.

Pour le premier, les canines sont très développées ; elles dépassent les dents voisines de 5 millimètres, de même, le fémur est fortement arqué, placé librement sur une surface plane horizontale, la face postérieure tournée de ce côté, il laisse entre celui-ci et le plan un espace vide de 4 centimètres ; le tibia est en forme de lame de sabre.

En dehors de toute autre indication, il y avait lieu de rechercher si l'on est en présence d'une sépulture préhistorique.

En cet endroit il pouvait y avoir doute. En effet, c'est à quelques kilomètres que s'est livrée la fameuse bataille de Cocherel gagnée sur les Anglais par Du Guesclin.

Mais l'absence de toute arme, de tout objet d'équipement militaire, la présence sur cinq squelettes découverts de deux d'enfants, éloignent toute idée d'ossuaire militaire de cette époque.

D'autre part, les mensurations faites plaident en faveur d'un tumulus préhistorique, surtout si l'on tient compte de la constatation de la présence d'un certain nombre de silex taillés sur ces terrains et ceux environnants.

D'ailleurs, la lecture de Froissart, l'historien de ce temps, éloigne toute idée de dépôt de cadavres provenant de la bataille de Cocherel.

M. Ferray présente à la réunion les parties les plus importantes des squelettes exhumés ; il annonce son intention de poursuivre ses fouilles qui doivent certainement amener la découverte nouvelle de nombreux squelettes, étant donnée l'importance du tumulus.

Discussion. — M. le Dr RIVIÈRE appelle l'attention sur l'excessive courbure du fémur et le développement de la ligne âpre qui forme un relief décrit déjà sous le nom de fémur à pilastre.

M. le Dr BERTHOLON remarque que le fragment d'orbite présenté avec un des crânes paraît appartenir à un crâne à orbite microsème.

M. le Dr LETOURNEAU résumant ces caractères, et faisant observer la platycné- mie du tibia, croit pouvoir affirmer à M. Ferray, que les ossements présentés par lui à la Section proviennent d'une race préhistorique.

———

M. le Dr BERTHOLON.   [643]

La cynophagie dans l'Afrique du Nord. —L'auteur a constaté des cas de cyno- phagie sur plusieurs points de la Tunisie, mais toujours chez des indigènes originaires du sud. A Tunis, il y a, chaque vendredi, un marché aux chiens.

D'une enquête, faite avec le concours de M. Goguyer, ancien interprète judi- ciaire, M. Bertholon croit que l'on peut fixer à Sfax la limite septentrionale des cynophages. Gerba, Gabès, les oasis du Sud tunisien, celles du Sud algérien et notamment le Mzab, jusqu'au Touat, renferment des populations cynophages. A l'est, les Tripolitains, les Fezzani, les habitants de Ghadamès et de Ghat sont cynophages. Les Touareg ne paraissent pas connaître ces pratiques.

La nourriture d'animaux carnassiers est contraire aux principes coraniques, aussi les cynophages se cachent de ces pratiques, comme d'un vice; Ils pré- tendent manger du chien soit comme remède contre les fièvres paludéennes, soit contre la syphilis, soit pour engraisser les filles à marier. Toutes raisons fort discutables.

La préparation du chien se fait d'une façon différente des pratiques du culte islamique. On saigne le chien au cou. On le laisse s'échapper. Il tombe mort après quelques centaines de mètres, puis on le grille au feu et on l'ébouillante, exactement comme on fait en France pour les porcs. Ensuite, on le vide, on jette la tête et les pattes. Cette préparation se nomme en arabe *Kebara*, mot dont la signification exacte est « sacrifice. » Il y a diverses manières d'apprêter le chien : les principales sont avec des pois chiches ou des raisins secs.

Étant donné ce nom spécial, étant donné aussi que le fait de manger du chien est aussi répugnant pour un musulman que celui de manger du porc, étant donné le mode de préparation qui n'est pas celui des autres animaux, M. Bertholon croit pouvoir conclure que cette coutume est certainement anté- rieure à l'Islam. Elle devait avoir profondément pénétré dans les mœurs de la population pour avoir pu résister à l'influence toute-puissante de la religion de Mahomet.

Les documents antiques corroborent cette opinion. Justin rapporte que Darius voulut interdire aux Carthaginois l'usage de l'immolation de victimes humaines et l'usage de la viande de chien comme nourriture. Or les Phéniciens ne se nourrissant pas de chien dans leur patrie d'origine, il est évident qu'il s'agit là d'une coutume locale, adoptée par leurs descendants les Carthaginois. Pline raconte aussi que Suétonius Paulinius, général romain, rencontra au sud de l'Atlas marocain une population cynophage portant le nom de « Canarii ».

Les auteurs arabes Edrisi. Aboulfeda parlent de cette coutume. Mokaddasi, géographe arabe du xe siècle dit même que les habitants de Castiliâ (Touzeur) et de Nafta vendaient publiquement de la viande de chien dans les boucheries.

Discussion. — M. le Dr LETOURNEAU fait remarquer que les coutumes de cynophagie se relient souvent à celles d'anthropophagie. Il demande s'il y a une race spéciale de chiens que l'on mange et si on engraisse au préalable les chiens.

M. BERTHOLON répond que l'on mange la race du pays dite kabyle. Il cite un témoignage de négresse d'après lequel on engraisserait la bête à sacrifier.

M. le Dr RIVIÈRE confirme la pratique de la cynophagie en racontant qu'un de ses collègues avait eu son chien apprécié par des indigènes de Biskra, faisant partie d'une caravane. Il ajoute qu'en Chine et au Tonkin, il est courant de voir les gens du peuple manger du chien et aussi du chat.

M. BERTHOLON répond qu'il n'est pas étonnant de constater ces pratiques dans un pays quelconque; ce qui en constitue l'intérêt dans l'Afrique du Nord, c'est qu'elles ont lieu malgré l'opposition d'une religion excessivement stricte et dont aucun indigène, sauf sur ce point spécial, n'ose s'affranchir.

MM. SABACHNIKOFF et D. LEVAT, à Paris.   [571 (57)]

Gisements préhistoriques de la Transbaïkalie. — Au cours d'un voyage à travers la Sibérie entière, de Moscou à Vladivostok, exécuté en 1895, MM. SABACHNIKOFF et LEVAT ont reconnu dans la Transbaïkalie, l'existence d'une civilisation préhistorique très développée.

Ils ont pu, en suivant les rives de l'Onon, affluent de la Chilka et du fleuve Amour, déterminer un grand nombre de stations préhistoriques qu'ils ont rapportées sur la carte de leur itinéraire qui est mise par eux sous les yeux de la Section.

MM. Sabachnikoff et Levat, ont en outre rapporté une collection importante d'armes en pierre taillée, dont ils ont fait hommage au musée d'ethnographie de Paris. Un certain nombre de couteaux, flèches, poinçons, etc., en jade et en agathe, sont présentés par les explorateurs en même temps que la note résumant leurs travaux.

Cette note contient en outre un plan de la station préhistorique de Dourdounskaïa, située sur un promontoire qui a été habité de tout temps et qui porte encore le village actuel, de sorte que la coupe du terrain, donne dans les dépôts accumulés, des objets appartenant aux civilisations qui se sont succédé en ce point

---

M. GROULT, à Lisieux (Calvados).   [396 (65 611)]

De l'amélioration de la condition des femmes musulmanes en Algérie et en Tunisie. — M. GROULT déplore l'état d'infériorité des femmes musulmanes, qui, pour la plupart, végètent dans l'ignorance crasse, sont privées de toute jouissance intellectuelle et vivent dans une sorte de demi-claustration aggravée par l'usage d'un voile qui les couvre comme un suaire, usage non commandé par le Koran.

Il cite avec éloges le sénatus-consulte du 22 avril 1863, complété par le décret impérial du 9 mai 1868, qui a préparé l'abolition de la propriété collective des tribus pour la remplacer par la propriété individuelle, seule compatible avec la famille moderne. Il signale aussi une loi de 1882 qui attribue un nom patronymique et des prénoms à nos sujets musulmans de l'un et de l'autre sexe, mesure bien accueillie par les intéressés.

Il croit qu'il serait bon de conférer les droits politiques aux musulmans qui feraient consacrer leur mariage par un officier d'état civil français.

Il estime au surplus qu'il faut agir par persuasion plus que par voie d'autorité. Il attend beaucoup de l'instruction des petites Musulmanes, qui sont pour la plupart fort intelligentes. Il pense que les indigènes seront peu à peu amenés à comprendre la supériorité des femmes françaises sur leurs femmes à eux et qu'ils seront les premiers à demander que la France, qui a toujours été la protectrice des faibles, prenne en main la cause de l'émancipation féminine en Algérie et en Tunisie.

M. le Dr BLOCH, à Paris. [572 2 (61)]

Sur des races noires indigènes qui existaient anciennement dans l'Afrique septentrionale. — Il y a un siècle et demi, la race noire africaine occupait encore la rive droite du Sénégal.

Au xe siècle elle s'étendait jusqu'au vingtième degré de latitude nord, c'est-à-dire jusqu'au centre du pays des Touareg.

Au commencement de l'ère chrétienne, elle habitait le sud du Maroc, le Sahara algérien, le sud de la Tunisie, le Fezzan, etc., et présentait, suivant les localités, des caractères anthropologiques différents, mais toujours distincts de ceux du Berbère pur.

Plus anciennement encore, elle se trouvait, en même temps, dans le Maroc, et jusqu'au nord de cette contrée. (Périple d'Hannon.)

Des Pygmées ou Négrilles se rencontraient aussi dans le nord de l'Afrique.

Ces races noires indigènes étaient désignées sous le nom d'*Éthiopiens* par les auteurs grecs et romains, et ne doivent pas être confondues avec les Éthiopiens du sud de l'Égypte, ni avec les Nigritiens du Soudan qui était inconnu des anciens.

Discussion. — M. BERTHOLON fait remarquer que l'Éthiopie des anciens est plutôt une expression géographique. La distinction entre Éthiopiens blancs, rouges ou noirs indique clairement qu'il ne s'agit pas d'une race éthiopienne proprement dite, mais bien de tribus d'origines diverses, habitant la région désignée sous le nom d'Éthiopie. Quant à ces races, on peut, jusqu'à preuve du contraire, supposer que les blancs devaient se rapprocher de ceux qui habitent encore cette zone et dont les Touareg sont les moins ignorés. Peut-être pourrait-on voir dans les rouges les ancêtres des Peuls actuels, descendus sur les bords du Niger. Quant aux populations dites noires, elles pouvaient sans doute renfermer des éléments soudanais, mais ce serait une erreur d'assimiler à des noirs les indigènes décrits par M. le Dr Collignon. Leur peau est très bistre, il est vrai, mais leurs caractères ethniques les différencient totalement des peuples noirs. La race dont ils se rapprocheraient le plus est l'antique race de Neanderthal. D'après M. Bertholon on relève des sujets de ce type en Tripolitaine, à Ghadamès, dans les oasis du sud tunisien à Biskra, dans l'Oued-Rir et au Touat. Si ces sujets répondent à une partie de l'ancienne Éthiopie, il est impropre de les considérer comme une race nègre.

M. Bloch cite à l'appui de sa thèse un des crânes trouvés par Faidherbe à Roknia, le crâne n° 8. Ce crâne surmonte évidemment un maxillaire supérieur très prognathe, mais ce n'est pas une condition suffisante pour en faire un nègre. Son indice céphalique est de 75.8 ; son indice orbitaire, d'après les chiffres de Faidherbe, serait de 84. Il n'y a pas de chiffres permettant de calculer l'indice nasal. D'après la figure, celui-ci n'excéderait pas 46 à 48. Tous ces chiffres se rapportent beaucoup plus à un sujet appartenant à une race blanche qu'à un nègre.

En résumé, M. Bertholon, sans nier la présence de races noires dans l'Afrique septentrionale dans l'antiquité, pense que de nouveaux documents seraient nécessaires pour élucider cet important problème anthropologique.

M. MEDINA appuie ces conclusions, en faisant observer que le chapitre X de la Bible, qui est le plus ancien document ethnographique connu, classe les Éthiopiens non parmi les nègres, mais en fait des Kouschites.

M. Émile RIVIÈRE, S.-Dir. de lab. au Coll. de France. [571 94 (44 36)]

Le menhir de Boussy-Saint-Antoine. — Dans cette communication il s'agit d'un menhir situé sur les bords de l'Yerres comme les menhirs de Brunoy sur lesquels M. RIVIÈRE a appelé l'attention, l'an dernier, au Congrès de Bordeaux.

12ᵉ Section.

SCIENCES MÉDICALES

PRÉSIDENT D'HONNEUR . . . . . .   M. COYNE, Prof. à la Fac. de Méd. de Bordeaux.
PRÉSIDENT. . . . .   M. HANOT, Ag. à la Fac. de Méd., Méd. de l'Hôp. Saint-
                                   Antoine, à Paris.
VICE-PRÉSIDENT . . . .   M. MOSSÉ, Prof. à la Fac. de Méd. de Toulouse.
SECRÉTAIRES. . . . .   M. PRIOLEAU, à Brive.
                                   M. FAGUET, à Périgueux.

— Séance du 1ᵉʳ avril 1896 —

M. JOUIN, à Paris.   [618.14.636.8 + 615.364]

Du traitement des fibromes de l'utérus par la médication thyroïdienne. Conclusions.
— 1º La physiologie du corps thyroïde, étudiée seulement depuis quelques
années, réserve aux chercheurs des surprises nombreuses et probablement des
découvertes d'une importance considérable.

2º L'expérimentation, la clinique, la thérapeutique démontrent, dès aujour-
d'hui, qu'il existe entre la glande thyroïdienne et le système génital, et particulièrement le système génital féminin, des rapports physiologiques du plus
grand intérêt.

3º La médication thyroïdienne a déjà donné des résultats inespérés dans le
traitement du myxœdème, du crétinisme, du goitre, de certaines affections
cutanées et de beaucoup d'autres maladies qui ne rentrent pas dans le cadre de
notre communication.

4º Elle nous a permis, à nous-même, d'obtenir, le plus souvent une améliora-
ration considérable, parfois même la guérison, de tumeurs fibreuses utérines
et de métrorragies rebelles à toute autre médication conservatrice.

5º Sans qu'il soit possible de rien affirmer, on a le droit de se demander devant
les cas de ce genre, devant aussi les résultats obtenus chez des malades atteints
de kéloïde, d'hypertrophie de la prostate, etc., si cette médication ne pourrait être appliquée un jour à des tumeurs d'évolution moins avancée, au traitement du sarcome par exemple.

6º Cette thérapeutique thyroïdienne, méthodiquement suivie, avec les précautions et les règles indiquées au cours de notre communication, ne présente
aucun inconvénient et est en définitive d'une pratique très facile.

M. MOSSÉ, Prof. à la Fac. de Méd. de Toulouse. [616.51 + 615.364]

Effets de la médication thyroïdienne dans deux cas de psoriasis. — Depuis la note communiquée au Congrès de Médecine de Bordeaux (1895) sur *les effets de la médication thyroïdienne*, M. Mossé a eu l'occasion de traiter deux nouveaux cas de psoriasis par l'ingestion de corps thyroïde et les bains de sublimé.

L'éruption a été rapidement et favorablement modifiée. Dans un des cas, il s'agissait cependant d'un psoriasis généralisé, rebelle depuis cinq ans à toute thérapeutique. L'amélioration obtenue en quelques jours sous l'influence du traitement employé est bien évidente sur les photographies soumises au Congrès. Mais l'auteur fait des réserves au sujet de la persistance de ces résultats qui s'atténuaient aussitôt après que l'on cessait l'administration du corps thyroïde. Il rappelle de plus, que dans les affections de longue durée, comme le psoriasis, la médication thyroïdienne ne peut être prolongée sans inconvénients et doit forcément être interrompue par intervalles.

Chez ces deux malades, M. Mossé a étudié, avec l'aide de M. Cellarié, l'excrétion nychthémérale de l'urée, de l'acide urique, de l'acide phosphorique et des chlorures, en même temps qu'il notait les variations de poids des sujets. Les courbes présentées au Congrès permettent de saisir d'un coup d'œil la marche de ces phénomènes et montrent l'influence considérable exercée sur la nutrition, même par l'absorption de petites quantités de corps thyroïde.

Aussi l'auteur insiste-t-il, comme dans sa première communication, sur la nécessité de prescrire le corps thyroïde en nature, de formuler les doses *en poids*, non en lobes, et sur l'utilité d'interrompre la médication après quelques jours de traitement.

M. TREILLE, Prof. à l'Éc. de Méd. d'Alger.   [616.936.49]

Des rechutes dans la fièvre intermittente parfaite à sulfate de quinine, à transformation et à dégradation successive des types. — Dans la fièvre intermittente parfaite à sulfate de quinine et à rechutes, le médicament donné au début de l'accès, à dose unique, convenable, appropriée à la nature du type, n'influence en rien l'accès attaqué, mais coupe toujours les suivants pour cinq jours au moins.

Type de l'apyrexie. — Les apyrexies se font suivant un type impair dans les quotidiennes et les tierces. (Je n'ai observé que trois exceptions.) Les rechutes ont donc lieu suivant les types : septane (loi des rechutes minima 1+5+1'), nonane, undécimane, etc. Les apyrexies dans la quarte sont variables, autant à type pair qu'à type impair.

Durée de l'apyrexie. — Elle est d'autant plus longue que l'on s'éloigne davantage du début de l'infection. Elle est, sauf quelques exceptions, en raison directe de la dose de quinine donnée au début de l'attaque ou des premiers accès de rechute.

Heure des accès de rechutes. — Rien de changé aux heures habituelles des accès, c'est-à-dire : pour les quotidiennes, de six heures du matin à midi ; pour les tierces, de six heures du matin à six heures du soir ; pour les quartes, de midi à six heures du soir.

Caractères des accès. — Au bout de peu de temps, les accès de rechute peuvent être très atténués dans l'un ou l'autre de leurs stades. Le frisson peut manquer ainsi que la sueur. La température est souvent moins élevée, mais, si l'on n'intervient pas, on peut voir le germe pyrétogène se relever en série ascendante. Après plusieurs attaques, les accès de rechute ne tiennent plus. Ils s'éteignent naturellement par jugulation spontanée.

Conséquences des rechutes. — Les rechutes n'ont et ne peuvent avoir aucune conséquence fâcheuse sur la santé, la fièvre intermittente parfaite à quinine n'entraînant pas plus par ses rechutes qu'abandonnée à elle-même dans ses accès primitifs la cachexie dite paludéenne, comprenant des infections variées d'un autre ordre. *Febres, quocumque modo intermiserint, quod sine periculo sint significant,* a dit justement Hippocrate.

Traitement des rechutes. — Il n'y a pas d'autre traitement à faire que celui que j'appelle occasionnel : attaquer les accès à leur début, à chaque rechute, par la quinine donnée à dose unique et convenable, sans autre adjuvant qu'une bonne nourriture. Éviter toutes les causes débilitantes et par-dessus tout les vomitifs et les purgatifs.

M. LINOSSIER, Prof. ag. à la Fac. de Méd. de Lyon, médecin à Vichy. [612.321 : 461.25]

Rapport de l'acidité gastrique et de l'acidité urinaire. — Depuis que Bence Jones a constaté la tendance de l'urine à devenir alcaline au cours de la digestion gastrique, de nombreux auteurs ont cherché à préciser les relations qui existent entre l'acidité de l'urine et celle du suc gastrique.

L'introduction en clinique des nouveaux procédés d'exploration et d'analyse de la sécrétion gastrique a multiplié ces recherches et accru leur intérêt. La notion de la composition chimique du suc gastrique devenait un des éléments les plus précieux de diagnostic dans les affections digestives. S'il existait vraiment une relation liant entre elles les réactions des deux sécrétions gastrique et rénale et s'il était possible de connaître exactement cette relation, quelle simplification en résulterait dans la pratique !

Pour connaître l'acidité du suc gastrique, plus d'extraction pénible pour le malade, plus d'analyse longue et compliquée pour le médecin. Un simple dosage de l'acidité urinaire pourrait tout suppléer. Comme il arrive toujours en pareil cas, les premières recherches, faites un peu hâtivement, parurent confirmer la prévision théorique, c'est-à-dire l'existence d'une sorte de balancement entre les réactions des deux sécrétions ; mais des contradictions ne tardèrent pas à se produire, et dans la publication la plus récente, à ma connaissance, MM. Mathieu et Tréheux, après avoir constaté une élimination urinaire d'acides généralement plus élevée chez les hyperchlorhydriques que chez les hypochlorhydriques, concluent à l'impossibilité de faire servir les courbes de l'acidité urinaire au diagnostic de la variété chimique de la dyspepsie.

Ces conclusions décourageantes sont exactement celles auxquelles je suis arrivé moi-même. Une étude attentive des causes qui peuvent faire varier l'acidité urinaire pendant la période digestive eût permis de les prévoir et de préciser plus exactement la signification de ces variations.

La matière première de l'acide chlorhydrique du suc gastrique est incontestablement le chlorure de sodium du sang. La formation de cet acide est donc corrélative de la séparation dans le sang d'une certaine quantité de sodium à l'état de bicarbonate.

Si la sécrétion stomacale était la seule sécrétion digestive, la relation entre les réactions du suc gastrique et de l'urine serait des plus simples ; plus le suc gastrique serait acide, plus le sang et, par conséquent, l'urine tendraient à devenir alcalins ; une alcalinisation marquée de l'urine au cours de la digestion serait une preuve de l'hyperchlorhydrie stomacale et l'absence de diminution d'acidité de l'urine, dans la même période, coïnciderait avec une sécrétion gastrique insuffisante.

Mais il n'en est rien. En même temps que se produit la sécrétion gastrique, se préparent les sécrétions duodénales et notamment la sécrétion biliaire. Cette dernière ne peut avoir lieu que par l'emprunt au sang d'une certaine quantité de sodium destiné à saturer les acides biliaires et les acides gras. Au point de vue de la réaction du sang, l'action du foie est donc compensatrice de celle de l'estomac. Le sang sort plus alcalin, il est vrai, et plus riche en carbonate de soude de la muqueuse gastrique, mais l'excès d'alcali est retenu par le foie, si bien que l'alcalinisation post-prandiale du sang, très sensible dans la veine-porte, l'est beaucoup moins dans la circulation générale. Dans une phase plus avancée du travail digestif, le chyme gastrique se mélange dans le duodénum avec la bile ; l'acide chlorhydrique de l'un décompose les sels biliaires et les savons de l'autre, et le chlorure de sodium se reconstitue.

Il n'y a donc dans l'acte digestif mise en liberté définitive, ni d'acide ni d'alcali, mais seulement dédoublement momentané du chlorure de sodium, le chlore étant utilisé par l'estomac, le sodium par le foie. Les sécrétions alcalines du pancréas, des glandes de Brunner et de Lieberkuhn utilisent aussi une certaine quantité d'alcali ; mais, bien que des évaluations exactes soient, sur ce point, très difficiles, on peut affirmer que la bile en exige pour sa formation une proportion bien plus grande que ces diverses sécrétions.

On conçoit sans peine que, à l'état normal, quand il existe une certaine harmonie entre les fonctions du foie et de l'estomac, l'alcalinisation de l'urine, sous l'influence du travail digestif, soit inconstante et peu nette. Elle le deviendra quand cette harmonie sera rompue, par exemple dans l'hyperchlorhydrie, si la sécrétion biliaire reste normale, et dans l'insuffisance de la sécrétion biliaire, si la sécrétion gastrique n'est pas modifiée. Mais si les variations de la sécrétion biliaire sont parallèles à celles de la sécrétion gastrique, il n'y aura aucune modification de la courbe de l'acidité urinaire.

Je n'insiste pas sur l'alcalinisation de l'urine, qui suit l'élimination, par le vomissement ou le lavage, de l'acide chlorhydrique sécrété dans l'estomac. Le mécanisme en est facile à comprendre. Ce qu'il me paraît utile de mettre en lumière, c'est que, en l'absence de lavages ou de vomissements, *l'alcalinisation anormale des urines au cours de la digestion est autant un symptôme hépatique qu'un symptôme gastrique*. Si le type chimique de la sécrétion gastrique a été déterminé directement, elle peut fournir une mesure de la valeur de la sécrétion biliaire. Une étude ultérieure montrera dans quelle proportion cette mesure peut être faussée par des phénomènes accessoires, comme les fermentations acides du milieu gastrique.

Je signale en terminant ce rôle trop méconnu de la sécrétion gastrique d'être le *primum movens* de la sécrétion biliaire en lui fournissant l'alcali nécessaire à la fabrication des sels biliaires.

M PRIOLEAU, anc. Int. des Hôp. de Paris, à Brive (Corrèze).   [617.5532.972.24 + 615.62]

Volvulus et lavements forcés avec ponctions capillaires des anses surdistendues.
— Le volvulus peut survenir à la suite d'une simple défécation différée alors que
le besoin devient impérieux. Il y a ici intervention des mouvements péristal-
tiques et antipéristaltiques qui, allant à la rencontre les uns des autres, inter-
viennent pour produire le volvulus.

L'entérite glaireuse et sigmoïdite ont pu agir de même avec les mêmes effets.
Quant à l'entéroptose elle peut également être, par exagération de déplacement,
la cause d'un volvulus (un cas observé).

Symptomatiquement nous ajoutons très grande importance à une douleur
localisée, brusque et vive, s'accompagnant du signe de Von Wahl (météorisme
localisé), de l'absence de vomissements ou de vomissements tardifs.

Thérapeutiquement nous nous sommes encore bien trouvé, comme nous
l'avons dit au Congrès de Bordeaux, des lavements forcés donnés à la dose de
3, 4 et 5 litres avec une douche d'Esmarch et de l'eau glycerinée à 100 0/00,
lavements combinés aux ponctions des anses intestinales surdistendues et de
massages abdominaux.

———

M. Charles FAGUET, à Périgueux.   [617.5513 + 616.34]

*Hernie inguinale propéritonéale à sac propéritonéal superposé au sac scrotal,
étranglement, kélotomie, cure radicale, guérison.* — M. Ch. FAGUET a eu l'occasion
d'opérer, le 30 août 1895, une hernie inguinale congénitale étranglée, appartenant à la variété désignée sous le nom de hernie propéritonéale à sac propéritonéal superposé au sac scrotal.

Au cours de l'opération il lui fut permis de constater la disposition suivante :
1º Un sac scrotal, du volume d'un gros œuf de poule, très distendu par un
liquide séreux et dans lequel baignait, au fond et en arrière, le testicule normal ;
2º un trajet fibreux très étroit (admettant à peine un stylet de trousse), mesurant environ 4 centimètres de longueur et se dirigeant vers la cavité abdomi-
nale ; 3º enfin, un sac propéritonéal dans lequel se trouvait une anse de
l'intestin grêle étranglée. En somme, cette disposition représentait assez exactement l'instrument de gymnastique appelé *haltère*.

L'intestin fut libéré et réduit ; la cure radicale fut faite par le procédé de
M. Lucas-Championnière. Suites opératoires et suites éloignées (20 mars 1896)
excellentes.

Dans le cas relaté par M. Ch. Faguet, il s'agit donc d'une variété exceptionnelle de hernie inguinale congénitale bien étudiée par Krönlein, et dont la
pathogénie a été bien mise en évidence par les recherches de Ramonède sur la
persistance du canal péritonéo-vaginal.

———

MM. AUCHÉ et VITRAC, à Bordeaux.   [616.994 + 617.5846]

Tumeur à myéloplaxes non sarcomateuse (myélome) de la jambe. — Les auteurs
rapportent l'observation d'une jeune fille de dix-neuf ans opérée, dans le service
du Prof. Lanelongue, de Bordeaux, pour une tumeur de la partie posté-

rieure et inférieure de la jambe, dont la constitution histologique est des plus
intéressantes. La malade, qui avait des antécédents tuberculeux, avait eu, il y a
deux ans, une entorse tibio-tarsienne gauche ; puis, un an après, elle avait
remarqué une tumeur en arrière de la malléole externe, qui avait progressivement grossi sans la faire souffrir, ni la gêner. En novembre 1893, la tumeur
remplissait tout l'espace compris entre le tendon d'Achille et le squelette revêtu
de sa couche musculaire. Lisse, ferme, régulière, indolente, elle faisait saillie
surtout en arrière du péroné, un peu au-dessus de la pointe malléolaire ; en
dedans, même saillie en avant du bord interne du tendon d'Achille, mais moins
prononcée. Élargissement de tout le tiers inférieur du péroné et douleur à la
pression à ce niveau. Mobilité très restreinte de la tumeur ; liberté absolue de
tous les mouvements du pied. Le diagnostic porté (synovite tuberculeuse) dut
être modifié au cours de l'opération, remplacé par celui de sarcome. La tumeur,
développée en avant du tendon d'Achille, avait respecté les gaines tendineuses
de la région ; elle avait creusé les os, qui paraissaient comme soufflés, envoyant
des prolongements dans la cavité médullaire. Mais chaque loge osseuse était
recouverte par une membrane d'aspect péristique. Énucléation en masse ou par
fragments de la tumeur ; badigeonnage au chlorure de zinc, suites opératoires
bonnes. L'os creusé et raréfié (tibia), presque complètement disparu (péroné),
s'est reproduit. Il ne reste actuellement, trois mois et demi après l'opération,
qu'une rétraction tendineuse avec adhérences, qui gêne un peu la marche.

Le néoplasme enlevé est gros comme le poing, à peu près régulièrement
encapsulé ; la coupe est d'aspect rouge charnue, avec des îlots blanchâtres durs,
ou jaunes et mous. Le détail de la structure anatomique, comme il ressort de
l'examen pratiqué par M. Auché, permet de différencier la tumeur des sarco-
mes par l'existence : 1° de vaisseaux, tous munis de parois propres, quelquefois
d'une tunique conjonctive épaisse ; 2° de tissu conjonctif partout répandu,
disposé en faisceaux épais, lames plus minces ou fibrilles isolées, et toujours
dissociant les éléments cellulaires. On trouve, en outre, de la graisse, des
granulations pigmentaires, du glycogène, des cellules qui n'ont pas le groupement de celles du sarcome et dont les plus particulières sont des plaques à
noyaux multiples. Cette structure est identique à celle des tumeurs décrites à
la main, sous le nom de myélomes, par Heurtaux après A. Malherbe. Ces
myélomes peuvent donc se trouver autre part que dans les gaines tendineuses.
Peut-être faut-il les rapprocher des « variétés fibroïdes des tumeurs à myéloplaxes » décrites par Nélaton dans les os. Le mot myélome avait pour ce
chirurgien une signification générale, que l'on retrouve dans la littérature
étrangère : en Angleterre et en Allemagne, en effet, myélome, médullome,
tumeur myéloïde, sarcome à myéloplaxes ou myélogène seraient synonymes,
alors qu'en France on tendrait à donner à ce terme le sens de tumeur à myéloplaxes non sarcomateusé.

M. RAUGÉ, à Challes.   [612.858.71]

Sur les notations acoumétriques. — La sensibilité auditive subit, comme toutes
les formes de sensibilité, des variations pathologiques qu'il importe d'évaluer
et de formuler exactement. Or, malgré bien des tentatives pour imposer aux
recherches acoumétriques un procédé de mesure uniforme et un mode de notation précis, les méthodes pratiquement en usage pour apprécier cette quantité

clinique sont, pour le moment, aussi arbitraires que les chiffres qui servent à l'exprimer. Si l'on veut rendre, sur ce point, les observations rigoureuses et les résultats comparables, il est à désirer que les otologistes adoptent un procédé invariable pour mesurer l'acuité auditive et une formule uniforme pour en représenter la valeur. Pour obtenir cette unification, le moyen le plus naturel est de faire, en otologie, ce qu'on fait en oculistique pour évaluer l'acuité visuelle : rapporter toutes les auditions anormales à une unité immuable, qui est l'audition du sujet sain, et exprimer l'acuité auditive par une fraction traduisant mathématiquement ce rapport.

Le seul procédé qui permette, en acoustique, d'établir cette relation consiste à comparer la distance où un son d'épreuve arbitraire cesse d'être entendu par une oreille normale, et celle où il cesse de l'être par l'oreille en observation : l'acuité auditive cherchée se trouve alors représentée non point, comme l'ont admis Prout et Knapp, par le rapport de ces distances, mais par le rapport de leurs carrés, c'est-à-dire que l'expression $x = \dfrac{d}{D}$, qui est celle de l'acuité visuelle, doit prendre ici la forme un peu moins simple $x = \left(\dfrac{d}{D}\right)^2$, et cela afin d'obéir à la loi connue du carré de l'éloignement qui régit la propagation des ondes sonores. La formule, ainsi corrigée, exprime les variations de l'acuité auditive en fonction d'une constante indépendante de l'instrument de mesure, puisque c'est l'audition normale qui sert pour ainsi dire d'étalon à toutes les observations recueillies. Ce procédé de notation n'a donc pas seulement pour effet d'unifier les résultats et de les rendre comparables : il a, par surcroît, l'avantage de traduire l'état de l'audition sous une forme très clinique et éminemment suggestive ; car, en exprimant le rapport entre l'acuité auditive que possède actuellement le malade et celle qu'il devrait avoir si son oreille était normale, il indique immédiatement la situation fonctionnelle de l'organe et mesure par un chiffre exact le degré de sa déchéance.

— Séance du 2 avril 1896 —

M. Ch. FAGUET, de Périgueux.   [617.47483]

Sutures tendineuses. — M. Ch. Faguet a recours, pour les sutures tendineuses des fléchisseurs ou des extenseurs des doigts au *procédé classique* que l'on oublie trop souvent pour se livrer d'emblée à la recherche du bout central à l'aide d'une pince ou d'un crochet, ou même à la section de la gaine : toutes manœuvres qui doivent être évitées quand on le peut, car elles ne sont pas sans présenter des inconvénients : formation d'adhérences, etc.

M. Ch. Faguet conseille de commencer *toujours* par le procédé suivant, qui réussira dans la plupart des cas : anesthésie au chloroforme ou à l'éther, asepsie du champ opératoire ; la bande hémostatique est placée au-dessus de l'insertion supérieure du muscle dont le tendon a été sectionné — au milieu du bras — puis on comprime de haut en bas, avec la main, la masse musculaire correspondante et, grâce à cette « expression » (Le Fort), on voit presque toujours apparaître la ou les extrémités tendineuses dans l'angle supérieur de la plaie ;

il suffit alors de les saisir à l'aide de pinces hémostatiques, de les rapprocher bout à bout et, mieux encore, de les superposer ou de les juxtaposer sur une longueur de quatre ou cinq millimètres. La suture — suture perdue autant que posible — sera faite à l'aide du catgut suivant le procédé de M. Le Dentu; enfin, il est très important de suturer isolément la gaine avant de faire les sutures de la peau.

Dans une de ses observations, il s'agissait d'une section complète des deux tendons fléchisseurs de l'index gauche par un fragment de verre au niveau de la paume de la main. Les extrémités des tendons sectionnés étaient séparées par un intervalle de plus de trois centimètres. Ce malade a été opéré le 24 novembre 1895; les suites opératoires ont été excellentes et le doigt a recouvré tous ses mouvements.

M. le Dr LE GRIX, à Paris. [616.841]

Traitement du mal de mer.. — On doit, pour plus de précision, diviser ce traitement en préventif, curatif, fixatif et hygiénique.

Le traitement *préventif* consiste à donner un granule de strychnine (soit arséniate, sulfate ou hypophosphite) au demi-milligramme chaque quart d'heure, une heure avant la mise en marche, avec une gorgée d'eau, en tout cinq granules, puis s'étendre et attendre.

Le traitement *curatif* consiste à donner au moindre malaise, vertige, nausée, vomissements, chaque quart d'heure jusqu'à sédation, une dose de l'association médicamenteuse suivante :

Strychnine (ses sels : arséniate, sulfate ou hypophosphite) au demi milligr.	Un granule.
Hyosciamine extractive .	au quart de milligr.	Deux granules.
Morphine (ses sels : Iodhydrate ou Bromhydrate)	à un milligr.	Un granule.

Soit : Quatre granules ens.

Avec une mer démontée, cette association est donnée preventivement, de préférence à la strychnine seule, et quelquefois vingt doses successives sont nécessaires et sans aucun danger, tout au plus une mydriase insignifiante.

Le traitement *fixatif* consiste à administrer le soir trois granules de podophyllin au centigramme et trois fois par jour la triple association ci-dessus pendant trois ou quatre jours.

Le traitement *hygiénique* et diététique consiste à tenir le corps libre, à garder la position horizontale le plus possible, à rester à l'air du pont, à manger des salaisons et éviter les pâtisseries et les bonbons acidulés et les liquides en général.

Chez les enfants de quatre à sept ans, la brucine au demi-milligramme remplace la strychnine (une dose de demi-heure en demi-heure); l'hyosciamine sera donnée trois ou quatre fois en vingt-quatre heures et la morphine supprimée; le podophyllin fera place au calomel granulé au centigramme (cinq à dix granules), bien supporté par les enfants.

Ce traitement date de vingt-six à vingt-sept ans, et a donné des résultats très efficaces dans nombre de cas.

M. MILLIOT, à Herbillon, près Bòne. [617.072]

De la photo-organoscopie. — Conclusions. — 1° La photo-organoscopie doit être envisagée aujourd'hui comme un procédé d'exploration des malades des plus sérieux ;

2° La photo-organoscopie doit comprendre : la catoptro-organoscopie de Helmholtz, la dioptro-organoscopie phanéique de Milliot et la dioptro-organos-copie cryptique de Röntgen ;

3° Les médecins français spécialistes auxquels la dioptro-organoscopie phanéique peut profiter, doivent l'appliquer à leurs malades, et nos médecins et chirurgiens des hôpitaux doivent organiser dans les laboratoires de leurs services, à côté des chefs de laboratoire chimistes, des chefs physiciens si ces confrères ne veulent pas se laisser distancer par ceux d'outre-Rhin.

M. CATOIS, à Caen (Calvados). [617.14 + 615.848]

De l'action de l'étincelle électrique dans le traitement des plaies. — Les effets physiologiques de l'étincelle électrique provenant du pôle positif de la bobine de Ruhmkorff sont à peu près identiques à ceux produits par l'étincelle obtenue avec la machine électro-statique. Ces effets sont plus intenses que ceux obtenus avec l'effluvation simple. L'application de cette étincelle constitue une médication révulsive et régénératrice qu'on peut employer, ou tout au moins essayer, dans le traitement d'ulcérations à marche torpide ou de petites tumeurs superficielles des téguments, alors qu'on prévoit un traitement long ou qu'on peut redouter un insuccès avec les applications de topiques usuels, avant de recourir, en tout cas, à l'intervention chirurgicale opératoire.

[616.52]

Les eczémas des muqueuses. — Les manifestations eczémateuses sur les muqueuses peuvent donner naissance à des erreurs de diagnostic et être confondues avec des *angines, stomatites, cystites, urétrites* ou *balano-posthites* aiguës, etc.

Ces éczémas des muqueuses se caractérisent le plus habituellement par la soudaineté de leur apparition et la rapidité relative de leur disparition ; s'observent plus souvent chez l'homme (muqueuse de l'anus, des fosses nasales, de la vessie et de l'urètre) que chez la femme — fréquents entre trente-cinq et soixante ans — rares chez le vieillard.

Les eczémas aigus s'accompagnent rarement de manifestations sur les membranes muqueuses. Il n'en est pas de même dans les formes chroniques des eczémas cutanés.

M. HANOT, Méd. des Hòp., Ag. à la Fac. de Méd. de Paris. [617.5532951.646]

Cancer de l'ampoule de Vater. — Il existe un cancer de l'ampoule de Vater qui est une forme spéciale de cancer orificiel, pour ainsi dire comme le cancer du pylore pancréatico-ciliaire.

Il est surtout caractérisé cliniquement, en dehors du syndrome Bard-Pic, par une marche relativement lente, par l'absence habituelle de généralisation et peut-être aussi par la variabilité de l'ictère.

Dans les cas étudiés histologiquement, il s'agissait d'épithéliome cylindrique.

Discussion. — M. BARD : Dans la communication très intéressante de M. Hanot, je tiens à relever particulièrement deux points, à savoir les rapports qui existent entre la marche lente de la maladie et la nature anatomique du cancer dans le cas qu'il a observé, et, en second lieu, le point de départ de la tumeur dans les cas analogues.

1° Avant mon premier travail sur le cancer du pancréas, fait en collaboration avec M. Pic, il y a plusieurs années, on avait déjà publié des cas de cette affection, mais on avait méconnu les bases de son diagnostic, surtout parce qu'on avait réuni à tort, dans une description commune, les cancers primitifs et les cancers secondaires du pancréas ; or, les premiers seuls ont une symptomatologie qui leur est propre.

Je ne reviendrai pas sur les caractères de cette symptomatologie, que j'ai décrits dans le mémoire auquel je faisais allusion tout à l'heure, et qui ont été acceptés depuis, dans leurs traits généraux, par presque tous les observateurs. J'insisterai seulement sur les caractères de la marche de l'affection, question que soulève la communication de M. Hanot.

Dès ce premier mémoire, je mettais en opposition une forme très rapide, déterminant la mort en l'espace de six semaines à trois ou quatre mois, et une seconde forme, à marche beaucoup plus lente, durant de un à deux ans.

La première est constituée par les tumeurs nées de l'épithélium pancréatique glandulaire ; la seconde par les tumeurs nées de l'épithélium cylindrique des canaux excréteurs.

L'opposition de durée de ces deux formes résulte précisément des propriétés biologiques propres des deux épithéliums considérés. Cette opposition est en rapport avec mes idées personnelles d'anatomie pathologique générale des tumeurs, qui ont fait l'objet de nombreuses publications.

Sur ce premier point, l'observation de M. Hanot est en parfaite concordance avec mon opinion primitive, puisqu'il s'agit d'une tumeur d'épithélium cylindrique et d'une marche lente. Dans ma manière de voir, le diagnostic de nature cylindrique de la tumeur peut être fait pendant la vie par la durée même de la maladie.

2° Le second point, plus délicat, concerne le diagnostic différentiel des tumeurs du pancréas et de celles dites de l'ampoule de Vater.

Ces dernières sont beaucoup plus rares qu'on ne pourrait le croire. M. Hanot en a retrouvé, dit-il, une douzaine dans les auteurs, mais il reconnaît que plusieurs de ces observations sont douteuses. Je crois, pour ma part, qu'en dehors du fait très positif qu'il a présenté aujourd'hui, on pourrait à peine en accepter deux ou trois autres. On comprend, d'ailleurs, la difficulté de la séparation des tumeurs d'origine pancréatique d'avec celles d'origine Vatérienne, quand on considère la juxtaposition étroite des deux organes.

Or, il arrive que les cancers dits de l'ampoule de Vater ont, à peu de chose près, la symptomatologie de ceux du pancréas ; d'où quelques auteurs ont voulu conclure que le diagnostic du cancer du pancréas ne comportait pas la précision que nous lui avons attribuée, M. Pic et moi.

Je pourrais me contenter de faire remarquer, à ce sujet, que cancer de l'ampoule de Vater et cancer du pancréas sont deux termes cliniques dont la différenciation est bien peu importante ; mais, en réalité, je crois pouvoir maintenir mon affirmation première. J'ai eu l'occasion d'observer des cas de cancer du duodénum occupant la région de l'ampoule de Vater. Ces cas ont été publiés par M. Pic, sous mon inspiration, il y a deux ans. Or, la symptomatologie était celle du cancer de l'estomac avec rétrécissement pylorique et non celle que j'ai décrite pour le cancer du pancréas. Le fait est dû, d'une part, à ce que le cancer du duodénum, comme tous les cancers de l'intestin, a une tendance annulaire et crée un rétrécissement digestif ; d'autre part, à ce que la consistance de la tumeur est, en pareil cas, beaucoup moins dure que celle des tumeurs pancréatiques, et, par suite, ne crée pas aussi facilement l'obstruction du canal cholédoque.

Dans cette manière de voir, comment interpréter alors le fait de M. Hanot et les faits similaires ?

Dans le cas qui nous est présenté, et dont les dessins sont d'une si grande netteté, on remarquera que la tumeur fait saillie comme un bourgeon dans l'ampoule, sans extension latérale, sans aucune tendance à former un rétrécissement de l'intestin. Ce fait provient, à mon avis, de ce que la tumeur a dû avoir pour point de départ non la surface intestinale, mais les canaux pancréatiques eux-mêmes, à leur extrémité terminale. Il s'agit, dans ce cas, au point de vue de l'anatomie générale, d'un cancer pancréatique excrétoire, au même titre que dans les cas où le point de départ est dans les canaux intra-glandulaires.

Il n'y a donc pas lieu d'y voir une objection contre le syndrome que j'ai décrit pour le cancer du pancréas. Ce fait de M. Hanot n'en présente pas moins un très grand intérêt. Il démontre qu'il faut dédoubler le type excrétoire que j'avais opposé au type glandulaire. Ce dédoublement doit comporter deux formes : dans l'une, la plus fréquente, celle que j'avais décrite, la tumeur naît des canaux intra-glandulaires ; dans l'autre, forme orificielle, la tumeur naît de l'embouchure même du canal pancréatique.

La distinction de ces deux formes est anatomiquement facile. Dans l'une, la tumeur est constituée par un bourgeon saillant dans l'ampoule de Vater et de base relativement étroite ; dans l'autre, la tumeur s'étale sur les parois du duodénum, créant un rétrécissement annulaire, le plus souvent complet.

Au point de vue clinique, le problème est évidemment plus difficile ; il ne me paraît cependant pas insoluble. Ce problème est double. Il comporte tout à la fois la distinction des deux formes pancréatiques excrétoires entre elles et, d'autre part, la distinction de la seconde de ces formes d'avec les cancers du duodénum.

Ce dernier point du problème est, à mon avis, le plus facile à élucider. Pour m'en tenir aux traits généraux, je dirai que le cancer du duodénum a la symptomatologie bien connue du cancer du pylore ou de celui de l'intestin, tandis que la forme pancréatique orificielle, dite de l'ampoule de Vater, a la symptomatologie des cancers du pancréas, telle que je l'avais décrite dans mon premier mémoire.

Le fait de M. Hanot, qui prouve l'existence de cette forme, est, en outre, de nature à faire penser que le diagnostic différentiel pourra être fait entre la forme orificielle et la forme excrétoire intra-glandulaire.

J'appelle, en effet, votre attention sur ce point fort intéressant, bien mis en lumière par M. Hanot, à savoir que, dans son cas, non seulement la marche avait été très lente (plus de deux ans), mais encore qu'il y avait eu des périodes de rémission pendant lesquelles l'ictère avait presque complètement disparu.

Il me semble qu'il faut voir là des symptômes en rapport avec le siège même de la tumeur. En pareil cas, d'une part, les phénomènes d'obstruction doivent être plus précoces, et, d'autre part, ils doivent être plus mobiles. En effet, dans la forme intra-glandulaire, l'obstruction n'arrive que lorsque la tumeur a atteint un développement suffisant pour comprimer le canal, et cette compression a peu de tendance à rétrocéder. Au contraire, dans la forme orificielle l'action sur le canal s'exerce d'emblée. De plus, dans les rétrécissements organiques des organes circulaires (canaux ou tube digestif), l'élément spasme ajoute son action, précoce et variable, à la lésion organique elle-même. Il est tout naturel que le cancer de l'orifice terminal du canal de Wirsung ne fasse pas exception à cette loi générale. La longue durée peut résulter en partie de la marche réellement plus lente de la tumeur, en partie aussi de ce que le début est plus exactement connu en raison de l'apparition plus rapide des phénomènes d'obstruction.

M. Hanot : Je pense qu'on peut décrire le cancer de l'ampoule de Vater comme une forme spéciale de cancer orificiel, pour ainsi dire, comme le cancer du pylore pancréatico-biliaire. Il serait surtout caractérisé, cliniquement, en dehors du syndrome Bard-Pic, par une marche relativement lente, par l'absence habituelle de généralisation, et peut-être aussi par la variabilité de l'ictère, variabilité notée déjà dans l'une des observations de M. Busson et que j'ai observée nettement dans le cas que je viens de vous relater.

———

M. BARD, Prof. à la Fac. de Méd. de Lyon. [616.633 + 616.37.646]

De la glycosurie dans le cancer du pancréas. — Dans les descriptions classiques des tumeurs du pancréas, antérieures à mes recherches sur ce sujet, on admettait que la glycosurie accompagnait habituellement le cancer du pancréas et on en faisait le principal élément du diagnostic, ou, plutôt, la présomption de l'existence de cette affection.

Dans mon premier mémoire, en collaboration avec M. Pic, j'ai affirmé, en opposition avec cette opinion courante, que la glycosurie n'appartenait pas à la symptomatologie du cancer du pancréas, mais au contraire à celle de la cirrhose de cet organe. Dans ce mémoire, à côté des sept cas de cancer du pancréas, où la glycosurie avait fait défaut, nous rapportions un cas de cirrhose non cancéreuse de la glande où cette glycosurie existait.

Depuis cette époque on a publié des cas de cancer du pancréas avec glycosurie. J'en ai observé moi-même deux faits dans mon service. Faut-il, pour cela, revenir à l'opinion ancienne et attribuer au cancer du pancréas la propriété de créer la glycosurie?

Dans une très importante revue de la *Gazette des hôpitaux* sur cette question, M. Miraillet a émis l'opinion que la glycosurie existerait au début du cancer du pancréas, et qu'elle disparaîtrait ensuite par les progrès ultérieurs de la maladie; telle pourrait être, suivant M. Miraillet, la raison pour laquelle la glycosurie avait manqué dans mes cas personnels.

Le fait indéniable est que la glycosurie se rencontre dans quelques cas, d'ailleurs les moins nombreux, mais il reste à déterminer pourquoi elle s'y rencontre alors qu'elle manque dans les autres.

L'hypothèse de M. Miraillet m'avait d'autant plus séduit qu'elle serait venue à l'appui — si elle eût été exacte — de mon opinion sur la nature des sécrétions des tumeurs glandulaires.

En effet, si on admet, avec M. Lépine, que le pancréas a une sécrétion interne glycolytique, on comprend que le cancer de cet organe puisse, au début, supprimer cette sécrétion interne glycolytique par une sorte d'action inhibitoire comparable à celle qui crée l'anachlorhydrie dans le cancer de l'estomac. Plus tard, la tumeur s'étant développée, les sécrétions de ses cellules auraient pu fournir à nouveau la substance glycolytique et faire ainsi disparaître la glycosurie des premières périodes.

Mais l'examen des faits m'a démontré que les choses ne se passaient pas ainsi. La glycosurie, quand elle existe, est d'ordinaire peu abondante (à peine quelques grammes dans les vingt-quatre heures). Elle est un peu variable, disparaissant parfois temporairement, mais sans que cette disposition soit définitive et sans qu'elle soit en rapport avec les phases de la maladie.

Par contre, j'ai remarqué que, dans les cas où je l'avais constatée, il existait, outre le cancer, de la cirrhose secondaire du pancréas. Cette cirrhose est, à vrai dire, en rapport avec le cancer lui-même, secondaire qu'elle est à l'obstruction excrétoire. Elle n'est pas, cependant, fonction du cancer, à proprement parler ; elle dépend de causes accessoires, de l'infection notamment, et les symptômes qu'elle cause peuvent utilement servir au diagnostic clinique du cancer sans pouvoir lui être rattachés au point de vue de la pathologie générale.

Je pense donc que la glycosurie peut se rencontrer plus ou moins fréquemment dans le cancer de la tête du pancréas, mais que, lorsqu'elle existe, elle dépend d'une cirrhose glandulaire secondaire. En pareil cas, d'ailleurs, j'ai trouvé toujours une cirrhose du foie concomittante, reconnaissant la même origine.

Dans cette manière de comprendre la pathogénie de cette glycosurie, quelle sera la valeur clinique de sa constatation ?

Cette constatation ne prouve pas directement l'existence d'un cancer pancréatique ; elle a cependant une assez grande importance quand elle se rencontre avec un ictère par obstruction. Elle tend à prouver, en effet, que cette obstruction porte à la fois sur les voies biliaires et sur les voies pancréatiques, et, par là, elle est certainement en faveur d'un cancer de la tête du pancréas plutôt qu'en faveur d'une obstruction biliaire d'une autre origine.

M. A. CARTAZ, anc. Int. des Hôp.   [616.842]

De la paralysie faciale d'origine otique. — M. CARTAZ relate deux cas d'otite grippale au cours de laquelle est survenue de la paralysie faciale et qui lui paraissent intéressants en raison de l'interprétation pathologique différente qui peut être appliquée à chacun d'eux.

Dans le premier cas, il s'agit d'une jeune fille prise d'accidents d'otite droite dans le décours de la grippe, et peu après de paralysie faciale du même côté. Au moment où la malade se présente à l'examen, les accidents aigus semblent en voie d'apaisement, et sans intervention autre que des pansements antiseptiques calmants, la douche d'air dans la caisse, l'otite cède en quelques jours. Mais la paralysie faciale n'est pas modifiée, et il fallut un traitement prolongé par l'électricité (courants faradiques et courants continus) pour faire disparaître la lésion du nerf facial.

Dans ce cas, il s'agit manifestement, comme dans la grande majorité des paralysies faciales otitiques, d'une névrite du nerf facial par extension de l'inflammation de la caisse.

Le deuxième cas est, au contraire, un exemple très net de paralysie par simple compression par l'exsudat de la caisse ou le gonflement de la muqueuse ou du névrilème lui-même.

Chez un jeune homme atteint de grippe légère surviennent des douleurs vives dans l'oreille, et dès le lendemain des signes de paralysie faciale. L'examen fait à ce moment, troisième jour de l'otite, montre la caisse distendue par un épanchement que l'on évacue en perforant le tympan. Écoulement d'une sérosité louche. Soulagement immédiat, et dès le *lendemain* la paralysie avait à peu près disparu.

La rapidité de la disparition des accidents de paralysie à la suite de la paracentèse du tympan, de la dépression produite par l'écoulement de la sérosité louche distendant la caisse, ne permet pas de supposer qu'il y eût déjà inflammation ; la compression seule était en cause. Cette lésion du facial, soit par compression, soit par extension de l'inflammation, s'explique aisément, si l'on se rappelle que la deuxième portion de l'aqueduc de Fallope, dans laquelle est logé le nerf, n'est séparée de la caisse du tympan que par une lame osseuse mince et transparente, qui peut même faire défaut par places.

Si la paralysie par névrite secondaire est la forme la plus fréquente, le cas rapporté par M. Cartaz montre que la paralysie par compression existe réellement. Gruber, Bœke en ont du reste cité des exemples.

M. GÉLINEAU. Paris.　　　　　　　　　[616.84]

Observations de Phobies essentielles. — M. GÉLINEAU lit quelques observations de Phobies essentielles démontrant que si un grand nombre de Peurs maladives se révèlent chez les neurasthésiques, les diathésiques ou les déséquilibrés, il en existe aussi d'essentielles, c'est-à-dire dont la cause est inconnue, chez des sujets vigoureux, absolument sains de corps et d'esprit et n'ayant qu'un instant de défaillance angoissante, celui *où ils ont peur.* Ce genre de peur est du reste excessivement variable selon les sujets.

Après avoir cité quelques observations dont l'une sur l'*Hippophobie* ayant pour sujet un brave capitaine d'artillerie se refusant absolument à monter à cheval, M. Gélineau demande, ainsi qu'il l'a déjà fait dans son livre sur les Phobies, que les Phobies soient détachées de la Neurasthénie et prennent une place à part dans les névroses d'ordre secondaire.

MM. LANELONGUE et VITRAC, à Bordeaux.　　[617.558.187]

Deux cas de néphrectomie pour reins polykystiques. — Dans le premier cas, il s'agissait d'une femme de trente-cinq ans ayant, avec tous les signes d'une entéroptose généralisée, deux reins mobiles, dont celui de droite seul formait tumeur. La malade était très affaiblie depuis six mois ; pas de signes de mal de Bright ; hydronéphrose intermittente, albumine ; douleurs violentes depuis cinq ans, survenant par crises ; la fixation du rein et le traitement rationnel de l'hydronéphrose étant reconnus impossibles au cours de la néphropexie proposée, le rein fut enlevé.

On trouva dans la pièce un gros calcul du bassinet ; trois variétés de kystes, dont la glande était criblée, quelques-uns bourgeonnants ; d'autres plus petits avec un épithélium rectangulaire aplati ; les plus gros avec des cellules cubiques ou cylindriques, et une paroi conjonctive souvent épaissie.

Peu d'altération du parenchyme rénal interposé entre les kystes, notamment pas d'endartérite ; le rapport entre les tubes dilatés et les plus petits kystes est difficile à préciser. Suites opératoires bonnes. Émission normale des urines comme quantité et qualité. Après trois mois, amélioration considérable de la malade, qui a pu reprendre sa vie habituelle.

Dans le deuxième cas, une femme de vingt-neuf ans présentait à gauche une tumeur dure partiellement fixée, et douloureuse ; état général grave depuis un mois. Début de la maladie il y a un an seulement par des crises douloureuses avec hématurie ; les douleurs seules avaient persisté. Albumine, mais pas d'autres signes d'un mal de Bright. Diagnostic, tumeur du rein ; on trouva un rein polykystique avec phlegmon périnéphrétique. Suppuration de presque tous les kystes. — Néphrectomie. L'aspect macroscopique et microscopique sont à peu près identiques dans les observations I et II. Suites opératoires bonnes ; dépuration urinaire suffisante. Après trois mois, état général parfait ; pas d'albumine.

En général, on s'accorde à dire que la bilatéralité des lésions condamne à l'abstention dans le cas de rein polykystique. Mais dans dix-sept cas de néphrectomie pour cette affection, rapportés par le présentateur, il y a eu seulement cinq morts, dont deux ou trois seules attribuables à la privation d'une des glandes malades par urémie, les deux autres étant dues à des accidents septiques ou gangreneux secondaires. Aussi pourrait-on se croire désormais autorisé à intervenir radicalement dans les conditions suivantes :

1° Quand le rein polykystique est un obstacle à la cure d'une autre maladie concomittante menaçante par elle-même (ectopie comme dans l'obs. I, et hydronéphrose liée à cette ectopie, comme on l'avait cru ;

2° Quand il s'accompagne de complications douloureuses, suppuration des kystes intraglandulaires, hématurie persistante, etc.

Deux contre-indications absolues à la néphrectomie existent même dans ces cas :

1° Quand la tumeur est double ;

2° Quand les symptômes de néphrite chronique prédominent, constituant un « type Brightique » de la maladie polykystique du rein.

La néphrotomie enfin, qui n'a pas encore été tentée, pourrait être une opération utilisable, notamment contre les douleurs, si on considère que le rein polykystique est fréquemment atteint d'hydronéphrose liée à l'ectopie ou à la présence de calculs.

Discussion. — M. BARD. — Si j'ai bien compris la pensée de M. Vitrac, il trouve l'indication d'une intervention chirurgicale non dans la lésion polykys-tique elle-même, fût-elle unilatérale, mais uniquement dans ses complications, telles que la suppuration ou l'hydronéphrose intermittente. S'il en est ainsi, je n'ai rien à objecter à ses conclusions ; mais je tiens à dire que, par elle-même, la dégénérescence polykystique du rein, même dans les cas rares où elle est à prédominance unilatérale très marquée, ne doit pas être considérée comme une indication d'intervention chirurgicale. L'intervention en pareil cas serait justifiée, il est vrai, par l'opinion de ceux qui considèrent la maladie kystique comme une tumeur épithéliale ; cette opinion, quoique assez généralement admise aujourd'hui, est absolument inexacte ; j'ai consacré il y a quelques années un travail très étendu, fait en collaboration avec M. Lemoine, à démontrer que la maladie kystique doit être considérée comme une malformation d'origine congénitale, un angiome des appareils excrétoires ; sans doute la progression continue de la maladie arrive à supprimer la fonction rénale, mais l'ablation chirurgicale ne ferait que hâter cette terminaison sans aucune utilité pour le malade.

— Séance du 3 avril 1896 —

M. COURJON, Dir. de l'Asile d'aliénés de Meyzieu.   [615 848 + 616 8]

Considérations sur l'emploi de l'électricité statique comme régulateur de l'énergie nerveuse. — L'électricité statique est applicable à toute névrose et psychose ou affection dynamique nerveuse qui présente des symptômes d'excitation ou de dépression. Dans tous ces cas, elle agit nettement comme régulateur de l'énergie nerveuse déviée, qu'elle ramène au calme, à l'équilibre.

M. Léopold LÉVI, anc. int. laur. des Hôp. à Paris. [616 86 + 616 360 13]

Tremblement hépatique. — Parmi les troubles nerveux d'origine hépatique qui constituent l'hépato-toxhémie nerveuse, il faut réserver une place au tremblement hépatique. La notion de ce tremblement repose sur l'observation d'un malade âgé de soixante-dix ans, éthylique, ayant présenté des phénomènes d'intoxication saturnine, atteint d'une cirrhose atrophique caractérisée par un foie très petit, du météorisme, de l'ascite, des hémorragies, du prurit, de l'urobilinurie.

Dans la période préascitique de l'affection éclatent des phénomènes de délire et de tremblement transitoires d'une durée de quatre jours. Ces phénomènes disparaissent pendant plus de quatre mois, pour réapparaître huit jours après une ponction, quarante-deux jours avant la mort. Ils prennent part à la constitution du syndrome nerveux terminal hépatique.

Le tremblement qui marqua le début de ce syndrome n'apparaissait ni dans le repos absolu, comme celui de la maladie de Parkinson, ni dans les mouvements volontaires. Il existait surtout dans la position du serment, augmentant alors progressivement d'intensité et de rapidité et s'accompagnant de fatigue pour le malade.

Il fut transitoire et éclata au moment d'accidents cérébraux que nous croyons être de nature hépatique :

Ses caractères l'éloignent du tremblement saturnin: C'est un tremblement toxique, auto-toxique, à rapprocher des convulsions de l'épilepsie hépatique, de la tétanie d'origine gastrique.

M. TOURTELOT, à Saint-Fort (Gironde). [616 87]

Névralgie rebelle datant de quatre ans avec spasme de la paupière. — Névrotomie. — Guérison. — Le 20 août 1895 se présentait, à mon cabinet de Royan, la dame d'un confrère le Dr M..., âgée de soixante-cinq ans. Elle se plaignait d'une douleur névralgique datant de quatre ans, qu'aucun médicament n'avait pu calmer et qu'elle attribuait à une dent aurifiée depuis quatre ans à Bordeaux : la canine supérieure gauche. A la douleur s'ajoutait un spasme presque continu de la paupière et de la joue: vrai tic douloureux de la face. La dent était saine. Je fis la section du paquet vasculo-nerveux au-dessus de l'apex et depuis toute douleur a disparu et la dent est restée saine.

[616 943 + 617 6 638 + 617.52 95 3]

Conséquences d'une pyohémie occasionnée par deux kystes dentaires suppurés, développés dans le sinus maxillaire. — Au mois de septembre 1892, je recevais à Royan la visite d'un de mes confrères de la région, le Dr C... qui me pria d'examiner la bouche de sa femme.

Cette jeune dame âgée de vingt-cinq ans, était constamment souffrante depuis près de quatre ans. Elle avait un teint cachectique et, dans l'espace de quatre ans elle avait fait trois fausses couches de quatre à cinq mois. Les deux prémolaires supérieures gauches étaient très malades. De la première, il ne restait qu'une racine profondément cariée. La seconde conservait encore un débris de couronne, mais la racine était également très avariée. En outre, la loge alvéolaire de la première était très dilatée et à la partie externe du rebord maxillaire, il existait une fistule gingivale par laquelle, à la moindre pression, on voyait sourdre des flots de pus. Cet écoulement cessait au moment de la période menstruelle. Une fluxion se produisait alors, laquelle se terminait par un abcès qui se vidait par la narine.

Le diagnostic porté fut :

Septicémie occasionnée par des kystes dentaires suppurés, communiquant dans le sinus maxillaire avec empyème spontané de l'antre d'Highmore par la voie nasale, et le traitement proposé fut l'extraction des racines et des kystes suivie de drainage du sinus par le fond de l'alvéole avec lavages antiseptiques.

La deuxième prémolaire fut aisément enlevée avec son kyste du volume d'une noisette. Mais à la première tentative d'extraction de la racine voisine, cette dernière plongea dans le sinus et son kyste se vida par l'alvéole. Il s'écoula une quantité relativement considérable de pus. Après quelques injections détersives, je pus introduire dans le sinus par l'alvéole singulièrement dilatée des pinces à mors ténus qui me permirent de retirer la racine coiffée de sa poche kystique du volume d'une noix. Je conseillai à la malade de faire deux ou trois fois par jour des injections d'eau naphtolée par le drain dans le sinus.

Bien que ce sage conseil n'ait pas été suivi, la guérison a été prompte et complète. Madame C... est devenue enceinte deux mois après ; sa grossesse ne l'a pas fatiguée ; au bout de neuf mois elle accoucha d'un beau garçon qu'elle a nourri quatorze mois sans conséquences fâcheuses pour sa santé générale, ni pour ses dents, grâce à l'absorption de phosphate de chaux durant toute la grossesse et l'allaitement. Je recevais, ces jours derniers, une carte de faire part de la naissance d'une fille.

———

[616 87]

Névralgie atroce occasionnée par une dent de sagesse supérieure gauche. — Le 14 août 1895, se présentait à mon cabinet de Royan, M. D..., de Saumur, âgé de quarante-huit ans, se plaignant de douleurs névralgiques atroces du côté gauche de la face et de douleurs d'oreilles. Depuis huit jours il avait employé sur les conseils de médecins plusieurs médicaments sans succès. Il vint me consulter croyant qu'il pouvait lui rester une racine d'une prémolaire qui lui avait été extraite deux ou trois ans auparavant. Il n'en restait rien.

Après examen de sa bouche, je m'aperçus que sur quatre dents de sagesse il lui en manquait une, la supérieure gauche, au niveau de laquelle, je vis un petit pertuis laissant sourdre du pus. Je crus d'abord que cette dent lui avait été brisée et qu'il pouvait rester quelques fragments de racine. Mais il m'affirma qu'on ne lui avait jamais sorti de dent de sagesse. Je passai un stylet dans le pertuis et je m'aperçus qu'il glissait sur un corps lisse, c'était la dent qui évoluait. La dent antagoniste, en l'absence de sa congénère, n'ayant rien pour la gêner s'était développée démesurément et dépassait d'un demi-centimètre le niveau des autres molaires. Elle comprimait la gencive et la dent du haut. Je débridai largement la gencive de la dent supérieure. Je réséquai avec une meule de corindon les tubercules de la dent inférieure. Toute compression cessa et *(sublata causa tollitur effectus)* la névralgie avait disparu dès le soir même pour ne plus reparaître.

———

M. TREILLE.   [617 557 7]

De la Mégalosplénose. Des états dénommés Anémie et Cachexie paludéennes. — Les fièvres intermittentes parfaites à quinine ne créent pas la mégalosplénie. Elles n'entraînent pas non plus, à proprement parler, d'anémie qui n'accompagne guère que la quotidienne et disparaît dès l'intervention avec le spécifique, à la condition de laisser les malades manger à leur guise en dehors des accès. On peut abandonner indéfiniment la fièvre quarte notamment — le type le plus fixe — à elle-même, sans voir l'anémie ni la mégalosplénie se produire ; les malades acquièrent même de l'embonpoint tout en continuant à subir leurs accès. L'anémie et la mégalosplénie peuvent, en revanche, se montrer dans des infections fébriles variées, continues le plus ordinairement, ou des intermittentes, mais non à quinquina, ni les unes, ni les autres.

La mégalosplénose est avant tout la maladie de la rate (tihal ou tihan) chez les indigènes. Le cas type est apyrétique ; la fièvre, lorsqu'elle se montre avec la poussée splénique, n'est, règle générale, qu'une bouffée s'éteignant aussitôt, tandis que la rate augmente de volume.

Une triade symptomatique la caractérise : anémie, troubles gastriques, tuméfaction plus ou moins prononcée de la rate. Le rein et le cœur sont très exceptionnellement touchés. Pas d'albuminurie ni de glycosurie. La bronchite est fréquente. Les complications pulmonaires sont les plus redoutables de toutes pour ces malades. Cette affection guérit le plus ordinairement ou bien l'on voit des mégalospléniques conserver pendant de longues années une grosse, très grosse rate, sans en être autrement incommodés.

La médication montre bien la véritable nature de la mégalosplénose. Elle n'a aucun rapport avec les maladies dites de malaria ou à quinquina. C'est une infection gastro-intestinale. Lorsque la rate est encore réductible, on peut obtenir du jour au lendemain, par le simple régime lacté, des diminutions très notables. C'est au lait, au régime avant tout, que l'on doit les meilleurs succès thérapeutiques. Les stomachiques et les antiseptiques intestinaux peuvent rendre des services.

MM. V. HANOT et Henri MEUNIER, à Paris. [616 83 + 616 951]

Gomme syphilitique double de la moelle ayant déterminé un syndrome de Brown-Séquard bilatérale. — Un homme, âgé de quarante-deux ans, entrait récemment dans le service de M. le Dr Hanot, atteint de paraplégie sensitivomotrice, ayant débuté six jours auparavant par un ictus brusque sans perte de connaissance. La limite des troubles moteurs et sensitifs permit de porter le diagnostic suivant : paraplégie par lésion de la moelle, lésion bilatérale transverse, intéressant l'axe gris (dissociation syringomyélique aux membres inférieurs), siégeant dans la région cervico-dorsale, probablement entre la huitième racine cervicale et la troisième dorsale, La nature de la lésion ne fut exactement éclairée que par l'examen nécroptique, la mort étant survenue cinq jours après l'entrée à l'hôpital.

Il s'agissait de deux gommes volumineuses, intramédullaires, adhérant aux méninges, siégeant symétriquement dans la moitié antérieure de la moelle, de part et d'autre du sillon médian, au niveau de la première et de la deuxième paire dorsale. La topographie de ces deux gommes, déterminée par la méthode des coupes sériées, explique les phénomènes constatés au lit du malade ; l'intégrité des faisceaux postérieurs, jointe à la destruction de l'axe gris, permet d'interpréter la dissociation syringomyélique observée au niveau des membres inférieurs et de la portion inférieure du tronc.

M. TREILLE. [615 336]

La Quinine en Algérie. — Dès 1876, il y a par conséquent vingt ans déjà, je me suis vivement élevé dans ma *Relation de l'Expédition de Kabylie orientale et du Hodna* (1871) contre l'abus incroyable que l'on faisait de la quinine en Algérie. Mais le Congrès d'Alger en 1881 devait avoir encore à ce point de vue des conséquences bien plus regrettables, et mon travail sur la *Limitation de l'emploi du sulfate de quinine dans la thérapeutique algérienne* en 1892, en provoquant une réaction immédiate de la part de ceux qui voulaient conserver tous les anciens errements, a eu un résultat curieux. On a mis plus que jamais dans l'esprit des médecins et des colons cette idée fausse que toute fièvre au nord de l'Afrique devait être traitée par la quinine. On a poussé les colons à en faire usage préventivement tous les matins. Les mairies et les communes mixtes sont devenues des entrepôts où le médicament est livré gratuitement ou à vil prix.

Il n'y a aucune raison de maintenir une mesure qui n'a fait diminuer ni les entrées aux hôpitaux ni la mortalité, au contraire. Rien ne la justifie puisque la quinine est tombée, depuis plusieurs années déjà, à très bas prix et que l'on ne doit pas, légalement, faire concurrence aux pharmacies. D'ailleurs le sulfate de quinine est un sel bien inférieur au chlorhydrate et surtout au chlorhydrosulfate. Quand on aura appris à connaître la fièvre intermittente parfaite à quinine, la seule qui soit justiciable de la médication quinique, quand on saura la distinguer des intermittentes non à quinquina et que l'on aura aussi médité les enseignements de la désastreuse campagne de Madagascar, on reconnaîtra que la quinine est le dernier des médicaments à employer en Algérie, celui dont on a le plus rarement l'occasion de se servir, comme je le prouve par ma pratique et mes statistiques.

M. BERGER, à Coutras.   [616 893]

Picrotoxine et tremblement. — L'auteur conseille et recommande l'emploi de la picrotoxine dans le traitement de certaines formes de tremblement. Il relate deux cas de paralysie agitante dans lesquels il a employé avec succès, comme agent modérateur, la picrotoxine, alors que la médication classique par l'hyoscyâmine avait échoué.

Il cite également un cas de tremblement de nature hystérique traité avec le meilleur résultat par la picrotoxine.

— Séance du 4 avril 1896 —

M. Auguste VOISIN, Méd. de la Salpêtrière, à Paris.   [616 84 + 618 4 + 612 821 71]

Folie lypémaniaque guérie par l'hypnose, et accouchement normal durant l'hypnose. — M. Voisin communique un travail concernant une malade atteinte depuis plusieurs mois de folie lypémaniaque caractérisée par des hallucinations terrifiantes de la vue, avec idées de persécution qu'il a guérie en quelques séances par la suggestion hypnotique ; de plus, elle a guéri par la même méthode, d'aphasie, de cécité verbale, d'agraphie et d'hémiopie consécutives à une pleuropneumonie grave. C'est pendant le sommeil hypnotique qu'il a été possible de lui réapprendre à lire, à compter et à écrire. Enfin, depuis la guérison de sa folie, elle devint enceinte et accoucha normalement pendant l'hypnose d'un enfant bien portant, sans avoir eu la moindre conscience des diverses périodes de l'accouchement.

M. Voisin rappelle en terminant que cette observation d'accouchement pendant l'hypnose est à ajouter aux cas analogues déjà décrits par Prazl, Dumontpallier, Fraipont et Delbeuf, Kinsburg, Dobrovolsky, Fanton, Le Mesnais et Mesnet.

M. COYNE, Prof. à la Fac. de Méd. de Bordeaux. [616 931 + 614 512]

Sur quelques faits de diphtérie observés aux sourdes-muettes de Bordeaux. — M. COYNE relate l'histoire de quatre faits de diphtérie pharyngo-laryngée observés dans son service des sourdes-muettes de Bordeaux au mois de février 1896. Il s'agit d'un milieu fermé, n'ayant pas de communications directes avec l'extérieur ; toutes les élèves sont internées et ne sortent pas si ce n'est aux vacances où elles sont rendues à leur famille.

Sur ces quatre cas, trois ont été sérieux et ont nécessité l'emploi du sérum antidiphtérique qui même a été répété trois fois pour une des jeunes malades. Le résultat a été excellent dans ces trois cas.

Le quatrième fait n'a pas eu besoin de l'emploi du sérum ; malgré la bénignité de l'évolution de la maladie et la disparition rapide des fausses membranes à l'aide de simples moyens antiseptiques locaux, des cultures faites à deux fois successives et à trois jours d'intervalle ont permis de retrouver sur les amygdales la présence du bacille de Löffler.

Ces faits sont intéressants : 1° par l'étude clinique de l'évolution de la maladie dans les trois faits graves ;

2° Par la difficulté de retrouver la porte d'entrée de l'infection. Toutefois l'étude du fait bénin permettant de supposer que souvent il y a du microbisme latent bucco-pharyngé ne donnant lieu à des accidents que lorsque des causes accessoires, viennent solliciter l'évolution infectieuse.

M. ROGÉE, Méd. de l'Hôpital de Saint-Jean-d'Angély. [616 1321 2 936 : 861]

Sur un cas d'endartérite infectieuse d'origine paludique chez un alcoolique. — Il existe des endartérites d'origine infectieuse qui peuvent produire des lésions analogues à la gangrène symétrique des extrémités de Raynaud. Elles procèdent par diminution du calibre des artères et pourraient être appelées oblitérantes. Il ne semble pas, par suite, qu'elles puissent être justiciables d'un autre traitement que le traitement chirurgical. La désarticulation du membre atteint, portant sur l'articulation la plus éloignée des parties gangrenées, doit être la méthode opératoire de choix, et l'amputation doit être rejetée comme exposant davantage à une récidive, par difficulté du rétablissement de la circulation par les collatérales.

La désarticulation du genou à grand lambeau antérieur est une méthode préférable à l'amputation de la cuisse, tant pour la facilité de son exécution que par la commodité d'application d'un appareil prothétique ultérieur.

Ces conclusions découlent d'un cas que j'ai eu à soigner. Il s'agissait d'un homme de trente et un ans, alcoolique, dans les antécédents duquel on ne note que quelques accès de fièvre intermittente, qui fut pris, à la suite d'un travail prolongé dans les vases de la Charente, de grangène des doigts du pied gauche, puis successivement de ceux de la main du même côté, et qui, pour ces gangrènes multiples, a subi en quinze années l'amputation des doigts, la désarticulation médiotarsienne des deux pieds, l'amputation de la jambe gauche, et finalement la désarticulation des deux genoux.

M. LE GRIX, à Paris. [618 14 2 + 617 918]

Le Granulophore intra-utérin pour le traitement local et précis des endométrites, etc.
— Le granulophore intra-utérin, ou porte-granule, n'est autre qu'un hystéro-
mètre creux à mandrin démontable pour permettre l'antisepsie rigoureuse.

Cet instrument de gynécologie est calibré de façon à laisser passer les granules
au centigramme et au-dessous, et tous les granules au sucre de lait, que l'on
peut fractionner.

Il a l'avantage de porter, *loco dolenti*, au fond de l'utérus, des principes actifs
solubles, et bien dosés, des alcaloïdes ou des glucosides purs granulés, etc.,
dans les endométrites de toute nature, dans les endocervicites, dans certaines
vaginites leucorrhéiques, inflammatoires, helminthiasiques, etc., chez les jeunes
filles lymphatiques, chloroanémiques, chez lesquelles il suffit de quelques
granules appropriés, déposés dans le vagin par l'orifice hyménal pour amener
la guérison.

Son usage évite, généralement, les dilatations, les curettages, les lavages, les
cautérisations, les drainages, tous moyens plutôt palliatifs que curatifs, et qu'on
ne peut affirmer exempts de danger, alors que ce moyen est inoffensif, sinon
bienfaisant.

J'ai traité à ma clinique, depuis quatre ans, cinquante-quatre cas d'endométrites
fongueuses, herpétiques, tuberculeuses, blennorrhagiques, avec propagations
parfois aux annexes, qui ont retiré de cet instrument et surtout du traitement
précis et local qu'il permet, un bénéfice supérieur aux moyens ordinaires. Sur
ce nombre seize malades curettées, dont j'ai traité les récidives, sont guéries
depuis deux ans, alors que les récidives s'étaient produites un an environ après
le curettage. Douze cas herpétiques invétérés ont récidivé périodiquement après
de fausses guérisons. Des vingt-six autres cas non curettés, dix-huit ont guéri
promptement et les autres sont en voie d'amélioration.

Les gynécologistes trouveront dans ce nouveau mode de traitement local et
précis un moyen des plus favorables pour appliquer à ce cas spécial non pas un
spécifique, mais un traitement s'adaptant à la cause et au siège du mal.

M. GORNARD (de Coudré), à Paris. [615 839]

*La Mer chez soi : bains de mer et d'eaux mères à domicile par l'emploi des
sels de Thalassa.* — Le *sel de Thalassa*, fabriqué en Bretagne, dans l'usine du
Croisic, d'après les formules dues aux travaux du Dr Gornard, est un *Extrait
salin sec des eaux mères* des marais salants. Il ne faut pas confondre l'*eau
mère* avec l'eau de la mer, quoique la première provienne de la seconde, non
plus qu'il faut comparer en thérapeutique les eaux mères tirées du sel fossile,
du sel gemme, de celles provenant de la *mer* même. Les eaux mères *marines*
que le *sel de Thalassa* présente sous une forme commode et parfaite, permettent
de prendre à *domicile, en toute saison, loin du littoral,* des bains de ces eaux
mères *marines* et aussi des bains d'*eau de mer*.

1° Pour le bain d'*eaux mères*, une dose de un kilogramme de sel de Thalassa
projeté dans une baignoire d'eau ordinaire, donne un bain à 5 litres d'« eau
mère » à 28° Baumé environ par litre.

2º Pour obtenir de l'*eau de mer vraie*, il suffit à ce premier bain d'ajouter deux kilogrammes de sel gris commun de cuisine. On rend ainsi à l'eau mère que représente le *sel de Thalassa*, le sel du commerce qui a été enlevé dans les marais salants à l'eau de mer. Mais en thérapeutique gynécologique ou infantile, le *sel de Thalassa* ou les *eaux mères seules* suffisent sans aucune addition, et donnent les meilleurs résultats dans le rachitisme, la scrofulose, etc., comme dans les sanatoria des bords de l'Océan.

M. CATAT, à Tunis. [616 936]

Le paludisme à Madagascar.

M. LANTIER, à Paris. [617 912]

Inhalateur bucco-nasal antidiphtérique de poche.

[617 59 1 + 617 972]

Nouvelle série de conservations de membres blessés par la méthode antiseptique du siège de Paris 1870-71.

4e Groupe.

SCIENCES ÉCONOMIQUES

13e Section.

AGRONOMIE

PRÉSIDENTS D'HONNEUR . . . . . .   MM. DYBOWSKI, Dir. de l'Agric. en Tunisie.
                                    GRANDEAU, Prof. au Cons. des Arts et Métiers, à Paris.
PRÉSIDENT. . . . .   M. le Dr LOIR, Dir. de l'Inst. Pasteur à Tunis.
SECRÉTAIRE . . . .   M. MINANGOIN.

— Séance du 2 avril 1896 —

M. F. DOUMERGUE, Prof. au Lycée d'Oran.   [581 6]

Note sur le Vella glabrescens Coss. — M. DOUMERGUE attire l'attention de la section sur le *Vella glabrescens* Coss. Cette espèce pourrait contribuer à développer sur les Hauts-Plateaux une végétation sous-arborescente d'une assez grande ressource.

Le *Vella glabrescens* n'est connu que des environs d'El Aricha (province d'Oran) où Cosson l'a trouvé en 1856. M. Doumergue l'a retrouvé en 1895. Il croît dans les clairières d'alfa et semble préférer les bas-fonds envahis par l'*Artemisia herba-alba* Asso. (le chih des Arabes). C'est un sous-arbrisseau qui paraît très résistant. M. Doumergue en a trouvé, au djebel Mekaïdou, un exemplaire aussi gros qu'un pied de vigne. Ce pied, unique en cet endroit, ne semble pas avoir répandu de graines autour de lui. La dent des moutons l'empêche probablement de les mûrir. Peut-être aussi le sol de la montagne ne convient-il pas à cette espèce.

Dans le Mergueb, à 4 kilomètres environ au sud-est d'El Aricha, le Vella est assez commun, mais sur un espace assez restreint. Les pieds y croissent en petites touffes sans cesse rasées par la dent des moutons. Peu de graines doivent arriver à maturité, ce qui fait que cette plante se reproduit difficilement.

M. Doumergue croit que cette espèce, bien protégée, pourrait être utilisée. Il

faudrait d'abord en éloigner les troupeaux : cela permettrait de se rendre
compte de la force et de la durée de la végétation. Ensuite il serait nécessaire
de recueillir les graines et de les semer sur d'autres points de la même région.

M. Doumergue profite de l'occasion qui lui est offerte de faire une communication à la 13e Section, pour préconiser le peuplement des Hauts-Plateaux en
espèces sous-arborescentes d'*Algérie*. L'administration des Forêts fait des essais
sur place, reboise et défend pendant un certain temps ses plantations d'arbres.
Ce service ou tout autre pourrait appliquer les mêmes mesures à la constitution,
sur les Hauts-Plateaux, de ressources fourragères de réserve. Des règlements
fixeraient l'ordre dans lequel les lots seraient successivement livrés ou interdits
au pacage.

———

M. DUFOUR, Dir. adjoint du Lab. de Biol. vég. de Fontainebleau.   [663 1]

Note sur la fabrication de l'hydromel. — L'hydromel est le résultat de la
fermentation du miel. Pour qu'il se conserve longtemps il est utile de le faire
fort, à 16 ou 17 degrés d'alcool. Mais quand on met la quantité de miel suffisante
pour obtenir ce degré alcoolique, on constate fréquemment que la fermentation
ne se fait pas complètement. Une des principales raisons de ce fait c'est que
le miel pur contient très peu d'azote et ne peut donc fournir aux levures un
élément suffisant pour qu'elles se développent assez et produisent une fermentation complète.

On constate, en effet, en ajoutant au miel pur une substance azotée, peptone
par exemple, que dans ce cas la fermentation se fait plus rapidement et
plus complètement.

Dans la pratique, si l'on opère avec du miel d'extracteur qui est privé de
pollen, il faut ajouter du pollen pris à un rayon qui en contient. Si l'on opère
avec du miel obtenu par la pression de vieux rayons, ce miel, moins pur,
contient toujours assez de pollen pour qu'il n'y ait pas lieu d'en ajouter.

Si on veut de l'hydromel liquoreux, on emploiera plus de miel qu'il n'en faut
pour obtenir le degré alcoolique que l'on désire, de sorte qu'il restera toujours
du sucre non transformé en alcool.

———

QUESTION MISE A L'ORDRE DU JOUR DE LA SECTION

De la vinification dans les pays chauds.   [663 2]

Discussion. — M. BALDAUFF, frappé des inconvénients des réfrigérants ordinaires
présente un appareil spécial de son invention dit échangeur de température
qui se place dans la cuve même et fonctionne d'une manière automatique et
continue.

M. le capitaine TOUTÉE dit que depuis quatre ans il se sert de cuves métalliques émaillées à l'intérieur dont l'enveloppe mince permet un échange rapide
de la température extérieure qui est généralement à 25 ou 26 degrés avec celle
du moût. Du reste le journal de M. Grandeau (*Agriculture pratique*) a donné dans

le principe, des détails très complets sur la cuvine de M. Toutée. Il n'y a rien à changer à ces articles. Les cuves se sont parfaitement conservées. L'émail a été fourni par un industriel de Paris qui n'a introduit dans le fondant que des substances non alcalines dont l'effet aurait été désastreux pour le vin en lui enlevant son acidité et en le décolorant. Cet enduit s'est très bien conservé, a résisté aux chocs et s'est recouvert d'une légère couche de tartre qui, dans le cas où il se produirait des chutes d'émail, empêcherait le vin d'être en contact avec le fer et de former de l'encre.

M. Gayon donne à l'assemblée quelques détails sur la fermentation et la vinification. En termes clairs et précis l'orateur explique les différents phénomènes qui se produisent pendant la fabrication du vin. Tant que la température se maintient au-dessous de 35 degrés il n'y a rien à redouter. Les cellules qui constituent la levure se développent normalement, mais si on arrive à 37 degrés et au-dessus elles ne peuvent plus vivre ou vivent mal ; elles sont paralysées, le phénomène de la fermentation devient languissant : alors se développent le ferment manitique puis le ferment lactique qui communiquent au vin un goût acide et désagréable qu'il a au sortir même de la cuve ; il peut aussi rester dans le vin des ferments qui ne se développent qu'après le soutirage et donnent alors des vins tournés ou gâtés.

Il ne faut pas employer de grandes cuves ; la masse étant plus grande est plus difficile à refroidir. Il est préférable de ne pas les remplir en un seul jour, mais en deux, trois ou quatre pour que la chaleur puisse se répandre au dehors et que l'élévation de température soit progressive. L'écrasement de la vendange devrait peut-être ne pas se faire lorsqu'on a à redouter une température trop élevée. En effet, l'aération est facilitée par suite du développement des surfaces résultant de cette opération.

Plusieurs instruments sont à la disposition du viticulteur pour suivre la marche de la fermentation ; ce sont le thermomètre, le glucomètre et le microscope. On doit prendre plusieurs fois par jour la densité du moût et, lorsqu'on s'aperçoit qu'entre deux pesées successives, il n'y a pas de variation, à moins que le glucomètre ne marque zéro, c'est que la fermentation est défectueuse et on doit en rechercher la cause et y porter remède. Un microscope grossissant cinq cents fois est suffisant : tant que la fermentation est alcoolique, qu'elle est active, on ne trouve sous le champ du microscope que des ferments gros, clairs et bien nourris ; mais à mesure qu'elle devient languissante, on voit apparaître de vieux ferments, des globules ternes en même temps que des microbes étrangers.

Dans tous les cas, aussitôt que la fermentation est indiquée comme terminée ou qu'il n'y a plus de variation dans le degré glucométrique, il faut soutirer, quand même il y aurait encore un peu de sucre non transformé ; cette transformation se ferait très bien après le soutirage pendant la fermentation lente qui se produit dans les fûts.

Quand la température du moût s'élève trop, on peut, comme dans la Gironde, se contenter de soutirer le moût et le repasser sur la cuve à condition d'avoir des cuves fermées ; mais dans les pays chauds on est obligé d'avoir recours aux réfrigérants.

M. Gayon parle de la pasteurisation et des heureux effets que l'on peut retirer de l'application de cette méthode, lorsque, pour une raison quelconque, le vin renferme dans sa masse des germes de décomposition. Il suffit de porter le vin à 60 ou à 65 degrés et le mettre dans des fûts que l'on a eu soin de bien stériliser. On peut prévenir la maladie que l'on nomme la casse, en pasteurisant énergiquement et en ajoutant au vin une certaine quantité d'acide tartrique.

Quant aux levures sélectionnées qui, dans certains pays, ont donné de bons résultats, M. Gayon croit qu'en Tunisie elles auraient l'inconvénient d'activer encore la fermentation et par suite l'élévation de la température. Dans tous les cas, il ne faut pas avoir recours aux levures commerciales. La meilleure levure est celle constituée par la lie de premier soutirage d'un vin dont on connaît la qualité. Cette lie peut se conserver deux ans ; il faut alors la rajeunir en la délayant dans du moût préalablement stérilisé à 60 degrés pour éviter le développement de ferments autres que celui que l'on recherche. On fait ainsi des pieds de cuves qui, au bout de vingt-quatre heures entrent en fermentation et peuvent recevoir la vendange que l'on introduit par couches successives.

M. le Dr LOIR dit que les essais de levure tentés en Tunisie ont donné d'assez bons résultats.

A propos de l'aération des moûts M. TOUTÉE fait observer que cette opération diminue le degré alcoolique des vins, ce que l'on reconnaît facilement à l'odeur en passant à une certaine distance d'un cellier où on se sert de ce moyen pour refroidir les vins.

M. le Dr TRABUT fait observer qu'il ne faut pas confondre l'aération des moûts avant le cuvage avec celle que l'on fait subir à ces mêmes moûts lorsqu'ils ont subi un commencement de fermentation. La première aération donne toujours de très bons résultats et ne provoque aucune déperdition d'alcool. Dans tous les cas, il vaut encore bien mieux éprouver une légère perte dans le degré alcoolique que de conserver dans le vin, du sucre non utilisé par le ferment.

L'aération faite avec soin au début donnera d'excellents résultats si le moût ne contient pas plus de 21 0/0 de sucre. Le vin se fera sans difficulté et sans qu'il soit nécessaire de recourir aux réfrigérants ; mais cette aération doit être faite avec le concours d'un ventilateur agissant sur le moût divisé de manière à abaisser la température à 23 et même 20 degrés.

M. MINANGOIN.   [633 (611)]

Sur l'alimentation du bétail tunisien et la pratique de l'ensilage du fourrage vert. — M. MINANGOIN passe rapidement en revue les progrès accomplis depuis quelques années sur l'alimentation du bétail ; la nécessité et l'importance du bétail en Tunisie, les difficultés climatériques que rencontre l'éleveur. Il examine les moyens dont le cultivateur peut disposer pour lutter contre ces difficultés. Au lieu de chercher des plantes fourragères bisannuelles ou vivaces pouvant résister à la sécheresse on devrait profiter des pluies d'automne et d'hiver pour cultiver les plantes annuelles à croissance rapide en suivant un assolement dans lequel tout le fumier de l'exploitation serait consacré à la sole des fourrages ; et au lieu de convertir ces fourrages en foin sec on devrait les conserver par l'ensilage. Cette méthode déjà ancienne donne d'excellents résultats en France, pourquoi n'en serait-il pas de même en Tunisie?

On se fait un monde de l'ensilage qui, en réalité, est très simple et ne demande qu'un peu de précaution dans le tassement et la couverture.

M. Minangoin donne à l'assemblée des détails pratiques sur les différents systèmes de silos qu'il a eu l'occasion d'employer pendant les vingt-cinq années qu'il a fait valoir et il recommande tout spécialement un silo de son invention qui est construit en bois et qui joint à la simplicité une très grande économie.

— **Séance du 3 avril 1896** —

M. POILLON, Ing. des A. et Man. à Goicochea de Saint-Angel (Mexique).   [633]

Sur le choix du terrain de la plantation des caféiers.

M. MOCQUERIS, Ing. des A. et Man. à Sousse.   [633]

Méthode de traitement des grignons d'olives au moyen du sulfure de carbone.

M. BONNARD, à Tunis.   [636 3]

L'élevage du mouton.

M. le Dr TRABUT, à Alger.   [630 7]

L'Enseignement agricole. — L'enseignement agricole n'est pas encore arrivé, dans la métropole, à prendre l'importance qui lui convient, malgré les efforts des hommes les mieux placés pour faire triompher leurs idées de progrès. L'Institut agronomique et les trois écoles nationales de Grignon, Montpellier et Rennes ne peuvent donner à toute la jeunesse française qui se destine à l'agriculture l'instruction technique dont elle se montre si avide depuis quelques années. Ces écoles recrutent leurs élèves au concours et refusent tous les ans un très grand nombre de candidats.

On ne comprend pas que les Écoles de Médecine, de Pharmacie, de Droit soient largement ouvertes à tous les étudiants munis des grades obligatoires de l'enseignement secondaire, tandis que les Écoles d'Agriculture se réservent encore de faire parmi nos jeunes gens un choix et de limiter chaque année le nombre des élèves admis à bénéficier d'un enseignement professionnel qui nous prépare des agriculteurs éclairés et par cela capables de multiplier les sources de notre richesse nationale.

Le Gouvernement français considère trop les Écoles d'Agriculture comme des pépinières de fonctionnaires.

L'École d'Agriculture donne de nos jours un enseignement vraiment libéral, distribuant à une jeunesse convaincue du rôle important de l'agriculture, ces notions des sciences qui ouvrent l'esprit aux conceptions, aux inventions sans nombre de notre agriculture progressive.

Plus que tout autre professionnel, l'agriculteur doit savoir tout ce qui peut augmenter sa puissance de produire, et la nation qui négligera son enseignement agricole succombera dans une lutte économique, qui semble de nos jours remplacer les guerres de la barbarie.

Nos véritables écoles de guerre sont aujourd'hui nos écoles d'agriculture.

L'enseignement de nos Écoles nationales doit forcément prendre un caractère régional et le rôle important joué dans ces dernières années par l'École de Montpellier dans la reconstitution du vignoble, est présent à l'esprit de tous.

La France, admirablement située, jouit de climats si variés que trois écoles régionales ne lui suffiront pas ; la quatrième nous paraît devoir être réservée à la région la plus méridionale qui se trouve presque tout entière sur cette rive de la Méditerranée, sur cette côte d'Afrique. Les trois départements français de l'Algérie et la Tunisie constituent bien un fragment de la France séparé par un grand lac. C'est pour cette France trans-méditerranéenne qu'il faut une École d'Agriculture.

Il est absolument extraordinaire qu'après une aussi longue occupation, après une bonne organisation de l'enseignement secondaire, et en présence du fonctionnement d'Écoles de Droit, Médecine, Sciences et Lettres, à Alger, les populations européenne et indigène n'aient pas réclamé avec instance la création d'une École d'Agriculture pour y préparer les vrais colonisateurs de ce pays encore si difficile à définir à cause de la diversité de ses ressources et de ses conditions de toute sorte.

Paul Bert en créant les Écoles supérieures d'Alger pensait à faire progresser l'agriculture par les sciences.

M. Cambon, gouverneur général de l'Algérie, a fait récemment étudier un projet d'une École coloniale d'Agriculture.

On peut dire que cette question est à point ; un mouvement dans l'opinion publique suffirait pour la faire aboutir. C'est ce qui me décide à vous présenter ici ces quelques réflexions et à vous demander vos avis et même votre approbation.

La colonisation ne se relèvera dans le Nord de l'Afrique que par la reconstitution d'une tradition agricole qui semble avoir été perdue. Nous savons tous que sous les Carthaginois, les Romains, et même au début de l'invasion arabe, ce pays fut plus prospère et prospère par une agriculture intensive que nous concevons si peu que nous avons dû inventer cette conception ridicule d'un changement de climat depuis l'occupation romaine. Mais on apprendra peut-être un jour qu'il existait à Carthage une importante École d'Agriculture; nous connaissons déjà Magon ; Varron le cite avec éloge et Columelle nous apprend que ce savant agronome était l'auteur d'un traité d'agriculture en vingt-huit livres que, par ordre du Sénat romain, Scipion a sauvé de l'incendie de Carthage. Bien que traduite en grec et en latin, l'œuvre de Magon ne nous est pas parvenue ; mais les fragments qui ont été recueillis dans les citations indiquent un maître doué d'une grande expérience agricole, de beaucoup de sens pratique et d'exactitude.

Magon a résumé condensé, les connaissances de son temps; il personnifie toute une longue période de recherches et d'inventions aboutissant à cette prospérité agricole évidente d'un pays aujourd'hui retourné en grande partie à la pauvreté par une exploitation sans art ni science des barbares.

Une École d'Agriculture dans l'Afrique française du Nord recruterait assez d'élèves parmi les fils des colons, les jeunes gens venus de France avec l'intention de s'établir en Afrique et ces derniers formeraient un élément sérieux de notre colonisation.

Enfin l'École africaine d'Agriculture pourrait aussi recevoir des jeunes gens de nos colonies et même bon nombre d'étrangers de la région méditerranéenne. Cette création marquera un grand progrès dans notre prise de possession de ces contrées qui offrent un si vaste champ à notre activité et qui ne resteront pas ingrates pour ceux qui sauront les mettre en valeur.

M. Trabut propose à la Section d'Agronomie d'émettre un vœu dans ce sens et prie le bureau de le transmettre à l'assemblée générale de l'Association française. (Voy. page 80).

MM. LOIR et DUCLOUX.　　　　　　[663.2 (584 5)]

Sur le Vin de palmier.

M. Paul FOLEY.　　　　　　[630 939 73]

Magon, agronome carthaginois.

M. J. FOREST, à Paris.

Sur la production des plumes d'autruche de Barbarie.

M. FERET.　　　　　　[631 (611)]

Sur l'aménagement des Eaux. — La sécheresse est le fait dominant du climat tunisien : pour lutter contre cette sécheresse, le colon a les labours profonds, les réserves de fourrage, mais c'est insuffisant ; ce qu'il faut, avant tout, c'est de l'eau et c'est ce qu'avaient parfaitement compris les Romains et les Phéniciens dont on retrouve partout les traces de leurs travaux. Les phosphates, la chaux, le plâtre, abondent en Tunisie ; avec l'eau bien aménagée, la culture sera facile et la colonisation marchera rapidement. En Australie, les Anglais ont transformé un pays où il ne pleut que tous les trois ans, par des canaux de dérivation et d'irrigation.

Le gouvernement a fait assez de routes, assez de bâtiments, il est temps qu'il pense à donner satisfaction à l'agriculture en lui procurant les moyens de vivre. Il suffirait de mettre en vente une certaine quantité de terres vagues soumises au régime forestier, on obtiendrait de la sorte cinq à six cent mille francs qui seraient suffisants pour effectuer les travaux d'aménagement. L'eau serait mise à la disposition des colons qui n'auraient à payer aucun intérêt.

mais qui devraient rembourser l'État par annuité en vingt ou trente ans. Un effet immédiat de cet aménagement serait d'assurer les revenus du Trésor par suite du bien-être qui en résulterait.

VISITE AU LABORATOIRE DE CHIMIE AGRICOLE

Le laboratoire de chimie agricole et industrielle de la Régence est installé dans les bâtiments de la Direction de l'agriculture, rue d'Angleterre, 22 ; il est placé sous l'habile direction de M. Bertainchand, ingénieur agronome, il a pour attributions : l'analyse des terres, eaux, engrais et matières premières de l'industrie, les expertises chimiques, l'étude des procédés pour améliorer la fabrication des huiles, le contrôle des denrées alimentaires, des vins, des semences, etc., la vulgarisation des procédés chimiques utiles à l'agriculture et à l'industrie.

Les congressistes et les savants qui l'ont visité, entre autres MM. Grandeau et Milliau ont pu admirer sa parfaite installation et se rendre compte des remarquables travaux exécutés par son directeur. Parmi ces travaux, on peut citer :

Carte agronomique du bassin de l'Oued Milliane, (1891).

Contribution à l'étude du Cactus, considéré comme plante alimentaire. (P. Bourde, 1895).

Contribution à l'étude du Sulla pour déterminer sa valeur nutritive. (P. Bourde, 1895).

Rapport sur les principales variétés d'olives et d'huile en Tunisie. (Bertainchand, 1896).

Carte agronomique et hydrologique du bassin de l'oued Leben et de l'oued Rann et en particulier des terres de la région de Sfax. (Bertainchand, 1896).

VISITE AU LABORATOIRE DE VINIFICATION

Ce laboratoire fait partie de l'Institut Pasteur de la Régence ; on y prépare des levures mises gratuitement à la disposition des viticulteurs au moment des vendanges. Le directeur de ce laboratoire a publié, depuis deux ans, divers travaux se rapportant à l'agriculture.

VŒU ÉMIS PAR LA 16ᵉ SECTION

Ce vœu (voy. page 80) a été adopté comme vœu de l'association.

16

Travaux imprimés

PRÉSENTÉS A LA SECTION

BERTAINCHAND. — *Note explicative sur la carte agronomique et hydrologique du bassin de l'oued Leben et de l'oued Ran et en particulier des terres de la région de Sfax.*

— *Rapport sur les principales variétés d'olives et d'huiles de Tunisie.*

14e Section.

GÉOGRAPHIE

PRÉSIDENT D'HONNEUR . . . . . .   M. MILLET, Résident général à Tunis.
PRÉSIDENT. . . . .   M. GAUTHIOT. Secrét. gén. de la Soc. de Géog. comm. de Paris.
VICE-PRÉSIDENTS . . . .   MM. HENRI LORIN, Prof. au lycée de Tunis.
                                    LOURDELET, Memb. de la Chamb. de Comm. de Paris.
                                    PROUST, à Tunis.
SECRÉTAIRES. . . . .   MM. LE Dr PATURET.
                                    GOUNAUT.
                                    LEDOULX.

— **Séance du 2 avril 1896** —

M. le Commandant REBILLET, à Tunis.   [551 58 (661)]

Le Sahara algérien et tunisien.

M. Émile BELLOC.   [551 48 (447)]

Étude sur quelques lacs du sud-ouest de la France. — M. Émile BELLOC fait connaître au Congrès le résultat de ses dernières recherches orographiques et lacustres.

Il insiste particulièrement sur les derniers sondages et les dragages qu'il a exécutés dans les plus grands lacs de France, c'est-à-dire dans les vastes nappes d'eau qui couvrent les landes littorales du golfe de Gascogne.

A part le lac Léman, lac international, il n'existe pas en France, de plus grands réservoirs lacustres que celui de Cazau-Sanguinet, qui mesure 5.608 hectares de superficie, et celui de Hourtins dont la surface égale 5.923 hectares, tandis que le lac du Bourget ne possède que 4.462 hectares de superficie et celui de Grandlieu 3.782 hectares.

Leur profondeur est également respectable, puisque le lac Cazau-Sanguinet atteint 22 mètres et celui de Biscarosse-Parentis, 20m,10.

Le lac de Lourdes (Hautes-Pyrénées), dont la surface atteint 46 hectares environ, et la profondeur 11 mètres a été aussi exploré et sondé par M. Émile BELLOC.

M. DOLLIN DU FRESNEL.   [656 (611)]

Le commerce en Tunisie et les chemins de fer tunisiens. — M. DOLLIN DU
FRESNEL insiste particulièrement sur les plantations viticoles et sur les céréales.
Le commerce des huiles prend aussi en Tunisie une proportion extraordinaire
et il serait de toute importance que ces produits puissent s'écouler en France.
Sur 18 millions d'huiles de provenances étrangères qui alimentent notre
pays, la Tunisie ne nous fournit que 4 millions. Cela tient à ce que cette marchandise est grevée de 12 fr. 50 c. par 100 kilogrammes.

Le bétail s'est aussi accru dans des proportions considérables, et actuellement
l'Algérie et la Tunisie peuvent fournir 800.000 moutons et bœufs par an.

Les charbons qui entrent en Tunisie sont pour la plupart des charbons anglais.
Sur 30 millions de kilogrammes de charbons, les Anglais en importent 26 millions. Les charbons français sont frappés d'un droit très fort.

M. Dollin du Fresnel demande la suppression du droit de douane de 8 0/0
à l'entrée du produit français et son maintien pour le produit anglais.

Il termine sa communication par quelques aperçus généraux sur les chemins
de fer tunisiens.

M. le Résident général de France rappelle qu'il est fier d'être lauréat de la
Société de géographie commerciale de Paris et président d'honneur de la Section
du Congrès. Il promet son appui et demande, en exprimant le vœu de plusieurs
Tunisiens, qu'il se forme à Tunis une Section de géographie, dépendant de
celle de Paris et composée des membres de cette Société épars à Tunis, qui se
réuniraient pour échanger leurs idées et faire quelques communications.

M. le lieutenant SERVONNET déclare que cette Société existe déjà, que l'Institut
de Carthage comprend une Section de Géographie, qu'il est inutile de tant multiplier les Sociétés et que, ces deux groupes s'enlevant réciproquement leurs
auditeurs, le résultat que l'on obtiendrait serait entièrement négatif.

— **Séance du 3 avril 1896** —

M. SERVONNET, Lieut. de vaiss., Command. du port de Tunis.   912 (611)]

Cartes marines de la Régence.

M. le Dr CATAT, à Tunis.

Les populations madécasses.

M . LAURIN.   [312 (611)]

Le peuplement français en Tunisie.

— Séance du 4 avril 1896 —

M. EECKMANN, Sec. gén. de la Soc. de Géogr. de Lille.   [912 (6)]

Présentation d'une carte d'Afrique.

M. PALLARY.   [916 (65)]

Notes géographiques sur le Dahra oranais. — Le Dahra est une région très montagneuse comprise entre la Méditerranée, le Chéliff et la plaine de la Mitidja, dans le département d'Alger. La plaine du Chéliff qui la borde au sud est une des régions les plus chaudes de l'Algérie : il n'est pas rare d'y supporter des températures de 37° et 40° à l'ombre. Les parties méridionale et orientale du Dahra se ressentent de ce voisinage : à Saint-Aimé de la Djiddiouia, les vendanges étaient terminées dans les premiers jours d'août. Cette portion du pays est peu favorable à la culture, les terres sont très argileuses et l'eau y est rare. Aussi ne compte-t-on qu'un seul centre français : Renault, et quelques villages indigènes dont le plus important est Mazouna, l'ancienne capitale des beys de l'ouest.

Au nord, le pays change ; au lieu de vallées et de crêtes argileuses, on trouve de larges plateaux sablonneux, très riches en eau et où la température est beaucoup plus douce à cause du voisinage de la mer. Malheureusement, la colonisation n'a pas encore pris pied sur le littoral : cela tient au manque de chemins, à l'exigence des propriétaires des terrains et à la présence de dunes, surtout dans la portion orientale. Néanmoins, on espère arriver à créer un centre à Aïn Kaddous, dans une baie magnifique avec de beaux jardins et de l'eau en abondance.

Le Dahra septentrional, jouissant de bonnes terres, d'eau et d'une température tempérée, est beaucoup plus fertile et beaucoup plus peuplé que le sud. C'est par millions qu'on y compte les figuiers, caroubiers, oliviers, genevriers, thuyas, lentisques, térébinthes. Ces derniers arbres surtout forment des fourrés impénétrables, qui rappellent les maquis de la Corse.

Les indigènes de cette région sont issus de race berbère et, comme tous les Berbères, ils sont laborieux. Ce n'est qu'exceptionnellement que certains d'entre eux habitent sous la tente : ils se construisent des maisons et se livrent à l'industrie. Enfin, comme tous les Kabyles, ils sont très attachés à la terre.

Leurs cultures sont peu variées : elles comprennent l'orge, le sorgho et quelque peu de maïs. Les procédés de culture sont rudimentaires et, de plus, comme tous les musulmans, les Dahraniens sont d'une profonde imprévoyance. A la moindre calamité, ils tombent dans la plus affreuse misère ; lors de l'avant-dernière invasion des sauterelles, ces gens en étaient réduits à des distributions de caroubes à raison de *quatre* par homme !

Le préhistorique est très rare dans tout le massif, mais ce même pays a été très sérieusement colonisé à l'époque romaine. A chaque pas, on trouve des restes de l'occupation ; M. PALLARY a observé aussi des cités berbères dans lesquelles la civilisation romaine s'était infiltrée, ce qui leur donnait un cachet spécial.

La colonisation française est beaucoup plus modeste ; la région orientale seule commence à se peupler : on y compte les centres de Cassaigne, Bosquet, Ouïllis, Pont-du-Chéliff et, plus au nord, Lapasset et Petit-Port.

On a créé une magnifique route stratégique à travers le Dahra pour en contenir les tribus remuantes. Malheureusement, cette route est peu fréquentée ; il serait désirable de voir se terminer au plus tôt la route du littoral, qui reliera Mostaganem à Ténès. Ce jour-là la colonisation aura fait un grand pas ; les colons viendront alors s'établir dans une contrée fertile où la rareté des communications et l'isolement de l'élément européen constituent les seules difficultés.

M. DRAPEYRON, Sec. gén. de la Soc. de Top. de France. [902 (611)]

Calcul géographique et chronologique des périodes de l'histoire de l'Afrique ancienne dont Carthage fut la capitale, 872 av. J.-C. 698 après J.-C. — M. LUDOVIC DRAPEYRON présente un essai ethnographique antérieur sur la *Constitution de Carthage* (188) et adresse un nouveau travail topographique sur la Carthage punique, romaine, byzantine.

Il met en lumière la *valeur de position* de cette ville et montre en quoi elle a contribué à la formation de son « empire insulaire ».

Cette valeur n'est pas moindre sous l'empire romain. Carthage, avec Malte pour vigie, était la plus haute expression de l'union de la Méditerranée sous une même domination.

Aussi l'empire romain n'a pu s'en passer. L'unité méditerranéenne constituée, elle l'a rebâtie, colonisée, et elle a été aussi florissante qu'auparavant.

Elle a été détruite par les Arabes musulmans, il y a douze siècles.

Si elle n'a pas été rappelée une seconde fois à la vie, c'est que la Méditerranée a été livrée aux Barbaresques, dans sa partie centrale, et que, même débarrassée de ceux-ci, elle est restée divisée en plusieurs dominations.

Malte : voilà ce qui reste de Carthage ; on sait comment elle a été utilisée par l'Angleterre, après avoir servi d'avant-poste aux chevaliers de Rhodes.

M. G. PÉRÈS, Memb. de la Soc. afric. de France. [297]

De l'origine des sectes fanatiques musulmanes et de l'importation en Occident de quelques-unes de leurs doctrines.

M. le Capit. GUYOT, Sec. de la Soc. de Top. [910 7]

L'enseignement de la topographie en France.

M. Paul BONNARD, à Tunis.

Des communications rapides par services maritimes entre Marseille et la Tunisie.

M. Auguste BERNARD, Prof. à l'Éc. sup. des Lettres d'Alger.   [910 9]

De l'emploi des indigènes algériens et tunisiens pour l'exploration. — M. Augustin Bernard appelle l'attention sur l'intérêt qu'il y aurait à utiliser les indigènes algériens et tunisiens pour l'exploration de l'Afrique, et notamment, du Maroc et du Sahara.

A bien des reprises, et dès les premières années de notre établissement dans l'Afrique du Nord, on a tiré parti des informations et des renseignements fournis par des indigènes. M. Bernard rappelle quelques-unes des contributions les plus importantes obtenues de cette manière. Malheureusement, ces informateurs étaient pour la plupart absolument illettrés, et la valeur des documents fournis par eux ne pouvait manquer de s'en ressentir.

Ce que propose M. A. Bernard, c'est de les dresser et de les préparer sérieusement en vue des explorations qu'on leur confierait. Il signale les résultats que les Anglais ont obtenus en Asie avec les *pundits* hindous. Il faudrait procéder comme eux, apprendre à nos indigènes à lever un itinéraire à la boussole et leur donner quelques notions scientifiques; pénétrant dans des régions où nous n'avons pas facilement accès, ils nous rapporteraient des données précieuses et serviraient efficacement au progrès des sciences géographiques.

M. Marcel DUBOIS, Prof. au Coll. de France.   [551 56]

Sur la méthode d'étude des climats.

Sur l'emploi des notions de faune et de flore en géographie économique.

M. LÉOTARD, à Marseille.   [916 6]

Étude sur le Niger français.

M. LEVASSEUR, Memb. de l'Inst., Prof. au Coll. de France.   [917 7]

Sur le Mississipi supérieur, ses sources, ses chutes Saint-Antoine.

M. Jules MAISTRE, à Villeneuvette.   [551 562]

Le climat de la région de la Méditerranée.

M. Ant. GOGUYEZ.

La pénétration commerciale de l'arrière-terre du golfe de Gabès.

M. de CHARENCEY.   [491 69]

Sur les jours et les mois en basque.

M. PARIS.   [614 84]

Sur les incendies périodiques des montagnes d'Annam.

M. MARTEL, à Paris.   [912]

Retard de la cartographie et de la topographie officielles en France.

Le reboisement des plateaux calcaires.   [634 9]

Travaux imprimés.

PRÉSENTÉS A LA 14e SECTION

MM. FITZNER (Rudolf). — *Ein Beitrag zur Tunesischen Landes-Volksrunde,* Berlin 1895.

Dr CARTON. — *Les fouilles de Bulla regia,* Lille 1890.

    —   *Le Sud de la Régence de Tunis, la région des Ksour,* Lille 1889.

DURAFFOURG. — *Notice de géographie historique et descriptive sur la Tunisie, Sfax et ses environs,* Lille 1890.

DRAPEYRON. — *La Constitution de Carthage d'après Aristote et Polybe, étude ethnographique,* Paris 1882.

15ᵉ Section.

ÉCONOMIE POLITIQUE ET STATISTIQUE

PRÉSIDENT (1) . . . . M. LÉTORT.
SECRÉTAIRE . . . . M. SAUGRAIN, Avoc. à la Cour d'appel de Paris.

— Séance du 2 avril 1896 —

M. LÉTORT.   [336 35]

Des procédés d'amortissement des dettes publiques.

M. TURQUAN, Chef du bur. de la Stat. au Min. du Commerce.   [325 2]

De l'émigration des Français en Algérie et en Tunisie par départements d'origine.

M. G. SAUGRAIN, Avoc. à la Cour d'appel à Paris.   [325 3]

La baisse du taux de l'intérêt et le développement de la colonisation. — Après avoir rapidement passé en revue les causes qui font baisser le taux de l'intérêt, causes qu'il a étudiées autre part (2), M. Gaston SAUGRAIN montre que celles-ci continueront à agir et que la baisse du taux de l'intérêt s'accentuera encore. De nouvelles inventions, qui nécessiteraient brusquement un renouvellement du matériel industriel pourraient, il est vrai, arrêter cette baisse et même relever le taux, mais cet arrêt ne serait que momentané, et bientôt la baisse du taux de l'intérêt recommencerait d'une façon plus rapide.

M. Gaston SAUGRAIN indique en quelques mots les conséquences diverses de la baisse du taux de l'intérêt, et il étudie en détail l'influence qu'elle peut avoir

---

(1) En remplacement de M. Faure, empêché de venir au Congrès.
(2) *La baisse du taux de l'intérêt.* Causes et conséquences, 1 vol. in-8°, LAROSE, éditeur.

au point de vue du développement de la colonisation. La France est surchargée de capitaux qui ne trouvent plus d'emploi, la productivité du capital est de plus en plus faible, et les capitalistes, pour trouver des placements rémunérateurs, sont obligés d'effectuer des prêts plus ou moins aléatoires où seule une prime du risque élevée accroît le taux d'une façon plus apparente que réelle. Au contraire, les colonies manquent de capitaux ; des terres fertiles ne sont pas cultivées, des mines ne sont pas exploitées, des industries qui pourraient être prospères, végètent. Souvent ce sont les ouvriers qui font défaut, mais là où ils sont en nombre suffisant les capitaux manquent, et la production pourrait s'accroître notablement si elle était facilitée par une plus grande quantité de capital.

La baisse continue du taux de l'intérêt forcera les capitaux à émigrer, les capitalistes finiront par s'apercevoir des différences de productivité du capital en France et dans les colonies, et ils reconnaîtront que ces différences de productivité dépassent, dans la plupart des cas, l'excédent de la prime du risque. Les petits capitalistes suivront souvent leurs capitaux et augmenteront ainsi le nombre des chefs d'entreprise dont manquent également les colonies.

La baisse du taux de l'intérêt favorisera donc le développement colonial ; d'ailleurs au point de vue général les avantages de cette baisse dépassent notablement les inconvénients, et M. Gaston SAUGRAIN, loin de le regretter comme le font quelques économistes, souhaite au contraire le progrès de ce mouvement qui favorise les travailleurs aux dépens des oisifs qui se contentent de consommer sans participer personnellement à la production.

— Séance du 3 avril 1896 —

M. Claude FAVROT, à Bou Argoub (Tunisie).   [338 1 (630 6)]

De l'association en matière coloniale : associations familiales ; métairies. — Ce qui empêche l'essor des entreprises coloniales d'initiative privée, c'est d'une part, l'inexpérience de nos jeunes Français ; d'autre part, l'insuffisance de capitaux. M. Favrot montre que ce double écueil peut être évité par l'association qu'il faudrait faire entrer de plus en plus dans la pratique de nos mœurs.

Plusieurs familles se grouperont pour mettre en valeur un grand domaine. Elles éviteront ainsi l'*isolement* et constitueront un milieu propice à cet *établissement définitif* que doit être l'entreprise coloniale ; elles réuniront les capitaux et les aptitudes nécessaires, réalisant l'adage bien connu trop peu usité en France : l'union fait la force. La métairie sera une autre forme de l'association. Le domaine appartenant au groupe de propriétaires supposé sera mis en culture à l'aide de petits colons français employés comme *métayers*. Le métayer, qui est un associé, mettra en œuvre toutes ses facultés ; il sera outillé, guidé par les propriétaires qui, vivant sur place, n'auront rien à craindre pour leurs intérêts et ne cesseront d'exercer leur surveillance sur les opérations du métayer auxquelles du reste ils collaborent. M. Favrot, qui a jeté les premières bases de cette organisation dans son exploitation de Bou Argoub, est convaincu qu'elle constitue une des solutions de ce problème colonial où la France cherche actuellement le principe de son relèvement matériel et moral.

M. HARMAND, anc. Dir. des Domaines.   [350]

Rapport sur le projet de réglement concernant la police, les contributions, l'organisation du travail, les secours, etc., dans la Régence de Tunis par M. Servonnet.
— M. Harmand, ancien Directeur des Domaines, ancien Chef de service à la Martinique et au Sénégal, ancien Commissaire général du Gouvernement français au Mexique, en 1863, est venu, il y a un an, faire un séjour de plusieurs mois en Tunisie, à l'effet d'étudier l'organisation administrative et sociale et de rechercher les améliorations dont elle serait susceptible en tenant compte des circonstances de milieu, ainsi que des progrès économiques du pays.

Il a traduit le résultat de ses observations en un projet de décret, précédé d'un exposé des motifs très substantiel et très clair et qui renferme en quelque sorte la philosophie de la matière.

Observateur expérimenté et sagace, très nourri des principes communs aux sommités de nos économistes depuis Sully jusqu'aux maîtres contemporains, M. Harmand ne perd pas de vue la nécessité de concilier la théorie avec les exigences des faits.

Dans des considérations préliminaires, M. Harmand établit que la richesse des États est en raison directe de la richesse des sujets, et que celle-ci est engendrée uniquement par le travail. D'où l'importance capitale d'une bonne organisation du travail basée sur la sécurité, une bonne police et des lois administratives simples, peu nombreuses et pratiques.

Le projet de décret est divisé en cinq titres.

Le premier comprend les mesures d'ordre et de police propres à assurer la sécurité des personnes, celle des propriétés et, concurremment, assurer l'assiette et le recouvrement des contributions directes.

Le second a pour objet de faciliter les engagements de travail et d'en garantir l'exécution. Des mesures sont prises en faveur des enfants abandonnés dans les villes pour les soustraire à l'oisiveté et leur donner l'habitude du travail.

Le troisième s'applique à secourir les pauvres, leur donner du travail suivant leurs facultés et les mettre à l'abri des souffrances de la misère.

Le quatrième et le cinquième titres sont relatifs à l'exécution des condamnations à des amendes qui, à défaut de paiement, sont converties en journées de travail.

Ce n'est pas dans un pays où toute l'organisation sociale dérive de la loi religieuse qu'on pourrait trouver à reprendre à des préceptes de droit naturel que consacrerait un texte de loi civile. Il n'y a donc pas d'objection fondamentale à formuler contre l'essence même du projet. On ne voit pas qu'on puisse lui reprocher d'empiéter sur le domaine purement social, par exemple lorsqu'il cherche à réprimer le vagabondage, plaie sociale de tous les pays.

Comme l'exprime fort justement l'auteur, à ce sujet, les honnêtes gens ne cherchent pas à cacher leur identité personnelle ; au contraire, ils la désirent certaine, bien établie, et le gouvernement a le droit de l'exiger de tous. De là la nécessité pour toute personne de se pourvoir d'une carte d'identité ou de sûreté qui est l'extrait officiel de l'immatriculation de la personne.

Il est à croire que, en Tunisie, cette formalité ne serait pas sans utilité, la situation particulière de la Régence l'appelant à recueillir beaucoup d'étrangers qui viennent y chercher des moyens d'existence ou de fortune.

Nous remarquerons à ce propos que l'immatriculation des habitants n'est pas précisément une nouveauté. La loi française du 22 juillet 1791 en avait posé le principe. L'article premier de cette loi porte, en effet, que les corps municipaux feront constater l'état des habitants, *chaque année*, dans le courant des mois de novembre et décembre.

Le travail de M. Harmand s'appuie toujours sur la législation comparée et sur l'opinion des écrivains et des penseurs qui ont le plus creusé le sujet. L'auteur cite tour à tour à l'appui de ses thèses Ganilh, Coquelin, Rossi, Bresson, Proudhon, Passy, Garnier, d'Audiffret, de Hock, etc. Il ne s'asservit pourtant à aucune opinion. Il a des vues bien personnelles.

Sans doute, on ne fait pas table rase de ce qui existe, moins ici que partout ailleurs, et il n'est pas à prévoir que le projet de décret d'organisation conçu par M. Harmand soit appliqué de toutes pièces dans un bref délai. Mais il contient des aperçus ingénieux, il préconise des mesures infiniment sages, renferme des éléments de progrès qui s'imposent à l'attention des administrateurs et des hommes d'État. Les législateurs y trouveront certainement une direction utile et des inspirations pratiques à ne pas négliger.

M. le Dr **BONNET**, à Paris.   [933 03 (611)]

Deux ambassades tunisiennes à la cour de France (1728-77) d'après les comptes rendus manuscrits des secrétaires-interprètes du roi.

M. Ahmed **GHATTAS**, Secrét. de la Dir. de l'Enseigt public en Tunisie.   [338 1 (630 6) (611)]

Le contrat de khammès en Tunisie. — Le décret beylical du 13 avril 1874 définit ainsi le khammès : « Le khammès est un associé ayant droit au cinquième en compensation de son travail ». C'est une véritable association agricole entre le khammès qui fournit le travail et une autre personne, l'agriculteur, qui fournit la terre, les bestiaux, les semences et fait toutes les dépenses de l'exploitation. Mais dans cette association, la répartition des bénéfices est fixée par la loi : le cinquième de la récolte des céréales et la moitié pour toute autre culture reviennent au khammès.

Le khammès fait tous les travaux agricoles, tels que labour, moisson, etc. L'agriculteur doit avancer à son khammès les vêtements et la nourriture nécessaires, lui prêter des bestiaux pour transporter ses effets et ses provisions en cas de déménagement.

La situation du khammès est peu enviable. Il est continuellement endetté et il ne peut quitter l'état de khammès sans avoir payé ses dettes. Il est en effet le débiteur de son maître pour toutes les sommes que celui-ci lui a avancées pour son habillement et pour sa nourriture. Lorsqu'il change de maître c'est le nouveau qui désintéresse l'ancien et qui devient créancier du khammès. Sa situation est sans issue, car ses faibles bénéfices ne lui permettent même pas de ne pas faire de nouvelles dettes. Le remède à cette situation fâcheuse, c'est d'entreprendre par une éducation pratique de faire naître chez les fils des khammès le sentiment de la prévoyance. Très empreints de l'esprit d'association, il leur manquera toujours le petit capital nécessaire pour former entre eux des associations agricoles normales. La prévoyance leur permettra d'acquérir ce capital qui leur manque, et l'instruction les fera aussi éclairés et aussi consciencieux ue les paysans de France.

M. FOURNIER DE FLAIX, à Sèvres.   [336 1 (611)]

Des impôts en Tunisie. — M. FOURNIER DE FLAIX fait une communication sur les conditions actuelles des impôts en Tunisie, les difficultés qu'ils présentent, les réformes déjà accomplies par la Régence sous la direction française et celles à accomplir au fur et à mesure que s'accroîtra l'influence des idées et des capitaux de la France.

Il insiste sur l'extrême complication du système fiscal de la Tunisie, en ce qui concerne principalement les impôts de consommation.

M. Gust. VINCENT, à Tunis.   [347 7 (611)]

Revision du livre II du Code de commerce et compétence des tribunaux français de Tunisie en matière d'avaries de transport. — Ce mémoire, présenté au nom de la *Société pour la défense et le développement du commerce et de l'industrie en Tunisie,* conclut :

1° A émettre le vœu que le projet de loi déposé à la Chambre des députés, le 22 octobre 1893, sur les risques en matière de transport, soit promptement discuté et adopté ;

2° A ce que l'État intervienne au plus tôt, lors du renouvellement de ses contrats avec les transporteurs maritimes subventionnès, pour leur imposer la suppression d'un article (art. XXIII des connaissements de la Compagnie transat-lantique), qui, par dérogation à l'article 420 du Code de procédure civile, attribue la connaissance des contestations au Tribunal de commerce du lieu où le connaissement est créé ; cette clause, dans la pratique, rend impossible le règlement de toute contestation, surtout lorsque celle-ci est peu importante, et met le destinataire tunisien ou algérien dans la nécessité d'en passer par les prétentions des Compagnies, qui peuvent refuser toute indemnité, sûres que presque personne n'entreprendra de plaider contre elles à si grande distance : en France, au port d'embarquement.

MM. le Dr BERTHOLON et GOGUYER.   [9611]

Les deux grands ports tunisiens de Bizerte et Boughèrara-Gigthis. — Le port de Bizerte, si vanté, est certainement admirable en lui-même, avec son immense bassin de trente mille hectares, pour l'accès duquel on a creusé un canal de huit mètres de profondeur, large de soixante mètres au plafond, précédé d'un avant-port de cent hectares. Mais, placé en dehors des grandes voies terrestres de communication, il ne peut avoir d'importance qu'au point de vue militaire. La longue vallée de la Medjerda, parallèle au rivage, écoule ses produits par un chemin de fer sur Tunis. C'est donc un débouché fermé au commerce de Bizerte.

Au contraire, le lac de Bougherara, qui a une étendue double et des fonds de vingt à vint-cinq mètres, est accessible par un canal naturel, sur lequel se trouve le port de Gerba, à Ajim. Il pourrait, au prix de quelques centaines de mille francs, constituer un port bien supérieur au précédent, qui a coûté des millions. De plus, il est encore mieux abrité que l'autre par toute la largeur de l'île, qui d'ailleurs est un véritable jardin de soixante-quatre mille hectares, peuplé de quarante mille habitants, qui sont les plus industrieux de toute l'Afrique du Nord. Cette population est aussi nombreuse que toute la clientèle de Bizerte, qui est d'ailleurs presque uniquement composée de barbares; la clientèle de Bougherara, dans la partie la plus voisine du continent, comprend en outre, une population d'environ quatre-vingt huit mille âmes, dans un pays dont la richesse ancienne est attestée par des ruines innombrables.

Enfin, le lac de Bougherara est situé au fond d'un golfe, dont la dépression se continue dans deux directions: 1° au N.-O. vers l'Algérie, par Tébessa, où il faudrait le rattacher au réseau algérien par un chemin de fer, en dépit des tendances particularistes de l'administration tunisienne qui s'y refuse. En cas de guerre, un camp retranché, à Souk-Ahras, ferait de ce point le nœud stratégique de toute la Berbérie orientale.

2° Au sud, un autre chemin de fer viserait un point situé à l'ouest de Ghadamès sur notre territoire, à quatre cents kilomètres de la mer. On le construirait d'abord jusqu'à mi-chemin, vers Remada. Au delà, les caravanes auraient pour objectif le Soudan central, soit par les oasis situées à l'est du Fezzan, soit par le Touat à l'ouest, qui est plus près de la mer et plus accessible par Bougherara que par l'Algérie.

Tous ces travaux, dans ce pays très plat, seraient peu coûteux. L'État devrait y attirer l'initiative privée par l'appât: 1° des bénéfices de l'exploitation du port; 2° de la concession pour le chemin de fer du nord-ouest d'un territoire colonisable de trente mille hectares et des phosphates de Gafsa, qu'une Compagnie concessionnaire a abandonnés parce qu'on lui imposait l'obligation d'embarquer à Sfax; 3° de la concession, pour la ligne du sud, des salines de Bahirt-el-Biban, d'un territoire colonisable de cent mille hectares, en pays élevé vers Remada, et de partie des territoires à acquérir.

L'ancienne Gigthis renaîtrait alors et servirait de base, d'abord à notre puissance maritime dans la Méditerranée orientale, et ensuite à l'empire que nous nous proposons de fonder dans l'Afrique centrale.

16ᵉ Section.

ENSEIGNEMENT

PRÉSIDENT (1) . . . . M. E. FERRY, Prés. du Trib. de Comm. de Rouen.
SECRÉTAIRE . . . . M. GUÉZARD.

— **Séance du 2 avril 1896** —

M. TRABAUD, à Marseille.   [370 1]

Influence de l'enseignement sur l'esprit public. — On entend par *esprit public* un sentiment qui, au lieu d'être personnel, appartient à une agrégation, une collectivité, que cet ensemble de personnes représente une province, une nation, un monde même.

Comme les sociétés grandes ou petites, cédant aux similitudes de races, s'organisent selon leurs tendances naturelles, ou par une éducation spéciale, il en résulte que ces sociétés subissent des influences voulues, parfois même involontaires. Les gouvernements achèvent l'œuvre de la nature. Il est, toutefois, quelque peu triste de penser que les gouvernements ne naissent que très rarement de la concorde, du libre consentement des peuples. A la suite des temps, il s'établit une série de courants qui, trouvant leur équilibre, produisent dans l'ensemble de la pensée d'un peuple ce que nous nommons *esprit public.*

Montesquieu définit l'esprit national : « ensemble des opinions, des dispositions qui dominent dans une nation. Les lois sont établies, les mœurs sont inspirées ; celles-ci tiennent plus à l'esprit général, celles-là tiennent plus à une institution particulière. »

J.-J. Rousseau voudrait « que l'effet pût devenir la cause ; que l'esprit social qui doit être l'ouvrage de l'institution présidât à l'institution même ».

Heureux le peuple qui a compris la mise en pratique de sa réelle valeur. Au contraire, quand la patrie n'est plus le foyer des pensées et des actions solidaires et centralisées, le patriotisme est atteint dans son essence.

A ce titre, on peut affirmer que la question posée, ressort autant de la science pédagogique que de l'économie politique. C'est, en un mot, une question de principe alliée à une autre d'influence que nous essayons de présenter.

(1). M. TRABAUD, retenu par son état de santé, n'avait pu venir à Tunis.

Par *influence*, on entend la pénétration d'un objet principal sur ou dans un sujet accessible, autant qu'un principe, même secondaire, est pénétrable par un autre d'une nature supérieure.

Telles sont deux idées combinées (influence, esprit public), définies aussi exactement que possible, qui s'unissent pour servir de thème à une proposition, heureusement placée au début de cette session, pouvant être considérée comme une base dans les modes essentiels de tout enseignement.

Si nous prêtons attention au monde intellectuel, nous remarquons que sa formation est pareille. Les mieux avisés ouvrent une voie que les faibles et les ignorants suivent d'abord par intérêt et acceptent ou subissent dans les temps postérieurs en se parant du sens moral, marche normale amenant ce qu'on est convenu de nommer la *civilisation*. Quoi qu'il en soit, notre monde tend à profiter des constantes leçons, et il paraît rationnel à tout esprit non prévenu que la tendance finale recevra sa juste consécration.

Quant à la puissance de l'enseignement, il est superflu de l'affirmer ; ce serait prouver l'évidence. Pour la pédagogie, pour l'école des lettres, des sciences et des arts, à quelque degré qu'elle s'élève, il y a profit à marquer la marche de cette influence, variable selon les temps et les révolutions. L'oscillation provient des facteurs essentiels, de ceux qui sont nés du monde et finiront avec l'espèce : intérêt et morale, liberté et contrainte.

Notre France, agrandie au xvie siècle, pour ne pas remonter plus haut dans l'histoire, éprouvant les bienfaits de sa première cohésion, assiste à l'épanouissement de son esprit public. Son génie propre lui aide ; et les événements mémorables de cette époque agitée ressemblent assez à des sources vivifiantes où la patrie apprend ses journalières leçons.

Les idées religieuses, politiques, domestiques sont ses premiers maîtres.

L'Université, par son appellation seule, marque sa puissance ; elle est un intermédiaire magistral entre les idées et les faits. L'histoire de la France, apparaît comme une parenté intime de l'Université.

Au xviie siècle, alors que les agitations de la Réforme perdent un peu de leur acuité, l'école s'inspire davantage du sens moral, tout en conservant des méthodes routinières défectueuses.

Au xviiie, l'école se modifie d'une manière presque insensible, alors que le rationalisme, propagé par la littérature mondaine, l'aspiration vers la science, le goût des découvertes lointaines, transforme les esprits ; et, finalement, d'un excès naissent d'autres excès.

A ce moment, il est permis de dire que les empires les plus populeux sont arrivés insensiblement à se laisser gouverner plus par la somme des idées transmises, formant une doctrine absolue, que par la volonté ou même la tyrannie de certains gouvernants.

Notre siècle n'est plus seulement le siècle du Code. Sa volonté est marquée par le besoin de codification.

Mettre tout en ordre, croire au progrès, se créer un idéal résultant du passé uni au présent, chercher des solutions dans toutes les parties des connaissances humaines, telle semble la mission accomplie du xixe siècle. A cette heure nous pouvons en deviser et vivre sur les résultats définitivement obtenus.

Quel pronostic est-il permis de tirer en faveur du siècle prochain ? C'est là plus qu'une ténébreuse difficulté. La science nous facilite la prédiction des temps ; elle n'est point infaillible à propos des destinées d'un peuple. Quoi qu'il en soit, tout porte à croire que les événements naîtront des idées, alors que celles-ci se forment à l'école des maîtres influents, qu'ils appartiennent à l'enseignement primaire, secondaire ou supérieur.

———

[370 5]

Une éducation parfaite, indépendamment de l'aptitude des jeunes gens pour l'étude, irait jusqu'à modifier le jeu, même le vêtement, la nourriture etc., selon leur tempérament et leurs dispositions corporelles. — Dans le monde ordinaire, pour un certain public nullement attentionné aux habitudes d'une vie superficielle, on appelle bien élevé, *comme il faut*, un homme à qui la fortune a souri. — Payer de mine, se rendre esclave de la mode, user de phrases banales, exagérer les gestes, n'exclut que rarement l'adhésion des complaisants futiles.

C'est autre conception des choses dans une société correcte, où le moindre défaut devient apparent et ne se pardonne qu'avec peine. Dans une société raffinée où le formalisme même ne régnerait pas, les règles de la civilité se compliquent.

En écrivant sur les exigences de la parfaite éducation, nous avons eu surtout en vue d'indiquer les limites extrêmes auxquelles il serait possible d'aboutir, si nul obstacle ne supprimait les efforts ; car il ne suffirait pas de dogmatiser vis-à-vis des jeunes, — encore faut-il seconder la puissance des plus ingénieux moyens. Et pour le gain de tels résultats, s'il est favorable de compter des parents doux et vigilants, il est parfois utile de bénéficier de quelque aisance traditionnelle. En tout état de fortune, le devoir n'en incombe pas moins aux maîtres et aux parents. — La saine éducation se relie donc à des causes multiples et relatives.

Jusqu'à ce jour, le monde a usé d'un ensemble de faits et d'idées, sorte de synthèse propre à rendre une éducation estimable. Que serait-ce si l'état simplement satisfaisant de nos habitudes se modifiait par la recherche des progrès entrevus, par l'application d'une analyse destinée à nos actions, à nos pensées communes ?

Cette application s'étendrait avec fruit, non seulement à l'étude, ce qui est de vieille coutume, mais à toutes les actions, aux généreuses pensées de la jeunesse, puisque le jeune âge permet seul les plus souples amendements aux tendances trop impérieuses de la première nature. — Le jeu, le vêtement, la nourriture, par exemple, se peuvent diriger, maîtriser, en raison du tempérament et des dispositions corporelles.

Au-dessus de ces avantages successifs, quel frein plus puissant, constant et assimilable contre la gêne des passions absorbantes !

La seule objection viendrait-elle de l'antique routine, nous accusant de restreindre la liberté ? Je ne connais pas dans notre langue ordinairement claire et précise, d'expression plus sujette à fausse interprétation. Le sens abstrait s'applique à l'action naturelle ; mais le concret appartient à l'ordre moral et n'existe qu'avec l'aide de la contrainte.

Se figure-t-on l'enfant libre, livré à lui-même ?

Conçoit-on l'enfant contraint à l'obéissance, enchaîné dans tous ses mouvements ?

Repoussant une objection qui aboutirait au plus déplorable système, à celui qui, de parti pris, nierait les bienfaits de toute éducation perfectionnée, nous

17

concluons que la jeunesse profitera d'autant plus que les soins des maîtres et des parents porteront sur les moindres détails de leur existence morale, intellectuelle et corporelle.

Tout ce qui rentre dans une éducation soignée n'est donc pas du domaine de la liberté absolue.

Pour nous, gens du XIXe siècle et prochainement appelés à vivre au XXe, il nous faut une aptitude spéciale. Aux tendances nécessaires vers le bien, le beau le vrai, il importe de veiller à l'utile.

Le dernier mot de la question appartient encore à notre philosophe Montaigne : « On nous adprend à vivre, quand la vie est passée. — Notre enfance ne doit au paidagogisme que les premiers quinze ou seize ans de sa vie ; le demourant est dû à l'action ».

— **Séance du 3 avril 1896** —

M. Émile BELLOC. [411]

Signification et orthographie de quelques noms géographiques. — L'auteur n'a pas la prétention de vouloir réformer le vocabulaire géographique ; il désire simplement attirer l'attention des membres du Congrès sur l'utilité qu'il y aurait de fixer — pendant qu'il en est temps encore, pour certains pays — la signification et l'orthographie de certains noms géographiques.

C'est ainsi, par exemple, que l'on voit la *Becca di Nona*, dans la vallée d'Aoste, désignée également sous le nom de « Pic de Onze Heures », tandis que sur la carte de l'État-major italien, la position de cette montagne correspond assez exactement à neuf heures du matin.

Dans les Pyrénées, l'auteur signale les « Pics *du* Midi », que l'on devrait écrire, comme les auteurs du XVIIe et du XVIIIe siècle du reste, « Pics *de* Midi ».

M. RENARD, à Alger. [411]

De l'importance de la simplification de l'orthographe pour la propagation de la langue française dans les colonies et à l'étranger.

VŒU ÉMIS PAR LA 16e SECTION

Ce vœu (voy. page 80) a été admis comme vœu de Section.

17e Section.

HYGIÈNE ET MÉDECINE PUBLIQUE

.Président (1) . . . . M. le Dr CHANTEMESSE, Méd. Inspect. adj. des Serv. sanit., à Paris.
Vice-Président . . . . M. le Dr BARD, Prof. à la Fac. de Méd. de Lyon.
Secrétaire . . . . M. le Dr BESSON, Méd.-maj., Chef du lab. de bact., à l'Hôp. milit. de Tunis.

— Séance du 2 avril 1896 —

QUESTION PROPOSÉE A LA DISCUSSION DE LA 17e SECTION

Des moyens à employer pour empêcher la propagation des maladies contagieuses par les transports en voitures et en chemins de fer. [614 44]

Discussion. — M. le Prof. BARD, de Lyon. — La question qui est soumise à la discussion de la Section présente une réelle importance pratique, mais soulève des difficultés d'exécution très sérieuses. Le rôle des voitures publiques dans la propagation des maladies transmissibles peut s'exercer de deux manières, dont l'importance est, à mon avis, très inégale.

D'une part, les germes laissés par les malades peuvent contaminer les sujets sains qui feront usage ultérieurement du véhicule contaminé; d'autre part, la contagion directe peut s'exercer par la rencontre de sujets sains avec des sujets malades dans la même voiture. Le premier mode concerne surtout les voitures destinées aux transports isolés, et qui ne doivent leur caractère de voitures publiques qu'à ce fait qu'elles sont utilisées successivement par des personnes multiples; telles sont par exemple les voitures de place. Le second mode concerne les voitures, ou autres véhicules, destinées aux transports collectifs : omnibus, tramways, bateaux, chemins de fer, etc.

C'est le premier mode qui a le plus attiré l'attention, et c'est lui qui a presque toujours été l'objectif des mesures de prophylaxie proposées. Celles-ci se ramènent en dernière analyse à deux ordres de moyens : d'une part, la désinfection, plus ou moins efficace, des voitures employées au transport de malades contagieux; d'autre part, l'établissement par les municipalités ou les hôpitaux de voitures spécialement affectées à ces transports.

Je ne veux pas insister sur ces divers points bien connus, je me contenterai

---

(1) En l'absence de M. Mauriac, retenu pour des raisons de santé.

de signaler le moyen qui a été employé à Lyon, pendant plusieurs années, pour assurer le transport des contagieux dans des voitures spéciales, en évitant les frais élevés de la création d'un service de cette nature. Les hôpitaux s'étaient contentés d'affecter des voitures spéciales à cet usage et de les prêter gratuitement aux cochers de voitures publiques. Toutes les fois que ceux-ci avaient à transporter un malade contagieux, il leur suffisait de venir à l'hôpital avec leur voiture ordinaire, d'atteler leurs chevaux à la voiture spéciale pour faire avec celle-ci la course demandée ; le prix en était payé au tarif habituel par les familles ou, en cas d'indigence, par la municipalité. Les cochers qui faisaient usage de ces voitures évitaient ainsi, au prix d'un dérangement assez minime, les sérieux inconvénients de la désinfection de leur propre voiture, désinfection qui leur était imposée, d'autre part, quand ils avaient conduit à l'hôpital un malade atteint d'une affection transmissible.

À vrai dire, les cas de transmission de maladies par l'usage *successif*, après quelque intervalle, d'une même voiture, sont des plus rares, et il serait difficile d'en citer plusieurs bien authentiques ; à Lyon, pendant plusieurs années, une unique voiture a servi à des transports d'hôpital à hôpital d'assez nombreux malades atteints d'affections diverses et, parmi eux, ceux qui étaient destinés aux services d'isolement de la diphtérie et de la variole ; aucune désinfection n'était faite et, malgré cela, aucun cas de contamination n'a été constaté. Je ne voudrais certes pas en conclure que le danger de l'usage successif de voitures publiques est absolument nul et qu'il n'y a pas lieu de s'en préoccuper ; je veux seulement attirer l'attention de la Section sur la fréquence incomparablement plus grande des contagions directes dans les voitures destinées aux transports collectifs, et par suite sur la nécessité de s'en préoccuper, au lieu de s'attacher exclusivement, comme on le fait généralement, à prévenir la contamination par les voitures de place, dont l'importance est beaucoup moindre. Le fait a encore pu être mis en évidence à Lyon ; une ligne de cars-ripert mettait en communication deux gares urbaines et passait devant la porte même de l'hôpital de la Charité où se trouvait le service d'isolement des diphtéries ; par ce fait ces voitures étaient souvent utilisées pour le transport à l'hôpital des enfants diphtériques. A une époque où je poursuivais des recherches sur le mode de propagation de la diphtérie, en 1890, j'ai retrouvé un certain nombre de cas dans lesquels cette maladie avait eu pour origine un trajet dans ce car-ripert, en compagnie d'enfants malades qui avaient été descendus devant la porte de l'hôpital.

Les faits que j'avais observés m'ayant convaincu de l'importance de cette cause, je demandai et j'obtins, comme médecin des épidémies, de M. Cambon, qui était alors préfet du Rhône, de prendre des mesures préventives, en interdisant par un arrêté formel l'admission des sujets notoirement malades dans les voitures publiques urbaines destinées aux transports collectifs. L'arrêté avait dû formuler une interdiction générale, parce qu'il était possible d'obtenir des conducteurs de voitures publiques l'exclusion des malades, alors que l'on ne pouvait songer à leur demander de faire des distinctions et des diagnostics. Cette interdiction à titre général est en effet, pour ce motif, la seule pratiquement réalisable ; les inconvénients qu'elle pourrait avoir doivent être corrigés par la mise à la disposition des malades indigents, pour se rendre dans les hôpitaux, de moyens de transport isolé leur permettant de ne pas recourir aux services publics.

Il serait impossible d'envisager dans une communication forcément rapide les multiples détails pratiques que soulève cette question de la propagation des maladies contagieuses par les moyens de transports collectifs ; il n'appartient pas d'ailleurs à l'Association d'indiquer avec précision la réglementation complexe qui devrait intervenir ; il me paraît cependant utile que notre Section appelle l'attention de l'opinion et des autorités publiques sur ce côté jusqu'ici négligé de la prophylaxie des maladies transmissibles. C'est dans ce but que je vous propose, Messieurs, d'émettre, pour la désinfection des voitures publiques et la création des voitures spéciales destinées au transport des contagieux le vœu suivant :

La Section d'hygiène du Congrès,

Considérant que la rencontre des sujets sains avec des sujets malades, dans les véhicules destinés aux transports collectifs, constitue un mode important de propagation des maladies transmissibles,

Émet le vœu :

Que des règlements formels interdisent l'admission des malades dans les compartiments publics des moyens de transport collectifs (omnibus, tramways, bateaux, etc.), et que des instructions soient données pour assurer le transport isolé des malades contagieux dans des compartiments spéciaux.

M. FLEURY. — L'exposé que vient de faire M. Bard du transport des contagieux pose la question à son véritable point de vue et je m'associe pleinement à ses conclusions. Il vous a entretenus des mesures prises à Lyon ; à Saint-Étienne, on s'est également occupé des dangers présentés par le transport des contagieux et, en 1889, un arrêté municipal a été pris à ce sujet. Une voiture spéciale, acquise par la ville, est exclusivement affectée au transport des personnes atteintes de maladies contagieuses ; les indigents n'ont rien à payer, les autres ont à débourser seulement les frais de chevaux. Toutes les voitures amenant des malades à l'hôpital doivent entrer dans la cour de l'établissement et elles ne peuvent sortir qu'après le diagnostic porté par l'interne de garde. S'il s'agit d'une affection transmissible et épidémique, le véhicule est retenu et désinfecté, sans préjudice du procès-verbal dressé par la police. A la suite des contraventions dressées, les cochers exigent maintenant, pour leur garantie personnelle, une déclaration du médecin traitant indiquant si le malade à transporter est ou non contagieux. Quelques-uns ont essayé de se soustraire à l'entrée de leur voiture dans la cour de l'hôpital, en s'arrêtant à une légère distance, mais on est arrivé presque toujours à retrouver le numéro de leur fiacre et à leur dresser contravention.

Les transports isolés sont loin, comme l'a très bien fait ressortir M. Bard, de présenter les mêmes dangers que les transports dans des voitures collectives : omnibus, tramways ou chemins de fer. Là, la diffusion est plus facile et peut s'étendre à un grand nombre d'individus ; et ce sont peut-être moins les malades aigus, c'est-à-dire en pleine période d'évolution de la maladie, qui sont redoutables que les convalescents. Ces derniers, en effet, diphtériques, scarlatineux, coquelucheux, varioleux notamment, peuvent sortir et se promener à un moment où leur affection est encore transmissible ; leurs voyages et leurs promenades se répètent fréquemment et ils sont alors des agents très actifs de propagation. Les mesures proposées visent surtout, sinon exclusivement, les cas aigus ; il sera peut-être moins facile de se préserver des convalescents ; le péril n'en est pas moins réel.

En ce qui concerne la réglementation, divers pouvoirs administratifs sont intéressés dans la question : l'État, au point de vue. général, pour les chemins de fer, par exemple ; les départements, investis par la nouvelle loi sur l'assistance médicale de charges plus étendues, devront également se préoccuper du transport de leurs contagieux, et, enfin, les municipalités, celles des grandes villes en particulier, auront à préserver le public de la contagion dans les voitures publiques, tramways, etc.

La question présente donc un intérêt de premier ordre.

M. le Dr CHAMBRELENT, à Bordeaux.   [614 545]

De la mortalité puerpérale en dehors des hôpitaux. — La mortalité puerpérale, qui, depuis une vingtaine d'années, a considérablement diminué dans les hôpitaux, puisque de quatre à cinq pour cent elle est tombée à moins de un pour deux cents, ne paraît pas avoir subi la même diminution dans la clientèle privée.

Les cas de mort à la suite d'accouchements y sont encore relativement fréquents, malgré les progrès de l'obstétrique moderne et particulièrement de l'antisepsie.

Cette différence de la mortalité puerpérale dans les hôpitaux et en dehors des hôpitaux nous paraît tenir :

1° A ce que les femmes qui accouchent en ville sont souvent privées des soins obstétricaux en temps opportun, ainsi qu'elles les trouvent à l'hôpital ;

2° A ce qu'elles sont souvent soignées par des sages-femmes qui négligent l'emploi rigoureux des méthodes antiseptiques.

Si l'on songe que plusieurs milliers de jeunes femmes succombent chaque année en France par suite de cet état de choses, on doit se demander s'il n'y aurait pas lieu d'y porter remède.

Nous croyons que cette mortalité des femmes en couches, en dehors des hôpitaux, serait considérablement réduite :

1° Par la création dans les grandes villes de postes de secours, où les sages-femmes sauraient pouvoir trouver constamment l'assistance d'un accoucheur dans un cas de dystocie ;

2° En développant chez les sages-femmes la connaissance des règles de l'antisepsie et en établissant, au besoin, une surveillance sur l'application de cette méthode par chacune d'elles.

Discussion. — M. FLEURY estime, d'après son expérience personnelle, que les rétentions placentaires et les infections septiques constituent le principal facteur de la mortalité puerpérale ; les autres causes signalées par M. Chambrelent sont beaucoup moins fréquentes. L'inexpérience des sages-femmes qui ne s'assurent pas toujours si le placenta est sorti complet, qui apportent elles-mêmes le germe infectieux ou se livrent à des manœuvres abortives ou autres, tel est le mode habituel d'introduction de la maladie. C'est par l'asepsie et l'antisepsie qu'on arrivera à diminuer le taux relativement encore élevé, dans la pratique civile, de la mortalité puerpérale.

M. DROUET : Préconiser dans les centres de population, y favoriser et au besoin subventionner la création et l'organisation de maisons de santé, installées spécialement pour le traitement, le plus compétent, de toutes les questions relatives à la gestation et à la parturition.

Ces maisons de santé seraient établies sur les bases des « private hospitals » qui existent en Angleterre, aux États-Unis et au Canada ; ce sont des cliniques présidées par des médecins spécialistes, dirigées par des infirmières spéciales, où les personnes de la classe aisée, qui éprouveraient de la répugnance à aller dans un hôpital public, se rendent d'autant plus volontiers qu'elles sont sûres de rencontrer des soins plus compétents et aussi discrets que chez elles.

Une dame anglaise de ma connaissance, mère de famille, appartenant au haut commerce de Londres, étant affligée d'une affection grave de l'utérus, n'a pas craint de quitter sa famille et de se rendre dans un « hôpital privé », d'où elle est ressortie parfaitement guérie, après un mois environ de traitement et elle a eu plusieurs enfants depuis.

Personne n'ignore tout le bien qui résulte des nombreuses maternités, de la Société de l'allaitement maternel et du Refuge-Ouvroir, qui existent à Paris ; parmi ces établissements, la clinique Baudeloque, dirigée par M. le Dr Pinard, est l'un des modèles les plus parfaits et les plus désirables à suivre ; il serait, je pense, facile de reproduire, à toutes les échelles d'importance, les moyens pratiques, hygiéniques et antiseptiques, qui sont appliqués dans la clinique Baudeloque.

Les cliniques chirurgicales ont fait leurs preuves ; pour ne citer qu'un exemple, tout le monde sait quels services la maison de santé, dirigée par les frères Saint-Jean de Dieu, rend pour la chirurgie ; étendre ce genre d'institution et l'appliquer, dans tous les degrés d'importance relative, aux questions obstétricales, telle est la pensée que j'ai l'honneur de soumettre aux praticiens.

Peut-être serait-ce le cas de fonder une « Société philanthropique des cliniques maternelles françaises ».

En supposant qu'il soit donné suite à l'idée qui précède, je dois ajouter que, *selon ma pensée*, la création de cliniques maternelles spéciales devrait reposer sur des bases relativement très larges, mais qui, cependant, seraient toutes réglementaires et classiques ; il serait indispensable que ces cliniques soient fréquemment visitées par les inspecteurs spéciaux de la Société et, autant que possible, les appartements devraient être subdivisés de telle façon que les parturientes puissent, à leur gré, y recevoir les soins de leurs médecins habituels.

Il va sans dire que la fondation d'une vaste Société maternelle française devrait surtout avoir pour but d'assurer aux femmes enceintes, des conditions de prix très favorables et même la gratuité pour les personnes complètement déshéritées de la fortune.

M. LIVON : Une des principales causes de l'infection puerpérale dans les campagnes provient de l'ignorance des sages-femmes relativement à l'antisepsie. J'ai été appelé un jour dans une petite localité du Var pour voir une malade atteinte de septicémie puerpérale.

En prenant des renseignements, j'ai acquis la certitude que l'infection provenait de la sage-femme, qui avait perdu, dans l'espace d'une quinzaine de jours, plusieurs de ses accouchées de la même infection.

Il faudrait donc chercher à bien pénétrer les sages-femmes, qui sont appelées à exercer dans les campagnes, loin des conseils de docteurs, de l'importance de l'asepsie en accouchement ; on éviterait ainsi d'assister au triste spectacle que je signalais tantôt.

M. le Dr Albert BESSON, Chef du lab. de bact. de l'Hôpital milit. de Tunis. [613 34]

Note sur la recherche des bactéries pathogènes dans les eaux. — L'interprétation
des résultats fournis par les analyses bactériologiques des eaux est souvent
faussée par la présence, dans les échantillons, de *bactéries empêchantes*, qui arrêtent le développement d'un certain nombre de germes pathogènes ; les résultats de la numération aussi bien que ceux de l'analyse qualitative sont, de ce
fait, toujours sujets à caution. Il est établi que plusieurs microbes arrêtent le
développement de la bactéridie charbonneuse (Pasteur) ; le *bacterium coli*
masque, dans les cultures, la présence du bacille d'Eberth (Rouget, Grimbert) ;
le développement du vibrion cholérique est entravé par plusieurs microbes
(Metchnikoff). — Nous apportons un nouvel exemple de ces associations empêchantes. Une eau de Tunis, soumise à l'analyse, semblait ne contenir que des
saprophytes et, en particulier, un coccus analogue à *M. Prodigiosus*. Or, les
ensemencements en milieu gélo-pepto-sel de Metchnikoff, maintenus à l'étuve
à 38°, y décelèrent la présence du *bacille pyocyanique*. Des recherches ultérieures
montrèrent que si ce bacille ne se développait pas sur les plaques de gélatine
ensemencées avec l'eau soumise à l'analyse, c'est que le coccus rouge jouait
vis-à-vis de lui le rôle de microbe empêchant. A l'étuve à 38°, en milieu de
Metchnikoff, le coccus rouge ne cultive que très difficilement et le bacille
pyocyanique peut se développer; après plusieurs passages on obtient une culture
pure de bacille pyocyanique. — En employant ce mode de recherche nous avons
trouvé le bacille pyocyanique dans plusieurs échantillons d'eau prélevés dans
les environs de Tunis.

Il convient donc, dans toutes les analyses bactériologiques d'eaux, de faire
des ensemencements en milieu gélo-pepto-sel, en suivant la technique recom-
mandée par M. Metchnikoff pour la recherche des vibrions ; on empêche ainsi
le développement précoce des saprophytes et permet la culture rapide de certains microbes pathogènes.

— Séance du 3 avril 1896 —

M. le Dr Albert BESSON.   [614 511]

*Fièvre typhoïde d'origine hydrique ; découverte du bacille dans l'eau par le procédé
d'Elsner.* — L'origine hydrique de la fièvre typhoïde est démontrée surtout
par des faits épidémiologiques; depuis que l'on sait différencier d'une manière
certaine le bacille de la fièvre typhoïde du *bacterium coli*, on n'a observé que
trois fois la présence du bacille d'Eberth dans des eaux typhogènes. C'est qu'en
effet les moyens employés jusqu'à présent pour la recherche du bacille d'Eberth
dans l'eau étaient insuffisants et échouaient à déceler la présence de ce bacille
quand il se trouvait associé, soit au *bacterium coli* (Grimbert), soit à d'autres bactéries, par exemple à un coccus jaune, comme j'ai eu l'occasion de le constater.
Le procédé d'Elsner permet maintenant d'isoler le bacille typhique dans les
fèces où il se trouve en présence du *bacterium coli* : nous venons d'avoir l'occasion d'appliquer ce procédé, avec plein succès, à une analyse d'eau.

A la caserne de cavalerie de Tunis se produisaient, chaque semaine, dans les derniers mois de 1895, plusieurs cas de fièvre typhoïde. L'enquête montra que la plupart, sinon la totalité des hommes atteints, avaient fréquenté des auberges situées à proximité de la caserne, au hameau de Ras-Tabia. Ces établissements s'approvisionnaient d'eau à un puits exposé à de nombreuses causes de souillure (voisinage d'un cimetière arabe et de terrains où l'on pratique l'épandage avec les matières fécales provenant de diverses casernes, de l'hôpital, etc.). Les ensemencements pratiqués, en milieu ioduré d'Elsner, avec l'eau de ce puits, donnèrent de nombreuses colonies d'une *bactérie présentant tous les caractères du bacille typhique légitime*, et aussi des colonies de *bacterium coli*. — Des mesures sévères furent prises pour interdire l'usage de l'eau de ce puits, et immédiatement la fièvre typhoïde cessa de sévir sur les hommes de la caserne de cavalerie : il ne s'en est pas produit un seul cas depuis lors. Les recherches bactériologiques s'unissent donc à l'observation épidémiologique pour démontrer l'origine hydrique de cette épidémie de fièvre typhoïde.

Discussion. — M. Bard : Je tiens à déclarer que les discussions qui ont eu pour point de départ la différenciation ou l'identification du bacille coli et du bacille d'Eberth n'ont pas ébranlé ma croyance à la spécificité réelle du virus de la fièvre typhoïde. Cette conviction est basée sur les observations cliniques, et sur les études épidémiologiques, qui démontrent qu'une souillure spécifique peut seule donner la fièvre typhoïde d'origine hydrique. Je reconnais que l'identification entre le coli et l'Eberth, affirmée par mes collègues lyonnais, tend à faire revenir à la doctrine de l'origine fécale indifférente, et prête une nouvelle force à la doctrine de l'infection banale, ou même à celle de la spontanéité morbide ; mais je ne crois pas que l'expérimentation bactériologique puisse suffire à infirmer les données de l'observation. La démonstration de l'identité du bacille d'Eberth et du coli, si elle est définitive, doit simplement, à mon avis, faire rejeter le rôle pathogène de ces bacilles, mais la spécificité de la fièvre typhoïde n'en doit pas être entamée pour cela.

M. Coyne : Comme les faits épidémiologiques et les données de la bactériologie, les observations anatomo-pathologiques proscrivent toute identification entre le coli bacille et le bacille d'Eberth. De nombreux auteurs, et nous-même avons décrit les lésions constatées dans des infections dues au *bacterium coli*, et tous s'accordent à reconnaître que ces lésions n'ont absolument rien de commun avec celles que produit le bacille d'Eberth.

M. GRIOLET aîné, à Toulouse.   [613 28]

De quelques conséquences de l'hippophagie. — M. Griolet aîné n'a point l'intention de faire l'historique de l'hippophagie : il rappelle toutefois que cette pratique a été vulgarisée, il y a quarante ans, par un certain nombre de vétérinaires unis à quelques naturalistes éminents. La campagne avait débuté par des banquets ; mais cette révolution tant prônée est devenue préjudiciable aux intérêts économiques et à l'hygiène.

L'hippophagie ne s'installa d'abord que dans quelques rares grandes villes, tandis que, depuis l'année terrible au cours de laquelle on s'était familiarisé

forcément avec cette industrie dans les villes assiégées et dans les camps, elle a
pris une extension considérable. Les sujets livrés à la consommation, au début,
étaient des caducs par l'âge ou des impotents par suite d'infirmités ou d'usure ;
mais, aujourd'hui que le nombre des équins abattus devient de plus en plus
considérable, on sacrifie, en outre des invalides du travail, les malades ainsi
que les victimes très souvent curables d'accidents de plus en plus fréquents.

À Toulouse, pour citer un exemple, où il n'est abattu que 12.000 bœufs ou
vaches, on livre à la consommation plus de 3.000 chevaux, chiffre représentant
le quarantième des équins vendus en France pour la boucherie. Or, le total de
120.000 ainsi obtenu est inférieur à la vérité ; toutefois, si à ces 120.000 on
ajoute les 40.000 sujets à qui il est encore permis de mourir sur leur litière,
on reconnaît qu'il disparaît chaque année du sol national 160.000 chevaux ou
mulets parvenus presque tous à l'âge adulte, soit le dixième de l'effectif
utilisable.

Les conséquences de ces hécatombes sont graves, les unes de l'ordre économique, les autres du domaine de l'hygiène :

I. — Pour combler les vides, il faudrait d'abord que la population chevaline
et mulassière adulte se renouvelât, en entier, tous les dix ans, ce qui n'a pas
lieu. De plus, les sujets amoindris par certaines tares ou infirmités, étaient
précédemment la ressource d'employeurs peu fortunés qui, aujourd'hui, sont
forcés de se rabattre sur des animaux jeunes, lesquels sont prématurément usés,
tant par un travail excessif que par suite d'une insuffisance de la nourriture
que réclament à la fois leur croissance et leur entretien. Cependant, ce double
gaspillage de la fortune publique s'opère sans compensation, car la quantité de
viande consommée n'a pas augmenté au sens exact du mot. Les équins ont pris
la place des bovins et des ovins ; il y a eu simplement substitution, au détri-
ment de la qualité, des substances alimentaires. Les statistiques le prouvent. La
vulgarisation de l'hippophagie, sans avantages économiques d'ailleurs, devient
désastreuse quand cette pratique est poussée à l'excès. La production et l'élevage
des équidés ne sont jamais très rapides ni très lucratifs : il faut quatre ans au
moins pour obtenir un sujet apte au travail. Il s'ensuit que le prix de ces animaux subit les oscillations les plus incohérentes, presque toujours aussi domma-
geables à l'éleveur qu'à l'acheteur. Enfin, le plus grave résultat de la situation
est qu'au cas d'une mobilisation générale, après qu'on aurait pourvu l'armée
active et sa réserve, on ne pourrait monter l'armée de seconde ligne et les
services auxiliaires sans déposséder ce qui surnagerait de l'agriculture, de l'industrie et du commerce.

II. — La fortune et la sécurité du pays ne sont pas seules mises en péril ; l'hygiène
est également atteinte par l'abus de l'hippophagie. On ne se contente plus de
sacrifier les vieux et les infirmes ; on abat aussi les malades et les victimes
d'accidents récents, ce qui peut être préjudiciable à la santé des consommateurs.
Les animaux malades ou blessés fournissent un aliment de qualité inférieure
quand il n'est pas malsain ; car, chez les équins, le système circulatoire domine
et la fièvre de réaction d'ordinaire aggrave les désordres généraux, aussi leurs
chairs, plus ou moins colorées, sont-elles imprégnées de liquides altérés, excellents milieux de culture pour la *microbiose*. C'est pourquoi les affections cutanées
préparées par le régime : *Impetigo, Ecthyma, Urticaire, Eczémas* divers, deviennent
l'apanage de ceux qui consomment les viandes appelées, à bon droit, fiévreuses.
D'ailleurs, les hommes, les chiens, les chats, qui mangent trop fréquemment de

la viande de cheval, même sain, tout comme les individus qui abusent du gibier, dont la chair est réputée échauffante, ne paient pas seulement un lourd tribut aux maladies du tégument externe, ils sont en outre exposés à des répercussions graves sur la muqueuse digestive, telles que *gastro-entérites mycosiques, infectieuses*, et s'accompagnant d'altération du sang et de lésions des centres nerveux. Ces troubles graves, parfois mortels, résultant de l'ingestion abusive de la viande de cheval, ont été, d'ailleurs, remarqués à d'autres époques, ainsi qu'on peut s'en convaincre en lisant le journal du maréchal de Castellane : *Retraite de Moscou.* Il importe donc de combattre l'abus de l'hippophagie, aussi nuisible à la fortune qu'à la santé publique.

M. le Dr LOIR, Dir. de l'Inst. Pasteur, à Tunis.   [614 521 (611)]

La variole en Tunisie.

Discussion. — M. BARD : La variole inoculée ne donne jamais la mortalité énorme de 30 à 40 0/0 dont parlent les observateurs cités dans la communication précédente. Cette haute mortalité résulte de ce qu'ils ont observé des cas de *contagion volontaire* et non pas des cas d'*inoculation préventive* ; la mortalité de cette dernière ne dépasse pas 2 0/0, comme on a pu l'établir aux époques où l'inoculation variolique était fréquemment employée. Cette mortalité elle-même disparaît complètement quand on inocule la variole quelque temps après une vaccination suivie de succès. Cette méthode de variolisation secondaire a été préconisée par Papillon, pour réaliser une immunité plus puissante que l'immunité vaccinale, à l'époque où l'on se préoccupait de l'affaiblissement de la puissance préservatrice du vaccin jennérien. Cette méthode, si elle ne donnait pas de mortalité, exposait au moins à la dissémination de la maladie ; elle n'a d'ailleurs plus aucune raison d'être aujourd'hui que l'on possède le vaccin animal, et que l'on sait en éviter la dégénérescence par une asepsie soigneuse.

M. FLEURY : Le retour périodique tous les six ans des épidémies de variole en Tunisie n'est point un fait particulier à ce pays ; il existe également en France ; depuis 1870, époque à laquelle remontent mes statistiques, la variole a sévi épidémiquement à Saint-Étienne tous les cinq ou six ans ; cette périodicité semble donc une loi générale.

La conclusion à en tirer au point de vue pratique, c'est que les revaccinations doivent s'opérer, non pas tous les dix ans, dans l'enfance et l'adolescence, mais bien tous les cinq ans ; les décès surviennent en effet le plus fréquemment dans cette période de la vie. D'autre part, le succès des revaccinations opérées dans les écoles, vers l'âge de cinq ou six ans, démontre que l'immunité a cessé d'exister chez un assez grand nombre d'enfants.

M. le Dr BESSON : Ainsi que le fait remarquer très justement M. le Dr Fleury, le retour périodique des épidémies de variole n'a rien de particulier à la Tunisie ; c'est là un fait d'observation générale qui domine l'épidémiologie de la variole et a été noté déjà par Sydenham ; la période qui sépare deux recrudescences varie un peu suivant les contrées : de six à douze ans en France, elle est de sept à huit ans à Dresde, de quatre à cinq ans à Vienne. Nous ne saurions donc trop nous associer au vœu de M. Fleury que les revaccinations soient pratiquées tous les cinq ou six ans et, de préférence, ajouterons-nous, dans les années où l'on prévoit, d'après les observations antérieures, une recrudescence épidémique.

M. le Dr LOIR. [614 477 (611)]

Les vaccinations antirabiques à Tunis.

— Séance du 4 avril 1896 —

M, le Dr MILLIOT, à Herbillon, près Bône (Algérie). [615 835]

De la nécessité d'établir en Algérie et dans nos colonies des stations estivales. — CONCLUSIONS : 1º Les malades de l'Algérie et des colonies, dont la santé est gravement atteinte, notamment les anémiques, doivent, sous peine de périr à brève échéance, se retremper tous les ans dans les stations estivales.

2º L'organisation de ces stations est facile à entreprendre en Algérie et en Tunisie, grâce à la chaîne de l'Atlas et de ses contreforts dont elles sont sillonnées.

3º Les voyages de convalescence en France, entrepris par les colons malades, non seulement ne sont pas indispensables, mais sont plutôt nuisibles, étant donnée la grande différence des climats de l'Algérie et de la Tunisie et de la mère patrie.

M. le Dr FOVEAU DE COURMELLES, à Paris. [613 5]

Contribution à l'étude de l'électricité atmosphérique et de ses relations épidémiologiques. — L'électricité atmosphérique se révèle par la quantité d'ozone de l'air ambiant. Des mesures comparatives le démontrent. L'un et l'autre doivent donc apparaître et apparaissent effectivement dans des conditions identiques : l'électricité quand les nuages vont se résoudre en pluie, neige ou grêle (Palmieri); l'ozone pour un état hygrométrique élevé (Drs de Pietra Santa, 1865, et Müller, 1895; M. Gaillot); selon les contrées, les vents alizés les produisent (Nord de la France, M. Gaillot), et inversement à l'Équateur (Marat, Dr Baker).

Les expériences de MM. d'Arsonval, Charrin, Smirnow..., révélant que l'électricité peut transformer les toxines microbiennes en antitoxines immunisantes, démontrent l'importance de l'électricité atmosphérique au point de vue épidémiologique. Et corroborent le fait : mes recherches, celles des mes collaborateurs du *Service ozonométrique de France*, du Dr Domingos Freire, montrant la coïncidence de peu d'ozone avec une épidémie de variole et, surtout, du

Dr Baker, de Lausing (Michigan), constatant l'augmentation des pneumonies avec le froid et l'excès d'ozone concomitant, de même la diphtérie. En revanche, ce dernier observateur, qui a fait quatorze années d'observations au Michigan, constate, de 1877-87, la diminution de près de moitié de la fièvre intermittente, de la scarlatine, de la diphtérie. Il y a donc utilité à encourager la prophylaxie et les études météorologiques qui la guident.

M. le Dr MILLIOT,   [644 77 (65)]

Du desséchement du lac de Fetzara. — CONCLUSIONS : 1º Le lac de Fetzara doit être desséché si l'on veut, sinon détruire, du moins considérablement amoindrir le paludisme qui sévit sur les villages, hameaux et douars indigènes environnants.

2º Ce desséchement doit être opéré par le Gouvernement qui, seul peut, se charger de ce travail de longue haleine et qui peut, en même temps, entreprendre un desséchement d'ensemble du lac et des marais situés dans ses alentours.

3º Ce desséchement, confié à la Compagnie minière du Mokta-el-Hadid, devrait : ou bien être exécuté au compte du Gouvernement, après indemnisation de la Compagnie pour tous les travaux faits jusqu'à ce jour ; ou bien au compte de celle-ci, à condition de ne pas l'entraver par les clauses restrictives du cahier des charges et d'en stipuler une seulement : le desséchement pur et simple du lac.

4º Dans le premier cas, le Gouvernement pourrait faire exécuter un desséchement d'ensemble en faisant creuser un canal à l'opposé de celui qui existe actuellement, permettant d'écouler les eaux du lac dans l'Oued-el-Kébir, de créer, à un moment donné de l'année, une communication maritime entre le golfe de Bône et celui de Philippeville et d'opérer, aux moments des sécheresses, un grand drainage dans la vaste plaine de la vallée de l'Oued-el-Kébir et, en partie, de celle de l'Oued-el-Aneb.

Sous-Section d'Archéologie.

PRÉSIDENTS D'HONNEUR . . . . . .   MM. BOISSIER, Memb. de l'Inst.
                                         COLLIGNON, Memb. de l'Inst.
                                         CAGNAT, Memb. de l'Institut.
                                         CHARMES Xavier, Memb. de l'Inst.
                                         OPPERT, Memb. de l'Inst.
                                         PERROT, Memb. de l'Inst.
                                         VILLEFOSSE (DE), Memb. de l'Inst.
PRÉSIDENT. . . . .   M. GAUCKLER, Dir. des Serv. archéol. en Tunisie.
VICE-PRÉSIDENT. . . . .   M. PAVY.
SECRÉTAIRE . . . .   M. HACQUIN.

— **Séance du 1ᵉʳ avril 1896** —

Allocution du Président.

Le Président expose les résultats de la mission que lui a confiée le Bureau de l'Association française pour l'Avancement des Sciences, en le chargeant d'organiser la Section d'Archéologie créée à l'occasion du Congrès de Carthage.

Le programme d'études qu'il avait élaboré a recueilli de nombreuses adhésions de Sociétés savantes, d'érudits de la France et de l'étranger, de colons et d'officiers habitant la Tunisie.

Vingt-deux communications écrites lui ont été adressées pour être lues en séance. Douze conférences orales sont annoncées. Elles seront écoutées par un auditoire d'élite dont la Section peut être fière à juste titre et qui attire sur elle l'attention du Congrès tout entier.

La Section d'Archéologie est donc née viable ; elle fera certainement bonne figure au Congrès de Carthage.

MM. Th. SABACHNIKOFF et Édouard-David LEVAT.   [571 1 (50)]

Sur les gisements préhistoriques de Transbaïkalie. — MM. SABACHNIKOFF et LEVAT ont traversé l'empire russe de Moscou à Vladivostok en 1895. Ils ont reconnu en Transbaïkalie l'existence d'une civilisation préhistorique très développée. Ils ont pu, en suivant les rives de l'Onon, affluent de la Chilka et du fleuve Amour, déterminer un grand nombre de stations préhistoriques. Ils ont rapporté une collection d'armes en pierre taillée, dont ils ont fait hommage au musée ethnographique de Paris. Un certain nombre de couteaux, flèches, poinçons, etc., en jade et en agate, sont présentés par les explorateurs en même temps que la note résumant leurs travaux. Cette note contient en outre un plan de la station préhistorique de Dourdanskaïa, située sur un promontoire qui a été habité depuis un temps immémorial et qui porte encore le village actuel, de sorte que la coupe du terrain donne dans les dépôts accumulés des objets appartenant aux civilisations qui se sont succédé sur ce point.

M. Paul PALLARY. [937 (397)]

Recherches sur l'occupation romaine dans le Dahra. — Le Dahra est peut-être la portion de la Maurétanie césarienne qui a été le plus sérieusement colonisée par les Romains. Les ruines y abondent ; elles dénotent l'existence d'une population agricole très dense ayant vécu longtemps sous cette domination. Ce massif était gardé par plusieurs postes militaires, dont les plus importants sont ceux de Kalâa, près de Renault, de Nekmaria et du cap Kramis. L'on ne trouve malheureusement aucune inscription latine dans le Dahra ; cette disette complète est due à ce fait que les indigènes, lorsqu'ils trouvent des textes épigraphiques, les brisent, s'imaginant que ce sont des titres de propriété et que les « Roumi » les recherchent afin de justifier l'expropriation des occupants actuels du sol.

[571 (657)]

Notes anthropologiques sur le Dahra. — M. PALLARY n'a relevé que de très faibles traces du séjour de l'homme primitif dans le Dahra oranais. Il a découvert une station moustiérienne en place dans les alluvions de l'Oued-Temda sous Mazouna, ainsi que des silex taillés, à la surface, au nord de Nekmaria, dj. Sidi-Saïd, Haci hadj ben Ali, Lapasset et O. Malah. Ces stations sont probablement néolithiques. Enfin, il a trouvé deux haches en pierre polie, l'une chez les Zerifa et l'autre à Aïn-bou-Keriche, au milieu des ruines berbères. Les ruines berbères sont rares ; les ruines romaines, au contraire, par leur nombre, attestent que la contrée avait une population très dense tant que Rome domina.

M. GSELL, Prof. à l'Éc. des Lettres d'Alger. [939 7]

Sur le Tombeau de la Chrétienne. — M. GSELL décrit ce monument, tel que les fouilles de Berbrugger nous l'ont fait connaître en 1866, et prouve que le caveau découvert au centre du tombeau est bien la chambre funéraire où les cendres des princes défunts Juba II, Cléopâtre Séléné et, peut-être, Ptolémée devaient avoir été déposées. Le Tombeau de la Chrétienne est, comme le Medracen, un monument hybride, où l'on retrouve, à la fois, l'idée berbère de commémoration et d'isolement du défunt et le culte des morts à la manière gréco-romaine ; c'est le tas de pierre funéraire indigène revêtu d'une chemise grecque.

M. A. MOINIER, L¹-Col. de gendarmerie, à Nancy.   [292 (397)]

Le culte de Mercure dans l'Afrique romaine. — M. MOINIER énumère tous les monuments ayant trait au culte de Mercure en Afrique, ainsi que les inscriptions prouvant la popularité de ce dieu, protecteur des troupeaux et des champs, le dieu des bergers, des voyageurs, des avocats, des commerçants, des voleurs et même des soldats peureux :

> Sed me per hostes Mercurius celer
> Denso paventem sustulit aere.
> *(Odes,* liv. II, ode VII, à Pompéius Varus).

A ce travail sont annexées deux photographies : l'une, d'une petite stèle en calcaire blanc crayeux, trouvée dans les environs de Constantine; l'autre, d'une petite statuette découverte à Collo, l'antique Chullu.

———

M. Dominique NOVAK, de Mahélia.   [892 73]

Légende arabe. — Cette légende est relative à l'arrivée des Hillaliens dans le domaine d'El Alia et aux ravages qu'ils exercèrent dans cette région jusqu'alors très prospère.

———

M. J. TOUTAIN.   [939 73]

Sur l'histoire des carrières de marbre de Simitthu. — La première de ces notes fixe l'interprétation du sigle M. N., que l'on relève sur trois inscriptions trouvées à Chemtou et que l'on a interprété tantôt par les mots : « marmorum numidicorum », tantôt par ceux-ci : « metallorum novorum ». La première interprétation est seule acceptable. La seconde est à rejeter ; M. Toutain le prouve par des arguments chronologiques.

Dans une seconde note, M. Toutain s'applique à déterminer la durée de l'exploitation des carrières de marbre de Chemtou. La pleine prospérité en a cessé d'assez bonne heure. Une citation fort curieuse de saint Cyprien *(Ad Demetrianum, III),* établit que déjà de son temps l'exploitation languissait ; les filons de bonne qualité avaient été épuisés. Il fallut ouvrir de nouvelles galeries qui furent, elles-mêmes, abandonnées un peu plus tard.

———

M. Émile RIVIÈRE, Sous-Dir. de lab. au Collège de France, à Paris.   [937 1]

Sur les travaux militaires du littoral du Calvados à l'époque romaine, par P. Tirard.

———

M. GRAZIANI, Adj. au 4ᵉ régiment de tirailleurs algériens.   [913 611]

Fouilles faites au mois de février 1892 dans les fossés du camp militaire de Sousse.

———

— Séance du 2 avril 1896 —

M. NOVAK   [571 9 (611)]

Sur la nécropole phénicienne d'El Alia. — El Alia est l'ancienne Acholla,
située sur la côte tunisienne, à 25 kilomètres sud de Mahdia. M. Novak
a pratiqué des fouilles dans la nécropole phénicienne qu'il a reconnue en cet
endroit. Les sépultures sont des caveaux auxquels on accède au moyen de
puits de 0m,90 à 2m,80 de profondeur. Rien ne signale extérieurement la
présence de ces puits, comblés, au ras du sol, de terre et de fragments de
roche. Au fond du puits, une porte donnant accès à la chambre sépulcrale.
On y trouve rarement des lits funéraires. Ce qui constitue l'intérêt de ces
fouilles, c'est le mode particulier d'ensevelissement. Les ossements sont disposés de telle sorte qu'on est autorisé à croire que les Phéniciens d'El Alia
inhumaient le squelette après l'avoir décharné, comme dans les stations préhistoriques de Menton et de Crimée où l'on retrouve des ossements disposés de
même et rougis à la teinture d'oligiste.

M. RAVARD, Cap. au 4e bat. d'Afrique.   [971 9 (611)]

*Tombeau de l'époque néo-punique (1er siècle avant notre ère) découvert par lui à
Teboursouk.* — C'est une chambre sépulcrale creusée dans le roc, garnie d'un
banc au pourtour. Elle renfermait deux squelettes enfouis en pleine terre à
gauche et à droite du pilier central et lui tournant le dos ; les jambes étaient
repliées, les genoux touchant les coudes, les mains semblaient soutenir la tête.
Le mobilier funéraire était intact. Il comprenait entre autres objets intéressants
une stèle à Tanit, anépigraphe, deux monnaies d'Utique, une de Carthage et
une monnaie romaine de la « gens Postumia », attribuée à l'an 694 de Rome,
soixante-quatre ans avant notre ère.

Un second tombeau touchant au premier, mais dont le banc et le pilier
avaient été enlevés ainsi que la porte, a été fouillé et a donné comme mobilier
funéraire des vases de formes diverses, dont une lampe forme romaine avec la
marque de Tanit.

Deux cadavres placés de façon identique à ceux du tombeau voisin ont été
découverts.

M. MÉDINA, à Tunis.   [971 9 (611)]

Sur les récentes fouilles à Carthage du R. P. Delattre. — M. Médina, revenant
sur une thèse qu'il a soutenue l'année dernière à l'Institut de Carthage, pense
qu'on a tort de considérer les Phéniciens comme les premiers colonisateurs de
l'Afrique septentrionale. Selon lui, d'autres peuples non moins marins et non
moins commerçants les ont devancés sur ce sol.

Abordant la question des nouvelles fouilles opérées par le R. P. Delattre à
Carthage, il opine que tant les tombeaux que les murailles découvertes en 1859
par Beulé, à peu près sur le même emplacement, sont les restes, non de Carthage,

mais de Kambé, colonie mixte de Sidoniens, de Cariens et d'Égyptiens qui vinrent vers 1520 avant Jésus-Christ sur ce lieu y fonder un emporium.

M. Médina traite la question d'art. Se guidant des appréciations de M. le Dr Dorpfeld il établit la parfaite analogie de ces murailles avec celles de Tyrinthe. La forme colossale de l'appareil architectonique ainsi que les ciments rappellent ceux de la Grèce archaïque.

La céramique composant le mobilier funéraire est absolument égéenne ou cypriote.

Les figurines n'ont rien de phénicien ; elles rappellent celles de la mer Égée et notamment de Tharros en Sardaigne, ville, elle aussi, édifiée vers la même époque par une colonie mixte.

La glyptique et l'orfèvrerie se ressentent de l'influence égyptienne, chaldéenne, hittite et étrusque.

M. Médina conclut par la considération que la présence seule et unique de scarabées de la xviiie dynastie pharaonique dans la généralité de ces tombeaux, à l'exclusion de tout autre cartouche d'une dynastie postérieure, date cette nécropole. Elle est du xvie siècle avant Jésus-Christ, période correspondante à l'apogée de la thalassocratie égyptienne dans la Méditerranée, de la Syrie aux colonnes d'Hercule, sous le règne de Touthmès III.

Discussion. — M. PERROT rend hommage à la vaste lecture et à la curiosité intelligente dont témoigne le mémoire de M. Médina ; mais il ne croit pas pouvoir en accepter les conclusions. Les rapprochements que l'auteur établit entre le système d'appareil et des constructions de Mycènes et de Tirynthe d'une part, et, d'autre part, celui d'une muraille étudiée à Byrsa par Beulé, ne lui paraissent pas avoir la valeur qu'on leur attribue ; le mégalithisme ne caractérise ni un peuple ni une époque ; il se retrouve partout dans l'âge primitif, là où le constructeur a eu sous la main des matériaux qu'il était facile de débiter en grandes pièces. Suivant les lieux, un peuple a bâti, dans le même temps, en grands et petits matériaux. Il n'y a aucune assimilation à établir entre l'excellent mortier de toutes les constructions de Carthage et le mortier de boue des murailles mycéniennes.

On n'a point trouvé, sur l'emplacement de Carthage, des tombes qui rappellent les dispositions par lesquelles se caractérise la tombe mycénienne, soit l'ample fosse de l'acropole mycénienne, avec ses parois maçonnées et son plafond, soit la tombe en coupole, avec son avenue ou *dromos*.

Enfin, ce qui est surtout décisif, c'est qu'il n'a pas été recueilli, dans le sol de Carthage et des autres villes de la côte, un seul tesson de la poterie dite *mycénienne*, de cette poterie dont l'originalité, si marquée, se définit par le goût qu'a l'artisan pour la représentation de la plante et de l'animal, surtout de la plante marine flottant parmi les rochers, et des mollusques, tels que l'argonaute, le poulpe, la seiche nageant au milieu des algues. Les plus anciens vases de provenance sûrement grecque qui aient été ramassés dans les fouilles de Byrsa sont des vases corinthiens, du vie siècle.

Dans l'état actuel de nos connaissances, rien n'autorise donc à penser que des populations apparentées aux maîtres de Tirynthe et de Mycènes se soient jamais établies sur les rivages de la Tunisie actuelle, ni même que, par le commerce maritime, la civilisation dite égéenne ou mycénienne ait jamais fait sentir son influence jusque dans cette région.

M. Cagnat ajoute quelques mots : il émet lés doutés les plus sérieux sur l'origine punique des prétendus remparts de Byrsa découverts par Beulé.

M. L. DUCROQUET. [735 (611)]

Sur l'art de la sculpture sur bois et les industries qui en découlent à Tunis.

M. SALADIN, Archit. diplômé. [628 7 (60)]

Sur les systèmes romain et arabe de citernes et de barrage.

---

[723]

Sur l'architecture comparée des basiliques chrétiennes et des mosquées.

Discussion. — M. Gauckler annonce, à ce propos, la découverte qu'il vien de faire, dans la Djemaa Kebira du Kef, d'un atrium de basilique byzantine parfaitement conservé.

M. GAUCKLER. [726 2 (611)]

Sur les mosquées de Tunis. — L'accès de ces édifices religieux ayant été de tout temps interdit aux Européens, les détails de leurs dispositions intérieures étaient demeurés jusqu'ici absolument inconnus. De toute la Tunisie c'était peut-être la région la plus inexplorée. Il n'en est plus ainsi aujourd'hui, grâce aux deux cents photographies que M. Gauckler a réussi à faire prendre dans les vingt-sept principales mosquées de Tunis par un agent indigène du service des Antiquités, et dont il a tenu à réserver la primeur à la Section d'Archéologie du Congrès de Carthage. Les mosquées de Tunis, surtout la Grande mosquée, Sidi ben Arouz, la Casba, Halfaouine, Sidi Mahrès et la mosquée des Teinturiers, renferment de véritables trésors archéologiques et artistiques que l'on regrette de ne pouvoir étudier que sur des reproductions forcément insuffisantes.

M. AUDOLLENT, Prof. à la Fac. des Lettres de Clermont-Ferrand. [292 (611)]

Sur la *Ceres africana.* — Le culte de Cérès fut introduit à Carthage à la suite du pillage des temples de Déméter et de Perséphone par les mercenaires carthaginois en Sicile. Grâce aux affinités existant entre Cérès et Tanit, on en vint à confondre en une seule ces deux divinités. En fut-il de même sous la domination romaine? Que Cérès ait continué à être invoquée en Afrique durant cette seconde période, de nombreuses inscriptions et des textes littéraires en font foi. Mais elle apparaît dans ces monuments sous un aspect tout particulier; elle devient une divinité proprement locale, la *Cérès africaine.* Loin de demeurer un simple équivalent de Démèter, elle s'oppose dès lors à cette *Cérès grecque*, comme l'a dénommée une inscription tunisienne.

On peut croire que tout d'abord elle avait hérité d'une partie des attributions de Tanit, tandis que *Cœlestis* recueillait les autres. Peu à peu, cependant, le syncrétisme fit son œuvre, et Cérès fut absorbée, ainsi que Junon, Diane et d'autres déesses encore, par *Cœlestis* qui resta, en fin de compte, la reine incontestée de l'Afrique romaine, comme Tanit l'avait été de l'Afrique punique.

M. GRANAT, à Bordeaux. [380 (3701)]

Étude sur le commerce des anciens. Conditions économiques du commerce à Rome sous les rois. — Rome est fondée au centre géographique de cités latines, étrusques et sabines. Elle est admirablement située au point de vue des communications. Routes terrestres, fluviales, maritimes conduisent à la ville nouvelle. Le commerce se développe d'abord dans les marchés, *fora*, les temples, *templa*, les fêtes, *feriæ romanæ* et *feriæ latinæ*. Les moments du commerce sont les jours de marché, *nundinæ*, les foires, *mercatus*. Celles de Feronia sont les plus importantes et les plus connues. Les moyens employés pour les échanges sont la monnaie qui comprend d'abord les bestiaux, le cuivre brut, *æs rude*, le cuivre frappé, *æs signatum*. De nombreux traités favorisent le développement du commerce. Les marchands sont plébéiens et forment des corporations, *collegia*. A la fin du VIe siècle, le développement économique de Rome est arrêté par une réaction sabino-latine et par les querelles intestines.

M. OPPERT, Jules, Memb. de l'Inst., Prof. au Coll. de France. [529]

Fixation d'un jour de la semaine pour une date quelconque. — La question a surtout de l'importance pour l'histoire du moyen âge.

Pour obtenir le jour de la semaine de l'année julienne, il suffit d'ajouter 16, de diviser la somme par 28, le reste augmenté des jours bissextiles donne le jour de la semaine du jour de l'an. On peut transformer les dates grégoriennes en dates juliennes d'après une certaine formule.

Par exemple, 1896 + 16 = 1912. Le reste de la division par 28 donne 8 et un jour bissextile 9, (9 = 7 + 2) donc lundi; en effet, le 1er janvier julien est un lundi, le 1er janvier grégorien un mercredi.

Pour les dates antéchrétiennes, il suffit d'ajouter 10.000 ans à l'ère chrétienne, d'ajouter alors 12 et de procéder comme nous l'avons dit. Le 15 mars, 44 ans avant Jésus-Christ, est 9.957 + 12 = 9.969, reste 1. Le 1er janvier est un dimanche, donc le 15 mars était un mercredi.

Les dates grégoriennes peuvent se calculer directement, d'après une autre formule.

M. CHENEL, Control. civil, à Souk-el-Arba. [626 2 (611)]

Reconnaissance des travaux de captage, d'adduction et de distribution des eaux d'Aïn-R'ézat à Chemtou. — L'aqueduc qui amenait les eaux à l'ancienne Simitthu, aujourd'hui Chemtou, est bien connu dans ses parties inférieures. On voit une branche finir aux Thermes, après avoir entreposé la masse des eaux dans de grandes citernes, au pied de la montagne au nord-ouest de la ville, et on peut remonter le tracé de l'aqueduc, qui franchit l'Oued-Knouïder et l'Oued-El Achar sur des arcades dont l'une, gigantesque, est assez bien conservée jusqu'aux hauteurs qui dominent Thuburnica, dont les ruines sont à Sidi-Ali-Belkassem. A partir de l'Oued-El Achar, l'aqueduc s'engage dans le sous-sol tantôt en flanc de coteau, tantôt dans des gorges où il n'avait pas encore été suivi ; l'origine des eaux qu'il véhiculait n'avait point été retrouvée. En effet, le liquide ne suit plus aujourd'hui ce chemin ; le petit Oued qui l'emporte, l'Oued Endja, passe à l'ouest de la ceinture ouest du ravin au flanc duquel filait l'aqueduc. M. Chenel, conduit par celui-ci jusqu'à la source d'Ain-R'ézat, a constaté que le point où elle sourd n'est pas celui où les anciens l'avaient captée. Elle a descendu le long de la pente et paraît descendre encore. Les restes du barrage qui formait le petit bassin d'origine sont au nord de la Koubba de Sidi-Ahmed, dans le lit d'un petit ravin appelé Oued-Halliga, et qui se déverse dans le ravin actuel d'Ain-R'ézat pour former l'Oued-Endja. L'eau de Simitthu serait donc venue de 22 kilomètres. Indépendamment de l'utilité pratique que peut avoir cette recherche pour le rétablissement éventuel de la conduite, elle apporte une contribution intéressante à l'étude générale de l'alimentation des villes africaines en eau potable.

M. le Cap. MAUMENÉ, Chef de brig. du serv. géog.   [626 2 (611)]

Sur les travaux hydrauliques des Romains dans la région d'El-Djem. — M. le capitaine MAUMENÉ fait connaître les observations qu'il a eu l'occasion de faire en séjournant dans l'ancienne Byzacène (S. E.), sur le système d'alimentation en eau de deux centres de population fort importants à l'époque romaine, El-Djem (Thysdrus) et Rougga (Caraga). — Il signale également un grand nombre de citernes le long du littoral et notamment à Ras Kaboudia (Caput Vada, emplacement du débarquement de l'armée impériale de Bélisaire et qui, suivant l'expression même de l'auteur, est criblé de citernes.

M. BLANCHET.   [939 7]

Le régime des populations dans la Tunisie centrale à l'époque romaine. — Les itinéraires romains signalent, dans la région qui s'étend de Kairouan à Sfax et de la côte à Sidi-Ali ben Nasser Allah, l'existence de treize centres habités. La carte d'État-Major porte, dans la même région, le bourg d'El-Djem, le village de Sidi-Ali ben Nasser Allah, la Mmala des Souassi, des puits, des marabouts, des ruines. Faut-il en conclure que les conditions de la vie se soient totalement modifiées en ce pays depuis l'époque romaine ? L'auteur arrive à une conclusion tout opposée à la suite de l'exploration du pays faite par lui, et ses inductions reposent surtout sur le caractère des travaux hydrauliques répartis sur les quatre régions entre lesquelles il lui semble qu'à l'époque romaine des différences d'aspect et de mœurs, analogues à celles qu'on relève en ces mêmes régions de nos jours, devaient certainement apparaître

aux yeux de l'observateur. Alors comme aujourd'hui, les habitants sédentaires,
industrieux, se tenaient dans les villes du littoral; plus loin, existait une autre
population sédentaire, vouée aux travaux agricoles; plus loin encore, des
nomades vivant sous la tente et rayonnant autour de leurs cimetières et
nécropoles comme celle d'Haouch Tacha; plus loin encore, le désert avec de
simples points d'eau, marquant les étapes dont on a voulu faire des villes qui
n'ont jamais existé.

Discussion. — M. GAUCKLER remarque que les conclusions du capitaine
Maumené sont presque identiques à celles de M. Blanchet.

M. GAUCKLER.   [626 2 (611)]

Sur l'alimentation en eau *potable des cités romaines d'Afrique.* — Les Romains
se sont systématiquement abstenus, lorsqu'il leur était possible de faire autrement, d'employer en boisson l'eau malsaine et fiévreuse des oueds. Des villes
placées à proximité de rivières qui ne tarissent jamais préféraient capter à
grands frais l'eau de sources souvent très éloignées et l'amener à leurs réservoirs par d'immenses aqueducs, ou bien chercher les nappes aquifères dans les
profondeurs de la terre en forant des puits fort coûteux, ou encore emmaga-
siner le produit des pluies dans d'énormes citernes publiques et d'innombrables
caveaux d'habitations privées. C'est ainsi que la ville d'Uthina (Oudna), placée
à peu de distance de l'Oued Mélian, le second fleuve de la Régence, s'est toujours abstenue de mettre à contribution ce cours d'eau; par contre, elle présente
la série complète et bien conservée de tous les travaux hydrauliques nécessaires
pour alimenter d'eau de source et de pluie une ville de 30.000 habitants.

M. Gauckler décrit en détail ces travaux et montre le profit que nous pouvons actuellement tirer de cette étude pour la création de nos centres de colonisation.

— Séance du 4 avril 1896 —

M. GAUCKLER.   [729 7 (60)]

Des principes d'une classification raisonnée des mosaïques *africaines.*
— M. GAUCKLER insiste tout d'abord, sur l'intérêt général que présente cette
question de méthode. La mosaïque est partout en Afrique, elle orne les monuments romains les plus divers, elle constitue même souvent le seul indice qui
permette de déterminer l'âge et le caractère de ces monuments.

Existe-t-il des signes certains auxquels on puisse reconnaître la date d'une
mosaïque? On attache en général une grande importance à la nature et aux
dimensions des cubes employés, à la valeur artistique de l'œuvre, au choix
des sujets.

M. Gauckler démontre, en s'appuyant sur les résultats de ses fouilles d'Oudna,
que si tous ces caractères ont une valeur dont il est nécessaire de tenir compte,
aucun d'eux ne suffit cependant à constituer un critérium applicable à tous les

cas ; la preuve en est que, dans une même ville, se rencontrent parfois des mosaïques contemporaines, et qui diffèrent pourtant tout à fait de matière, de dessin et d'exécution.

C'est le style qui date les mosaïques, et le style dépend bien moins du choix et de l'exécution des grands sujets modèles gréco-romains, qui se perpétuent en des types immuables servilement copiés par les artistes africains, que des détails décoratifs accessoires, dont le choix est laissé à la libre fantaisie de l'ouvrier mosaïste.

Ces détails changent suivant la mode, le goût du moment. Mais il est possible de dégager la loi de leur évolution. C'est ce que M. Gauckler démontre par un exemple, en étudiant le rôle que joue aux diverses époques, dans la mosaïque décorative un motif caractéristique : la croix entrelacée.

En somme la mosaïque romaine d'Afrique se transforme constamment, du premier siècle de notre ère au sixième, suivant une loi que l'on peut énoncer ainsi : elle va du réalisme au symbolisme, du concret à l'abstrait, du décor vivant au décor géométrique.

M. le Capitaine HANNEZO.   [729 7 (60)]

Sur les mosaïques romaines trouvées à Sousse. — M. HANNEZO énumère et décrit les divers pavements découverts jusqu'en 1895 dans les ruines de l'antique Hadrumète, qui semble avoir été le siège d'une remarquable école de mosaïstes aux premiers siècles de notre ère. Il donne en outre des détails intéressants et inédits sur les fouilles de la villa de Sorothus en 1886-87.

Discussion. — A propos de cette communication, M. GAUCKLER fait observer que le nombre des mosaïques découvertes à Sousse, presque toutes par les officiers du 4e tirailleurs, s'augmente tous les jours ; des fouilles se poursuivent en ce moment même, qui promettent d'être très fécondes en résultats.

M. le Docteur SCHULTEN, d'Elberfeld.   [321 (39 7)]

Sur les « Conventus civium romanorum ». — C'était ce que nous appellerions aujourd'hui des communes mixtes, associations intermédiaires entre le *municipium* romain et le *collegium.*

On retrouve de ces communes imparfaites sur divers points de l'empire romain, en Asie Mineure, à Délos, en Suisse, dans la Gaule, en Afrique.

D'une façon générale quand l'État cédait en Afrique à une association de « *cives romani* » un territoire quelconque pris sur l'*ager publicus*, ce territoire formait un *conventus* ; par exemple à *Masculula*, à *Tipasa* de Numidie, à *Sua* (Chaouach), au *Vicus haterianus* près de Bir-Magra. Et cette association de *cives romani*, qui n'a que la forme d'un *municipium romanum*, peut se transformer plus tard en un véritable municipe, comme à Sua, ce qui est impossible pour une simple commune indigène d'*A fri*.

M. de la BLANCHÈRE.   [321 (39 7)]

Sur l'installation rurale dans l'Afrique romaine. — Cette question a été étudiée
en distinguant soigneusement les régions et les époques. Étant donné que le
maximum de peuplement et de mise en valeur se place au IIIe siècle de notre
ère, il est évident que le mode d'habitat et les cultures étaient vers cette date
exactement réglés suivant la condition de chaque pays. Le Tell algérien et tunisien, couvert de forêts sur ses montagnes, de vignes et d'oliviers sur ses coteaux,
de céréales dans ses plaines; la région des Hauts-Plateaux, où les céréales, les
boisements clairsemés, les terres de parcours, de pâture, se partageaient la surface du sol; le sud-est tunisien, ouvert sur une autre mer, qui malheureusement
lui envoie peu de pluies, pays que les cultures arbustives disputèrent aux
moissons, représentent les grandes divisions météorologiques, altimétriques,
géologiques et agricoles entre lesquelles se répartissent les diverses régions
naturelles.

La première, amplement arrosée par le ciel, n'est qu'un morceau du littoral
de la Méditerranée antérieure et diffère médiocrement de l'Europe méridionale ;
les deux autres, beaucoup plus pauvres en pluies, ont exigé un aménagement
particulier, mais toutes ont réclamé d'innombrables travaux hydrauliques. Le
caractère commun de la météorologie dans tout le pays est, en effet, que les
pluies s'y concentrent sur une seule moitié de l'année, laissant cinq mois à
peu près secs. Par là, l'Afrique du Nord diffère profondément de nos contrées
et n'a pu offrir à l'agriculture sécurité et richesse que moyennant un travail
spécial.

———

M. J. TOUTAIN.   [292 (39 7)]

Le culte de Saturne dans l'Afrique romaine. — Le Saturne africain n'est ni le
Cronos grec, ni le Saturnus agricole du Latium. Il n'est que la transformation
adoucie et romanisée du Baal des Phéniciens, le dieu officiel de Carthage. Le
dieu africain, tel que nous le revèlent, à défaut de textes, les monuments épigraphiques et figurés, n'est pas un dieu local comme celui des cités grecques, ou un
dieu politique comme Auguste pour les municipes romains, c'est le dieu tout-
puissant, universel, tel que les peuples de l'Orient ont toujours voulu se le
figurer. Les fidèles de ce dieu étaient des indigènes ; c'est ce qu'établissent les
stèles votives relevées un peu partout. Les sanctuaires du Saturne africain
sont des enclos sacrés au centre desquels s'élève l'autel. Plus tard, sous la
conquête romaine, les édifices dédiés à Saturne se rapprochent de la forme
monumentale, mais l'idée première subsiste et nous reporte aux « Hauts lieux »
des prophètes hébreux. — Les sacrifices humains propitiatoires, signalés par les
historiens, étaient une pratique à laquelle les fidèles de Saturne, sujets de
l'Empire, restèrent toujours étrangers, quoi qu'en ait dit Tertullien. Les
offrandes des riches consistaient en sacrifices de bœufs et de moutons; celles
des pauvres, en fruits de la terre. Les idées que ces peuples avaient de la
divinité facilitèrent grandement leur conversion au christianisme. Les prêtres
du dieu n'étaient pas des personnages de marque au point de vue romain, mais
des indigènes initiés chaque année et recrutés dans une classe dont l'ambition
était fort modeste.

———

MM. HANNEZO et MOLINS.   [913 (39 7)]

Notes archéologiques sur la ville de Leptis minor (Lemta). — MM. HANNEZO et MOLINS estiment que le périmètre total des ruines de Lemta peut être évalué à 4 ou 5 kilomètres, renfermant des ruines de l'époque phénicienne, de l'époque romaine et de l'époque chrétienne.

L'attention des archéologues s'est principalement portée sur les nécropoles. La nécropole romaine se trouve au lieu dit « Dar-Slema ». Le mode de sépulture était l'ensevelissement. Les corps étaient déposés soit dans les monuments en maçonnerie, soit dans les auges creusées dans le sol même, soit dans de grandes amphores, la tête tournée vers l'Est. A Enchir-Meskral, des fouilles faites avec méthode ont amené la découverte de plusieurs tombes phéniciennes et romaines avec un riche mobilier funéraire. Des caveaux avec puits à escalier, pareils à ceux déjà découverts par M. le capitaine Hannezo à Mahedia et El-Alia, ont aussi été reconnus. Les auteurs décrivent ensuite le système d'alimentation de Lemta par des barrages sur les « oueds » avoisinants, au moyen desquels on remplissait des réservoirs ayant tous leur niveau supérieur à la hauteur des berges de l'oued à proximité. Ils se succèdent en ligne jusque dans l'intérieur de la ville ruinée.

MM. le lieutenant HILAIRE et VELLARD.   [939 7]

Étude sur la défense de la vallée de la Siliana pendant l'occupation byzantine. — Les auteurs décrivent les forts de Djiama, d'Enchir Oumzit, d'Enchir Tazma, d'Enchir Abd-es-Semec, d'Enchir Tambra, de Ksar Ellel, d'Enchir Sidi Ahmed, d'Enchir el Baghla et enfin d'Enchir Dermoulia (Coreva), qui défendaient la vallée de la Siliana à l'époque byzantine.

L'ensemble de ces fortifications favorisait les mouvements des forces mobiles en entravant la marche de l'ennemi. Le choix de l'emplacement de toutes ces tours et redoutes, la manière dont les ingénieurs byzantins surent utiliser, dans leur système de défense, les moindres accidents de terrain prouvent leur vive intelligence de l'art militaire et de la stratégie.

Dans une seconde communication, les auteurs décrivent les monuments relevés par eux à Enchir Tazma, à Enchir Abd-es-Semec et à Ksar Hellal, où se trouve une petite église byzantine sur plan trilobé analogue à celle de Sidi-Mohamed el Guebioui.

Le travail est accompagné de cartes, de croquis, de photographies très réussies qui en augmentent l'intérêt.

MM. ORDIONI et QUONIAM, Lieut. au 3ᵉ bataillon d'Afrique.   [913 (39 7)]

Sur les ruines d'Althiburus (Medeina). — Les auteurs ont entrepris au mois de juillet 1895, dans les ruines de l'ancienne Althiburus, aujourd'hui Medeina, des recherches archéologiques qui ont été couronnées d'un plein succès. Ils ont découvert, entre autres, une mosaïque de toute beauté, sorte de catalogue figuré de toutes les embarcations en usage à l'époque romaine. Ils ont étudié,

également le théâtre, les temples, l'arc de triomphe, les mausolées et le système d'alimentation d'eau de la cité, dont ils donnent une description très
complète.

M. GRANAT, à Bordeaux.   [913 (39 7)]

Sur les voies de communication dans la Tunisie. — Après des considérations
sur l'état de conservation de ces voies, M. GRANAT fait remarquer que les
bornes milliaires retrouvées de nos jours sont celles que firent installer dans la
seconde moitié du deuxième siècle, les empereurs qui réparèrent des routes
déjà anciennes. Les mots « *curavit* », « *restituit* » se trouvent sur la plupart
d'entre elles, par conséquent nous ne pouvons établir que le parcours de ces
routes restaurées et non celui des routes primitives. Toutes, du reste, peuvent
être groupées et ramenées à trois centres, Carthage, Hadrumète et Tacapé.
M. Granat termine en énumérant les principales voies romaines de Tunisie.

Discussion. — M. J. LETAILLE signale l'omission d'une route transversale
importante, qui se dirigeait d'Hadrumète sur Cirta par Zama.

Après cette lecture 'et ces observations, M. Gauckler, président, remercie
toutes les personnes qui ont contribué par leurs communications au succès des
séances de la Section d'Archéologie.
Il soumet ensuite à l'approbation de la Section les vœux suivants qui résument
les principales discussions qui ont eu lieu au Congrès de Carthage et leur
servent de sanction (1).

(1) Voir *Assemblée générale,* p. 80.

CONFÉRENCE

FAITE

A TUNIS

M. Marcel DUBOIS.

Professeur au Collège de France.

LA TUNISIE

— *Séance du 2 avril 1896* —

EXCURSIONS ET VISITES

VISITE AU BARDO

— *1er avril* —

Cette visite qui avait lieu dans l'après-midi du mercredi a réuni plus de deux cents congressistes. Un train spécial partant de la gare italienne les amenait en quelques minutes à l'entrée du palais où les attendaient M. Gauckler, inspecteur des Antiquités et des Arts dans la Régence, et M. du Coudray de la Blanchère, inspecteur des bibliothèques et musées, pour leur faire les honneurs du musée.

Le Musée du Bardo est l'œuvre de la Mission archéologique française dirigée par M. Xavier Charmes, membre de l'Institut, directeur du Secrétariat et de la Comptabilité au Ministère de l'Instruction publique. Sa création fut décidée, dès la première année du Protectorat, par décret du 26 hidjé 1299 (7 novembre 1882) rendu, sur la proposition de M. Paul Cambon, par le bey Mohammed es Sadok. Un second décret, en date du 9 djoumadi 1302 (25 mars 1885), affecta aux collections archéologiques en voie de formation l'ancien harem du bey Mohammed, et leur donna le nom du souverain régnant, S. A. Ali-Bey.

Le 7 mai 1888, le Musée Alaoui, organisé par M. de la Blanchère, directeur du Service des Antiquités et Arts de 1885 à 1891, fut solennellement inauguré en présence de S. A. le bey, de M. Massicault, résident général, de MM. Perrot, Wallon et Héron de Villefosse, membres de l'Institut.

Depuis ce moment, le Musée n'a cessé de se développer. Les vastes locaux, primitivement affectés aux collections archéologiques, sont devenus trop étroits. Il a fallu récemment leur adjoindre deux chambres et une grande salle, ouvertes pour la première fois au public à l'occasion du Congrès de l'Association française pour l'Avancement des Sciences, le 1er avril 1896.

Le harem du Bardo a été commencé, il y a quarante ans, par le bey Mohammed (1855-1859), et achevé par son successeur, le bey Mohammed es Sadok. Les plans du palais ont été tracés par des architectes tunisiens ; la décoration intérieure a été confiée à des ouvriers indigènes, sous la direction du bey Mohammed lui-même, qui mit tout en œuvre pendant son court règne de quatre ans pour ressusciter l'art arabe, jadis si florissant dans la Régence.

Les salles composant le palais, patio, salle de concert, salle à manger, ont été conservées avec leur décoration clinquante, italo-arabe, et aménagées en vue de recevoir les splendides collections qui ont été apportées de tous côtés. A signaler la salle des fêtes, avec sa décoration dans le style arabe le plus pur.

Les visiteurs ont été réellement émerveillés de la quantité de pièces réunies dans ce musée ; statues, bas-reliefs avec inscriptions, vases de tous genres. Mais l'ensemble le plus remarquable est la collection des mosaïques qui forment le pavement des différentes salles ou les revêtements des murailles. Ce sont des pièces uniques comme grandeur et comme conservation.

M. Gauckler nous a, pendant les deux heures qu'a duré cette visite, retracé l'histoire du musée, indiqué, avec une patience inépuisable, les morceaux remarquables de ces collections. Je ne crois pas qu'on trouve dans aucun musée une pareille réunion de pièces de mosaïque. Il serait à désirer que ce musée du Bardo en eût en quelque sorte le monopole et qu'on réunît toutes ces merveilles, sorties la plupart des entrailles du sol tunisien, sans les éparpiller dans d'autres musées. Le jeune et intelligent directeur, qui s'était mis en quatre pour que les salles nouvelles fussent prêtes à l'heure dite, mérite les remerciements de tous ceux qui ont le culte des arts et de l'histoire.

VISITE AU MUSÉE DE CARTHAGE

— 2 avril. —

L'Institut de Carthage, qui avait pris l'initiative du Congrès de l'Association française à Tunis, a tenu, sur les conseils de son Président d'honneur; M. Machuel, à organiser une excursion à Carthage. Le Père Delattre, directeur du Musée de Carthage, et M. Gauckler s'étaient mis avec empressement à la disposition du Comité pour diriger cette visite. A une heure, un train spécial de la Compagnie Rubattino emmène deux cent cinquante voyageurs, tous ceux qui ne sont pas déjà partis dans une excursion lointaine. Les sections ont été laissées vides pour cet après-midi. La chose se comprend aisément : quelle plus curieuse séance, plus remplie d'intérêt que cette visite à la grande cité carthaginoise, à ce qu'il en reste !

Du haut de cette colline, où s'élèvent la chapelle et le couvent des Pères Blancs, le paysage est fort beau. La vue s'étend sur une série de coteaux ondulés descendant en pente jusqu'à la mer, formant ici avec la chaîne des montagnes, ce golfe immense au fond duquel nous voyons les blanches maisons de Tunis. Le temps est à souhait pour laisser au promeneur l'impression à la fois la plus vive et la plus agréable.

Au cours de la visite du musée, M. Gauckler a annoncé la nouvelle de la nomination du Père Delattre au grade de chevalier de la Légion d'honneur qui venait de parvenir à l'instant même. En donnant l'accolade au nouveau chevalier, comme membre du Conseil de l'Ordre, le Président de l'Association, M. Dislère a exprimé au Père Delattre les sentiments d'admiration de tous les membres de l'Association pour l'œuvre grandiose qu'il poursuit avec une patience et une modestie sans égales.

Nous résumons, d'après la note qui a été remise à chacun de nous au cours de la visite, les détails de cette intéressante excursion.

COLLINE DE BYRSA

Il est bon de remarquer d'abord que le sommet de cette colline a été nivelé depuis l'époque romaine. Le sol actuel, en effet, se trouve aujourd'hui de niveau avec les fondations des anciennes citernes remontant à cette époque.

A plus forte raison, par conséquent, le sol actuel du plateau de Byrsa est intérieur à ce qu'il était pendant la période punique.

En construisant la Primatiale actuelle, on a découvert, outre les fondations de citernes romaines dont nous venons de parler, six grands silos, remontant peut-être aux temps puniques, ainsi que des assises en grand appareil et appartenant vraisemblablement à l'ancienne Acropole.

A l'endroit même correspondant à l'abside du chevet de la basilique, fut mis à jour un vaste bassin attenant à une construction en pierres de taille. Ce bassin, probablement punique, était divisé en quatre réservoirs communiquant entre eux. Ce devait être tout, ou partie, des citernes de la fameuse forteresse.

Là où se trouve, toujours dans la cathédrale, la chapelle du Saint-Sacrement, une autre construction en pierres de taille a passé pour appartenir à l'ancien temple d'Esculape.

Qu'il soit permis de rappeler, à ce propos, que les temples fameux de *Junon Céleste* et de Saturne, l'ancien Baâl-Moloch carthaginois, étaient contigus, très probablement, à ce temple d'Esculape.

Les fouilles pratiquées dans la colline de Byrsa ont amené pareillement la découverte de plusieurs tombeaux puniques, ce qui ferait présumer qu'elle servit de nécropole aux premiers Carthaginois, avant d'être occupée par leur formidable citadelle et de devenir l'acropole de la cité.

Sur le versant de la colline qui regarde la mer se dressait, enfin, jadis, l'ancien palais proconsulaire, qui devint le palais royal de Genséric et de ses successeurs vandales, pour redevenir, sous Bélisaire, la résidence des préfets impériaux.

LES PORTS

Les ports de Carthage n'existent, pour ainsi dire, plus. Creusés de main d'homme, ils se sont lentement comblés.

Deux nappes d'eau nous indiquent seulement leur ancienne forme générale.

L'une d'elles, de forme elliptique et au milieu de laquelle se dessine un îlot, est tout ce qui reste, après des siècles, de l'ancien port de guerre de la Reine des Mers. Cet îlot supportait autrefois le palais du Suffète de la Mer.

Le port marchand s'étendait entre ce premier bassin et le littoral. Il forme encore une ellipse très allongée dont l'axe principal, au lieu de prolonger celui du port militaire, s'incline beaucoup plus vers le sud.

Les deux ports n'avaient qu'une seule entrée. Cette entrée était protégée contre les vents d'est par une jetée dont on voit dans la mer les restes assez considérables.

CITERNES DE LA MALGA

Elles sont, en grande partie, comblées ou informes. Jadis, elles se composaient de vingt-quatre réservoirs parallèles. Ces réservoirs mesuraient 225 mètres de longueur et n'avaient pas moins de 150 mètres de largeur.

Plusieurs de ces réservoirs ont aujourd'hui totalement disparu. Toutefois, on distingue encore parfaitement les restes de quatorze d'entre eux.

Un réservoir transversal, large de dix-sept pieds environ, et dont le radier s'élève de cinq pieds au-dessus du niveau des autres compartiments, devait sans doute communiquer avec tous.

D'origine très probablement punique, ces citernes durent être, au moins dans le principe, exclusivement alimentées par les eaux pluviales.

AMPHITHÉÂTRE

L'amphithéâtre romain n'offre plus aux regards qu'une excavation de forme elliptique de quatre ou cinq mètres de profondeur. Les deux axes de cette ellipse mesurent environ 90 mètres sur 30.

Toutes les pierres du revêtement de cette construction ont disparu. Les contours de l'édifice ne sont plus formés, à l'heure actuelle, que par des masses plus ou moins considérables de blocage.

Au centre de l'*area*, on retrouve encore la trace de quelques constructions souterraines.

C'est dans cet amphithéâtre que furent, entre autres, livrées aux bêtes les saintes Perpétue et Félicité. Leur martyre eut lieu le 7 mars 202. Elles étaient originaires de Tebourba.

LE PLATEAU DE L'ODÉON

Il est ainsi nommé de l'édifice semi-circulaire situé sur les hauteurs qui s'étendent entre la colline de Junon et la mer. Les talus laissent apercevoir encore des restes de voûtes inclinées.

L'on sait, par un texte de Tertullien, que les fondations sacrilèges de l'Odéon construit en cet endroit, et dont les restes de voûtes sont les derniers vestiges, bouleversèrent des sépultures qui dataient de cinq siècles : *Quingentorum fere annorum ossa ad huc succida et capillos olentes populus exhorruit*, a écrit l'illustre apologiste.

Il y avait donc eu là, antérieurement, une nécropole punique.

L'Odéon fut construit sous le proconsulat de Vigellius Saturninus, de l'an 180 à l'an 183 de notre ère. C'est à cette époque, en effet, toujours d'après Tertullien, que Carthage obtint l'autorisation de célébrer des jeux pythiques et éleva à cet effet ce théâtre spécial.

Les sépultures dont parle plus haut Tertullien remontaient donc à la fin du IVe siècle avant l'ère chrétienne.

CIMETIÈRE DES OFFICIALES

Il a reçu, dit le R. P. Delattre, les cendres des gens de la maison impériale mis par l'empereur au service du Procurateur du *tabularium* de Carthage.

Ce cimetière forme un rectangle de 1.000 mètres carrés environ. Les sépultures ont la forme de cippes carrés d'une hauteur de 1 mètre à 1m,50 et d'une largeur variant entre 50 centimètres et 1 mètre. Tous les cippes sont construits en maçonnerie et renfermaient une ou plusieurs urnes contenant des ossements, généralement calcinés, quoique plusieurs de ces tombes aient renfermé des corps non soumis à la crémation.

Ces urnes étaient couvertes d'une patère percée d'un trou central, auquel venait aboutir l'extrémité inférieure d'un tube en terre cuite. Par son autre extrémité, ce tube communiquait avec l'extérieur et recevait les libations des parents ou des amis du défunt.

Le cippe était de la sorte véritablement un autel : *Diis manibus sacrum*.

BASILIQUE DE DAMOUS-EL-KARITA

Ce monument se compose de deux parties distinctes :

1º Une grande cour de forme demi-circulaire de 45 mètres de diamètre, entourée d'un portique. Au centre de cette cour s'élevait une construction octogonale, et, au fond, trois absides de petite dimension formant chapelle et contenant chacune le tombeau d'un martyr. Cette partie doit remonter au IIIe siècle ;

2º Une basilique monumentale dont la nef centrale mesure 50 mètres de longueur sur 12m,80 de largeur entre les colonnes. Ces colonnes se dressaient autrefois sur une double rangée.

Les fouilles pratiquées dans ces ruines ont amené la découverte d'un nombre considérable de débris intéressant l'épigraphie et l'archéologie chrétiennes.

CITERNES DE BORDJ-DJEDID

Elles sont entièrement construites en blocage recouvert d'un ciment tellement dur que le temps ne l'a pas même entamé.

Elles forment un parallélogramme de 128 mètres de longueur sur 37m,40 de largeur, et peuvent contenir 25.000 mètres cubes d'eau.

Ces citernes se divisent en dix-huit réservoirs voûtés, larges de 7m,50, que sépare entre eux une puissante muraille dans laquelle est pratiquée une ouverture centrale. Leur profondeur est uniformément de 9 mètres du radier à la voûte et de 6 mètres environ du radier au sol des galeries circulaires.

Récemment restaurés par la Direction des Travaux publics, ces vastes réservoirs alimentent aujourd'hui d'eau potable, amenée par une canalisation souterraine, les villages du Kram et de Khéreddine et la ville de la Goulette.

RUINES DU BORD DE LA MER

Les grandes ruines du bord de la mer appartiennent, croit-on, à des *thermes*. Une inscription trouvée jadis dans ces ruines attribue même la construction ou la reconstruction de ces thermes à la munificence d'Antonin.

C'est, du reste, du mot latin *thermæ* que provient évidemment, par corruption, le nom arabe de *Dermech* qui désigne tout ce quartier.

EXCURSION GÉNÉRALE : BIZERTE

— Vendredi 3 avril —

Depuis l'établissement du protectorat en Tunisie, Bizerte a été désignée par tous les géographes et marins comme un des grands ports de l'avenir dans la Méditerranée. Des travaux importants y ont été faits : grandes jetées Est et Nord protégeant l'entrée du port, déblaiement et dragage des passes pour donner libre accès dans ce merveilleux port intérieur constitué par le grand lac. Tous nous connaissions, par des récits ou des lectures cette situation incomparable. Mais il faut voir ce port pour se rendre un compte exact de l'avenir réservé à Bizerte et comprendre que rien n'a été exagéré. Aussi l'annonce de cette excursion avait-elle été accueillie avec le plus grand enthousiasme. Plus de deux cents membres du Congrès prenaient place à midi dans un train spécial qui nous amenait en deux heures et demie, à travers les riches plaines de la Medjerda jusqu'au bord du grand lac. Le train stoppe sur la lisière d'un bois d'oliviers. L'harmonie de Bizerte nous salue de l'hymne national et nous gagnons en quelques minutes les établissements de pêcherie de la Compagnie où nous attendent les administrateurs, le maire, la municipalité.

Les membres du Syndicat français de la région de Bizerte, les administrateurs de la Compagnie du Port, avec leur directeur, le commandant Preves, saluent les membres du Congrès et leur Président nous souhaite la bienvenue :

« MONSIEUR LE PRÉSIDENT,
» MESSIEURS LES MEMBRES DU CONGRÈS,

» Au nom du Syndicat français de la région de Bizerte, nous venons vous souhaiter la bienvenue, et vous remercier d'avoir bien voulu nous faire l'honneur de votre visite en aussi grand nombre.

» C'est d'autant plus méritoire, qu'au lieu de suivre la voie détournée, longue et difficile que vous avez parcourue, vous auriez pu venir directement de France, sur l'un des magnifiques paquebots dont dispose notre flotte de commerce, et faire avec tout le confortable qu'ils comportent une excursion sur notre splendide lac, qui est sans contredit une merveille de la nature.

» Néanmoins, nous sommes certains que votre court séjour parmi nous, vous aura cependant permis de constater que le port de Bizerte est le plus beau comme le plus vaste de la Méditerranée, et vous avez dû être surpris de le voir ainsi désert.

» Aussi nous espérons que vous voudrez bien, à votre rentrée en France, plaider chacun dans la mesure de ses moyens, la cause du rétablissement des services maritimes postaux sur Bizerte, supprimés depuis le jour même de l'ouverture de notre port.

» C'est ainsi que Bizerte, qui est le point de la Tunisie le plus rapproché de la France, s'en trouve aujourd'hui le plus éloigné.

» Notre région, à la fois riche et fertile, se trouve aussi sans communication maritime avec l'extérieur et presque sans communication par terre avec l'intérieur, puisque le seul embranchement que nous possédions aboutit aux portes de Tunis.

» En joignant vos efforts aux nôtres pour la réalisation de cette question qui nous intéresse au plus haut point, puisque c'est d'elle que dépend notre avenir, vous aurez contribué à la prospérité de notre région tout en travaillant pour la mère patrie. »

M. DISLÈRE remercie les membres du Comité et la Compagnie du Port de leur aimable et cordiale réception. Aucun de nous ne manquera, à sa rentrée en France, de se faire le propagateur et le défenseur des demandes du Syndicat.

La Compagnie du Port de Bizerte, qui a la concession de la pêche, avait fait préparer de grands chalands remorqués par deux vapeurs pour nous faire visiter

le lac et ses installations de pêche. Nous assistons là à une de ces pêches mira-
culeuses, comme on n'en fait nulle part. Emprisonnés dans un parc fermé par
des grilles, le poisson est ramené progressivement dans d'étroits bassins. A un
signal, les filets plongés à l'avance sont remontés par les bras de quatre vigoureux indigènes, et nous voyons sauter, danser, des centaines de loups, dorades
que l'on verse dans des bateaux qui débordent bien vite. On prend en moyenne
dans le lac, 500.000 kilogrammes de poisson dont une grande partie est expédiée
à Tunis et le reste à Marseille.

La pêche se faisait autrefois d'après une organisation toute spéciale que
M. Bouchon-Broudely a décrite dans un rapport au ministre de la Marine, dont
nous extrayons ce qui suit :

« Le canal du lac de Bizerte, assez étroit dans sa traversée de la ville, s'élargit
ensuite, mais sans avoir une grande profondeur. La nappe d'eau qui se
développe aussitôt après ce premier goulet, est enfermée dans des bordigues,
grossiers clayonnages en branches de palmiers ou en roseaux, formant une
succession de chambres, qui communiquent entre elles, et dont la première est
ouverte sur une partie laissée libre du chenal.

» A un poste choisi, d'où la vue s'étend au loin sur le lac, se tient en
permanence un guetteur arabe, qui a rang de *reïs* (capitaine), et dont la seule
fonction et l'unique souci sont de surveiller les eaux, et de faire, en temps
voulu, l'appel aux pêcheurs qui habitent la ville, lorsque l'heure du travail a
sonné. Il lui faut une grande expérience des mœurs du poisson, et une vue
étonnamment perçante, pour remplir utilement son rôle ; c'est là ce qui
explique le rang et l'autorité dont il jouit, et les avantages qu'on lui fait.

» A un remous de la surface des eaux, et souvent à une distance invraisem-
blable de deux milles, il devine la présence d'un banc de poissons réunis pour
leur migration, et en marche vers la sortie. Il fait alors le signal convenu, qui
est aussitôt aperçu de la ville par des veilleurs chargés de le transmettre.
En quelques minutes, le branle-bas est donné, les hommes au repos s'éveillent,
vivement on court aux embarcations ; ceux-ci apportent les lourds filets, ceux-là
les gréements et les paniers. On crie, on se presse, on se heurte dans un
apparent désordre ; mais bientôt le calme est rétabli, le silence se fait, et,
chacun penché sur les longues rames, le pilote à la barre, les barques défilent,
et rapidement vont se déployer en ordre de bataille, en amont des bordigues.
Les filets sont mis à l'eau, étendus en une interminable nappe, reliés les uns
aux autres, et formés en une muraille sans issue d'un bord à l'autre, du fond
à la surface.

» Si le reïs a fait son premier appel à temps, et il n'est jamais en défaut,
paraît-il, toute cette manœuvre est terminée au moment voulu, chacun est à
son poste, la ligne de combat s'allonge sans solution, lorsque les éclaireurs du
bataillon des émigrants arrivent à portée. Il sont suivis de près par le gros
de la troupe, qui vient en rangs pressés, en une masse confuse, donner
étourdiment sur le funeste obstacle. Les premiers arrivés suivent les parois du
flexible rempart, qui les arrête, dans l'espoir de trouver une issue ; ils cherchent à se retourner et à revenir sur leurs pas ; vains efforts, la tête de ligne
les a suivis de trop près, poussée vivement par le centre. Toute retraite est
coupée, quand l'arrière-garde elle-même, entraînée par son élan, se précipite
à son tour, et, par son choc irréfléchi, complète le désordre. C'est, pendant
quelques instants, un tourbillonnement, une agitation fiévreuse, un fol

étouffement, l'image de la cohue d'une foule effarée qui ne doit pas, ou qui ne peut plus revenir en arrière, au moment d'un sinistre, et dans laquelle on s'étouffe effroyablement, sans qu'aucun sauvetage reste possible.

» Dans ce même moment, l'une des ailes de la ligne des bateliers, heureux témoins de cette scène de panique, d'affolement et de désespoir, a décrit vigoureusement un arc, tirant à sa suite l'extrémité des filets; lorsque dans ce mouvement rapide, elle a gagné la rive opposée, l'enceinte est formée, et dans ce cercle fatal la mort va s'abattre sans pitié, sans merci, fauchant d'un seul coup des milliers de victimes.

» Il n'y a plus, dès lors, qu'à haler cette masse grouillante, et à partager le butin.

» Si, sur quelque point, le poids énorme des prisonniers a fait éclater la longue muraille qui les enserre dans sa trame légère, ceux d'entre eux qui viendraient à s'échapper par cette brèche ne seraient pas pour cela assurés du salut; car, reprenant, joyeux et sans plus de défiance, leur marche en avant, ils s'en iraient donner sur les clayonnages, dont nous venons de parler, pénétreraient, par la seule ouverture restée libre pendant l'action, dans leur vaste labyrinthe, duquel toute nouvelle évasion est désormais impossible. Ils erreront pendant quelques jours, de chambre en chambre d'abord tranquilles, bientôt inquiets, mais toujours inhabiles à retrouver leur chemin, jusqu'à l'enceinte centrale, où ils périront avant peu sous le harpon impitoyable et cruel.

» Mais là-bas, sur la rive, les cris et les chants de victoire ont succédé au silence. On compte les morts, on fait les lots, et, en moins d'une heure, tout rentre dans le calme. Sur le sol quelques taches de sang, au milieu du scintillement des écailles arrachées, marquent seules la place du champ de bataille abandonné par le vainqueur. Le canal est rouvert aux colonies d'immigrants de la mer vers le lac; le réïs a tranquillement repris sa faction, et les pêcheurs regagnent le mouillage, chargés de dépouilles opimes.

» On fait parfois, à Bizerte, des pêches dont les chiffres sont prodigieux et presque incroyables, bien que toujours rigoureusement exacts, le mode adopté pour le partage en formant le contrôle le plus sûr : le réïs, en effet, prélève d'abord une part en nature, et a le droit de choisir un tant pour cent de poissons; chaque barque prend également sa part dans les mêmes conditions, soit un dixième ou un quart au plus, selon le cas. Chacun est donc stimulé à compter avec une grande précision le nombre des morts. Un témoin oculaire, le commandant de l'un des paquebots sur lesquels nous avons pris passage, nous disait avoir assisté, cet hiver même (1891), à une capture de 14.000 daurades, dont les plus petites pesaient un kilo. Un autre jour, on en prit d'un seul coup 22.000, du poids de deux à cinq kilos. Nous avons inscrit ces chiffres sur place, séance tenante, de peur de les mettre plus tard au compte de l'imagination. Ils expliquent le prix élevé qu'a atteint le fermage du lac dans certaines années.

» Les meilleures daurades se montrent en hiver, des premiers jours d'octobre à la fin de décembre. Les plus fortes arriveraient jusqu'à un mètre de longueur. Leur chair est d'une finesse et d'une saveur exquises.

» Les mulets se laissent prendre moins facilement au filet; dès qu'ils se sentent enveloppés, ils s'échappent, en bondissant par-dessus les lignes de la ralingue supérieure; mais, outre que tous ne se dégagent pas avec la même agilité et le même bonheur, la plupart de ceux qui ont fui ce premier danger, vont étourdiment donner dans un autre, en s'enfermant dans les chambres de la bordigue, où il leur faudra bientôt périr sous la douloureuse atteinte du trident.

» On pêche encore ce poisson par un procédé assez original, dans l'intérieur même de la ville. On attache par les ouïes une femelle de mulet parvenue à maturité sexuelle, au moyen d'une corde mince, dont un enfant tient le bout, celui-ci placé sur le vieux pont, un autre Rialto, ou sur la passerelle, tire doucement la captive d'un bord à l'autre du canal, pendant qu'auprès de lui un homme aux aguets, l'épervier chargé sur l'épaule, reste prêt à couvrir les imprudents qui se laissent attirer par ce piège grossier. On en prend ainsi, mais seulement à l'époque du frai, un nombre assez notable.

» Il y aurait, nous a-t-on dit, quatre variétés bien distinctes de cette espèce, dans le lac de Bizerte, qui se présenteraient à des époques parfaitement distinctes. L'une d'elles, appelée *bitoum* par les indigènes, et une autre dite *la spine*, le loup probablement, se montrent du 21 décembre au 21 février. Le mulet *kmiri* paraîtrait avec le *sarago* dès les premiers jours du printemps. A l'époque où nous avons visité Bizerte (fin mai), et dans le temps trop court que nous y avons passé, il nous a été impossible de nous procurer aucun échantillon de ces poissons, qu'il serait intéressant de mieux connaître que par de simples rapports de pêcheurs.

» Pour compléter ces indications, nous ajouterons encore quelques mots au sujet de ces passages périodiques.

» Le sar passe dans le commencement de mai et disparaît à la fin de ce même mois; le *marmore*, une brême ou pagel, sans doute, se montre du 20 mai au 20 août. La sarpe ou dorée, passe avec le mulet *mlabna*, du 20 août à la fin d'octobre. La bogue vient au mois de mai, mais elle est peu abondante.

» En somme, on compterait, dans le cours de l'année, treize passages différents, coïncidant, d'après les pêcheurs, avec les changements, ou avec les quartiers de lune.

» Les daurades pèsent en moyenne deux kilos, mais on en prend très fréquemment d'un poids plus que double. Les loups arrivent à dix kilos, quelques-uns ont le volume de la cuisse. Les soles sont aussi de fort belle taille; mais leurs mœurs sédentaires ne permettent pas de les prendre comme les espèces dont nous venons de parler.

» Le lac est habité également par le turbot, le rouget, et par d'autres espèces qu'on ne capture que très accidentellement. L'anguille abonde jusque dans le lac supérieur; mais elle est dédaignée par les indigènes. »

L'installation est devenue moins primitive depuis que la Compagnie du Port est concessionnaire de la pêche; les bordigues primitives, les claies de roseaux et de branches de palmiers sont remplacées par des palissades de fil de fer ouvertes ou fermées suivant la marche du poisson.

Nous franchissons l'enceinte de la pêcherie, et nous filons à toute vapeur dans le lac que nous parcourons pendant deux heures escortés par la fanfare municipale. Rien ne peut donner une idée de ce bassin merveilleux encadré de montagnes; les flottes de l'univers peuvent y trouver abri. On le croit sans peine. Quelques jours après notre visite l'escadre de l'amiral Gervais venait y promener notre pavillon et jeter l'ancre au beau milieu. Le temps, si mauvais à Tunis, est aujourd'hui superbe; le soleil brille, le ciel est d'une pureté admirable, et nous pouvons admirer sans restriction ce panorama admirable. Lentement on nous ramène à la ville, longeant les quais, les bassins nouveaux;

puis virant de bord, gagnant par le vieux canal la vieille ville avec sa muraille, ses fortins antiques. Cette descente dans le vieux port illuminé par les rayons du soleil couchant a un cachet tout particulier; sur les quais, les Arabes, cavaliers et fantassins, avec leurs drapeaux nous précèdent et nous escortent jusqu'à la grande place dans la ville nouvelle, où ils exécutent une fantasia des plus brillantes qui ne se termine qu'à la tombée de la nuit.

M. Proust, président de la Section de Carthage du Club alpin, remercie les membres de l'AFAS d'avoir répondu avec tant d'empressement à l'appel de leurs collègues tunisiens et boit à la prospérité de l'Association française.

A la fin du dîner servi dans les hangars de la Compagnie du Port, notre président prend alors la parole : il déclare qu'il a voulu attendre jusqu'à ce moment pour remercier le Comité local, l'Institut de Carthage, de tout ce qu'ils ont fait pour assurer le succès du Congrès, succès éclatant maintenant. C'est aux bords de ce lac français, sous les canons de nos forts, après avoir, aux sons de notre hymne national, évoqué le souvenir de la patrie, qu'il a voulu réunir dans une même pensée la France d'au delà la Méditerranée et nos compatriotes tunisiens. Faisant allusion à la présence à notre table des chefs arabes des environs, il montre l'association intime des deux races et des deux civilisations. Il termine en portant un toast à la ville de Bizerte, en remerciant la municipalité et tous ceux qui ont préparé cette cordiale réception qui nous laisse au cœur le plus charmant souvenir.

Ajouterai-je que tous, nous avons partagé les sentiments exprimés par le Syndicat de Bizerte? Comment voici quinze ans que nous avons le Protectorat de la Tunisie et le port de Bizerte, le plus sûr, le plus beau de la Méditerranée, en est à attendre un service régulier avec la mère patrie! La défense du port demanderait à être organisée complète, rapide, pour en faire un véritable port de guerre, une retraite assurée à notre flotte pour la défensive et l'offensive. Chacun de nous, en montant dans les wagons qui nous ramenaient à Tunis échangeait des réflexions de ce genre; que l'écho les porte à qui de droit!

EXCURSION DE LA KROUMIRIE

La gare du chemin de fer de Bône-Guelma était encombrée le dimanche 5 avril, vers 7 heures et demie du matin ; il y avait, en effet, plusieurs séries d'excursionnistes de l'AFAS qui devaient partir par le train de 8 heures et par celui de 8 h. 35 m., et, de plus, il y avait les invités du Résident général qui prenaient également le train de 8 heures. Mais, grâce aux dispositions prises par la Compagnie, il ne se produisit aucune fausse manœuvre, et chacun put monter dans le wagon correspondant à sa destination.

Le signal du départ est donné à 8 heures; le train part, contournant la ville de Tunis sur une longue étendue; en passant on aperçoit le Bardo, mais bientôt on est dans la campagne, un peu nue, que nous avons traversée il y a deux jours pour aller à Bizerte. A Djedeida se trouve l'embranchement et la voie se dirige vers l'ouest, laissant celle de Bizerte qui tourne au nord.

Au Pont-de-Trajan nous nous précipitons, pour déjeuner, vers le buffet dont les dimensions sont un peu restreintes pour le flot de voyageurs qui l'envahit ; mais chacun y met de la bonne volonté et le repas s'achève sans encombre.

Le temps, qui n'était pas sûr, se gâte, la pluie tombe à flots et c'est au milieu d'une ondée exceptionnelle que les invités du Résident nous abandonnent à Souk-el-Khémis, tandis que le train continue vers Oued-Méliz, où nous arrivons à 1 h. 36 m. ; la pluie a cessé et, une fois de plus, on peut constater la chance qui préside, à ce point de vue, aux excursions de l'AFAS.

Nous trouvons sur le quai M. le Contrôleur civil de Souk-el-Arba, qui est venu au-devant de nous pour nous guider. Grâce à son intervention, quelques mulets sont bientôt sellés pour les excursionnistes qui ne veulent point faire le trajet à pied, et nous nous dirigeons vers Chemtou, l'antique Simithu, célèbre par ses carrières de marbre et par les ruines (théâtre, forum, thermes, pont, etc.) que nous ne pouvons songer à décrire, devant nous borner à faire un procès-verbal un peu sec de l'excursion, faute d'espace.

Nous revenons à Oued-Méliz par le même chemin, en traversant à gué la rivière qui donne son nom à la station, et le train nous remène à Souk-el-Arba que nous avions dépassé à l'aller.

En quelques instants les excursionnistes sont installés dans les deux hôtels de la Gare et du Commerce ; puis, guidés par le Contrôleur, nous visitons la ville qui ne présente d'autre intérêt que le développement assez rapide qu'elle a pris. Mais, en revenant à l'hôtel, nous avons la surprise d'une fantasia qui nous est donnée et dont nous pouvons voir tous les détails des balcons et de la terrasse où nous sommes réunis ; ajoutons que la vue des spectateurs indigènes qui assistent à la fantasia est presque aussi intéressante que celle-ci même.

Le temps s'est rasséréné complètement ; aussi, après le dîner, peut-on faire une promenade à la clarté des étoiles ; mais on ne la prolonge pas, car le départ est fixé pour le lendemain à 5 heures.

Dès 4 heures et demie tout le monde est réveillé à l'hôtel de la Gare, tandis qu'il est nécessaire d'aller frapper violemment à la porte de l'hôtel du Commerce où le sommeil paraît plus profond. Pendant ce temps, sept landaus s'alignent sur la place ; on s'installe petit à petit et le signal du départ est donné avec peu de retard.

Le pays est d'abord quelque peu aride, mais l'horizon est bordé par des collines qui présentent d'intéressants effets de lumière ; arrêt à Fernana où un magnifique chêne-liège, absolument isolé, attire l'attention, et où quelques tasses de café viennent agréablement réchauffer les excursionnistes refroidis par l'air du matin.

Peu après la route commence à monter et l'on entre dans une forêt montagneuse des plus intéressantes ; de beaux arbres, des chênes-lièges, abritent avec leurs ombrages de grandes herbes, des fougères et des cascades qui s'élancent de rocher en rocher : l'effet est d'autant plus frappant qu'il est plus imprévu.

Toujours sous bois, nous passons au col de Fedj-Meridj ; puis, la route descend en lacets ; avant d'atteindre le point bas, nous entendons un bruit qui a quelque prétention à être musical, et bientôt nous apercevons M. le Contrôleur de Tabarka qui est venu à cheval au-devant de nous avec ses cavaliers et une cinquantaine d'Arabes à cheval, armés de fusils et précédés de la *nouba* de la tribu, qui vont nous accompagner toute la journée.

La route monte de nouveau et, après trois kilomètres environ, nous amène à Aïn-Draham, tout entière pavoisée et ornée d'arcs de triomphe en verdure.

La répartition des locaux est indiquée approximativement, et l'on se met à table avec M. le Contrôleur de Tabarka, qui a bien voulu accepter notre invitation.

C'est la première fois, en somme, que les excursionnistes se trouvent réunis à l'exclusion de toutes autres personnes ; ils sont au nombre de dix-huit qui, pendant cinq jours, ne se quitteront plus. Ce sont :

M. et Mme F..., d'Avignon, avec leurs deux aimables filles ;

M. et Mme B..., de Paris, accompagnés également de leur charmante fille ;

M. le Professeur et Mme L..., de Caen ;

M. M..., de Bordeaux ;

M. le Professeur G..., de Bordeaux, également ;

M. A..., de Perpignan ;

M. S.-L..., de Paris ;

M. le Dr R..., de Paris ;

M. le Dr B..., d'Attigny ;

M. W..., de Paris ;

Enfin, M. C.-M. G..., de Paris, qui conduisait l'excursion.

Après le déjeuner on se rend au marché, fort animé et très *couleur locale*, tandis qu'on selle des chevaux et des mulets sur lesquels tout le monde s'installe. La caravane, toujours accompagnée des cavaliers arabes, se dirige alors vers le col d'Aïn-Babouch par une route d'où l'on a d'admirables points-de-vue, notamment un sur la mer et l'île de Tabarka, et un autre sur les lacs de La Calle.

Nous dépassons un peu le col pour atteindre la frontière algérienne et nous revenons à Aïn-Babouch où nous nous arrêtons au bâtiment de la douane tunisienne, dont le directeur nous offre aimablement quelques rafraîchissements qui sont appréciés, car la température est assez élevée.

Nous rentrons à Aïn-Draham pour le dîner, que partagent les deux caïds des tribus qui nous ont reçus.

On se couche de bonne heure, car le départ est annoncé pour 4 heures et demie.

L'air est frais le mardi matin, au moment du départ, mais le temps paraît devoir être beau. Nous refaisons, en sens contraire, la route que nous avons parcourue la veille, et à 11 heures nous arrivons à Souk-el-Arba pour déjeuner.

A 1 heure nous prenons le train ; nous passons la frontière vers Ghardimaou et à 4 heures nous nous arrêtons en Algérie, à Souk-Arrhas. M. l'Administrateur est venu au-devant de nous, il nous guide vers l'hôtel, où nous nous installons facilement, et veut bien nous faire visiter la ville. Malheureusement, un orage éclate et la pluie nous force à rentrer.

Le mercredi est jour de marché à Souk-Arrhas ; aussi passons-nous une bonne partie de la matinée dans le vaste emplacement où, de toutes parts, arrivent les bestiaux, les chevaux et les ânes. Nous estimons à 2.000 au moins le nombre des personnes qui sont réunies, et il paraît que, souvent, ce nombre est bien plus considérable.

Jusqu'au départ, après le déjeuner, on occupe le temps de diverses façons : tandis que les dames vont visiter des intérieurs arabes, quelques excursionnistes vont étudier une installation viticole et d'autres font des photographies. Mais, à 4 heures, tout le monde est réuni à la gare pour le départ.

La ligne que nous prenons et qui se dirige vers le sud, traverse un pays qui, d'abord pittoresque et accidenté, devient bientôt monotone : on peut admirer cependant un beau coucher de soleil.

Le dîner, au buffet de Clairfontaine, est très gai : nous sommes entre nous, à peu près exclusivement, et l'hôtesse est de bonne et joyeuse humeur.

Le reste du trajet se fait à la nuit, nuit sombre qui ne permet de rien distinguer ; mais nous sommes frappés de la grande quantité de points lumineux qui brillent dans l'obscurité et qui signalent l'existence de tentes ou de gourbis.

A 10 heures, nous arrivons à Tebessa et bientôt nous sommes à l'hôtel ; la répartition des chambres se fait sans difficulté.

Le jeudi matin, l'Administrateur, que nous avions déjà vu la veille au soir, vient nous prendre pour nous guider dans la ville ; à l'église, nous trouvons M. l'abbé Delapard qui se joint à lui et dont la connaissance complète du pays et des monuments qui s'y trouvent rend la visite des plus intéressantes.

De l'église, qui renferme d'intéressants fragments et dont les abords constituent un véritable musée lapidaire, nous allons au Temple de Minerve, bien conservé et dans lequel sont réunis d'importants morceaux antiques et, notamment de très belles mosaïques. Nous examinons en passant l'Arc de Triomphe de Caracalla et nous nous rendons, à quelque distance, aux ruines de la Basilique, ruines dont M. l'abbé Delapard nous fait l'historique et qui sont des plus intéressantes, tant par leur étendue que par leur état de conservation. Nous regrettons de n'avoir ni la place, ni surtout la compétence pour en parler comme il conviendrait, mais nous pouvons dire que tous les excursionnistes ont été frappés de l'aspect de ces ruines ; nous étions d'ailleurs favorisés par un temps admirable.

Nous revenons en faisant le tour des murailles qui présentent des tours et des portes qui méritent d'être vues.

Après le déjeuner, le rendez-vous avait été fixé à 2 heures ; après un léger retard, nous montons dans une voiture à voyageurs que la Compagnie Bône-Guelma avait bien voulu prêter pour l'atteler à un train de wagons à minerai, qui devait nous conduire à l'exploitation des phosphates. Le directeur de la Compagnie, M. Jacobson, et les ingénieurs nous accompagnaient et nous donnaient toutes les explications que nous pouvions désirer.

La ligne, qui a une longueur de 26 kilomètres, s'élève d'une manière à peu près continue, à travers un pays sec et aride, jusqu'au pied de la concession de la Compagnie anglo-belge des phosphates, qui occupe une étendue considérable.

Nous ne pouvons en visiter qu'une partie, naturellement ; mais la visite a été préparée de manière à nous faire parcourir une galerie souterraine et une carrière à ciel ouvert. Les géologues, les paléontologistes et les agronomes trouvent là un intéressant sujet d'études sur lequel nous ne pouvons nous arrêter.

A 6 heures, le signal du départ est donné ; c'est en somme le commencement du retour.

Nous rentrons à la nuit noire et, aussitôt après le dîner, on se retire dans les chambres pour préparer les bagages pour le lendemain matin.

Le vendredi matin, nous sommes surpris, au réveil, par un froid très aigre : les sommets des montagnes voisines se sont couverts de neige pendant la nuit.

A 7 h. 35 m., nous quittons Tebessa par la ligne qui nous avait amenés l'avant-veille. A Clairfontaine, où nous déjeunons, nous croisons les membres de l'excursion C, qui ont suivi le même programme que nous avec deux jours de retard.

Nous arrivons à Souk-Arrhas à 1 heure et demie et là a lieu officiellement la dislocation de l'excursion. En réalité, tous. les excursionnistes vont se retrouver au train qui part à 4 h. 15 m., pour se diriger sur Bône, Constantine, Biskra et Alger.

Il est regrettable que cette belle et intéressante excursion n'ait pu faire le sujet d'un récit détaillé, qui eût pu être illustré par les nombreuses vues photographiques prises par les excursionnistes ; mais, outre qu'il eût fallu presque un petit volume, il eût fallu surtout des compétences très variées ; il eût fallu une collaboration étendue.

Notre récit n'a pu donner qu'une faible idée de l'agrément que nous avons éprouvé ; nous espérons toutefois qu'il rappellera à nos collègues quelques agréables journées.

Nous ne voulons point terminer sans adresser, au nom de tous, nos plus sincères remerciements aux Contrôleurs civils et aux Administrateurs qui se sont mis si gracieusement à notre disposition et grâce à qui il ne s'est présenté aucune difficulté.

EXCURSION A KAIROUAN (GROUPE G) (1)

Cette excursion générale à travers la Tunisie a été des plus intéressantes ; elle n'a présenté qu'un inconvénient, c'est d'avoir été trop rapidement effectuée : nous n'avons pas marché, nous avons brûlé les routes et les lieux à visiter.

Le temps matériel nous a manqué pour étudier et connaître à fond le merveilleux pays que nous avons traversé, et en colligeant les quelques notes que j'ai prises, un peu à bâtons rompus, je suis obligé de faire surtout appel à mes souvenirs pour reconstituer cette magnifique tournée, qui méritait incontestablement qu'on lui consacrât quelques journées de plus.

A tout seigneur tout honneur ! Avant d'entrer dans la narration proprement dite du voyage, adressons ici des remerciements bien sincères à notre aimable guide, M. J.-B. Favier, surveillant des monopoles à Tunis, dont le dévouement, la sollicitude et l'aménité ne se sont jamais ralentis depuis notre départ jusqu'à notre retour, et cela pendant six jours et autant de nuits (j'ajoute les nuits et pour cause).

M. Favier a bien mérité des membres de l'excursion, et il a acquis des droits à la reconnaissance de l'Association !...

L'excursion G était suivie par trente-quatre membres de l'Association, parmi lesquels plusieurs dames et demoiselles.

Elle devait être composée de trente-six personnes, mais un aimable couple bordelais, que je ne nommerai pas, l'avait abandonnée pour se joindre à l'excursion F, qui suivait un itinéraire à peu près identique, mais dans une direction diamétralement opposée.

Donc, le dimanche 5 avril, à huit heures trente-cinq minutes du matin, les trente-quatre excursionnistes, réunis sous la direction de notre aimable cicérone M. Favier, dans la gare française de Tunis, prenaient d'assaut le train pour se rendre à Bir-bou-Rokba, distant de 52 kilomètres ; la ligne du chemin de fer,

---

(1) Récit obligeamment communiqué par M. Pierre BOISSIER, ingénieur à Marseille.

ouverte depuis six mois à peine, fait communiquer les bords du golfe de Tunis avec ceux du golfe de Hammamet, laissant sur la gauche la presqu'île du cap Bon.

Un excellent déjeuner, servi au buffet de Bir-bou-Rokba, attendait la caravane qui lui a fait le plus grand honneur, et vers une heure et demie, complètement réconfortés, nous nous installons dans les onze voitures, calèches ou landaus, attelées suivant leur poids, les unes de trois, les autres de quatre chevaux arabes, dont l'endurance nous étonnera tous au cours de l'excursion. Bir-bou-Rokba n'offre pas de semblables ressources; ces voitures sont venues la veille de Tunis par la route de terre; les bêtes ont eu ainsi le temps de se reposer.

Nous voici sur la route, excellente d'ailleurs, qui mène à Enfidaville; l'étape est de 45 kilomètres, et nous arrivons sans incident dans cette dernière localité vers quatre heures et demie du soir. Nous avons parcouru ainsi une partie du vaste domaine de l'Enfida, un pays merveilleux, couvert d'antiquités romaines et où les sites admirables se rencontrent à chaque pas; nous n'avions à regretter qu'une chose, c'est que le soleil ne daignât pas se montrer, que la pluie, au contraire, nous forçât à relever les capotes de nos voitures.

A Enfidaville, nous sommes reçus avec beaucoup d'affabilité et de courtoisie par le lieutenant-colonel beylical Amed-ben-Othman, caïd de la tribu des Ouled-Saïd, et par son fils, Mohamed-ben-Othman, khalifa de cette même tribu.

Ces deux aimables fonctionnaires nous font un accueil si cordial que, d'un commun accord, nous prions M. Favier de les inviter à s'asseoir à notre table pour partager notre dîner, ce qu'ils acceptent très gracieusement; au dessert, l'un de nous se lève et porte un toast à nos invités.

Le caïd répond en langue arabe; bien que nos oreilles ne soient pas familiarisées avec cet idiome, l'orateur nous charme d'instinct par sa physionomie sympathique et sa figure épanouie.

Le khalifa, son fils, nous traduit du reste en un excellent français les bons sentiments du brave caïd, et tout le monde applaudit à tout rompre!...

Puisque nous sommes à Enfidaville, capitale de l'une des trois intendances de l'Enfida, « le plus vaste et certainement l'un des plus beaux domaines de la Régence », je crois intéressant de transcrire quelques notes prises sur place, d'après les renseignements que m'a fournis l'un des principaux employés chargé de guider notre visite, aux caves de l'exploitation.

L'Enfida appartient à la Société Franco-Africaine, également propriétaire du beau domaine de Sidi-Tabet; son territoire comprend une superficie de 110 à 120.000 hectares, dont environ 20.000 non utilisables.

Trois cents hectares sont plantés de vignes; la récolte moyenne en vin rouge est, suivant les saisons, de 8.000 à 12.000 hectolitres, et en vin blanc, d'environ 150 hectolitres, soit un rendement de 27 à 40 hectolitres par hectare, « rendement excellent », si on le compare aux productions de l'Algérie; elles ont été, en effet, en 1878, 17.000 hectares, de 165.000 hectolitres, soit 9 hectol. 70 par hectare; en 1888, 100.000 hectares, de 2 millions d'hectolitres, soit 20 hectolitres à l'hectare. Fait à remarquer, dans les époques de moindre rendement, l'Enfida donne un chiffre supérieur au plus grand rendement d'Algérie.

La Société Franco-Algérienne récolte en fourrages, dans le territoire de l'Enfida, 1.500 à 2.000 quintaux métriques; le reste du terrain est loué aux Arabes, et c'est le plus important et le plus clair des revenus de la Société, lequel se traduit par une rentrée de 150 à 200.000 francs chaque année.

La cave, ou mieux le cellier, est à niveau du sol, un étage la surmonte;

c'est là que se font les manipulations du foulage de la vendange ; ce vaste bâtiment carré, de 45 mètres de côté, présente une superficie de 2.025 mètres carrés à chaque niveau.

Le rez-de-chaussée renferme 78 foudres de 50, 70, 100, 150, 300 hectolitres et au delà, pouvant contenir ensemble 20.000 hectolitres.

Quatre pressoirs y sont placés et suffisent au travail du pressurage ; ils font chacun trois pressées par journée de vingt-quatre heures ; à l'étage, se trouvent quatre fouloirs à cylindres cannelés, servant à l'opération du foulage des raisins ; il y a là également 2.000 corbeilles destinées au service du transport des raisins.

Enfin, douze pompes font le service des soutirages.

Dans un autre bâtiment de moindre importance, un appareil de distillation à vapeur peut brûler 200 hectolitres de vin par vingt-quatre heures, produisant ainsi de 35 à 40 litres de cognac.

Toute cette installation, parfaitement aménagée et fort bien entretenue, fait le plus grand honneur au personnel de l'exploitation.

Huit à dix mille Arabes et cinq cents Européens, dont cinquante Français et quatre cent cinquante Italiens, composent la population de l'Enfida.

Enfidaville, bâtie dans une plaine fertile, au milieu de riches cultures, forme actuellement un bourg d'une certaine importance, possédant, outre les bâtiments spéciaux à l'usage de l'exploitation, un service de poste et télégraphe, une école, une chapelle, une mosquée, un hôtel très bien tenu par M. C. Martin, précieux gîte d'étape pour les excursionnistes, et un marché considérable, sans oublier l'importante maison du Caïdat, dont une partie sert de prison.

L'hôtel Martin n'étant pas suffisant pour loger toute notre caravane, quelques-uns d'entre nous durent s'installer dans le Bordj, situé à deux cents mètres environ de l'hôtel et à proximité du cellier de l'exploitation.

J'étais du nombre de ces *privilégiés*. Les chambres, garnies de la façon la plus rudimentaire, ne fermaient pas plus, d'ailleurs, que la vaste entrée du Bordj ; rien n'était à craindre, nous avait-on dit ; cependant, par surcroît de précautions, on avait posé devant notre demeure provisoire, pour la garder, une sentinelle arabe armée d'un fusil.

Le lundi 6 avril, avant cinq heures du matin, notre dévoué cicérone battait la diane et faisait servir le petit déjeuner ; quelques-uns d'entre nous, les plus matineux, ont assisté au départ pour Tunis d'une trentaine de prisonniers arabes qui, arrivés de Sousse la veille, avaient passé la nuit dans la prison du Caïdat. Après ce départ, le Caïd et son fils, le Khalifa, vinrent à l'hôtel nous faire leurs adieux, et nous échangeâmes avec eux *nos cartes de visite*.

L'heure du départ n'ayant pas encore sonné, nous les accompagnons jusqu'au Caïdat, où nous visitons leurs bureaux et la prison où restaient encore cinq pensionnaires. Sur l'ordre du Caïd, on les fit sortir dans la cour intérieure pour nous les montrer : le spectacle offert par ces malheureux n'avait rien de bien attrayant, je dois le dire ; l'un d'eux, un vieillard, interrogé par le Caïd sur le motif de son incarcération, répondit piteusement qu'il avait été pris demandant l'aumône sur le territoire du Caïdat qui lui était interdit ; en l'honneur de notre visite et sur la promesse qu'il n'y reviendrait plus, le Caïd le fit mettre en liberté. Les autres se tenaient accroupis et semblaient des magots en haillons : quant à leur physionomie, elle respirait la placidité du fatalisme.

Cette exhibition terminée, le Caïd nous a gracieusement offert un excellent kawa (café arabe). Nous n'avons que le temps de regagner ensuite nos voitures, et nous voilà en route pour Sousse; à mi-chemin, une halte est faite à Sidi-bou-Ali, village entièrement arabe, très intéressant à visiter. M. Favier, qui parle l'arabe comme un véritable enfant de Mahomet, nous fait entrer aisément dans les maisons indigènes. Ces intérieurs n'ont, croyez-le bien, aucun rapport avec le confortable de nos habitations européennes; quant au costume des indigènes, il est rudimentaire, et nos charmantes compagnes n'ont nullement été tentées de relever les contours de celui que porte leur sexe pour en importer la mode chez nous. Nous achevons les quarante-cinq kilomètres qui nous séparaient de Sousse, où nous sommes reçus par un délégué de M. le Contrôleur civil, qui préside à notre installation à l'*Hôtel de France*, avenue de la Quarantaine.

Cette hôtellerie sera notre refuge pendant trois nuits; nous nous y sommes croisés avec l'excursion F. Sousse peut être considérée comme la capitale du Sahel tunisien, que sa végétation luxuriante, surtout en oliviers, rend comparable comme richesse à la région algérienne qui porte le même nom. Sans vouloir faire ici l'historique de cette ville, ce qui me ferait sortir de mon rôle modeste de narrateur de nos pérégrinations, je crois devoir rappeler que les remparts sarrasins qui entourent la ville d'une ceinture de pierres, festonnée à la partie supérieure et percée de portes du style mauresque, furent élevés par Mohamed-Zindad-Allah-ben-Aghlab, troisième prince de la dynastie des Aghlabides, dont le premier, Ibrahim-ben-Aghlab, avait fondé le *royaume de Kaïrwan*, en 802; ce monarque fortifia Sousse en 827, époque à laquelle il fit également la conquête de la Sicile.

Après le déjeuner nous visitons la ville *intra muros;* là s'élevait autrefois la vieille cité « Hadrumète », dont la fondation, par les Phéniciens de Sidon et de Tyr, remonte à neuf siècles avant l'ère chrétienne. Nous avons comme guides le délégué du contrôleur civil et M. Favier, qui connaît Sousse jusque dans ses moindres détails : l'enceinte franchie par la porte Bab-el-Bahr (porte de la mer), nous parcourons les souks, rappelant ceux de Tunis, mais avec un aspect bien plus modeste; nous admirons les minarets des mosquées auxquels l'étroitesse des rues prête, par contraste, un caractère grandiose. La grande Mosquée, qui attire surtout notre attention, a été construite en 860 par Hamed-ben-Aghlab, cinquième roi de la dynastie des Aghlabides; la porte de la Kasba nous frappe également par son architecture mauresque, d'un aspect imposant, mais adouci par des contours gracieux; nous gravissons la tour la plus élevée de la Kasba, du haut de laquelle nous jouissons d'un panorama admirable. Devant nous une rade immense et, plus loin, la mer, se confondant à l'horizon avec un ciel d'azur : le soleil s'est enfin mis de la partie et ne nous abandonnera pas de toute la journée; à nos pieds, les flots viennent mourir sur la plage et le long des quais de la ville; derrière nous et de chaque côté ce sont à perte de vue les forêts d'oliviers du Sahel, sur la masse sombre desquelles se découpent les maisons blanches des villages voisins. La vaste rade que nous admirons n'est malheureusement pas suffisamment abritée pour permettre aux navires de charger à quai, ils sont obligés de jeter l'ancre à distance, afin d'éviter qu'un coup de vent, toujours à craindre, ne vienne les mettre à la côte; il est question, nous a-t-on dit, d'établir une jetée pour parer à ce grave inconvénient; si ce projet se réalise, l'importance du port de Sousse s'accroîtra dans des proportions considérables. La population actuelle de la ville serait de 15 à 20.000 habitants, il est impossible de fixer le chiffre d'une façon absolue, dans une ville arabe la composition des familles échappant jusqu'ici au contrôle.

Descendus émerveillés de la Kasba, nous visitons la ville européenne construite autour de la cité arabe, en dehors de l'enceinte, surtout au bord de la mer, c'est le quartier appelé « la Marine » ; il renferme un certain nombre de belles constructions, toutes de style moderne ; au centre s'élève un kiosque élégant servant aux concerts de la musique militaire. Nous dînons en même temps que les excursionnistes du groupe F., qui viennent d'arriver, puis les plus intrépides des deux groupes vont noctambuler dans les cafés-concerts européens entourant notre hôtel, et dans les rues de la ville arabe fort tranquilles à cette heure; finalement tous rentrent satisfaits d'avoir bien employé cette belle journée.

Mardi, 7 avril, départ pour Monastir à sept heures; des voitures ont été retenues à Sousse pour accomplir le trajet qui est de vingt et un kilomètres ; les attelages qui nous ont amenés pourront se reposer.

Une partie de la route est en corniche le long de la côte ; sur la gauche, la mer. Le temps, redevenu brumeux, lui donne un aspect sombre. Sur la droite et en avant, la vue se repose à contempler une luxuriante végétation d'oliviers et de caroubiers, que découpent de distance en distance des bouquets de palmiers entourant de gracieuses villas aux blanches murailles.

Après avoir parcouru la campagne, à laquelle un ciel sombre n'enlève pas tous ses charmes, puis traversé une nécropole très pittoresque, aux marabouts entourés de figuiers et de palmiers, nour arrivons, vers dix heures et demie, devant une petite ville aux murailles antiques dont une partie paraît remonter à l'époque byzantine, C'est l'antique Ruspina, aujourd'hui Monastir, bâtie sur un promontoire. Elle compte environ 6.000 habitants. Son nom semble indiquer qu'à une certaine époque il y avait là un monastère important.

Le délégué du contrôleur civil de Sousse et le colonel beylical, Mohamed-Sakka, caïd (ou gouverneur) et président de la municipalité de Monastir, assisté de son fils aîné Mohamed-Salah-Sakka, khalifa, et de son deuxième fils Hassen-Sakka, nous reçoivent avec une urbanité et une affabilité parfaites; ce caïd et ses fils sont des hommes superbes. Nous commençons de suite la visite de la ville ; sa Kasbah, qui sert de caserne à un détachement du 4e tirailleurs, est défendue par une double enceinte ; elle est dominée par la tour *En-Madour*, qui est fort élevée.

Du haut de cette tour, nous aurions certainement découvert un magnifique panorama si le temps avait été favorable ; mais le soleil d'Afrique nous faisait encore défaut ce jour-là.

Après le déjeuner, servi au Caïdat, le seul hôtel de Monastir, l'hôtel Lebreton, n'ayant pas de salle assez grande, nous sommes descendus sur la grève ; là, de solides marins, modernes tritons plongés dans l'eau jusqu'à la ceinture, nous transportent sur leur dos assez délicatement, ma foi, jusqu'à leurs barques; la mer est fort calme, en quelques minutes, nous abordons la plus grande des trois îles situées en face de Monastir, à un kilomètre environ. Cette île, qu'on appelle *Tonnara*, renferme une importante fabrique de thons, exploitée par une grande Société industrielle et commerciale, concessionnaire du territoire tout entier.

A l'époque des grandes pêches, le poisson est disséqué et mis en boîtes. On tire en outre, de son foie et autres viscères, une huile vendue pompeusement sous le nom d'*huile de foie de morue*.

La personne qui dirige la visite de l'établissement nous explique obligeamment toutes les manipulations effectuées, ainsi que les quantités exploitées chaque année.

A quatre heures du soir, nous prenons congé de nos aimables hôtes, et en route pour Sousse ! Avant de rentrer en ville, nous avons visité une grande fabrique d'huile de grignons, avec savonnerie ordinaire et savonnerie parfumée, qui se trouve sur le chemin de la Corniche. Le chef de cette maison, avec une bienveillante courtoisie, nous a guidés dans sa vaste usine, nous donnant tous les détails de production et de fabrication.

Mercredi 8 avril. — A six heures, départ pour Kairouan, par le chemin de fer Decauville, dont la gare est en face de notre hôtel ; nous avons à faire 120 kilomètres, tant à l'aller qu'au retour, par ce moyen de transport un peu brutal qui vous expose à tous les vents, et qu'on connaît dans le pays sous le nom assez significatif de « la plate-forme ». Brrr ! il fait un froid de loup, il pleut, le ciel semble répandre ses larmes sur nous. Dire que nous sommes venus ici avec la conviction d'y trouver une chaleur intense, et que nous sommes heureux de nous envelopper dans des pardessus !

Certainement, par un beau temps, la route conduisant de Sousse à Kairouan doit être fort agréable à parcourir ; mais vraiment, avec ce temps-là, il est impossible de jouir du charme qu'elle peut procurer ; personne ne parle, on ne songe qu'à se préserver du froid. A mi-route, on stoppe pour changer de chevaux, et nous apercevons une grande baraque, à usage de cantine ; elle est aussitôt prise d'assaut par toute la caravane, qui trouve là une excellente occasion de se réconforter avec du café chaud et des cordiaux plus ou moins capiteux.

A partir de ce moment, on se sent mieux, le temps, du reste, s'est un peu adouci, une heureuse réaction s'est produite, les visages se dérident.

Après avoir laissé sur notre gauche la grande Sebkra de Sidi-el-Hani, nous apercevons les murailles crénelées, les innombrables coupoles et les gracieux minarets de Kairouan.

A notre arrivée, nous trouvons un délégué du contrôleur civil de Kairouan qui nous souhaite la bienvenue et, après avoir touché barre à l'hôtel de la Poste, situé en dehors des murs, nous pénétrons à sa suite dans la ville sainte de la Tunisie. Les rues sont très mouvementées et ont un aspect fort original.

Voici le *Puits sacré*. Seul, il suffisait autrefois aux besoins de la ville ; la margelle est au troisième étage de la construction qui renferme ce puits, et à cette hauteur se trouve un chameau qui fait fonctionner une *noria* élevant l'eau d'une profondeur d'environ 40 mètres. D'après une légende, ce puits communiquerait avec celui de la Mecque : c'est de là que Kairouan tirerait son caractère de ville sainte.

Pour donner une sanction à sa réputation, cette cité du désert, peuplée par 23 000 habitants, ne renferme pas moins de 90 *zaouïas* ou chapelles et 85 mosquées. Quatre mosquées seulement offrent, paraît-il, un intérêt au visiteur ; heureusement ! sans quoi il faudrait rester là plusieurs jours. Nous passons à côté de la mosquée dite *des trois portes*, dont les sculptures byzantines constituent des frises admirablement découpées. Elle date, paraît-il, du IIIe siècle de l'Hégire, soit du Xe siècle de notre ère. L'intérieur n'ayant rien d'intéressant, nous n'entrons pas.

La *Mosquée des Sabres* présente un aspect remarquable avec ses cinq dômes ; dès qu'il en a franchi le seuil, le visiteur aperçoit d'immenses fourreaux de sabres pendus aux murailles. On raconte qu'ils ont été forgés par un derviche, ou marabout, du nom d' « Amor Abada », mort seulement il y a une trentaine d'années ; en présence de son travail, nous sommes obligés de reconnaître que c'était un forgeron accompli.

Une autre curiosité qu'on ne manque pas d'aller voir, ce sont des ancres gigantesques placées dans un enclos en face de cette mosquée : elles ont été transportées de Porto-Farina à Kairouan ; une légende prétend que l'accomplissement de cet acte devait amener la mer sous les murs de la ville.

Nous arrivons à la grande mosquée *Djamâa-Sidi-Okba*, du nom de son fondateur, qui fut un grand conquérant et l'un des plus anciens propagateurs de l'islamisme. Rappelons que son tombeau se trouve dans la mosquée de Sidi-Okba, bourg situé à vingt-cinq kilomètres de Biskra, dans le désert, au lieu où il fut tué en 682, dans un combat contre les Berbères chrétiens. — La grande mosquée de Kairouan occupe un vaste rectangle, dont le grand côté marque la direction du nord au sud ; elle est entourée de hautes murailles blanches avec de puissants contreforts.

Nous entrons d'abord dans une immense cour d'un aspect imposant, entourée d'un double cloître supporté par plus de trois cents colonnes en marbre, en granit, en serpentine et en porphyre, dont les chapiteaux sont tous différents ; point n'est besoin d'être bien exercé pour reconnaître que ces colonnes proviennent de ruines romaines et ont été transportées là par les Arabes. La cour proprement dite est garnie de dalles en marbre blanc, recouvrant une grande citerne.

Nous montons les escaliers conduisant au sommet du minaret qui se trouve au centre du cloître, faisant face au sanctuaire. Après avoir gravi trois étages, on a sur Kairouan une vue splendide qu'on ne se lasserait pas d'admirer.

Le sanctuaire, de forme rectangulaire, dans lequel nous pénétrons ensuite par l'allée centrale, se compose de dix-sept travées, ayant chacune huit arceaux supportés par des colonnes analogues à celles du cloître extérieur et de même provenance ; au centre est une koubba côtelée.

La grande porte en bois est enrichie d'un dessin arabe d'une finesse remarquable ; au bout de l'allée centrale se trouve le *Mihrab*, niche sacrée magnifiquement sculptée ; sur la droite on admire une chaire *(Minbar)* en bois, dont les panneaux des côtés sont ornés d'une sculpture merveilleuse.

On nous fait remarquer, de chaque côté de la niche sacrée, de magnifiques colonnes en porphyre accouplées ; les Arabes rhumatisants doivent se dévêtir et passer entre ces colonnes pour obtenir leur guérison ; ceux qui ne peuvent parvenir à se laminer dans ce passage étroit sont déclarés indignes du paradis.

Après déjeuner, pendant que la plupart de nos collègues, à la suite du délégué du contrôleur civil, sortent par la porte de Tunis pour se rendre à la mosquée du Barbier, quelques-uns d'entre nous, guidés par M. Favier, passent par la rue des Chorfas ; nous sortons de l'enceinte par une poterne en S. Cette poterne, ayant juste la hauteur d'un homme, communique avec le faubourg des *Zlass*, tribu turbulente qui était jadis en hostilité constante avec la ville ; la forme du passage était destinée à empêcher d'entrer en ville avec un long fusil.

Nous rejoignons nos compagnons de route devant les bassins dits des *Aghlabides*. Ces bassins, parfaitement restaurés, reçoivent le trop plein des eaux du *Chérichéra* qui servent à l'alimentation de la ville.

Un Arabe remarquable était là donnant des explications en excellent français, je demande alors quel est ce personnage et j'apprends que c'est l'interprète Hassen. Permettez-moi de vous présenter Hassen, universellement connu sous le nom de *Père Hassen :* de belle stature, portant haut malgré son grand âge, le père Hassen est superbe comme un prince d'Orient dans la draperie de sa gandoura ; sa figure de patriarche est encadrée d'une barbe entièrement filigranée d'argent; au milieu de cette barbe émerge un nez aquilin d'une finesse judaïque ; au-dessus du nez deux yeux d'une grande douceur qui, néanmoins, jettent par intervalle des éclairs de malice ou d'ironie ; comme couvre-chef la chéchia traditionnelle ornée, au-dessus du front, d'une plaque pareille à celle qui sert à distinguer les officiers du bey ; enfin, sur sa poitrine brille l'étoile polychrome du Nichan aux reflets multicolores. Telle est, au physique, l'image du père Hassen.

Comme j'avais entendu parler de sa vive loquacité, j'en ai profité pour lui faire raconter des histoires humouristiques qu'il débite avec un entrain et un coloris peu ordinaires. Il en est ainsi pour l'histoire des trois poils de Mahomet, remis à son barbier et enterrés avec lui dans la mosquée que nous allons visiter; l'histoire des canons monstres, celle des ancres gigantesques, etc., etc. Je ne les reproduis pas ici, en passant par ma plume, elles perdraient leur puissant coloris, c'est de la bouche d'Hassen qu'il faut les entendre.

La Mosquée du Barbier renferme le tombeau du marabout *Abou-Zemaa-el-Baloui*, qui était, dit-on, figaro attitré du prophète. Cette mosquée, d'une architecture remarquable, est surtout intéressante par les ornements en plâtre ajouré qui décorent à l'intérieur ses murs et sa coupole, ce sont de véritables dentelles d'une finesse exquise; des faïences polychromes anciennes revêtent les murs des cloîtres, et donnent une haute idée de la céramique arabe dont les tons sont bien plus doux que ceux de la céramique italienne.

A remarquer également au-dessus du tombeau un superbe lustre de Venise; sur la châsse des ornements magnifiques en broderies et en dentelles, et sur le sol de riches tapis.

Nous quittons à regret cette superbe mosquée, mais l'heure de partir approche ; nous revenons par les souks où l'on admire les beaux tapis de Kairouan ; je suis du nombre de ceux qui tiennent à acheter un de ces tapis, en souvenir d'une excursion, d'ailleurs inoubliable.

A trois heures et demie nous prenons congé de nos aimables guides, et la température étant redevenue aussi inclémente qu'au matin, les plates-formes Decauville nous déposent, vers huit heures du soir, grelottants, à la porte de notre hôtel, où nous sommes heureux de trouver un abri.

Le 4 avril, nous sommes debout à 5 heures du matin ; après avoir pris le petit déjeuner, nous reprenons place dans les landaus et, à 6 heures, nous sommes en route pour l'Enfida où nous devons passer en nous rendant à Zaghouan.

C'est, de Sousse à Enfidaville, le même chemin, mais en sens inverse, que nous avons suivi précédemment ; nous arrivons sans incident vers midi. Une surprise nous attendait ; elle nous avait été ménagée par une délicate attention du caïd des Ouled-Saïd.

Ce brave colonel avait convoqué des Aïssaouas pour leur faire exécuter en notre présence leurs mortifications diaboliques. Dès que nous sommes en vue, ils nous accueillent avec les notes aiguës de leur infernale musique, cadençant le balancement rythmé de leur chaîne humaine; cependant, comme il faut plus d'une demi-heure pour que l'excitation arrive à son paroxysme et que ventre affamé n'a ni yeux, ni oreilles, nous décidons de déjeuner d'abord et d'assister ensuite à cette horrible exhibition.

Je ne vous raconterai pas ici, par le menu, les macérations insensées que se font subir ces misérables fanatiques : en les voyant mordre à belles dents les feuilles de figuiers de Barbarie (Cactus) garnies de leurs multiples épines, absorber la viande crue, avaler des clous, des balles de plomb, du verre et d'autres aliments aussi peu digestifs, on éprouve, malgré soi, un douloureux sentiment de répulsion. A ce genre d'exercice ils joignent le simulacre de se percer les membres avec des instruments piquants ou tranchants, mais cela n'est que jonglerie ; les pointes sont mousses et les trous ont été faits depuis longtemps comme ceux qui servent à suspendre les boucles d'oreilles ; comme, il est près de deux heures, et que le départ réglementaire devait avoir lieu à une heure et demie ; nous prenons congé du caïd et de son fils le khalifa, nous montons dans les voitures et en route pour Zaghouan.

D'Enfidaville à Zaghouan, nous gravissons en coteau le chemin le plus accidenté que j'aie jamais parcouru. La route, si on peut qualifier ainsi une piste défoncée en maints endroits par les dernières pluies, nous offre l'image de la désolation dans les parties ravinées par les torrents (Oueds) qui la traversent et où les ponts brillent par leur absence ; parfois on est obligé de descendre de voiture afin de donner aux chevaux la faculté d'arracher de l'ornière le véhicule ainsi délesté.

Disons vite que ce désagrément est largement compensé par la vue d'une végétation luxuriante et artistement belle. De chaque côté du chemin, sur tout le parcours, la nature s'est complu à former des bosquets, des corbeilles et des massifs variés à l'infini comme dessin et comme dimensions. — Cet ensemble artistique du plus grand effet comprend une flore très variée, des arbustes, des arbrisseaux et des plantes odoriférantes de diverses familles labiées, rosacées et légumineuses : Thuyas, Lentisques, Lauriers-roses, Lauriers-cerises, Caroubiers ; Oliviers, Orangers et Jujubiers sauvages ; Thym, Romarin, Genêts, Rhododendron, Bruyère, Myrte, Aubépine, Ajoncs, Euphorbes, etc. etc., s'y trouvent côte à côte. On se croirait au milieu d'un immense parc anglais à la décoration duquel aurait présidé un habile architecte.

Il est 7 heures du soir quand nous arrivons à Zaghouan ; nous y sommes accueillis avec la plus grande cordialité par M. Prat, Contrôleur civil.

Aucun des deux hôtels de Zaghouan n'étant suffisamment grand pour recevoir tous les membres de l'excursion, il fallut se partager en deux groupes. L'hôtel-restaurant des Alpes n'est pas considéré comme étant le premier hôtel de Zaghouan, mais nous y avons été très bien soignés ; l'hôte, M. Fieulgand mérite bien qu'on fasse l'éloge de son affabilité. Un seul excursionniste a eu le courage, après les fatigues endurées, d'accepter la proposition qu'on nous faisait de monter le lendemain, à 5 heures du matin au poste optique (ascension de 310 mètres). Nous nous contentons, le vendredi 10 avril, dernier jour de l'excursion, de participer à la visite à pied de la ville ; le temps brumeux engage peu, d'ailleurs, à faire une ascension.

Zaghouan, qui renferme environ 1.400 habitants, est bâtie en amphithéâtre au pied d'une montagne (le Djebel-Zaghouan).

La ville antique, détruite de fond en comble, n'a laissé comme souvenir qu'un seul monument de l'époque romaine : une porte triomphale, construite en belles pierres de taille, sa largeur d'ouverture est d'environ quatre mètres, celle des pieds-droits à peu près trois mètres ; les quelques ornements placés au-dessus de la clef de voûte paraissent indiquer un monument votif au culte d'un Dieu, sans doute Jupiter Hammon.

A deux kilomètres environ, au sud et au-dessus de la ville, nous visitons le

Nympheum, temple des eaux, bâti par les Romains au-dessus de la source dont ils firent la captation pour alimenter la ville de Carthage.

Ce monument se compose d'abord d'une double galerie latérale : à l'extrémité se trouve le sanctuaire, au fond on y distingue encore les restes d'un autel et d'une niche très large ayant dû contenir une statue de la divinité à laquelle était consacré ce temple ; au-dessous enfin un bassin en pierres de taille avec deux escaliers de construction semblable.

Autour de Zaghouan la campagne est plantureusement belle ; elle produit toutes sortes de fruits ; les plantations de vignes y sont nombreuses, surtout. Quant à la ville actuelle elle offre un bien maigre spectacle ; rues étroites, tortueuses avec des rampes très raides, bordées de maisons d'une blancheur éclatante. Nous déjeunons à 11 heures, et à une heure, installés dans nos voitures, nous prenons l'excellente route nouvellement ouverte qui conduit à Tunis (52 kilomètres).

Dans le parcours de Zaghouan à Tunis nous pouvons admirer les ruines imposantes du gigantesque aqueduc de Carthage, construit par les Romains, pour conduire les eaux provenant du captage de Zaghouan ; une partie de cet aqueduc a été réparée et sert actuellement au même usage pour la ville de Tunis et sa banlieue.

A treize kilomètres avant d'arriver à Tunis, nous faisons halte, malgré la pluie, pour visiter la Mohamédia, ancien palais élevé d'après les ordres du bey Ahmed, qui en fit sa résidence. Cette immense construction, complètement en ruines maintenant, a été le plus grand des palais beylicaux : le bey Ahmed y entretenait, paraît-il, quinze mille soldats de toutes armes ; l'architecture extérieure, sans style, est massive ; l'intérieur, nous dit-on, était richement décoré, mais il ne subsiste plus que quelques fragments des carreaux céramiques, d'un riche coloris, qui formaient le revêtement des murs.

Nous rentrons à Tunis vers 8 heures du soir, et chacun se retire enchanté de cette excursion en tous points réussie(1).

----

(1) J'apprends que notre aimable cicérone a été nommé chef de service, et je pense que nos compagnons de route apprendront cette nouvelle avec plaisir et voudront bien m'autoriser à lui adresser ici, au nom de tous, de sincères félicitations.

ERRATUM

La note « *sur l'Aménagement des Eaux* », 13e Section, page 240, n'ayant pu être corrigée par l'auteur, contient un certain nombre d'erreurs. Une note rectificatrice paraîtra dans le deuxième volume.

TABLE DES MATIÈRES

PREMIÈRE PARTIE

Décret I
Statuts III
Règlement VI

LISTES

Bienfaiteurs de l'Association XVI
Membres fondateurs XVII
Membres à vie XXIV
Liste générale des Membres XXXVIII

CONFÉRENCES FAITES A PARIS EN 1896

ALGLAVE (Ém.). — L'alcoolisme et le moyen de le combattre 1
Dr RICHET (Ch.). — La méthode en bibliographie et la classification décimale . . 15
Dr DELISLE (F.). — Madagascar. — La colonisation et les Hova 28
Dr BROUARDEL. — Pasteur et son œuvre 41
BLANC (Éd.). — La nouvelle frontière anglo-russe en Asie centrale 41
LAPPARENT (A. DE). — L'art de lire les cartes géographiques 52
LEBON (A.). — La législation ouvrière sous la Troisième République 67
LÉGER (L.). — La Bohême et les Tchèques 72

CONGRÈS DE CARTHAGE

DOCUMENTS OFFICIELS. — LISTES. — PROCÈS-VERBAUX.

Assemblée générale du 4 avril 1896 79
Conseil d'administration de l'Association : Bureau 82
Anciens Présidents 82
Délégués de l'Association 83
Présidents, Secrétaires et Délégués des Sections 84
Commissions permanentes 87
Comité local de Carthage (Tunis) 88

Liste des Délégués officiels   91
—   bourses de session   92
—   Sociétés savantes représentées au Congrès   92
—   Journaux représentés au Congrès   93
Programme général de la session.   95

SÉANCE GÉNÉRALE

SÉANCE D'OUVERTURE DU 1ᵉʳ AVRIL 1896. PRÉSIDENCE DE M. PAUL DISLÈRE.

MILLET (René). — Discours.   97
DISLÈRE (Paul). — La navigation entre la France et la Tunisie   98
TEISSERENC DE BORT (Léon). — L'Association française en 1895-1896.   119
GALANTE (Émile). — Les finances de l'Association   128

PROCÈS-VERBAUX DES SÉANCES DE SECTIONS

PREMIER GROUPE. — SCIENCES MATHÉMATIQUES

1ʳᵉ et 2ᵉ Sections. — Mathématiques, Astronomie, Géodésie et Mécanique.

BUREAU.   131
SIMMONS. — Sur les probabilités des événements composés   131
COLLIGNON. — Exemples de l'application des principes de la géométrie des masses.   132
—   Remarques sur la suite des nombres naturels   132
LAUSSEDAT (le Colonel). — Projet d'observatoire à Tunis   132
REY-PAILHADE (DE). — Projet d'éphémérides astronomiques dans le système décimal   132
JALLU (Ed.). — Un fil spécial conducteur   132
OPPERT (J.). — Série pour déterminer le côté d'un polygone régulier de n côtés .   133
—   Remarques sur la géodésie des Chaldéens   133
TARRY (G.). — Carré magique aux deux premiers degrés   135
ARNOUX (G.). — Essais de psychologie et de métaphysique positives.   135
LEMOINE (É.). — Quelques questions de calcul des probabilités résolues au moyen
    de considérations géométriques   135
—   Questions relatives à la géométrie du triangle et à la géométro-
    grafie.   136
—   Continuation de l'étude sur la décomposition d'un nombre entier N
    en ses puissances maxima   136
MAILLET (E.). — Sur la formation des nombres entiers par sommation de termes
   d'une série récurrente   136
BARBARIN. — Systèmes isogonaux du triangle   137
GRAVÉ (D.). — De la meilleure représentation d'une contrée donnée.   137
GARDÈS (L.). — Vérification et recherches des dates par les formules du calendrier   137
SALLET. — Problème de mécanique: Voyage de la Terre à la Lune et autour de
   la Lune.   138
RATEAU (A.). — Sur le planimètre d'Amsler.   138
FABRE (A.) — Théorie des parallèles   138
SARBAUTON (DE). — L'heure décimale et la division de la circonférence   138
Vœu présenté par les 1ʳᵉ et 2ᵉ Sections.   138

3ᵉ et 4ᵉ Sections. — Génie civil et militaire, Navigation.

BUREAU.   139
FAGES (DE). — Les grands ports de commerce de la régence de Tunis   139
JANNIN. — Les égouts de Tunis.   140

Nivet. — Contribution à l'étude des coefficients de résistance et des coefficients de sécurité des matériaux de construction   140

Ferrand (X.). — Moyen graphique pour déterminer sans calculs, la poussée des terres.   141

Jannettaz. — Recherches sur la dureté des matériaux au moyen de l'usomètre. .   141

Philippi. — Sur la navigation aérienne   141

Mocqueris. — Méthode de traitement des grignons d'olives au moyen du sulfure de carbone   141

Belloc (Émile). — Appareil de sondage à fil d'acier (sondeur É. Belloc). Modifications et perfectionnements   141

Vassel. — Les ports de Bou-Grara.   142

Poisson. — Étude sur les plantations urbaines et celles de Paris en particulier. .   142

Bonnard (P.). — Les services maritimes postaux de navigation entre la France et l'Algérie   143

DEUXIÈME GROUPE. — SCIENCES PHYSIQUES ET CHIMIQUES.

5ᵉ Section. — Physique.

Bureau   144

Question proposée à la discussion de la Section :

Dr Broca (André). — Étude critique des diverses méthodes optiques ou photographiques de photométrie au point de vue scientifique et industriel.   144

Violle (J.). — Sur l'arc électrique   144

La Baume-Pluvinel (de). — Sur la photographie quantitative   144

Dr Broca (André). — Sur l'emploi de la lampe à la naphtaline comme étalon secondaire.   145

       —   Sur quelques conditions à réaliser en photométrie.   145

Combet. — Extension des formules relatives aux effets Thomson et Peltier   145

Bergonié. — Mesure des résistances électriques en clinique   145

Ellie (R.). — Photographie stéréoscopique composée.   146

Bergonié et Sigalas. — Nouvelles mesures calorimétriques sur l'homme.   146

Zenger. — Les expériences de 1885 sur la photographie à la radiation invisible de l'électricité et sur son mode de mouvement   147

Blondel et Broca. — Nouveau photomètre universel.   147

Féry. — Les écrans de Fresnel considérés comme système convergent.   147

Foveau de Courmelles. — Rhéostats pour l'utilisation médicale des courants de ville ; dispositif nouveau et mesures.   148

Pradines. — Relations entre la chaleur spécifique et la densité des corps   148

Blondel (A.). — Sur les unités magnétiques   148

Charpentier (Aug.). — Influence de quelques conditions physiologiques en photométrie   148

Macé de Lépinay et Nicati (W.). — Quelques remarques relatives à la photométrie hétérochrone   148

Crova. — Sur les étalons de lumière   149

Blondel (A.). — Sur les principes de la photométrie géométrique   149

       —   Rendement lumineux de l'arc électrique   149

Chassevent (A.). — Sur un procédé permettant d'obtenir un courant régulier d'acétylène aux dépens du carbure de calcium   149

Dr Bordier (H.). — Variation de la sensibilité farado-cutanée avec la densité électrique. — Influence de la résistance du fil secondaire des bobines d'induction sur les effets sensitifs du courant faradique   149

Féry. — Photométrie de l'acétylène.   150

Violle. — Étude photométrique de l'acétylène   150

Guillaume. — Sur l'unité d'éclat.   150

6e Section. — Chimie.

BUREAU 151
LESCŒUR (H.). — Le mouillage du lait. Sa recherche par l'examen du petit-lait . 151
— Recherches sur la dissociation des hydrates salins et des composés analogues. — Alcoolates 151
SENDERENS (l'Abbé J.-B.). — Action de l'hydrogène sur les solutions de nitrate d'argent. 151
— Action du fer sur les solutions neutres et acides d'azotate d'argent. Un nouveau cas de passivité du fer 152
Dr BARRAL. — L'aseptol, réactif de l'albumine et de la bile dans l'urine 153
— Une réaction colorée de l'anhydride sulfurique. 153
REY-PAILHADE (J. DE). — Sur l'existence simultanée dans les plantes de deux ferments d'oxydation. 153
Dr GÉRARD (E.). — Fermentation de l'acide urique par les microorganismes . . . 154
Dr BARRAL. — Action du chlorure d'aluminium sur l'hexachlorophénol α 154
SABATIER (P.). — Action de l'oxyde cuivreux sur les solutions d'azotate d'argent . 155
BUISSON, ESCANDE et CLAUTEAU. — Détermination de la densité des masses cuites. 155
Dr BARRAL. — Formation et préparation des éthers phénoliques par les chlorures d'acides, en présence du chlorure d'aluminium 155
BERG (A.) et GERBER (C.). — Méthodes de recherches de quelques acides organiques dans les plantes 156

7e Section. — Météorologie et Physique du Globe.

BUREAU 157
THÉVENET. — Sur la climatologie de l'Algérie 157
— Sur l'installation d'un appareil enregistrant la direction du vent. . 157
— Sur l'installation de deux évaporomètres enregistreurs, l'un à l'ombre, l'autre au soleil 157
— De l'influence du vent, de la chaleur et de la vapeur d'eau sur la pression barométrique 158
— Description d'un appareil destiné à inscrire d'une façon précise les oscillations horizontales du sol dans une perturbation séismique. . 158
RAULIN (V.). — Observations pluviométriques sur la côte septentrionale d'Afrique. 158
DENEUX. — Causes d'ensablement de l'Afrique du Nord et des moyens à employer pour en combattre les effets 158
MAISTRE (J.). — Des reboisements et irrigations en Algérie et en Tunisie 159
JACQUES. — Appareil enregistreur de la direction du vent et de la pluie 159
GINESTOUS. — Baromètre enregistreur. 159
— Évaporomètre multiplicateur 160

TROISIÈME GROUPE. — SCIENCES NATURELLES

8e Section. — Géologie et Minéralogie.

BUREAU. 161
FICHEUR. — Sur les formations oligocènes de l'Aurès et en particulier de la région d'El Kantara (Algérie). 161
BELLOC (E.). — Observations sur l'érosion glaciaire. 162
COSSMANN. — Observations sur quelques coquilles crétaciques recueillies en France. 162
Dr GUÉBHARD. — Carte géologique et préhistorique de la commune de Mons (Var). 162

BLAYAC. — L'Éocène inférieur dans la région de l'Oued-Zenati et d'Aïn-Regada (Algérie). — Généralités sur cet étage en Algérie 163

LEVAT (Ed.-D.). — Note sur la constitution géologique des gisements aurifères de la Sibérie orientale. 164

FICHEUR. — Sur la constitution géologique du Djebel-Gouraya de Bougie (Algérie). 164

HAUG (E.). — Sur les bases géologiques d'une classification des régions montagneuses. 164

FICHEUR. — Présentation des feuilles de Ménerville et Palestro de la carte géologique détaillée de l'Algérie. 165

PALLARY (P.). — Étude sommaire sur le faune malacologique fossile du nord de l'Afrique 165

— — Notes géologiques sur le Dahra. 165

Discussion : M. FICHEUR. 166

FALLOT. — Sur le relief de l'Entre Deux Mers. 166

— — Sur la constitution du Langhien inférieur dans les environs de Bordeaux. 166

HONNORAT-BASTIDE (Ed.-F.). — Sur une forme nouvelle ou peu connue de Céphalopodes du Crétacé inférieur des Basses-Alpes 167

CAYEUX (L.). — De l'existence de silex formés en deux temps. — Conséquences au point de vue de l'âge de la formation des silex de la craie 167

GENTIL (L.). — Sur les minéraux d'un cratère ancien des environs d'Aïn-Témouchent (Algérie) 167

KILIAN. — Sur l'utilité de monographies paléontologiques pour la connaissance des terrains secondaires du Sud-Est de la France 167

RIVIÈRE (E.). — La grotte des Spélugues 168

9e Section. — Botanique.

BUREAU. 169

BONNET (Ed.). — Coup d'œil sur les explorations botaniques effectuées en Tunisie depuis le XVIIe siècle jusqu'à nos jours. 169

FRANCHET. — Observations sur les Tricholœna, les Rhynchelytrum et le Monachyron 173

BERG (A.) et GERBER (C.). — Sur les acides contenus dans le suc cellulaire des Mesembryanthémées. 174

MALINVAUD. — Potamogeton de l'herbier Lamy 174

DEBRAY. — Sur une maladie de la Fève causée par le Tylenchus devastatrix . . . 174

ROZE (E.). — Sur deux plantes tunisiennes du XVIe siècle. 175

DUTAILLY (G.). — Recherches sur le développement des Asparaginées. 175

BLANC (Ed.). — La culture des oasis de l'Asie centrale comparée à celle des oasis barbaresques 175

HARIOT. — Notes sur la flore du département de l'Aube. 176

Dr BONNET (Ed.). — Remarques sur quelques plantes indiquées en Tunisie par Desfontaines et qui n'y ont pas été récemment retrouvées 176

DOUMERGUE (F.). — Les Hauts-Plateaux oranais de l'ouest au point de vue botanique. 176

LIGNIER (O.). — Anatomie comparée de la fleur des Crucifères et des Fumariées . 176

BELLOC (Émile). — Flore algologique de l'Algérie, de la Tunisie et du Maroc, avec un aperçu de la flore des lacs de Syrie 177

Dr GILLOT et PARMENTIER. — L'anatomie végétale et la systématique. 177

GERBER. — Quelques phénomènes de la maturation des fruits. 178

DOUMET-ADANSON. — Présentation du premier exemplaire paru du catalogue raisonné des plantes vasculaires de la Tunisie 179

Discussion : M. CHABERT 179

MM. TRABUT et BONNET. 180

GAUCHERY. — Notes sur un Melcanthus hybridus. 180

BOURQUELOT. — Sur la présence dans le Monotropa Hypopithis d'un glucoside de l'éther méthylsalicylique et sur le ferment soluble de ce glucoside. 180

JUMELLE. — Le Sakharé 181

Dr Bonnet. — Lettres écrites par Desfontaines pendant son exploration de la régence de Tunis. 181

Battandier. — Contribution à l'étude des caractères taxonomiques tirés de la chimie végétale 181

Gerber. — Variation du quotient respiratoire des fruits charnus acides, suivant les diverses parties du péricarpe 181

Doumet-Adanson. — Observations sur le Cyclamen Persicum. 181

Discussion : MM. Bonnet et Doumet-Adanson. 182

Doumergue. — Note sur quelques plantes intéressantes de la province d'Oran. . . 182

Dr Gerber. — Rapport sur l'herborisation faite par la Section de Botanique, le 4 avril 1896, à Hammam-el-Lif et au Djebel-bou-Kornéïn 182

— Rapport sur la visite faite par la Section de Botanique au jardin du général Mohammed Baccouch 184

— Rapport sur la visite faite par la Section de Botanique au Jardin d'Essai de Tunis. 187

10e Section. — Zoologie, Anatomie, Physiologie.

Bureau. 194

Vassel. — Sur la Pintadine du golfe de Gabès 194

Chevreux (Ed.). — Dragages et recherches zoologiques effectués à bord du yacht Melita sur les côtes de Tunisie. 194

Gadeau de Kerville (H.). — De l'accouplement normal et de l'accouplement anomal chez les Coléoptères. 195

Buysson (R. du). — Synopsis des Hyménoptères de la famille des Chrysidides appartenant à la faune barbaresque. 195

Olivier (E.). — Les Reptiles de Tunisie. 196

Doumergue. — Contributions à la faune erpétologique de la province d'Oran. . . 196

Pallary. — Description de quelques nouvelles espèces d'hélices du département d'Oran 196

Vassel. — Note complémentaire sur la Pintadine du golfe de Gabès. 196

Vanderstricht (O.). La maturation et la fécondation de l'œuf de Thysanozoon Brocchi. 196

Marchal (P.) — Les insectes nuisibles de Tunisie et d'Algérie observés à la Station entomologique de Paris. 197

Discussion : M. Vassel. 197

Travaux imprimés présentés à la 10e Section 197

11e Section. — Anthropologie.

Bureau. 198

Dumont (A.). — Démographie algérienne. 198

Discussion : MM. le Dr Letourneau et Rivière 198

MM. le Dr Bertholon et A. Dumont. 199

Dr Rivière. — L'industrie préhistorique du silex en Tunisie 199

Discussion : MM. le Pr Montelius, le Dr Rivière, le Dr Letourneau, le Dr Bertholon et Dumont. 200

Dr Bertholon. — Les origines des tatouages tunisiens. 200

Dr Letourneau. — Une antique inscription funéraire de Locmariaquer. 202

Discussion : M. Bertholon. 202

MM. Letourneau et Mauricet 203

Pallary (P.). — Troisième catalogue des Stations préhistoriques du département d'Oran 203

Montelius. — Relations entre l'Afrique du Nord et l'Europe dans l'antiquité. . . 203

Discussion : MM. Mauricet, Montelius et Bertholon 204

Dumont (A.). — La dépopulation en France depuis dix ans. 204

FERRAY (ED.). — Ossuaire de Saint-Vigor 205

Discussion : MM. le Dr RIVIÈRE 206

le Dr BERTHOLON, et Dr LETOURNEAU 207

Dr BERTHOLON. — La cynophagie dans l'Afrique du Nord 207

Discussion : MM. le Dr LETOURNEAU, le Dr BERTHOLON, le Dr RIVIÈRE 208

SABACHINKOFF et LEVAT (D.). — Gisements préhistoriques de la Transbaïkalie . . . 208

GROULT. — De l'amélioration de la condition des femmes musulmanes en Algérie et en Tunisie 208

Dr BLOCH. — Sur des races noires indigènes qui existaient anciennement dans l'Afrique septentrionale 209

Discussion : M. le Dr BERTHOLON 209

et M. MEDINA 210

RIVIÈRE (ÉM.). — Le menhir de Boussy-Saint-Antoine 210

12ᵉ Section. — Sciences médicales.

BUREAU 211

JOUIN. — Du traitement des fibromes de l'utérus par la médication thyroïdienne . . 211

MOSSÉ. — Effets de la médication thyroïdienne dans deux cas de psoriasis 212

TREILLE. — Des rechutes dans la fièvre intermittente parfaite à sulfate de quinine à transformation et à dégradation successive des types 212

LINOSSIER. — Rapport de l'acidité gastrique et de l'acidité urinaire 213

PRIOLEAU. — Volvulus et lavements forcés avec ponctions capillaires des anses surdistendues 215

FAGUET (C.). — Hernie inguinale propéritonéale à sac propéritonéal superposé au sac scrotal, étranglement, kélotomie, cure radicale, guérison 215

AUCHÉ et VITRAC. — Tumeur à myéloplaxes, non sarcomateuse (myélome) de la jambe 215

RAUGÉ. — Sur les notations acoumétriques 216

FAGUET (C.). — Sutures tendineuses 217

LE GRIX. — Traitement du mal de mer 218

MILLIOT. — De la photo-organoscopie 219

CATOIS. — De l'action de l'étincelle électrique dans le traitement des plaies 219

— — Les eczémas des muqueuses 219

HANOT. — Cancer de l'ampoule de Vater 219

Discussion : MM. BARD 220

et HANOT 221

BARD. — De la glycosurie dans le cancer du pancréas 222

CARTAZ (A.). — De la paralysie faciale d'origine otique 223

GÉLINEAU. — Observations des phobies essentielles 224

LANELONGUE et VITRAC. — Deux cas de néphrectomie pour reins polykystiques . . 224

Discussion : M. BARD 225

COURJON. — Considérations sur l'emploi de l'électricité statique comme régulateur de l'énergie nerveuse 226

LÉVI (L.). — Tremblement hépatique 226

TOURTELOT. — Névralgie rebelle datant de quatre ans avec spasme de la paupière . 227

— — Conséquences d'une pyohémie occasionnée par deux kystes dentaires suppurés, développés dans le sinus maxillaire 227

— — Névralgie atroce occasionnée par une dent de sagesse supérieure gauche 228

TREILLE. — De la mégaloplénose. Des états dénommés Anémie et Cachexie paludéenne 228

HANOT et MEUNIER (H.). — Gomme syphilitique double de la moelle ayant déterminé un syndrome de Brown-Sequard bilatéral 229

TREILLE. — La quinine en Algérie 229

BERGER. — Picrotoxine et tremblement. 230

VOISIN (Aug.). — Folie lypémaniaque guérie par l'hypnose et accouchement normal durant l'hypnose 230

COYNE. — Sur quelques faits de diphtérie observés aux sourds-muets de Bordeaux. 231

ROGÉE. — Sur un cas d'endartérite infectieuse d'origine paludique chez un alcoolique 231

LE GRIX. — Le granulophore intra-utérin pour le traitement local et précis des endométrites. 232

GORNARD. — La Mer chez soi, bains de mer et d'eaux-mères à domicile par l'emploi des sels de Thalassa. 232

CATAT. — Le paludisme à Madagascar. 233

LANTIER. — Inhalateur bucco-nasal antidiphtérique de poche 233

— — Nouvelle série de conservations de membres blessés par la méthode antiseptique du siège de Paris. 233

QUATRIÈME GROUPE. — SCIENCES ÉCONOMIQUES.

13ᵉ Section. — Agronomie.

BUREAU. 234

DOUMERGUE (F.). — Notes sur le Vella glabrescens Coss. 234

DUFOUR. — Note sur la fabrication de l'hydromel 235

QUESTION MISE A L'ORDRE DU JOUR de la Section :
De la vinification dans les pays chauds. 235

Discussion : MM. BALDAUFF, le capitaine TOUTÉE. 235

.GAYON 236

le Dr LOIR et TRABUT 237

MINANGOIN. — Sur l'Alimentation du bétail tunisien et la pratique de l'ensilage du fourrage vert. 237

POILLON. — Sur le choix du terrain de la plantation des caféiers 238

MOCQUERIS. — Méthode de traitement des grignons d'olives au moyen de sulfure de carbone 238

BONNARD. — L'élevage du mouton. 238

Dr TRABUT. — L'enseignement agricole 238

LOIR et DUCLOUX. — Sur le Vin de palmier. 240

FOLEY (Paul). — Magon, agronome Carthaginois 240

FOREST (J.). — Sur la production des plumes d'autruche de Barbarie. 240

FÉRET. — Sur l'aménagement des eaux 240

VISITE au Laboratoire de chimie agricole. 241

— — de vinification 241

VŒU émis par la 16ᵉ Section. 241

TRAVAUX IMPRIMÉS 242

14ᵉ Section. — Géographie.

BUREAU. 243

REBILLET (le Ct). — Le Sahara algérien et tunisien. 243

BELLOC (E.). — Étude sur quelques lacs du sud-ouest de la France. 243

DOLLIN DU FRESNEL. — Le commerce en Tunisie et les chemins de fer tunisiens. . 244

Discussion : M. le lieutenant SERVONNET 244

SERVONNET. — Cartes marines de la Régence 244

Dr CATAT. — Les populations madécasses 244

LAURIN. — Le peuplement français en Tunisie 245

EECKMANN. — Présentation d'une carte d'Afrique. 245

PALLARY. — Notes géographiques sur le Dahra oranais 245

DRAPEYRON. — Calcul géographique et chronologique des périodes de l'histoire de l'Afrique ancienne dont Carthage fut la capitale, 872 avant J.-C., 698 après J.-C   246

PÈRES (G.). — De l'origine des sectes fanatiques musulmanes et de l'importation en Occident de quelques-unes de leurs doctrines   246

GUYOT (le Capitaine). — L'enseignement de la topographie en France.   246

BONNARD (P.). — Des communications rapides par services maritimes entre Marseille et la Tunisie.   247

BERNARD (A.). — De l'emploi des indigènes algériens et tunisiens pour l'exploration.   247

DUBOIS (M.). — Sur la méthode d'étude des climats.   247

     —   Sur l'emploi des notions de *faune* et de *flore* en géographie économique   247

LÉOTARD. — Étude sur le Niger français.   247

LEVASSEUR. — Sur le Mississipi supérieur, ses sources, ses chutes Saint-Antoine. .   247

MAISTRE (J.). — Le climat de la région de la Méditerranée.   248

GOGUYEZ (A.). — La pénétration commerciale de l'arrière-terre du golfe de Gabès.   248

CHARENÇEY (de). — Sur les jours et les mois en basque.   248

PARIS. — Sur les incendies périodiques des montagnes d'Annam.   248

MARTEL. — Retard de la cartographie et de la topographie officielles en France. .   248

     —   Le reboisement ps plateaux calcaires. . . . . : .   248

TRAVAUX IMPRIMÉS présentés à la 14e Section.   248

15e Section. — Économie politique et Statistique.

BUREAU   249

LETORT. — Des procédés d'amortissement des dettes publiques.   249

TURQUAN. — De l'émigration des Français en Algérie et en Tunisie par départements d'origine   249

SAUGRAIN (G.) — La baisse du taux de l'intérêt et le développement de la colonisation   249

FAVROT (C.). — De l'association en matière coloniale, associations familiales, métairies.   250

HARMAND. — Rapport sur le projet de règlement concernant la police, les contributions, l'organisation du travail, les secours dans la Régence de Tunis par M. Servonnet.   251

Dr BONNET (Ed.). — Deux ambassades tunisiennes à la cour de France (1728-77) d'après les comptes rendus manuscrits des secrétaires-interprètes du roi.   252

GHATTAS (Ahmed). — Le contrat de Khammès en Tunisie   252

FOURNIER DE FLAIX. — Des impôts en Tunisie   253

VINCENT (G.). — Revision du livre 11 du Code du commerce et compétence des tribunaux français de Tunisie en matière d'avaries de transport.   253

Dr BERTHOLON et GOGUYER. — Les deux grands ports tunisiens de Bizerte et Bougherara-Gigthis   253

16e Section. — Enseignement.

BUREAU   255

TRABAUD. — Influence de l'enseignement sur l'esprit public   255

     —   Une éducation parfaite, indépendamment de l'aptitude des jeunes gens pour l'étude, irait jusqu'à modifier le jeu, même le vêtement, la nourriture, etc., selon leur tempérament et leurs dispositions corporelles.   257

BELLOC (Em.). — Signification et orthographie de quelques noms géographiques. .   258

RENARD. — De l'importance de la simplification de l'orthographe pour la propagation de la langue française dans les colonies et à l'étranger   258

VŒU émis par la 16e Section   258

17ᵉ Section. — Hygiène et Medecine publique.

QUESTION PROPOSÉE A LA DISCUSSION DE LA 17ᵉ SECTION. — Des moyens à employer pour empêcher la propagation des maladies contagieuses par les transports en voitures et en chemins de fer 259

Discussion : M. BARD (Prof.) 259

et M. le Dʳ FLEURY 261

Dʳ CHAMBRELENT. — De la mortalité puerpérale en dehors des hôpitaux 262

Discussion : MM. FLEURY et DROUET. 262

et M. le Dʳ LIVON. 263

Dʳ BESSON (A.). — Note sur la recherche des bactéries pathogènes dans les eaux. 264

— Fièvre typhoïde d'origine hydrique ; découverte du bacille dans l'eau par le procédé d'Elsner. 264

Discussion : MM. BARD et COYNE 265

GRIOLET (aîné). — De quelques connaissances de l'hippophagie. 265

Dʳ LOIR. — La variole en Tunisie. 267

Discussion : MM. les Dʳˢ BARD, FLEURY et BESSON. 267

— Les vaccinations antirabiques à Tunis 268

Dʳ MILLIOT. — De la nécessité d'établir en Algérie et dans nos colonies des stations estivales 268

FOVEAU DE COURMELLES. — Contribution à l'étude de l'électricité atmosphérique et de ses relations épidémiologiques 268

Dʳ MILLIOT. — Du desséchement du lac de Fetzara. 269

Sous-section d'Archéologie.

BUREAU. 270

Allocution du Président (M. GAUCKLER). 270

SABACHNIKOFF et LEVAT (Éd. D.). — Sur les gisements préhistoriques de Trans-baïkalie. 270

PALLARY (P.). — Recherches sur l'occupation romaine dans le Dahra 271

— Notes anthropologiques sur le Dahra 271

GSELL. — Sur le Tombeau de la Chrétienne 271

MOINIER (A.). — Le culte de Mercure dans l'Afrique romaine 272

NOVAK (D.). — Légende arabe 272

TOUTAIN (J.). — Sur l'histoire des carrières de marbre de Simitthu 272

RIVIÈRE (E.). — Sur les travaux militaires du littoral du Calvados à l'époque romaine, par P. TIRARD 272

GRAZIANI. — Fouilles faites au mois de février 1892 dans les fossés du camp militaire de Sousse. 272

NOVAK. — Sur la nécropole phénicienne d'El Alia . . . . 273.

RAVARD. — Tombeau de l'époque néo-punique (1ᵉʳ siècle avant notre ère) découvert par lui à Teboursouk 273

MÉDINA. — Sur les récentes fouilles à Carthage du R. P. Delattre. 273

Discussion : MM. PERROT. 247

et CAGNAT. 275

DUCROQUET (L.) — Sur l'art de la sculpture sur bois et les industries qui en découlent à Tunis. 275

SALADIN. — Sur les systèmes romains et arabes de citernes et de barrages. . . . 275

— Sur l'architecture comparée des basiliques chrétiennes et des mosquées. 275

Discussion : M. GAUCKLER 275

GAUCKLER. — Sur les mosquées de Tunis. 275

AUDOLLENT. — Sur la Cerès africana . . . . 275.

Granat. — Étude sur le commerce des anciens. — Conditions économiques du commerce à Rome sous les rois. 276

Oppert (J.). — Fixation d'un jour de la semaine pour une date quelconque . . . 276

Chanel. — Reconnaissance des travaux de captage, d'adduction et de distribution des eaux d'Aïn R'ézat à Chemtou. 276

Maumené (le Cap.). — Sur les travaux hydrauliques des Romains dans la région d'El-Djem. 277

Blanchet. — Le régime des populations dans la Tunisie centrale à l'époque romaine. 277

Discussion : M. Gauckler 278

Gauckler. — Sur l'alimentation en eau potable des cités romaines d'Afrique . . . 278

— Des principes d'une classification raisonnée des mosaïques africaines. 278

Hannezo (le Cap.). — Sur les mosaïques romaines trouvées à Sousse 279

Discussion : M. Gauckler. 279

Dr Schulton. — Sur les *conventus civium romanorum*. 279

La Blanchère (de). — Sur l'installation rurale dans l'Afrique romaine 280

Toutain (J.). — Le culte de Saturne dans l'Afrique romaine 280

Hannezo et Molins. — Notes archéologiques sur la ville de Leptis Minor (Lemta). 281

Hilaire (le Lieut.) et Vellard. — Étude sur la défense de la vallée de la Siliana pendant l'occupation byzantine 281

Ordioni et Quoniam. — Sur les ruines d'Althiburus (Medeina). 281

Granat. — Sur les voies de communication dans la Tunisie 282

Discussion : M. Letaille. 282

Vœux présentés par la Sous-Section d'archéologie 282

CONFÉRENCE FAITE A TUNIS

Dubois (Marcel). — La Tunisie. 283

EXCURSIONS ET VISITES

Visite au Bardo. 285

Visite au musée de Carthage. 286

Excursion générale à Bizerte 289

Excursion en Khroumirie. 294

Excursion à Kairouan 298

Erratum 307

IMPRIMERIE CHAIX, RUE BERGÈRE, 20, PARIS. — 10800-5-96.

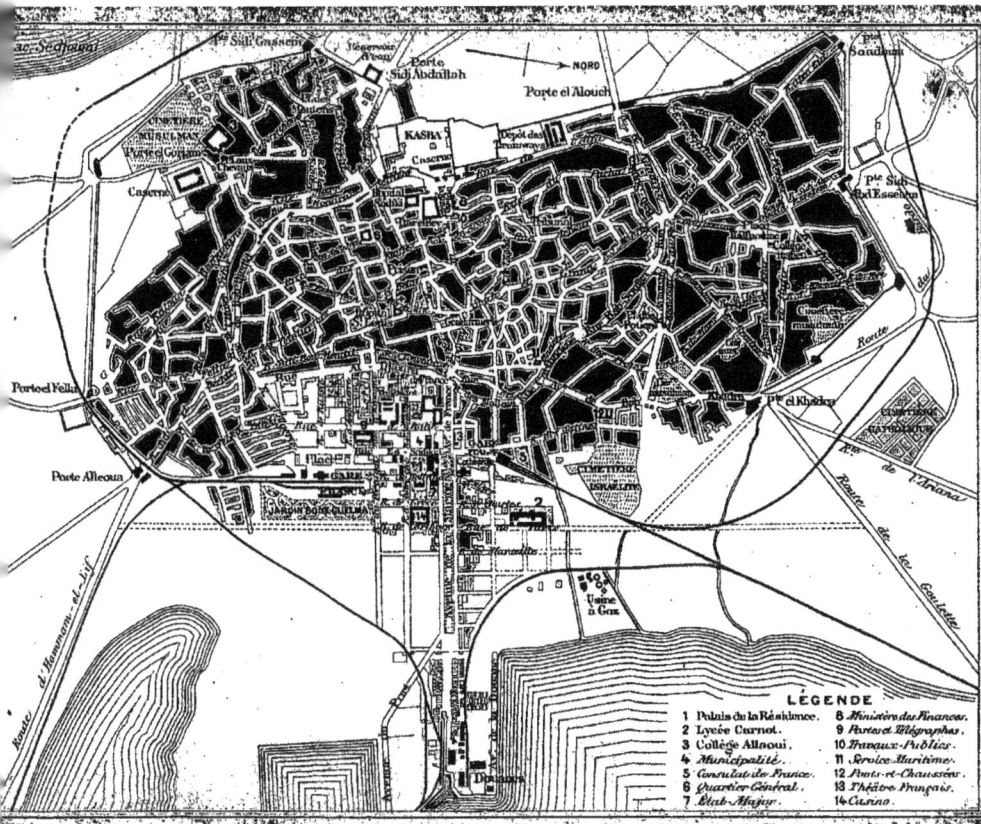

PLAN DE TUNIS.

LÉGENDE

1	Palais de la Résidence.	8	Ministère des Finances.
2	Lycée Carnot.	9	Postes et Télégraphes.
3	Collège Alaoui.	10	Travaux-Publics.
4	Municipalité.	11	Service Maritime.
5	Consulat de France.	12	Ponts-et-Chaussées.
6	Quartier Général.	13	Théâtre Français.
7	État-Major.	14	Casino.

www.ingramcontent.com/pod-product-compliance
Lightning Source LLC
Chambersburg PA
CBHW052100230326
41599CB00054B/3558